普通高等教育电气工程与自动化类系列教材

电力传动控制系统

——运动控制系统

主编　汤天浩
参编　谢　卫　陆海慧
主审　陈伯时

机械工业出版社

本书主要是针对电气工程及其自动化、自动化等专业大学本科编写的。为适应教学改革和学科发展的需要，本书在陈伯时主编的《电力拖动自动控制系统》的主要内容基础上，根据当前电力传动控制技术的新发展，进行了精简和重组。全书分为 5 章。第 1 章是全书的基础，介绍了电力传动控制系统的基本组成和共性问题，包括系统基本结构与组成，电动机、电力电子变流器、系统检测和控制器的基本概念及原理。第 2 章以统一电机理论为基础，建立了各种电机的数学模型，并构建了电力传动系统各个环节的数学模型。第 3 章为直流传动控制系统，在前两章的基础上，专门分析和讨论了系统的控制原理、结构和运行特性等问题。第 4 章为交流传动控制系统，包括异步电动机和同步电动机的控制原理、系统结构和运行特性等问题。第 5 章介绍了电力传动控制系统的设计方法。

本书配有免费电子课件，欢迎选用本书作教材的老师登录 www. cmpedu. com 注册下载。

本书适用于普通高等学校电气工程及其自动化、自动化专业作为本科教材使用，也适用于机械、电子等专业，并可作为职工大学、夜大及大专院校有关专业的教材，也可供有关工程技术人员阅读和参考，其中部分较深入的内容可作为研究生学习和研究的参考资料。

图书在版编目（CIP）数据

电力传动控制系统：运动控制系统/汤天浩主编. —北京：机械工业出版社，2010.1（2025.1 重印）

普通高等教育电气工程与自动化类系列教材

ISBN 978-7-111-29669-0

Ⅰ. 电…　Ⅱ. 汤…　Ⅲ. 电力传动—自动控制系统—高等学校—教材　Ⅳ. TM921.5

中国版本图书馆 CIP 数据核字(2010)第 018352 号

机械工业出版社(北京市百万庄大街 22 号　邮政编码 100037)

策划编辑：王保家　责任编辑：王雅新　版式设计：霍永明

封面设计：王洪流　责任校对：刘志文　责任印制：邓　博

北京盛通数码印刷有限公司印刷

2025 年 1 月第 1 版第 8 次印刷

184mm×260mm · 12.25 印张 · 298 千字

标准书号：ISBN 978-7-111-29669-0

定价：32.00 元

电话服务	网络服务
客服电话：010-88361066	机　工　官　网：www. cmpbook. com
010-88379833	机　工　官　博：weibo. com/cmp1952
010-68326294	金　　书　　网：www. golden-book. com
封底无防伪标均为盗版	机工教育服务网：www. cmpedu. com

全国高等学校电气工程与自动化系列教材
编 审 委 员 会

序　一

随着科学技术的不断进步，电气工程与自动化技术正以令人瞩目的发展速度，改变着我国工业的整体面貌。同时，对社会的生产方式、人们的生活方式和思想观念也产生了重大的影响，并在现代化建设中发挥着越来越重要的作用。随着与信息科学、计算机科学和能源科学等相关学科的交叉融合，它正在向智能化、网络化和集成化的方向发展。

教育是培养人才和增强民族创新能力的基础，高等学校作为国家培养人才的主要基地，肩负着教书育人的神圣使命。在实际教学中，根据社会需求，构建具有时代特征、反映最新科技成果的知识体系是每个教育工作者义不容辞的光荣任务。

教书育人，教材先行。机械工业出版社几十年来出版了大量的电气工程与自动化类教材，有些教材十几年、几十年长盛不衰，有着很好的基础。为了适应我国目前高等学校电气工程与自动化类专业人才培养的需要，配合各高等学校的教学改革进程，满足不同类型、不同层次的学校在课程设置上的需求，由中国机械工业教育协会电气工程及自动化学科教育委员会、中国电工技术学会高校工业自动化教育专业委员会、机械工业出版社共同发起成立了“全国高等学校电气工程与自动化系列教材编审委员会”，组织出版新的电气工程与自动化类系列教材。这类教材基于**“加强基础，削枝强干，循序渐进，力求创新”**的原则，通过对传统课程内容的整合、交融和改革，以不同的模块组合来满足各类学校特色办学的需要。并力求做到：

1. 适用性：结合电气工程与自动化类专业的培养目标、专业定位，按技术基础课、专业基础课、专业课和教学实践等环节进行选材组稿。对有的具有特色的教材采取一纲多本的方法。注重课程之间的交叉与衔接，在满足系统性的前提下，尽量减少内容上的重复。

2. 示范性：力求教材中展现的教学理念、知识体系、知识点和实施方案在本领域中具有广泛的辐射性和示范性，代表并引导教学发展的趋势和方向。

3. 创新性：在教材编写中强调与时俱进，对原有的知识体系进行实质性的改革和发展，鼓励教材涵盖新体系、新内容、新技术，注重教学理论创新和实践创新，以适应新形势下的教学规律。

4. 权威性：本系列教材的编委由长期工作在教学第一线的知名教授和学者组成。他们知识渊博，经验丰富。组稿过程严谨细致，对书目确定、主编征集、资料申报和专家评审等都有明确的规范和要求，为确保教材的高质量提供了有力保障。

此套教材的顺利出版，先后得到全国数十所高校相关领导的大力支持和广大骨干教师的积极参与，在此谨表示衷心的感谢，并欢迎广大师生提出宝贵的意见和建议。

此套教材的出版如能在转变教学思想、推动教学改革、更新专业知识体系、创造适应学生个性和多样化发展的学习环境、培养学生的创新能力等方面收到成效，我们将会感到莫大的欣慰。

全国高等学校电气工程与自动化系列教材编审委员会

序　二

在拙著《电力拖动自动控制系统》教材中，建立了应用控制理论分析和设计电力拖动控制系统的课程体系，已在国内高校使用了近30年。由于受到技术发展历史的局限，1981年出版的第1版只有直流拖动控制系统，1992年第2版才拓宽到交流拖动控制系统，2003年第3版继续保留这样两篇，以“直流系统”为基础，“交流系统”为扩展。汤天浩教授新编的这本《电力传动控制系统——运动控制系统》教材，在体系上做出了更进一步的创新，全书分成“电力传动控制系统的基本结构与组成”、“电力传动系统的模型”、“直流传动控制系统”、“交流传动控制系统”、“电力传动控制系统的分析与设计”五章，把“直流系统”和“交流系统”融合起来，除第3、4两章分别介绍两类具体的控制系统外，第1、2、5三章都属共性的内容。

“交流电动机的动态数学模型”历来是本课程教学中的难点。本书第2章集中讲述动态数学模型，先从简明易懂的“他励直流电动机模型”开始，然后引出两相正交的交流“统一电机模型”，再拓展到“三相交流电动机的模型”和“坐标变换”。这样做，分散了难点，循序渐进。

此外，为了适应时代的要求，在各章中还纳入了一些新的技术内容。本书书名采用《电力传动控制系统——运动控制系统》，与本行业的实用术语也是一致的。

作为电气工程与自动化的专业主干课教材，这本书在课程体系和内容上做出了发展与创新。当然，是否完全符合教学规律，尚待实际使用的检验。我相信，经过使用和进一步修改，应能成为一本有价值的新教材，在本课程教材的发展史上走出出色的一步。

前言

2006 年，当时我在法国南特大学综合理工学院做访问教授，意外地接到了机械工业出版社的信函，邀请我作为主编承担普通高等教育电气工程与自动化类“十一五”规划教材《电力拖动自动控制系统（少学时）》的编写工作。并在信中特别指出：“这一系列规划教材都已落实编写人员，对于本教材，陈伯时教授和出版社都认为你是合适人选”。这使我既感到突然和惊奇，虽然我远在异国他乡，出版社却不远万里追踪寻迹，显示了极大的诚意，更使我诚惶诚恐的是，陈伯时教授主编的《电力拖动自动控制系统》是全国高校电气工程及其自动化、自动化等专业的统编教材，深受广大学生和教师的欢迎。而且已几经修订，不断完善，一直是同类教材中全国公认的最好教材之一，获得过机械工业部优秀教材一等奖，享有很高的声誉，影响了自改革开放以后整整几代中国电气工程从业人员的人生轨迹。而我本人也是从学习陈老师的这本书开始从事电力电子与电力传动学科的教研工作的。虽然我有幸作为陈老师的弟子，深受恩师的言传身教，也曾给学生讲授过这门课，但毕竟才疏学浅，唯恐难以担此重任。

经过与出版社和陈老师本人交换意见后，在他们的热情鼓励下，我才承接了编写教材的任务。但此后却陷入了茫然和烦恼之中，为如何编写好教材而苦苦思索。虽然可以采取一种简便的方法，在原教材的基础上进行精简和改编，这也是目前不少同类教材的通常做法。而我却想另辟蹊径，探寻一种新的编写思路，以求与时俱进，更为系统深入地认识和理解电力传动控制的原理和规律，更好地反映该领域日新月异的发展。为此，趁在国外工作的有利时机，收集了大量的参考资料，为教材的编写积累了丰富的素材，并设计和草拟了编写大纲。

本书力图体现：以电力传动系统的基本规律和共性问题为主线，利用电机原理、控制理论和电力电子技术等理论与工具，深入探讨系统结构、数学模型和控制策略，分析系统特性，给出系统设计方法和仿真试验结果。为实现这一理念，在编写过程中，从选材、内容安排到阐述方法等方面都做了一些新的尝试。本书有别于其他同类教材的特点是：

• 在第 1 章介绍了电力传动控制系统的基本组成和共性问题，包括系统基本结构与组成，电动机、电力电子变流器、系统检测和控制器的基本概念及原理，作为全书的引导。

• 第 2 章以统一电机理论为基础，集中建立了交、直流电动机的数学模型，并构建了电力传动系统各个环节的数学模型。

• 在前两章的基础上，第 3 章专门分析和讨论了直流电力传动控制系统的控制原理、结构和运行特性等问题。

• 第 4 章作为全书的重点，探讨了交流传动控制系统，包括异步电动机和同步电动机的控制原理、系统结构和运行特性等问题。选择了一些典型的控制系统进行深入分析，并适当介绍这些系统的应用场合和实例，以加深同学对学习内容的理解。

• 第 5 章介绍了电力传动控制系统的设计方法，从经典设计方法存在的问题出发，论述了具有实用价值的工程设计方法；针对数字控制系统广泛应用的需求，探讨了采用数字频域法进行系统设计，试图得到与工程设计法相似的设计方法；进而利用 MATLAB 仿真工具，通过计算机模拟实现系统设计和仿真，并以系统举例，给出一些典型系统的设计和仿真试验结果。

本书历时3年，终于完稿。考虑到目前国内大部分科技文献和产品目录都将英文的“Electric drive”译成“电力传动”，根据陈伯时教授等审稿专家的建议，将书名改为《电力传动控制系统》。全书共分为5章，其中有些内容较深的章节加了“*”号。书中主要内容的教学时数约为36～54学时，各学校可根据各自教学大纲的需要选择内容和安排教学。本书试图突破传统的教学模式，按照电力传动控制系统的框架结构、数学建模、系统分析和设计的思路组织课程内容和进行教学，由于与传统教材有较大差异，建议任课老师可根据教学要求、课程时数和学生程度有所选择。例如，对于少学时课程，可以选择第1～4章的主要内容组织教学和学习，第5章电力传动控制系统设计建议用于课程设计。在教学中，如果同学已事先学过“电力电子技术”、“检测技术”、“计算机控制”等课程，第1章中有关内容可以跳过或只作简单的回顾，有些电力电子的深入内容也可略去不讲；在第3章中，主要以直流电动机调压控制为主，磁场和电枢配合控制、有环流可逆调速系统等内容仅供选用；第4章也是以异步电动机变压变频控制为主，其他调速方法或系统可根据需要选择。

本书由本人主编，参加编写的有上海海事大学谢卫教授和罗克韦尔自动化上海研究中心的资深高级研究工程师陆海慧博士。本书之所以邀请高校以外的专家参与编写，其目的是使大学教材更能体现科技发展和应用需求。谢卫教授以他在电机理论方面的深厚造诣，编写了第2章中基于统一电机理论的电动机建模，并负责电子课件的编撰。陆海慧博士编写了第4章的主要内容：异步电动机和同步电动机变频调速系统，特别是她在交流电动机控制方面的深入研究和系统开发经历使本书增色许多。本人编写了第1章、第3章和第5章及其他章节的部分内容，并负责全书的统稿。

本书的编写还得到上海海事大学的大力支持，韩金刚博士和研究生沈扬、陈雯洁等在MATLAB的Simulink仿真平台上，设计和建立了部分系统的仿真模型并进行了仿真试验，在此谨向他们的辛勤工作表示感谢。

还应感谢法国中央理工大学和南特大学综合理工学院，正是由于他们的邀请，使本人每年在那里担任访问教授，有幸了解到国外有关电力电子与电力传动方面的研究和教学的新方法，收集了大量资料。

全书由上海大学陈伯时教授担任主审。作为本人的博士导师和学术领路人，恩师自始至终地关心和指导着本书编写的全过程，从编写大纲的拟定到内容的选取，以及表述的方式，都提出了许多宝贵意见。特别是提供了他编写教材的电子稿，使本书从中选取了大量精彩华章，其中，有关调节器设计的工程设计法，就是陈老师多年悉心研究和总结的成果，本书几乎全盘照搬。在审稿过程中，陈老师仔细审阅了书稿，并在许多内容上作了逐字逐句的修改。笔者对此表示衷心的谢意。

在本书的审稿会上，有幸邀请到上海交通大学陈敏逊教授、同济大学陶生桂教授和上海大学高艳霞副教授作为评审专家。他们认真地评审了书稿，对本书的修改和完善提出许多建设性意见，使笔者受益匪浅。特此向他们表示感谢。

本书的成功出版应归功于机械工业出版社的努力，高等教育分社的领导和责任编辑从本书的策划、申报、立项到编辑出版花费了大量的心血。希望大家共同的努力，能使广大读者受益。

本书配有免费电子课件，欢迎选用本书作教材的老师登录 www.cmpedu.com 注册下载或发邮件到 wbj@cmpbook.com 索取。

尽管我们在编写本书过程中倾注了许多心血和创意，但因水平所限，还会存在许多缺点和不足，恳请广大读者批评指正。

汤天浩

于法国圣纳泽尔

目 录

常用符号表

1. 元件和装置用的文字符号

A	放大器、调节器，电枢绕组，A 相绕组
ACR	电流调节器
A/D	模数转换器
AE	电动势运算器
AER	电动势调节器
AFR	励磁电流调节器
AR	反号器
ASR	转速调节器
AΨR	磁链调节器
B	非电量-电量变换器，B 相绕组
BQ	位置传感器，转子位置检测器
C	电容器，C 相绕组，补偿绕组
CPU	中央处理器
D	数字集成电路和器件，整流二极管
D/A	数模转换器
DLC	逻辑控制环节
F	励磁绕组
FA	具有瞬时动作的限流保护
FBC	电流反馈环节
FBS	测速反馈环节
FC	频率控制器
FG	函数发生器
G	发电机
GD	驱动电路
GT	触发装置
GTF	正组触发装置
GTR	反组触发装置
I/O	输入输出接口
HBC	滞环控制器
K	继电器，接触器
L	电感器，电抗器
LED	发光二极管
M	电动机（总称）
MA	异步电动机
MD	直流电动机
MS	同步电动机
P/D	脉冲数字转换器
PG	脉冲发生器
PR	极性转换器
R	电阻
RP	电位器
S	开关器件
SA	控制开关，选择开关
SE	转速编码器
ST	饱和限制环节
T	变压器
TA	电流互感器，霍尔电流传感器
TG	测速发电机
TVC	双向晶闸管交流调压器
TVD	直流电压隔离变换器
U	变换器，调制器
UCR	可控整流器
UCH	直流斩波器
UI	逆变器
UPW	PWM 波生成环节
UR	整流器
V	晶闸管整流装置
VBT	晶体管
VCO	压控振荡器
VD	二极管，续流二极管
VF	正组晶闸管整流装置
VR	反组晶闸管整流装置
VST	稳压管
VT	晶闸管，功率开关器件

2. 常用缩写符号

AC	交流电（Alternating Current）
ANN	人工神经网络（Artificial Neural Networks）
APF	有源电力滤波器（Active Power Filters）
BJT	双极性晶体管（Bipolar Junction Transistor）
CHBPWM	电流滞环跟踪 PWM（Current Hysteresis Band PWM）
CSI	电流（源）型逆变器（Current Source Inverter）

CVCF	恒压恒频（Constant Voltage Constant Frequency）
DC	直流电（Direct Current）
DF	位移因数（Displacement Factor）
DSP	数字信号处理器（Digital Signal Processor）
DTC	直接转矩控制系统（Direct Torque Control）
GTO	门极关断晶闸管（Gate Turn-off Thyristor）
EMI	电磁干扰（Electromagnetic Interference）
FFT	快速傅里叶变换（Fast Fourier Transform）
IGBT	绝缘栅双极型晶体管（Insulated Gate Bipolar Transistor）
IGCT	绝缘栅双极型晶闸管（Insulated Gate Commutated Thyristor）
PD	比例微分（Proportion，Differentiation）
PF	功率因数（Power Factor）
PFC	功率因数校正（Power Factor Correction）
PID	比例积分微分（Proportion，Integration，Differentiation）
PLL	锁相环（Phase Lock Loops）
PMOSFET	场效应晶体管（Power MOS Field Effect Transistor）
PWM	脉宽调制（Pulse Width Modulation）
SHEPWM	消除指定次数谐波的 PWM（Selected Harmonics Elimination PWM）
SOA	安全工作区（Safe Operation Area）
SPWM	正弦波脉宽调制（Sinusoidal PWM）
SVPWM	电压空间矢量（Space Vector PWM）
THD	总谐波畸变率（Total Harmonic Distortion）
VC	矢量控制（Vector Control）
VR	矢量旋转变换器（Vector Rotator）
VSI	电压（源）型逆变器（Voltage Source Inverter）
VVVF	变压变频（Variable Voltage Variable Frequency）

3. 常见下角标

A	A相定子绕组
a	电枢绕组（armature）；a相转子绕组
add	附加（additional）
av	平均值（average）
B	B相定子绕组
b	b相转子绕组；偏压（bias）；基准（basic）
bl	堵转；封锁（block）
C	C相定子绕组，补偿绕组
c	c相转子绕组；环流（circulating）；控制（control）
cl	闭环（closed loop）
com	比较（compare）；复合（combination）
cr	临界（critical）
d	直流（direct current）；d轴（direct axis）
D	微分（differential）
e	电（electricity）；电源（electric source）
em	电磁的（electric-magnetic）
f	磁场（field）；正向（forward）；反馈（feedback）
g	气隙（gap）；栅极（gate）
I	积分（integral）
in	输入（input）
L	负载（Load）
l	线值（line）；漏感（leakage）
lim	极限，限制（limit）
m	磁的（magnetic）；主要部分（main）
m	机械的（mechanical）；幅值
max	最大值（maximum）
min	最小值（minimum）
N	额定值，标称值（nominal）
off	断开（off）
on	闭合（on）

op 开环（open loop）
out 输出（out）
p 磁极（poles）；峰值（peak）
P 比例（proportion）；有功功率
q q轴（quadrature axis）
Q 无功功率
r 转子（rotator）；上升（rise）；反向（reverse）
ref 参考（reference）
rec 整流器（rectifier）
s 定子（stator）；串联（series）
sam 采样（sampling）
sl 转差（slip）
ss 稳态（steady state）
st 起动（starting）
sy 同步（synchronous）
t 触发（trigger）；三角波（triangular wave）
T 转矩（torque）
W 线圈，绕组（winding）
∞ 稳态值，无穷大处（infinity）

4. 参数和物理量符号

A 散热系数
a 线加速度；特征方程系数
B 磁通密度
C 电容
C_e 他励直流电动机在额定磁通的电动势系数
C_T 他励直流电动机在额定磁通的转矩系数
D 调速范围；摩擦转矩阻尼系数
E，e 感应电动势（大写为平均值或有效值，小写为瞬时值，下同）；误差
E_a，e_a 直流电机电枢感应电动势，反电动势
E_{add}，e_{add} 附加电动势
e_d 检测误差
e_s 系统误差
E_2，e_2 变压器二次绕组感应电动势
E_r，$\dot{E}_r$ 交流电机转子感应电动势
E_r'，$\dot{E}_r'$ 交流电机转子折算感应电动势
E_{r0}，$\dot{E}_{r0}$ 交流电机转子静止电动势
E_s，$\dot{E}_s$ 交流电机定子感应电动势
$E_{s\sigma}$，$\dot{E}_{s\sigma}$ 交流电机定子漏磁电动势
F 磁动势，扰动量
f 频率
f_e 电源频率
f_M 调制信号频率
f_r 交流电机转子频率
f_{sl} 交流电机转差频率
f_s 交流电机定子频率
f_{sw} 开关频率
f_T 载波信号频率
G 重力；运动电动势系数；传递函数
$G(s)$ 开环传递函数
$G_{cl}(s)$ 闭环传递函数
g 重力加速度
GD^2 飞轮惯量
GM 增益裕度
h 开环对数频率特性中频宽，滞环宽度
H 风机的风压；水泵的扬程
I，i 电流（大写为平均值或有效值，小写为瞬时值，下同）
I_a，i_a 电枢电流
I_d，i_d 整流电流，直流平均电流
I_{dL} 直流负载电流
I_F，i_F 励磁电流
$\dot{I}_m$，i_m 交流电机励磁电流
$\dot{I}_2$，i_2 变压器二次侧电流
$\dot{I}_L$，i_L 负载电流
$\dot{I}_N$，i_N 额定电流
$\dot{I}_r$，i_r 交流电机转子电流
$\dot{I}_r'$，i_r' 交流电机转子折算电流
$\dot{I}_s$，i_s 交流电机定子电流
I_{st}，i_{st} 电机起动电流
J 转动惯量
j 传动机构减速比
K 系数，常数，比值
K_e 直流电机电动势结构常数
K_D，k_D 微分系数
K_I，k_I 积分系数

K_{P}，k_{P}	比例放大系数
K_{i}	电流检测环节比值，电流反馈系数
K_{m}	电机结构常数
K_{n}	转速检测环节比值，转速反馈系数
K_{s}	电力电子变流器放大系数
K_{T}	直流电机转矩结构常数，起动转矩倍数
k	谐波次数；振荡次数
k_{i}	电流比；起动电流倍数
k_{N}	绕组系数
L	电感
L_l	漏感
L_{m}	互感
M	闭环系统频率特性幅值；PWM 调制比
M_{r}	闭环系统频率特性峰值
m	质量；相数；脉冲数；检测值
N	绕组匝数；载波比；计数值
n	转速
n_0	理想空载转速，同步转速
n_{p}	极对数
P	功率
P_{em}	电磁功率
P_{L}	负载功率
P_{m}	机械功率
P_{N}	额定功率
P_{G}	电网功率
P_{sl}	转差功率
$p=\frac{\mathrm{d}}{\mathrm{d}t}$	微分算子
Q	无功功率；热量；流量
R	电阻；电枢回路总电阻
R_{a}	直流电机电枢电阻
R_{b}	镇流电阻，泄流电阻
R_{f}	励磁电阻；反馈电阻
R_0	运算放大器输入电阻
R_{r}，R_{r}'	转子绕组电阻及折算
R_{rec}	整流装置内阻
R_{s}	定子绕组电阻
r	参考变量；控制指令
S	视在功率；面积；开关状态
s	转差率；Laplace 变量
T	转矩；时间常数；开关周期
T_{c}	电力电子开关周期，定时或计数时间
T_{d}	检测环节的时间常数
T_{e}	电磁转矩
T_{em}	最大电磁转矩
T_{fl}	滤波时间常数
T_{l}	电枢回路电磁时间常数
T_{L}	负载转矩
T_{m}	机电时间常数
T_{N}	额定转矩
T_{r}	转子电磁时间常数
T_{st}	起动转矩
T_{s}	电力电子变流器平均失控时间，电力电子变流器滞后时间常数
T_{sam}	采样周期
T_{sw}	电力电子器件开关时间
T_{T}	载波信号周期
t	时间
t_{m}	最大动态降落时间
t_{on}	开通时间
t_{off}	关断时间
t_{p}	峰值时间
t_{r}	上升时间
t_{s}	调节时间
t_{v}	恢复时间
U，u，$\boldsymbol{u}$	电压，电源电压（大写为平均值或有效值，小写为瞬时值，黑体为矢量，下同）
U_2，u_2	变压器二次电压
U_{a}	直流电机电枢电压
U_{s}，u_{s}	电源电压，交流电机定子电压
$\boldsymbol{u}_{\mathrm{s}}$	空间电压矢量
u_{T}	三角载波电压
U_x^*，U_x	变量 x 的给定和反馈电压（x 可用变量符号替代）
v	速度，线速度；转换变量
w	w 变换的变量
W	能量
x	位移，距离
X	电抗
X_{r}，X_{r}'	转子绕组旋转漏电抗及折算
y，Y	系统输出变量
z	z 变换的变量
Z	电阻抗
α	可控整流器的触发延迟角
β	可控整流器的逆变角；机械特性的斜率
γ	相角裕度；PWM 电压系数

δ	放大系数；静差率
Δn	转速降落
Δp	功率损耗
ΔU	电压差
$\Delta\theta_m$	相角差
ξ	阻尼比
η	效率
θ	电角位移；相位角；可控整流器的导通角
θ_m	机械角位移
λ	电机允许过载倍数
ρ	占空比；电位器的分压系数
σ	漏磁系数；转差功率损耗系数
$\sigma\%$	超调量
τ	时间常数，积分时间常数，微分时间常数
Φ	磁通
Φ_m	每极气隙磁通
Φ_N	额定磁通
Φ_r	转子磁通
Φ_{rs}	定、转子合成磁通
Φ_s	定子磁通
φ	相位角；阻抗角
Ψ，ψ	磁链
Ψ_m	交互磁链
ω	角转速，角频率
ω_b	闭环频率特性带宽
ω_c	开环频率特性截止频率
ω_e	电角频率
ω_m	机械角转速
ω_n	二阶系统的自然振荡频率
ω_r	转子角转速，角频率
ω_s	定子角转速（频率）；同步角转速（频率）
ω_{sl}	转差角转速，角频率

绪　论

自1888年特斯拉（Tesla）发明感应电动机，从此开始了用电动机进行电力传动的时代。最初的电力传动是采用传导传动（又称联动电力拖动）的方式，它是由一台电动机，并由数个传动装置将运动传输到数个工作机构。代替传导传动的是单电机电力传动方式，即一个工作机械由一台电动机驱动。后来，由于生产的需要，工作机械也越来越复杂，出现了多电机电力传动方式，如自动化机床、加工中心等。

1956年，晶闸管在贝尔（Bell）实验室诞生，开始了第二次电子革命，从此“电子”进入到强电领域，电力电子器件成为弱电控制强电的纽带。其重要意义在于：电力电子学把机器时代、电气时代和电子时代开创的技术融合在一起。20世纪60年代，电力电子器件进入电力传动领域，可以方便地通过电能变换装置来控制电机的运行方式。其后，自动化技术和计算机技术也不断应用于电机控制，使电力传动系统发生了根本性改变。

目前，电力传动系统的工业应用范围不断扩大，已遍及能源、电力、机械、采矿、冶金、轻纺、化工、电子信息、交通运输和家用电器等领域。由于电动机具有性能优良、高效可靠、控制方便等优点，因此，电力传动系统已广泛应用到现代社会生产和生活的方方面面，可以说假如没有电力传动，需要运动的装置和系统就难以运行。目前，电机与传动的现状可以概括为：

1）电力传动现已取代了其他传动形式，成为主要的运动控制形式。这是因为电动机与其他原动机相比有许多优点，比如：电能的获得和转换比较经济；传输和分配比较便利；操作和控制容易，特别是易于实现自动与远程控制。因此，目前绝大多数的生产机械都采用电力传动。

2）当代科学和技术的新成果广泛的应用于电力传动系统之中，比如：电力电子学的发展，使半导体变流装置广泛地用作电力传动的电源；微电子学的发展，使电子控制器件和微处理机成为电力传动的主要控制手段；自动控制理论广泛应用于电力传动自动控制系统中，大大提高了系统的性能等。

由此可见，电力电子技术、自动化技术和计算机技术的发展是推动现代电力传动系统不断进步的动力。

特别值得注意的是：当前，“能源短缺”、“节能减排”、“气候变化”等词汇已成为普通公众耳熟能详的流行语，从各国政要、专家学者到大众传媒都在谈论这一热门话题。究其原因，这是因为人类赖以生存的地球生态环境遭到严重破坏，近百年来经济和社会发展的传统模式面临能源短缺的困境。众所周知，自工业革命以来，煤炭、石油等化石能源是人类利用的主要能源。大量能源的消耗一方面给人们的生活带来便利，同时也造成了以下严重的问题：

1）不可再生——传统的化石类能源称为一次性能源，在人类大量开采利用下已经是日近枯竭。

2）环境污染——传统的能源利用方式给今天人类的生活环境造成了大量的污染。

3）温室效应——煤炭等化石燃料排放的温室气体对气候变化造成巨大影响。

解决全人类面临的共同问题的主要措施就是“开源节流”。开源是要寻找和开发可再生能源和清洁能源，以替代现有的传统能源。目前，太阳能、风能、海洋能和氢能等可再生能源成为新能源开发的热点，而电力电子与电力传动正是新能源开发利用的关键技术之一。节流就是通过节能来减少传统能源的消耗，也同时减少温室气体排放，以保护环境。而节省电能是节能的主要途径。其中，风机、泵类设备的节能控制，提高电力传动系统的效率和功率因数等措施已成为当前节能应用的热点。

由上分析可知，电力传动系统的发展进入了一个新阶段，即研发以节能降耗为目标的电力传动控制系统，以及发展应用于可再生能源的电力传动控制新方法和新技术。

另一方面，电力传动系统的自身研究和发展也在不断深入，随着现代电力电子技术、自动化技术和计算机技术的发展，各种新的系统方案和控制策略层出不穷，电力传动系统的发展新趋势为：

1）新材料和新元件的结合，正在全面改变传统电机的面貌。由于稀土永磁材料的迅速发展和电力电子器件性能的不断改善，涌现了大量的新型实用电机，如无刷直流电动机、开关磁阻电动机、无刷双馈电动机等。这些电机调速性能优良，更加扩展电力传动技术的应用范围。此外，风力发电、磁悬浮电力传动、超导电机的出现为电力传动的发展开辟了新疆域。

2）高性能的微处理器如数字信号处理器（DSP）的出现，为采用新的控制理论和控制策略提供了良好的技术基础，使电力传动系统的自动化程度大为提高。神经元网络控制和模糊控制等智能控制技术以及现代控制理论在电力传动系统中的应用已成为新的研究热点。

3）继续采用新技术，不断提高电力传动系统的性能和完善系统功能，如参数辨识、状态监测、故障诊断和容错控制等；通过系统集成和技术融合，组成综合自动化系统，以进一步提高生产效率。

“电力传动控制系统”课程是电气工程及其自动化、自动化等专业的主要专业课，其任务是使学生掌握电力传动系统的基本结构、控制原理、性能分析和设计方法。学习本课程必须具备“电路原理”、“电子技术”、“微机原理”、“电机与拖动基础”、“自动控制原理”、“电力电子技术”等课程作为基础知识。

本课程主要研究和分析电力传动控制系统的基本理论和控制方法，为突出实用性，也涉及一些简单应用举例。通过本课程的学习，学生应达到如下要求：

1）了解电力传动控制系统的基本结构、主要组成和共同问题，掌握交直流电动机调速的基本原理和控制方法。

2）了解统一电机理论和坐标变换原理，掌握各种电动机建模方法，以及电力电子变流器、系统检测和控制器等系统环节的数学模型。

3）掌握电力传动控制系统的静态特性及其分析方法，包括电动机的机械特性与各种运行状态。

4）掌握电力传动控制系统的动态特性及其分析方法，了解调节器参数对系统响应的影响。

5）了解电力传动控制系统的设计方法，可以根据系统要求设计和选择系统控制结构和参数。

6）掌握电力传动控制系统基本实验方法和技能，熟悉利用MATLAB进行系统仿真。

第1章　电力传动控制系统的基本结构与组成

本章是全书的基础，首先以电动机、电力电子变流器、传感器和控制器构成电力传动控制系统的基本结构，然后从系统组成的角度出发，讨论系统的共性问题：电源变换、状态检测、辨识和估计，以及控制方法等。使读者对后续课程的学习以及传动控制需要解决的基本问题有一个全局的了解。

1.1　电力传动控制系统的基本结构和共性问题

1.1.1　电力传动控制系统的组成与分类

电力传动是以电动机作为原动机拖动生产机械运动的一种传动方式，由于电力传输和变换的便利，使电力传动成为现代生产机械的主要动力装置。电力传动控制系统的基本结构如图1-1所示，一般由电源、变流器、电动机、控制器、传感器和生产机械（负载）组成。

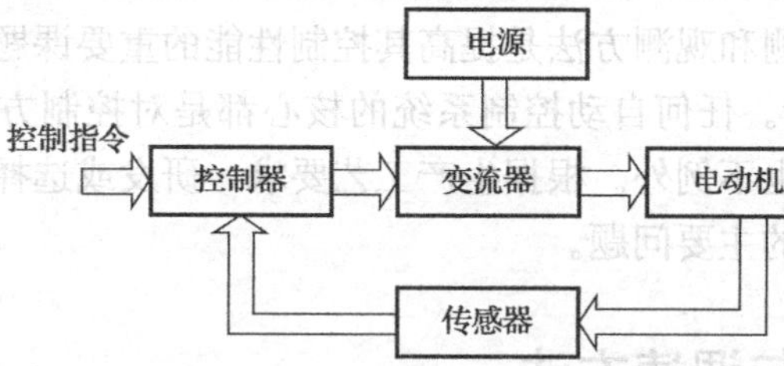

图1-1　电力传动控制系统的基本结构

电力传动控制系统的基本工作原理是，根据输入的控制指令（如速度或位置等指令），与传感器采集的系统检测信号（如速度、位置、电流和电压等信号），经过一定的处理给出相应的反馈控制信号，控制器按一定的控制算法或策略输出相应的控制信号，控制变流器改变输入到电动机的电源电压、频率等，使电动机改变转速或位置，再由电动机驱动生产机械按照相应的控制要求运动，故电力传动控制系统又称为运动控制系统。

根据生产机械的工艺要求，电力传动控制系统可以分为调速控制系统和位置控制系统两大类。

1. 调速控制系统

这类电力传动控制系统的控制指令为速度给定信号，控制器一般为速度调节器、电流调节器等，系统要求电动机按速度指令在一定的转速下工作。根据所选电动机的不同，调速系统又可分为：

1）直流调速系统。采用直流电动机作为系统驱动器，相应的变流器则需选用直流输出变换器，如可控整流器、直流斩波器等。

2）交流调速系统。采用交流电动机作为系统驱动器，相应的变流器则需选用交流输出变换器，如交流调压器、各种变频器等。

2. 位置控制系统

这类电力传动控制系统的控制指令为位置给定信号，控制器由位置控制器、速度控制器等组成，系统要求电动机驱动负载按位置指令准确到达指定的位置或保持所需的姿态。

1.1.2 电力传动控制系统的共性问题

虽然电力传动控制系统种类繁多，但根据图 1-1 所示的系统基本结构，可以归纳出研发或应用电力传动控制系统所需解决的共性问题：

1）电动机的选择。电力传动控制系统能否经济可靠地运行，正确选择驱动生产机械运动的电动机至关重要。应根据生产工艺和设备对驱动的要求，选择合适的电动机的种类及额定参数、绝缘等级等，然后通过分析电动机的发热和冷却、工作制、过载能力等进行电动机容量的校验。

2）变流技术研究。电动机的控制是通过改变其供电电源来实现的，如直流电动机的正反转控制需要改变其电枢电压或励磁电压的方向，而调速需要改变电枢电压或励磁电流的大小，交流电动机的调速需要改变其电源的电压和频率等。因此，变流技术是实现电力传动控制系统的核心技术之一。

3）系统的状态检测方法。状态检测是构成系统反馈的关键，根据反馈控制原理，需要实时检测电力传动控制系统的各种状态，如电压、电流、频率、相位、磁链、转矩、转速或位置等。因此，研究系统状态检测和观测方法是提高其控制性能的重要课题。

4）控制策略和控制器的设计。任何自动控制系统的核心都是对控制方法的研究和控制策略的选择，电力传动控制系统也不例外。根据生产工艺要求，研发或选择适当的控制方法或策略是实现电力传动控制系统的主要问题。

1.2 电动机的主要类型与调速方法

自 1831 年法拉第发现电磁感应定律的 100 多年来，人们先后发明了各种类型的电动机，广泛应用于生产和生活的方方面面。目前，按电动机供电电源的不同，大致可以分为直流电动机和交流电动机两大类，其中交流电动机又可根据其工作方式分为同步电动机和异步电动机。

1.2.1 直流电动机及其调速方法

利用电磁感应原理将直流电能转换成机械能的电机称为直流电动机。直流电动机具有调速范围平滑宽广，起、制动转矩大，过载能力强，易于控制等优点，常用于对调速性能有较高要求的场合。

在直流电动机中，由定子励磁线圈通电所产生的主磁场称为励磁磁场。按励磁绕组供电方式的不同，可把直流电动机分成他励直流电动机、并励直流电动机、串励直流电动机和复励直流电动机四种。采用不同的励磁方式，直流电动机的运行特性有很大差异。他励直流电动机具有机械特性硬、磁场与电枢可分别控制等优点，因此，直流调速系统通常采用他励直流电动机。本书也主要讨论由他励直流电动机组成的直流电力传动控制系统。

直流电动机转速和其他参量之间的稳态关系为

$$n=\frac{U_a-RI_a}{C_e\Phi} \tag{1-1}$$

式中 n——转速（r/min）；

U_a——电枢电压（V）；

I_a——电枢电流（A）；

R——电枢回路总电阻（Ω）；

Φ——励磁磁通（Wb）；

C_e——由电机结构决定的电动势常数。

考虑到他励直流电动机电枢电流与电磁转矩 T_e 的关系 $T_e=C_T\Phi I_a$，可以将其机械特性写成如下形式：

$$n=n_0-\beta T_e \tag{1-2}$$

式中 n_0——理想空载转速，$n_0=U_a/C_e\Phi$；

β——机械特性的斜率，$\beta=R/C_eC_T\Phi^2$，其中 C_T 为电动机转矩系数，且有 $C_T=30C_e/\pi$。

由式（1-1）可知，有以下三种调节直流电动机转速的方法：

1）改变电枢回路电阻 R。该方法保持电枢回路电压为额定值 $U_a=U_{aN}$，励磁电流 I_f 也为其额定值不变，改变电枢回路的串接电阻 R 时，由式（1-2）可知，理想空载转速 n_0 不变，而机械特性的斜率 β 增大，特性曲线倾斜度增加。串入的电阻越大（$R_1<R_2$），曲线越倾斜，其人为机械特性如图 1-2 所示。

2）减弱励磁磁通 Φ。为避免磁路饱和，一般在额定转速以上采用弱磁调速。此时，保持 $U_a=U_{aN}$ 和电枢电阻不变，通过减小励磁电流 I_f 使主磁通 Φ 减弱，由此使 n_0 升高，而斜率 β 增大，使特性曲线倾斜度增加，电动机的转速较原来有所提高，如图 1-3 所示。

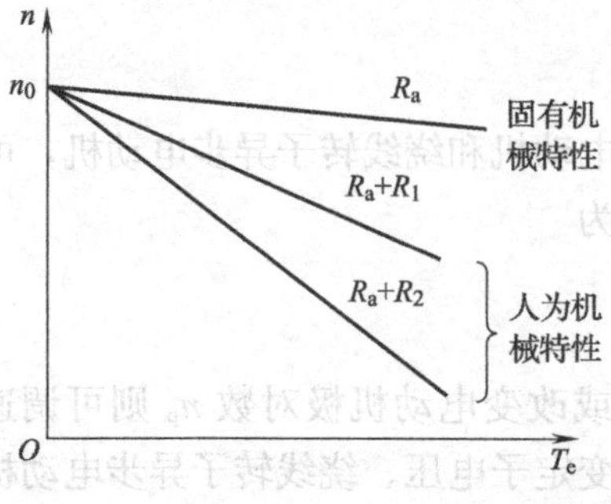

图 1-2 改变电枢电阻的人为机械特性

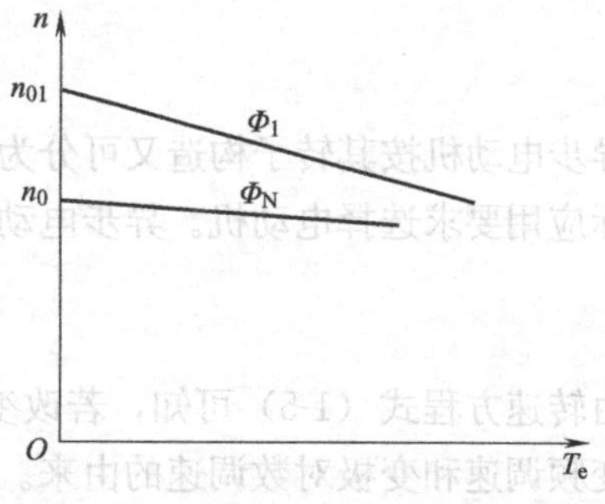

图 1-3 改变磁通的人为机械特性

3）调节电枢供电电压 U_a。当电动机励磁电流为额定值时，使磁通为额定值 Φ_N 并保持不变，电枢回路不外接电阻，这时，改变电动机的电枢电压 U_a，可得到与固有机械特性平行的人为机械特性。通过不断改变 U_a，可得到一组平行曲线，如图 1-4 所示，这组特性曲线的斜率均相同，仅理想空载转速大小不同。

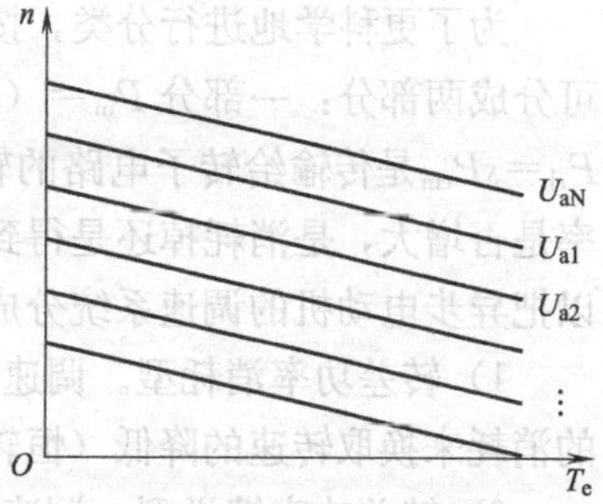

图 1-4 调压调速的机械特性

比较三种调速方法可知，改变电阻只能有级调速；减弱磁通虽然能够平滑调速，但调速范围不大，往往只是配合调压方案，实现一定范围内的弱磁升速；调节电枢供电电压的方式既能连续平滑调速，又有较大的调速范围，且机械特性也很硬。因此，直流调速系统往往以变压调速为主，仅在基速（额定转速）以上作小范围的弱磁升速。

但是，由于直流电动机具有如下缺点：①电刷和换向器必须经常检查维修；②换向火花使它的应用环境受到限制；③换向能力限制了直流电动机的容量和速度（极限容量与转速之积约为 10^6kW · r/min)。这些缺点使得交流调速系统已经取代直流调速系统，成为目前主要的电力传动方式。

1.2.2 交流电动机及其调速方法

交流电动机有异步电动机（即感应电动机）和同步电动机两大类，每种电动机又都有不同类型的调速方法。

1. 异步电动机及其调速原理

在异步电动机中，定子绕组接交流电源后在电动机气隙中形成圆形旋转磁场，由此产生感应电动势 e 和电磁转矩 T_e，旋转磁场的转速为

$$n_0=\frac{60f_s}{n_p} \tag{1-3}$$

式中 f_s——定子侧电源频率；

n_p——定子绕组的极对数。

由于异步电动机只有在转子的转速 n 与同步转速 n_0 不相等时，转子与气隙旋转磁场之间才有相对运动，才能在转子绕组中产生感应电动势和电流，并产生电磁转矩，因此，异步电动机运行时总是有 $n\neq n_0$，“异步”的名称由此而来。通常把同步转速 n_0 和转子转速 n 之差称为转差，用转差率 s 表示为

$$s=\frac{n_0-n}{n_0} \tag{1-4}$$

异步电动机按其转子构造又可分为笼型转子异步电动机和绕线转子异步电动机，可以根据实际应用要求选择电动机。异步电动机的转速方程为

$$n=\frac{60f_s}{n_p}(1-s) \tag{1-5}$$

由转速方程式（1-5）可知，若改变供电频率 f_s 或改变电动机极对数 n_p 则可调速，这就是变频调速和变极对数调速的由来。另外，通过改变定子电压、绕线转子异步电动机转子串电阻或外接可变电源可以改变转差率 s 来实现异步电动机的转速调节。

为了更科学地进行分类，按照交流异步电动机的原理，从定子传入转子的电磁功率 P_{em} 可分成两部分：一部分 $P_m=(1-s)P_{em}$ 是拖动负载的有效功率，称作机械功率；另一部分 $P_{sl}=sP_{em}$ 是传输给转子电路的转差功率，与转差率成正比。从能量转换的角度看，转差功率是否增大，是消耗掉还是得到回收，是评价调速系统效率高低的标志。从这点出发，又可以把异步电动机的调速系统分成三类：

1）转差功率消耗型。调速时全部转差功率都转换成热能消耗掉，它是以增加转差功率的消耗来换取转速的降低（恒转矩负载时），这类调速方法的效率最低，越向下调效率越低。

2）转差功率馈送型。调速时转差功率的一部分消耗掉，大部分则通过变流装置回馈电

网或转化成机械能予以利用，转速越低时回收的功率越多，其效率比前者高。

3）转差功率不变型。这类调速方法无论转速高低，转速降都保持不变，而且很小，因而转差功率的消耗基本不变且很小，其效率最高。

目前通常采用笼型转子异步电动机实现低于同步转速的调速，调速方法可选择定子变压调速、定子变压变频调速等方案；当需要高于同步转速运行或其他特殊应用场合时，则需采用绕线转子异步电动机，通过定子和转子实行双馈调速。

异步电动机的结构简单、体积小、重量轻、转动惯量小、动态响应快、维护方便，且可以在恶劣条件下工作，因此，异步电动机是目前使用最多应用范围最广的一种交流电动机，成为电力传动的主要形式。

2. 同步电动机及其调速原理

同步电动机的定子与三相异步电动机的定子基本相同，所不同的是其转子为磁极，需要由直流电源提供励磁电流。同步电动机按转子结构可分为凸极式和隐极式两种。三相同步电动机的工作原理是：当定子对称绕组通以三相对称电流时，定子绕组就会产生圆形旋转磁场，其旋转速度为同步转速 n_0。如果转子励磁绕组通以直流励磁电流，就在转子中产生相应的磁极，其极对数与定子旋转磁场的极对数相同，且保持磁场恒定不变。在两个磁场的共同作用下，转子被定子旋转磁场牵引着以同步转速一起旋转，其转子旋转速度就是与旋转磁场同步的转速，即

$$n=n_0 \tag{1-6}$$

也就是，转子转速以同步转速运行，同步电动机由此而得名。同步电动机又可分为：

1）直流励磁同步电动机。

2）永磁同步电动机。

3）磁阻同步电动机。

4）直线同步电动机。

由于同步电动机转速与电源频率保持严格同步，即只要电源频率保持恒定，同步电动机的转速就绝对不变，不会随负载转矩而变化，因此，同步电动机的机械特性具有恒转速特性。除此以外，同步电动机还有一个突出的优点，就是可以控制励磁来调节它的功率因数，可使功率因数高到 1.0，甚至超前。

但是，由于同步电动机起动费事且重载时有振荡乃至失步的危险，因此，同步电动机过去主要作为发电机使用，电力系统中的电能几乎都是由发电厂的同步发电机产生的。而在工厂里，一般工业设备很少采用同步电动机拖动，有时仅采用同步电动机拖动不需要调速的大容量设备（如水泵、空气压缩机），以改善全厂的功率因数，或用于某些特大型生产机械的电力传动。

随着电力电子变压变频技术的发展和广泛应用，采用同步电动机的变压变频调速系统具有与异步电动机一样优良的控制性能。特别是与异步电动机相比，同步电动机具有功率因数可调、变频器容量小、调速比宽、控制精度高、抗负载扰动能力强和动态转矩响应快等优点，已在许多场合逐步取代调速用的异步电动机成为交流调速新的发展方向。

由于同步电动机没有转差，也就没有转差功率，所以同步电动机调速系统只能是转差功率不变型（恒等于零）的，而同步电动机转子极对数又是固定的，因此只能靠变压变频调速，没有像异步电动机那样的多种调速方法。在同步电动机的变压变频调速方法中，从频率

控制的方式来看，可分为：

1）他控变频调速。

2）自控变频调速。

后者利用转子磁极位置的检测信号来控制变压变频装置换相，类似于直流电动机中电刷和换向器的作用，因此有时又称作无换向器电动机调速，或无刷直流电动机调速。

1.3 电力电子变流器的结构与类型

变流器是一种电能变换装置，它能根据供电电源的类型（直流电源或交流电源）以及电机控制所需的电源要求提供各种电能的变换。

早期的电能变换装置大都采用旋转变流机组，即设置专门的发电机（Generator）向所需变速的电动机（Motor）提供所需电源，故称为 G-M 系统，又称为 Ward-Leonard 系统[1]。由于该系统需要旋转变流机组，因此设备多，体积大，费用高，效率低，运行有噪声，维护不方便。

1956 年，晶闸管在贝尔实验室诞生，开始了第二次电子革命，从此“电子”进入到强电领域，电力电子器件成为弱电控制强电的纽带。其重要意义在于：电力电子学把机器时代、电气时代和电子时代开创的技术融合在一起。

20 世纪 60 年代，电力电子器件进入电力传动领域，电力电子变流器逐步取代了旋转变流机组和汞弧整流器等电能变换装置，使变流技术产生了根本性的变革。以晶闸管变流器与直流电动机组成的直流调速系统成为了电力传动控制系统的主要形式，这一时期被称为晶闸管时代。

20 世纪 80 年代，出现了可关断的电力电子器件，使交流变流器变得简单可靠；大规模集成电路和微型计算机的发展，使得控制系统易于实现。这两方面的突破，促进了交流调速系统迅速发展，并开始逐步取代直流调速系统。

目前，在电力电子技术方面，通过现代电力电子变流器，可以在交流与直流之间实现各种形式的电能变换。

与旋转变流机组相比，电力电子变流器没有旋转机构，几乎没有噪声，因此又称静止式变流器，不仅在经济性和可靠性上都有很大提高，而且在技术性能上也显示出较大的优越性：

1）电力电子器件的功率放大倍数大，其门极驱动可以直接与电子电路接口，易于实现用弱电控制强电。

2）控制简便，可通过计算机或专用芯片产生所需的控制信号，实现各种电源的转换。

3）系统的动态响应快，旋转变流机组是秒级，而电力电子变流器是微秒级，这将会大大提高动态性能。

4）功率开关器件工作在开关状态，导通损耗小，当开关频率适当时，开关损耗也不大，因而变流器效率高。

由此，目前绝大多数电能变换装置都采用电力电子变流技术。根据交、直流电动机调速的不同需求，一般将电力电子变流器分为直流输出变换器和交流输出变换器两大类。

1.3.1　直流输出变换器

目前，电力电子直流输出变换器主要有相控整流器、直流斩波器和 PWM 整流器三大类。

1. 相控整流器

整流器（Rectifier，又称 AC/DC Converter）是电力电子变流器中最早应用的一种，它将交流电变为直流电。整流器按其组成的开关器件分为不可控、半控和全控三种类型；按电路结构可分为桥式和零式拓扑结构；按交流电源的相数又可分为单相电路和多相电路；按变压器二次电流的方向可分为单拍和双拍整流器[2]。在传统的直流电力传动系统中，一般采用晶闸管构成单相或三相相控整流器，其主电路拓扑结构多选择桥式电路。

如果采用晶闸管作为整流器的主开关器件，就组成了晶闸管-电动机调速系统（简称V-M系统，又称静止的 Ward-Leonard 系统）。图 1-5 给出了 V-M 系统的简单原理图，图中所示的晶闸管相控整流器，通过调节触发装置GT的控制电压U_c来移动触发脉冲的相位，即可改变其输出的平均直流电压U_d，从而实现平滑调速。

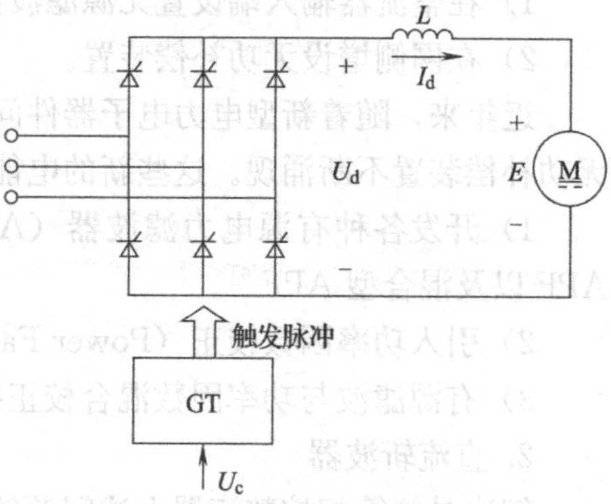

图 1-5　V-M 系统的简单原理图

在图 1-5 所示的 V-M 系统中，U_d与触发脉冲的触发延迟角 α 的关系因整流电路的形式而异，对于一般的全控整流电路，当电流波形连续时，$U_d=f(\alpha)$可用下式表示：

$$U_d=U_{d0}\cos\alpha \tag{1-7}$$

式中　α——从自然换相点算起的触发脉冲的触发延迟角；

U_{d0}——$\alpha=0$ 时的整流电压平均值，其数值取决于整流电路的拓扑结构[3]。

V-M 系统的优点是：晶闸管相控整流器不仅在经济性和可靠性上都有很大提高，而且在技术性能上也显示出较大的优越性。晶闸管可控整流器的功率放大倍数在 10^4 以上，其门极电流可以直接用小功率的电子器件控制，不再像直流发电机那样需要较大功率的放大器。在控制作用的快速性上，变流机组是秒级，而晶闸管相控整流器是毫秒级，这将会大大提高系统的动态性能。

但是，由于晶闸管相控整流器是采用相位控制方式，因此还存在如下问题：

1）整流器输出电流波形的脉动。由于整流电路的脉波数 m 是有限的，使其输出的直流电流是脉动的，可能出现电流连续和断续两种情况：当 V-M 系统主电路有足够大的电感量，而且电动机的负载也足够大时，整流电流便具有连续的脉动波形；当电感量较小或负载较轻时，会出现电流波形断续情况[1]。电流波形的断续给用平均值描述的系统带来一种非线性的因素，也引起机械特性的非线性，影响系统的运行性能。因此，实际应用中常希望尽量避免发生电流断续。

2）整流器网侧的功率因数（Power Factor，PF）的降低。PF 等于位移因数（Displacement Factor，DF）与电流畸变因数的乘积，在输出电流连续并忽略换流过程影响的条件下，DF$=\cos\alpha$[4]，即随着触发延迟角的增加而减小，造成电网的无功损耗增加和电压波动。

3）整流器输入电流总谐波畸变率（Total Harmonic Distortion，THD）对电网和其他用电设备的不利影响。由于谐波电流的存在，使THD增大，将增加电网的谐波损耗和引起传导和射频干扰。谐波损耗会加重电网负担；电磁干扰（EMI）造成对各种电气和电子设备的干扰。

在V-M系统中，脉动电流会增加电动机的发热，同时也产生脉动转矩，对生产机械不利。为了避免或减轻这种影响，需采用抑制电流脉动的措施，主要是：

1）设置平波电抗器。

2）增加整流电路相数。

3）采用多重化技术。

对于由谐波和无功功率造成的“电力公害”，必须采取措施加以解决[5]。传统的办法有：

1）在整流器输入端设置无源滤波器。

2）在网侧增设无功补偿装置。

近年来，随着新型电力电子器件问世和电能质量控制技术的进展，各种新的谐波抑制和无功补偿装置不断涌现。这些新的电能质量控制技术和装置有：

1）开发各种有源电力滤波器（Active Power Filters，APF），如串联型APF、并联型APF以及混合型APF[6]。

2）引入功率因数校正（Power Factor Correction，PFC）电路。

3）有源滤波与功率因数混合校正技术。

2. 直流斩波器

解决晶闸管相控整流器上述问题的办法之一是采用二极管整流器先将交流电转换为不可控的直流，然后再通过直流-直流变换器（DC/DC Converter）得到可控的直流输出。这种系统的结构如图1-6所示，用二极管整流器代替晶闸管整流器可缓解由移相控制引起的功率因数降低问题。

直流-直流变换器又称为直流斩波器（DC Chopper），是一种将固定直流电源变换为可调直流电源的电能变换装置。直流斩波器有多种类型，其中降压斩波电路（Buck电路）和升压斩波电路（Boost电路）是最基本的斩波电路。

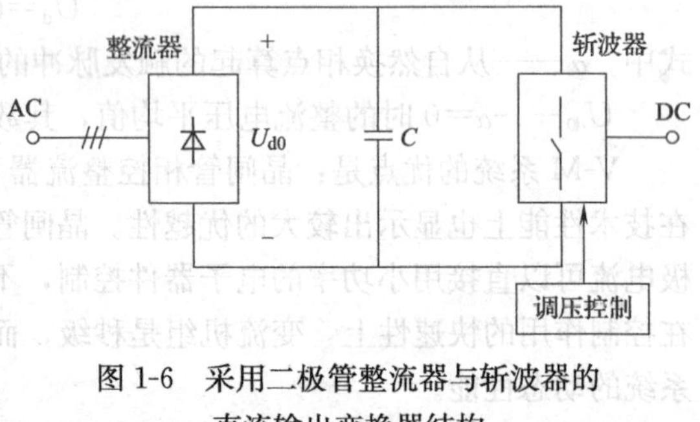

图1-6 采用二极管整流器与斩波器的直流输出变换器结构

由Buck电路构成的直流斩波器—电动机系统的原理如图1-7a所示，其中，用开关符号S表示任何一种电力电子开关器件，用VD表示续流二极管。当S导通时，直流电源电压U_{d0}加到电动机上；当S关断时，直流电源与电动机脱开，电动机电枢经VD续流，两端电压接近于零。如此反复，得电枢端电压波形$u=f(t)$，如图1-7b所示，好像是电源电压U_{d0}在t_{on}时间内被接上，又在$(T-t_{on})$时间内被斩断，故称“斩波”。

由直流斩波器输出的平均电压为

$$U_d=\frac{t_{on}}{T}U_{d0}=\rho U_{d0} \tag{1-8}$$

式中 T——功率开关器件的开关周期；

t_{on}——开通时间；

ρ——占空比，$\rho = t_{on}/T$。

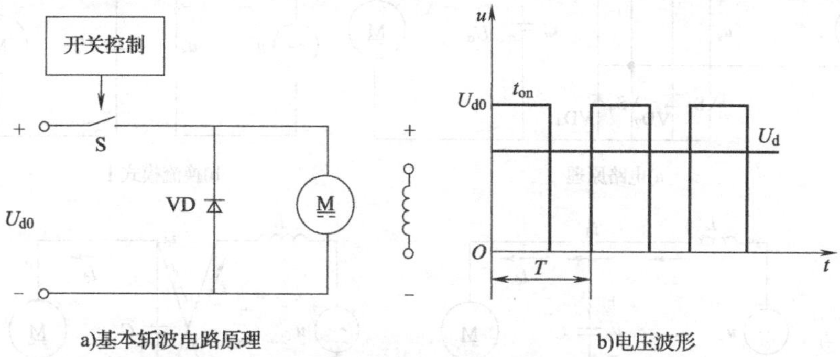

图 1-7　直流斩波器—电动机系统的原理与电压波形

在 Buck 电路中，通过调节 S 的导通与关断，通过改变脉冲宽度获得连续可调的直流输出平均电压 U_d，因此，这种整流电路又称为脉宽调制（Pulse Width Modulation，PWM）整流器。与晶闸管相控整流器相比，PWM 整流器的优越性在于：

1）主电路线路简单，需用的功率开关器件少。

2）开关频率高，电流容易连续，谐波少，电动机损耗及发热都较小。

3）低速性能好，稳速精度高，调速范围宽。

4）系统频带宽，动态响应快，动态抗扰能力强。

5）功率开关器件工作在开关状态，导通损耗小，当开关频率适当时，开关损耗也不大，因而装置效率较高。

6）直流电源采用不控整流时，电网功率因数比相控整流器高。

3. PWM 整流器

解决晶闸管相控整流器问题的另一种办法是在整流电路中用全控型电力电子开关器件代替晶闸管，采用 PWM 控制输出电压，并同时改善功率因数和抑制电流谐波。为了满足不同的需求，现已开发出多种 PWM 控制的新型整流器[4]。

为简便起见，以一个单相 PWM 整流电路为例说明其工作原理。如图 1-8a 所示，采用单相全控桥整流电路拓扑，由全控型器件和续流二极管构成不对称双向开关。

(1) 换流模式

该整流电路有三种工作模式：

1）模式Ⅰ：S_1 和 S_3 闭合，或 S_2 和 S_4 闭合，此时，交流电源经电感 L 短路，整流器输入电压 $u_s=0$，整流器输出电流 $i_d=0$，其等效电路如图 1-8b 所示。

2）模式Ⅱ：S_1 和 S_4 闭合，$u_s=U_d$，$i_d<0$；或 VD_1 和 VD_4 导通，$u_s=U_d$，$i_d>0$，其等效电路如图 1-8c 所示。

3）模式Ⅲ：S_2 和 S_3 闭合，$u_s=-U_d$，$i_d<0$；或 VD_2 和 VD_3 导通，$u_s=-U_d$，$i_d>0$，其等效电路如图 1-8d 所示。

设交流电源电压为

$$u = U_m \sin \omega t \tag{1-9}$$

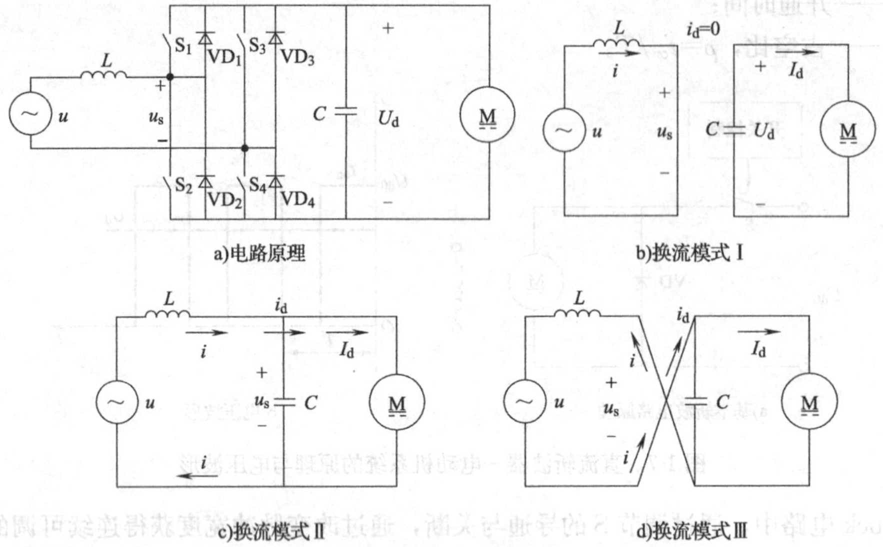

图 1-8 单相全桥 PWM 整流器

假定交流输入电流的相位滞后于电源电压，其相位差为 φ，即

$$i=I_{\mathrm{m}}\sin(\omega t-\varphi) \tag{1-10}$$

根据上述开关状态，整流器交流输入电压 u_{s} 可表为

$$u_{\mathrm{s}}=\begin{cases}U_{\mathrm{d}} & \text{模式Ⅱ}\\ 0 & \text{模式Ⅰ}\\ -U_{\mathrm{d}} & \text{模式Ⅲ}\end{cases} \tag{1-11}$$

整流器输出电流为

$$i_{\mathrm{d}}=|i|=\begin{cases}0 & \text{模式Ⅰ}\\ |I_{\mathrm{m}}\sin(\omega t-\varphi)| & \text{模式Ⅱ和模式Ⅲ}\end{cases} \tag{1-12}$$

(2) PWM 控制

如果采用 PWM 控制方式，用高频三角波 u_{T} 作为载波，其幅值 U_{cm} 为恒值，载波频率 f_{T} 远高于电源频率 f；设正弦波调制信号为

$$u_{\mathrm{M}}=U_{\mathrm{Mm}}\sin(\omega t\pm\alpha) \tag{1-13}$$

式中 U_{Mm}——正弦调制波的幅值；

α——PWM 控制角，可使 u_{M} 的相位按需要超前或滞后于电源电压。

将三角载波与正弦调制波相比较，以得到开关器件的通、断控制信号。这样，在每一个载波周期 T_{T} 内，控制开关器件导通时间为 t_{on}，则整流电路开关的占空比为

$$\rho=\frac{t_{\mathrm{on}}}{T_{\mathrm{T}}}=\frac{U_{\mathrm{Mm}}}{U_{\mathrm{Tm}}}|\sin(\omega t\pm\alpha)| \tag{1-14}$$

这里，占空比是一个随时间变化的变量，记为 $\rho(t)$。并定义调制信号的幅值与载波信号幅值之比为调制比，即有

$$M=\frac{U_{\mathrm{Mm}}}{U_{\mathrm{Tm}}} \tag{1-15}$$

由式（1-15）可见，改变 PWM 的调制比，可以改变整流电路开关的占空比，以达到调

节整流器输出电压的目的。

(3) 输出电压调节

由于采用 PWM 控制，整流器输入电压 u_s 也是一个 PWM 波形，它在一个载波周期内的平均值可表为

$$\overline{u}_s=\begin{cases}\rho(t)U_d & 0\leqslant t\leqslant T/2\\ -\rho(t)U_d & T/2\leqslant t\leqslant T\end{cases} \tag{1-16}$$

式 (1-16) 表明，在整流器输出平均直流电压 U_d 恒定时，其输入的平均电压是占空比 $\rho(t)$ 的函数，其中 T 表示交流电源的周期。将式 (1-14) 和式 (1-15) 代入式 (1-16)，可得

$$\overline{u}_s=MU_d\sin(\omega t\pm\alpha) \tag{1-17}$$

设整流器输入电压 u_s 的基波分量 u_{s1} 为

$$u_{s1}=U_{s1m}\sin(\omega t\pm\alpha) \tag{1-18}$$

由于 $f_T\gg f$，使得基波分量 u_{s1} 近似于其平均电压，比较上面两式可得

$$U_{s1m}=MU_d \tag{1-19}$$

考虑到 u_s 与电源电压 u 的相位差为 $\cos\alpha$，则两个电压的幅值有如下关系：

$$U_{s1m}=\frac{U_m}{\cos\alpha} \tag{1-20}$$

由式 (1-19)、式 (1-20) 可推导出

$$U_d=\frac{U_m}{M\cos\alpha} \tag{1-21}$$

式 (1-21) 说明，PWM 整流器的输出平均电压 U_d 与 M 和 $\cos\alpha$ 有关，即可以通过控制 PWM 调制比或控制角来调节整流器的输出电压。这就是 PWM 整流器的调压原理。

(4) 功率因数控制

PWM 整流器不仅可以调压，其特出的优点是还可以同时调节网侧功率因数。为分析简便，将单相 PWM 整流器的交流输入回路用图 1-9a 所示的等效电路表示，如果忽略线路和电源电阻 R，其中各交流电压和电流变量之间的关系用相量图表示，如图 1-9b 所示。

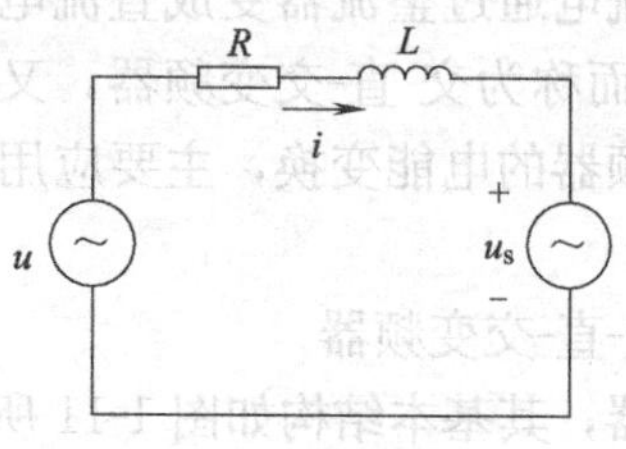

a)等效电路

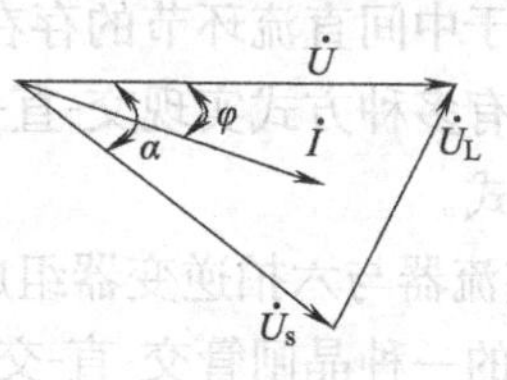

b)相量图

图 1-9　单相 PWM 整流器的交流输入回路的等效电路及相量图

当整流器工作于顺变（整流）状态，如果调节 PWM 的正弦调制信号 u_M 的控制角 α，使得其滞后于电源电压 u 的相位为

$$\alpha=\arctan\frac{\omega L}{R} \tag{1-22}$$

使电源电压 u 与整流器输入电压 u_s 和电感电压 u_L 的相量关系如图 1-10a 所示，此时，电源电压 u 与交流输入电流 i 的相位相同，整流器输入端的功率因数 PF=1。

当整流器工作于逆变状态，如果调节PWM的正弦调制信号u_M的控制角α，使得其超前于电源电压u的相位也是$\alpha=\arctan(\omega L/R)$，使电源电压$u$与整流器输入电压$u_s$和电感电压$u_L$的相量关系如图1-10b所示，此时，电源电压$u$与交流输入电流$i$的相位相反，整流器工作于逆变状态，其输入端的功率因数也是FP=1。

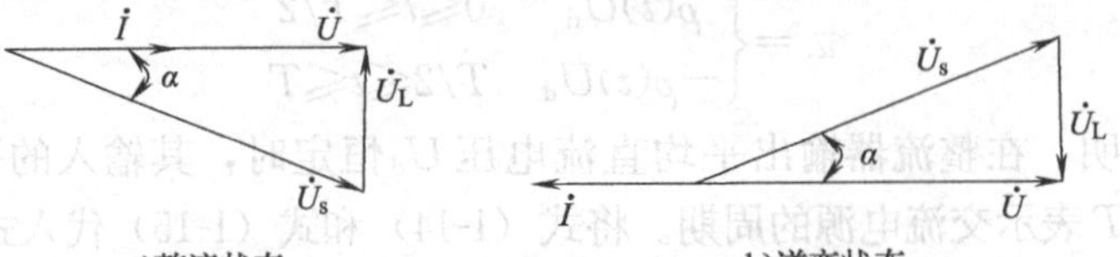

图1-10 PWM整流器PF=1时的相量图

综上分析，采用PWM控制方法，可以通过调节整流器PWM控制的调制波信号u_M的控制角α，改变整流器输入电压u_s和输入电感的电压降u_L的大小和相位，以补偿网侧功率因数，从而实现功率因数为1的双向电能变换。

与晶闸管整流器和直流斩波器相比，PWM整流器的优点在于：

1）通过PWM控制，保持网侧功率因数为1。

2）输入电流为按正弦脉动的近似正弦波，使电流谐波含量有明显减少。

3）对于电机一类有源负载，可以将负载储能在减速或停车时返回电网，起到节能作用。

4）电能的双向传递，可应用于交流传动和可再生能源发电。

1.3.2 交流输出变换器

由于高性能的交流调速系统需要现代电子电力变流器既能改变电压又能改变频率，因此，交流输出变换器是一种变压变频装置，通常称为变频器。目前，交流输出变换器主要有交-直-交变频器和交-交变频器两类。

1.3.2.1 交-直-交变频器

交-直-交变频器的基本原理是：首先将交流电通过整流器变成直流电，然后再通过逆变器变成交流电。由于中间直流环节的存在，故而称为交-直-交变频器，又可称为间接式的变压变频器。目前，有多种方式实现交-直-交变频器的电能变换，主要应用于电力传动控制系统的有下面三种方式。

1. 采用相控整流器与六拍逆变器组成的交-直-交变频器

这是较为早期的一种晶闸管交-直-交变频器，其基本结构如图1-11所示。电能变换的基本原理是采用晶闸管整流器首先将交流电变为电压可调的直流电，然后再采用晶闸管逆变器将直流电变为频率可调的交流电输出。

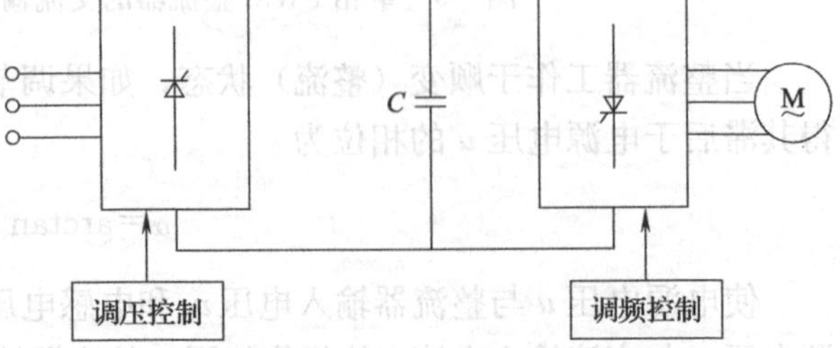

图1-11 晶闸管交-直-交变频器的基本结构

（1）逆变器的换流模式

交-直-交变频器中的逆变器一般接成三相桥式电路，以便输出三相交流变频电压。图1-12a所示为六个开关器件

S_1～S_6组成的三相桥式逆变器主电路，控制各开关器件轮流导通和关断，可使输出端得到三相交流电压。FC 为频率控制器，根据输入的频率控制信号 U_{fr}^*，产生一定频率的脉冲，并分配去触发相应的开关器件。在某一瞬间，控制一个开关器件关断，同时使另一个器件导通，就实现了两个开关器件之间的换流。在三相桥式逆变器中，有 180°导通型和 120°导通型两种换流模式。

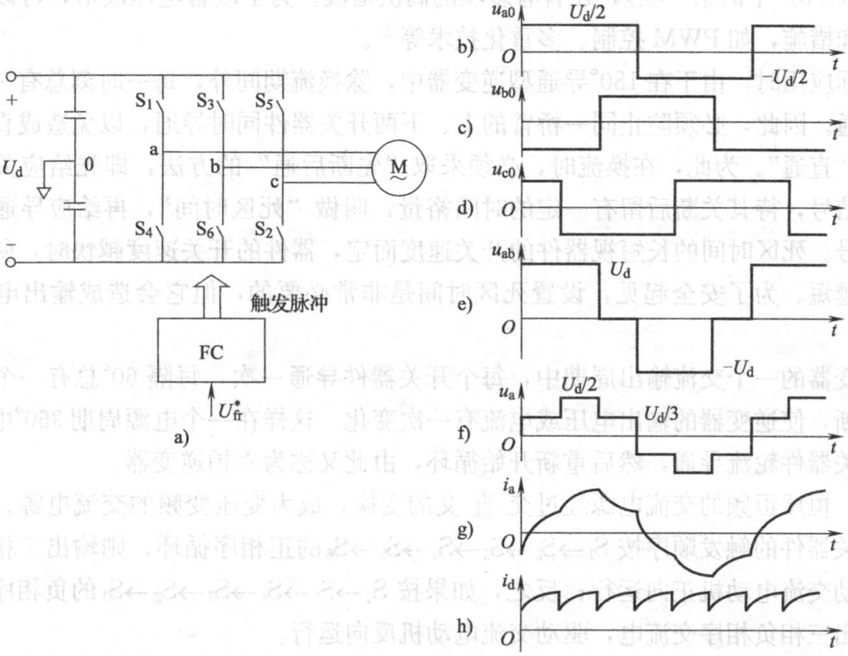

图 1-12　三相桥式逆变器主电路与波形

现以 180°导通型换流模式为例来分析其逆变原理。在一个交流电源周期里，每隔 60°触发一个晶闸管，在同一桥臂上、下两管之间互相换流。例如，当S_1关断后，使S_4导通，而当 S_4关断后，又使 S_1导通。这时，每个开关器件在一个周期内导通的区间是 180°，其他各相也均如此。表 1-1 给出了在一个交流电源周期里，180°导通型换流模式正相序的触发顺序和开关状态。

表 1-1　180°导通型换流模式正相序的触发顺序和开关状态

序　号	导 通 区 间	开 关 状 态
1	0～60°	S_5、S_6、S_1
2	60°～120°	S_6、S_1、S_2
3	120°～180°	S_1、S_2、S_3
4	180°～240°	S_2、S_3、S_4
5	240°～300°	S_3、S_4、S_5
6	300°～360°	S_4、S_5、S_6

按此换流模式，并忽略换流时间，得到理想的电压型逆变器输出波形如图 1-12b～h 所示。其中，图 1-12b～d为 a、b、c 三相输出与直流电源中点之间的电压 u_{a0}、u_{b0}、u_{c0}的波形，是幅值为 $\pm U_d/2$ 宽度为 180°的方波，相位依次相差 120°；图 1-12e 为线电压 u_{ab}的波形，为幅值 $\pm U_d$，宽度 120°的方波；图 1-12f 为相电压 u_a的波形，为阶梯波，另外两相的相电压波形与 u_a相同，但彼此相位差 120°；相电流 i_a和直流侧电流 i_d的波形如图 1-12g、h 所示。

根据 180°导通电压型逆变器的输出波形，可推导出逆变器输出的相电压和线电压方程

$$u_a=\frac{2}{\pi}U_d\sin\omega_c t+\frac{2}{\pi}U_d\sum_{k=1}^{\infty}\frac{(-1)^{k+1}}{6k\pm1}\sin(6k\pm1)\omega_c t \tag{1-23a}$$

$$u_{ab}=\frac{2\sqrt{3}}{\pi}U_d\sin\left(\omega_c t+\frac{\pi}{6}\right)+\frac{2\sqrt{3}}{\pi}U_d\sum_{k=1}^{\infty}\frac{(-1)^{k+1}}{6k\pm1}\sin\left[(6k\pm1)\omega_c t+\frac{\pi}{6}\right] \tag{1-23b}$$

可见，三相180°导通电压型逆变器的输出电压并非理想的正弦波，除了正弦基波分量外（式（1-23a、b）中的第一项），还含有多项的高次谐波。为了改善电压波形，可以采取其他控制策略和措施，如PWM控制、多重化技术等[2]。

在实际应用时，由于在180°导通型逆变器中，除换流期间外，每一时刻总有三个开关器件同时导通。因此，必须防止同一桥臂的上、下两开关器件同时导通，以免造成直流电源短路，俗称“直通”。为此，在换流时，必须采取“先断后通”的方法，即先给应关断的器件发出关断信号，待其关断后留有一定的时间裕量，叫做“死区时间”，再给应导通的器件发出开通信号。死区时间的长短视器件的开关速度而定，器件的开关速度越快时，所留的死区时间可以越短。为了安全起见，设置死区时间是非常必要的，但它会造成输出电压波形的畸变。

在逆变器的一个交流输出周期中，每个开关器件导通一次，每隔60°总有一个开关器件导通和关断，使逆变器的输出电压或电流有一次变化。这样在一个电源周期360°电角度中共有六个开关器件轮流导通，然后重新开始循环，由此又称为六拍逆变器。

这样，恒压恒频的交流电源经过交-直-交的变换，成为变压变频的交流电源。如果六拍逆变器开关器件的触发顺序按$S_1\to S_2\to S_3\to S_4\to S_5\to S_6$的正相序循环，则输出三相正相序交流电，驱动交流电动机正向运行；反之，如果按$S_6\to S_5\to S_4\to S_3\to S_2\to S_1$的负相序触发开关管，则输出三相负相序交流电，驱动交流电动机反向运行。

（2）电压源型逆变器和电流源型逆变器

由于在逆变器与负载之间除了有功功率的传送外，还存在无功功率的交换，因此需要采用储能元件来缓冲无功能量。还有，为了使输入到逆变器直流电源平稳，需要在交-直-交变频器的中间直流环节设置滤波器。一般采用电容器或电感器来满足上述两项需求。根据直流中间环节所采用的储能元件的不同，交-直-交变频器又分为电压源型和电流源型两种变流器：

1）电压源型。如果直流环节采用大电容作为储能元件，由于电容器的滤波作用，使直流电压波形比较平稳，在理想情况下可看作是一个内阻为零的恒压源，因此称为电压源型逆变器（Voltage Source Inverter，VSI），简称电压型逆变器。电压型逆变器的拓扑结构如图1-13a所示，其输出的交流电压是矩形波或阶梯波。

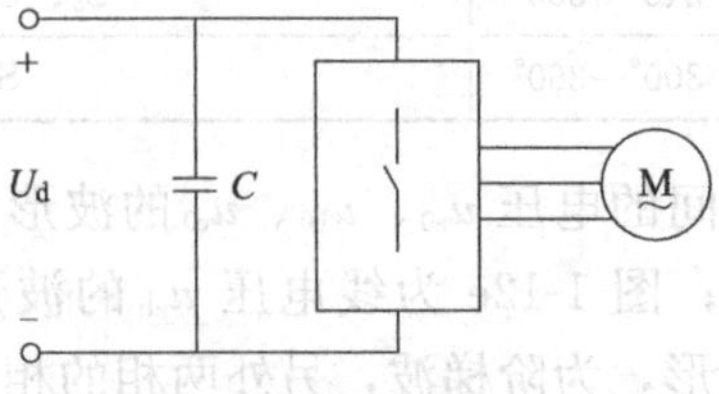

a)电压型逆变器的拓扑结构

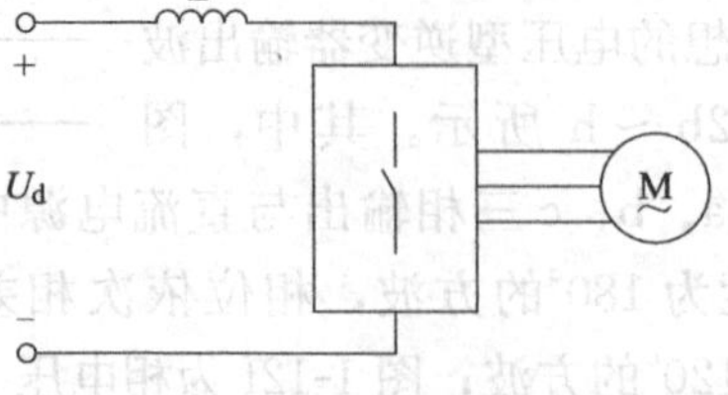

b)电流型逆变器的拓扑结构

图1-13　六拍逆变器的两种类型

2）电流源型。如果直流环节采用大电感作为储能元件，由于电感滤波作用，使直流电流波形比较平直，相当于一个恒流源，因此称为电流源型逆变器（Current Source Inverter, CSI），简称电流型逆变器。电流型逆变器的拓扑结构如图 1-13b 所示，其输出的交流电流是矩形波或阶梯波。

两类逆变器在主电路上虽然只是直流环节的储能元件不同，在性能上却带来了明显的差异，主要表现如下：

1）无功能量的缓冲。电压型逆变器采用电容器来缓冲无功能量和进行直流滤波；而电流型逆变器则采用电感器来缓冲无功能量和进行直流滤波。

2）能量的回馈。采用电流型逆变器，由于功率交换时电流方向不变，容易实现能量的回馈，从而便于四象限运行，适用于需要回馈制动和经常正、反转的生产机械。而对于电压型逆变器，由于其中间直流环节有大电容钳制着电压的极性，不可能迅速反向，而电流受到器件单向导电性的制约也不能反向，所以在原装置上无法实现回馈制动。

3）动态响应。正由于交-直-交电流型变压变频调速系统的直流电压极性可以迅速改变，所以动态响应比较快，而电压型则要差一些。

4）应用场合。电压型逆变器属恒压源，电压控制响应慢，不易波动，所以适于作为多台电动机同步运行时的供电电源，或用于单台电动机调速但不要求快速起制动和快速减速的场合。采用电流型逆变器的系统则相反，不适用于多电动机传动，但可以满足快速起制动和可逆运行的要求。

六拍变流器的优点是：在整流环节进行调压控制，在逆变环节进行调频控制，两种控制分开实现，概念清楚，控制简便。但由于早期采用晶闸管整流和逆变，带来了如下不足：

1）如果采用晶闸管相控整流，在交流输入端造成网侧功率因数低和高次谐波大的问题。

2）六拍逆变器由于晶闸管的工作频率的限制，变频控制范围有限，且输出不是正弦波，谐波含量高。

2. PWM 变频器

PWM 变频器的基本结构如图 1-14 所示，采用二极管整流器将恒压恒频的交流电变换为不可控的直流输出，再通过 PWM 逆变器变换为变压变频（Variable Voltage Variable Frequency, VVVF）的交流电输出。

(1) PWM 逆变器的主电路拓扑结构与调制原理

PWM 逆变器的主电路拓扑结构如图 1-15a 所示，由六个开关器件 $S_1 \sim S_6$ 及续流二极管组成，开关器件可以根据逆变器的容量选用 IGBT、PMOSFET 或 BJT 等全控型器件。目前，对于中、小容量的变频器，大都采用复合型器件 IGBT 作为主电路开关。这种采用三相桥式二极管整流器与三相桥式 IGBT 逆变器构成的 PWM 变频器成为当今最为流行的变频器形式，又有人称其为通用变频器。

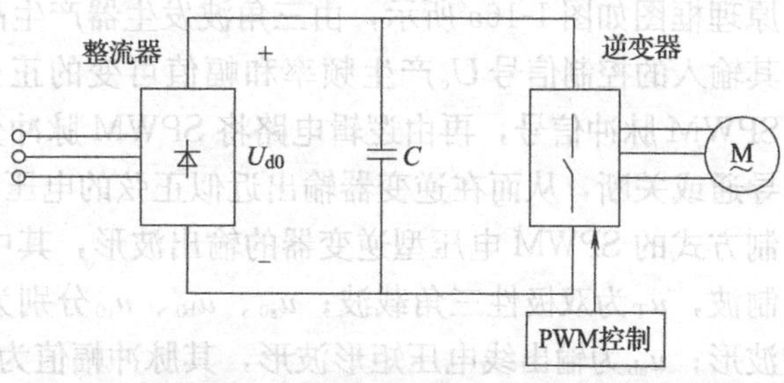

图 1-14　PWM 变频器的基本结构

交流 PWM 调制的基本原理与直流 PWM 调制相似，只是以正弦波作为逆变器输出的期望波形，以频率比期望波高得多的等腰三角波作为载波（Carrier Wave），并用频率和期望波相同的正弦波作为调制波（Modulation Wave），当调制波与载波相交时，由它们的交点确定逆变器开关器件的通断时刻，从而获得在正弦调制波的半个周期内呈两边窄中间宽的一系列等幅不等宽的矩形波。按照波形面积相等的原则，每一个矩形波的面积与相应位置的正弦波面积相等，因而这个序列的矩形波与期望的正弦波等效（见图 1-15b）。这种调制方法称作正弦波脉宽调制（Sinusoidal Pulse Width Modulation，SPWM），这种序列的矩形波称作 SPWM 波。

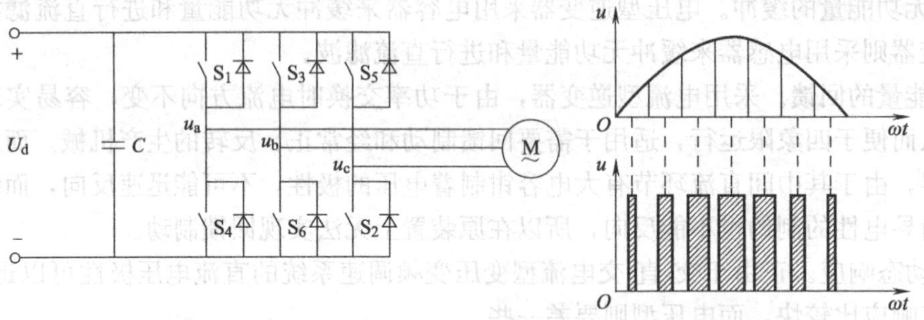

a)主电路拓扑结构　　b)PWM调制原理

图 1-15　PWM 逆变器的主电路拓扑结构及工作原理

(2) PWM 调制方法

由于 PWM 变频器能克服晶闸管变频器的不足，性能得到很大提高，因此引起人们的重视，相继开发出许多种 PWM 调制方法。这里简要介绍几种主要方法。

1）正弦波脉宽调制（SPWM）方法。这种方法的基本原理如上所述，SPWM 控制技术有单极性控制和双极性控制两种方式。如果在正弦调制波的半个周期内，三角载波只在正或负的一种极性范围内变化，所得到的 SPWM 波也只处于一个极性的范围内，称为单极性控制方式。如果在正弦调制波半个周期内，三角载波在正负极性之间连续变化，则 SPWM 波也在正负之间变化，称为双极性控制方式。三相桥式 SPWM 逆变器一般都采用双极性控制方式。

SPWM 控制电路可采用模拟电路或数字控制来实现。采用模拟电路的 SPWM 调制器的原理框图如图 1-16a 所示，由三角波发生器产生高频等幅的三角波信号 u_T，正弦波发生器按其输入的控制信号 U_c 产生频率和幅值可变的正弦调制信号 u_M，两者经比较器比较后产生 SPWM 脉冲信号，再由逻辑电路将 SPWM 脉冲分配到主电路去触发相应的开关器件，使其导通或关断，从而在逆变器输出近似正弦的电压或电流波形。图 1-16b 给出了采用双极性控制方式的 SPWM 电压型逆变器的输出波形，其中：u_{Ma}、u_{Mb}、u_{Mc} 为 a、b、c 三相的正弦调制波，u_T 为双极性三角载波；u_{a0}、u_{b0}、u_{c0} 分别为三相输出与电源中性点之间的相电压矩形波形；u_{ab} 为输出线电压矩形波形，其脉冲幅值为 $\pm U_d$；u_a 为 a 相输出的相电压。

如果采用数字控制，有多种方法可以选择。早期只是把模拟电路的实现方法数字化，称作“自然采样法”[2]。自然采样法的运算比较复杂，在工程上更实用的是简化后的“规则采样法”[2]，由于简化方法的不同，衍生出多种规则采样法[7]。由于 SPWM 变压变频器的应用非常广泛，已制成多种专用集成电路芯片作为 SPWM 信号的发生器[4]，后来更进一步把它做在微机芯片里面，生产出多种带 SPWM 信号输出口的电机控制用的 8 位、16 位微机和 DSP 芯片。

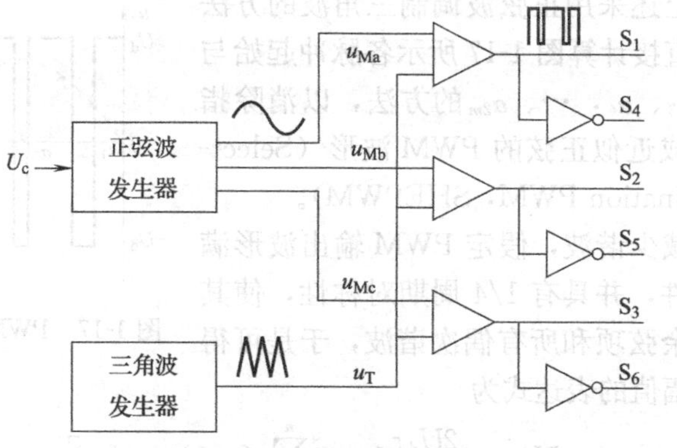

a)SPWM调制器的原理框图

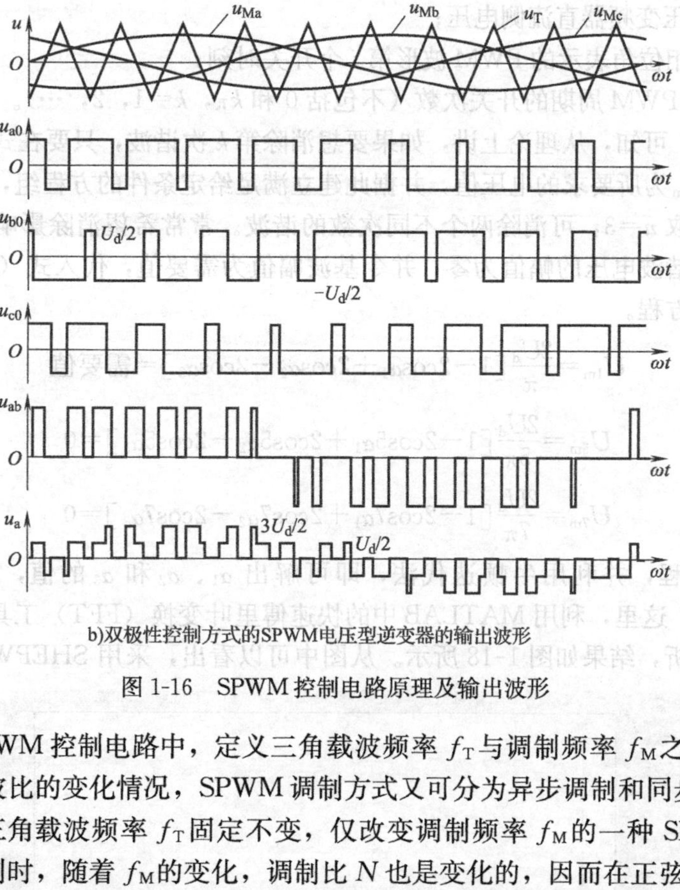

b)双极性控制方式的SPWM电压型逆变器的输出波形

图 1-16　SPWM 控制电路原理及输出波形

此外，在 SPWM 控制电路中，定义三角载波频率 f_T 与调制频率 f_M 之比 $N=f_T/f_M$ 为载波比，根据载波比的变化情况，SPWM 调制方式又可分为异步调制和同步调制两种方式。异步调制是保持三角载波频率 f_T 固定不变，仅改变调制频率 f_M 的一种 SPWM 调制方式，较为简单。但调制时，随着 f_M 的变化，调制比 N 也是变化的，因而在正弦调制波半个周期内，SPWM 脉冲数随着 f_M 的升高而减少，并且正负半周期内脉冲不对称，相位也不固定，特别是高频调制时，上述问题更为严重。同步调制是同时改变载波频率 f_T 和调制频率 f_M，使调制比 N 保持不变。这样，在整个调制过程中，SPWM 脉冲数对称不变，且相位固定。但当逆变器输出频率很低时，同步调制的载波频率也随之降低，使输出谐波增大。为此，发展了分段同步调制和混合调制等办法[2]，以改善输出波形。

2）消除指定次数谐波的 PWM（SHEPWM）控制方法。脉宽调制（PWM）的目的是使变压变频器输出的电压波形尽量接近正弦波，减少谐波，以满足交流电动机的需要。要达到这一目的，除了上述采用正弦波调制三角波的方法以外，还可以采用直接计算图 1-17 所示各脉冲起始与终了相位 α_1、α_2、α_3、α_4，…、α_{2m}的方法，以消除指定次数的谐波，构成近似正弦的 PWM 波形（Selected Harmonics Elimination PWM，SHEPWM）。

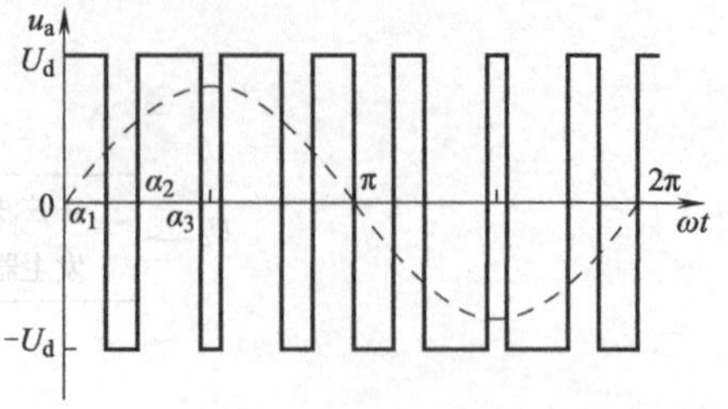

图 1-17　PWM 变频器输出的相电压波形

为简化控制并减少谐波，假定 PWM 输出波形满足狄利克雷充分条件，并具有 1/4 周期对称性，使其傅里叶级数不存在余弦项和所有偶次谐波，于是可得相电压第 k 次谐波幅值的表达式为

$$U_{km}=\frac{2U_d}{k\pi}\left[1+2\sum_{i=1}^{n}(-1)^i\cos k\alpha_i\right] \tag{1-24}$$

式中　U_d——变压变频器直流侧电压；

α_i——以相位角表示的 PWM 波形第 i 个开关时刻；

n——1/4PWM 周期的开关次数（不包括 0 和 $k\pi$，$k=1$，2，…）。

由式（1-24）可知，从理论上讲，如果要想消除第 k 次谐波，只要在式中令 $U_{km}=0$，并满足基波幅值 U_{1m}为所要求的电压值，并据此建立满足给定条件的方程组，求解出相应的 α_i 值即可。例如，取 $n=3$，可消除两个不同次数的谐波。常常希望消除影响最大的 5 和 7 次谐波，就让这些谐波电压的幅值为零，并令基波幅值为需要值，代入式（1-24），可得一组三角函数的联立方程。

$$U_{1m}=\frac{2U_d}{\pi}[1-2\cos\alpha_1+2\cos\alpha_2-2\cos\alpha_3]=\text{需要值}$$

$$U_{5m}=\frac{2U_d}{5\pi}[1-2\cos5\alpha_1+2\cos5\alpha_2-2\cos5\alpha_3]=0$$

$$U_{7m}=\frac{2U_d}{7\pi}[1-2\cos7\alpha_1+2\cos7\alpha_2-2\cos7\alpha_3]=0$$

根据这些方程，并利用牛顿迭代法，即可解出 α_1、α_2 和 α_3 的值，从而实现电路的 SHEPWM 控制。这里，利用 MATLAB 中的快速傅里叶变换（FFT）工具，对逆变器输出波形进行谐波分析，结果如图 1-18 所示。从图中可以看出，采用 SHEPWM 控制后，基波

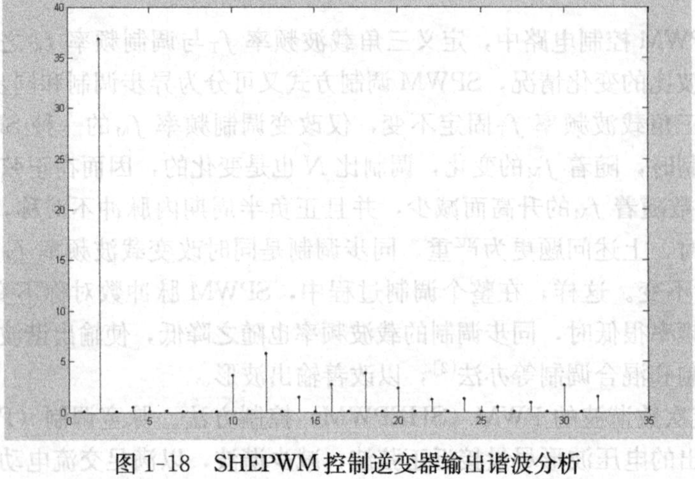

图 1-18　SHEPWM 控制逆变器输出谐波分析

分量占输出的绝大部分，5 次和 7 次谐波为零，这和期望的结果完全吻合。

这样的数值计算法在理论上虽能消除所指定次数的谐波，但更高次数的谐波却可能反而增大，不过它们对电动机电流和转矩的影响已经不大，所以这种控制技术的效果还是不错的。由于上述数值求解方法的复杂性，而且对应于不同基波频率应有不同的基波电压幅值，求解出的脉冲开关时刻也不一样。所以这种方法不宜用于实时控制，需用计算机离线求出开关角的数值，放入微机内存，以备控制时调用。

3）PWM 跟踪控制方法。PWM 跟踪控制方法的基本思想是以希望逆变器输出的电压或电流波形作为指令信号，将检测的实际电压或电流作为反馈信号，通过两者的瞬时值比较来决定逆变器各开关器件的通断，使实际的输出跟踪指令信号的变化。在跟踪控制法中常用滞环比较方式或三角波比较方式[2]。这里，仅以电流滞环跟踪 PWM（Current Hysteresis Band PWM，CHBPWM）为例介绍 PWM 跟踪控制方法。

CHBPWM 控制的电路原理如图 1-19a 所示，采用滞环比较器（HBC），环宽为 $2h$，作为电流控制器。图中仅以 a 相为例，b、c 二相的原理图均与此相同。

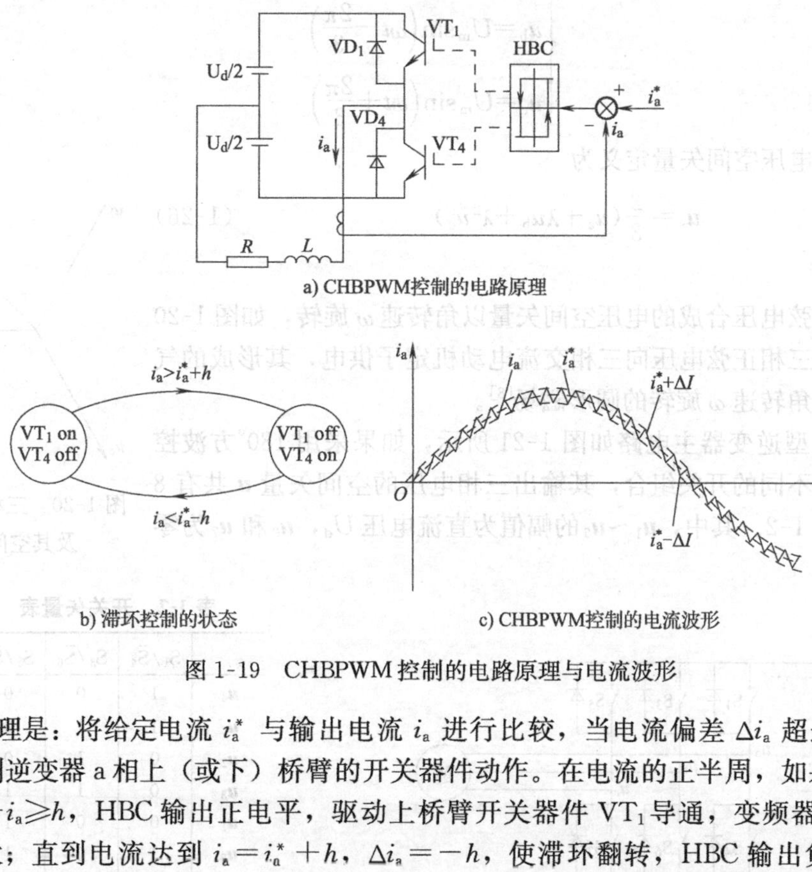

a) CHBPWM控制的电路原理

b) 滞环控制的状态　　c) CHBPWM控制的电流波形

图 1-19　CHBPWM 控制的电路原理与电流波形

其原理是：将给定电流 i_a^* 与输出电流 i_a 进行比较，当电流偏差 Δi_a 超过 $\pm h$ 时，由 HBC 控制逆变器 a 相上（或下）桥臂的开关器件动作。在电流的正半周，如果 $i_a < i_a^*$，且 $\Delta i_a = i_a^* - i_a \geqslant h$，HBC 输出正电平，驱动上桥臂开关器件 VT_1 导通，变频器输出正电压，使 i_a 增大；直到电流达到 $i_a = i_a^* + h$，$\Delta i_a = -h$，使滞环翻转，HBC 输出负电平，关断 VT_1，并经延时后驱动 VT_4，但此时 VT_4 因电流 i_a 不会反向而不能导通，而是通过二极管 VD_4 续流，使 i_a 逐渐减小，直到 $i_a = i_a^* - h$，到达滞环偏差的下限值，使 HBC 再翻转，又重复使 VT_1 导通。这样，VT_1 与 VD_4 交替工作，使输出电流 i_a 与给定值 i_a^* 之间的偏差保持在 $\pm h$ 范围内，在正弦波 i_a^* 上下作锯齿状变化。同理，在电流负半周，则通过 VT_4 和 VD_1 交替工作，继续使输出电流 i_a 在正弦波 i_a^* 上下作锯齿状变化。总之，在 HBC 的控制下，电

路始终处于两种开关状态进行换流（见图 1-19b），输出电流 i_a 始终跟随给定的正弦波变化（见图 1-19c）。

电流跟踪控制的精度与滞环的环宽有关，同时还受到开关器件允许开关频率的制约。当环宽 $2h$ 选得较大时，可降低开关频率，但电流波形失真较多，谐波分量高；如果环宽太小，电流波形虽然较好，却使开关频率增大了，这是一对矛盾。实用中，应在充分利用器件开关频率的前提下，正确地选择尽可能小的环宽[1]。

4）电压空间矢量 PWM（Space Vector PWM，SVPWM）控制技术（或称磁链跟踪控制技术）。SVPWM 控制法与载波调制等方法不同，它是从电动机的角度出发，着眼于如何使电动机获得幅值恒定的圆形旋转磁场，即以三相对称正弦波电压供电时交流电动机的理想圆形磁通为基准，用逆变器不同的开关模式所产生的实际磁通去逼近基准圆磁通，由比较的结果决定逆变器的开关，形成 PWM 波形。

设三相对称正弦电压的瞬时值为

$$\begin{cases} u_a = U_m \sin\omega t \\ u_b = U_m \sin\left(\omega t - \dfrac{2\pi}{3}\right) \\ u_c = U_m \sin\left(\omega t + \dfrac{2\pi}{3}\right) \end{cases} \tag{1-25}$$

则它们对应的电压空间矢量定义为

$$\boldsymbol{u}_s = \frac{2}{3}(u_a + \lambda u_b + \lambda^2 u_c) \tag{1-26}$$

式中　$\lambda = e^{j2\pi/3}$

由三相正弦电压合成的电压空间矢量以角转速 ω 旋转，如图 1-20 所示。如果用三相正弦电压向三相交流电动机定子供电，其形成的气隙磁场也是以角转速 ω 旋转的圆形磁场[8]。

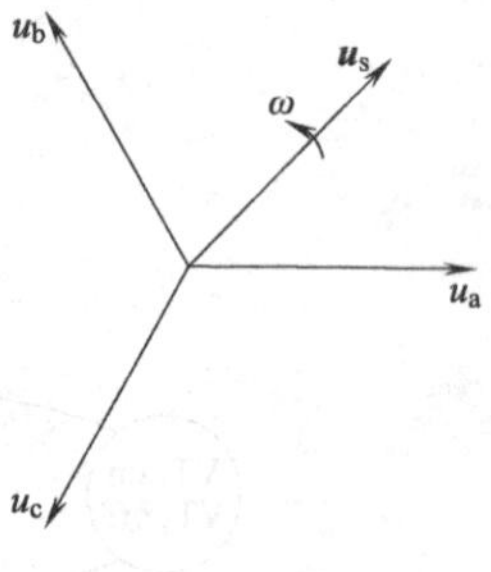

图 1-20　三相正弦电压及其空间矢量

三相电压型逆变器主电路如图 1-21 所示，如果采用 180°方波控制方式，根据不同的开关组合，其输出三相电压的空间矢量 $\boldsymbol{u}$ 共有 8 种状态，见表 1-2。其中，$\boldsymbol{u}_1$～$\boldsymbol{u}_6$ 的幅值为直流电压 U_d，$\boldsymbol{u}_0$ 和 $\boldsymbol{u}_7$ 为零矢量。

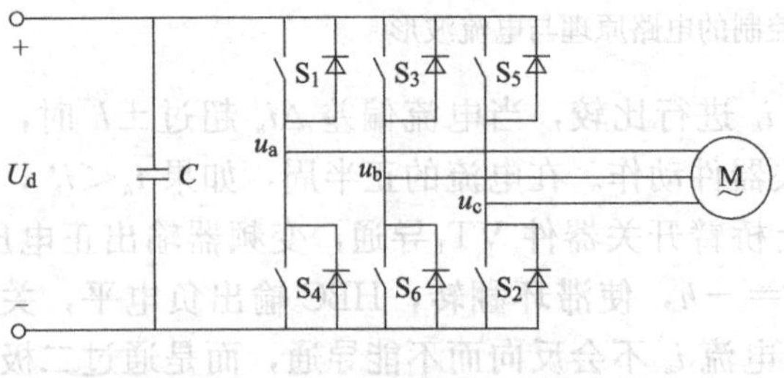

图 1-21　三相电压型逆变器主电路

表 1-2　开关矢量表

	$S_1/\overline{S}_4$	$S_3/\overline{S}_6$	$S_5/\overline{S}_2$
$\boldsymbol{u}_4$	1	0	0
$\boldsymbol{u}_6$	1	1	0
$\boldsymbol{u}_2$	0	1	0
$\boldsymbol{u}_3$	0	1	1
$\boldsymbol{u}_1$	0	0	1
$\boldsymbol{u}_5$	1	0	1
$\boldsymbol{u}_0$	0	0	0
$\boldsymbol{u}_7$	1	1	1

根据电压型六拍逆变器的换流过程，其电压空间矢量为一个正六边形，如图 1-22 所示。由于六拍逆变器的电压矢量的轨迹不是一个圆，因而其定子磁链也非圆形的旋转磁场，由此

使电动机产生脉动转矩。为了减小电动机的转矩脉动，提出了 SVPWM 控制技术，使输出的电压矢量接近圆形。

SVPWM 控制的基本思想是：将由基本电压空间矢量构成的六边形的六个扇区（见图 1-23）进一步细分，在每个扇区中再插入一些中间矢量，这些中间矢量由八个基本电压矢量的线性组合产生，构成一个多边形来逼近圆形，如图 1-24 所示。

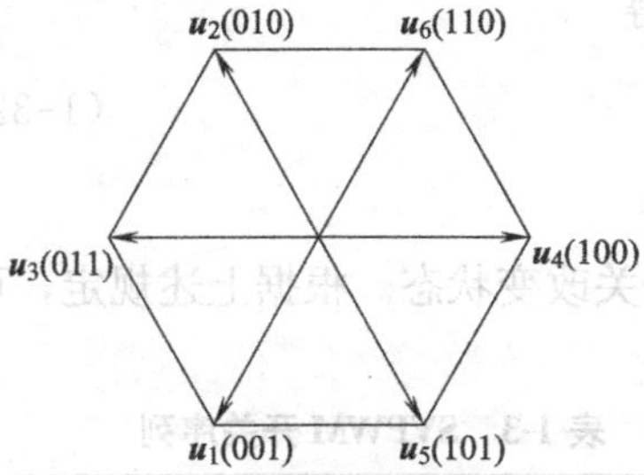

图 1-22　六拍逆变器的输出电压矢量图

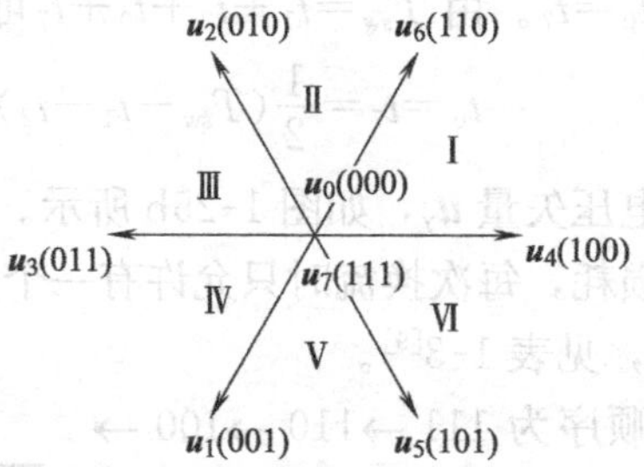

图 1-23　基本电压空间矢量

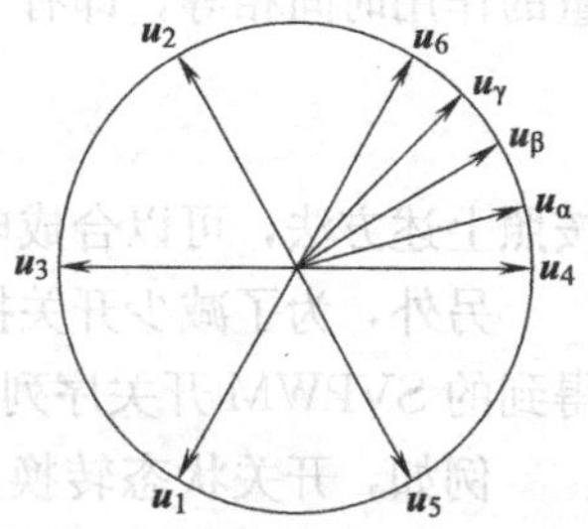

图 1-24　圆形电压轨迹的逼近

假定在每个扇区中插入两个电压矢量，设 $\boldsymbol{u}_\alpha$ 为初始状态，$\boldsymbol{u}_\beta$ 为第 2 状态，$\boldsymbol{u}_\gamma$ 为第 3 状态，$\boldsymbol{u}_\delta$ 为结束状态。中间矢量的组合方式如图 1-25 所示，在扇区Ⅰ内，控制主电路的开关状态使电压矢量 $\boldsymbol{u}_6$ 作用 t_1 时间，$\boldsymbol{u}_4$ 作用 t_2 时间，使两个电压矢量合成的电压矢量的幅值等于 $\boldsymbol{u}_s$，相位 $\theta_\beta=\omega T_{sw}$（$T_{sw}$ 为合成矢量的作用时间），且有 $\theta_\beta<\pi/3$，t_1 和 $t_2<T_{sw}$，即有

$$\boldsymbol{u}_\beta=\frac{t_1}{T_{sw}}\boldsymbol{u}_6+\frac{t_2}{T_{sw}}\boldsymbol{u}_4=\boldsymbol{u}_s \tag{1-27}$$

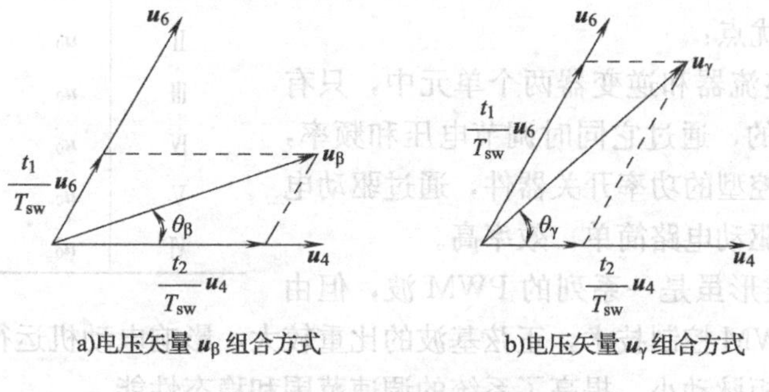

图 1-25　电压空间矢量的合成

按图 1-25a 所示的电压空间矢量关系，各电压的相位关系为：$\boldsymbol{u}_4=U_4\angle 0°$，$\boldsymbol{u}_6=U_6\angle 60°$ 和 $\boldsymbol{u}_\beta=\boldsymbol{u}_s=U_s\angle\theta_\beta$。由图 1-21 表示的逆变器所提供是幅值为 U_d 的方波交流电压，即有 $U_4=U_6=U_d$，则三相合成电压的幅值为

$$U_s=\frac{\sqrt{3}}{2}mU_d \tag{1-28}$$

式中　m——调制比。

将式（1-27）用直角坐标系表示为

$$t_1U_d\begin{pmatrix}\cos60°\\ \sin60°\end{pmatrix}+t_2U_d\begin{pmatrix}\cos0°\\ \sin0°\end{pmatrix}=T_{sw}m\frac{\sqrt{3}}{2}U_d\begin{pmatrix}\cos\theta_\beta\\ \sin\theta_\beta\end{pmatrix} \tag{1-29}$$

由式（1-29）可解出

$$t_1 = T_{sw} m \sin\theta_\beta \tag{1-30}$$

$$t_2 = T_{sw} m \sin(60° - \theta_\beta) \tag{1-31}$$

根据式（1-30）和式（1-31）可计算出插入中间矢量的作用时间，也就是PWM的脉冲时间。为了保证同一桥臂的上下两个开关器件不会出现短路，每次调制时总是从零矢量开始，又以零矢量来结束。例如，从$\boldsymbol{u}_0$开始到$\boldsymbol{u}_7$结束，或从$\boldsymbol{u}_7$开始到$\boldsymbol{u}_0$结束。通常两个零矢量的作用时间相等，即有$t_0 = t_7$。由$T_{sw} = t_1 + t_2 + t_0 + t_7$可得

$$t_0 = t_7 = \frac{1}{2}(T_{sw} - t_1 - t_2) \tag{1-32}$$

按照上述方法，可以合成电压矢量$\boldsymbol{u}_\gamma$，如图1-25b所示。

另外，为了减少开关损耗，每次换流时只允许有一个开关改变状态。根据上述规定，可得到的SVPWM开关序列，见表1-3[9]。

例如，开关状态转换顺序为111 →110 →100 →000；或者为111 →110 →010 →000。

根据开关序列表，可以组合成相应的电压空间矢量，使其构成的多边形逼近圆形。由此可见，采用SVPWM调制方法，所组成的中间电压矢量越多，就越接近圆形。但这需要高频的开关切换。现在，实现SVPWM调制的方法很多，具体的控制策略请读者参阅文献[9]，这里不再赘述。

表1-3 SVPWM开关序列

扇区	$\boldsymbol{u}_\alpha$	$\boldsymbol{u}_\beta$	$\boldsymbol{u}_\gamma$	$\boldsymbol{u}_\delta$
Ⅰ	$\boldsymbol{u}_7$	$\boldsymbol{u}_6$	$\boldsymbol{u}_4$	$\boldsymbol{u}_0$
Ⅱ	$\boldsymbol{u}_7$	$\boldsymbol{u}_6$	$\boldsymbol{u}_2$	$\boldsymbol{u}_0$
Ⅲ	$\boldsymbol{u}_7$	$\boldsymbol{u}_3$	$\boldsymbol{u}_2$	$\boldsymbol{u}_0$
Ⅳ	$\boldsymbol{u}_7$	$\boldsymbol{u}_3$	$\boldsymbol{u}_1$	$\boldsymbol{u}_0$
Ⅴ	$\boldsymbol{u}_7$	$\boldsymbol{u}_5$	$\boldsymbol{u}_1$	$\boldsymbol{u}_0$
Ⅵ	$\boldsymbol{u}_7$	$\boldsymbol{u}_5$	$\boldsymbol{u}_4$	$\boldsymbol{u}_0$
Ⅰ	$\boldsymbol{u}_0$	$\boldsymbol{u}_4$	$\boldsymbol{u}_6$	$\boldsymbol{u}_7$
Ⅱ	$\boldsymbol{u}_0$	$\boldsymbol{u}_2$	$\boldsymbol{u}_6$	$\boldsymbol{u}_7$
Ⅲ	$\boldsymbol{u}_0$	$\boldsymbol{u}_2$	$\boldsymbol{u}_3$	$\boldsymbol{u}_7$
Ⅳ	$\boldsymbol{u}_0$	$\boldsymbol{u}_1$	$\boldsymbol{u}_3$	$\boldsymbol{u}_7$
Ⅴ	$\boldsymbol{u}_0$	$\boldsymbol{u}_1$	$\boldsymbol{u}_5$	$\boldsymbol{u}_7$
Ⅵ	$\boldsymbol{u}_0$	$\boldsymbol{u}_4$	$\boldsymbol{u}_5$	$\boldsymbol{u}_7$

PWM变频器的应用之所以如此广泛，是由于它具有如下的一系列优点：

1）在主电路整流器和逆变器两个单元中，只有逆变器单元是可控的，通过它同时调节电压和频率，结构简单。采用全控型的功率开关器件，通过驱动电压脉冲进行控制，驱动电路简单，效率高。

2）输出电压波形虽是一系列的PWM波，但由于采用了恰当的PWM控制技术，正弦基波的比重较大，影响电动机运行的低次谐波受到很大的抑制，因而转矩脉动小，提高了系统的调速范围和稳态性能。

3）逆变器同时实现调压和调频，动态响应不受中间直流环节滤波器参数的影响，系统的动态性能也得以提高。

4）采用不可控的二极管整流器，电源侧功率因数较高，且不受逆变器输出电压大小的影响。

3. 双PWM变频器

双PWM变频器的基本结构如图1-26所示，变频器的整流电路也由全控型器件，比如IGBT组成，并采用PWM控制，由此可实现电能在电网和负载之间的双向流动。双PWM变频器有两种工作模式：

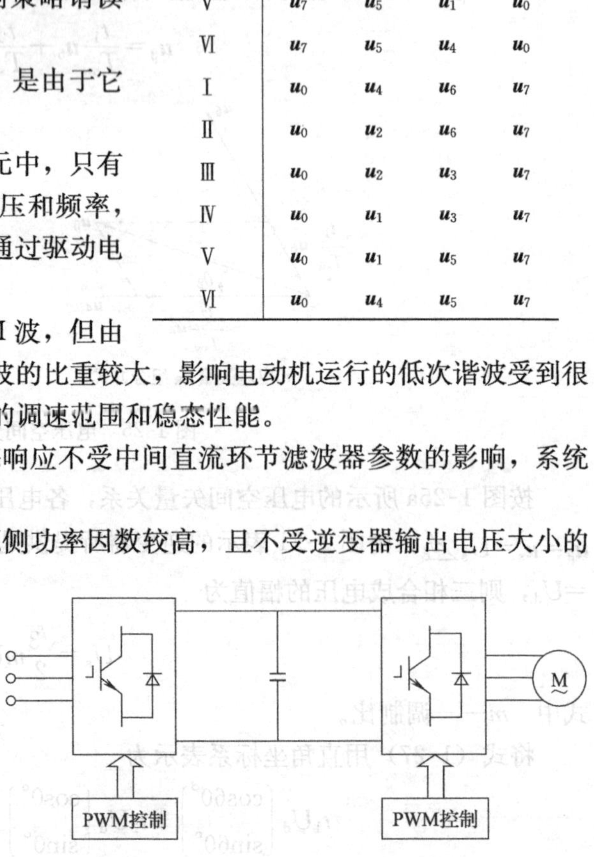

图1-26 双PWM变频器的基本结构

1）当电动机电动运行时，对变频器的网侧变流器进行 PWM 整流控制，将电压和频率恒定的交流电变成直流电，负载侧变流器进行 PWM 逆变控制，输出电压和频率可调的交流电，此时电能由电网向电动机传递。

2）当电动机发电运行时，则反过来对变频器的负载侧变流器进行 PWM 整流控制，将交流电变成直流电，网侧变流器进行 PWM 逆变控制，输出电压和频率恒定的交流电反馈回电网，此时电能由电动机向电网传递。

双 PWM 变频器的特点是：

1）可方便地实现四象限运行；

2）采用 PWM 整流控制，可任意调节网侧功率因数，使功率因数小于 1、等于 1 或大于 1。

3）可大大减小电流谐波。

4. 多电平逆变器

对于高压（电压等级为 3kV、6kV 或更高）和大容量（功率等级在数百千瓦以上）应用场合，上述两电平变频器，则需要采用耐压高的大功率开关器件，而且需要解决开关器件串联或并联使用时的导通和关断同步问题。另外，由于存在很高的 dv/dt 和共模电压，这对电机绕组绝缘构成了威胁。为了解决上述问题，自 20 世纪 80 年代以来，研究和发展了多电平技术，构造了各种多电平逆变器[10]，主要有二极管钳位式、电容钳位式和级联式等电路拓扑结构。

目前在高压大功率电力传动系统中常用三电平逆变器，图 1-27 给出了一个典型的采用二极管中点钳位式的三电平逆变器的拓扑结构。该逆变器每一相由四个开关器件、四个续流二极管和两个钳位二极管来构成，其换流模式有三种形式：

1）当 VT_{a1}、VT_{a2} 导通，VT_{a3}、VT_{a4} 关断时，$u_{ao}=U_d/2$。

2）当 VT_{a2}、VT_{a3} 导通，VT_{a1}、VT_{a4} 关断时，$u_{ao}=0$。

3）当 VT_{a3}、VT_{a4} 导通，VT_{a1}、VT_{a2} 关断时，$u_{ao}=-U_d/2$。

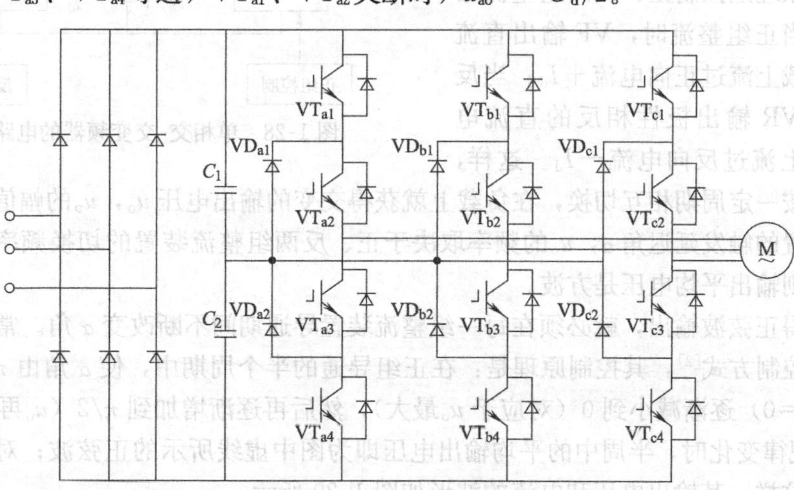

图 1-27　二极管中点钳位式三电平逆变器的拓扑结构

可见其每相能够输出三个电平，钳位二极管在负载电流反向时可起到钳位和续流的作用。

多电平的调制方法可将上述两电平的 PWM 控制思想推广到多电平逆变器的控制中。但由于多电平逆变器的PWM控制方法是和其拓扑紧密联系的，不同的拓扑有不同的特点，从而也就具有不同的控制要求。但归纳起来，多电平逆变器的PWM控制技术主要对两方面目标进行控制：第一，对输出电压的控制，即变流器输出的脉冲序列在伏秒意义上与目标参考波形等效；第二，针对变流器本身正常运行的控制，包括直流电容的均压控制、输出谐波控制、所有功率开关的输出功率平衡控制以及器件的开关损耗控制等。

目前，多电平逆变器的PWM控制方法主要分为两大类：载波调制法和电压空间矢量（SVPWM）法[10]。载波调制法又有载波移相法（Phase Shifted Carrier PWM）和载波层叠法（Carrier Disposition PWM）之分；多电平空间矢量调制法也有不同的实现途径。

多电平逆变器的优点主要有：

1）多电平逆变器对器件的耐压要求不高，其开关器件所承受的关断电压由所串联的各开关器件分担。

2）多电平逆变器输出的负载相电压为多电平的阶梯波，相对于两电平电路其输出波形阶梯增多，其形状更接近于正弦波，且阶梯波调制时，开关损耗小，效率高。

3）多电平逆变器随着输出电平数的增加，各电平幅值变化降低，这就使得它对外围电路的干扰小，对电机的冲击小，在开关频率附近的谐波幅值也小。其形状更接近于正弦波。在开关频率相同的条件下，谐波比两电平电路要小得多。

1.3.2.2　交-交变频器

交-直-交变频器由于存在直流环节，带来转换损耗和时滞效应。而交-交变频器可省去直流环节，可提高一次功率变换效率和加快响应速度。

交-交变频器是由正、反两组晶闸管可控整流装置反并联组成的可逆电路。图1-28给出了一个单相交-交变频器的电路结构，它由两组晶闸管整流电路反并联组成，其基本原理是控制正、反两组整流器轮流工作，当正组整流时，VF输出直流电压，在负载上流过正向电流$+I_d$；当反组整流时，VR输出极性相反的直流电压，在负载上流过反向电流$-I_d$。这样，正、反两组按一定周期相互切换，在负载上就获得交变的输出电压u_o，u_o的幅值取决于各组可控整流装置的触发延迟角α，u_o的频率取决于正、反两组整流装置的切换频率。如果α角一直不变，则输出平均电压是方波。

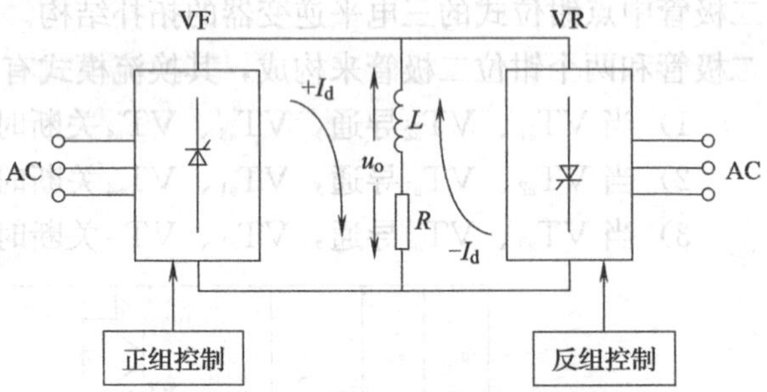

图1-28　单相交-交变频器的电路结构

如要获得正弦波输出，就必须在每一组整流装置导通期间不断改变α角。常用的方法是采用α调制控制方式[2]，其控制原理是：在正组导通的半个周期中，使α角由$\pi/2$（对应于平均电压$u_o=0$）逐渐减小到0（对应于u_o最大），然后再逐渐增加到$\pi/2$（u_o再变为0），当α角按正弦规律变化时，半周中的平均输出电压即为图中虚线所示的正弦波；对反组负半周的控制也是这样，其输出电压和电流的波形如图1-29所示。

三相交-交变频电路可以由3个单相交-交变频电路组成，其电路结构如图1-30所示。如果每组可控整流装置都用桥式电路，含6个晶闸管（当每一桥臂都是单管时），则三相可逆电路共需36个晶闸管，即使采用零式电路也需18个晶闸管。

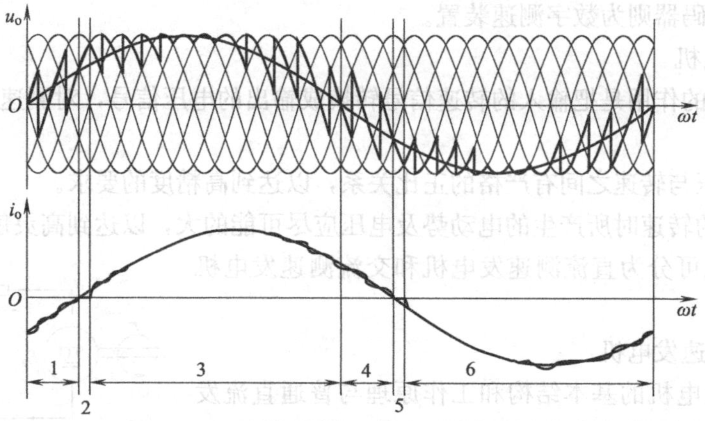

图 1-29　采用 α 调制的输出电压和电流的波形

与交-直-交变频器相比，交-交变频器的优点是：

1）采用电网自然换流，由一次换流即可实现变压变频，换流效率高。

2）能量回馈方便，容易实现四象限运行。

3）低频时输出波形接近正弦。

但是，交-交变频器也存在一些缺点：

1）使用晶闸管数量多，接线复杂。

2）输出频率范围窄，只能在 1/2～1/3 电网频率以下调频。

3）由于采用相控整流，功率因数低。

由此，采用晶闸管的普通交-交变频器常用于大功率低速电力传动系统，如大型碎矿机、水泥球磨机、卷扬机、矿井提升机、轧钢机、船舶电力推进等。

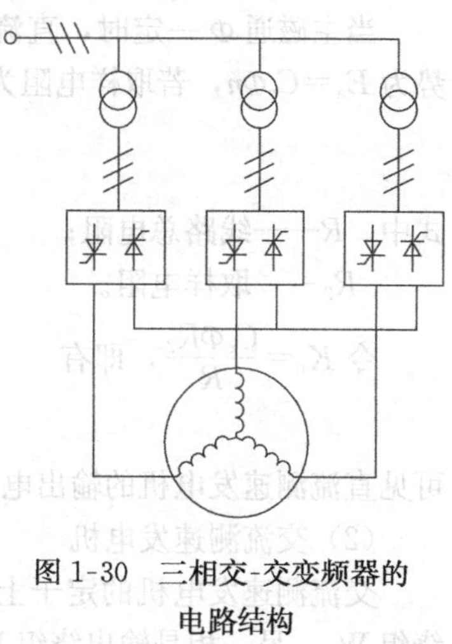

图 1-30　三相交-交变频器的电路结构

1.4　电力传动控制系统的检测方法

电力传动控制系统的闭环控制离不开信号检测和处理，通常需要检测的参数有电压、电流、频率、相位、磁场（磁链）、转速、转矩和位置等。

信号检测的方法有直接检测和间接检测两种：直接检测是采用各种传感器直接获取检测信号；间接检测是对于难于通过直接检测获得的信号，用其他可测信号通过数学模型和函数关系推算出所需信号。由于间接检测的基本原理是通过系统部分状态变量观测或估计系统状态，因此又称为状态观测器和估计器检测方法。

本节主要介绍最常用的参数检测和信号处理方法。

1.4.1　直接检测方法

1.4.1.1　转速检测传感器

常用的转速检测传感器有测速发电机、旋转编码器等。测速发电机输出的是转速的模拟量信号；旋转编码器则为数字测速装置。

1. 测速发电机

测速发电机的作用是把输入的转速信号转换成输出的电压信号，对测速发电机的基本要求是：

1）输出电压与转速之间有严格的正比关系，以达到高精度的要求。

2）在一定的转速时所产生的电动势及电压应尽可能的大，以达到高灵敏度的要求。

测速发电机可分为直流测速发电机和交流测速发电机两类。

（1）直流测速发电机

直流测速发电机的基本结构和工作原理与普通直流发电机相同，采用直流测速发电机检测转速的电路如图 1-31 所示。

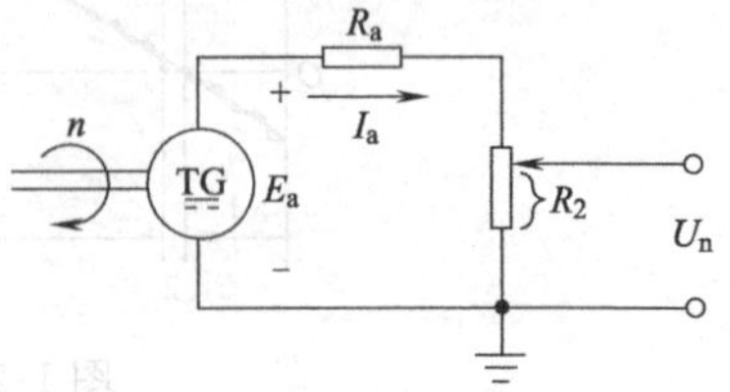

图 1-31 直流测速发电机检测转速的电路

当主磁通 Φ 一定时，直流发电机电枢绕组的感应电动势为 $E_a=C_e\Phi n$，若取样电阻为 R_2，则其输出电压为

$$U_n=I_aR_2=\frac{E_a}{R}R_2=\frac{C_e\Phi R_2}{R}$$

式中 R——线路总电阻；

R_2——取样电阻。

令 $K_n=\frac{C_e\Phi R_2}{R}$，即有

$$U_n=K_n n \tag{1-33}$$

可见直流测速发电机的输出电压 U_n 与转速 n 成正比。

（2）交流测速发电机

交流测速发电机的定子上嵌有两相绕组，一相是励磁绕组 W_1，另一相是输出绕组 W_2，它们在空间互差 90°电角度，如图 1-32 所示。

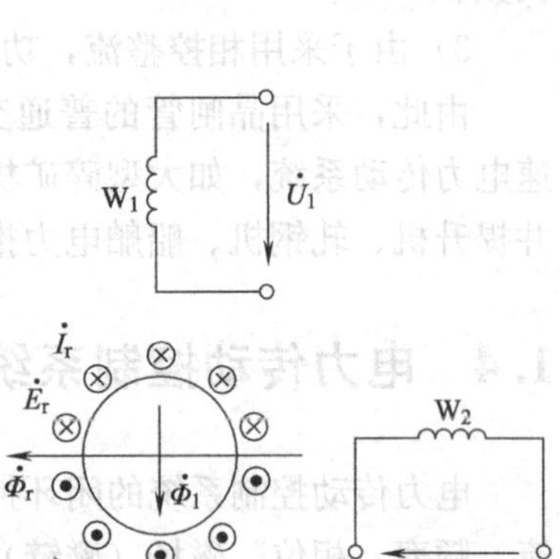

图 1-32 交流测速发电机的绕组结构

如果在励磁绕组上施加一频率为 f_1 的交流电压 $\dot{U}_1$，励磁绕组中便有交流电流流过，并产生脉振磁场 $\dot{\Phi}_1$。当转子以转速 n 旋转时，转子导体在脉振磁场 $\dot{\Phi}_1$ 中就要产生运动电动势 $\dot{E}_r$ 及转子电流 $\dot{I}_r$，而转子电流 $\dot{I}_r$ 又将产生转子磁通 $\dot{\Phi}_r$，显然 $\dot{\Phi}_r$ 正比于 $\dot{\Phi}_1$，并且两者均随时间在交变。从图 1-32 可以看出，$\dot{\Phi}_r$ 是沿输出绕组轴线方向的，它将匝链输出绕组 W_2，并产生感应电动势和输出电压 $\dot{U}_2$。在 $\dot{\Phi}_1$ 一定时，转速 n 越高，$\dot{E}_r$、$\dot{I}_r$ 就越大，所产生的 $\dot{\Phi}_r$ 也越大，输出电压 $\dot{U}_2$ 便越高，可见交流测速发电机的输出电压 $\dot{U}_2$ 与转速 n 成正比。

2. 旋转编码器

测速发电机常用于模拟控制系统中，而且测速精度有限。在数字测速中，常用光电式旋转编码器作为转速或转角的检测元件。光电式旋转编码器的测速原理如图 1-33 所示，在一个金属圆盘上开许多小槽，有槽的地方可以透光，其他地方不透光，光源 LED 与光电探测器分别放置在圆盘两边，当圆盘旋转时，利用透明区和不透明区光线穿越或被阻挡两种情况，光电探测器输出高、低两个电平的脉冲。

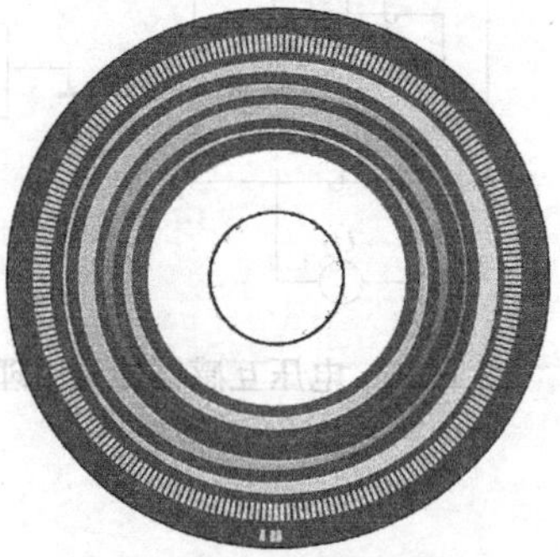

a)刻度转盘

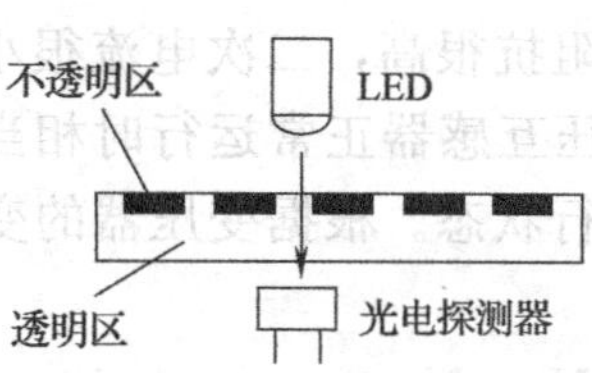

b)光电感应原理

图 1-33　光电式旋转编码器的测速原理

光电式旋转编码器也可利用光源对反射区与非反射区不同作用，以及干涉条纹来实现[12]。由光电式旋转编码器产生与被测转速成正比的脉冲，测速装置将输入脉冲转换为以数字形式表示的转速值。

1.4.1.2　电流和电压传感器

1. 电流互感器

电流互感器类似于一个升压变压器，它的一次绕组匝数 N_1 很少，一般只有一匝到几匝；二次绕组匝数 N_2 很多。使用时，一次绕组串联在被测线路中，流过被测电流，而二次绕组与电流表等阻抗很小的仪表接成闭路，如图 1-34 所示。若忽略励磁电流，根据磁动势平衡关系可得

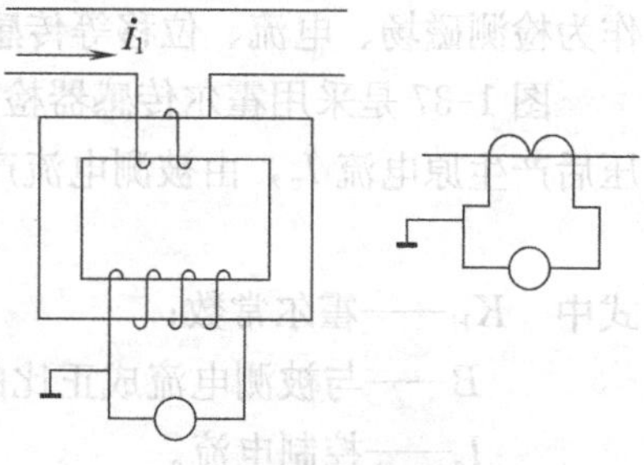

图 1-34　电流互感器的检测原理及电路符号

$$\frac{I_1}{I_2}=\frac{N_2}{N_1}=\frac{1}{k}$$

即

$$I_2=\frac{I_1}{k} \tag{1-34}$$

由式（1-34）可知，利用一、二次绕组的不同匝数，电流互感器可将线路上的大电流转成小电流来测量。电流互感器通常用来检测交流电流，图 1-35 给出了采用电流互感器检测三相交流电路电流的电路原理，由电流互感器检测到与三相交流电流成正比的交流电压 $\dot{U}_{\mathrm{i}}$，通过三相桥式二极管整流输出直流电压信号 U_{i}，

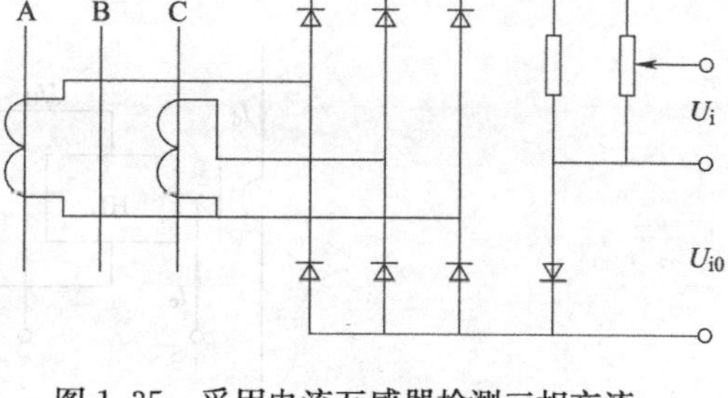

图 1-35　采用电流互感器检测三相交流电路电流的电路原理

另外还可输出零电流信号 U_{i0}。

2. 电压互感器

电压互感器实质上就是一个降压变压器，其工作原理和结构与双绕组变压器基本相同。图1-36是电压互感器的检测原理，它的一次绕组匝数 N_1 很多，直接并联到被测的高压线路上；二次绕组匝数 N_2 较少，接高阻抗的测量仪表（如电压表或其他仪表的电压线圈）。由于电压互感器的二次绕组所接仪表的阻抗很高，二次电流很小，近似等于零，所以电压互感器正常运行时相当于降压变压器的空载运行状态。根据变压器的变压原理，有

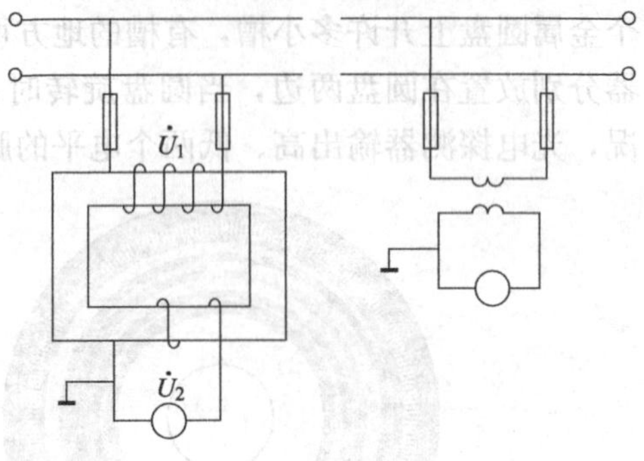

图 1-36 电压互感器检测原理及电路符号

$$\frac{U_1}{U_2}=\frac{N_1}{N_2}=k$$

或

$$U_2=\frac{U_1}{k} \tag{1-35}$$

式（1-35）表明，利用一、二次绕组的不同匝数，电压互感器可将高电压转换成低电压供测量等。电压互感器常用来检测交流电压。直流电压可采用电阻分压器法或电容分压器法等检测方法[13]。

3. 霍尔传感器

1879 年，霍尔（Edwin H. Hall）发现：当载流体或半导体处于与电流流向相垂直的磁场中时，在其两端将产生电位差，这一现象称为霍尔效应。利用霍尔效应制成的霍尔元件可作为检测磁场、电流、位移等传感器。

图 1-37 是采用霍尔传感器检测电流的电路。图中，HL 为霍尔元件，通过施加直流电压后产生原电流 I_c，由被测电流产生磁场，按霍尔效应输出相应的电位差 U_H，即有

$$U_H=K_H B I_c \tag{1-36}$$

式中 K_H——霍尔常数；

B——与被测电流成正比的磁感应强度；

I_c——控制电流。

由霍尔器件输出的电压 U_H 再经过放大器 A_1 放大后，输出电流检测信号 U_i。

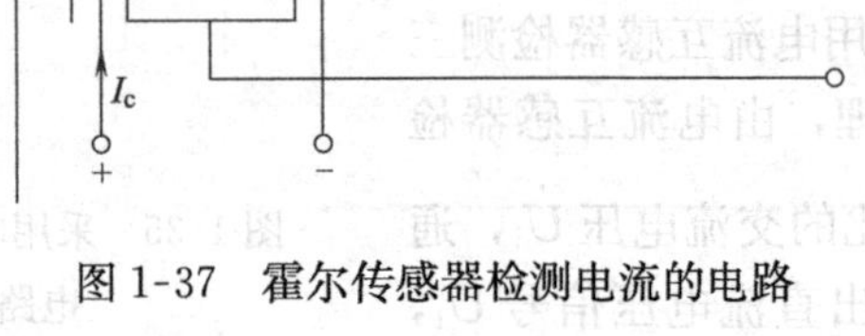

图 1-37 霍尔传感器检测电流的电路

1.4.1.3 磁链（磁场）传感器

磁感应强度和磁场强度的测量分为永久磁铁和通电线圈两种形式：

1）用永久磁铁作为磁感应传感器一般都由质子核磁共振仪来校准磁感应强度的量值，其误差为±0.01%～±0.001%。

2）利用通电线圈，比如螺旋管线圈和亥姆霍兹线圈，所产生的空间磁场可以感测磁场强度和磁感应强度。

传统的磁场测量方法有冲击法和磁通计法等[13]。

霍尔传感器也可用来检测磁场强度，其原理如上节所述，是利用霍尔元件输出的电压与被测磁感应强度成正比，通过检测霍尔传感器的输出电压实现磁场测量。采用霍尔传感器检测磁场的优点在于：它可以测量静态和动态磁场，简单方便。而采用冲击法或磁通量计法测量恒定磁场时，则需要人为地改变磁场，比较麻烦。因此，霍尔效应法是目前工程上最常用的磁场测量方法。

1.4.2 信号处理

通常，由传感器检测的信号还需对其进行处理，以使检测信息与系统相匹配。这个信号处理过程称为信号调节或调理，相应的信号处理电路则成为信号调节电路或信号调理电路。本节首先概要地介绍模拟信号和数字信号处理的基本过程，在此基础上讨论与电力传动控制系统密切相关的转速、频率和相位等信号的数字采集。

1.4.2.1 模拟信号处理

一般而言，模拟信号的处理过程如图 1-38 所示，主要由传感器和信号调节器所组成，由传感器检测的信号经信号调节器的处理，输出适合于传送、显示或存储的信息，并能与系统信号相匹配。

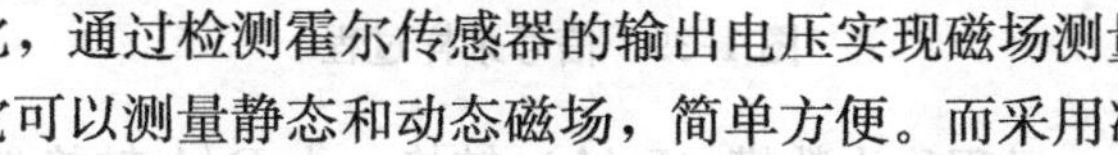

图 1-38 模拟信号的处理过程

信号调节器通常包括放大、电平转换、滤波、阻抗匹配、调制和解调等电路，可以根据实际需要选用其中的部分电路组成。

1.4.2.2 数字信号处理

目前，高性能的电力传动控制系统大都采用微机或 DSP 控制，因此，除了上述的模拟信号调理外，还需将模拟信号转换成与数字电路相匹配或计算机能够处理的数字信号，这一过程称为模数（A/D）转换。一般来说，A/D 转换主要有两个步骤：离散化和数字化。

1）离散化。为了把模拟的连续信号输入计算机，必须首先在具有一定周期的采样时刻对它们进行实时采样，形成一连串的脉冲信号，即离散的模拟信号，这就是离散化，如图 1-39a、b 所示。

2）数字化。采样后得到的离散信号本质上还是模拟信号，还需经过数字量化，即用一组数码（如二进制码）来逼近离散模拟信号的幅值，将它转换成数字信号，这就是数字化，如图 1-39c 所示。

另外，在数字控制系统中，还需要将计算机输出的数字信号转换为模拟信号，去驱动执

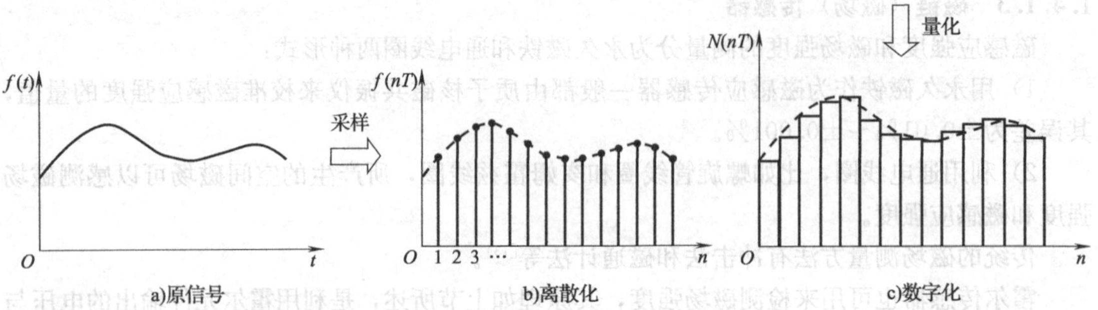

图 1-39 信号采样过程

行器完成控制任务，这一过程称为数模（D/A）转换。由 D/A 转换器输出的阶梯信号需要通过保持器将其转换为连续的模拟量。

有时，在多路数据采集电路中，为了使 A/D 转换期间输入的模拟信号保持不变，也需要在输入通道中增加采样保持器[14]。

离散化和数字化的结果导致了时间上和量值上的不连续性，从而引起下述的负面效应：

1）A/D 转换的量化误差。模拟信号可以有无穷多的数值，而数码总是有限的，用数码来逼近模拟信号是近似的，会产生量化误差，影响控制精度和平滑性。

2）D/A 转换的滞后效应。经过计算机运算和处理后输出的数字信号必须由 D/A 转换器和保持器将它转换为连续的模拟量，再经放大后驱动被控对象。但是，保持器会提高控制系统传递函数分母的阶次，使系统的稳定裕量减小，甚至会破坏系统的稳定性。

随着微电子技术的进步，微处理器的运算速度不断提高，其位数也不断增加，上述两个问题的影响已经越来越小。但微机数字控制系统的主要特点及其负面影响应在系统分析中引起重视，并在系统设计中予以解决。

1.4.2.3 频率和相位的数字检测

频率和相位是交流信号的主要参数，也是数字控制系统的重要参数，比如锁频控制和锁相环（PLL）技术，以及数字测速等。因此，频率和相位的检测很有用处。

1. 频率检测

频率是指单位时间内被测信号重复出现的次数，或者是指单位时间内脉冲振荡的次数，可表达为

$$f=\frac{N}{t} \tag{1-37}$$

式中 f——被测信号的频率；

N——脉冲个数或电振动次数；

t——产生 N 个脉冲或电振动的时间。

最常用的频率数字检测方法就是根据式（1-37）的频率定义设计的测量方法，如图1-40所示，由电平转换和整形电路将被测信号（交流或脉冲信号）转换成与数字计数器输入电平匹配的方波信号，采用数字计数器记录方波脉冲，计数器的工作受定时器设定的计数时间 T_c 控制，由此可记录在 T_c 时间内的脉冲或振动次数 N。由于该方法采用计数器，因此称为计数测量法。

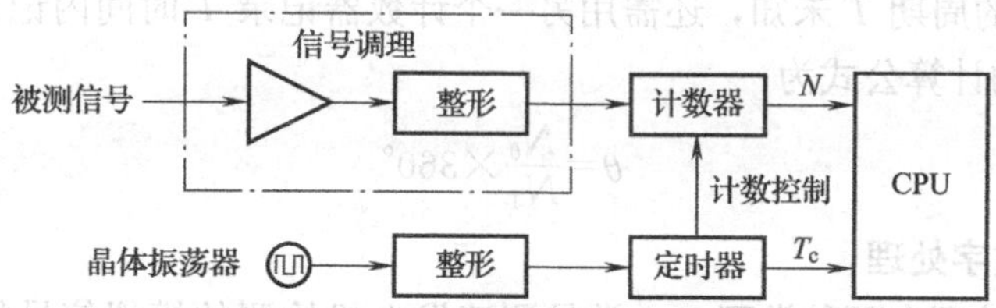

图 1-40　频率的计数测量法

根据式（1-37），计数测量法的频率计算公式为

$$f=\frac{N}{T_c} \tag{1-38}$$

2. 相位检测

设有两个交流信号 $u_1=\cos(\omega_1 t+\theta_1)$ 和 $u_2=\cos(\omega_2 t+\theta_2)$，根据三角公式可得

$$\cos(\omega t+\theta_1)\cos(\omega t+\theta_2)=\frac{1}{2}[\cos(\omega_1 t+\omega_2 t+\theta_1+\theta_2)+\cos(\omega_1 t-\omega_2 t+\theta_1-\theta_2)]$$

假定两个信号的频率相等，即 $\omega_1=\omega_2=\omega$，则上式变为

$$u_1 u_2=\frac{1}{2}[\cos(2\omega t+\theta_1+\theta_2)+\cos(\theta_1-\theta_2)]$$

上式表明，两个同频率的交流信号相乘得到一个两倍频的交流信号与一个它们之间相位差的信号。如果用一个滤波器去除两倍频交流信号，则可得相位差的函数关系

$$f(\theta)=\cos(\theta_1-\theta_2) \tag{1-39}$$

根据上述思路，可设计一个由乘法器和滤波器组成的相位检测电路[14]，其原理如图1-41所示。

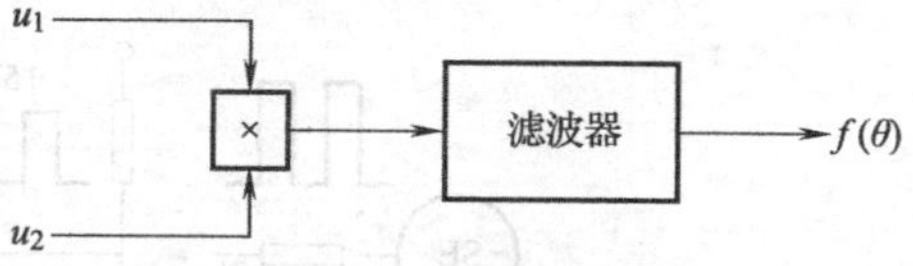

图 1-41　相位检测电路原理

但由上述电路所得到的仅是相位的模拟量测量值，对于数字系统，需要通过压控振荡器（VCO）或电压频率变换器（V/F）将模拟信号转换成脉冲信号，再由计数器记录该脉冲列，并计算出相位[14]。图 1-42 给出了一个采用相位—频率转换器检测相位的方法，被测信号由调理电路整形成方波信号，两个不同相位的方波信号经鉴相器输出相位相差的时间 T_θ，计数器被控制在 T_θ 时间内记录高频脉冲 f_0 的个数 N_θ，如果已知被测信号的周期 T，则相位的计算公式为

$$\theta=\frac{T_\theta}{T}\times 360°=\frac{360° N_\theta}{f_0 T} \tag{1-40}$$

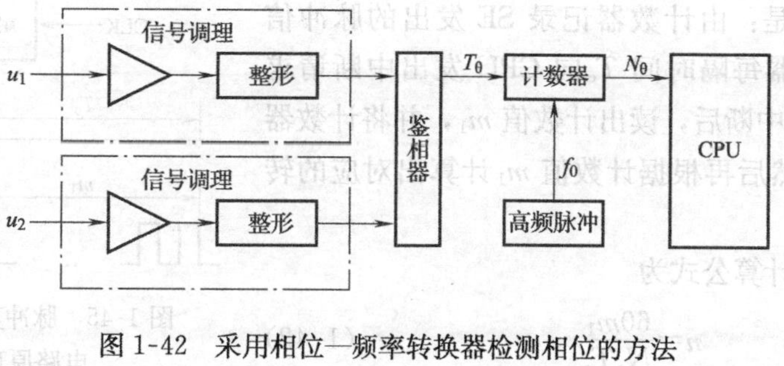

图 1-42　采用相位—频率转换器检测相位的方法

如果被测信号的周期 T 未知，还需用另一个计数器记录 T 时间内记录高频脉冲 f_0 的个数 N_T，这时相位的计算公式为

$$\theta=\frac{N_\theta}{N_T}\times 360^\circ \tag{1-41}$$

1.4.2.4 转速的数字处理

转速的数字化处理有两种类型：一类是测速发电机检测的模拟信号的 A/D 转换；另一类是各种旋转编码器脉冲信号的数字化处理。

1. 测速发电机的数字处理

如果微机控制的电力传动控制系统采用测速发电机作为转速传感器，其检测到的转速信号为模拟电压信号，需要转换为数字信号才能被计算机采集。其转换过程如图 1-43 所示，由测速发电机输出与转速成正比的直流电压经电压隔离和电平转换，再由 A/D 转换后成为数字信号，计算机的 CPU 通过 I/O 接口读入该数字信号作为转速反馈。

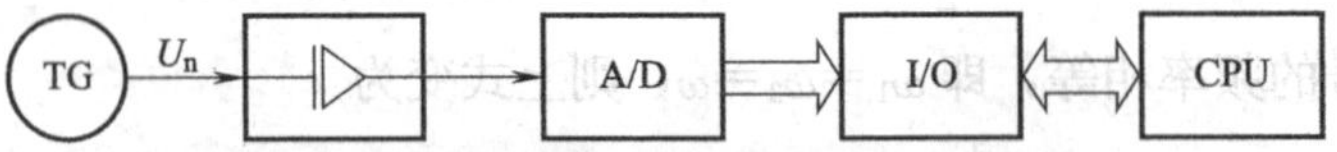

图 1-43 模拟测速信号的数字处理转换过程

2. 旋转编码器的数字转换

旋转编码器输出与转速成正比的脉冲信号，需要将脉冲信号转换为数字量。图 1-44 给出了频率数字（P/D）转换的电路原理，其转换过程为：由旋转编码器 SE 输出的脉冲经信号隔离和电平转换后，通过由计数器和逻辑电路组成 P/D 转换器向 CPU 输入转速数字信号。

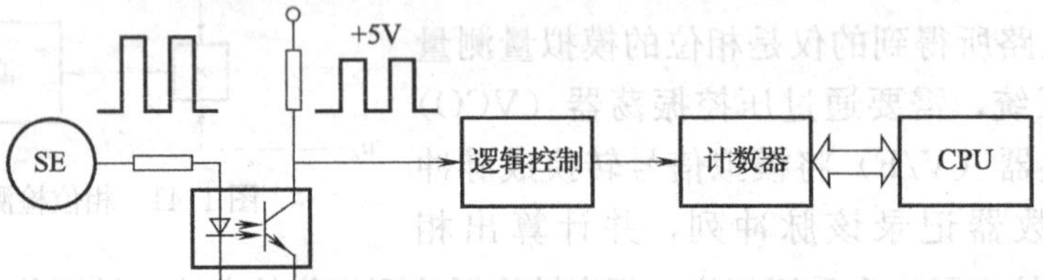

图 1-44 光电脉冲信号的频率数字转换的电路原理

脉冲数字（P/D）转换方法：

（1）M 法——脉冲直接计数方法

脉冲直接计数方法的电路原理与波形如图 1-45 所示。其工作原理是：由计数器记录 SE 发出的脉冲信号；另有一定时器每隔时间 T_c 向 CPU 发出中断请求 INT_t，CPU 响应中断后，读出计数值 m_1，并将计数器清零重新计数，然后再根据计数值 m_1 计算出对应的转速值 n。

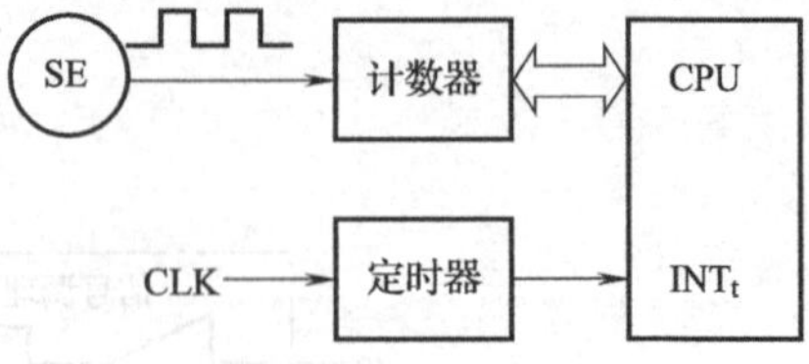

图 1-45 脉冲直接计数方法的电路原理与波形

M 法的转速计算公式为

$$n=\frac{60m_1}{N_s T_c} \tag{1-42}$$

式中 m_1——计数器所记录的脉冲数；

T_c——计数时间；

N_s——光电旋转编码器转盘的开槽数目，即转盘每转一圈输出的脉冲数。

在式（1-42）中，N_s 和 T_c 均为常值，因此转速 n 正比于脉冲个数。高速时 N_s 大，量化误差较小，随着转速的降低误差增大，转速过低时将小于 1，测速装置便不能正常工作。所以，M 法测速适用于高速段的转速检测。

（2）T 法——脉冲时间计数方法

P/D 转换的另一种方法是采用脉冲时间计数方法，其电路原理与波形如图 1-46 所示。该方法的原理是：SE 每输出一个脉冲，中断电路向 CPU 发出一次中断请求 INT_n，CPU 启动计数器记录来自计算机内的高频脉冲 f_0，当 CPU 接收到来自 SE 的中断时，从计数器中读出计数值 m_2，并立即清零，重新计数。计算机再按下面的公式计算转速：

$$n=\frac{60f_0}{N_s m_2} \tag{1-43}$$

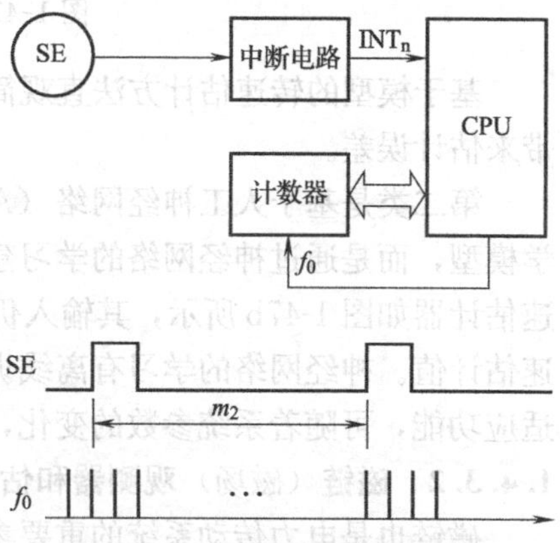

图 1-46　脉冲时间计数方法的电路原理与波形

采用 T 法测速，低速时编码器相邻脉冲间隔时间长，测得的高频时钟脉冲个数 m_2 多，所以误差率小，测速精度高，故 T 法测速适用于低速段的转速检测。

因此，可以将两种测速方法相结合，取长补短。既检测 T_c 时间内由 SE 输出的脉冲个数 m_1，又检测同一时间间隔的高频时钟脉冲个数 m_2，用来计算转速，故称作 M/T 法测速。有关 M/T 测速方法的具体电路和计算公式请参阅文献[15]。

1.4.3　状态观测和参数估计

对于高性能的电力传动控制系统，需要获取系统状态和输出变量全部信息，从而实现系统的精密控制。但是，仅仅依赖传感器的直接检测很难获得系统完整的状态信息，或因安装大量传感器而提高成本和降低可靠性。为了解决这一难题，自 20 世纪 80 年代末，研究者们致力于无传感器控制（Sensorless Control）技术[16]，通过状态重构来实现电机磁通、转速等状态变量的检测和参数估计。

无传感器控制技术的基本思路是采用比较容易采集的电压、电流等信息，利用系统的数学模型和参数之间的函数关系推算出所需的状态信息。对于电力传动控制系统，需要实时监测和估计的状态变量主要有转速、转矩、磁通等。

1.4.3.1　转速观测器和估计器

转速是电力传动控制系统最重要的参数之一，也是采用状态观测和参数估计的重点。转速估计方法主要分为两大类。

第一类是基于模型的转速推算方法。该方法的基本原理是根据电动机的数学模型，从电动机的电磁关系式中推导出转速或转差的表达式，并由算法公式估算出转速。基于模型的转速观测器和估计器的结构如图 1-47a 所示，输入为检测的电动机的电压矢量 $\boldsymbol{u}$ 或电流矢量 $\boldsymbol{i}$，输出为转速估计值 $\hat{\omega}$。具体的实现算法有：直接计算法、扩展的 Luenberger 观测器、扩展的卡尔曼滤波器（EKF）、模型参考自适应系统（MRAS）、变结构观测器、间接磁链检测法、高频注入和低频注入法等。

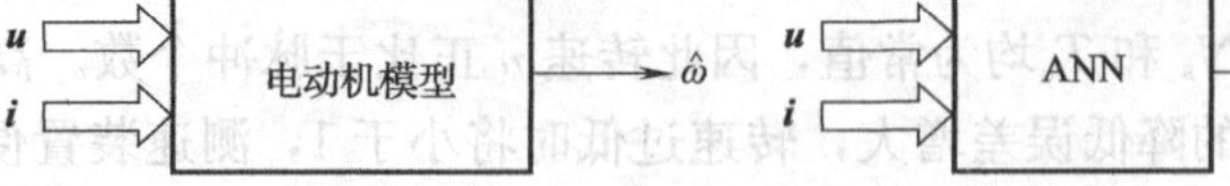

a)模型法　　b)神经网络法

图 1-47　转速观测器和估计器的结构

基于模型的转速估计方法直观简单，易于实现。但由于模型的简化以及参数的变化，会带来估计误差。

第二类是基于人工神经网络（ANN）的转速估计方法。该方法不需要依赖电动机的数学模型，而是通过神经网络的学习建立输入和输出之间的非线性映射关系。基于 ANN 的转速估计器如图 1-47b 所示，其输入仍是系统的部分状态变量，比如电压、电流等；输出为转速估计值。神经网络的学习有离线训练和在线训练两种，特别是在线学习的神经网络具有自适应功能，可随着系统参数的变化，实时调整网络参数，以提高估计精度。

1.4.3.2　磁链（磁场）观测器和估计器

磁链也是电力传动系统的重要参数，也是较难用传感器直接检测的参数，因此通常是采用间接观测或估计的方法获得。与转速估计一样，磁链估计方法也大致分为两大类：一类是基于模型的磁链观测器，如卡尔曼滤波器、Luenberger 观测器等；另一类是基于智能的磁链估计器，比如各种基于 ANN 的磁链估计器。这两类磁链观测器的模型如图 1-48 所示。

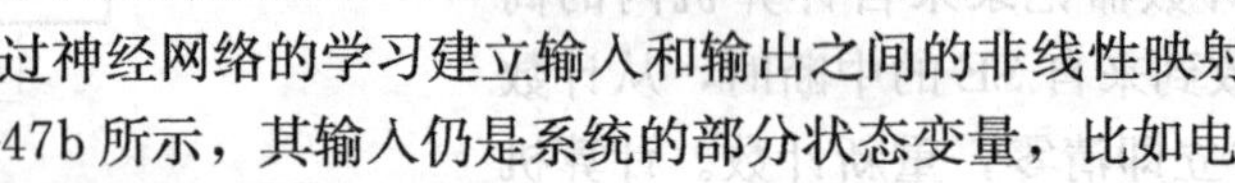

a)模型法　　b)神经网络法

图 1-48　磁链观测器和估计器的结构

典型的转速观测器和磁链观测器的数学模型将在第 2 章介绍，更为详细的算法和深入的研究请参阅文献[17]。

1.5　电力传动控制系统的控制与分析方法

电力传动系统的控制是实现系统自动化和提高系统性能的主要手段，其基本思路就是引入信号反馈，对系统的主要参数，如转速、电流、磁场等实施闭环控制，以提高系统性能。由于电力传动系统是一个较为复杂的多变量非线性系统，采用何种方法对其进行控制始终是该领域的研究热点，发展了各种控制方法和形式多样的解决方案[18]。

1.5.1　电力传动控制系统的要求和指标

电力传动控制系统主要目的往往是调速，即使是位置控制也首先需要有稳定的转速，因此大部分的电力传动系统又称为调速系统。对于调速系统转速控制的要求有：

1）调速——在一定的最高转速和最低转速范围内，平滑地调节转速。

2）稳速——以一定的精度在所需转速上稳定运行，在各种干扰下不允许有过大的转速波动。

3）加、减速——频繁起、制动的设备要求加、减速尽量快，以提高生产率；不宜经受剧烈速度变化的机械则要求起、制动尽量平稳。

为了进行定量的分析，可以针对前两项要求定义两个调速指标：调速范围和静差率。这两个指标合称调速系统的稳态性能指标；而起动和制动为系统的动态过程，常用动态响应时间等动态性能指标来衡量。

1. 调速范围

调速范围是指电动机在额定负载下可能达到的最高转速 n_{max} 和最低转速 n_{min} 之比，通常用 D 来表示，即

$$D=\frac{n_{max}}{n_{min}} \tag{1-44}$$

调速范围 D 反映了生产机械对调速的要求，不同的生产机械对电动机的调速范围有不同的要求，对于一些经常轻载运行的生产机械，可以用实际负载时的最高转速和最低转速之比来计算调速范围 D。

要扩大调速范围，必须尽可能提高 n_{max} 与降低 n_{min}，而最高转速 n_{max} 受电动机的换向及机械强度限制，最低转速 n_{min} 受生产机械对低速静差率的限制。

2. 静差率

静差率是指在同一条机械特性上，从理想空载到额定负载时的转速降与理想空载转速之比。用百分比表示为

$$\delta\%=\frac{\Delta n_N}{n_0}\times 100\%=\frac{n_0-n_N}{n_0}\times 100\% \tag{1-45}$$

静差率 δ 反映了拖动系统的相对稳定性。不同的生产机械，其允许的静差率是不同的。静差率 δ 值与机械特性的硬度及理想空载转速 n_0 有关，当理想空载转速 n_0 一定时，机械特性越硬，额定速降 Δn_N 越小，则静差率越小。而且，调速范围 D 与静差率 δ 两项性能指标是互相制约的。一般变压调速系统在不同转速下的机械特性是互相平行的，如果以电动机的额定转速 n_N 作为最高转速，若额定负载下的转速降落为 Δn_N，则按照上面分析的结果，该系统的静差率应该是最低速时的静差率，即

$$\delta=\frac{\Delta n_N}{n_{0min}}=\frac{\Delta n_N}{n_{min}+\Delta n_N}$$

于是，最低转速为

$$n_{min}=\frac{\Delta n_N}{\delta}-\Delta n_N=\frac{(1-\delta)\Delta n_N}{\delta}$$

而调速范围为

$$D=\frac{n_{max}}{n_{min}}=\frac{n_N}{n_{min}}$$

将上面的 n_{min} 式代入，得

$$D=\frac{n_N\delta}{\Delta n_N(1-\delta)} \tag{1-46}$$

式（1-46）表示调速系统的调速范围、静差率和额定速降之间所应满足的关系。可见，对于一个调速系统的调速范围，是指在最低速时还能满足所需静差率的转速可调范围。

3. 平滑性

在一定的调速范围内，调速的级数越多，则认为调速越平滑。平滑性用平滑系数来衡量，它是相邻两级转速之比

$$\rho=\frac{n_i}{n_{i-1}} \tag{1-47}$$

ρ 接近于 1，表示两级速差很小。当 ρ 越接近于 1 时，则系统调速的平滑性越好，俗称为无级调速，即转速可以连续调节。例如，直流电动机采用调压调速的方法可实现系统的无级调速。

4. 经济性

主要考虑调速设备的初投资、调速时电能的损耗及运行时的维修费用等。

1.5.2 PID 控制器

为了满足上述系统指标，通常需要采用闭环反馈控制，而控制器成为实现系统自动调节的关键，其中最为经典的控制方法仍是采用 PID 控制器，常用的 PID 控制器有模拟式 PID 调节器和数字式 PID 调节器。

1. 模拟式 *PID* 调节器

在模拟调速系统中，PID 调节器是最常用的控制策略，图 1-49 给出了基本的模拟式 PID 控制算法框图，由给定值与反馈值的偏差 $e(t)=r(t)-m(t)$ 作为调节器的输入，通过偏差的比例（P）、积分（I）和微分（D）的线性组合，构成控制量 $u(t)$ 输出，对被控对象进行控制。其控制规律可表示为

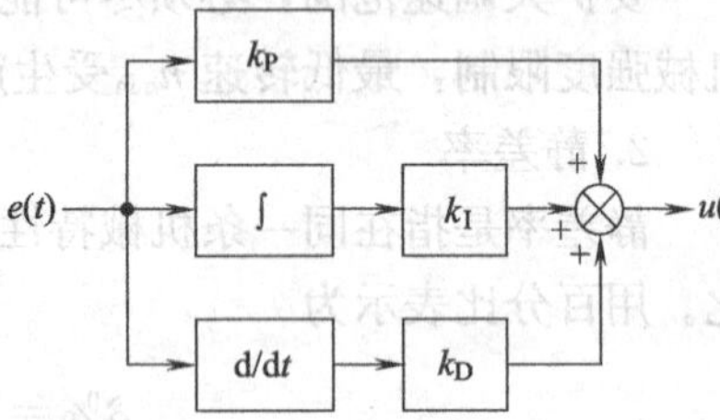

图 1-49 模拟式 PID 控制算法框图

$$u(t)=k_{\mathrm{P}}e(t)+k_{\mathrm{I}}\int e(t)\mathrm{d}t+k_{\mathrm{D}}\frac{\mathrm{d}e(t)}{\mathrm{d}t} \tag{1-48}$$

式中 k_{P}——模拟式 PID 调节器的比例系数；

k_{I}——模拟式 PID 调节器的积分系数；

k_{D}——模拟式 PID 调节器的微分系数。

现在模拟式 PID 调节器大多采用模拟运算放大器构成，电路如图 1-50 所示。图中，R_0 为运算放大器的输入电阻，R_{f}、C_{f} 分别表示反馈电阻和反馈电容，C_{d} 为微分电容，R_{p} 为运算放大器的平衡电阻。

模拟式 PID 调节器电路的工作原理是，输入信号 r 与负反馈信号 m 通过输入电阻后求和产生误差 e，误差信号经过 R_{f}、C_{f} 和 C_{d} 的比例、积分和微分作用，合成 PID 控制信号 u。根据运算放大器的电路分析[19]，可得：

1）比例系数 $k_{\mathrm{P}}=-\dfrac{R_{\mathrm{f}}}{R_0}$，其中负号表示负反馈。

2）积分时间常数为 $T_{\mathrm{I}}=R_{\mathrm{f}}C_{\mathrm{f}}$，且有 $k_{\mathrm{I}}=\dfrac{k_{\mathrm{P}}}{T_{\mathrm{I}}}$。

3）微分时间常数为 $T_d = R_0 C_d$，且有 $k_D = \frac{k_P}{T_d}$。

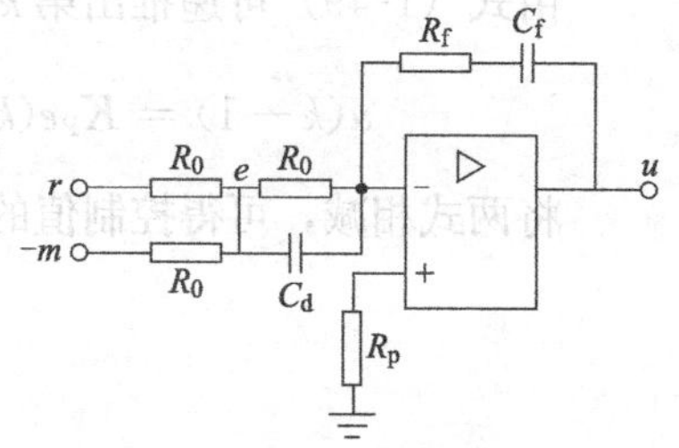

图 1-50　模拟式 PID 调节器电路

一般来说，PID 调节器各校正环节的作用如下：

1）比例环节对偏差进行放大，产生与偏差成正比的控制信号，施加于被控对象，以减少偏差。

2）积分环节通过对偏差历史的累积，产生控制信号以消除偏差，可实现系统的无差调节。k_I越大，积分作用越大，有利于减小误差，但减慢系统响应。

3）微分环节能反映偏差的变化率，具有加速系统响应、减小调节时间的作用。

实际应用时，可根据系统需求选择全部或部分校正环节组成具有不同功能的调节器，如 P 调节器、I 调节器、PI 调节器、PD 调节器等，图 1-51 和图 1-52 给出了电力传动控制系统常用的 P 调节器和 PI 调节器的电路；并根据系统的性能要求设计调节器的参数，以达到系统指标。

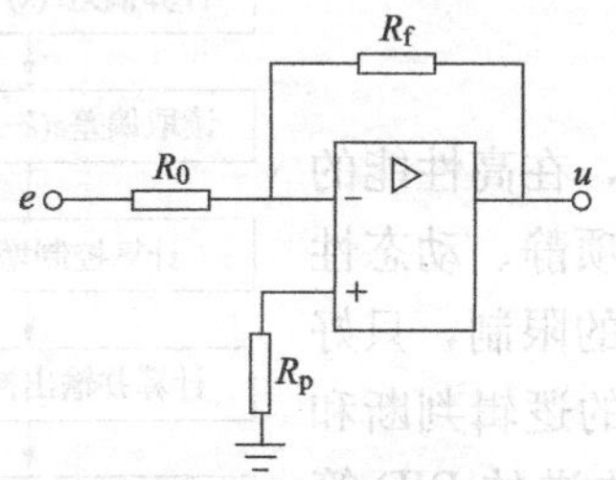

图 1-51　P 调节器

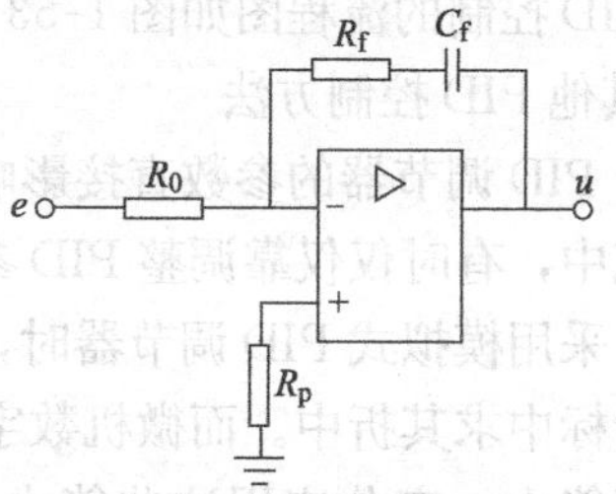

图 1-52　PI 调节器

如何根据系统要求，设计和选择调节器结构、确定调节器参数是决定电力传动控制系统性能的重要问题，本书第 5 章将详细讨论这一问题。

2. 数字式 *PID* 调节器

在计算机控制的电力传动控制系统中，则采用数字式 PID 调节器，它由计算机的控制算法来实现，其控制算法又分为位置式 PID 算法和增量式 PID 算法。

(1) 位置式 PID 算法

将式（1-53）所表示的模拟式 PID 控制算法离散化成差分方程，其第 k 拍输出为

$$u(k) = K_P e(k) + K_I \sum_{i=0}^{k} e(i) + K_D[e(k) - e(k-1)] \tag{1-49}$$

式中　K_P——数字 PID 算法的比例系数，有 $K_P = k_P$；

K_I——数字 PID 算法的积分系数，有 $K_I = k_I T_{sam}$，T_{sam}为采样周期；

K_D——数字 PID 算法的微分系数，有 $K_D = k_D / T_{sam}$。

位置式 PID 算法特点是：比例部分只与当前的偏差有关，微分部分为当前偏差与前一次偏差之差，而积分部分则是系统过去所有偏差的累积。

该算法的优点是物理概念清晰，每个环节作用分明，参数调整简单明了；但缺点是需要存储的数据较多，计算机要进行累加运算，工作量大。

(2) 增量式 PID 算法

由式（1-49）可递推出第 $k-1$ 时刻的控制输出

$$u(k-1) = K_{P}e(k-1) + K_{I}\sum_{i=0}^{k-1} e(i) + K_{D}[e(k-1) - e(k-2)]$$

将两式相减，可得控制值的增量 $\Delta u(k)$ 为

$$\begin{aligned}\Delta u(k) &= u(k) - u(k-1)\\ &= K_{P}[e(k) - e(k-1)] + K_{I}e(k) +\\ &\quad K_{D}[e(k) - 2e(k-1) + e(k-2)]\end{aligned}$$

令偏差的增量为 $\Delta e(k) = e(k) - e(k-1)$，则上式写成

$$\Delta u(k) = K_{P}\Delta e(k) + K_{I}e(k) + K_{D}[\Delta e(k) - \Delta e(k-1)] \tag{1-50}$$

由此可得增量式 PID 算法的公式为

$$u(k) = u(k-1) + \Delta u(k) \tag{1-51}$$

可见，增量式算法是一个递推公式，计算机只要存储前后三次测量值的偏差，即可用式（1-50）和式（1-51）计算出 PID 的控制量，大大减少了计算机的存储量和加快了计算速度。采用计算机软件实现增量式 PID 控制的流程图如图 1-53 所示。

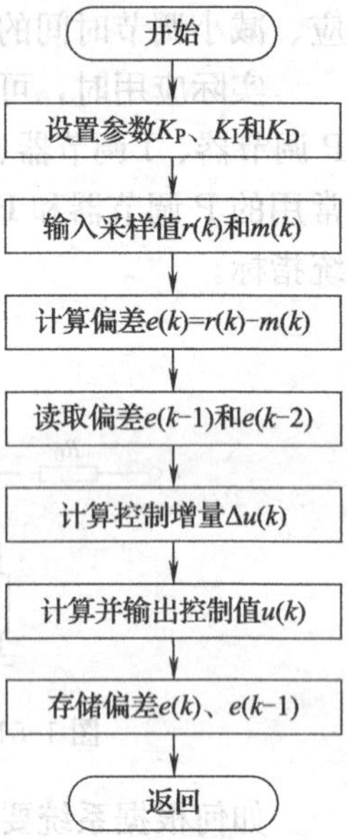

图 1-53 PID 控制的流程图

3. 其他 PID 控制方法

由于 PID 调节器的参数直接影响着系统的性能指标，在高性能的调速系统中，有时仅仅靠调整 PID 参数难以同时满足各项静、动态性能指标。采用模拟式 PID 调节器时，由于受到物理条件的限制，只好在不同指标中求其折中。而微机数字控制系统具有很强的逻辑判断和数值运算能力，充分应用这些能力，可以衍生出多种改进的 PID 算法，提高系统的控制性能，如积分分离算法、分段 PI 算法、积分量化误差的消除等[20]。

1.5.3 先进控制方法

由上述对数字 PID 算法的改进可以使人们得到启发，利用计算机丰富的逻辑判断和数值运算功能，数字控制器不仅能够实现模拟控制器的数字化，而且可以突破模拟控制器只能完成线性控制规律的局限，完成各类非线性控制、自适应控制乃至智能控制等，大大拓宽了控制规律的实现范畴。目前，主要的智能控制方法有[21]：

1）学习控制。

2）专家控制。

3）模糊控制。

4）神经网络控制等。

智能控制的特点是：控制算法不依赖或不完全依赖于对象模型，因而系统具有较强的鲁棒性和对环境的适应性。这部分深入的内容已超出本书范围，不再赘述。

1.5.4 系统分析和仿真

如果要知道控制系统的性能，就需要进行系统分析。在自动控制理论中，经典的系统分析方法有时域分析法、频域分析法和 z 域分析法[35]等。但是，由于电力传动控制系统都是

由电动机、电力电子变流器、系统检测与控制器等部件组成，这些装置多种多样，其不同的组合可以构成模型各异、性能不同的控制系统，要用经典控制理论进行分析往往比较复杂。一般低阶系统设计时可以采用本书第 5 章介绍的简化方法，如果是多输入多输出的高阶非线性系统，要通过解析方法来求解就十分困难，在有些情况下甚至是不可能的。

近年来，系统仿真作为一种有效的分析和设计方法得到了广泛的应用。系统仿真就是用特定的软件反映或再现实际的系统，以便研究其中的客观规律性，而计算机以其强大的计算功能为系统仿真提供了有效的工具和手段。计算机仿真一般是以数学模型与实际物理系统之间的相似性为基础，以计算机为工具，对系统的控制规律和特性进行仿真研究[41]。其主要优点在于，它完全建立在计算机软件基础之上，可以根据研究对象的不同特性随时对模型和程序进行变动，而不用直接更换系统的硬件，因此简单易行，分析全面。

目前，比较流行的控制系统仿真软件是 MATLAB，为系统仿真模型的构建、系统分析和设计，以及仿真试验提供了一个开发平台。MATLAB 是矩阵实验室“Matrix Laboratory”的缩写，由美国 MathWorks 公司推出，其开发的最初目的是帮助高校的教师和学生更好地授课和学习。从 MATLAB 诞生开始，由于其高度的集成性和应用的方便性，在高校中受到了极大的欢迎。目前，MATLAB 已经成为一种功能强大的计算机辅助设计和仿真语言，具有强大的计算、仿真、绘图等功能，尤其是它提供的 Simulink 仿真工具具有图形化、模块化的界面，能非常快地实现设计预想，极大地节约设计时间，因而受到广大科研人员的青睐。而且它也是一个开放的环境，在这个环境下，人们开发了许多具有特殊用途的软件工具箱。现已开发的工具箱有 30 多个，如控制系统、信号处理、电力系统等。

基于 MATLAB 的系统仿真方法主要有两种：

1）在已知控制系统数学模型的基础上，采用 m 文件编写仿真程序。这种方法类似传统的 FORTRAN 语言或 C 语言编程，灵活性强，但编程量较大。

2）在 Simulink 环境下，利用现有模块直接搭建系统仿真模型。这种方法直观明了，简单快速，容易掌握。

本教材各章的系统仿真都是在 MATLAB 的 Simulink 环境下，利用 Power System 工具箱进行电力传动控制系统的设计、分析和仿真试验。

本 章 小 结

第 1 章作为全书的基础，首先给出了电力传动控制系统的基本结构，提出了电力传动系统的共性问题，然后简要介绍了电动机、电力电子变流器、系统检测和控制器的结构和原理，为后续章节的深入讨论奠定基础。在随后的章节中，我们将从控制系统的角度重点介绍电力传动系统的组成、建模和控制问题，而无需讨论具体的电源、检测和控制电路及其实现方法。

思考题与习题

1. 根据电力传动控制系统的基本结构，简述电力传动控制系统的基本组成和共性问题。
2. 直流电动机有几种调速方法，其机械特性有何差别？
3. 从异步电动机的转差功率 P_{sl} 的角度，可把交流调速系统分成哪几类？并简述其特点。

4. 利用电力电子器件，可以构成哪几种直流输出变换器？试简述各自的基本拓扑结构和换流模式。

5. 试简述交流变频器分类，分析比较各自的特点。

6. 有哪些转速检测方法？如何获得数字转速信号？

7. 调速范围和静差率的定义是什么？调速范围与静态速降和最小静差率之间有什么关系？为什么说“脱离了调速范围，要满足给定的静差率也就容易得多了”？

8. 试简述 PID 控制器中，比例、积分和微分环节各自的作用，并分析其特性。

9. 某闭环调速系统的调速范围是 150～1500r/min，要求系统的静差率 $\delta<2\%$，那么系统允许的静态速降是多少？

10. 某直流电动机，其参数如下：$P_N=10\text{kW}$，$U_N=220\text{V}$，$I_N=55\text{A}$，$n_N=1000\text{r/min}$，$R_a=0.1\Omega$。若只考虑电枢电阻引起的转速降落：

(1) 要求静差率 $\delta=10\%$，求系统的调速范围 D；

(2) 如果要求 $D=2$，则其静差率 δ 允许的为多少？

(3) 如果要求 $D=10$，$\delta=5\%$，则允许的转速降落 Δn_N 为多少？

第 2 章　电力传动系统的模型

电力传动系统的数学模型是研究其控制策略的基础。本章首先利用等效电路建立直流电动机模型，作为建模方法的典型示例。然后从统一电机理论出发，以原型电机作为物理模型，建立电动机的通用数学模型，以电压平衡方程和转子运动方程的形式作为电动机模型的一般表达式。在统一电机理论的基础上，通过坐标变换，给出各类交流电动机的数学模型。最后讨论如何建立电力电子变流器的数学模型，为后续控制系统的分析与设计奠定基础。

2.1　直流电动机的模型

他励直流电动机模型如图 2-1 所示，其定子上有励磁绕组 F，转子上有电枢绕组 A，分别通以直流电源 u_a 和 u_F，由励磁电流 i_F 产生主磁通 Φ；在电枢电流 i_a 的作用下产生电磁转矩 T_e，使电动机以角转速 ω_m 旋转，并产生旋转电动势 E_a。为简便起见，先不考虑补偿绕组，他励直流电动机可分为如图 2-1b 所示的电枢回路和励磁回路两个独立电路。

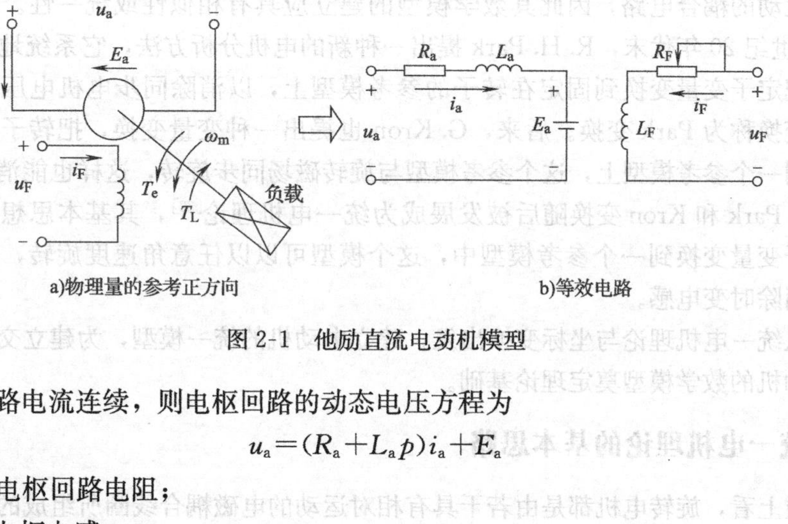

a)物理量的参考正方向　　　　b)等效电路

图 2-1　他励直流电动机模型

假定主电路电流连续，则电枢回路的动态电压方程为

$$u_a=(R_a+L_a p)i_a+E_a \tag{2-1}$$

式中　R_a——电枢回路电阻；

L_a——电枢电感；

E_a——电枢感应电动势，$E_a=G_{aF}\omega_m i_F$；

p——微分算子，$p=\mathrm{d}/\mathrm{d}t$。

同理，励磁回路的动态电压方程为

$$u_F=(R_F+L_F p)i_F \tag{2-2}$$

若忽略黏性摩擦及弹性转矩，电机轴上的动力学方程为

$$T_e-T_L=Jp\omega_m+D_\omega\omega_m \tag{2-3}$$

式中　T_e——电磁转矩，$T_e=G_{aF}i_F i_a$；

T_L——包括电动机空载转矩在内的负载转矩；

J——旋转部分的转动惯量；

D_ω——机械阻尼系数。

这样，由式（2-1）~式（2-3）就构成了他励直流电动机的数学模型。为简便起见，在实际使用时往往忽略机械阻尼系数 D_ω 的作用，即有

$$\begin{cases} u_a=(R_a+L_a p)i_a+G_{aF}\omega_m i_F \\ u_F=(R_F+L_F p)i_F \\ T_e=G_{aF}i_F i_a \\ T_e-T_L=Jp\omega_m \end{cases} \tag{2-4}$$

式中 G_{aF}——直流电动机的电磁转矩系数，也是感应电动势系数。

2.2 统一电机理论模型

直流电动机的数学模型还是比较简单的，交流电动机的数学模型就复杂得多，而且由于其种类繁多，如果根据电机理论，按不同电动机的结构建立各自的电路和磁路方程，则所建立的方程将形式各异，比较繁杂。特别是由于电动机的旋转使得定子和转子之间的互感是随时间变化的变量，更给电机分析和模型应用带来不便。

如果仔细探究电机的机理，可以发现，虽然电机结构各异，但在电磁本质上却都是一种具有相对运动的耦合电路，因此其数学模型的建立应具有相似性或统一性。基于这样的理念，在20世纪20年代末，R. H. Park 提出一种新的电机分析方法，它系统地阐述了一种变量变换，把定子变量变换到固定在转子的参考模型上，以消除同步电机电压方程的时变电感，这种变换称为 Park 变换。后来，G. Kron 也提出一种变量变换，把转子变量和定子变量变换到同一个参考模型上，这个参考模型与旋转磁场同步旋转，这样也能消除感应电机的时变互感。Park 和 Kron 变换随后被发展成为统一电机理论[22]，其基本思想是通过把定子变量和转子变量变换到一个参考模型中，这个模型可以以任意角速度旋转，也可以保持静止，从而消除时变电感。

本节从统一电机理论与坐标变换出发，建立电动机的统一模型，为建立交流异步电动机和同步电动机的数学模型奠定理论基础。

2.2.1 统一电机理论的基本思路

从本质上看，旋转电机都是由若干具有相对运动的电磁耦合线圈所组成的，因此各种电机的电磁关系和运动方程应具有统一性。根据这一思路，G. Kron 提出了原型电机的概念，分析了原型电机的基本电磁关系，并研究了原型电机与其他各种电机之间的联系。研究结果表明，任何电机的数学模型都可以从原型电机中导出，并用统一的方法求解。原型电机又称为一般化电机，这一理论称为统一电机理论或一般化电机理论，它是电机理论的一个重大发展。

近代电机理论的分析和研究，一种是采用向量分析方法，用向量来表达电机的电压、电流、磁链等变量之间的关系；还有一种是采用矩阵分析方法，用电压、电流和磁链矩阵来描述电机变量关系。由于矩阵分析方法要优于向量分析方法[23]，本节以矩阵分析法为基本工具，基于统一电机理论建立电动机的数学模型。

用统一电机理论建立电机模型的基本思路如下：

1）运用电磁学和力学的基本定律，建立原型电机的基本方程。

2）提出所研究电机的动态电路模型。

3）把所研究的电机和具有相应数量绕组的原型电机加以对比，建立联系矩阵。

4）通过联系矩阵，从原型电机的基本方程出发，导出所研究电机的数学模型。

5）再通过特定的坐标变换，把数学模型进一步变换成易于求解的形式，然后求解。

这样，分析各种电机时，不再需要从基本电磁定律出发，而可以通过统一的原型电机模型，经过一定的坐标变换，直接建立所研究电机的数学模型。

Kron 所提出的原型电机有两种：一种是定、转子绕组的轴线在空间均为固定不动的原型电机，称为第一种原型电机；另一种是转子绕组轴线在空间旋转的原型电机，称为第二种原型电机。下面分别予以介绍。

2.2.2　第一种原型电机

第一种原型电机是从一般的直流电机抽象得出的，这是一种具有直、交轴线的装有换向器的理想电机，其特点就是定、转子绕组的轴线在空间均是固定不动的。第一种原型电机的模型如图 2-2a 所示，电机的定子为凸极，转子装有换向器绕组，在换向器的直轴和交轴位置上分别装有一对电刷，这两对电刷把转子绕组分为两个电路，每个电路所包含的绕组其轴线分别与固定的直轴和交轴相重合。这种结构对于直轴和交轴来说都是对称的，而直轴和交轴又是相互垂直的，所以这两个电路之间没有互感。

如果采用图 2-2b 的形式，把转子的换向器绕组用两个等效绕组 d 和 q 来代替，这两个绕组不同于普通的绕组，它们虽然放置在转子上，其导体随转子一起以转速 ω_m 相对于定子旋转，但其轴线却被直轴和交轴的电刷所限定，固定在静止的直轴（称为 d_s 轴）和交轴（称为 q_s 轴）上。这种导体旋转、轴线静止的绕组，称为“伪静止绕组”。

伪静止绕组的基本特点是：

1）绕组中的电流产生沿相应轴线方向的在空间静止的磁场。

2）除了因磁场变化而在绕组中产生变压器电动势外，由于转子旋转，绕组中还会产生运动电动势。

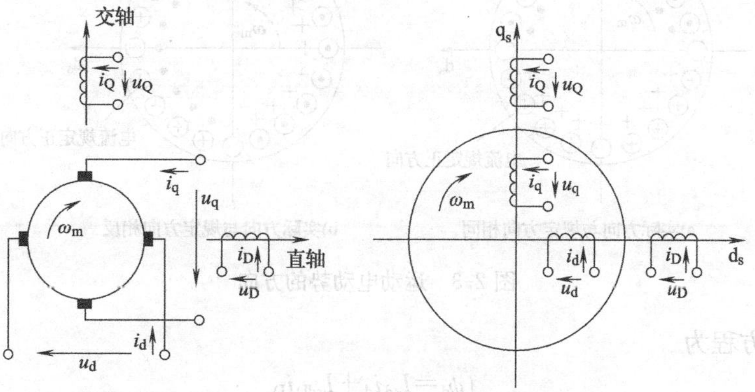

a)第一种原型电机结构　　b)在d-q坐标的模型

图 2-2　第一种原型电机的模型

电机的基本方程由定、转子各绕组的电压平衡方程（包括磁链方程）和转子运动方程（包括转矩方程）组成，下面按照电动机惯例来列写第一种原型电机的基本方程。

1. 电压平衡方程

定子的两个绕组 D 和 Q 是普通绕组，其中只有变压器电动势，其电压平衡方程为

$$\begin{cases}u_D=R_Di_D+p\psi_D\\u_Q=R_Qi_Q+p\psi_Q\end{cases}\tag{2-5}$$

式中 R_D、R_Q——绕组 D、Q 的电阻；

ψ_D、ψ_Q——绕组 D、Q 的磁链。

定子磁链方程为

$$\begin{cases}\psi_D=L_Di_D+L_{Dd}i_d\\\psi_Q=L_Qi_Q+L_{Qq}i_q\end{cases}\tag{2-6}$$

式中 L_D、L_Q——绕组 D、Q 的自感；

L_{Dd}、L_{Qq}——绕组 D 与绕组 d 之间、绕组 Q 与绕组 q 之间的互感。

转子的两个绕组 d 和 q 是伪静止绕组，其中除变压器电动势外，还有运动电动势，其电压平衡方程为

$$\begin{cases}u_d=R_di_d+p\psi_d-G_{dQ}\omega_mi_Q-G_{dq}\omega_mi_q\\u_q=R_qi_q+p\psi_q+G_{qD}\omega_mi_D+G_{qd}\omega_mi_d\end{cases}\tag{2-7}$$

式中 R_d、R_q——绕组 d、q 的电阻；

ψ_d、ψ_q——绕组 d、q 的磁链；

G_{dQ}、G_{dq}——绕组 d 在交轴磁场中旋转而产生的运动电动势系数；

G_{qD}、G_{qd}——绕组 q 在直轴磁场中旋转而产生的运动电动势系数。

运动电动势的方向可由右手定则来确定，即如果运动电动势的实际方向与电流的规定正方向相同，取正值（见图 2-3a），运动电压则取负号；如果运动电动势的实际方向与电流的规定正方向相反，取负值（见图 2-3b），运动电压则取正号。其符号如式（2-7）的表达。

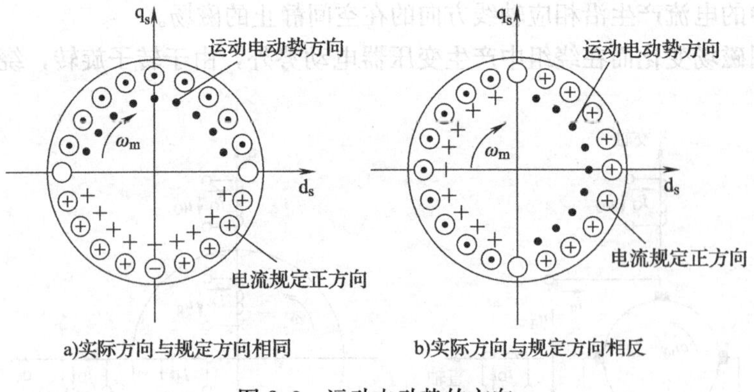

图 2-3　运动电动势的方向

转子磁链方程为

$$\begin{cases}\psi_d=L_di_d+L_{dD}i_D\\\psi_q=L_qi_q+L_{qQ}i_Q\end{cases}\tag{2-8}$$

式中 L_d、L_q——绕组 d、q 的自感；

L_{dD}、L_{qQ}——绕组 d 与绕组 D 之间、绕组 q 与绕组 Q 之间的互感。

若用矩阵形式表示电压平衡方程，则式（2-5）、式（2-7）可写为

$$\begin{pmatrix} u_D \\ u_Q \\ u_d \\ u_q \end{pmatrix} = \begin{pmatrix} R_D+L_Dp & 0 & L_{Dd}p & 0 \\ 0 & R_Q+L_Qp & 0 & L_{Qq}p \\ L_{dD}p & -G_{dQ}\omega_m & R_d+L_dp & -G_{dq}\omega_m \\ G_{qD}\omega_m & L_{qQ}p & G_{qd}\omega_m & R_q+L_qp \end{pmatrix} \begin{pmatrix} i_D \\ i_Q \\ i_d \\ i_q \end{pmatrix} \tag{2-9}$$

或者

$$\boldsymbol{u}=(\boldsymbol{R}+\boldsymbol{L}p+\boldsymbol{G}\omega_m)\boldsymbol{i}=\boldsymbol{Z}\boldsymbol{i} \tag{2-10}$$

式中　$\boldsymbol{R}$、$\boldsymbol{L}$、$\boldsymbol{G}$、$\boldsymbol{Z}$——电机的电阻矩阵、电感矩阵、运动电动势系数矩阵、阻抗矩阵。

$$\boldsymbol{R}=\begin{pmatrix} R_D & 0 & 0 & 0 \\ 0 & R_Q & 0 & 0 \\ 0 & 0 & R_d & 0 \\ 0 & 0 & 0 & R_q \end{pmatrix}$$

$$\boldsymbol{L}=\begin{pmatrix} L_D & 0 & L_{Dd} & 0 \\ 0 & L_Q & 0 & L_{Qq} \\ L_{dD} & 0 & L_d & 0 \\ 0 & L_{qQ} & 0 & L_q \end{pmatrix}$$

$$\boldsymbol{G}=\begin{pmatrix} 0 & 0 & 0 & 0 \\ 0 & 0 & 0 & 0 \\ 0 & -G_{dQ} & 0 & -G_{dq} \\ G_{qD} & 0 & G_{qd} & 0 \end{pmatrix}$$

$$\boldsymbol{Z}=\begin{pmatrix} R_D+L_Dp & 0 & L_{Dd}p & 0 \\ 0 & R_Q+L_Qp & 0 & L_{Qq}p \\ L_{dD}p & -G_{dQ}\omega_m & R_d+L_dp & -G_{dq}\omega_m \\ G_{qD}\omega_m & M_{qQ}p & G_{qd}\omega_m & R_q+L_qp \end{pmatrix}$$

当磁感应强度沿电机气隙圆周作正弦分布时，研究表明[24]

$$\begin{cases} G_{dQ}=n_pL_{qQ} & G_{dq}=n_pL_q \\ G_{qD}=n_pL_{dD} & G_{qd}=n_pL_d \end{cases} \tag{2-11}$$

式中　n_p——电机极对数。

把式（2-11）代入式（2-7），并利用式（2-8），可得

$$\begin{cases} u_d=R_di_d+p\psi_d-\omega\psi_q \\ u_q=R_qi_q+p\psi_q+\omega\psi_d \end{cases} \tag{2-12}$$

式中　ω——电角速度，$\omega=n_p\omega_m$。

综上分析，在普通的静止绕组中只有变压器电动势，没有运动电动势，故 $\boldsymbol{G}$ 矩阵的有关各项都为零。只有在伪静止绕组中，既有变压器电动势，又有运动电动势，该运动电动势是由与伪静止绕组轴线正交方向上的磁场产生的。

2. 转子运动方程

根据式（2-10），由外部电源输入电机的电功率 $\boldsymbol{P}=\boldsymbol{i}^{\mathrm{T}}\boldsymbol{u}$ 为

$$\boldsymbol{P}=\boldsymbol{i}^{\mathrm{T}}\boldsymbol{u}=\boldsymbol{i}^{\mathrm{T}}\boldsymbol{R}\boldsymbol{i}+\boldsymbol{i}^{\mathrm{T}}\boldsymbol{L}p\boldsymbol{i}+\boldsymbol{i}^{\mathrm{T}}\boldsymbol{G}\omega_{\mathrm{m}}\boldsymbol{i} \tag{2-13}$$

式中 $\boldsymbol{i}^{\mathrm{T}}\boldsymbol{R}\boldsymbol{i}$——电阻损耗；

$\boldsymbol{i}^{\mathrm{T}}\boldsymbol{L}p\boldsymbol{i}$——磁场储能的增长率；

$\boldsymbol{i}^{\mathrm{T}}\boldsymbol{G}\omega_{\mathrm{m}}\boldsymbol{i}$——转换功率（即输出机械功率 P_{m}）。

于是电磁转矩 T_{e} 为

$$T_{\mathrm{e}}=\frac{P_{\mathrm{m}}}{\omega_{\mathrm{m}}}\boldsymbol{i}^{\mathrm{T}}\boldsymbol{G}\boldsymbol{i} \tag{2-14}$$

由于电磁转矩可用 $\boldsymbol{G}$ 矩阵算出，所以 $\boldsymbol{G}$ 矩阵也称为转换矩阵。式（2-14）可进一步化为

$$T_{\mathrm{e}}=n_{\mathrm{p}}(\psi_{\mathrm{d}}i_{\mathrm{q}}-\psi_{\mathrm{q}}i_{\mathrm{d}}) \tag{2-15}$$

第一种原型电机的转子运动方程与式（2-3）相同，即

$$T_{\mathrm{e}}-T_{\mathrm{L}}=Jp\omega_{\mathrm{m}}+D_{\omega}\omega_{\mathrm{m}} \tag{2-16}$$

2.2.3 第二种原型电机

第一种原型电机的电枢绕组是换向器绕组，它与大多数交流电机的结构不同，不能直接从它导出交流电机的基本方程。为此，Kron 提出了第二种原型电机，这是一种通过集电环向转子回路输入或输出电能的电机，即转子具有旋转的轴线。

图 2-4 是第二种原型电机的模型，其定子与第一种原型电机完全一样，转子上装有两个轴线相互正交的绕组 α、β（其轴线分别位于 $\mathrm{d_r}$ 轴和 $\mathrm{q_r}$ 轴），它们通过集电环接到外部电源。由于转子电流是通过集电环引入的，所以当转子旋转时，α、β 绕组电流所产生磁动势的轴线将随转子一起旋转。

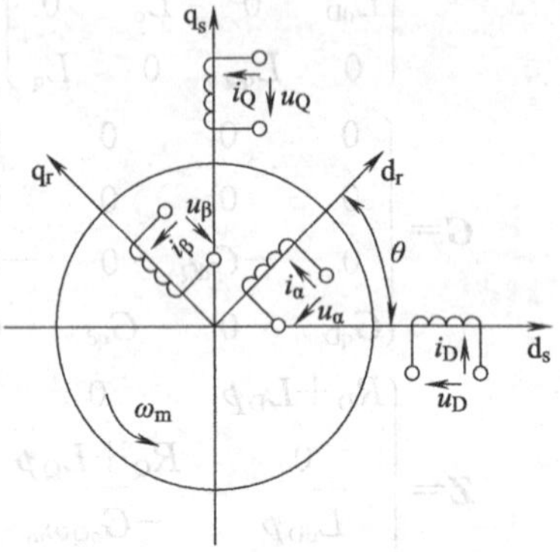

图 2-4 第二种原型电机的模型

下面推导第二种原型电机的基本方程。

1. 电压平衡方程

根据电磁感应定律和基尔霍夫第二定律，第二种原型电机的电压平衡方程为

$$\boldsymbol{u}=\boldsymbol{R}\boldsymbol{i}+p(\boldsymbol{L}\boldsymbol{i}) \tag{2-17}$$

式中 电压向量 $\boldsymbol{u}=(u_{\mathrm{D}}\quad u_{\mathrm{Q}}\quad u_\alpha\quad u_\beta)^{\mathrm{T}}$

电流向量 $\boldsymbol{i}=(i_{\mathrm{D}}\quad i_{\mathrm{Q}}\quad i_\alpha\quad i_\beta)^{\mathrm{T}}$

$$\text{电阻矩阵 }\boldsymbol{R}=\begin{pmatrix}R_{\mathrm{D}} & 0 & 0 & 0\\ 0 & R_{\mathrm{Q}} & 0 & 0\\ 0 & 0 & R_\alpha & 0\\ 0 & 0 & 0 & R_\beta\end{pmatrix}$$

$$\text{电感矩阵 }\boldsymbol{L}=\begin{pmatrix}L_{\mathrm{D}} & 0 & L_{\mathrm{D}\alpha} & L_{\mathrm{D}\beta}\\ 0 & L_{\mathrm{Q}} & L_{\mathrm{Q}\alpha} & L_{\mathrm{Q}\beta}\\ L_{\alpha\mathrm{D}} & L_{\alpha\mathrm{Q}} & L_\alpha & L_{\alpha\beta}\\ L_{\beta\mathrm{D}} & L_{\beta\mathrm{Q}} & L_{\beta\alpha} & L_\beta\end{pmatrix}$$

由于第二种原型电机的定子为凸极，故除定子绕组 D、Q 的自感 L_{D}、L_{Q} 为常值外，转

子绕组 α、β 的自感和互感，以及定、转子绕组之间的互感都与转角 θ 有关。当气隙磁场为正弦分布时，转子绕组 α、β 的自感近似为

$$\begin{cases} L_{\alpha} \approx L_{s0} + L_{s2}\cos 2\theta \\ L_{\beta} \approx L_{s0} + L_{s2}\cos 2\left(\theta + \frac{\pi}{2}\right) \end{cases} \tag{2-18}$$

转子线圈 α、β 的互感近似为

$$L_{\alpha\beta} = L_{\beta\alpha} \approx -L_{s2}\sin 2\theta \tag{2-19}$$

定、转子绕组之间的互感为

$$\begin{cases} L_{D\alpha} = L_{\alpha D} = L_{D\alpha m}\cos\theta \\ L_{D\beta} = L_{\beta D} = L_{D\beta m}\cos\left(\theta + \frac{\pi}{2}\right) \\ L_{Q\alpha} = L_{\alpha Q} = L_{Q\alpha m}\cos\left(\theta - \frac{\pi}{2}\right) \\ L_{Q\beta} = L_{\beta Q} = L_{Q\beta m}\cos\theta \end{cases} \tag{2-20}$$

式中　$L_{D\alpha m}$、$L_{D\beta m}$、$L_{Q\alpha m}$、$L_{Q\beta m}$——定、转子绕组轴线重合时，相应绕组之间互感的最大值，并且 $L_{D\alpha m} = L_{D\beta m}$，$L_{Q\alpha m} = L_{Q\beta m}$。

2. 转子运动方程

所有电动机的转子运动方程都是一样的，即式（2-3），关键是电磁转矩 T_e 的计算。根据机电能量转换的基本原理，电磁转矩 T_e 应等于电流保持不变而只有机械位移变化时磁场储能 W_m 对机械角位移 θ_m 的偏导数。由磁场储能 $W_m = \frac{1}{2}\boldsymbol{i}^T\boldsymbol{L}\boldsymbol{i}$[8]，可得

$$T_e = \frac{n_p}{2}\boldsymbol{i}^T\frac{\partial \boldsymbol{L}}{\partial \theta}\boldsymbol{i} \tag{2-21}$$

式中　θ——电角位移，$\theta = n_p\theta_m$。

2.2.4　由统一电机理论建立的直流电动机模型

直流电动机与第一种原型电机最为接近，如图 2-5 所示，仍以他励直流电动机为例：其定子上有励磁绕组 F 和补偿绕组 C，励磁绕组 F 位于直轴方向上，补偿绕组 C 位于交轴方向上；转子上只有电枢绕组 A，并且是换向器绕组，即伪静止绕组，其轴线位于交轴方向

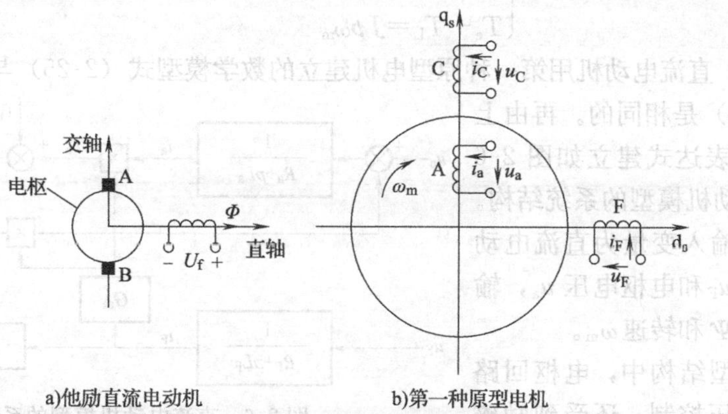

图 2-5　他励直流电动机模型

上。可见，直流电动机与第一种原型电机对应的变量是相同的，只要将定子绕组 D 替换为励磁绕组 F，定子绕组 Q 替换为补偿绕组 C，转子绕组 q 替换为电枢绕组 a，并且去掉与转子绕组 d 相对应的量。

由式（2-10）可直接得到直流电动机的电压平衡方程

$$\boldsymbol{u}=(\boldsymbol{R}+\boldsymbol{L}p+\boldsymbol{G}\omega_{\mathrm{m}})\boldsymbol{i}=\boldsymbol{Z}\boldsymbol{i} \tag{2-22}$$

式中 $\boldsymbol{u}=(u_{\mathrm{F}}\quad u_{\mathrm{C}}\quad u_{\mathrm{a}})^{\mathrm{T}}$

$\boldsymbol{i}=(i_{\mathrm{F}}\quad i_{\mathrm{C}}\quad i_{\mathrm{a}})^{\mathrm{T}}$

$$\boldsymbol{R}=\begin{bmatrix} R_{\mathrm{F}} & 0 & 0 \\ 0 & R_{\mathrm{C}} & 0 \\ 0 & 0 & R_{\mathrm{a}} \end{bmatrix}$$

$$\boldsymbol{L}=\begin{bmatrix} L_{\mathrm{F}} & 0 & 0 \\ 0 & L_{\mathrm{C}} & L_{\mathrm{Ca}} \\ 0 & L_{\mathrm{aC}} & L_{\mathrm{a}} \end{bmatrix}$$

$$\boldsymbol{G}=\begin{bmatrix} 0 & 0 & 0 \\ 0 & 0 & 0 \\ G_{\mathrm{aF}} & 0 & 0 \end{bmatrix}$$

$$\boldsymbol{Z}=\begin{bmatrix} R_{\mathrm{F}}+L_{\mathrm{F}}p & 0 & 0 \\ 0 & R_{\mathrm{C}}+L_{\mathrm{C}}p & L_{\mathrm{Ca}}p \\ G_{\mathrm{aF}}\omega_{\mathrm{m}} & L_{\mathrm{aC}}p & R_{\mathrm{a}}+L_{\mathrm{a}}p \end{bmatrix}$$

电磁转矩 T_{e}则为

$$T_{\mathrm{e}}=\boldsymbol{i}^{\mathrm{T}}\boldsymbol{G}\boldsymbol{i}=G_{\mathrm{aF}}i_{\mathrm{F}}i_{\mathrm{a}} \tag{2-23}$$

再加上由式（2-3）所表示的转子运动方程

$$T_{\mathrm{e}}-T_{\mathrm{L}}=Jp\omega_{\mathrm{m}}+D_{\omega}\omega_{\mathrm{m}} \tag{2-24}$$

这样，由式（2-22）～式（2-24）就构成了他励直流电动机的数学模型。为简便起见，在实际使用时往往忽略补偿绕组 C 和阻尼系数 D_{ω} 的作用，即有

$$\begin{cases} u_{\mathrm{a}}=(R_{\mathrm{a}}+L_{\mathrm{a}}p)i_{\mathrm{a}}+G_{\mathrm{aF}}\omega_{\mathrm{m}}i_{\mathrm{F}} \\ u_{\mathrm{F}}=(R_{\mathrm{F}}+L_{\mathrm{F}}p)i_{\mathrm{F}} \\ T_{\mathrm{e}}=G_{\mathrm{aF}}i_{\mathrm{F}}i_{\mathrm{a}} \\ T_{\mathrm{e}}-T_{\mathrm{L}}=Jp\omega_{\mathrm{m}} \end{cases} \tag{2-25}$$

由此可见，直流电动机用第一种原型电机建立的数学模型式（2-25）与由等效电路建立的模型式（2-4）是相同的。再由上述数学模型的表达式建立如图 2-6 所示的直流电动机模型的系统结构。图中，系统的输入变量为直流电动机的励磁电压 u_{F}和电枢电压 u_{a}，输出变量为磁链 Ψ 和转速 ω_{m}。

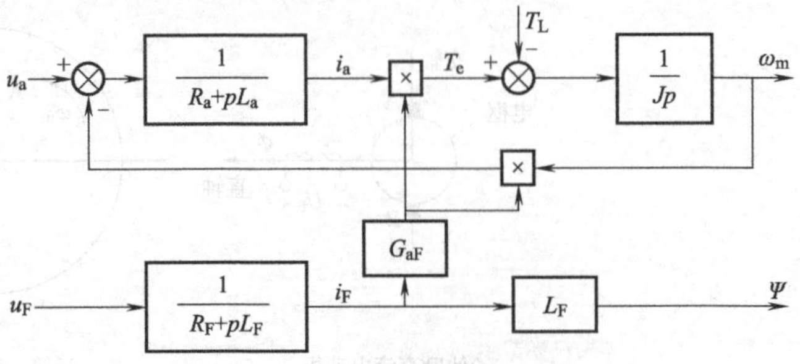

图 2-6 直流电动机模型的系统结构

在上述模型结构中，电枢回路不仅由电枢电压控制，还受到励磁

电流的作用，因此直流电动机的模型就其本质而言具有非线性和多变量耦合的性质。但是在实际使用时，通常是固定励磁电流，即保持额定磁通不变，这样，上述模型可以进一步简化。如果令 $i_F=I_{FN}$，保持磁通不变，即有 $\Phi=\Phi_N$，此时

$$T_e=K_T i_a \tag{2-26}$$

$$E_a=K_T\omega_m \tag{2-27}$$

式中　K_T——包括磁通的直流电动机转矩系数。

由此，他励直流电动机的模型结构可以简化为图 2-7 所示的结构，电枢和励磁环节没有耦合。

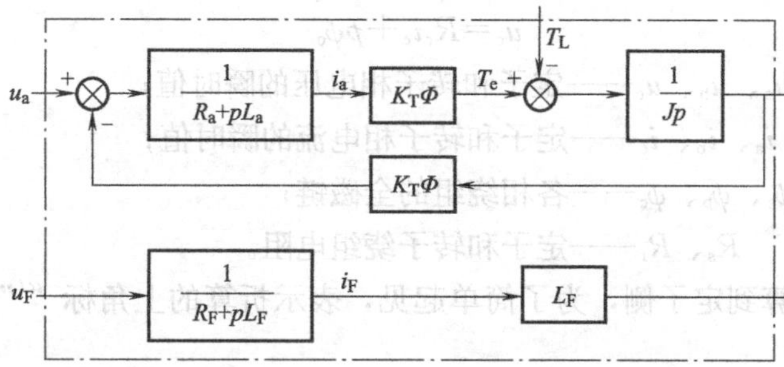

图 2-7　他励直流电动机的简化模型结构

2.3　交流电动机模型

交流电动机一般以三相为主，无论是异步电动机还是同步电动机，其定子绕组都是三相，所不同的是转子的形式。现以三相异步电动机为例来讨论交流电动机的建模问题。异步电动机又称为感应电动机，按转子结构可分为绕线转子和笼型转子两大类。笼型转子的绕组是一个对称的多相绕组，经过一定的变换可以等效为对称的三相绕组或两相绕组，所以下面就三相绕线转子异步电动机的数学模型进行分析。在研究异步电动机的多变量非线性数学模型时，常作如下的假设：

1）忽略空间谐波，设三相绕组对称，在空间中互差 120°电角度，所产生的磁动势沿气隙圆周按正弦规律分布。

2）忽略磁路饱和，认为各绕组的自感和互感都是恒定的。

3）忽略铁心损耗。

4）不考虑频率变化和温度变化对绕组电阻的影响。

异步电动机基本模型如图 2-8 所示。

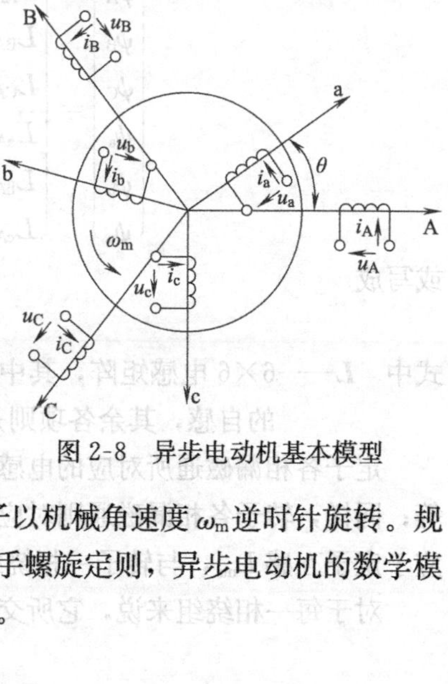

图 2-8　异步电动机基本模型

图 2-8 是一台三相绕线转子异步电动机，定子三相绕组分别用 A、B、C 表示，转子三相绕组分别用 a、b、c 表示，定子 A 相与转子 a 相绕组轴线间的夹角为 θ，转子以机械角速度 ω_m 逆时针旋转。规定各绕组电压、电流、磁链的正方向符合电动机惯例和右手螺旋定则，异步电动机的数学模型由下述电压方程、磁链方程、转矩方程和运动方程组成。

1. 电压方程

三相定子绕组的电压平衡方程为

$$u_A = R_s i_A + p\psi_A$$

$$u_B = R_s i_B + p\psi_B$$

$$u_C = R_s i_C + p\psi_C$$

与此相应，三相转子绕组折算到定子侧后的电压方程为

$$u_a = R_r i_a + p\psi_a$$

$$u_b = R_r i_b + p\psi_b$$

$$u_c = R_r i_c + p\psi_c$$

式中 u_A、u_B、u_C、u_a、u_b、u_c——定子和转子相电压的瞬时值；

i_A、i_B、i_C、i_a、i_b、i_c——定子和转子相电流的瞬时值；

ψ_A、ψ_B、ψ_C、ψ_a、ψ_b、ψ_c——各相绕组的全磁链；

R_s、R_r——定子和转子绕组电阻。

上述各量都已折算到定子侧，为了简单起见，表示折算的上角标"′"均省略，将电压方程写成矩阵形式

$$\begin{pmatrix} u_A \\ u_B \\ u_C \\ u_a \\ u_b \\ u_c \end{pmatrix} = \begin{pmatrix} R_s & 0 & 0 & 0 & 0 & 0 \\ 0 & R_s & 0 & 0 & 0 & 0 \\ 0 & 0 & R_s & 0 & 0 & 0 \\ 0 & 0 & 0 & R_r & 0 & 0 \\ 0 & 0 & 0 & 0 & R_r & 0 \\ 0 & 0 & 0 & 0 & 0 & R_r \end{pmatrix} \begin{pmatrix} i_A \\ i_B \\ i_C \\ i_a \\ i_b \\ i_c \end{pmatrix} + p \begin{pmatrix} \psi_A \\ \psi_B \\ \psi_C \\ \psi_a \\ \psi_b \\ \psi_c \end{pmatrix} \tag{2-28}$$

2. 磁链方程

每个绕组的磁链是它本身的自感磁链和其他绕组对它的互感磁链之和，因此，六个绕组的磁链可表达为

$$\begin{pmatrix} \psi_A \\ \psi_B \\ \psi_C \\ \psi_a \\ \psi_b \\ \psi_c \end{pmatrix} = \begin{pmatrix} L_{AA} & L_{AB} & L_{AC} & L_{Aa} & L_{Ab} & L_{Ac} \\ L_{BA} & L_{BB} & L_{BC} & L_{Ba} & L_{Bb} & L_{Bc} \\ L_{CA} & L_{CB} & L_{CC} & L_{Ca} & L_{Cb} & L_{Cc} \\ L_{aA} & L_{aB} & L_{aC} & L_{aa} & L_{ab} & L_{ac} \\ L_{bA} & L_{bB} & L_{bC} & L_{ba} & L_{bb} & L_{bc} \\ L_{cA} & L_{cB} & L_{cC} & L_{ca} & L_{cb} & L_{cc} \end{pmatrix} \begin{pmatrix} i_A \\ i_B \\ i_C \\ i_a \\ i_b \\ i_c \end{pmatrix} \tag{2-29}$$

或写成

$$\boldsymbol{\Psi} = \boldsymbol{L}\boldsymbol{i} \tag{2-30}$$

式中 $\boldsymbol{L}$——6×6 电感矩阵，其中对角线元素 L_{AA}、L_{BB}、L_{CC}、L_{aa}、L_{bb}、L_{cc} 是各有关绕组的自感，其余各项则是绕组间的互感。

定子各相漏磁通所对应的电感称作定子漏感 L_{ls}，由于绕组的对称性，各相漏感值均相等；同样，转子各相漏磁通则对应于转子漏感 L_{lr}。与定子一相绕组交链的最大互感磁通对应于定子互感 L_{ms}，与转子一相绕组交链的最大互感磁通对应于转子互感 L_{mr}。

对于每一相绕组来说，它所交链的磁通是互感磁通与漏感磁通之和，因此，定子各相自

感为

$$L_{AA}=L_{BB}=L_{CC}=L_{ms}+L_{ls}=L_s \tag{2-31}$$

转子各相自感为

$$L_{aa}=L_{bb}=L_{cc}=L_{mr}+L_{lr}=L_r \tag{2-32}$$

由于折算后定、转子绕组匝数相等，且各绕组间互感磁通都通过气隙，磁阻相同，故可认为 $L_{ms}=L_{mr}=L_m$。

两相绕组之间只有互感。互感又分为两类：

1）定子三相彼此之间和转子三相彼此之间的互感。由于三相绕组轴线彼此在空间的相位差是±120°，位置都是固定的，故互感为常值。在假定气隙磁通为正弦分布的条件下，互感值应为

$$L_m\cos 120°=L_m\cos(-120°)=-\frac{1}{2}L_m$$

于是

$$L_{AB}=L_{BC}=L_{CA}=L_{BA}=L_{CB}=L_{AC}=-\frac{1}{2}L_m \tag{2-33}$$

$$L_{ab}=L_{bc}=L_{ca}=L_{ba}=L_{cb}=L_{ac}=-\frac{1}{2}L_m \tag{2-34}$$

2）定子任一相与转子任一相之间的互感。对于定、转子绕组间的互感，由于相互间位置的变化（见图 2-8），其互感是角位移 θ 的函数。可分别表示为

$$L_{Aa}=L_{aA}=L_{Bb}=L_{bB}=L_{Cc}=L_{cC}=L_m\cos\theta \tag{2-35}$$

$$L_{Ab}=L_{bA}=L_{Bc}=L_{cB}=L_{Ca}=L_{aC}=L_m\cos(\theta+120°) \tag{2-36}$$

$$L_{Ac}=L_{cA}=L_{Ba}=L_{aB}=L_{Cb}=L_{bC}=L_m\cos(\theta-120°) \tag{2-37}$$

将式（2-31）～式（2-37）都代入式（2-29），即得完整的磁链方程，显然这个矩阵方程是比较复杂的，为了方便起见，可以将它写成分块矩阵的形式

$$\begin{bmatrix}\boldsymbol{\Psi}_s\\ \boldsymbol{\Psi}_r\end{bmatrix}=\begin{bmatrix}\boldsymbol{L}_{ss} & \boldsymbol{L}_{sr}\\ \boldsymbol{L}_{rs} & \boldsymbol{L}_{rr}\end{bmatrix}\begin{bmatrix}\boldsymbol{i}_s\\ \boldsymbol{i}_r\end{bmatrix} \tag{2-38}$$

式中 $\boldsymbol{\Psi}_s=(\psi_A\quad \psi_B\quad \psi_C)^T$

$\boldsymbol{\Psi}_r=(\psi_a\quad \psi_b\quad \psi_c)^T$

$\boldsymbol{i}_s=(i_A\quad i_B\quad i_C)^T$

$\boldsymbol{i}_r=(i_a\quad i_b\quad i_c)^T$

$$\boldsymbol{L}_{ss}=\begin{bmatrix}L_s & -\frac{1}{2}L_m & -\frac{1}{2}L_m\\ -\frac{1}{2}L_m & L_s & -\frac{1}{2}L_m\\ -\frac{1}{2}L_m & -\frac{1}{2}L_m & L_s\end{bmatrix} \tag{2-39}$$

$$\boldsymbol{L}_{rr}=\begin{bmatrix}L_r & -\frac{1}{2}L_m & -\frac{1}{2}L_m\\ -\frac{1}{2}L_m & L_r & -\frac{1}{2}L_m\\ -\frac{1}{2}L_m & -\frac{1}{2}L_m & L_r\end{bmatrix} \tag{2-40}$$

$$\boldsymbol{L}_{rs}=\boldsymbol{L}_{sr}^{T}=L_m\begin{bmatrix}\cos\theta & \cos(\theta-120°) & \cos(\theta+120°)\\ \cos(\theta+120°) & \cos\theta & \cos(\theta-120°)\\ \cos(\theta-120°) & \cos(\theta+120°) & \cos\theta\end{bmatrix} \tag{2-41}$$

值得注意的是，$\boldsymbol{L}_{rs}$和$\boldsymbol{L}_{sr}$两个分块矩阵互为转置，且均与转子位置θ有关，它们的元素都是时变的，这是系统非线性的一个根源。为了把变参数矩阵转换成常参数矩阵需利用坐标变换，后面将详细讨论这个问题。

3. 转矩方程

根据机电能量转换原理，在多绕组电机中，在线性电感的条件下磁场储能为[8]

$$W_m=\frac{1}{2}\boldsymbol{i}^T\boldsymbol{\psi}=\frac{1}{2}\boldsymbol{i}^T\boldsymbol{L}\boldsymbol{i} \tag{2-42}$$

而电磁转矩等于机械角位移变化时磁场储能的变化率$\frac{\partial W_m}{\partial \theta_m}$（电流约束为常值），且机械角位移$\theta_m=\theta/n_p$，于是

$$T_e=\left.\frac{\partial W_m}{\partial \theta_m}\right|_{i=\text{const.}}=n_p\left.\frac{\partial W_m}{\partial \theta}\right|_{i=\text{const.}} \tag{2-43}$$

将式（2-42）代入式（2-43），并考虑到电感的分块矩阵关系式（2-39）、式（2-40），可得

$$T_e=\frac{1}{2}n_p\boldsymbol{i}^T\frac{\partial \boldsymbol{L}}{\partial \theta}\boldsymbol{i}=\frac{1}{2}n_p\boldsymbol{i}^T\begin{bmatrix}0 & \frac{\partial \boldsymbol{L}_{sr}}{\partial \theta}\\ \frac{\partial \boldsymbol{L}_{rs}}{\partial \theta} & 0\end{bmatrix}\boldsymbol{i}$$

再将电流向量$\boldsymbol{i}^T=(\boldsymbol{i}_s^T\quad \boldsymbol{i}_r^T)=(i_A\quad i_B\quad i_C\quad i_a\quad i_b\quad i_c)$，代入上式得

$$T_e=\frac{1}{2}n_p\left(\boldsymbol{i}_r^T\frac{\partial \boldsymbol{L}_{rs}}{\partial \theta}\boldsymbol{i}_s+\boldsymbol{i}_s^T\frac{\partial \boldsymbol{L}_{sr}}{\partial \theta}\boldsymbol{i}_r\right) \tag{2-44}$$

最后，将各矩阵展开后，舍去负号，意即电磁转矩的正方向为使θ减小的方向，则有

$$T_e=n_pL_{ms}[(i_Ai_a+i_Bi_b+i_Ci_c)\sin\theta+(i_Ai_b+i_Bi_c+i_Ci_a)\sin(\theta+120°)+(i_Ai_c+i_Bi_a+i_Ci_b)\sin(\theta-120°)] \tag{2-45}$$

应该指出，上述公式是在线性磁路、磁动势在空间按正弦分布的假定条件下得出来的，但对定、转子电流对时间的波形未作任何假定，式中的电流i都是实际瞬时值。因此，上述电磁转矩公式完全适用于电力电子变流器供电的含有电流谐波的三相异步电动机调速系统。

4. 运动方程

在一般情况下，电力传动系统的运动方程式由式（2-3）表示为

$$T_e-T_L=Jp\omega_m+D_\omega\omega_m \tag{2-46}$$

将式（2-28）、式（2-38）、式（2-45）和式（2-46）综合起来，再加上

$$\omega=p\theta \tag{2-47}$$

就构成了三相异步电动机的动态数学模型。

由于异步电动机定、转子各有三个绕组，而电压、电流、频率、磁通和转速之间又互有影响，因此，在三相静止坐标系上的数学模型是一个高阶、非线性、强耦合的多变量系统。为了控制方便，需要进行模型简化。通常是将三相静止坐标系上的异步电动机模型转换成两相静止坐标系的α-β模型和两相同步旋转坐标系的d-q模型，其转换方法就是坐标变换。

2.4 坐标变换理论

统一电机理论提出了两种基于直角坐标系的原型电机，前者使用静止的直角坐标系，后者使用旋转的直角坐标系。由于直角坐标系的两个坐标轴相互垂直，因此其描述的变量和参数矩阵相对简单一些。如何利用这一优点，将实际的电机用统一电机理论来描述，关键是要将实际电机的定、转子及其绕组与原型电机的绕组进行等效。总之，任何电机都可以等效为一台原型电机，在其每个固定的轴上有适当数量的线圈。如果实际电机的线圈固定安放在轴上，则它们正好就是原型电机的相应线圈。如果线圈不固定在轴上，就需要进行变换，把实际电机的变量变换成为相应的原型电机的等效轴变量，反过来也是这样。描述电机的任何特定的系统，通称为参考模型，从一个参考模型变换到另一个参考模型，通称为变换。而这种变换实质上是不同坐标系之间的变换，因此又称为坐标变换。例如，将三相交流电机的 A、B、C 三个坐标轴系的参考模型变换到基于直角坐标系的参考模型。

坐标变换是一种线性变换，在高等数学里已初步涉及这些内容，不过那里只限于平面坐标的变换，并且变换也只在同一平面内进行，原坐标系与新坐标系之间无相对运动，问题比较简单，内容容易理解。对电动机作系统分析时，所用的坐标变换，其内容就十分丰富，不仅可以将坐标系统扩展为 n 维空间，还可以将原坐标变换到另一个旋转平面上的坐标，或者由笛卡儿平面坐标变换到复平面坐标。这些理论与方法都是针对电动机这种复杂机电系统的实情所做出的对策，在电机学科的发展史上具有划时代的重要意义。

2.4.1 线性变换简介

线性变换的定义是：对于某一组变量 x_1，x_2，…，x_n，用另一组新的变量 x_1'，x_2'，…，x_n'去代替，这些新变量与原变量之间有着线性的关系，表现为一组线性方程，即

$$\begin{cases} x_1 = a_{11}x_1' + a_{12}x_2' + \cdots + a_{1n}x_n' \\ x_2 = a_{21}x_1' + a_{22}x_2' + \cdots + a_{2n}x_n' \\ \vdots \qquad\quad \vdots \\ x_n = a_{n1}x_1' + a_{n2}x_2' + \cdots + a_{nn}x_n' \end{cases} \tag{2-48}$$

写成矩阵形式为

$$\begin{bmatrix} x_1 \\ x_2 \\ \vdots \\ x_n \end{bmatrix} = \begin{bmatrix} a_{11} & a_{12} & \cdots & a_{1n} \\ a_{21} & a_{22} & \cdots & a_{2n} \\ \vdots & \vdots & & \vdots \\ a_{n1} & a_{n2} & \cdots & a_{nn} \end{bmatrix} \begin{bmatrix} x_1' \\ x_2' \\ \vdots \\ x_n' \end{bmatrix} \tag{2-49}$$

写成向量形式为

$$\boldsymbol{X} = \boldsymbol{A}\boldsymbol{X}' \tag{2-50}$$

式中 $\boldsymbol{X}=(x_1, x_2, \cdots, x_n)^{\mathrm{T}}$；$\boldsymbol{X}'=(x_1', x_2', \cdots, x_n')^{\mathrm{T}}$。

在引入这些新的变量之后，新变量就成为待求的未知数，需要求解新的方程。如有必要，可将新的变量求得之后，再变换成原变量。为了使新变量和原来的变量之间有单值的联系，要求由线性变换系数 a_{11}，a_{12}，…，a_{nn}所组成的行列式不等于零，或者说 $\boldsymbol{A}$ 矩阵是非奇异的。

线性变换实质上是以适应某种需要而创建的一种十分有效的数学方法，在对电动机作系统分析与设计时，不仅有它的一般意义，而且还有它的特殊价值。

2.4.2 坐标变换的原则及约束

坐标变换是一种线性变换，如无约束，变换就不是唯一的。在电机的系统分析中，通常采用两种原则作为坐标变换的约束条件：

1）功率不变原则，即变换前后电机的功率保持不变。

2）合成磁动势不变约束，即变换前后电机的合成磁动势保持不变。

对于功率不变原则下坐标变换的约束条件可以推导如下。

设在某坐标系统中各绕组的电压和电流向量分别为 $\boldsymbol{u}=(u_1, u_2, \cdots, u_n)^{\mathrm{T}}$ 和 $\boldsymbol{i}=(i_1, i_2, \cdots, i_n)^{\mathrm{T}}$，在新的坐标系统中电压和电流向量变为 $\boldsymbol{u}'=(u_1', u_2', \cdots, u_n')^{\mathrm{T}}$ 和 $\boldsymbol{i}'=(i_1', i_2', \cdots, i_n')^{\mathrm{T}}$。新向量与原向量的坐标变换关系为

$$\begin{cases}\boldsymbol{u}=\boldsymbol{C}_{\mathrm{u}}\boldsymbol{u}' \\ \boldsymbol{i}=\boldsymbol{C}_{\mathrm{i}}\boldsymbol{i}'\end{cases} \tag{2-51}$$

式中 $\boldsymbol{C}_{\mathrm{u}}$和$\boldsymbol{C}_{\mathrm{i}}$——电压变换矩阵和电流变换矩阵。

当变换前后功率不变时，应有

$$\boldsymbol{i}^{\mathrm{T}}\boldsymbol{u}=\boldsymbol{i}'^{\mathrm{T}}\boldsymbol{u}' \tag{2-52}$$

而

$$\boldsymbol{i}^{\mathrm{T}}\boldsymbol{u}=(\boldsymbol{C}_{\mathrm{i}}\boldsymbol{i}')^{\mathrm{T}}(\boldsymbol{C}_{\mathrm{u}}\boldsymbol{u}')=\boldsymbol{i}'^{\mathrm{T}}\boldsymbol{C}_{\mathrm{i}}^{\mathrm{T}}\boldsymbol{C}_{\mathrm{u}}\boldsymbol{u}'$$

比较以上两式可知

$$\boldsymbol{C}_{\mathrm{i}}^{\mathrm{T}}\boldsymbol{C}_{\mathrm{u}}=\boldsymbol{E} \tag{2-53}$$

式中 $\boldsymbol{E}$——单位矩阵。

式（2-53）就是功率不变约束下坐标变换矩阵$\boldsymbol{C}_{\mathrm{u}}$和$\boldsymbol{C}_{\mathrm{i}}$需要满足的关系式。在一般情况下，电压变换矩阵与电流变换矩阵可以取为同一矩阵，即令$\boldsymbol{C}_{\mathrm{u}}=\boldsymbol{C}_{\mathrm{i}}=\boldsymbol{C}$，则式（2-53）成为

$$\boldsymbol{C}^{\mathrm{T}}\boldsymbol{C}=\boldsymbol{E} \tag{2-54}$$

或

$$\boldsymbol{C}^{\mathrm{T}}=\boldsymbol{C}^{-1} \tag{2-55}$$

由式（2-55）可知，在功率不变约束下，当电压向量和电流向量选取相同的变换矩阵时，变换矩阵的转置与其逆矩阵相等，这样的坐标变换属于正交变换。

2.4.3 Park 变换

电机作系统分析时，所应用的坐标变换可分为两大类：

1）静止坐标变换。这类变换是在两个静止的坐标系统中进行，最常用的是在 A-B-C 三相坐标系统与 α-β-0 两相静止坐标系统之间的变换，称为 3/2 变换和 2/3 变换。

2）旋转坐标变换。这类变换是在静止的坐标系统与旋转的坐标系统之间进行，旋转坐标轴的旋转速度可以是电机转子的转速或同步转速，也可以是任意转速。这类系统的典型代表是 d-q-0 坐标系统。

下面分别介绍 α-β-0 坐标系统和 d-q-0 坐标系统及其坐标变换。

1. 静止坐标变换

α-β-0 坐标系统是一种静止的坐标系统，两个坐标轴 α 和 β 轴相互垂直。为了把三相交流电机用两相原型电机来描述，需要将 A-B-C 三相坐标系统变换到 α-β-0 两相静止坐标系统。其变换方法是将 α 轴与 A 轴重合，β 轴按顺时针方向滞后 α 轴 π/2 电角度，0 轴垂直于 α、β 轴所组成的平面，如图 2-9 所示。

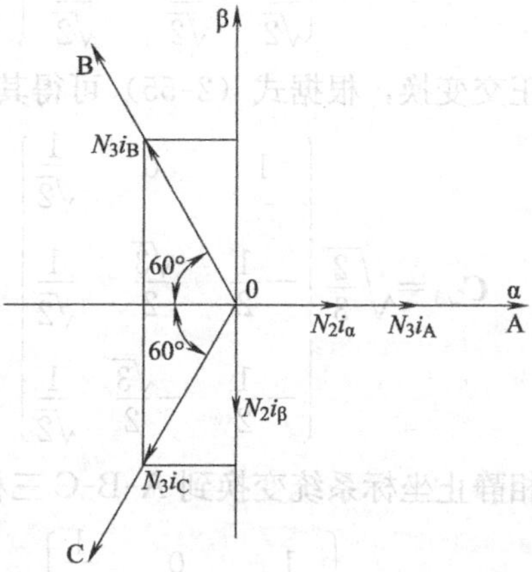

图 2-9　α-β-0 坐标系与 A-B-C 坐标系

设三相绕组每相匝数为 N_3，两相绕组每相匝数为 N_2，各相磁动势为有效匝数和电流的乘积，其空间矢量均位于有关相的坐标轴上。假定磁动势波形是正弦分布的，当三相总磁动势和两相总磁动势相等时，两相绕组瞬时磁动势在 α 和 β 轴上的投影相等，因此

$$N_2 i_\alpha = N_3 i_A - N_3 i_B \cos 60^\circ - N_3 i_C \cos 60^\circ = N_3\left(i_A - \frac{1}{2}i_B - \frac{1}{2}i_C\right)$$

$$N_2 i_\beta = N_3 i_B \sin 60^\circ - N_3 i_C \sin 60^\circ = \frac{\sqrt{3}}{2}N_3(i_B - i_C)$$

α-β-0 坐标系统中的 0 轴是为了便于求逆变换而人为设置的，其绕组电流 i_0 等于三相绕组的中性点电流，即

$$i_0 = \frac{1}{\sqrt{3}}(i_A + i_B + i_C) \tag{2-56}$$

再考虑变换前后总功率不变，在此前提下，可以证明匝数比应为[1]

$$\frac{N_3}{N_2} = \sqrt{\frac{2}{3}} \tag{2-57}$$

将上述方程写成矩阵形式，可得从 A-B-C 三相坐标系统变换到 α-β-0 两相静止坐标系统的 Park 变换方程

$$\begin{pmatrix} i_\alpha \\ i_\beta \\ i_0 \end{pmatrix} = \sqrt{\frac{2}{3}} \begin{pmatrix} 1 & -\frac{1}{2} & -\frac{1}{2} \\ 0 & \frac{\sqrt{3}}{2} & -\frac{\sqrt{3}}{2} \\ \frac{1}{\sqrt{2}} & \frac{1}{\sqrt{2}} & \frac{1}{\sqrt{2}} \end{pmatrix} \begin{pmatrix} i_A \\ i_B \\ i_C \end{pmatrix} \tag{2-58}$$

相应的 Park 变换矩阵可表示为

$$C_{3/2}=\sqrt{\frac{2}{3}}\begin{bmatrix}1 & -\frac{1}{2} & -\frac{1}{2}\\ 0 & \frac{\sqrt{3}}{2} & -\frac{\sqrt{3}}{2}\\ \frac{1}{\sqrt{2}} & \frac{1}{\sqrt{2}} & \frac{1}{\sqrt{2}}\end{bmatrix} \tag{2-59}$$

考虑到上述变换矩阵为正交变换，根据式（2-55）可得其反变换为

$$C_{2/3}=\sqrt{\frac{2}{3}}\begin{bmatrix}1 & 0 & \frac{1}{\sqrt{2}}\\ -\frac{1}{2} & \frac{\sqrt{3}}{2} & \frac{1}{\sqrt{2}}\\ -\frac{1}{2} & -\frac{\sqrt{3}}{2} & \frac{1}{\sqrt{2}}\end{bmatrix} \tag{2-60}$$

这样，如果从 α-β-0 两相静止坐标系统变换到 A-B-C 三相坐标系统则可表示为

$$\begin{bmatrix}i_A\\ i_B\\ i_C\end{bmatrix}=\sqrt{\frac{2}{3}}\begin{bmatrix}1 & 0 & \frac{1}{\sqrt{2}}\\ -\frac{1}{2} & \frac{\sqrt{3}}{2} & \frac{1}{\sqrt{2}}\\ -\frac{1}{2} & -\frac{\sqrt{3}}{2} & \frac{1}{\sqrt{2}}\end{bmatrix}\begin{bmatrix}i_\alpha\\ i_\beta\\ i_0\end{bmatrix} \tag{2-61}$$

2. 旋转坐标变换

如果从 α-β 两相静止坐标系到 d-q 两相旋转坐标系之间进行变换，称作两相-两相旋转变换，简称 2s/2r 变换，其中 s 表示静止，r 表示旋转。设 d-q 坐标系有两条轴线，一条是和磁极轴线方向一致的轴线，称为直轴，以 d 表征；另一条是与直轴正交，称为交轴，以 q 表征。将两个坐标系画在一起，所得结果如图 2-10 所示。

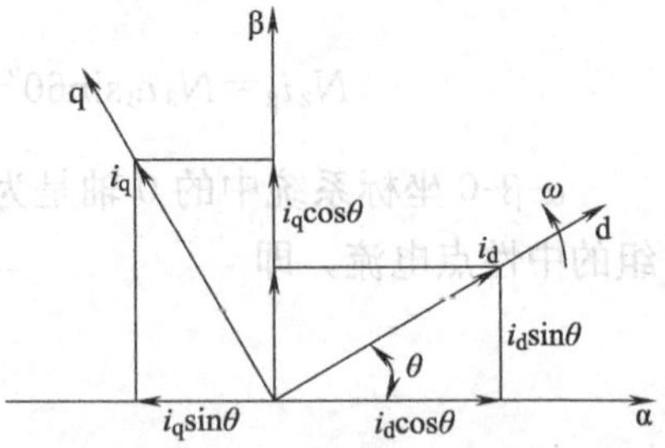

图 2-10 α-β 坐标系与 d-q 坐标系

根据向量的投影关系，可以得到 α-β 坐标系与 d-q 坐标系的变换关系式

$$i_\alpha=i_d\cos\theta-i_q\sin\theta$$
$$i_\beta=i_d\sin\theta+i_q\cos\theta$$

写成矩阵形式，得

$$\begin{bmatrix}i_\alpha\\ i_\beta\end{bmatrix}=\begin{bmatrix}\cos\theta & -\sin\theta\\ \sin\theta & \cos\theta\end{bmatrix}\begin{bmatrix}i_d\\ i_q\end{bmatrix} \tag{2-62}$$

则有从 d-q 坐标系变换到 α-β 坐标系的变换矩阵 $C_{2r/2s}$ 为

$$C_{2r/2s}=\begin{bmatrix}\cos\theta & -\sin\theta\\ \sin\theta & \cos\theta\end{bmatrix} \tag{2-63}$$

再根据功率不变的约束条件，得到其逆变换矩阵

$$\boldsymbol{C}_{2s/2r}=\begin{bmatrix}\cos\theta & \sin\theta\\ -\sin\theta & \cos\theta\end{bmatrix} \tag{2-64}$$

由此，从 α-β 坐标系变换到 d-q 坐标系的变换公式为

$$\begin{bmatrix}i_d\\ i_q\end{bmatrix}=\begin{bmatrix}\cos\theta & \sin\theta\\ -\sin\theta & \cos\theta\end{bmatrix}\begin{bmatrix}i_\alpha\\ i_\beta\end{bmatrix} \tag{2-65}$$

3. *A-B-C* 三相静止坐标系统与 *d-q-0* 旋转坐标系统的直接变换

只要将上述两种不变换合成，即可得到 A-B-C 三相静止坐标系统与 d-q-0 旋转坐标系统之间的变换矩阵，其坐标关系如图2-11所示。

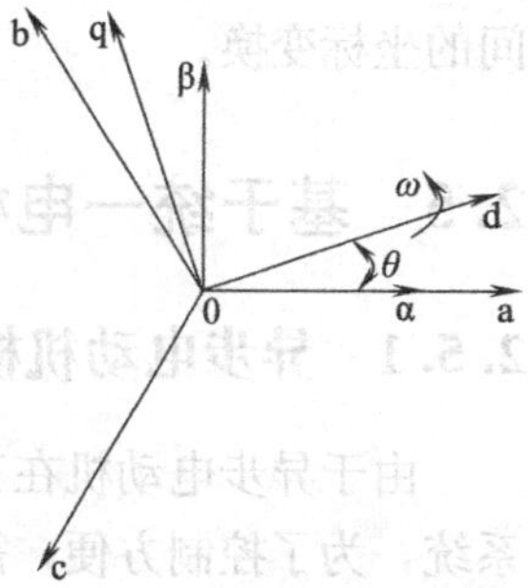

图 2-11　d-q-0 坐标系与 A-B-C坐标系

由式（2-58）和式（2-65），即得 d-q-0 坐标系与 a-b-c 坐标系的变换关系式

$$\begin{bmatrix}i_d\\ i_q\\ i_0\end{bmatrix}=\boldsymbol{C}_{2s/2r}\boldsymbol{C}_{3/2}\begin{bmatrix}i_A\\ i_B\\ i_C\end{bmatrix}$$

代入式（2-64）和式（2-59），可得到从 A-B-C 三相静止坐标系统到 d-q-0 旋转坐标系统的直接变换公式为

$$\begin{bmatrix}i_d\\ i_q\\ i_0\end{bmatrix}=\sqrt{\frac{2}{3}}\begin{bmatrix}\cos\theta & \cos\left(\theta-\frac{2\pi}{3}\right) & \cos\left(\theta+\frac{2\pi}{3}\right)\\ -\sin\theta & -\sin\left(\theta-\frac{2\pi}{3}\right) & -\sin\left(\theta+\frac{2\pi}{3}\right)\\ \frac{1}{\sqrt{2}} & \frac{1}{\sqrt{2}} & \frac{1}{\sqrt{2}}\end{bmatrix}\begin{bmatrix}i_A\\ i_B\\ i_C\end{bmatrix} \tag{2-66}$$

即有相应的变换矩阵$\boldsymbol{C}_{3s/2r}$

$$\boldsymbol{C}_{3s/2r}=\sqrt{\frac{2}{3}}\begin{bmatrix}\cos\theta & \cos\left(\theta-\frac{2\pi}{3}\right) & \cos\left(\theta+\frac{2\pi}{3}\right)\\ -\sin\theta & -\sin\left(\theta-\frac{2\pi}{3}\right) & -\sin\left(\theta+\frac{2\pi}{3}\right)\\ \frac{1}{\sqrt{2}} & \frac{1}{\sqrt{2}} & \frac{1}{\sqrt{2}}\end{bmatrix} \tag{2-67}$$

反之，其逆变换矩阵$\boldsymbol{C}_{2r/3s}$为

$$\boldsymbol{C}_{2r/3s}=\sqrt{\frac{2}{3}}\begin{bmatrix}\cos\theta & -\sin\theta & \frac{1}{\sqrt{2}}\\ \cos\left(\theta-\frac{2\pi}{3}\right) & -\sin\left(\theta-\frac{2\pi}{3}\right) & \frac{1}{\sqrt{2}}\\ \cos\left(\theta+\frac{2\pi}{3}\right) & -\sin\left(\theta+\frac{2\pi}{3}\right) & \frac{1}{\sqrt{2}}\end{bmatrix} \tag{2-68}$$

由此，从 d-q-0 旋转坐标系统到 A-B-C 三相静止坐标系统的直接变换公式为

$$\begin{pmatrix} i_A \\ i_B \\ i_C \end{pmatrix} = \sqrt{\frac{2}{3}} \begin{pmatrix} \cos\theta & -\sin\theta & \frac{1}{\sqrt{2}} \\ \cos\left(\theta-\frac{2\pi}{3}\right) & -\sin\left(\theta-\frac{2\pi}{3}\right) & \frac{1}{\sqrt{2}} \\ \cos\left(\theta+\frac{2\pi}{3}\right) & -\sin\left(\theta+\frac{2\pi}{3}\right) & \frac{1}{\sqrt{2}} \end{pmatrix} \begin{pmatrix} i_d \\ i_q \\ i_0 \end{pmatrix} \tag{2-69}$$

为简便计，d-q-0 坐标系与 α-β-0 坐标系的 0 轴分量往往不予考虑，这样，上述变换实际上可以完成静止三相坐标系与静止两相坐标系，以及静止两相坐标系与旋转两相坐标系之间的坐标变换。

2.5 基于统一电机理论的交流电动机建模

2.5.1 异步电动机模型变换

由于异步电动机在三相静止坐标系上的数学模型是一个高阶、非线性、强耦合的多变量系统，为了控制方便，需要将上述系统通过坐标变换，进行模型简化。现将三相静止坐标系上的异步电动机模型转换成两相静止坐标系的 α-β 模型和两相同步旋转坐标系的 d-q 模型。

1. 两相静止坐标系的 α-β 模型

先对定子和转子变量同时进行三相静止坐标系（A、B、C）到两相静止（α、β）的变换，则图 2-8 的模型可以变换成图 2-12a 所示的等效第二种原型电机模型，其中定子绕组分别用 α_s、β_s表示，转子绕组分别用 α_r、β_r表示，并且绕组 α_s轴线与原先的 A 轴重合，绕组 α_r轴线与原先的 a 轴重合。这样，根据式（2-10）可以直接得到异步电动机的电压平衡方程

$$\boldsymbol{u}=(\boldsymbol{R}+\boldsymbol{L}p+\boldsymbol{G}\omega_m)\boldsymbol{i}=\boldsymbol{Zi} \tag{2-70}$$

式中 $\boldsymbol{u}=(u_{s\alpha} \quad u_{s\beta} \quad u_{r\alpha} \quad u_{r\beta})^T$

$\boldsymbol{i}=(i_{s\alpha} \quad i_{s\beta} \quad i_{r\alpha} \quad i_{r\beta})^T$

$$\boldsymbol{R}=\begin{pmatrix} R_{s\alpha} & 0 & 0 & 0 \\ 0 & R_{s\beta} & 0 & 0 \\ 0 & 0 & R_{r\alpha} & 0 \\ 0 & 0 & 0 & R_{r\beta} \end{pmatrix}$$

$$\boldsymbol{L}=\begin{pmatrix} L_{s\alpha} & 0 & L_{sr\alpha} & 0 \\ 0 & L_{s\beta} & 0 & L_{sr\beta} \\ L_{rs\alpha} & 0 & L_{r\alpha} & 0 \\ 0 & L_{rs\beta} & 0 & L_{r\beta} \end{pmatrix}$$

$$\boldsymbol{G}=\begin{pmatrix} 0 & 0 & 0 & 0 \\ 0 & 0 & 0 & 0 \\ 0 & G_{r\alpha s\beta} & 0 & G_{r\alpha r\beta} \\ -G_{r\beta s\alpha} & 0 & -G_{r\beta r\alpha} & 0 \end{pmatrix}$$

$$\boldsymbol{Z}=\begin{bmatrix} R_{s\alpha}+L_{s\alpha}p & 0 & L_{sr\alpha}p & 0 \\ 0 & R_{s\beta}+L_{s\beta}p & 0 & L_{sr\beta}p \\ L_{rs\alpha}p & G_{r\alpha s\beta}\omega_m & R_{r\alpha}+L_{r\alpha}p & G_{r\alpha r\beta}\omega_m \\ -G_{r\beta s\alpha}\omega_m & L_{rs\beta}p & -G_{r\beta r\alpha}\omega_m & R_{r\beta}+L_{r\beta}p \end{bmatrix}$$

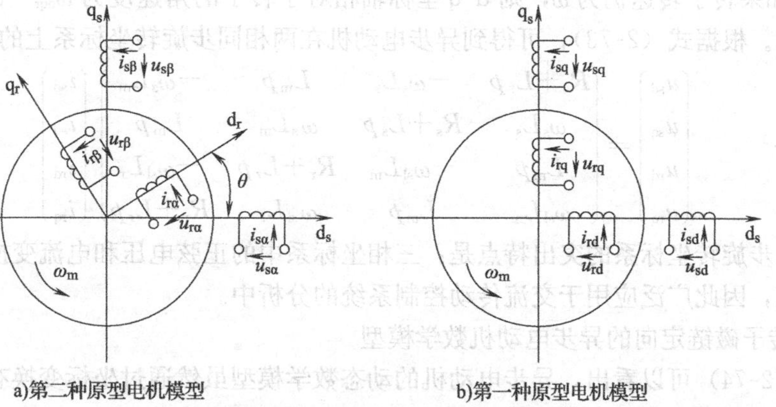

图 2-12　异步电动机等效模型

由于定子两个绕组是等同的，其电阻和自感相等，即 $R_{s\alpha}=R_{s\beta}=R_s$，$L_{s\alpha}=L_{s\alpha}=L_s$；转子两个绕组也是等同的，其电阻和自感也是相等的，即 $R_{r\alpha}=R_{r\beta}=R_r$，$L_{r\alpha}=L_{r\beta}=L_r$；另外，定、转子之间的互感也相等，即 $L_{sr\alpha}=L_{rs\alpha}=L_{sr\beta}=L_{rs\beta}=L_m$，而运动电动势系数之间的关系为 $G_{r\alpha s\beta}=G_{r\beta s\alpha}=n_pL_m$，$G_{r\alpha r\beta}=G_{r\beta r\alpha}=n_pL_r$，所以式（2-70）可以写为

$$\begin{bmatrix} u_{s\alpha} \\ u_{s\beta} \\ u_{r\alpha} \\ u_{r\beta} \end{bmatrix}=\begin{bmatrix} R_s+L_sp & 0 & L_mp & 0 \\ 0 & R_s+L_sp & 0 & L_mp \\ L_mp & \omega L_m & R_r+L_rp & \omega L_r \\ -\omega L_m & L_mp & -\omega L_r & R_r+L_rp \end{bmatrix}\begin{bmatrix} i_{s\alpha} \\ i_{s\beta} \\ i_{r\alpha} \\ i_{r\beta} \end{bmatrix} \tag{2-71}$$

式中　ω——电角速度，$\omega=n_p\omega_m$。

电磁转矩 T_e 为

$$T_e=\boldsymbol{i}^T\boldsymbol{G}\boldsymbol{i}=n_pL_m(i_{s\beta}i_{r\alpha}-i_{s\alpha}i_{r\beta}) \tag{2-72}$$

式（2-71）和式（2-72）是异步电动机在两相静止坐标系上的数学模型，又称为 Kron 模型。

2. 任意旋转的 d-q 模型

为具一般性，可以将上述推广到两相任意旋转坐标系及两相同步旋转坐标系。为此，将 α-β 坐标系变换到以任意速度旋转的 d-q 坐标系，如图 2-12b 所示，这实际上就是第一种原型电机的模型（注意这里转子的旋转方向与图 2-2b 不同）。在两相任意旋转坐标系中，设 d-q 坐标轴相对于定子的角速度为 ω_{dqs}，相对于转子的角速度为 ω_{dqr}，由此可推出异步电动机在两相任意旋转坐标系上的电压平衡方程为

$$\begin{bmatrix} u_{sd} \\ u_{sq} \\ u_{rd} \\ u_{rq} \end{bmatrix}=\begin{bmatrix} R_s+L_sp & -L_s\omega_{dqs} & L_mp & -L_m\omega_{dqs} \\ L_s\omega_{dqs} & R_s+L_sp & L_m\omega_{dqs} & L_mp \\ L_mp & -L_m\omega_{dqr} & R_r+L_rp & -L_r\omega_{dqr} \\ L_m\omega_{dqr} & L_mp & L_r\omega_{dqr} & R_r+L_rp \end{bmatrix}\begin{bmatrix} i_{sd} \\ i_{sq} \\ i_{rd} \\ i_{rq} \end{bmatrix} \tag{2-73}$$

在式（2-71）中，$\omega_{dqs}=0$，$\omega_{dqr}=-\omega$，可见Kron模型可以看成是式（2-73）表示的以任意转速旋转的第一种原型电机模型的一个特例。

3. 同步旋转的d-q模型

对于两相同步旋转坐标系，d-q坐标轴相对于定子的角速度为定子同步角频率ω_s，即$\omega_{dqs}=\omega_s$。如果转子转速仍为ω，则d-q坐标轴相对于转子的角速度为$\omega_{dqr}=\omega_s-\omega=\omega_{sl}$，即转差角频率。根据式（2-73），可得到异步电动机在两相同步旋转坐标系上的电压平衡方程

$$\begin{bmatrix} u_{sd} \\ u_{sq} \\ u_{rd} \\ u_{rq} \end{bmatrix}=\begin{bmatrix} R_s+L_s p & -\omega_s L_s & L_m p & -\omega_s L_m \\ \omega_s L_s & R_s+L_s p & \omega_s L_m & L_m p \\ L_m p & -\omega_{sl} L_m & R_r+L_r p & -\omega_{sl} L_r \\ \omega_{sl} L_m & L_m p & \omega_{sl} L_r & R_r+L_r p \end{bmatrix}\begin{bmatrix} i_{sd} \\ i_{sq} \\ i_{rd} \\ i_{rq} \end{bmatrix} \tag{2-74}$$

两相同步旋转坐标系的突出特点是：三相坐标系中的正弦电压和电流变换到d-q坐标系则成为直流，因此广泛应用于交流传动控制系统的分析中。

4. 按转子磁链定向的异步电动机数学模型

由式（2-74）可以看出，异步电动机的动态数学模型虽然通过坐标变换有所简化，但并没有改变其非线性和多变量的本质，需要进一步简化。

先考虑笼型异步电动机，因其转子绕组短接，转子电压为零，即有$u_{rd}=u_{rq}=0$。这样由式（2-74）可写成

$$u_{sd}=R_s i_{sd}+p\psi_{sd}-\omega_s\psi_{sq} \tag{2-75}$$

$$u_{sq}=R_s i_{sq}+p\psi_{sq}+\omega_s\psi_{sd} \tag{2-76}$$

$$0=R_r i_{rd}+p\psi_{rd}-\omega_{sl}\psi_{rq} \tag{2-77}$$

$$0=R_r i_{rq}+p\psi_{rq}+\omega_{sl}\psi_{rd} \tag{2-78}$$

再由式（2-6）和式（2-8）可分别得到异步电动机的定子和转子磁链方程

$$\begin{cases} \psi_{sd}=L_s i_{sd}+L_m i_{rd} \\ \psi_{sq}=L_s i_{sq}+L_m i_{rq} \end{cases} \tag{2-79}$$

$$\begin{cases} \psi_{rd}=L_r i_{rd}+L_m i_{sd} \\ \psi_{rq}=L_r i_{rq}+L_m i_{sq} \end{cases} \tag{2-80}$$

由式（2-80）可解出转子电流

$$i_{rd}=\frac{1}{L_r}(\psi_{rd}-L_m i_{sd}) \tag{2-81}$$

$$i_{rq}=\frac{1}{L_r}(\psi_{rq}-L_m i_{sq}) \tag{2-82}$$

代入式（2-79），定子磁链方程写成

$$\psi_{sd}=\left(1-\frac{L_m^2}{L_s L_r}\right)L_s i_{sd}+\frac{L_m}{L_r}\psi_{rd} \tag{2-83}$$

$$\psi_{sq}=\left(1-\frac{L_m^2}{L_s L_r}\right)L_s i_{sq}+\frac{L_m}{L_r}\psi_{rq} \tag{2-84}$$

再将式（2-81）~式（2-84）代入电压方程和转矩方程中，求得新的电压和转矩方程式为

$$u_{sd}=(R_s+\sigma L_s p)i_{sd}+\frac{L_m}{L_r}p\psi_{rd}-\omega_s\sigma L_s i_{sq}-\omega_s\frac{L_m}{L_r}\psi_{rq} \tag{2-85}$$

$$u_{sq}=(R_s+\sigma L_s p)i_{sq}+\frac{L_m}{L_r}p\psi_{rq}+\omega_s\sigma L_s i_{sd}+\omega_s\frac{L_m}{L_r}\psi_{rd} \tag{2-86}$$

$$0=\frac{1}{T_r}\psi_{rd}-\frac{L_m}{T_r}i_{sd}+p\psi_{rd}-\omega_{sl}\psi_{rq} \tag{2-87}$$

$$0=\frac{1}{T_r}\psi_{rq}-\frac{L_m}{T_r}i_{sq}+p\psi_{rq}+\omega_{sl}\psi_{rd} \tag{2-88}$$

$$T_e=\frac{L_m}{L_r}p(\psi_{rd}i_{sq}-\psi_{rq}i_{sd}) \tag{2-89}$$

式中　σ——表示的物理意义是电机的漏磁系数，$\sigma=1-\frac{L_m^2}{L_sL_r}$；

T_r——表示的物理意义是转子电磁时间常数，$T_r=\frac{L_r}{R_r}$。

如果将转子总磁链矢量 ψ_r 的方向与 d 轴重合，这样的两相旋转坐标系就是按转子磁链定向的旋转坐标系。此时应有 $\psi_{rd}=\psi_r$，而 $\psi_{rq}=0$，这样，上述方程又进一步简化为

$$u_{sd}=(R_s+\sigma L_s p)i_{sd}+\frac{L_m}{L_r}p\psi_r-\omega_s\sigma L_s i_{sq} \tag{2-90}$$

$$u_{sq}=(R_s+\sigma L_s p)i_{sq}+\omega_s\sigma L_s i_{sd}+\omega_s\frac{L_m}{L_r}\psi_r \tag{2-91}$$

$$\psi_r=\frac{L_m}{1+T_r p}i_{sd} \tag{2-92}$$

$$T_e=\frac{L_m}{L_r}n_p\psi_r i_{sq} \tag{2-93}$$

$$T_e-T_L=\frac{J}{n_p}p\omega \tag{2-94}$$

由式（2-90）～式（2-94）表示的是按转子磁链定向的异步电动机的数学模型，其动态关系可用图 2-13 表示。上述数学模型也可表示成状态方程形式，请读者参阅文献[1]，这里不再赘述。

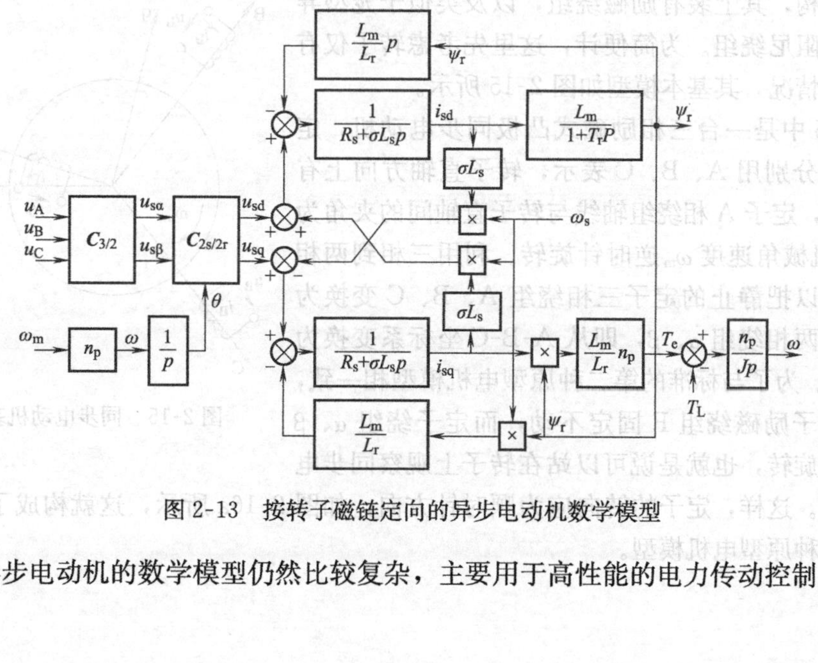

图 2-13　按转子磁链定向的异步电动机数学模型

上述异步电动机的数学模型仍然比较复杂，主要用于高性能的电力传动控制系统中，采

用先进的控制策略，如矢量控制、直接转矩控制等。对于动态性能要求不高的调速系统，并不需要采用复杂的多变量非线性数学模型，可以进一步简化模型。通常的做法是：通过稳态工作点附近微偏线性化方法，得到异步电动机的稳态数学模型[25]，其用 Laplace 变换表示的传递函数公式为

$$G_{MA}(s)=\frac{\Delta\omega(s)}{\Delta u_s(s)}=\frac{K_{MA}}{1+T_m s} \tag{2-95}$$

式中 K_{MA}——异步电动机的传递系数；

T_m——异步电动机拖动系统的机电时间常数，且有

$$K_{MA}=\frac{2(\omega_s-\omega_{sA})}{U_{sA}} \tag{2-96}$$

$$T_m=\frac{J\omega_s^2 R_r'}{3n_p^2 U_{sA}^2} \tag{2-97}$$

式中 ω_s——异步电动机同步角频率；

ω_{sA}——异步电动机在稳态工作点 A 的转子角速度；

U_{sA}——异步电动机在稳态工作点 A 的定子电压有效值；

R_r'——折算到定子侧的转子电阻值。

通过简化，异步电动机近似为一个一阶惯性环节，其稳态模型如图 2-14 所示。

异步电动机的稳态模型虽然简单，但应指出：

1）由于是微偏线性化模型，只适用于该工作点附近的稳态分析。

2）由于忽略了电机的电磁惯性，其分析和计算结果是比较粗略的。

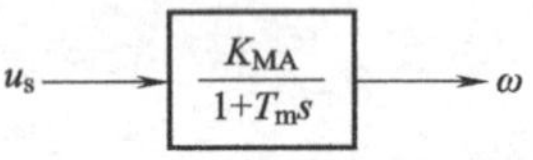

图 2-14 异步电动机的稳态模型

2.5.2 同步电动机模型

同步电动机的定子与异步电动机基本相同，其定子绕组也是一对称的三相绕组。转子一般为凸极结构，其上装有励磁绕组，以及类似于笼型异步电动机的阻尼绕组。为简便计，这里先考虑转子仅有励磁绕组的情况，其基本模型如图 2-15 所示。

图 2-15 中是一台三相励磁式凸极同步电动机，定子三相绕组分别用 A、B、C 表示，转子直轴方向上有励磁绕组 F，定子 A 相绕组轴线与转子直轴间的夹角为 θ，转子以机械角速度 ω_m 逆时针旋转。利用三相到两相的变换，可以把静止的定子三相绕组 A、B、C 变换为静止的等效两相绕组 α、β，即从 A-B-C 坐标系变换为 α-β 坐标系。为了与标准的第二种原型电机模型相一致，可以认为转子励磁绕组 F 固定不动，而定子绕组 α、β 围绕转子在旋转，也就是说可以站在转子上观察同步电动机的运行。这样，定子的转向应为顺时针方向，如图 2-16a 所示，这就构成了与图 2-15 等效的第二种原型电机模型。

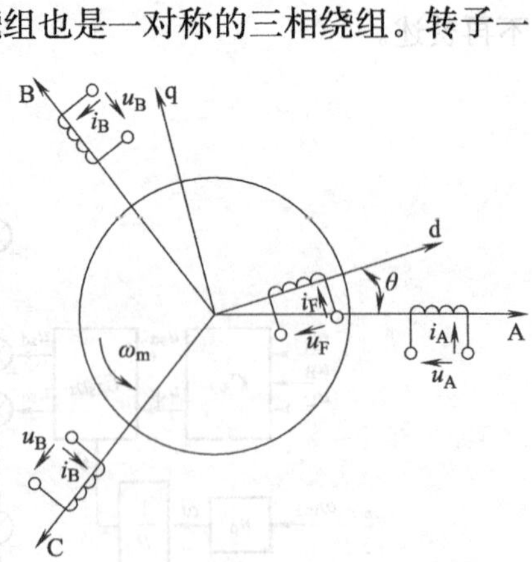

图 2-15 同步电动机基本模型

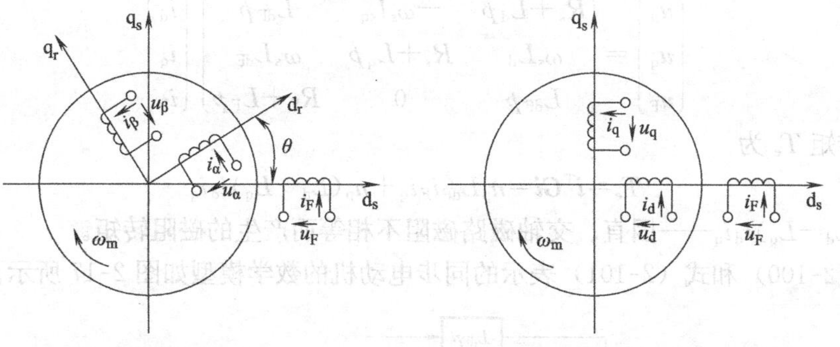

a)第二种原型电机模型　　b)第一种原型电机模型

图 2-16　同步电动机等效模型

再进行 α-β 坐标系到 d-q 坐标系的变换，把定子绕组从旋转轴线变换到固定轴线，即把定子绕组 α、β 变换为伪静止绕组 d、q，而转子绕组 F 保持不变，如图 2-16b 所示（注意这里的旋转方向与图 2-2b 相同）。

这样，根据式（2-10）可以直接得到同步电动机的电压平衡方程

$$\boldsymbol{u}=(\boldsymbol{R}+\boldsymbol{L}p+\boldsymbol{G}\omega_m)\boldsymbol{i}=\boldsymbol{Z}\boldsymbol{i} \tag{2-98}$$

式中　$\boldsymbol{u}=(u_d \quad u_q \quad u_F)^T$

$\boldsymbol{i}=(i_d \quad i_q \quad i_F)^T$

$$\boldsymbol{R}=\begin{pmatrix} R_d & 0 & 0 \\ 0 & R_q & 0 \\ 0 & 0 & R_F \end{pmatrix}$$

$$\boldsymbol{L}=\begin{pmatrix} L_d & 0 & L_{dF} \\ 0 & L_q & 0 \\ L_{Fd} & 0 & L_F \end{pmatrix}$$

$$\boldsymbol{G}=\begin{pmatrix} 0 & -G_{dq} & 0 \\ G_{qd} & 0 & G_{qF} \\ 0 & 0 & 0 \end{pmatrix}$$

$$\boldsymbol{Z}=\begin{pmatrix} R_d+L_dp & -G_{dq}\omega_m & L_{dF}p \\ G_{qd}\omega_m & R_q+L_qp & G_{qF}\omega_m \\ L_{Fd}p & 0 & R_F+L_Fp \end{pmatrix}$$

定子两个绕组的电阻是相等的，即 $R_d=R_q=R_s$；而运动电动势系数之间的关系为 $G_{dq}=n_pL_q$，$G_{qd}=n_pL_d$，$G_{qF}=n_pL_{dF}=n_pL_{Fd}$，所以式（2-74）可以写为

$$\begin{pmatrix} u_d \\ u_q \\ u_F \end{pmatrix}=\begin{pmatrix} R_s+L_dp & -L_q\omega & L_{dF}p \\ L_d\omega & R_s+L_qp & L_{dF}\omega \\ L_{dF}p & 0 & R_F+L_Fp \end{pmatrix}\begin{pmatrix} i_d \\ i_q \\ i_F \end{pmatrix} \tag{2-99}$$

式中　ω——电角速度，$\omega=n_p\omega_m$。

由式（2-99）建立的是同步电动机在两相静止坐标系上的数学模型，对于 d-q 坐标轴相对于定子的角速度为定子同步角频率 ω_s，如上节推导，可得同步电动机在两相同步旋转坐标系上的电压平衡方程

$$\begin{pmatrix} u_d \\ u_q \\ u_F \end{pmatrix} = \begin{pmatrix} R_s+L_d p & -\omega_s L_q & L_{dF} p \\ \omega_s L_d & R_s+L_q p & \omega_s L_{dF} \\ L_{dF} p & 0 & R_F+L_F p \end{pmatrix} \begin{pmatrix} i_d \\ i_q \\ i_F \end{pmatrix} \tag{2-100}$$

电磁转矩 T_e 为

$$T_e = \boldsymbol{i}^T \boldsymbol{G} \boldsymbol{i} = n_p L_{dF} i_F i_q + n_p (L_d - L_q) i_d i_q \tag{2-101}$$

式中 $n_p(L_d-L_q)i_d i_q$——因直、交轴磁路磁阻不相等而产生的磁阻转矩。

由式（2-100）和式（2-101）表示的同步电动机的数学模型如图 2-17 所示。

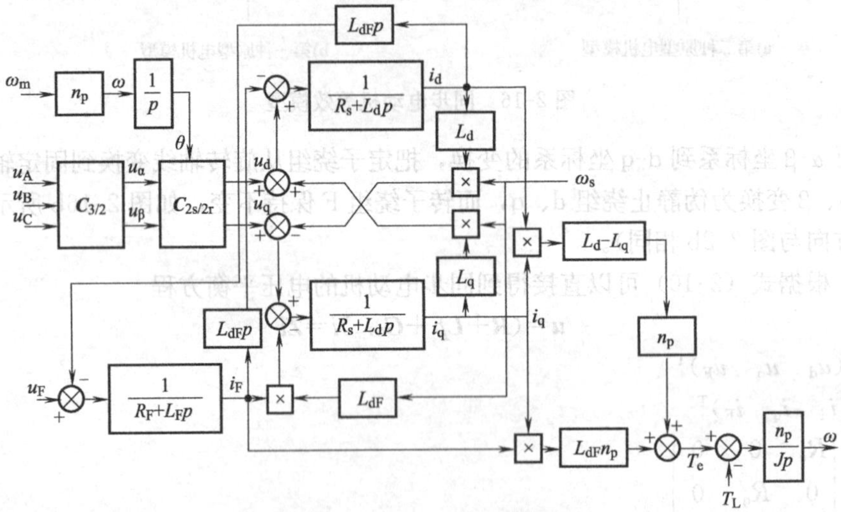

图 2-17 同步电动机数学模型

当转子上装有阻尼绕组时，要精确地表示这些阻尼绕组的作用，需要分别用直轴和交轴方向上若干个闭合回路来表征（称为阻尼绕组多回路模型），这将大大增加电机系统的阶数，求解也是比较困难的。在不需要精确计算阻尼绕组各导条与端环电流的场合下，可以采用直轴和交轴方向上各一个阻尼绕组来等效（称为直轴阻尼绕组 D 和交轴阻尼绕组 Q），其等效的第一种原型电机模型如图 2-18 所示，相应的电压平衡方程与电磁转矩计算公式容易导出，此处从略。

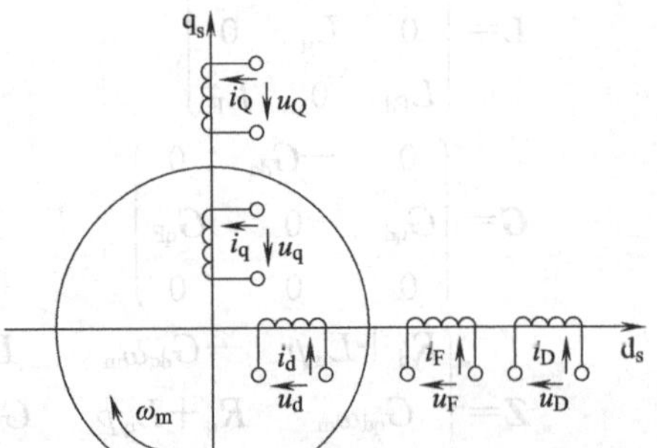

图 2-18 有阻尼绕组的同步电动机等效模型

2.6 电力电子变流器的建模

在电力传动控制系统中，电力电子变流器一般都是非线性的，究其原因是由于电力电子器件在换流过程中处于开关状态。若以晶闸管整流器为例进行分析，可以发现引起其非线性的主要原因有以下两个方面。

1. 整流器的电流断续问题

如果采用由晶闸管可控整流器供电组成 V-M 系统，其整流电路的脉波数 m 是有限的，一般比直流电机每对极下换向片的数目要少得多。因此，输出电压波形不可能像直流发电机那样平直。除非主电路电感 $L=\infty$，否则输出电流总是脉动的。

由于电流波形的脉动，可能出现电流连续和断续两种情况：当 V-M 系统主电路有足够大的电感量，而且电动机的负载也足够大时，整流电流便具有连续的脉动波形，如图 2-19a 所示；当电感量较小或负载较轻时，在某一相导通后电流升高的阶段里，电感中的储能较少；等到电流下降而下一相尚未被触发以前，电流已经衰减到零，于是，便造成电流波形断续的情况，如图 2-19b 所示。

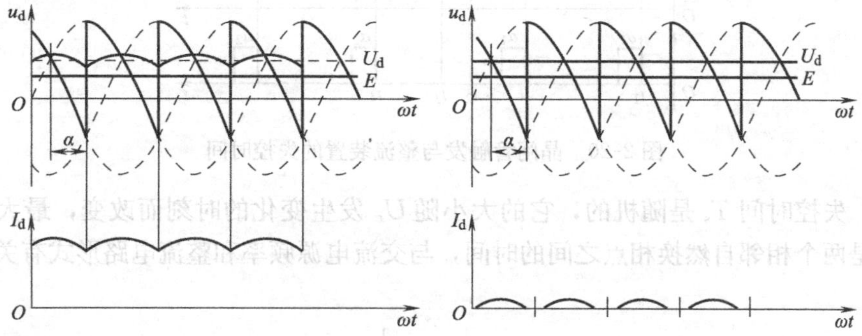

a)电流连续　　b)电流断续

图 2-19 V-M 系统的电流波形

电流波形的断续给用平均值描述的系统带来一种非线性的因素，也引起机械特性的非线性，影响系统的运行性能。因此，实际应用中常希望尽量避免发生电流断续。

在 V-M 系统中，脉动电流会增加电机的发热，同时也产生脉动转矩，对生产机械不利。为了避免或减轻这种影响，需采用抑制电流脉动的措施，主要是：

1）增加整流电路相数，或采用多重化技术。

2）设置平波电抗器。

对于采用直流 PWM 变换器供电的直流调速系统，如果其主电路为 H 形拓扑结构，则电流始终连续，不会出现断续现象。

2. 换流过程中开关器件失控时间的滞后效应

众所周知，晶闸管一旦导通后，控制电压的变化在该器件关断以前就不再起作用，直到下一相触发脉冲来到时才能使输出整流电压发生变化，这就造成整流电压滞后于控制电压的状况。

下面以单相全波纯电阻负载整流波形为例来讨论上述的滞后作用以及滞后时间的大小，如图 2-20 所示。假设在 t_1 时刻某一对晶闸管被触发导通，触发延迟角为 α_1，如果控制电压 U_c 在 t_2 时刻发生变化，由 U_{c1} 突降到 U_{c2}，但由于晶闸管已经导通，U_c 的变化对它已不起作用，整流电压并不会立即响应，必须等到 t_3 时刻该器件关断以后，触发脉冲才有可能控制另一对晶闸管。设新的控制电压 U_{c2} 对应的触发延迟角为 α_2，则另一对晶闸管在 t_4 时刻才能导通，平均整流电压因而降低。假设平均整流电压是从自然换相点开始计算的，则平均整流电压在 t_3 时刻从 U_{d01} 降低到 U_{d02}，从 U_c 发生变化的时刻 t_2 到 U_{d0} 响应变化的时刻 t_3 之间，

便有一段失控时间 T_s。应该指出，如果有电感作用使电流连续，则 t_3 与 t_4 重合，但失控时间仍然存在。

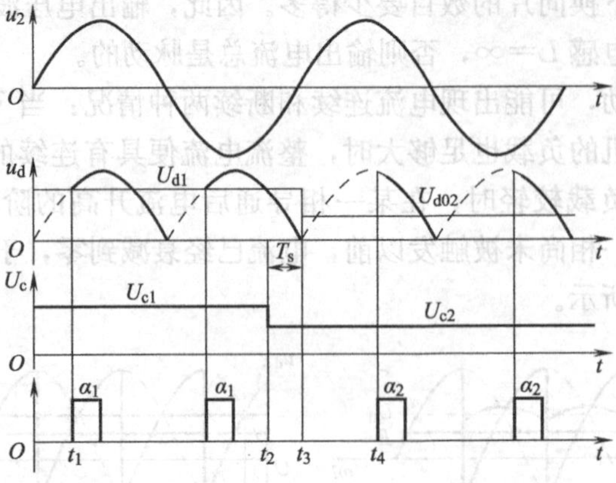

图 2-20 晶闸管触发与整流装置的失控时间

显然，失控时间 T_s 是随机的，它的大小随 U_c 发生变化的时刻而改变，最大可能的失控时间就是两个相邻自然换相点之间的时间，与交流电源频率和整流电路形式有关，由下式确定：

$$T_{s(max)}=\frac{1}{mf} \tag{2-102}$$

式中 f——交流电源频率；

m——一周期内整流电压的脉波数。

相对于整个系统的响应时间来说，T_s 是不大的，在一般情况下，可取其统计平均值 $T_s=T_{s(max)}/2$，并认为是常数。或者按最严重的情况考虑，取 $T_s=T_{s(max)}$。表 2-1 列出了不同整流电路的失控时间。

表 2-1 不同整流电路的失控时间（f=50Hz）

整流电路形式	最大失控时间 $T_{s(max)}$/ms	平均失控时间 T_s/ms
单相半波	20	10
单相桥式（全波）	10	5
三相半波	6.67	3.33
三相桥式、六相半波	3.33	1.67

3. 电力电子变流器模型

由上分析，电力电子变流器是一个非线性环节，难以用准确的数学模型来描述。通常可用实验方法测出该环节的输入—输出特性，然后再建立数学表达式来拟合该特性曲线。例如，通过实验测试，得到了如图 2-21 所示的某晶闸管触发和整流装置的输入—输出特性。如何拟合实验曲线有各种办法可选，如采用分段折线等。

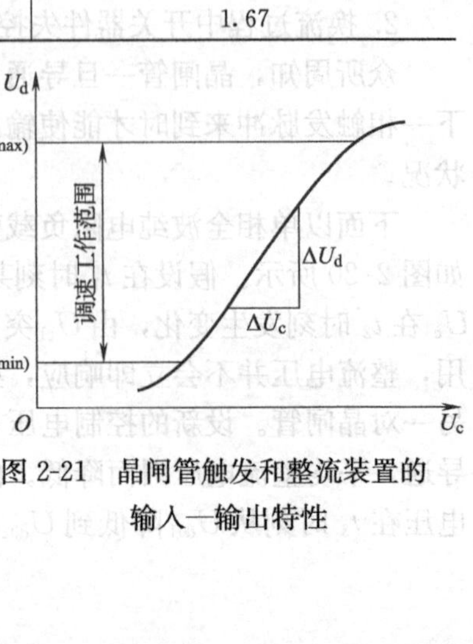

图 2-21 晶闸管触发和整流装置的输入—输出特性

为简化问题，在一定的工作范围内可以把电力电

子变流器近似看成线性环节，即其电源输出 U_{eo} 与输入 U_{ei} 之间成正比关系

$$U_{eo}=K_sU_{ei} \tag{2-103}$$

式中　K_s——比例系数，可由工作范围内的特性斜率决定，计算方法是

$$K_s=\frac{U_d}{U_c} \tag{2-104}$$

另外在动态过程中，若考虑电力电子开关器件的失控时间而引起的滞后效应，电力电子变流器是一个滞后环节。设平均失控时间为 T_s，并用单位阶跃函数表示滞后效应，式（2-104）可进一步写为

$$U_{eo}=K_sU_{ei}\cdot 1(t-T_s) \tag{2-105}$$

其传递函数可以写成

$$G_s(s)=\frac{U_{eo}}{U_{ei}}=K_s e^{-T_s} \tag{2-106}$$

由于式（2-106）中包含指数函数 $e^{-T_s s}$，它使系统成为非最小相位系统，分析和设计都比较麻烦。为了简化，先将该指数函数按泰勒级数展开，变成

$$W_s(s)=K_s e^{-T_s s}=\frac{K_s}{e^{T_s s}}=\frac{K_s}{1+T_s s+\frac{1}{2!}T_s^2 s^2+\frac{1}{3!}T_s^3 s^3+\cdots}$$

考虑到电力电子变流器的 T_s 很小，可忽略高次项，则式（2-106）表示的传递函数可近似为一阶惯性环节，即

$$G_s(s)\approx\frac{K_s}{T_s s+1} \tag{2-107}$$

由此，一般而言电力电子变流器的数学模型可用式（2-107）来描述，但其参数则应视具体的电路拓扑和所采用的器件而定，通过实验来测取。

本章小结

本章从一般意义上建立了电力传动系统中电动机和电力电子变流器的数学模型，其中最主要的就是建立在统一电机理论之上的原型电机模型，包括第一种原型电机与第二种原型电机。通过参数选择和坐标变换，分别导出了直流电动机、异步电动机和同步电动机的数学模型。

与传统的按各电机结构和电磁关系建模方法相比，可以看出：按照统一电机理论建立电动机通用数学模型，具有概念清晰、形式统一、表达简洁、便于应用的特点，特别是通过坐标变换，可以使得电力传动系统的分析得到简化，成为交流电动机矢量控制和直接转矩控制等高性能电力传动控制系统的理论基础。

思考题与习题

1. 简述坐标变换与统一电机理论的意义。
2. 电机常用的坐标系统有哪几种？分别画出它们的坐标轴矢量图。
3. 在电机坐标变换时，功率不变约束条件下的变换式与合成磁动势不变约束条件下的变换式哪些是相

同的？哪些是不同的？不同的变换式有什么不同？

4. 写出静止三相坐标系与静止两相坐标系以及静止两相坐标系与旋转两相坐标系之间的坐标变换式。

5. 试分别建立并励与串励直流电动机的数学模型。

6. 试导出直轴和交轴方向上各有一个阻尼绕组的电励磁同步电动机的电压平衡方程与电磁转矩计算公式。

第 3 章　直流传动控制系统

本章以直流电动机为被控对象，着重讨论直流调速系统的组成、控制方法和系统性能。主要内容有：①介绍开环直流调速系统的组成及带来的主要问题；②论述转速闭环直流调速系统，分析反馈控制闭环系统的稳态静差率和动态稳定性，为反馈控制系统的分析奠定基础；③分析转速、电流双闭环的直流调速系统，作为直流调速系统常用的典型控制模式；④讨论直流调速系统的电压与磁场协调控制，以及可逆控制问题；⑤介绍利用 MATLAB 仿真软件进行直流传动控制系统仿真。

3.1　开环直流调速系统的组成与主要问题

直流电动机具有良好的起、制动性能，宜于在广范围内平滑调速，在许多需要调速和（或）快速正反向的电力传动领域中得到了广泛的应用。近年来，高性能交流调速技术发展很快，交流调速系统有逐步取代直流调速系统的趋势。然而直流传动控制系统毕竟在理论上和实践上都比较成熟，而且从控制的角度来看，它又是交流传动控制系统的基础。因此，为了保持由浅入深的教学顺序，应该首先很好地掌握直流传动控制系统。

3.1.1　开环直流调速系统的组成

根据第 1 章的分析，在直流电动机调速的三种方法中变压调速的性能最好，因此是目前最主要的直流调速方案。如果采用变压调速方法，就需要有专门的可控直流电源。常用的可控直流电源有以下三种：

1）旋转变流机组。用交流电动机和直流发电机组成机组，以获得可调的直流电压。这种早期的可调直流电源现在已很少使用。

2）静止式可控整流器。用静止式的可控整流器，以获得可调的直流电压，其主电路拓扑结构及其控制原理如第 1 章所述，目前主要用于大容量的直流调速系统。

3）直流斩波器或脉宽调制变换器。用恒定直流电源或不控整流电源供电，利用电力电子开关器件斩波或进行脉宽调制，以产生可变的平均电压，其主电路拓扑结构及其控制原理可参见第 1 章有关章节。

由可控直流电源供电的开环直流调速系统结构如图 3-1 所示，系统中，UCR 为由晶闸管整流器或直流 PWM 变换器组成的可控整流器，GT 为门极（控制极）驱动装置。调节控制电压 U_c 就可以改变电动机的转速。

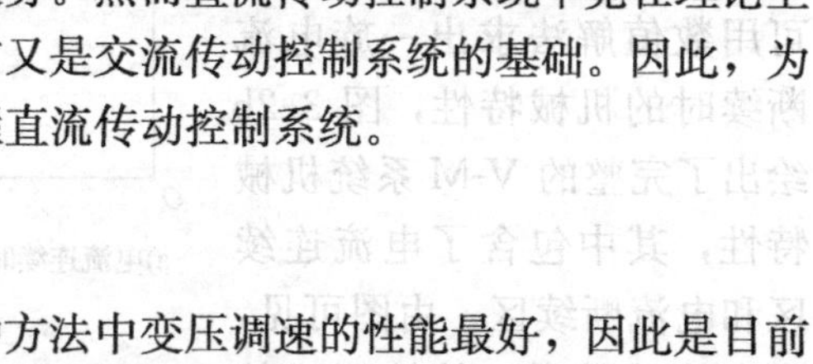

图 3-1　开环直流调速系统结构

3.1.2　开环直流调速系统的主要问题

由于采用电力电子变流器，给直流电动机控制带来一些新的问题：

1. 系统机械特性的变异问题

对于 V-M 系统，当电流连续时，系统的机械特性方程式为

$$n=\frac{1}{K_e}(U_d-I_dR) \tag{3-1}$$

式中 K_e——电动机在额定磁通下的电动势系数，$K_e=C_e\Phi_N$；

U_d——晶闸管整流器输出电压，且有

$$U_d=U_{d0}\cos\alpha \tag{3-2}$$

由此可见，改变触发延迟角 α，可得一族平行直线，即 V-M 系统在电流连续时的机械特性与直流电动机电枢调压调速的机械特性很相似。但是，V-M 系统中电枢回路的总电阻包括了电动机的电枢电阻 R_a、整流器的内阻 R_e 和线路电阻 R_l，即为

$$R=R_a+R_e+R_l \tag{3-3}$$

由于 $R\geqslant R_a$，因此在相同电压下，V-M 系统的机械特性要比直流电动机电枢调压的机械特性软，如图 3-2a 所示。其中：曲线①为仅考虑电枢电阻的机械特性；曲线②为 V-M 系统的机械特性，虚线表示电流断续，其特性应另外分析。

当电流断续时，由于非线性因素，机械特性方程要复杂得多。对于不同的 α 角，可用数值解法求出一族电流断续时的机械特性，图 3-2b 绘出了完整的 V-M 系统机械特性，其中包含了电流连续区和电流断续区。由图可见，当电流连续时，特性还比较硬；断续段特性则很软，而且呈显著的非线性，理想空载转速翘得很高。

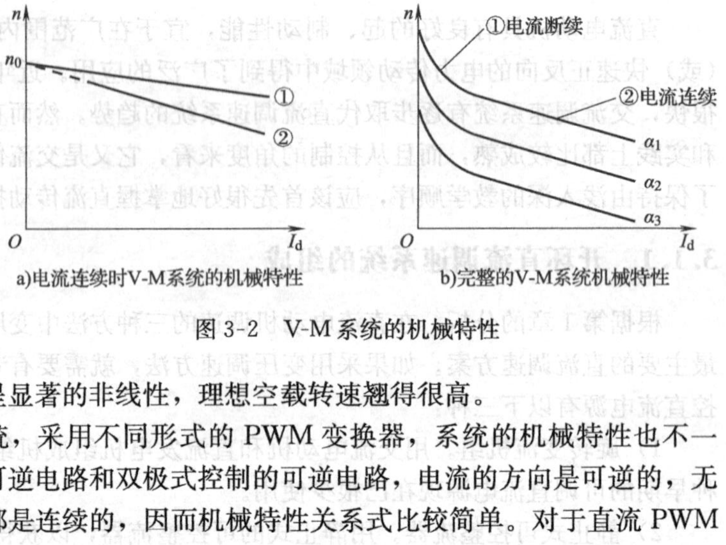

图 3-2 V-M 系统的机械特性

而对于直流 PWM 调速系统，采用不同形式的 PWM 变换器，系统的机械特性也不一样。对于带制动电流通路的不可逆电路和双极式控制的可逆电路，电流的方向是可逆的，无论是重载还是轻载，电流波形都是连续的，因而机械特性关系式比较简单。对于直流 PWM 可逆整流电路，其电压方程为

$$U_d=\gamma U_s \tag{3-4}$$

式中 γ——电压系数。

将式（3-4）代入式（3-1），则机械特性方程式为

$$n=\frac{1}{K_e}(\gamma U_s-RI_d) \tag{3-5}$$

或用转矩表示

$$n=\frac{\gamma U_s}{K_e}-\frac{R}{K_eK_T}T_e=n_0-\frac{R}{K_eK_T}T_e \tag{3-6}$$

式中 K_T——电动机在额定磁通下的转矩系数，$K_T=C_T\Phi_N$；

n_0——理想空载转速，与电压系数 γ 成正比，$n_0=\dfrac{\gamma U_s}{C_e}$。

2. 能量回馈问题

(1) V-M 系统的能量回馈

由于晶闸管的单向导电性，使得采用晶闸管整流器的 V-M 系统进行能量的双向流动较为困难。这里有两种情况：如果电动机驱动位能性负载，比如起重机，就可以通过整流电路自身的有源逆变将位能负载下降过程的机械能回馈到电网，如图 3-3 所示。根据晶闸管触发脉冲的相位，相控整流器有两种工作状态：

1) 整流状态。当晶闸管的触发脉冲的触发延迟角小于等于 90°，即 $\alpha \leqslant 90°$ 时，整流器工作于整流状态，且有 $U_d > E_a$（E_a 为直流电动机的反电动势）。此时，整流器将输入的交流电转换成可调的直流电输出，供给直流电动机传动机械负载运动，如图 3-3a 所示。电动机工作在电动状态，其机械特性处于第一象限，如图 3-3c 所示的曲线①。

2) 逆变状态。如果直流电动机工作于倒拉反接制动状态，由机械负载传动电动机反向运行，感应电动势为 $-E_a$。此时，调节触发脉冲的触发延迟角使其大于等于 90°，即 $\alpha \geqslant 90°$，且使 $|E_a| > |U_d|$。则整流器工作于有源逆变状态，将输入的直流电转换成交流电回馈给电网，如图 3-3b 所示。有源逆变时电动机工作于再生发电状态，其机械特性处于第四象限，如图 3-3c 所示的曲线②。

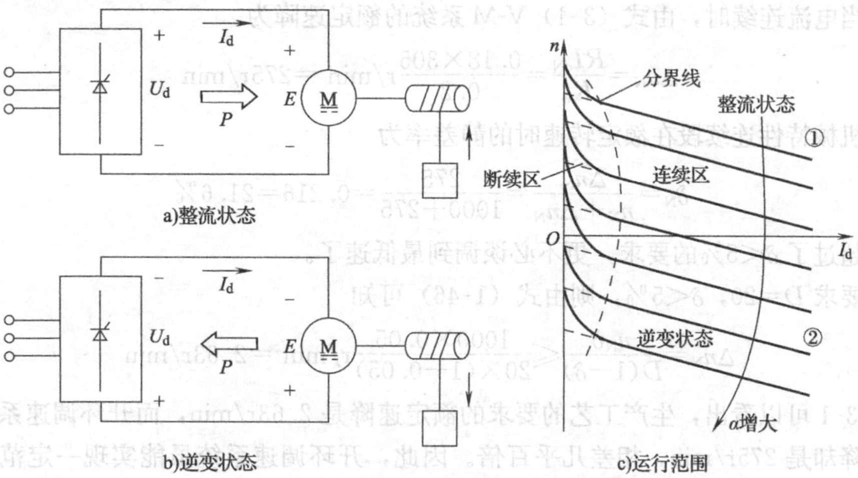

图 3-3　带位能负载的 V-M 系统运行范围

而一般反抗性负载的再生发电制动产生的电能则无法回馈给电网，需要采用两组晶闸管整流器反并联的供电方案，实现电动机的四象限运行。具体电路及分析请见 3.5 节。

(2) 直流 PWM 系统的能量回馈与泵升电压

直流 PWM 变换器的直流电源通常由交流电网经不可控的二极管整流器产生，并采用大电容 C 滤波，以获得恒定的直流电压 U_s，电容 C 同时对感性负载的无功功率起储能缓冲作用，当电动机制动时吸收运行系统动能。但由于直流电源靠二极管整流器供电，不可能回馈电能，电动机制动时只好对滤波电容充电，这将使电容两端电压升高，称作“泵升电压”。

电力电子器件的耐压限制着最高泵升电压 U_{sm}，因此电容器容量就不可能很小，一般几千瓦的调速系统所需的电容器容量达到数千微法。在大容量或负载有较大惯量的系统中，不可能只靠电容器来限制泵升电压，这时，可以采用图 3-4 所示泵升电压限制电路中的镇流电

阻 R_b 来消耗掉部分动能。R_b 的分流电路靠开关器件 VT_b 在泵升电压达到允许数值时接通。

对于更大容量的系统，为了提高效率，可以在二极管整流器输出端并接逆变器，把多余的能量逆变后回馈电网。当然，这样一来，系统就更复杂了。

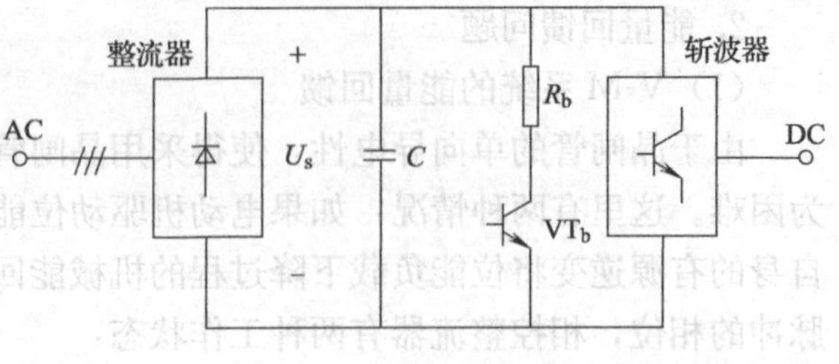

图 3-4　泵升电压限制电路

3.1.3　开环系统的静特性计算

开环调速系统的静态性能可以通过式（3-1）和式（3-5）计算，并对照电力传动系统的静态指标，用式（1-44）～式（1-46）检查是否能够满足生产工艺要求。

例 3-1　某龙门刨床工作台传动采用直流电动机，其额定数据如下：60kW、220V、305A、1000r/min，采用 V-M 系统，主电路总电阻 $R=0.18\Omega$，电动机电动势系数 $K_e=0.2\text{V}\cdot\text{min/r}$。如果要求调速范围 $D=20$，静差率 $\delta<5\%$，采用开环调速能否满足？若要满足这个要求，系统的额定速降 Δn_N 最多能有多少？

解　当电流连续时，由式（3-1）V-M 系统的额定速降为

$$\Delta n_N=\frac{RI_{dN}}{K_e}=\frac{0.18\times305}{0.2}\text{r/min}=275\text{r/min}$$

开环系统机械特性连续段在额定转速时的静差率为

$$\delta_N=\frac{\Delta n_N}{n_N+\Delta n_N}=\frac{275}{1000+275}=0.216=21.6\%$$

这已大大超过了 $\delta<5\%$ 的要求，更不必谈调到最低速了。

如果要求 $D=20$，$\delta<5\%$，则由式（1-46）可知

$$\Delta n_N=\frac{n_N\delta}{D(1-\delta)}\leqslant\frac{1000\times0.05}{20\times(1-0.05)}\text{r/min}=2.63\text{r/min}$$

由例 3-1 可以看出，生产工艺的要求的额定速降是 2.63r/min，而开环调速系统能达到的额定速降却是 275r/min，相差几乎百倍。因此，开环调速系统虽能实现一定范围内的无级调速，但是，由于其系统性能有限，往往不能满足生产工艺要求。

3.2　转速闭环直流调速系统

为了克服开环系统的不足，根据自动控制原理，反馈控制的闭环系统是按被调量的偏差进行控制的系统，只要被调量出现偏差，它就会自动产生纠正偏差的作用。由于转速降落正是由负载引起的转速偏差，显然，闭环调速系统应该能够大大减少转速降落。为此引入转速反馈，组成转速反馈控制的闭环直流调速系统。

3.2.1　转速闭环直流调速系统的组成

转速反馈的闭环直流调速系统如图 3-5 所示，系统中电动机同轴安装一台测速发电机 TG，从而引出与被调量转速成正比的负反馈电压 U_n，与给定电压 U_n^* 相比较后，得到转速

偏差电压 ΔU_n，经过转速调节器 ASR，产生可控整流器 UCR 所需的控制电压 U_c，用以控制电动机的转速。

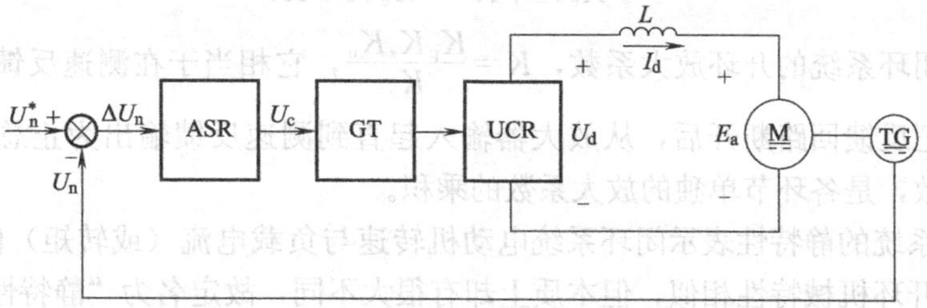

图 3-5　转速反馈的闭环直流调速系统

图中，UCR 输入接三相（或单相）交流电源，输出为可控的直流电压 U_d。对于中、小容量系统，电力电子变流器多采用由 IGBT 或 PMOSFET 组成的 PWM 变换器；对于较大容量的系统，可采用其他电力电子开关器件，如 GTO、IGCT 等；对于特大容量的系统，则常用晶闸管装置。

3.2.2　转速闭环直流调速系统的稳态分析

首先分析闭环调速系统的稳态特性，以确定它如何能够减少转速降落。为了突出主要矛盾，先作如下的假定：

1）忽略各种非线性因素，假定系统中各环节的输入—输出关系都是线性的，或者只取其线性工作段。

2）忽略控制电源和电位器的内阻。

1. 系统稳态结构图与静特性方程

根据图 3-5 各环节的输入输出关系和式（3-1），可以画出闭环系统的稳态结构图，如图 3-6 所示，图中各方框内的文字符号代表该环节的放大系数。

图 3-6 的转速负反馈直流调速系统中各环节的稳态关系如下：

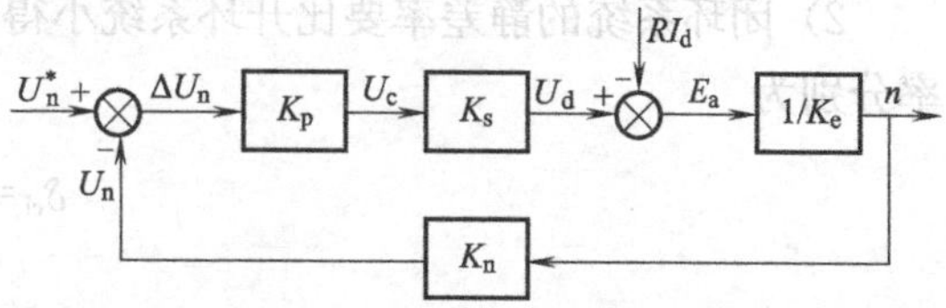

图 3-6　转速负反馈闭环直流调速系统的稳态结构图

电压比较环节为

$$\Delta U_n = U_n^* - U_n \tag{3-7}$$

设 ASR 采用比例放大器，其比例系数为 K_p，其输出控制电压 U_c 为

$$U_c = K_p \Delta U_n \tag{3-8}$$

假定 GT 与电力电子变流器环节的电压放大系数为 K_s，则有

$$U_d = K_s U_c \tag{3-9}$$

由式（3-1）调速系统开环机械特性

$$n = \frac{U_d - I_d R}{K_e} \tag{3-10}$$

设测速反馈环节的转速反馈系数为 K_n，单位为 V·min/r，则转速反馈电压 U_n 为

$$U_n = K_n n \tag{3-11}$$

从上述五个关系式中消去中间变量，整理后，即得转速负反馈闭环直流调速系统的静特

性方程式

$$n=\frac{K_pK_sU_n^*}{K_e(1+K)}-\frac{RI_d}{K_e(1+K)} \tag{3-12}$$

式中 K——闭环系统的开环放大系数，$K=\frac{K_pK_sK_n}{K_e}$，它相当于在测速反馈电位器输出端把反馈回路断开后，从放大器输入起直到测速反馈输出为止总的电压放大系数，是各环节单独的放大系数的乘积。

闭环调速系统的静特性表示闭环系统电动机转速与负载电流（或转矩）间的稳态关系，它在形式上与开环机械特性相似，但本质上却有很大不同，故定名为“静特性”，以示区别。

2. 开环系统机械特性和闭环系统静特性的比较

现比较开环系统的机械特性和闭环系统的静特性，来分析转速反馈闭环控制的优越性。在图 3-5 系统中断开反馈回路，则可得系统的开环机械特性为

$$n=\frac{U_d-I_dR}{K_e}=\frac{K_pK_sU_n^*}{K_e}-\frac{RI_d}{K_e}=n_{0op}-\Delta n_{op} \tag{3-13}$$

而闭环时的静特性可写成

$$n=\frac{K_pK_sU_n^*}{K_e(1+K)}-\frac{RI_d}{K_e(1+K)}=n_{0cl}-\Delta n_{cl} \tag{3-14}$$

式中 n_{0op}和 n_{0cl}——开环和闭环系统的理想空载转速；

Δn_{op}和 Δn_{cl}——开环和闭环系统的稳态速降。

比较式（3-13）和式（3-14）可得出以下分析结果：

1）闭环系统静特性可以比开环系统机械特性硬得多。在同样的负载扰动下，比较开环系统和闭环系统的转速降落，它们的关系是

$$\Delta n_{cl}=\frac{\Delta n_{op}}{1+K} \tag{3-15}$$

可见，Δn_{cl}比 Δn_{op}减小了 $1+K$ 倍，当 K 值较大时，闭环系统的特性要硬得多。

2）闭环系统的静差率要比开环系统小得多。由式（1-45）闭环系统和开环系统的静差率分别为

$$\delta_{cl}=\frac{\Delta n_{cl}}{n_{0cl}} \tag{3-16}$$

$$\delta_{op}=\frac{\Delta n_{op}}{n_{0op}} \tag{3-17}$$

按理想空载转速相同的情况比较，则 $n_{0op}=n_{0cl}$时

$$\delta_{cl}=\frac{\delta_{op}}{1+K} \tag{3-18}$$

即闭环系统的静差率比开环系统小 $1+K$ 倍。

3）如果所要求的静差率一定则闭环系统可以大大提高调速范围。如果电动机的最高转速都是 n_N；而对最低速静差率的要求相同，那么，由式（1-46）可知：

开环时

$$D_{op}=\frac{n_N\delta}{\Delta n_{op}(1-\delta)} \tag{3-19}$$

闭环时

$$D_{cl}=\frac{n_N\delta}{\Delta n_{cl}(1-\delta)} \tag{3-20}$$

再考虑式（3-15），得

$$D_{cl}=(1+K)D_{op} \tag{3-21}$$

可见，在额定转速 n_N 相同条件下，闭环系统的调速范围要比开环系统扩大了 $1+K$ 倍。

由上分析可得下述结论：闭环调速系统可以获得比开环调速系统硬得多的稳态特性，从而在保证一定静差率的要求下，能够提高调速范围，为此所需付出的代价是，需增设电压放大器以及检测与反馈装置。

例 3-2 在例 3-1 中，龙门刨床要求 $D=20$，$\delta<5\%$，已知 $K_s=30$，$K_n=0.015\text{V}\cdot\text{min/r}$，$K_e=0.2\text{V}\cdot\text{min/r}$，如何采用闭环系统满足此要求？

解 在例 3-1 中已经求得 $\Delta n_{op}=275\text{r/min}$，但为了满足调速要求，需有 $\Delta n_{cl}\leqslant 2.63\text{r/min}$，由式（3-18）可得

$$K=\frac{\Delta n_{op}}{\Delta n_{cl}}-1\geqslant\frac{275}{2.63}-1=103.6$$

代入已知参数，则得

$$K_p=\frac{K}{K_sK_n/K_e}\geqslant\frac{103.6}{30\times0.015/0.2}=46$$

即只要放大器的放大系数等于或大于 46，闭环系统就能满足所需的稳态性能指标。

3. 闭环直流调速系统设计举例

稳态参数计算是自动控制系统设计的第一步，它决定了控制系统的基本构成环节，有了基本环节组成系统之后，再通过动态参数设计，就可使系统臻于完善。

例 3-3 用线性集成电路运算放大器作为电压放大器的转速负反馈闭环直流调速系统如图 3-7所示，主电路是晶闸管可控整流器供电的 V-M 系统。已知数据如下：直流电动机额定数据为 10kW、220V、55A、1000r/min，电枢电阻 $R_a=0.5\Omega$；晶闸管触发整流装置为三相桥式可控整流电路，整流变压器为 Yy 联结，二次线电压 $U_{2l}=230\text{V}$，电压放大系数 $K_s=44$；V-M 系统电枢回路总电阻为 $R=1.0\Omega$；测速发电机为永磁式，额定数据为 23.1W、110V、0.21A、1900r/min；直流稳压电源为±15V。若生产机械要求调速范围 $D=10$，静差率 $\delta<5\%$，试计算调速系统的稳态参数（暂不考虑电动机的起动问题）。

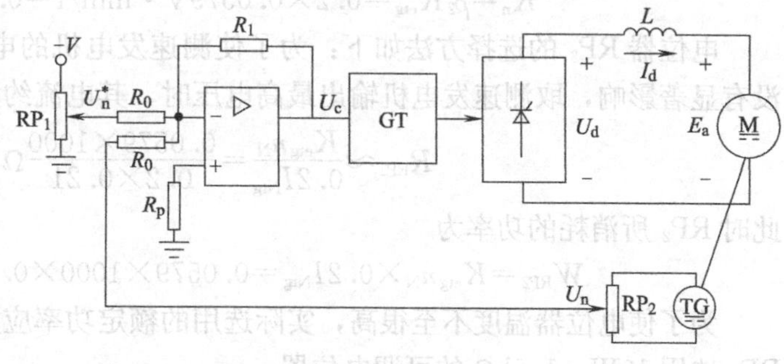

图 3-7 例 3-3 图

解 （1）为满足调速系统的稳态性能指标，额定负载时的稳态速降应为

$$\Delta n_{cl}=\frac{n_N\delta}{D(1-\delta)}\leqslant\frac{1000\times0.05}{10\times(1-0.05)}\text{r/min}=5.26\text{r/min}$$

（2）求闭环系统应有的开环放大系数

先计算电动机的电动势系数

$$K_e=\frac{U_N-I_NR_a}{n_N}=\frac{220-55\times0.5}{1000}\text{V}\cdot\text{min/r}=0.1925\text{V}\cdot\text{min/r}$$

则开环系统额定速降为

$$\Delta n_{op}=\frac{I_NR}{K_e}=\frac{55\times1.0}{0.1925}\text{r/min}=285.7\text{r/min}$$

闭环系统的开环放大系数应为

$$K=\frac{\Delta n_{op}}{\Delta n_{cl}}-1\geqslant\frac{285.7}{5.26}-1=54.3-1=53.3$$

(3) 计算转速反馈环节的反馈系数和参数

转速反馈系数 K_n 包含测速发电机的电动势系数 C_{etg} 和其输出电位器 RP_2 的分压系数 ρ_2，即

$$K_n=\rho_2C_{etg}$$

根据测速发电机的额定数据

$$K_{etg}=\frac{110}{1900}\text{V}\cdot\text{min/r}=0.0579\text{V}\cdot\text{min/r}$$

试取 $\rho_2=0.2$。如测速发电机与主电动机直接连接，则在电动机最高转速为 1000r/min 时，转速反馈电压为

$$U_n=\rho_2K_{etg}\times1000=0.2\times0.0579\times1000\text{V}=11.58\text{V}$$

因系统稳态时 ΔU_n 很小，只要转速给定电压 U_n^* 略大于转速反馈电压 U_n 即可，现有直流稳压电源为±15V，完全能够满足给定电压的需要。因此，取 $\rho_2=0.2$ 是正确的。于是，转速反馈系数的计算结果是

$$K_n=\rho_2K_{etg}=0.2\times0.0579\text{V}\cdot\text{min/r}=0.01158\text{V}\cdot\text{min/r}$$

电位器 RP_2 的选择方法如下：为了使测速发电机的电枢压降对转速检测信号的线性度没有显著影响，取测速发电机输出最高电压时，其电流约为额定值的 20%，则

$$R_{RP2}\approx\frac{K_{etg}n_N}{0.2I_{Ntg}}=\frac{0.0579\times1000}{0.2\times0.21}\Omega=1379\Omega$$

此时 RP_2 所消耗的功率为

$$W_{RP2}=K_{etg}n_N\times0.2I_{Ntg}=0.0579\times1000\times0.2\times0.21\text{W}=2.43\text{W}$$

为了使电位器温度不至很高，实际选用的额定功率应为所消耗功率的 2 倍以上，故可为 RP_2 选用 10W、1.5kΩ 的可调电位器。

(4) 计算运算放大器的放大系数和参数

根据调速指标要求，前已求出，闭环系统的开环放大系数应为 $K\geqslant53.3$，则运算放大器的放大系数 K_p 应为

$$K_p=\frac{K}{\dfrac{K_nK_s}{C_e}}\geqslant\frac{53.3}{\dfrac{0.01158\times44}{0.1925}}=20.14$$

可实取 $K_p=21$。再根据所用运算放大器的型号，取 $R_0=40\text{k}\Omega$，则

$$R_1=K_pR_0=21\times40\text{k}\Omega=840\text{k}\Omega$$

3.2.3 反馈控制闭环直流调速系统的动态分析和设计

前一节讨论了反馈控制闭环直流调速系统的稳态性能及其分析与设计方法。引入了转速

负反馈，且放大系数足够大时，就可以满足系统的稳态性能要求。然而，放大系数太大又可能引起闭环系统不稳定，这时应再增加动态校正措施，才能保证系统的正常工作，此外，还需满足系统的各项动态指标的要求。为此，必须进一步分析系统的动态性能。

1. 反馈控制闭环直流调速系统的动态数学模型

为了分析调速系统的稳定性和动态品质，必须首先建立描述系统动态物理规律的数学模型。对于转速闭环的直流调速系统，其主要环节是由电力电子变流器和直流电动机构成。在第 2 章中 2.2 节和 2.6 节已经给出两者的数学模型，式（2-107）表示的电力电子变流器的传递函数重写如下：

$$G_s(s) \approx \frac{K_s}{T_s s+1} \tag{3-22}$$

其参数 K_s 和 T_s 的数值将根据具体整流电路的形式与所选器件有所不同。

由图 3-7，如果保持磁通不变，并考虑采用整流器后电枢回路的总电阻 R 及平波电抗器的电感 L，他励直流电动机的传递函数为

$$\frac{I_d(s)}{U_d(s)-E(s)} = \frac{1/R}{T_l s+1} \tag{3-23}$$

$$\frac{E_a(s)}{I_d(s)-I_{dL}(s)} = \frac{R}{T_m s} \tag{3-24}$$

式中 T_l——电枢回路的电磁时间常数（s），$T_l=\frac{L}{R}$；

T_m——电力传动系统的机电时间常数（s），$T_m=\frac{GD^2R}{375K_eK_T}$。

在直流闭环调速系统中还有比例放大器和测速反馈环节，它们的响应都可以认为是瞬时的，因此它们的传递函数就是它们的放大系数，即

比例放大器

$$G_{ASR}(s) = \frac{U_c(s)}{\Delta U_n(s)} = K_p \tag{3-25}$$

测速反馈

$$G_{fn}(s) = \frac{U_n(s)}{n(s)} = K_n \tag{3-26}$$

根据上述各环节的传递函数，可以画出反馈控制闭环直流调速系统的动态结构图，如图 3-8 所示。由图可见，反馈控制闭环直流调速系统的开环传递函数是

$$G(s) = \frac{K}{(T_s s+1)(T_m T_l s^2 + T_m s+1)} \tag{3-27}$$

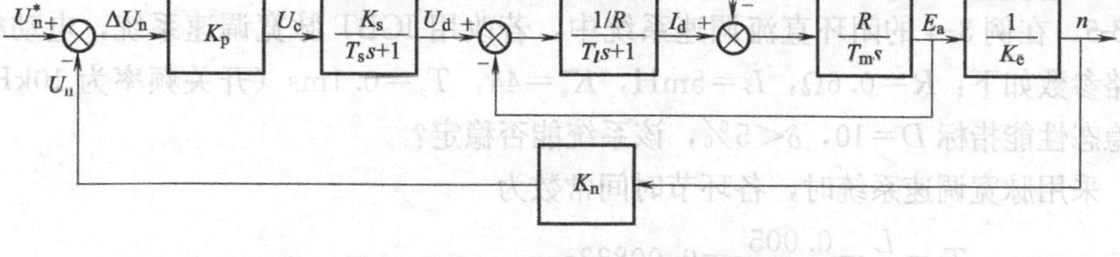

图 3-8 反馈控制闭环直流调速系统的动态结构图

假定 $I_{dL}=0$，从给定输入作用上看，闭环直流调速系统的闭环传递函数是

$$G_{cl}(s)=\frac{\dfrac{K_pK_s/K_e}{(T_ss+1)(T_mT_ls^2+T_ms+1)}}{1+\dfrac{K}{(T_ss+1)(T_mT_ls^2+T_ms+1)}}=\frac{K_pK_s/K_e}{(T_ss+1)(T_mT_ls^2+T_ms+1)+K} \tag{3-28}$$

2. 反馈控制闭环直流调速系统的稳定条件

由式（3-28）可知，转速反馈控制的闭环直流调速系统的特征方程为

$$\frac{T_mT_lT_s}{1+K}s^3+\frac{T_m(T_l+T_s)}{1+K}s^2+\frac{T_m+T_s}{1+K}s+1=0 \tag{3-29}$$

根据三阶系统的劳斯-古尔维茨判据，系统稳定的充分必要条件是

$$a_0>0,\ a_1>0,\ a_2>0,\ a_3>0,\ a_1a_2-a_0a_3>0 \tag{3-30}$$

式（3-29）的各项系数显然都是大于零的，因此稳定条件就只有满足

$$\frac{T_m(T_l+T_s)}{1+K}\frac{T_m+T_s}{1+K}-\frac{T_mT_lT_s}{1+K}>0$$

由此可推导出反馈控制闭环直流调速系统稳定条件

$$K<\frac{T_m(T_l+T_s)+T_s^2}{T_lT_s} \tag{3-31}$$

式（3-31）右边称作系统的临界放大系数 K_{cr}。如果 $K>K_{cr}$，系统将不稳定。对于一个自动控制系统来说，稳定性是它能否正常工作的首要条件，是必须保证的。

例 3-4 在例 3-3 中，已知 $R=1.0\Omega$，$K_s=44$，$K_e=0.1925\text{V}\cdot\text{min/r}$，系统运动部分的飞轮惯量 $GD^2=10\ \text{N}\cdot\text{m}^2$，$L=17\text{mH}$。根据稳态性能指标 $D=10$，$\delta<5\%$ 计算，系统的开环放大系数应有 $K\geqslant 53.3$，试判别这个系统的稳定性。

解 计算系统中各环节的时间常数：

电磁时间常数

$$T_l=\frac{L}{R}=\frac{0.017}{1.0}\text{s}=0.017\text{s}$$

机电时间常数

$$T_m=\frac{GD^2R}{375K_eK_T}=\frac{10\times1.0}{375\times0.1925\times\dfrac{30}{\pi}\times0.1925}\text{s}=0.075\text{s}$$

对于三相桥式整流电路，晶闸管整流器的滞后时间常数 $T_s=0.00167\text{s}$。为保证系统稳定，开环放大系数应满足式（3-31）的稳定条件

$$K<\frac{T_m(T_l+T_s)+T_s^2}{T_lT_s}=\frac{0.075\times(0.017+0.00167)+0.00167^2}{0.017\times0.00167}=49.4$$

按稳态调速性能指标要求 $K\geqslant 53.3$，因此，闭环系统是不稳定的。

例 3-5 在例 3-4 的闭环直流调速系统中，若改用 IGBT 脉宽调速系统，电动机不变，电枢回路参数如下：$R=0.6\Omega$，$L=5\text{mH}$，$K_s=44$，$T_s=0.1\text{ms}$（开关频率为 10kHz）。按同样的稳态性能指标 $D=10$，$\delta<5\%$，该系统能否稳定？

解 采用脉宽调速系统时，各环节时间常数为

$$T_l=\frac{L}{R}=\frac{0.005}{0.6}\text{s}=0.00833\text{s}$$

$$T_m=\frac{GD^2R}{375K_eK_T}=\frac{10\times0.6}{375\times0.1925\times\frac{30}{\pi}\times0.1925}\text{s}=0.045\text{s}$$

$$T_s=0.0001\text{s}$$

按照式（3-31）的稳定条件，应有

$$K<\frac{T_m(T_l+T_s)+T_s^2}{T_lT_s}=\frac{0.045\times(0.00833+0.0001)+0.0001^2}{0.00833\times0.0001}=455.4$$

而按照稳态性能指标要求，额定负载时闭环系统稳态速降应为 $\Delta n_{cl}\leqslant 5.26\text{r/min}$（见例3-3），脉宽调速系统的开环额定速降为

$$\Delta n_{op}=\frac{I_NR}{K_e}=\frac{55\times0.6}{0.1925}\text{r/min}=171.4\text{r/min}$$

为了保持稳态性能指标，闭环系统的开环放大系数只需

$$K=\frac{\Delta n_{op}}{\Delta n_{cl}}-1\geqslant\frac{171.4}{5.26}-1=32.6-1=31.6$$

显然，系统完全能在满足稳态性能的条件下稳定运行。

从例 3-4 和例 3-5 的计算中可以看出，由于 IGBT 的开关频率高，PWM 装置的滞后时间常数 T_s 非常小，同时主电路不需要串接平波电抗器，电磁时间常数 T_l 也不大，因此闭环的脉宽调速系统容易稳定。或者说，在保证稳定的条件下，脉宽调速系统的稳态性能指标可以大大提高。

3. 反馈控制系统的抗扰作用

控制系统除了要求能按给定指令的变化控制系统输出，提高系统的稳态性能和稳定性外，还应使系统具有良好的抗扰性能，以有效地抑制外部对系统的扰动作用。

除给定信号外，作用在控制系统各环节上的一切会引起输出量变化的因素都叫做“扰动作用”。例如，负载变化就是一种扰动作用。除此以外，还有交流电源电压的波动（使 K_s 变化）、电动机励磁的变化（造成 K_e 变化）、运算放大器输出电压的漂移、由温升引起主电路电阻的增大等。图 3-9 所示为反馈控制闭环直流调速系统的稳态结构图，图中将各种给定作用和扰动作用都表示出来了。

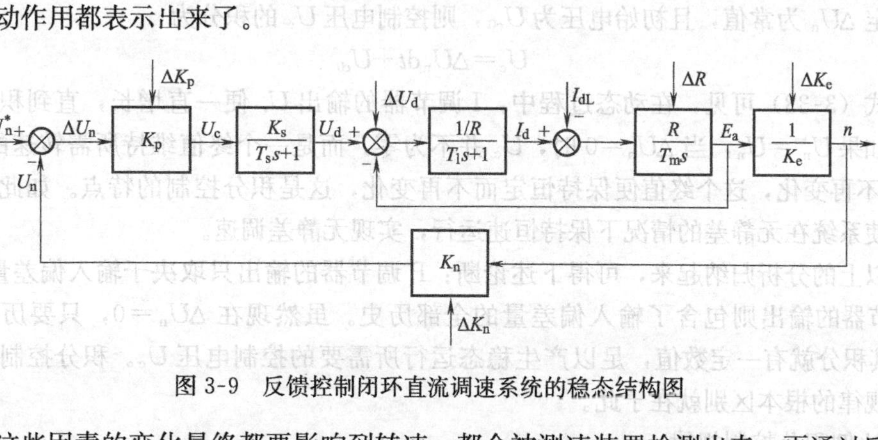

图 3-9　反馈控制闭环直流调速系统的稳态结构图

上述这些因素的变化最终都要影响到转速，都会被测速装置检测出来，再通过反馈控制的作用，减小它们对稳态转速的影响。这说明反馈控制系统对它们都有抑制功能。但是，如果在反馈通道上的测速反馈系数 K_n 受到某种影响而发生变化，它非但不能得到反馈控制系统的抑制，反而会增大被调量的误差。因此，反馈控制系统所能抑制的只是被反馈环包围的

前向通道上的扰动。

抗扰性能是反馈控制系统最突出的特征之一。正因为有这一特征，在设计闭环系统时，可以只考虑一种主要扰动作用，例如在调速系统中只考虑负载扰动。按照克服负载扰动的要求进行设计，则其他扰动也就自然都受到抑制了。

与众不同的是在反馈环外的给定作用，如图 3-9 中的转速给定信号 U_n^*，它的微小变化都会使被调量随之变化，丝毫不受反馈作用的抑制。因此，全面地看，反馈控制系统的规律是：一方面能够有效地抑制一切被包围在负反馈环内前向通道上的扰动作用；另一方面，则紧紧地跟随着给定作用，对给定信号的任何变化都是唯命是从的。

3.2.4 比例积分控制规律和无静差调速系统

由上分析，在设计闭环调速系统时，常常会遇到动态稳定性与稳态性能指标发生矛盾的情况。由于采用比例放大器的反馈控制闭环调速系统是有静差的调速系统，它是通过增大比例放大系数 K_p 来提高系统静态精度的，而随着 K_p 的增大，系统的稳定性变差。为此，必须设计合适的动态校正装置，用来改造系统，使它同时满足动态稳定性和稳态性能指标两方面的要求。本节采用比例积分调节器（PI 调节器）代替比例放大器后，可使系统稳定，并有足够的稳定裕度，同时还能满足稳态精度指标。

1. 积分调节器（I 调节器）和积分控制规律

在采用比例调节器（P 调节器）的调速系统中，调节器的输出是电力电子变流器的控制电压，即

$$U_c = K_p \Delta U_n$$

可见，只要电动机在运行，就必须有控制电压 U_c，因而也必须有转速偏差电压 ΔU_n，这是此类调速系统有静差的根本原因。

如果采用 I 调节器，则控制电压 U_c 是转速偏差电压 ΔU_n 的积分，即

$$U_c = k_I \int \Delta U_n \mathrm{d}t \tag{3-32}$$

假定 ΔU_n 为常值，且初始电压为 U_{c0}，则控制电压 U_c 的积分为

$$U_c = \Delta U_n \mathrm{d}t + U_{c0} \tag{3-33}$$

由式（3-33）可见，在动态过程中，I 调节器的输出 U_c 便一直增长，直到积分器输出饱和。如果 $U_n^* = U_n$，当 $\Delta U_n = 0$ 时，U_c 并不为零，而是一个终值维持所需转速的 U_{cf}；如果 ΔU_n 不再变化，这个终值便保持恒定而不再变化，这是积分控制的特点。如此，积分控制可以使系统在无静差的情况下保持恒速运行，实现无静差调速。

将以上的分析归纳起来，可得下述论断：P 调节器的输出只取决于输入偏差量的现状，而 I 调节器的输出则包含了输入偏差量的全部历史。虽然现在 $\Delta U_n = 0$，只要历史上有过 ΔU_n，其积分就有一定数值，足以产生稳态运行所需要的控制电压 U_c。积分控制规律和比例控制规律的根本区别就在于此。

2. 比例积分控制规律

积分控制虽然在无静差的角度优于比例控制，但是，在控制的快速性上，积分控制却又不如比例控制。同样在阶跃输入作用之下，P 调节器的输出可以立即响应，而 I 调节器的输出却只能逐渐地变化。为了既要稳态精度高又要动态响应快，可以将比例和积分两种控制结

合起来形成 PI 控制。

由图 1-52 可知，PI 调节器是由比例和积分两部分相加而成，模拟 PI 调节器的电路方程为

$$u(t)=k_{\mathrm{P}}e(t)+k_{\mathrm{I}}\int e(t)\mathrm{d}t \tag{3-34}$$

同理，假定初始条件为零，在式（3-34）两边取 Laplace 变换，可得 PI 调节器的传递函数为

$$G_{\mathrm{PI}}(s)=\frac{U(s)}{E(s)}=k_{\mathrm{P}}\frac{1+T_{\mathrm{I}}s}{T_{\mathrm{I}}s} \tag{3-35}$$

PI 调节器利用比例部分能迅速响应控制作用，而用积分部分最终消除稳态偏差。由此可见，比例积分控制综合了比例控制和积分控制两种规律的优点，又克服了各自的缺点，扬长避短，互相补充。

除此以外，PI 调节器还是提高系统稳定性的校正装置，因此，它在调速系统和其他控制系统中获得了广泛的应用。

3. 无静差直流调速系统及其稳态参数计算

图 3-10 是一个无静差直流调速系统的实例，采用模拟运算放大器组成 PI 调节器以实现无静差。

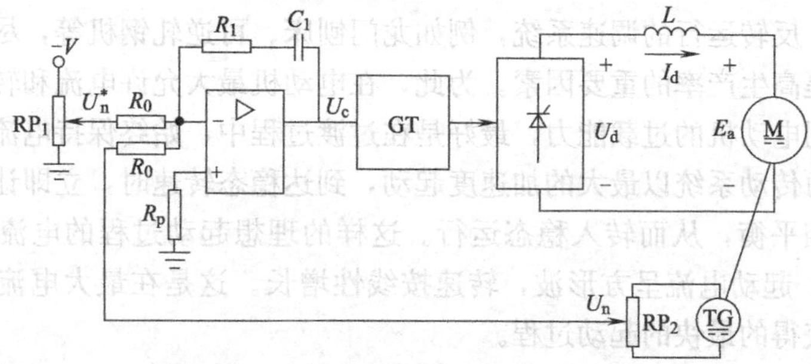

图 3-10　无静差直流调速系统的实例

上述系统的稳态结构图如图 3-11 所示，其中代表 PI 调节器的方框中无法用放大系数表示，一般画出它的输出特性，以表明是比例积分作用。

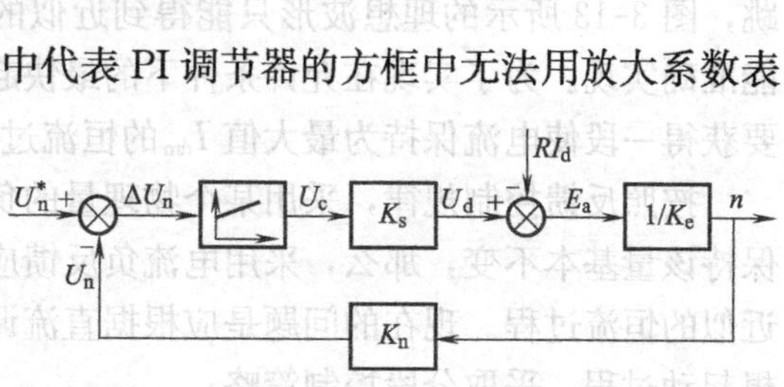

图 3-11　无静差直流调速系统稳态结构图

无静差调速系统的稳态参数计算很简单，在理想情况下，稳态时 $\Delta U_{\mathrm{n}}=0$，因而 $U_{\mathrm{n}}=U_{\mathrm{n}}^{*}$，可以按式（3-11）直接计算转速反馈系数

$$K_{\mathrm{n}}=\frac{U_{\mathrm{n(max)}}^{*}}{n_{\max}} \tag{3-36}$$

式中　$n_{\max}$——电动机调压时的最高转速；

$U_{\mathrm{n(max)}}^{*}$——相应的最高给定电压。

上述无静差调速系统的理想静特性如图 3-12 所示，因系统无静差，静特性是不同转速时的一族水平线。严格地说，“无静差”只是理论上的，实际系统在稳态时，PI 调节器积分

电容 C_1 两端电压不变，相当于运算放大器的反馈回路开路，其放大系数等于运算放大器本身的开环放大系数，数值虽大，但并不是无穷大。因此其输入端仍存在很小的 ΔU_n，而不是零。这就是说，实际上仍有很小的静差，只是在一般精度要求下可以忽略不计而已。

无静差调速系统也可以利用微处理器、DSP 等实现数字 PI 调节器，以克服模拟调节器的不足，获得更高的系统性能。

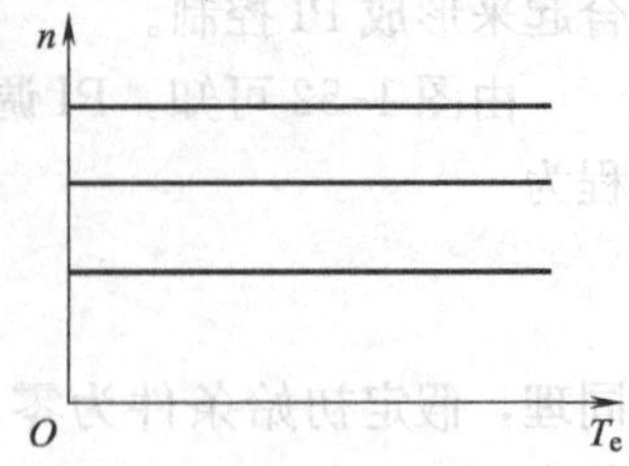

图 3-12 无静差调速系统的理想静特性

3.3 转速、电流双闭环直流调速系统

采用 PI 控制的单个转速闭环直流调速系统（以下简称单闭环系统）可以在保证系统稳定的前提下实现转速无静差。但是，由于转速单闭环系统无法对电流和转矩实施控制，因而存在起动电流限制问题。虽然可以采用电流截止负反馈来限制起动电流[1]，但如果对系统的动态性能要求较高，例如要求快速起制动、突加负载动态速降小等，单闭环系统就难以满足需要，这主要是因为在单闭环系统中不能控制电流和转矩的动态过程。

3.3.1 直流电动机起动的要求及控制策略

对于经常正、反转运行的调速系统，例如龙门刨床、可逆轧钢机等，尽量缩短起、制动过程的时间，是提高生产率的重要因素。为此，在电动机最大允许电流和转矩受限制的条件下，应该充分利用电动机的过载能力，最好是在过渡过程中，始终保持电流（转矩）为允许的最大值，使电力传动系统以最大的加速度起动，到达稳态转速时，立即让电流降下来，使转矩马上与负载相平衡，从而转入稳态运行。这样的理想起动过程的电流和转速波形如图 3-13 所示，这时，起动电流呈方形波，转速按线性增长。这是在最大电流（转矩）受限制时调速系统所能获得的最快的起动过程。

实际上，由于主电路中电感的作用，电流不可能突跳，图 3-13 所示的理想波形只能得到近似的逼近，不可能准确实现。为了实现在允许条件下的最快起动，关键是要获得一段使电流保持为最大值 I_{dm} 的恒流过程。

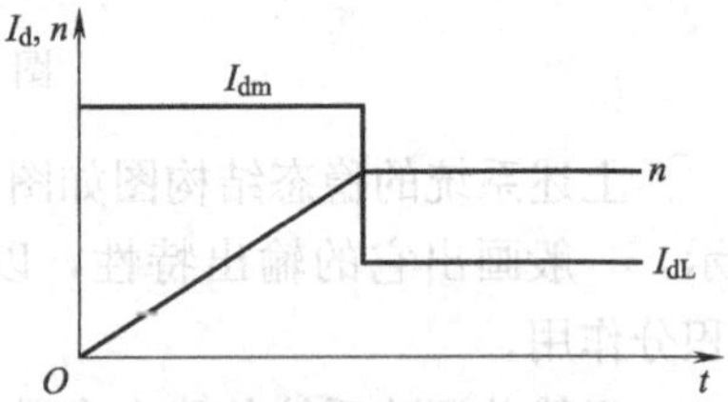

图 3-13 直流调速系统理想起动过程的电流和转速波形

按照反馈控制规律，采用某个物理量的负反馈就可以保持该量基本不变，那么，采用电流负反馈应该能够得到近似的恒流过程。现在的问题是应根据直流调速系统的理想起动过程，采取分段控制策略：

1）在起动过程中只有电流负反馈，没有转速负反馈，实现恒流升速控制。

2）达到稳态转速后，只要转速负反馈，不再让电流负反馈发挥作用，实现转速无静差控制。

怎样才能做到这种既存在转速和电流两种负反馈，又使它们只能分别在不同的阶段里起作用呢？只用一个调节器显然是不可能的，采用转速和电流两个调节器应该能行，问题是在系统中如何连接。

3.3.2　转速、电流双闭环直流调速系统的结构

根据上述控制思路，分别引入转速负反馈和电流负反馈，构成转速、电流双闭环直流调速系统，其结构如图 3-14 所示。为了实现转速和电流两种负反馈分别起作用，可在系统中设置两个调节器，分别调节转速和电流，两者之间实行嵌套（或称串级）连接。图中，转速调节器 ASR 的输出当作电流调节器 ACR 的输入，由电流互感器 TA 检测电流并形成电流反馈信号 U_i，再由 ACR 的输出 U_c 去控制可控整流器 UCR。从闭环结构上看，电流环在里面，称作内环；转速环在外边，称作外环。这就形成了转速、电流双闭环调速系统。

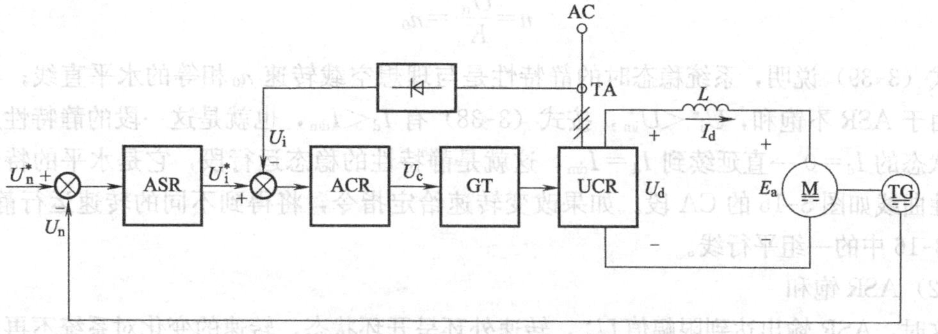

图 3-14　转速、电流双闭环直流调速系统结构

为了获得良好的静、动态性能，转速和电流两个调节器一般都采用 PI 调节器，两个调节器可以用模拟运算放大器构成，也可以采用计算机实现数字 PI 控制。无论采用何种方式的调节器，两个调节器的输出都是有限幅作用的，ASR 的输出限幅电压 U_{im}^* 决定了电流给定电压的最大值，ACR 的输出限幅电压 U_{cm} 限制了电力电子变流器的最大输出电压 U_{dm}。

3.3.3　转速、电流双闭环直流调速系统的稳态分析

1. 稳态结构图和静特性

为了分析双闭环直流调速系统的静特性，必须先绘出它的稳态结构图，如图 3-15 所示。它可以很方便地根据图 3-14 画出来，只要注意用带限幅的输出特性表示 PI 调节器就可以了。分析静特性的关键是掌握这样的 PI 调节器的稳态特征，一般存在两种状况：饱和——输出达到限幅值；不饱和——输出未达到限幅值。当调节器饱和时，输出为恒值，输入量的变化不再影响输出，除非有反向的输入信号使调节器退出饱和；换句话说，饱和的调节器暂时隔断了输入和输出之间的联系，相当于使该调节环开环。当调节器不饱和时，PI 作用使输入偏差电压 ΔU 在稳态时总是零。

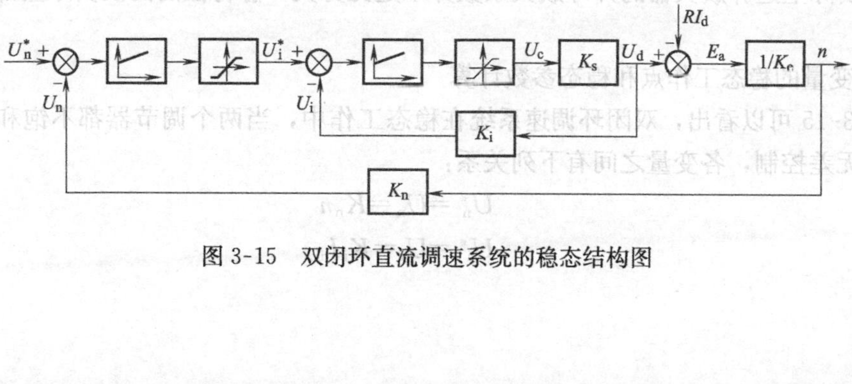

图 3-15　双闭环直流调速系统的稳态结构图

实际上，在正常运行时，ACR是不会达到饱和状态的。因此，对于静特性来说，只有ASR饱和与不饱和两种情况。

(1) ASR不饱和

这时，两个PI调节器都不饱和，稳态时，它们的输入偏差电压都是零。因此

$$U_n^* = U_n = K_n n = K_n n_0 \tag{3-37}$$

$$U_i^* = U_i = K_i I_d = K_i I_{dL} \tag{3-38}$$

式中 K_i——电流反馈系数。

由式(3-37)可得

$$n = \frac{U_n^*}{K_n} = n_0 \tag{3-39}$$

式(3-39)说明，系统稳态时的静特性是与理想空载转速 n_0 相等的水平直线；与此同时，由于ASR不饱和，$U_i^* < U_{im}^*$，按式(3-38)有 $I_d < I_{dm}$，也就是这一段的静特性从理想空载状态的 $I_d = 0$ 一直延续到 $I_d = I_{dm}$，这就是静特性的稳态运行段，它是水平的特性，其静特性曲线如图3-16的CA段。如果改变转速给定指令，将得到不同的转速运行静特性，如图3-16中的一组平行线。

(2) ASR饱和

这时，ASR输出达到限幅值 U_{im}^*，转速外环呈开环状态，转速的变化对系统不再产生影响。双闭环系统变成一个电流无静差的单电流闭环调节系统。稳态时

$$I_d = \frac{U_{im}^*}{K_i} = I_{dm} \tag{3-40}$$

式中，最大电流 I_{dm} 是由设计者选定的，取决于电动机的容许过载能力和传动系统允许的最大加速度。一般可按下式选取：

$$I_{dm} = (1.5 \sim 2) I_N \tag{3-41}$$

由式(3-40)所描述的静特性是图3-16中所示的AB段，它呈垂直的特性。这样的下垂特性只适合于 $n < n_0$ 的情况，因为如果 $n > n_0$，则 $U_n > U_n^*$，ASR将退出饱和状态。

综上分析，双闭环调速系统的静特性分为两段：在负载电流小于 I_{dm} 时表现为转速无静差，这时，转速负反馈起主要调节作用；当负载电流达到 I_{dm} 时，对应于ASR的饱和输出 U_{im}^*，这时，ACR起主要调节作用，系统表现为电流无静差，得到过电流的自动保护。这就是采用了两个PI调节器分别形成内、外两个闭环的效果。

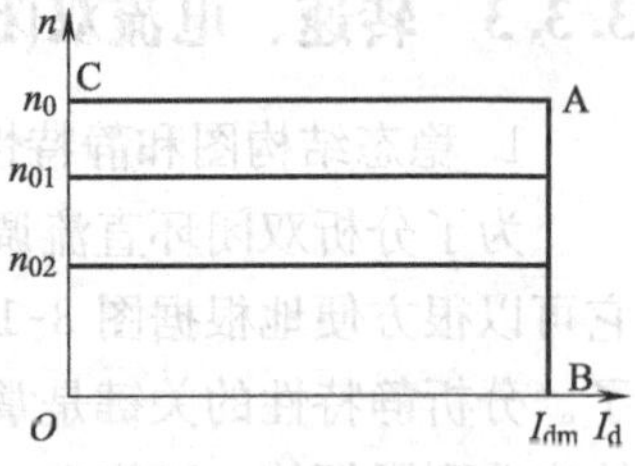

图3-16 双闭环直流调速系统的静特性

然而实际上运算放大器的开环放大系数并不是无穷大，静特性的两段实际上都略有很小的静差。

2. 各变量的稳态工作点和稳态参数计算

由图3-15可以看出，双闭环调速系统在稳态工作中，当两个调节器都不饱和时，各自都表现为无差控制，各变量之间有下列关系：

$$U_n^* = U_n = K_n n$$

$$U_i^* = U_i = K_i I_{dL}$$

$$U_c=\frac{U_{d0}}{K_s}=\frac{K_e n+I_d R}{K_s}=\frac{K_e U_n^*/K_n+I_{dL}R}{K_s} \tag{3-42}$$

上述关系表明，在稳态工作点上，转速 n 是由给定电压 U_n^* 决定的，ASR 的输出量 U_i^* 是由负载电流 I_{dL} 决定的，而控制电压 U_c 的大小则同时取决于 n 和 I_d，即同时取决于 U_n^* 和 I_{dL}。这些关系反映了 PI 调节器不同于 P 调节器的特点。P 调节器的输出量总是正比于其输入量，而 PI 调节器则不然，其输出量的稳态值与输入无关，而是由它后面环节的需要决定的。后面需要 PI 调节器提供多么大的输出值，它就能提供多少，直到饱和为止。

由此，双闭环调速系统的稳态参数计算是根据各调节器的给定与反馈值计算有关的反馈系数的：

转速反馈系数

$$K_n=\frac{U_{nm}^*}{n_{max}} \tag{3-43}$$

电流反馈系数

$$K_i=\frac{U_{im}^*}{I_{dm}} \tag{3-44}$$

其中，两个给定电压的最大值 U_{nm}^* 和 U_{im}^* 由设计者选定，受运算放大器允许输入电压和稳压电源的限制。

3.3.4　转速、电流双闭环直流调速系统的动态分析

转速、电流双闭环直流调速系统与单闭环系统最大的不同就在于其动态性能，因此，动态分析是了解双闭环直流调速系统的关键。

1. 双闭环直流调速系统的动态结构

在前述直流调速系统被控对象动态数学模型的基础上，考虑图 3-15 的双闭环控制系统结构，可绘出双闭环直流调速系统的动态结构图，如图 3-17 所示。图中 $G_{ASR}(s)$ 和 $G_{ACR}(s)$ 分别表示 ASR 和 ACR 的传递函数。

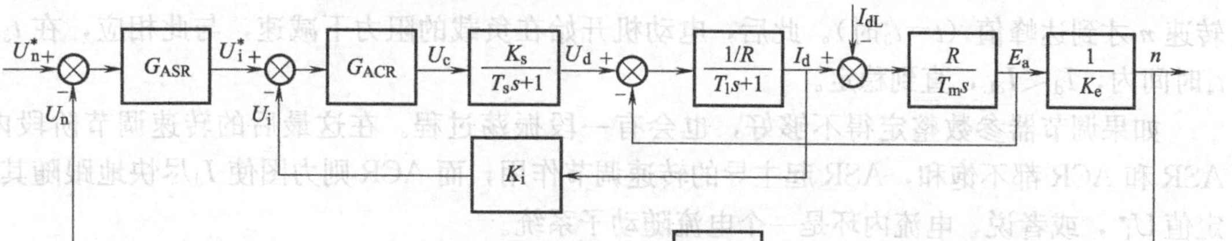

图 3-17　双闭环直流调速系统的动态结构图

2. 起动过程分析

由于设置双闭环控制的一个重要目的就是要获得接近于图 3-16 所示的理想起动过程，因此在分析双闭环调速系统的动态性能时，首先应分析它的起动过程。现假设双闭环直流调速系统在突加给定电压 U_n^* 后由静止状态起动，其转速和电流波形如图 3-18 所示，在起动过程中 ASR 经历了不饱和、饱和、退饱和三种情况，因而整个动态过程就分成了三个阶段。

第Ⅰ阶段（$0\sim t_1$）是电流上升阶段：突加给定电压 U_n^* 后，经过两个调节器的跟随作

用，U_c、U_d、I_d都跟着上升，但是在I_d没有达到负载电流I_{dL}以前，电动机还不能转动。当$I_d \geqslant I_{dL}$后，电动机开始起动，由于机电惯性的作用，转速不会很快增长，因而ASR的输入偏差电压$\Delta U_n = U_n^* - U_n$的数值仍较大，其输出电压保持限幅值U_{im}^*，强迫电流I_d迅速上升。直到$I_d \approx I_{dm}$，$U_i \approx U_{im}^*$，ACR很快就压制了I_d的增长，标志着这一阶段的结束。在这一阶段中，ASR很快进入并保持饱和状态，而ACR一般不饱和。

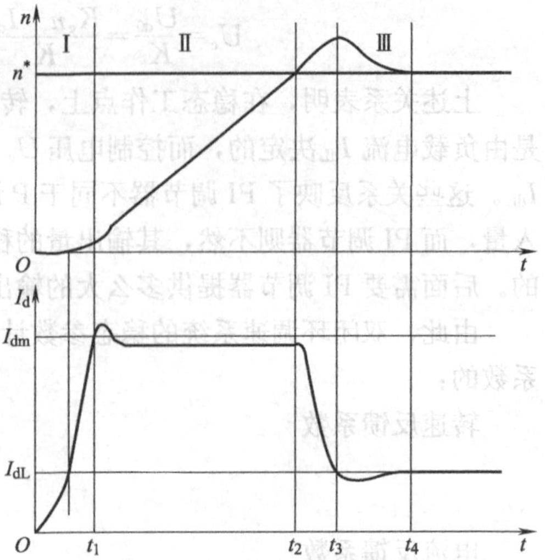

图3-18 双闭环直流调速系统起动过程的转速和电流波形

第Ⅱ阶段（$t_1 \sim t_2$）为恒流升速阶段：在这个阶段中，ASR始终是饱和的，转速环相当于开环，系统成为在恒值电流给定U_{im}^*下的电流调节系统，基本上保持电流I_d恒定，因而系统的加速度恒定，转速呈线性增长。与此同时，电动机的反电动势E也按线性增长，对电流调节系统来说，E是一个线性渐增的扰动量，为了克服它的扰动，U_d和U_c也必须基本上按线性增长，才能保持I_d恒定。当ACR采用PI调节器时，要使其输出量按线性增长，其输入偏差电压$\Delta U_i = U_{im}^* - U_i$必须维持一定的恒值，也就是说，$I_d$应略低于$I_{dm}$（见图3-18的电流曲线）。此外还应指出，为了保证电流环的这种调节作用，在起动过程中ACR是不应饱和的，电力电子变流器的最大输出电压也需留有余地，这些都是设计时必须注意的。恒流升速是起动过程中的主要阶段。

第Ⅲ阶段（t_2以后）是转速调节阶段：当转速上升到给定值时，ASR的输入偏差减小到零，但其输出却由于积分作用还维持在限幅值U_{im}^*，所以电动机仍在加速，使转速超调。转速超调后，ASR输入偏差电压变负，使它开始退出饱和状态，U_i^*和I_d很快下降。但是，只要I_d仍大于负载电流I_{dL}，转速就继续上升。直到$I_d = I_{dL}$时，转矩$T_e = T_L$，则$dn/dt = 0$，转速n才到达峰值（$t = t_3$时）。此后，电动机开始在负载的阻力下减速，与此相应，在$t_3 \sim t_4$时间内，$I_d < I_{dL}$，直到稳定。

如果调节器参数整定得不够好，也会有一段振荡过程。在这最后的转速调节阶段内，ASR和ACR都不饱和，ASR起主导的转速调节作用，而ACR则力图使I_d尽快地跟随其给定值U_i^*，或者说，电流内环是一个电流随动子系统。

综上所述，双闭环直流调速系统的起动过程有以下三个特点：

1）饱和非线性控制。随着ASR的饱和与不饱和，整个系统处于完全不同的两种状态，在不同情况下表现为不同结构的线性系统，只能采用分段线性化的方法来分析，不能简单地用线性控制理论来分析整个起动过程，也不能简单地用线性控制理论来笼统地设计这样的控制系统。

2）转速超调。当ASR采用PI调节器时，转速必然有超调。转速略有超调一般是容许的，对于完全不允许超调的情况，应采用别的控制方法来抑制超调。

3）准时间最优控制。在设备物理上的允许条件下实现最短时间的控制称作“时间最优控制”，对于电力传动系统，在电动机允许过载能力限制下的恒流起动，就是时间最优控制。

但由于在起动过程Ⅰ、Ⅲ两个阶段中电流不能突变，实际起动过程与理想起动过程相比还有一些差距，不过这两段时间只占全部起动时间中很小的部分，因而称作“准时间最优控制”。

3. 动态抗扰性能分析

一般来说，双闭环调速系统具有比较满意的动态性能。对于调速系统，另一个重要的动态性能是系统的抗扰性能。主要是抗负载扰动和抗电网电压扰动的性能。

（1）抗负载扰动

从图 3-17 的动态结构图中可以看出，双闭环系统的负载扰动作用在电流环之外，因此只能靠 ASR 来产生抗负载扰动的作用。因而在设计 ASR 时，应要求有较好的抗扰性能指标。也说明双闭环系统与单闭环系统抗负载扰动的机理相同，都靠 ASR 的调节来克服。

（2）抗电网电压扰动

电网电压变化对调速系统也产生扰动作用。图 3-19a 表示出电网电压扰动 ΔU_d和负载扰动 I_{dL}作用在单闭环系统的动态结构图的情形，图中，ΔU_d和 I_{dL}都是作用在被转速负反馈环包围的前向通道上，仅就静特性而言，系统对它们的抗扰效果是一样的。但从动态性能上看，由于扰动作用点不同，存在着能否及时调节的差别。负载扰动能够比较快地反映到被调量 n 上，从而得到调节，而电网电压扰动的作用点离被调量稍远，调节作用受到延滞，因此单闭环系统抵抗电压扰动的性能要差一些。

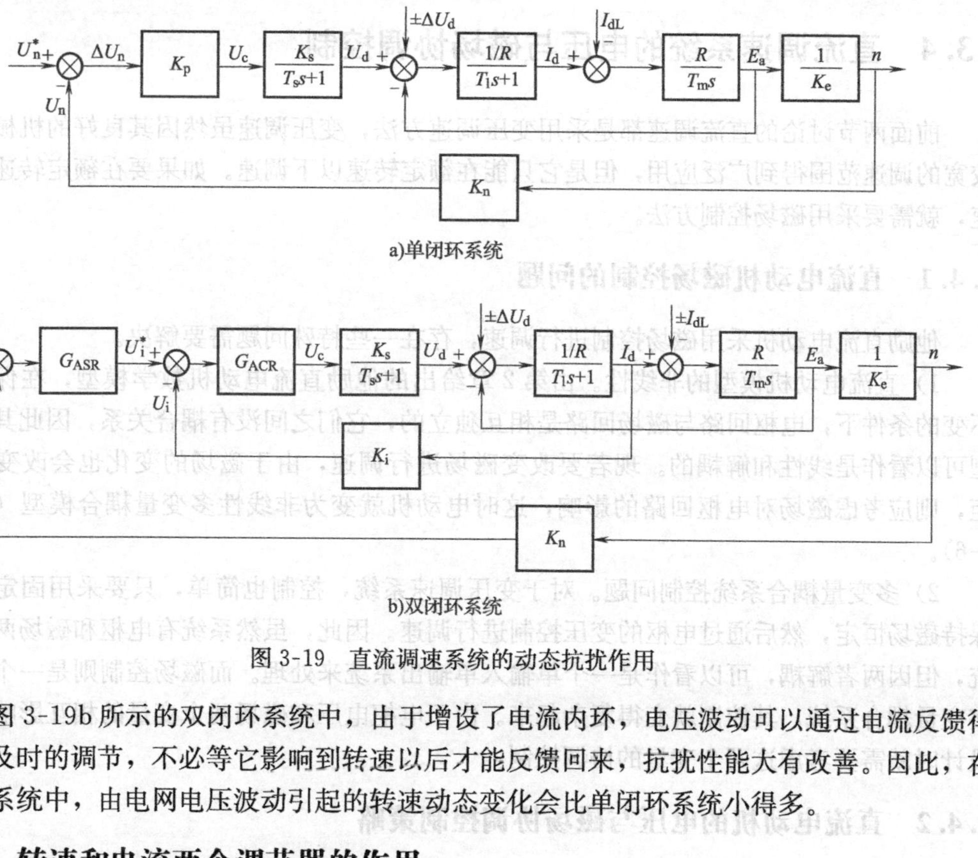

a)单闭环系统

b)双闭环系统

图 3-19 直流调速系统的动态抗扰作用

在图 3-19b 所示的双闭环系统中，由于增设了电流内环，电压波动可以通过电流反馈得到比较及时的调节，不必等它影响到转速以后才能反馈回来，抗扰性能大有改善。因此，在双闭环系统中，由电网电压波动引起的转速动态变化会比单闭环系统小得多。

3.3.5 转速和电流两个调节器的作用

综上所述，ASR 和 ACR 在双闭环直流调速系统中的作用可以分别归纳如下。

1. ASR的作用

1）ASR是调速系统的主导调节器，它使转速 n 很快地跟随给定电压 U_n^* 变化，稳态时可减小转速误差，如果采用PI调节器，则可实现无静差。

2）对负载变化起抗扰作用。

3）其输出限幅值决定电动机允许的最大电流。

2. ACR的作用

1）作为内环的调节器，在转速外环的调节过程中，它的作用是使电流紧紧跟随其给定电压 U_i^*（即外环调节器的输出量）变化。

2）对电网电压的波动起及时抗扰的作用。

3）在转速动态过程中，保证获得电动机允许的最大电流，从而加快动态过程。

4）当电动机过载甚至堵转时，限制电枢电流的最大值，起快速的自动保护作用。一旦故障消失，系统立即自动恢复正常。这个作用对系统的可靠运行来说是十分重要的。

最后，应该指出，对于不可逆的电力电子变流器，双闭环控制只能保证良好的起动性能，却不能产生回馈制动，在制动时，当电流下降到零以后，只好自由停车。必须加快制动时，只能采用电阻能耗制动或电磁抱闸。必须回馈制动时，可采用可逆整流器，详见3.5节。

*3.4 直流调速系统的电压与磁场协调控制

前面两节讨论的直流调速都是采用变压调速方法，变压调速虽然因其良好的机械特性和较宽的调速范围得到广泛应用，但是它只能在额定转速以下调速。如果要在额定转速以上调速，就需要采用磁场控制方法。

3.4.1 直流电动机磁场控制的问题

他励直流电动机采用磁场控制进行调速，存在一些特殊问题需要解决。

1）直流电动机模型的非线性。由第2章给出的他励直流电动机数学模型，在保持磁通不变的条件下，电枢回路与磁场回路是相互独立的，它们之间没有耦合关系，因此其数学模型可以看作是线性和解耦的。现若要改变磁场进行调速，由于磁场的变化也会改变电磁转矩，则应考虑磁场对电枢回路的影响，这时电动机就变为非线性多变量耦合模型（参见图2-6）。

2）多变量耦合系统控制问题。对于变压调速系统，控制也简单，只要采用固定电源以保持磁场恒定，然后通过电枢的变压控制进行调速。因此，虽然系统有电枢和磁场两个子系统，但因两者解耦，可以看作是一个单输入单输出系统来处理。而磁场控制则是一个非线性多变量耦合系统，其控制就变得复杂起来。由于电枢电压和磁场两个变量的相互影响，系统设计时就需要考虑这两个变量的协调控制。

3.4.2 直流电动机的电压与磁场协调控制策略

1. 各调速方式的转矩和功率特性

按照电力传动原理，在他励直流电动机的调速方法中，变电压方法是从基速（即额定转

速 n_N）向下调速；而降低励磁电流以减弱磁通则是从基速向上调速。而且为了充分利用电动机，要求在不同转速下长期运行时，允许的电枢电流为其额定值 I_N。这样，采用不同的调速方式，所具有的转矩和功率特性也不一样。

1）恒转矩调速方式。在变压调速范围内，根据电磁转矩公式 $T_e = C_T \Phi I_d$，如果保持励磁磁通不变，即 $\Phi = \Phi_N$，可知当 $I_d = I_N$ 时，则 T_e 为常数，容许的转矩也不变，故称作“恒转矩调速方式”。此时，$P = T_e \omega$，当转速上升时，输出功率也上升。

2）恒功率调速方式。在弱磁调速范围内，当 $I_d = I_N$ 时，若 Φ 减小，则转速上升，同时转矩减小，而转矩与转速的乘积不变，即 $P = T_e \omega$ 为常数，因此容许功率不变，故称为“恒功率调速方式”。但随着转速进一步增加，调速范围更大时，因受电动机换向器的限制，功率会随之减小。说明恒功率调速也有一定的范围。

由此可见，所谓“恒转矩”和“恒功率”调速方式，是指在不同运行条件下，当电枢电流在其允许值即额定值 I_N 时，所容许的转矩或功率不变，是电动机能长期承受的限度。

但是，实际的转矩和功率是要由具体负载决定的，而不同性质的负载要求也不一样。例如，矿井卷扬机和载客电梯，当最大载重量相同时，无论速度快慢，负载转矩都一样，所以属于“恒转矩类型的负载”；而机床主轴传动，调速时容许的最大切削功率一般不变，属于“恒功率类型的负载”。

这说明电力传动系统采用何种调速方式，应根据负载特性和生产要求来选取，并使调速系统特性与负载特性相匹配。显然，恒转矩调速方式适合恒转矩类型的负载，而恒功率的调速方式更适合恒功率类型的负载。

2. 电压和磁场配合控制策略

由于直流电动机允许的弱磁调速范围有限，一般电动机不超过 2∶1，专用的“调速电动机”也不过是 3∶1 或 4∶1。另一方面，变压调速虽然调速范围较广，但不宜在基速以上调速，因此，当负载要求的调速范围更大时，需要采用变压和弱磁配合控制策略：

1）在基速以下保持磁通为额定值不变，只调节电枢电压。

2）在基速以上则把电压保持为额定值，减弱磁通升速。

采用配合控制策略的系统控制特性如图 3-20 所示，其中：横坐标为转速，以额定转速为分界线，分为基速以下和基速以上两个区域；纵坐标同时表示电压 U_d、磁通 Φ、转矩 T_e 和功率 P。在基速以下，磁通 $\Phi = \Phi_N$，随电压增大，转速也升高，但转矩不变，功率却与电压一样变化；在基速以上，电压 $U_d = U_N$ 保持不变，随磁通 Φ 减小，转速进一步增大，但转矩却随磁通一起减小，而功率保持不变。

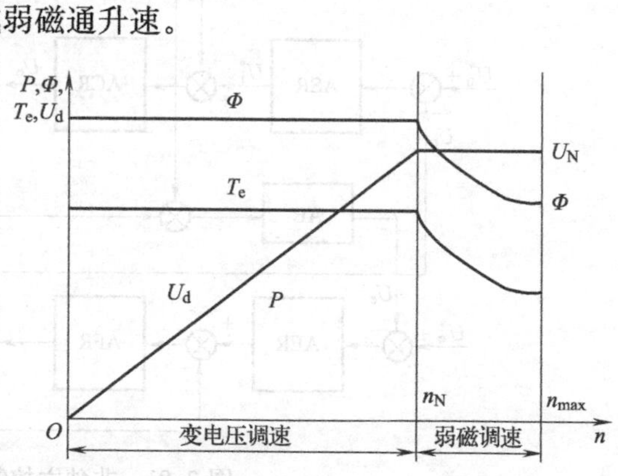

图 3-20　变压与弱磁配合控制特性

必须指出，变压与弱磁配合控制只能在基速以上满足恒功率调速的要求，在基速以下，输出功率不得不有所降低，而且电压越低，功率也越小。

3.4.3 电压与磁场协调控制的直流调速系统结构与控制原理

由上分析，在变压调速系统的基础上进行弱磁控制，变压与弱磁的给定装置不应该完全独立，而是要互相关联的。

1. 电压与磁场协调控制的基本思路

从图 3-20 给出的电压与磁场配合控制的特性可以看出，在基速以下，应该在满磁的条件下调节电压；在基速以上，应该在额定电压下调节励磁，因此存在恒转矩的变压调速和恒功率的弱磁调速两个不同的区段。因而在实际运行中，需要选择一种合适的控制方法，可以在这两个区段中交替工作，也应该能从一个区段平滑地过渡到另一个区段中去。

实现这样控制过程的基本思路是：根据直流电动机的反电动势公式

$$E_a = C_e \Phi n \tag{3-45}$$

如果在弱磁调速过程中能保持电动机反电动势 E_a 不变，则减小磁通 Φ 时转速 n 将随之升高。为此，在励磁控制系统中引入电动势调节器 AER，利用电动势反馈，使励磁系统在弱磁调速过程中保持电动势 E_a 基本不变。这就是变压与磁场协调控制的基本原则：

1）在基速以下，以保持磁通恒定为准则，控制和调节电枢电压进行调速。

2）在基速以上，以保持反电动势恒定为准则，控制和调节励磁磁通进行调速。

2. 电压与磁场协调控制调速系统的组成

一种电压与磁场协调控制的非独立控制励磁的调速系统结构如图 3-21 所示，系统分为电枢电压与磁场控制两个子系统：电枢电压控制子系统由转速、电流双闭环组成；磁场控制子系统引入 AER 和励磁电流调节器 AFR，以控制 UCR_F，通过改变磁场电压调节他励直流电动机的磁通，构成电动势与励磁电流双闭环系统。

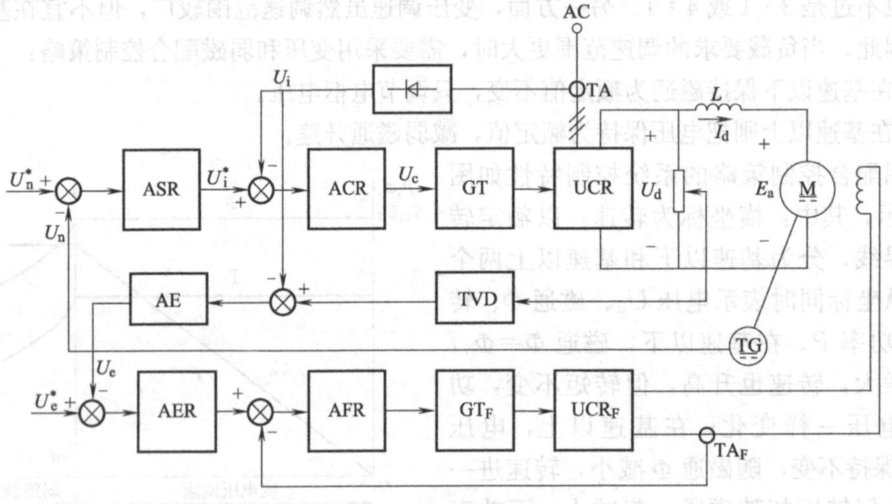

图 3-21 非独立控制励磁的调速系统结构

3. 系统控制原理

电枢电压控制系统仍采用常规的转速、电流双闭环控制，而励磁控制系统也有两个控制环，即电动势外环和励磁电流内环，AER 和 AFR 一般都采用 PI 调节器。无论是变压调速还是弱磁升速，都由转速给定电压 U_n^* 按转速的高低连续调节。电枢电压控制系统和励磁控制系统通过由电动势运算器 AE 获得的电动势信号 U_e 联系在一起，从变压调速转入弱磁升速是依靠这个联系信号自动进行的。

（1）电动势检测

由于直接检测电动势比较困难，因此，采用间接检测的方法。从电枢回路检测电压 U_d，通过直流电压隔离变换器 TVD 的高、低压隔离与电平转换，与检测的电流 I_d，根据直流电动机电枢电压回路方程

$$E_a = U_d - RI_d - L\frac{dI_d}{dt} \tag{3-46}$$

由 AE，算出电动势 E_a 的反馈信号 U_e。

（2）电动势的设定

控制时，先设定电动势给定电压 U_e^*，使 $U_e^* = 95\% U_N$，并在整个调速过程中保持 U_e^* 恒定，该给定电压也使励磁磁通处于额定磁通，即 $\Phi = \Phi_N$。

（3）控制过程

在基速以下变压调速范围内，设置 $n < 95\% U_N$，则 $E < 95\% U_N$；此时，$U_e^* > U_e$，AER 饱和，相当于电动势环开环；AER 的输出限幅值设置为满磁给定，加到 AFR，由 AFR 调节保持磁通为额定值；此时，由转速给定 U_n^* 输入电枢电压子系统，转速、电流双闭环系统起控制作用，转速的调节范围为 $n = 0 \sim n_N$。

在基速以上弱磁升速时，提高转速给定电压 U_n^*，使转速继续上升。当 $n > 95\% U_N$ 时，$E_a > 95\% U_N$，使 $U_e^* < U_e$，AER 开始退饱和，减少励磁电流给定电压，通过 AFR 减弱励磁电流，从而减少励磁磁通，以提高转速，系统便自动进入弱磁升速范围。在弱磁升速范围内，$n = n_N \sim n_{max}$。在这一过程中，当励磁减弱而转速升高时，电动势 E_a 值保持不变，采用 PI 型的 AER 保证了电动势无静差的控制要求。

如果负载是恒功率负载，则 I_d 和 U_d 都保持满磁时的稳态值不变；如果是恒转矩负载，则随着 Φ 下降，I_d 和 U_d 都上升，所以在电动势给定设置时留有 5% 的裕量，让 U_d 可以上升到 $100\% U_N$。

3.5　直流调速系统的可逆控制

有许多生产机械要求电动机既能正转，又能反转，而且常常还需要快速地起动和制动，这就需要电力传动系统具有四象限运行的特性，也就是说，需要可逆的调速系统。对于直流电动机，改变电枢电压的极性，或者改变励磁磁通的方向，都能够改变其旋转方向。然而当电动机采用电力电子变流器供电时，由于电力电子器件的单向导电性，问题就变得复杂起来了，需要专用的可逆电力电子变流器和自动控制系统。

3.5.1　可逆控制的主要问题

3.5.1.1　可逆直流电源

无论是采用改变电枢电压的极性或改变励磁磁通的方向来改变直流电动机的转向，都需要其供电电源能够输出极性可变的直流电压，可逆电力电子变流器的主要形式有以下几种。

1. 基于 PWM 控制的 H 形可逆直流电源

H 形可逆脉宽调速系统的基本原理如图 3-22a 所示，其主电路开关器件可采用 IGBT、PMOSFET 以及智能功率模块（IPM），常应用于中、小功率的可逆直流调速系统。

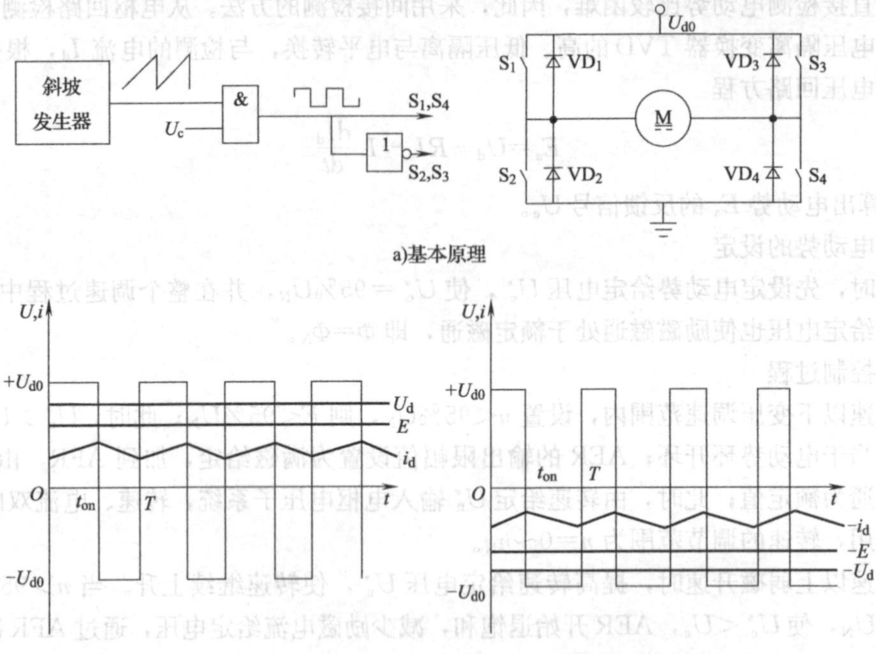

a)基本原理

b)正向运行电压波形　　c)反向运行电压波形

图 3-22　H 形可逆脉宽调速系统基本原理和电压波形

图 3-22a 中，由四个电力电子开关器件 S_1～S_4 和续流二极管构成桥式电路拓扑。H 形可逆 PWM 变换器的控制方式有双极式控制、单极式控制和受限单极式控制等。

现以双极式控制为例，说明 H 形可逆 PWM 变换器的工作原理。

(1) 正向运行（在此期间 S_2 和 S_3 始终保持断开）

第 1 阶段，在 $0 \leqslant t \leqslant t_{on}$ 期间，S_1 和 S_4 同时导通，电动机 M 的电枢两端承受电压 $+U_{d0}$，电流 i_d 正向上升；

第 2 阶段，在 $t_{on} \leqslant t \leqslant T$ 期间，S_1 和 S_4 断开，VD_2 和 VD_3 续流，电动机 M 的电枢两端承受电压 $-U_{d0}$，电流 i_d 下降；但由于平均电压 U_d 高于电动机的反电动势 E，电动机正向电动运行，其波形如图 3-22b 所示。

(2) 反向运行（在此期间 S_1 和 S_4 始终保持断开）

第 1 阶段，在 $0 \leqslant t \leqslant t_{on}$ 期间，S_2 和 S_3 断开，通过 VD_1 和 VD_4 续流，电动机 M 的电枢两端承受电压 $+U_{d0}$，电流 $-i_d$ 沿反方向下降；

第 2 阶段，在 $t_{on} \leqslant t \leqslant T$ 期间，S_2 和 S_3 同时导通，电动机 M 的电枢两端承受电压 $-U_{d0}$，电流 $-i_d$ 沿反方向上升；由于平均电压 $|-U_d|$ 高于电动机的反电动势 $|-E|$，电动机反向电动运行，其波形如图 3-22c 所示。

改变两组开关器件导通的时间，也就改变了电压脉冲的宽度。如果用 t_{on} 表示 S_1 和 S_4 导通的时间，开关周期 T 和占空比 ρ 的定义和上面相同，则电动机电枢端电压平均值为

$$U_d=\frac{t_{on}}{T}U_{d0}-\frac{T-t_{on}}{T}U_{d0}=\left(\frac{2t_{on}}{T}-1\right)U_{d0}=(2\rho-1)U_{d0} \tag{3-47}$$

如果令 $\gamma=2\rho-1$，调速时，ρ 的可调范围为 0～1，则 $-1<\gamma<+1$。由此，调节占空比 ρ，可获得连续可调的直流输出，以控制直流电动机转速。

1）当 $\rho>0.5$ 时，γ 为正，电动机正转。

2）当 $\rho<0.5$ 时，γ 为负，电动机反转。

3）当 $\rho=0.5$ 时，$\gamma=0$，电动机停止。

由于电动机停止时电枢电压并不等于零，而是正负脉宽相等的交变脉冲电压，因而电流也是交变的。这个交变电流的平均值为零，不产生平均转矩，徒然增大电动机的损耗，这是双极式控制的缺点。但它也有好处，在电动机停止时仍有高频微振电流，从而消除了正、反向时的静摩擦死区，起着所谓“动力润滑”的作用。

双极式控制的桥式可逆 PWM 变换器有下列优点：

1）电流一定连续。

2）可使电动机在四象限内运行。

3）电动机停止时有微振电流，能消除静摩擦死区。

4）低速平稳性好，系统的调速范围广。

5）低速时，每个开关器件的驱动脉冲仍较宽，有利于保证器件的可靠导通。

由此，H 形可逆脉宽调速系统的四象限运行曲线呈直线形，机械特性如图 3-23 所示。

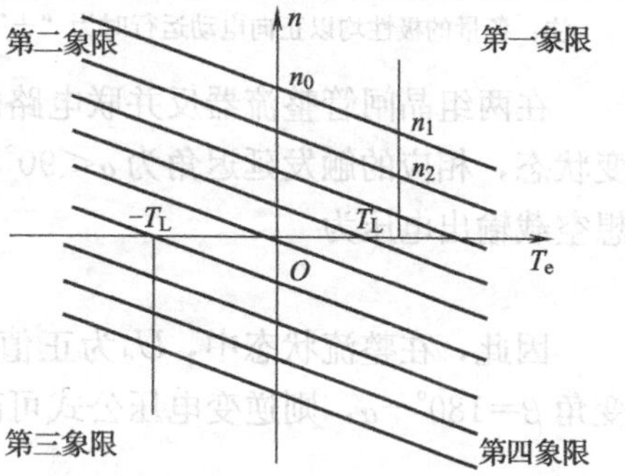

图 3-23 H 形可逆脉宽调速系统的机械特性

2. 两组晶闸管整流器反并联可逆直流电源

由于晶闸管的单向导电性，它不允许电流反向，无法实现直流电动机的可逆运行。如果要可逆运行，需再增加一组可控整流器，组成两组晶闸管反并联可逆电路。V-M 可逆系统的结构如图 3-24a 所示，其工作原理是两组整流器分别控制，四象限运行特性如图 3-24b 所示：

1）当直流电动机正向电动运行时，由正组整流器 VF 供电，控制 $\alpha_F\leqslant 90°$，使 VF 工作于整流状态，此时，电动机的机械特性在第一象限。

2）当直流电动机反向电动运行时，由反组整流器 VR 供电，控制 $\alpha_R\leqslant 90°$，使 VR 工作于整流状态，此时，电动机的机械特性在第三象限。

3）当直流电动机正向再生发电运行时，控制 $\alpha_R\geqslant 90°$，使 VR 工作于有源逆变状态，通过 VR 将直流电逆变回馈给电网，此时，电动机的机械特性在第二象限。

a)两组晶闸管反并联V-M可逆系统的结构

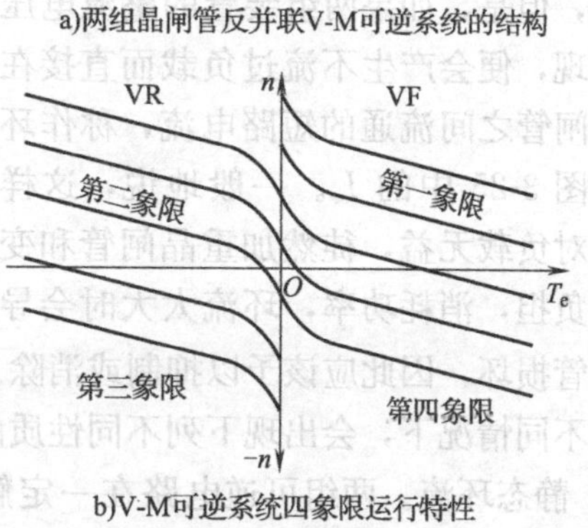

b)V-M可逆系统四象限运行特性

图 3-24 V-M 可逆系统的结构与运行特性

4）当直流电动机反向再生发电运行时，控制 $\alpha_F \geqslant 90°$，使 VF 工作于有源逆变状态，通过 VF 将直流电逆变回馈给电网，此时，电动机的机械特性在第四象限。

归纳起来，可将可逆电路正反转时晶闸管整流器和电动机的工作状态见表 3-1。

表 3-1 V-M 系统反并联可逆电路的工作状态

V-M 系统的工作状态	正向运行	正向制动	反向运行	反向制动
电枢端电压极性	+	+	−	−
电枢电流极性	+	−	−	+
电动机旋转方向	+	+	−	−
电动机运行状态	电动	回馈发电	电动	回馈发电
晶闸管工作的组别和状态	正组、整流	反组、逆变	反组、整流	正组、逆变
机械特性所在象限	一	二	三	四

注：各量的极性均以正向电动运行时为“+”。

在两组晶闸管整流器反并联电路的 V-M 系统中，晶闸管装置可以工作在整流或有源逆变状态，相应的触发延迟角为 $\alpha<90°$ 和 $\alpha>90°$。在电流连续的条件下，晶闸管装置的平均理想空载输出电压为

$$U_d = U_{d0}\cos\alpha \tag{3-48a}$$

因此，在整流状态中，U_d 为正值；在逆变状态中，U_d 为负值。为了方便起见，定义逆变角 $\beta=180°-\alpha$，则逆变电压公式可改写为

$$U_d = -U_{d0}\cos\beta \tag{3-48b}$$

即使是不可逆的调速系统，只要是需要快速的回馈制动，常常也采用两组反并联的晶闸管整流器，由正组提供电动运行所需的整流供电，反组只提供逆变制动电流。这时，两组晶闸管整流器的容量大小可以不同，反组只在短时间内给电动机提供制动电流，并不提供稳态运行的电流，实际采用的容量可以小一些。由此可见，采用晶闸管整流器构成直流可逆调速系统是比较复杂的。

3.5.1.2 V-M 系统的环流问题

采用两组晶闸管整流器反并联的可逆 V-M 系统解决了电动机的正、反转运行和回馈制动问题，但是，如果两组装置的整流电压同时出现，便会产生不流过负载而直接在两组晶闸管之间流通的短路电流，称作环流，如图 3-25 中的 I_c。一般地说，这样的环流对负载无益，徒然加重晶闸管和变压器的负担，消耗功率，环流太大时会导致晶闸管损坏，因此应该予以抑制或消除。

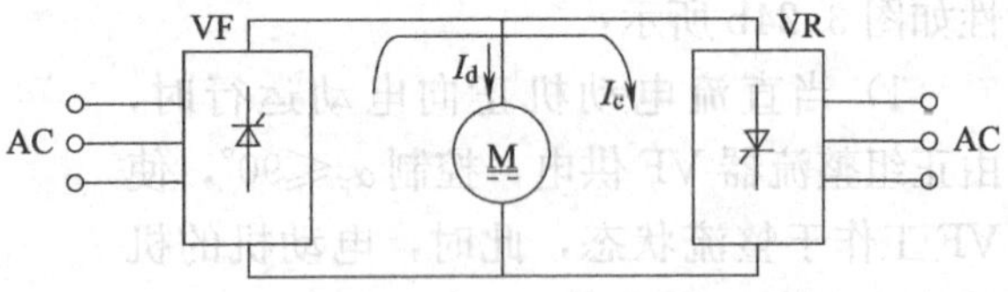

图 3-25 反并联可逆 V-M 系统中的环流

在不同情况下，会出现下列不同性质的环流：

1）静态环流。两组可逆电路在一定触发延迟角下稳定工作时出现的环流，其中又有两类：

① 直流平均环流。由晶闸管整流器输出的直流平均电压差所产生的环流称作直流平均环流。

② 瞬时脉动环流。两组晶闸管整流器输出的直流平均电压差虽为零，但因电压波形不同，瞬时电压差仍会产生脉动的环流，称作瞬时脉动环流。

2）动态环流。仅在可逆 V-M 系统处于过渡过程中出现的环流。

在两组晶闸管整流器反并联的可逆 V-M 系统中，如果让 VF 和 VR 都处于整流状态，两组的直流平均电压正负相连，必然产生较大的直流平均环流。为了防止直流平均环流的产生，需要采取必要的抑制环流的措施：

1）采用封锁触发脉冲的方法，在任何时候，只允许一组晶闸管整流器工作，而让另一组晶闸管关闭，这样就不会出现环流。采用这种控制策略的系统称为无环流可逆调速系统。

2）采用配合控制的策略，使一组晶闸管整流器工作在整流状态，另一组则工作在逆变状态，且使其幅值相等，用逆变电压 U_{dr} 把整流电压 U_{df} 顶住，则直流平均环流为零。

由于两组晶闸管整流器相同，两组的最大输出电压是一样的，因此，当直流平均环流为零时，应有 $\cos\alpha_R=-\cos\alpha_F$，或 $\alpha_F+\alpha_R=180°$。如果逆变组的触发延迟角 α 用逆变角 β 表示，则

$$\alpha=\beta \tag{3-49}$$

可见，如果按照式（3-49）来控制就可以消除直流平均环流，这称作 $\alpha=\beta$ 配合控制。

3.5.2 无环流控制的可逆直流调速系统

无环流直流调速系统的实现方案有两类：一类是采用直流 PWM 控制的可逆调速系统；另一类是采用逻辑无环流控制的可逆调速系统。

3.5.2.1 采用 PWM 控制的可逆直流调速系统

图 3-26 所示为 PWM 可逆直流调速系统的原理框图，其中主电路采用 H 形电路拓扑，TG 为测速发电机，当调速精度要求较高时可采用数字测速码盘，TA 为霍尔电流传感器，GD 为驱动电路模块，内部含有光电隔离电路和开关放大电路，UPW 为 PWM 波生成环节，其算法包含在单片微机软件中。

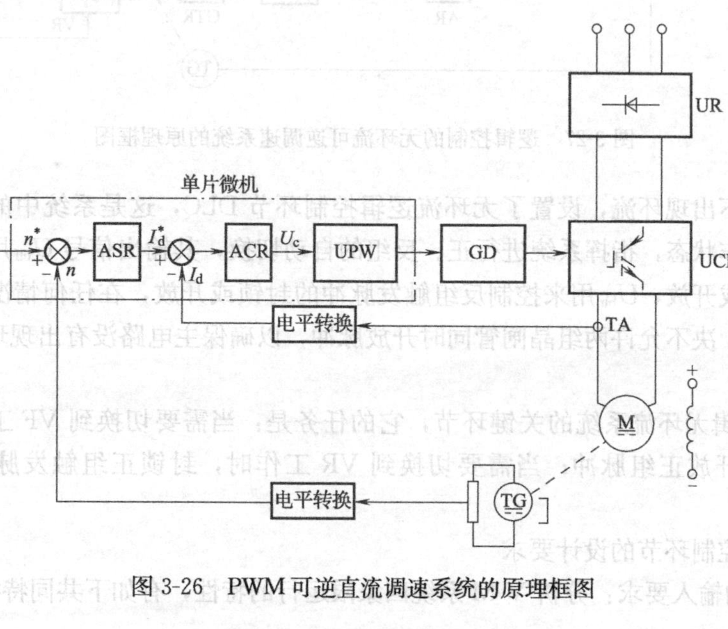

图 3-26 PWM 可逆直流调速系统的原理框图

控制系统采用转速、电流双闭环控制，电流环为内环，转速环为外环，内环的采样周期小于外环的采样周期。ASR 和 ACR 大多采用 PI 调节器，当系统对动态性能要求较高时，还可以采用各种非线性和智能化的控制算法，使调节器能够更好地适宜控制对象的变化。

转速给定信号可以是由电位器给出的模拟信号，经 A/D 转换后送入微机系统，也可以直接由计数器或码盘发出数字信号。当转速给定信号在$-n_{max}^*\sim+n_{max}^*$之间变化并达到稳态后，由微机输出的 PWM 信号占空比ρ在 0～1 的范围内变化，使直流斩波器 UCH 的输出平均电压系数为$\gamma=-1\sim+1$，实现双极式可逆控制。在控制过程中，为了避免同一桥臂上、下两个电力电子器件同时导通而引起直流电源短路，在上器件导通切换到下器件导通或反向切换时，必须留有死区时间。对于 IGBT，死区时间约需 5μs 或更小些。

3.5.2.2 采用逻辑无环流控制的可逆调速系统

1. 系统的组成和工作原理

逻辑控制的无环流可逆调速系统的原理框图如图 3-27 所示，主电路采用两组晶闸管整流器反并联电路，控制系统采用典型的转速、电流双闭环系统。电流检测采用不反映极性的交流互感器和整流器，为此，正反向电流环分别各设一个电流调节器，1ACR 用来控制正组触发装置 GTF，2ACR 控制反组触发装置 GTR，1ACR 的给定信号 U_i^* 经反号器 AR 作为 2ACR 的给定信号 $\overline{U}_i^*$。

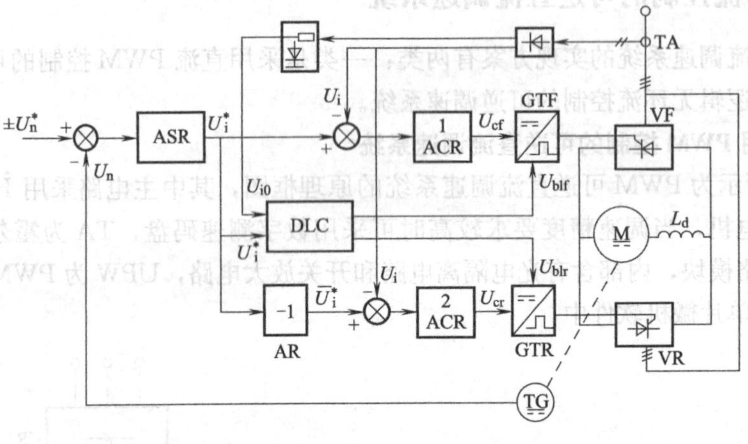

图 3-27 逻辑控制的无环流可逆调速系统的原理框图

为了保证不出现环流，设置了无环流逻辑控制环节 DLC，这是系统中的关键环节，它按照系统的工作状态，指挥系统进行正、反组的自动切换，其输出信号 U_{blf} 用来控制正组触发脉冲的封锁或开放，U_{blr} 用来控制反组触发脉冲的封锁或开放，在任何情况下，两个信号必须是相反的，决不允许两组晶闸管同时开放脉冲，以确保主电路没有出现环流的可能。

2. DLC

DLC 是逻辑无环流系统的关键环节，它的任务是：当需要切换到 VF 工作时，封锁反组触发脉冲而开放正组脉冲；当需要切换到 VR 工作时，封锁正组触发脉冲而开放反组脉冲。

(1) 逻辑控制环节的设计要求

1) DLC 的输入要求：分析 V-M 系统四象限运行的特性，有如下共同特征：

① 正向运行和反向制动时，电动机转矩方向为正，即电流为正；

② 反向运行和正向制动时，电动机转矩方向为负，即电流为负。

因此，应选择转矩信号作为 DLC 的输入信号。由于 ASR 的输出信号正好代表了转矩方向，即有：

① 正向运行和反向制动时，U_i^* 为负；

② 反向运行和正向制动时，U_i^* 为正。

又因为 U_i^* 极性的变化只表明系统转矩反向的意图，转矩极性的真正变换还要滞后一段时间。只有在实际电流过零时，才开始反向，因此，需要检测零电流信号 U_{i0} 作为 DLC 的另一个输入信号。

2）DLC 的输出要求：

① 正向运行：VF 整流，开放 VF，封锁 VR；

② 反向制动：VF 逆变，开放 VF，封锁 VR；

③ 反向运行：VR 整流，开放 VR，封锁 VF；

④ 正向制动：VR 逆变，开放 VR，封锁 VF。

因此，DLC 的输出有两种状态：

① $U_{blf}=1$，开放 VF；$U_{blf}=0$，封锁 VF；

② $U_{blr}=1$，开放 VR；$U_{blr}=0$，封锁 VR。

（2）DLC 的内部逻辑设计

1）电平转换：对输入信号进行转换，将模拟量转换为开关量。

2）逻辑判断：根据输入信号，做出正确的逻辑决策。

3）延时环节：为保证两组晶闸管装置可靠切换，需要有两个延时时间。

① t_1 延时——关断等待时间，以确认电流已经过零，而非因电流脉动引起的误信号；

② t_2 延时——触发等待时间，以确保被关断的晶闸管已恢复阻断能力，防止其重新导通。

4）连锁保护：在逻辑控制环节的两个输出信号 U_{blf} 和 U_{blr} 之间必须有互相联锁的保护，决不允许出现两组脉冲同时开放的状态。

根据上述分析，DLC 的逻辑电路结构如图 3-28 所示。

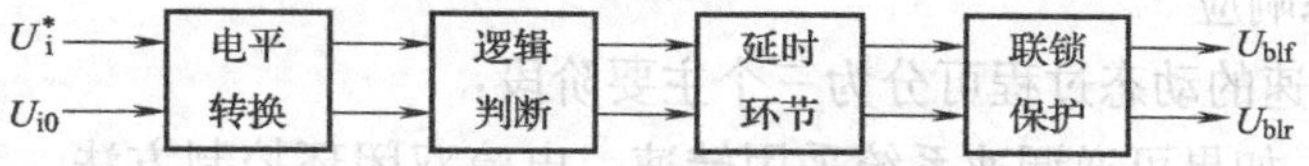

图 3-28　DLC 的逻辑电路结构

（3）DLC 的实现

通常都用数字控制，如数字逻辑电路、PLC、微机等，用以实现同样的逻辑控制关系[1]，图 3-29 绘出了逻辑控制切换程序的流程图。

在图 3-27 的无环流逻辑控制可逆调速系统中，采用了两个 ACR 和两套触发装置分别控制 VF、VR。实际上任何时刻都只有一组晶闸管在工作，另一组由于脉冲被封锁而处于阻断状态，这时它的 ACR 和触发装置都是等待状态。采用数字控制时，电子开关的任务可以用条件选择程序来完成，实际系统都是逻辑选触系统。此外，触发装置可采用由定时器进行移相控制的数字触发器，或采用集成触发电路。

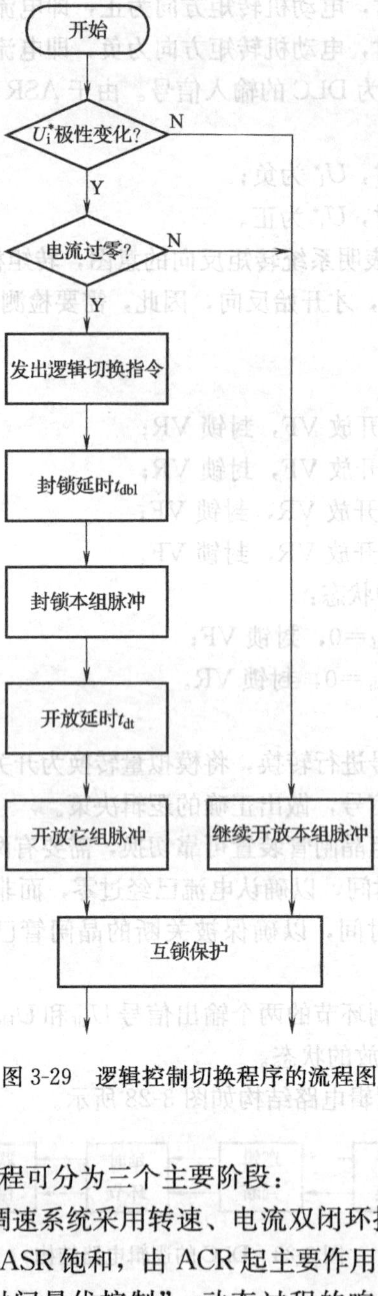

图 3-29　逻辑控制切换程序的流程图

3. 系统的动态响应

无环流可逆调速的动态过程可分为三个主要阶段：

1）起动阶段。如果可逆调速系统采用转速、电流双闭环控制方法，其起动过程与不可逆调速系统的起动过程相同，ASR 饱和，由 ACR 起主要作用，在允许最大电流限制下使转速基本上按线性变化的“准时间最优控制”，动态过程的响应曲线如图 3-30 中的阶段Ⅰ所示。

2）正向运行阶段。ASR 退饱和后，进行转速无差调节，系统进入稳态，其响应曲线如图 3-30 的阶段Ⅱ。

3）正向制动阶段。在这一阶段首先通过 VF 的逆变使电流下降过零，并封锁脉冲使其关闭；然后开通 VR，使其建立电流并达到最大电流$-I_{dm}$，此时电动机进入制动阶段，通过反接制动和回馈制动使转速迅速下降。如果是停车，则电动机停止运行，其动态过程如图 3-30中的阶段Ⅲ；如果还需反向运行，则电动机在转速过零后，继续反向起动，其过程与正向起动相同，响应曲线如图 3-30 的阶段Ⅳ。由于两组晶闸管在切换过程中需要延时，以保证可靠换流，这就造成了电流换向死区，如图 3-30 所示。

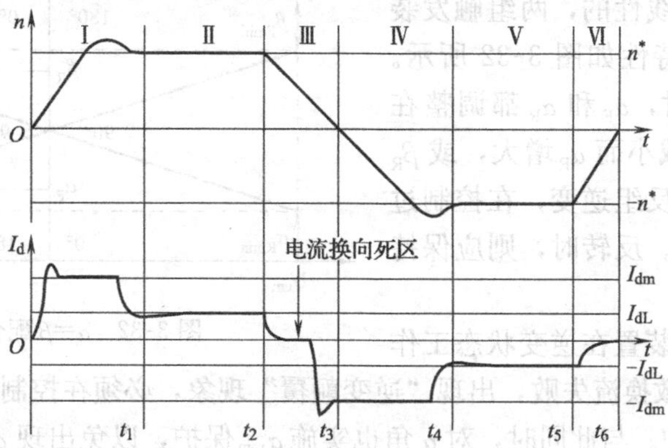

图 3-30　无环流可逆调速系统的动态过程

*3.5.3　有环流控制的可逆直流调速系统

1. 系统组成

采用 $\alpha=\beta$ 配合控制的有环流可逆 V-M 系统原理框图如图 3-31 所示，图中主电路采用两组三相桥式晶闸管整流器反并联的可逆电路，控制电路采用典型的转速、电流双闭环系统，ASR 和 ACR 都设置了双向输出限幅，以限制最大起制动电流和最小触发延迟角 α_{min} 与最小逆变角 β_{min}。根据可逆系统正反向运行的需要，给定电压 U_n^*、转速反馈电压 U_n 和电流反馈电压 U_i 都应该能够反映正和负的极性。

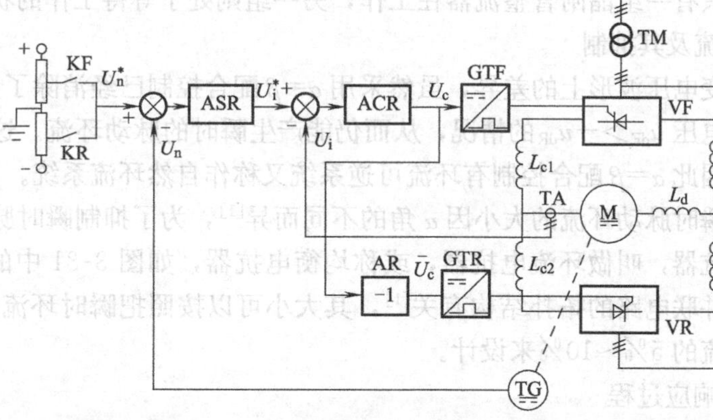

图 3-31　采用 $\alpha=\beta$ 配合控制的有环流可逆 V-M 系统原理框图

2. $\alpha=\beta$ 配合控制策略

为了实现 $\alpha=\beta$ 配合控制，可将两组晶闸管整流器的触发脉冲零位都定在 90°，即当控制电压 $U_c=0$ 时，使 $\alpha=\beta=90°$，此时 $U_{df}=U_{dr}=0$，电动机处于停止状态。增大控制电压 U_c 移相时，只要使两组触发装置的控制电压大小相等符号相反就可以了，这样的触发控制电路如图 3-31 所示。用同一个控制电压 U_c 去控制两组触发装置，正组触发装置 GTF 由 U_c 直接控制，而反组触发装置 GTR 是经过反号器 AR 后由$\overline{U}_c=-U_c$ 控制。

当采用同步信号为锯齿波的触发电路时，移相控制特性是线性的，两组触发装置的 $\alpha=\beta$ 配合控制特性如图 3-32 所示。当控制电压 $U_c=0$ 时，α_F 和 α_R 都调整在 90°。增大 U_c时，α_F 减小而 α_R 增大，或 β_R 减小，使正组整流而反组逆变，在控制过程中始终保持 $\alpha_F=\beta_R$。反转时，则应保持 $\alpha_R=\beta_F$。

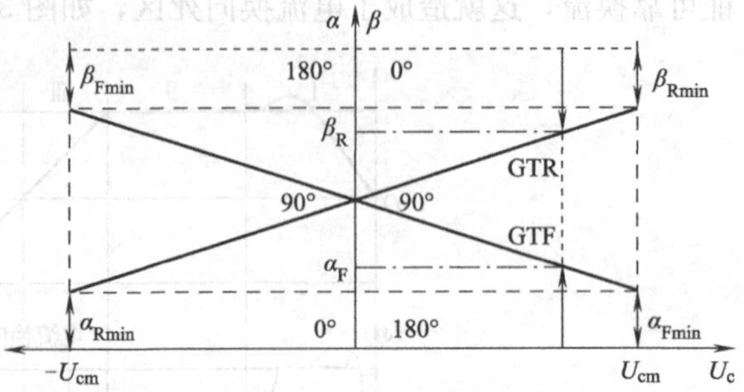

图 3-32 $\alpha=\beta$配合控制特性

为了防止晶闸管装置在逆变状态工作中逆变角 β 太小而导致换流失败，出现“逆变颠覆”现象，必须在控制电路中进行限幅，形成最小逆变角 β_{min}保护。与此同时，对 α 角也实施 α_{min} 保护，以免出现 $\alpha<\beta$ 而产生直流平均环流。通常取 $\alpha_{min}=\beta_{min}=30°$，其值视晶闸管器件的阻断时间而定。

3. $\alpha=\beta$ 控制的工作状态

按照 $\alpha=\beta$ 配合控制系统的移相控制特性，移相时如果一组晶闸管整流器处于整流状态，另一组便处于逆变状态，这是指 α 角的工作状态而言的。实际上，这时逆变组除环流外并未流过负载电流，也就没有电能回馈电网，确切地说，它只是处于“待逆变状态”，表示该组晶闸管整流器是在 β 角控制下等待工作。只有在制动时，当发出信号改变 α 角后，同时降低了 U_{dF}和 U_{dR}的幅值，一旦电动机反电动势 $E_a>|U_{dR}|=|U_{dF}|$，整流组电流将被截止，逆变组才真正投入逆变工作，使电动机产生回馈制动，将电能通过逆变组回馈电网。

同样，当逆变组工作时，另一组也是在等待着整流，可称作处于“待整流状态”。所以，在 $\alpha=\beta$ 配合控制下，负载电流可以迅速地从正向到反向（或从反向到正向）平滑过渡，在任何时候，实际上只有一组晶闸管整流器在工作，另一组则处于等待工作的状态。

4. 瞬态脉动环流及其抑制

由于整流与逆变电压波形上的差异，虽然采用 $\alpha=\beta$ 配合控制已经消除了直流平均环流，但是仍会出现瞬时电压 $u_{dF}>-u_{dR}$的情况，从而仍能产生瞬时的脉动环流。这个瞬时脉动环流是自然存在的，因此 $\alpha=\beta$ 配合控制有环流可逆系统又称作自然环流系统。

瞬时电压差和瞬时脉动环流的大小因 α 角的不同而异[1]，为了抑制瞬时脉动环流，可在环流回路中串入电抗器，叫做环流电抗器，或称均衡电抗器，如图 3-31 中的 $L_{c1}\sim L_{c4}$。环流电抗的设置与反并联电路的拓扑结构有关[1]，其大小可以按照把瞬时环流的直流分量 I_{cp} 限制在负载额定电流的 5%～10%来设计。

5. 系统的动态响应过程

由于 $\alpha=\beta$ 配合控制有环流可逆调速系统仍采用转速、电流双闭环控制，其起动和制动过渡过程都是在允许最大电流限制下转速基本上按线性变化的“准时间最优控制”过程。起动过程与不可逆的双闭环系统没有什么区别，只是制动过程有它的特点。整个制动过程可以分为两个主要阶段：

1）本组工作阶段。

2）它组工作阶段。

现以正向制动为例，说明 $\alpha=\beta$ 配合控制有环流可逆调速系统的动态过程，其波形如图

3-33 所示。

(1) 本组工作阶段

在这个阶段中，电流由正向负载电流下降到零，其方向未变，因此只能仍通过 VF 流通，具体过程如下：发出停车（或反向）指令后，转速给定电压突变为零（或负值），ASR 输出跃变到正限幅值$+U_{im}^*$，使 ACR 输出跃变成负限幅值$-U_{cm}$，VF 由整流状态很快变成的逆变状态，同时 VR 由待逆变状态转变成待整流状态，而电动机反电动势 E 极性未变，迫使 I_d迅速下降，主电路电感迅速释放储能，企图维持正向电流，这时

$$L\frac{dI_d}{dt}-E_a>|U_{dF}|=|U_{dR}|$$

大部分能量通过 VF 回馈电网，所以称作“本组逆变阶段”。由于电流的迅速下降，这个阶段所占时间很短，转速来不及产生明显的变化，其波形图如图 3-33 中的阶段Ⅰ。

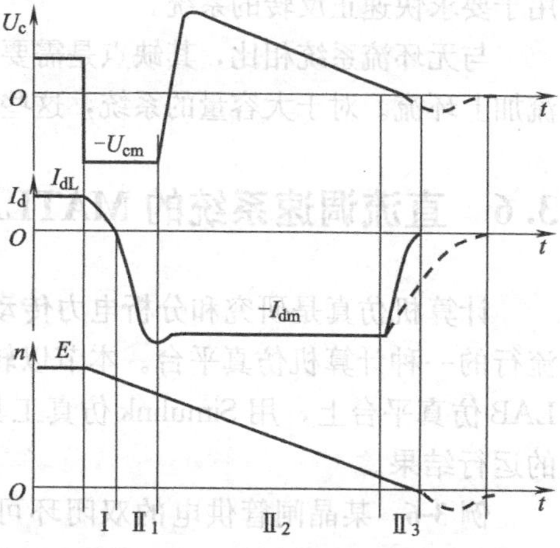

图 3-33　$\alpha=\beta$ 配合控制有环流可逆直流调速系统正向制动过渡过程波形

(2) 它组工作阶段

当主电路电流下降过零时，本组逆变终止，第Ⅰ阶段结束，转到 VR 工作，开始通过反组制动。从这时起，直到制动过程结束，统称“它组制动阶段”。它组制动阶段又可分成三个子阶段：

1) 它组建流子阶段。由于 I_d过零并反向，VR 由“待整流”进入整流，向主电路提供$-I_d$。由于 VR 整流电压 U_{dR}和反电动势 E 的极性相同，反向电流很快增长，电动机处于反接制动状态，转速明显地降低，如图 3-33 中的阶段Ⅱ₁，可称作“它组反接制动状态”。

2) 它组逆变子阶段。当反向电流达到$-I_{dm}$并略有超调时，ACR 输出电压 U_c退出饱和，其数值很快减小，又由负变正，然后再增大，使 VR 回到逆变状态，而 VF 变成待整流状态。此后，在 ACR 的调节作用下，力图维持接近最大的反向电流$-I_{dm}$，因而，$L\frac{dI_d}{dt}\approx 0$，$E_a>|U_{dF}|=|U_{dR}|$，电动机在恒减速条件下回馈制动，把动能转换成电能，其中大部分通过 VR 逆变回馈电网，过渡过程波形为图 3-33 中的第Ⅱ₂阶段，称作“它组回馈制动阶段”或“它组逆变阶段”。由图可见，这个阶段所占的时间最长，是制动过程中的主要阶段。

3) 反向减流子阶段。最后，转速下降得很低，无法再维持$-I_{dm}$，于是，电流和转速都减小，电动机随即停止，如图 3-33 中的第Ⅱ₃阶段。

如果需要在制动后紧接着反转，$I_d=-I_{dm}$的过程就会延续下去，直到反向转速稳定时为止。图 3-34 给出了有环流系统可逆运行的动态响应曲线，正转制

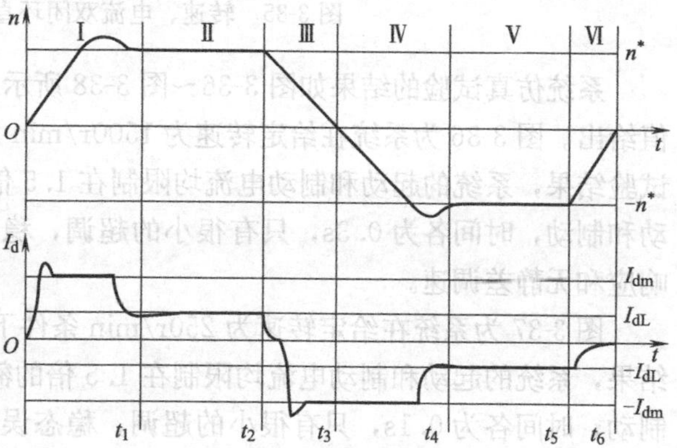

图 3-34　有环流系统可逆运行的动态响应曲线

动和反转起动的过程完全衔接起来，没有间断或死区，这是有环流可逆调速系统的优点，适用于要求快速正反转的系统。

与无环流系统相比，其缺点是需要添置环流电抗器，而且晶闸管等器件都要负担负载电流加上环流。对于大容量的系统，这些缺点比较明显。

3.6 直流调速系统的MATLAB仿真

计算机仿真是研究和分析电力传动自动控制系统的有利工具，MATLAB是目前比较流行的一种计算机仿真平台。本节以转速、电流直流双闭环可逆调速系统为例，在MATLAB仿真平台上，用Simulink仿真工具建立系统的仿真模型，并通过仿真试验得到系统的运行结果。

例3-6 某晶闸管供电的双闭环可逆直流调速系统，电动机额定参数为$U_N=220V$，$I_N=100A$，$n_N=1460r/min$，$K_e=0.132V\cdot min/r$；整流装置采用三相桥式电路，$K_u=40$，$T_u=0.00167s$；电枢回路总电阻$R=0.5\Omega$；系统电磁时间常数$T_l=0.03s$，机电时间常数$T_m=0.18s$；转速反馈系数$K_n=0.007V\cdot min/r$，转速滤波时间常数$T_{on}=0.01s$；电流反馈系数$K_i=0.05V/A$，电流滤波时间常数$T_{oi}=0.002s$，允许电流过载倍数$\lambda=1.5$；要求设计ASR和ACR，使系统调速范围$D=100$，静差率$\delta<1\%$，上升时间$t_r<0.5s$，超调量$\sigma\%\leqslant5\%$。

解 根据双闭环直流调速系统的结构，用Simulink建立的仿真系统模型如图3-35所示。图中各个环节的参数，按例3-6给出的系统参数设置。

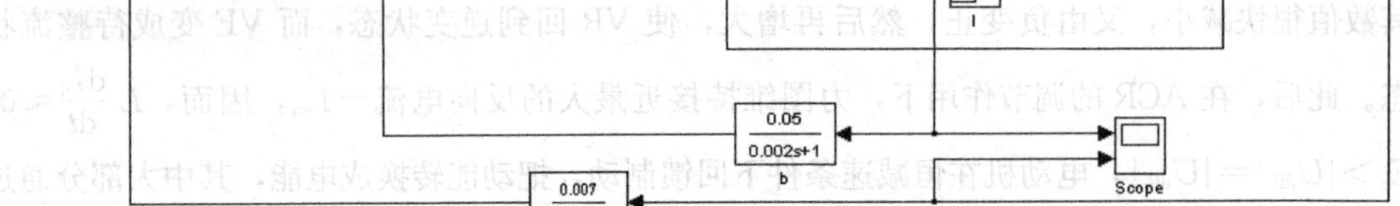

图3-35 转速、电流双闭环直流调速仿真系统模型

系统仿真试验的结果如图3-36～图3-38所示，图中转速为实际值，电流用I_d/I_N的标幺值给出。图3-36为系统在给定转速为1500r/min条件下，带$0.6I_N$负载时正反转运行的仿真试验结果，系统的起动和制动电流均限制在1.5倍的额定电流，控制电动机在恒流条件下起动和制动，时间各为0.3s，只有很小的超调，稳态误差几乎为零，实现了系统的快速动态响应和无静差调速。

图3-37为系统在给定转速为250r/min条件下，带$0.6I_N$负载时正反转运行的仿真试验结果，系统的起动和制动电流均限制在1.5倍的额定电流，控制电动机在恒流条件下起动和制动，时间各为0.1s，只有很小的超调，稳态误差几乎为零，实现了系统的快速动态响应和无静差调速。

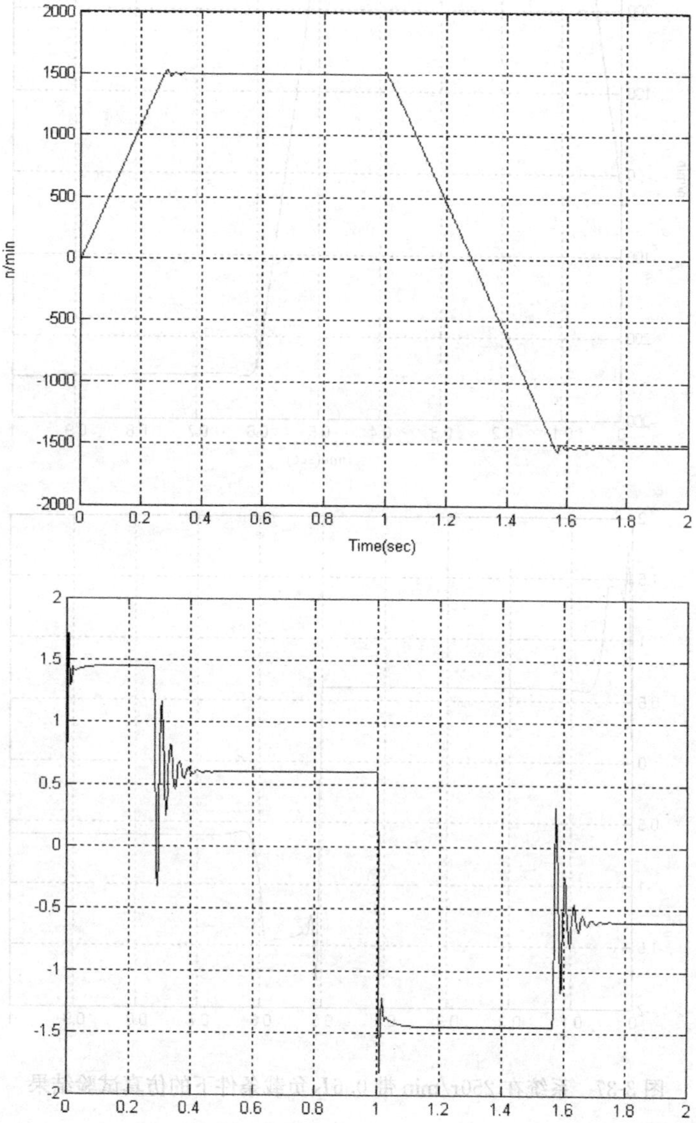

图 3-36　系统在 1500r/min 带 $0.6I_N$ 负载条件下的仿真试验结果

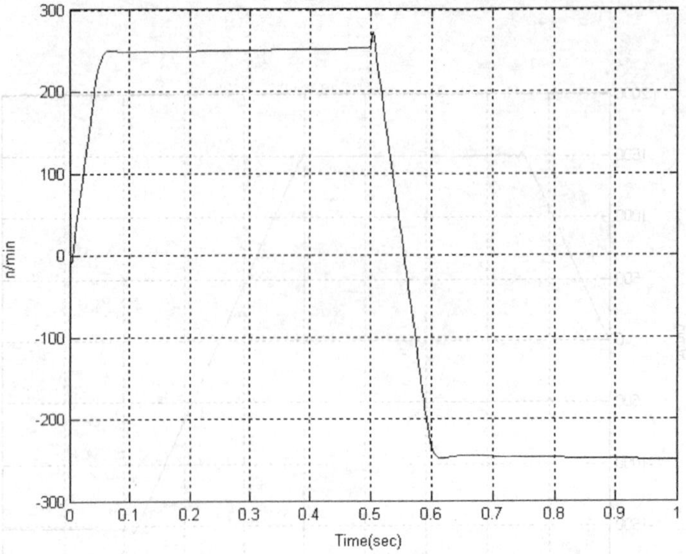

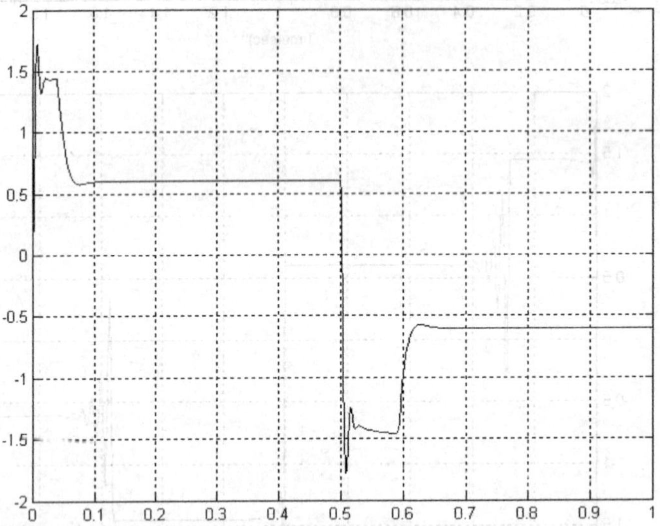

图 3-37 系统在 250r/min 带 0.6I_N负载条件下的仿真试验结果

图 3-38 为系统在给定转速为 15r/min 条件下，正向运行的仿真试验结果，系统的起动时间很短，只有很小的超调，稳态误差几乎为零，实现了系统的快速动态响应和无静差调速。

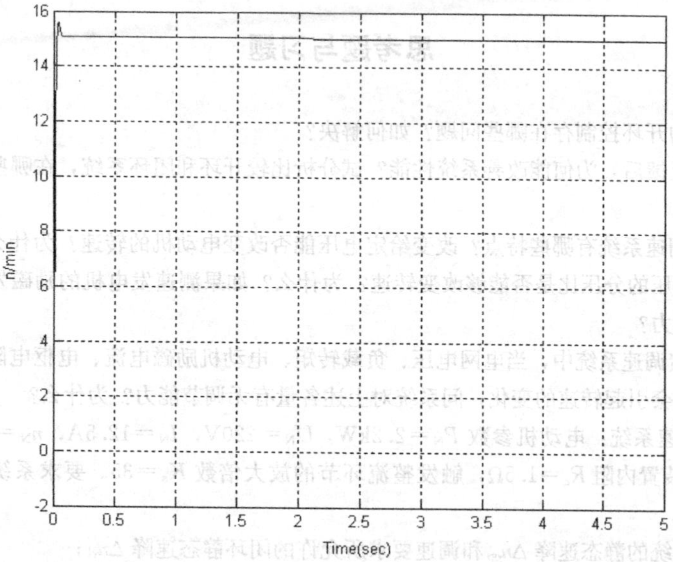

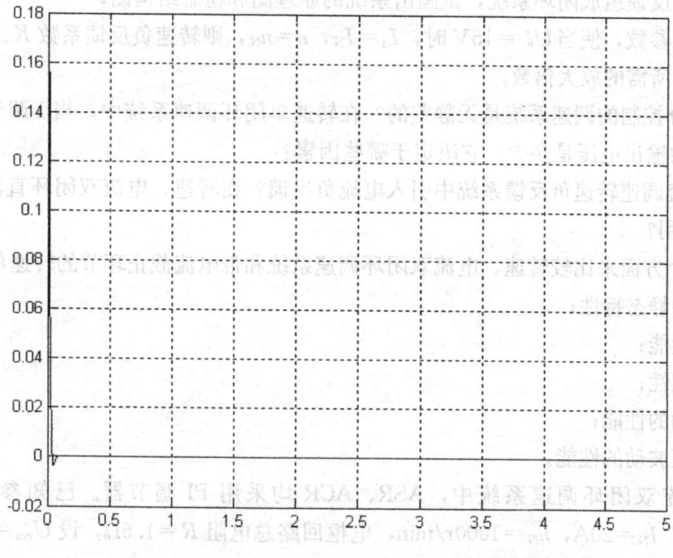

图 3-38　系统在 15r/min 空载条件下的仿真试验结果

本 章 小 结

这一章介绍了直流调速系统的组成、控制方法和系统性能。首先从开环系统的问题，引入转速负反馈，分析了系统的静态和动态性能。其后讨论的转速、电流双闭环直流调速系统是经典的直流调速控制系统方案，曾具有广泛的应用。特别是，其转速和电流调节器分别控制与各司其职的思想一直沿用至今，对于其后的电力传动控制系统的构造和实现具有重要影响，也是学习本章的重点。直流电动机的电压和磁场配合控制、可逆运行控制等扩展内容可视需要有选择地学习。

思考题与习题

1. 直流电动机的开环控制存在哪些问题？如何解决？

2. 引入转速负反馈后，为何能改善系统性能？试分析比较开环和闭环系统，在哪些方面可以改善系统性能？

3. 转速单闭环调速系统有哪些特点？改变给定电压能否改变电动机的转速？为什么？如果给定电压不变，调节测速反馈电压的分压比是否能够改变转速？为什么？如果测速发电机的励磁发生了变化，系统有无克服这种干扰的能力？

4. 在转速负反馈调速系统中，当电网电压、负载转矩、电动机励磁电流、电枢电阻、测速发电机励磁各量发生变化时，都会引起转速的变化，问系统对上述各量有无调节能力？为什么？

5. 有一 V-M 调速系统：电动机参数 $P_N=2.2\text{kW}$，$U_N=220\text{V}$，$I_N=12.5\text{A}$，$n_N=1500\text{r/min}$，电枢电阻 $R_a=1.2\Omega$，整流装置内阻 $R_e=1.5\Omega$，触发整流环节的放大倍数 $K_s=35$。要求系统满足调速范围 $D=20$，静差率 $\delta<10\%$。

(1) 计算开环系统的静态速降 Δn_{op} 和调速要求所允许的闭环静态速降 Δn_{cl}；

(2) 采用转速负反馈组成闭环系统，试画出系统的原理图和稳态结构图；

(3) 调整该系统参数，使当 $U_n^*=15\text{V}$ 时，$I_d=I_N$，$n=n_N$，则转速负反馈系数 K_n 应该是多少？

(4) 计算放大器所需的放大倍数。

6. 为什么用积分控制的调速系统是无静差的？在转速单闭环调速系统中，当 I 调节器的输入偏差电压 $\Delta U=0$ 时，调节器的输出电压是多少？它决定于哪些因素？

7. 为何要在直流调速转速负反馈系统中引入电流负反馈？在转速、电流双闭环直流调速系统中，ASR 和 ACR 各起什么作用？

8. 试从下述五个方面来比较转速、电流双闭环调速系统和带电流截止环节的转速单闭环调速系统：

(1) 调速系统的静态特性；

(2) 动态限流性能；

(3) 起动的快速性；

(4) 抗负载扰动的性能；

(5) 抗电源电压波动的性能。

9. 在转速、电流双闭环调速系统中，ASR、ACR 均采用 PI 调节器。已知参数：电动机：$P_N=3.7\text{kW}$，$U_N=220\text{V}$，$I_N=20\text{A}$，$n_N=1000\text{r/min}$，电枢回路总电阻 $R=1.5\Omega$，设 $U_{nm}^*=U_{im}^*=U_{cm}=8\text{V}$，电枢回路最大电流 $I_{dm}=40\text{A}$，电力电子变流器的放大系数 $K_s=40$。试求：

(1) 电流反馈系数 K_i 和转速反馈系数 K_n；

(2) 当电动机在最高转速发生堵转时的 U_{d0}、U_i^*、U_i、U_c 值。

10. 对于需要高于直流电动机额定转速运行的场合，如何采用电压与磁场配合控制？试分析两种控制方式的转矩和功率特性。

11. 采用两组晶闸管整流器反并联供电的 V-M 系统，试分析在四象限运行中，两组整流器的工作在整流和逆变状态的输出电压极性、电流和功率流向，以及电动机的运行状态及其机械特性。

12. 试分析逻辑控制无环流可逆系统正向和反向起动和制动的过程。画出各参变量的动态波形，并说明在每个阶段中 ASR 和 ACR 各起什么作用，VF 和 VR 各处于什么状态。

第 4 章　交流传动控制系统

本章分别论述异步电动机与同步电动机的调速方法。异步电动机的控制方法很多，本章选择五种具有典型意义的系统：①异步电动机变压调速系统及其在软起动中的应用；②异步电动机基于稳态模型的恒压频比变压变频调速系统；③异步电动机基于转子磁场定向的高性能变压变频调速系统；④异步电动机基于直接转矩控制的高性能变压变频调速系统；⑤对新兴的风力发电以及特大功率传动等有应用价值的双馈控制系统。同步电动机的控制方法也很多，本章选择三种具有典型意义的系统：①同步电动机按定子磁链定向的矢量控制调速系统；②永磁同步电动机按转子位置定向的矢量控制系统；③直流无刷同步电动机控制系统。

4.1　异步电动机的变压控制系统

电动机的模型已在第 2 章作了介绍，此外，等效电路也是电动机建模的一种方法。由于早期的异步电动机变压控制系统都采用异步电动机的稳态等效电路模型，后来发展的高性能的交流调速系统则是基于异步电动机的动态等效电路模型，而且异步电动机的稳态等效电路是可以由其动态等效电路推导出来的，因此，本节首先介绍异步电动机在任意旋转 d-q 坐标系上的动态等效电路，由此推导出变压控制系统所需的稳态等效电路，进而讨论变压调速的原理、系统组成和性能分析，并介绍变压调速系统在交流电动机软起动中的应用。

4.1.1　异步电动机在任意旋转坐标系上的动态等效电路

异步电动机在任意旋转 d-q 坐标系上的动态等效电路如图 4-1 所示。必须注意的是，图中的异步电动机动态等效电路有几个假定条件：

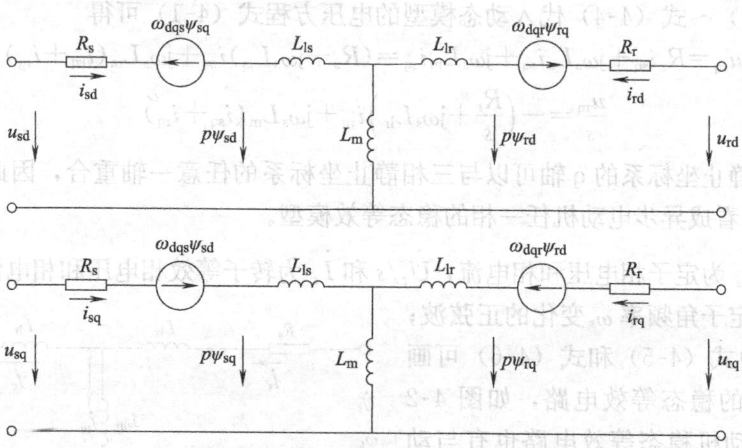

图 4-1　异步电动机在任意旋转 d-q 坐标系上的动态等效电路

1）忽略空间谐波，设三相绕组对称，在空间互差 120°电角度所产生的磁动势沿气隙周围按正弦规律分布。

2）忽略磁饱和，认为各绕组的自感和互感都是恒定的。

3）忽略铁损。

4）不考虑频率变化和温度变化对绕组电阻的影响。动态等效电路仅仅忽略了空间谐波，并没有忽略时间谐波，因此动态等效电路中的电压、电流及磁链可以是任意波形。

由动态等效电路同样可得到 d-q 坐标系上的电压电流方程式

$$\begin{pmatrix} u_{sd} \\ u_{sq} \\ u_{rd} \\ u_{rq} \end{pmatrix} = \begin{bmatrix} R_s+L_s p & -\omega_{dqs}L_s & L_m p & -\omega_{dqs}L_m \\ \omega_{dqs}L_s & R_s+L_s p & \omega_{dqs}L_m & L_m p \\ L_m p & -\omega_{dqr}L_m & R_r+L_r p & -\omega_{dqr}L_r \\ \omega_{dqr}L_m & L_m p & \omega_{dqr}L_r & R_r+L_r p \end{bmatrix} \begin{pmatrix} i_{sd} \\ i_{sq} \\ i_{rd} \\ i_{rq} \end{pmatrix} \tag{4-1}$$

式中 L_s——定子等效两相绕组的自感，$L_s=L_m+L_{ls}$；

L_r——转子等效两相绕组的自感，$L_r=L_m+L_{lr}$。

应该注意，两相等效绕组的互感 L_m 是原三相绕组中任意两相间最大互感的 3/2 倍。这是因为用两相绕组等效地替代了三相绕组的缘故。

4.1.2 异步电动机的变压控制系统

4.1.2.1 异步电动机的稳态等效电路

异步电动机的变压控制系统是基于异步电动机稳态等效电路的。下面先从两相静止坐标系（$\omega_{dqs}=0$，$\omega_{dqr}=-\omega_r$）上的动态模型推导异步电动机的稳态等效电路。已知，对于稳态运行状态，动态等效模型中所有的变量都是正弦波形，q 轴和 d 轴的变量互差 90°，因此，可以得到如下关系式：

$$F_{sd}=jF_{sq} \tag{4-2}$$

$$F_{rd}=jF_{rq} \tag{4-3}$$

现将微分算子 p 用下式替代：

$$p=j(\omega_s-\omega_{dqs})=j\omega_s \tag{4-4}$$

将式（4-2）～式（4-4）代入动态模型的电压方程式（4-1）可得

$$u_{sq}=R_s i_{sq}+j\omega_s L_s i_{sq}+j\omega_s L_m i_{rq}=(R_s+j\omega_s L_{ls})i_{sq}+j\omega_s L_m(i_{sq}+i_{rq}) \tag{4-5}$$

$$\frac{u_{rq}}{s}=-\left(\frac{R_r}{s}+j\omega_s L_{lr}\right)i_{rq}+j\omega_s L_m(i_{sq}+i_{rq}) \tag{4-6}$$

由于两相静止坐标系的 q 轴可以与三相静止坐标系的任意一轴重合，因此式（4-5）和式（4-6）可以看成异步电动机任一相的稳态等效模型。

设 $\dot{U}_s$ 和 $\dot{I}_s$ 为定子相电压和相电流，$\dot{U}_r/s$ 和 $\dot{I}_r$ 为转子等效相电压和相电流，$\dot{I}_m$ 为励磁电流，都是以定子角频率 ω_s 变化的正弦波；s 为转差率。由式（4-5）和式（4-6）可画出异步电动机的稳态等效电路，如图 4-2 所示。异步电动机稳态等效电路也有与动态等效电路类似的假定条件，除此之外，稳态等效电路还忽略了时间谐波。

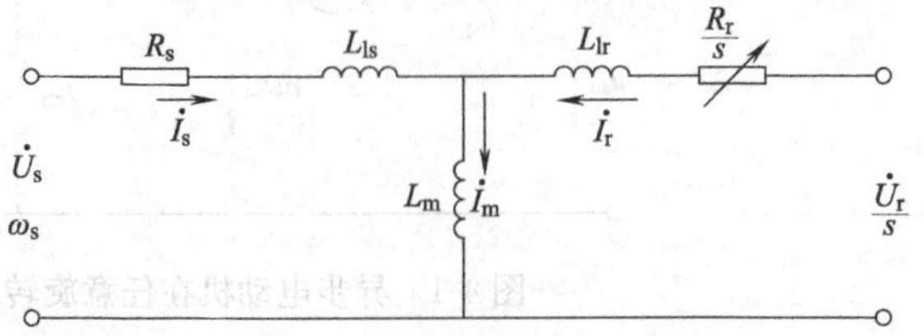

图 4-2 异步电动机的稳态等效电路

由于笼型异步电动机应用非常广泛，以下推导都假定$U_r=0$。由稳态等效电路可以写出各稳态电流的关系式

$$\dot{I}_s=\dot{I}_m+\dot{I}_r \tag{4-7}$$

因在一般情况下$L_m \gg L_{ls}$，为推导简便可忽略铁损和励磁电流，即令$I_m=0$，则有

$$I_s \approx I_r=\frac{U_s}{\sqrt{\left(R_s+\frac{R_r}{s}\right)^2+\omega_s^2(L_{ls}+L_{lr})^2}} \tag{4-8}$$

令电磁功率$P_{em}=3I_r^2R_r/s$，同步机械角转速$\omega_m=\omega_s/n_p$，则异步电动机的电磁转矩为

$$T_e=\frac{P_{em}}{\omega_m}=\frac{3n_p}{\omega_s}I_r^2\frac{R_r}{s}=\frac{3n_pU_s^2R_r/s}{\omega_s\left[\left(R_s+\frac{R_r}{s}\right)^2+\omega_s^2(L_{ls}+L_{lr})^2\right]} \tag{4-9}$$

式（4-9）就是异步电动机的机械特性方程式。它表明，当转速或转差率一定时，电磁转矩与定子电压的平方成正比，因此改变定子外加电压就可以改变机械特性的函数关系，从而改变电动机在一定负载转矩下的转速。

4.1.2.2　异步电动机的变压调速方法

过去改变交流电压的方法多用自耦变压器或带直流励磁绕组的饱和电抗器，自从电力电子技术兴起以后，这些笨重的电磁装置就被晶闸管交流调压器取代了。图 4-3 给出了一个采用双向晶闸管组成交流调压器（TVC）的变压调速系统，其主电路分别用三个双向晶闸管串接在三相电路中。其调压方式一般采用相位控制模式，由调压控制信号U_c通过脉冲触发电路 GT 控制 TVC 的输出交流电压变化[2]。

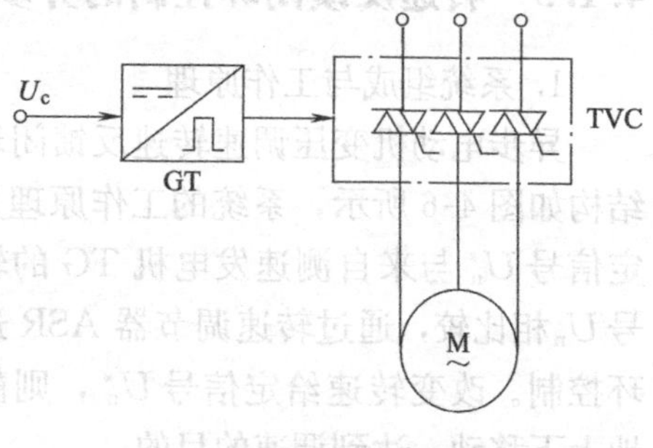

图 4-3　采用双向晶闸管组成交流调压器的变压调速系统

此外，如果 TVC 的主电路由可关断的开关器件构成，则可采用斩控方式来调节输出交流电压[2]。

4.1.2.3　异步电动机变压调速的机械特性

将式（4-9）对s求导，并令$dT_e/ds=0$，可求出最大转矩及其对应的转差率

$$s_{max}=\frac{R_r}{\sqrt{R_s^2+\omega_s^2(L_{ls}+L_{lr})^2}} \tag{4-10}$$

$$T_{e(max)}=\frac{3n_pU_s^2}{2\omega_s\left[R_s+\sqrt{R_s^2+\omega_s^2(L_{ls}+L_{lr})^2}\right]} \tag{4-11}$$

由式（4-10）和式（4-11）可见，异步电动机变压调速时，其电磁转矩T_e及最大转矩$T_{e(max)}$随定子电压U_s下降成平方比的下降，而最大转差率s_{max}则保持不变。根据式（4-9）可得不同电压下的异步电动机的机械特性，如图 4-4 所示。图中，U_N表示额定定子电压。由图可见，带恒转矩负载T_L工作时，普通笼型异步电动机变压时的稳定工作点为 A、B、C，转差率s的变化范围为$0 \sim s_{max}$，调速范围有限。如果带风机类负载运行，则工作点为 D、E、F，调速范围可以稍大一些。为了能在恒转矩负载下扩大调速范围，并使电动机能在较低转速下运行而不至于过热，就要求电动机转子有较高的电阻值，这样的电动机在变电压时的机

械特性如图 4-5 所示。显然，带恒转矩负载时的调速范围增大了，即使堵转工作也不会烧坏电动机，这种电动机又称作交流力矩电动机。

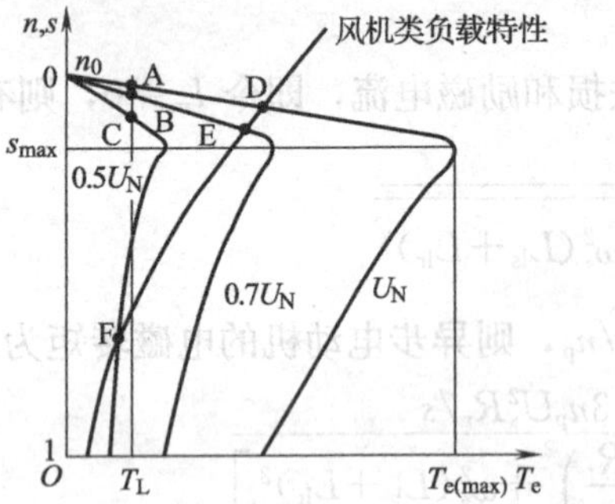

图 4-4　异步电动机变压调速的机械特性

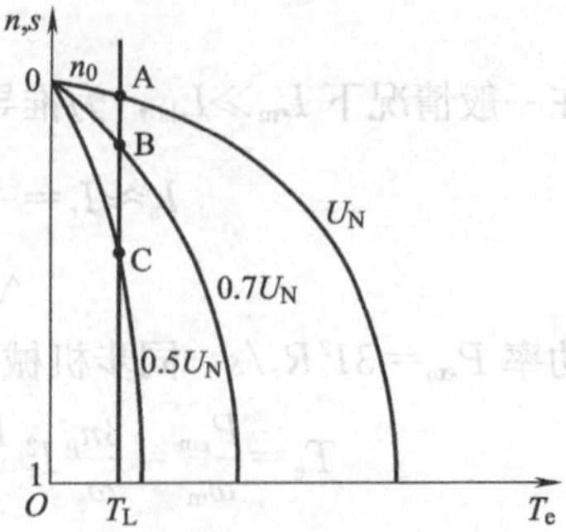

图 4-5　高转子电阻电动机变压调速的机械特性

综上分析，采用普通异步电动机的变电压调速时，调速范围很窄，采用高转子电阻的力矩电动机虽然可以增大调速范围，但其机械特性又变软，因而当负载变化时转速波动很大。由此说明，开环控制很难解决这些问题，为了提高调速精度需要采用闭环控制。

4.1.3　转速反馈闭环控制的异步电动机变压调速系统

1. 系统组成与工作原理

异步电动机变压调速转速反馈闭环控制系统结构如图 4-6 所示，系统的工作原理是：转速给定信号 U_n^* 与来自测速发电机 TG 的转速检测信号 U_n 相比较，通过转速调节器 ASR 进行转速闭环控制。改变转速给定信号 U_n^*，则静特性平行地上下移动，达到调速的目的。

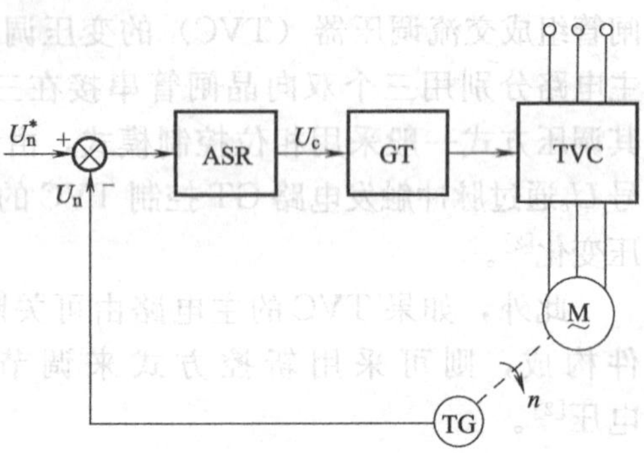

图 4-6　异步电动机变压调速转速反馈闭环控制系统结构

2. 系统静态结构与静特性

根据系统结构，可以画出如图 4-7a 所示的系统静态结构图。图中，K_s 为 GT 和 TVC 装置的放大系数，且有 $K_s=U_s/U_c$；K_n 为转速反馈系数，即 $K_n=U_n/n$；ASR 根据其采用何种控制策略而定；$n=f(U_s, T_e)$ 由式（4-9）给出，为一非线性函数。

如果采用 PI 调节器，系统稳态时，$U_n^*=U_n$，$T_e=T_L$，实现无静差控制。系统的静特性如图 4-7b 所示。

当系统带负载 T_L 在 A 点运行时，如果负载增大引起转速下降，反馈控制作用能提高定子电压，从而在右边一条机械特性上找到新的工作点 A′。同理，当负载降低时，会在左边一条机械特性上找到定子电压低一些的工作点 A″。按照反馈控制规律将 A″、A、A′ 连接起来便是闭环控制系统的静特性。尽管异步电动机的开环机械特性和直流电动机的开环机械特性差别很大，但是在不同电压的开环机械特性上各取一个相应的工作点，连接起来便得到闭环系统的静特性，这样的分析方法对两种电动机是完全一致的。尽管异步力矩电动机的开环机械特性很软，但由系统放大倍数决定的闭环系统静特性却可以很硬。

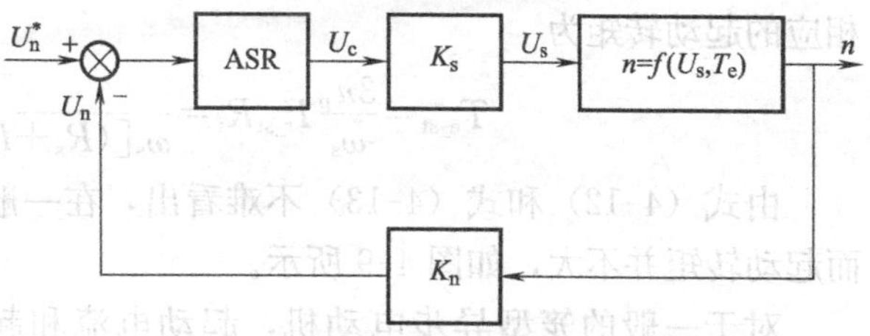

a)异步电动机变压调速系统静态结构图

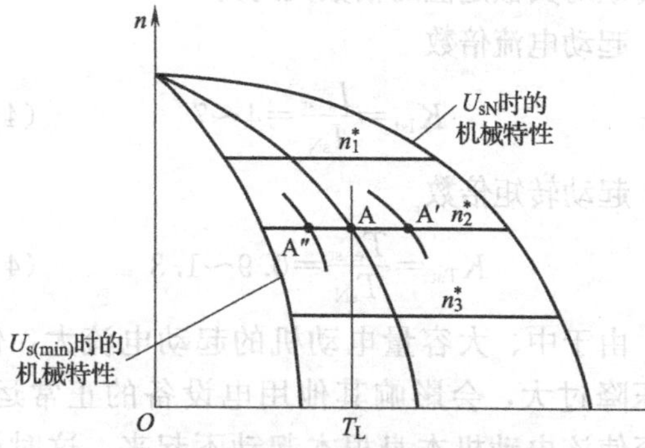

b)异步电动机变压调速系统静特性

图 4-7　带转速负反馈闭环控制的交流变压调速系统的静特性

异步电动机闭环变压调速系统不同于直流电动机闭环变压调速系统的地方在于：静特性左右两边都有极限，不能无限延长，它们是额定电压 U_{sN} 下的机械特性和最小输出电压 $U_{s(min)}$ 下的机械特性。当负载变化时，如果电压调节到极限值，闭环系统便失去控制能力，系统的工作点只能沿着极限开环特性变化。

3. 系统近似动态结构图

如果对系统进行动态分析和设计，需要给出动态结构图。这里考虑到异步电动机变压调速适用于性能要求不高的场合，仅采用异步电动机的简化模型（式（2-95））。根据系统结构画出的近似动态结构图如图 4-8 所示。这里 ASR 采用 PI 调节器。按此动态结构，如果已知系统各个环节的参数，可以进行系统分析；如果给定被控对象参数及系统性能指标，可以设计 ASR 参数以满足系统要求。

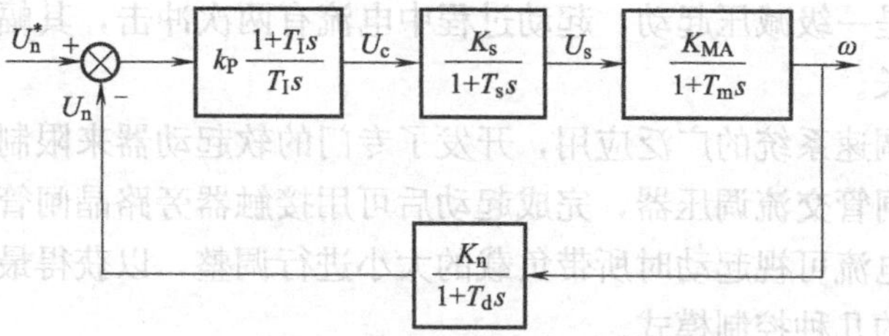

图 4-8　异步电动机变压调速系统近似动态结构图

4.1.4　变压控制在异步电动机软起动中的应用

除了调速系统外，异步电动机的变压控制在软起动器中也得到了广泛的应用，本节主要介绍它们的基本原理。

对于小容量异步电动机，只要供电网络和变压器的容量足够大（一般要求比电动机容量大 4 倍以上），而供电线路并不太长（起动电流造成的瞬时电压降落低于 10%～15%），可以直接通电起动，操作也很简便。对于容量大一些的电动机，问题就不这么简单了。

根据式（4-8）和式（4-9）的电流和转矩方程式，异步电动机在工频供电且刚起动时，$s=1$，电流公式可以简化为

$$I_{s\_st}\approx I_{r\_st}=\frac{U_s}{\sqrt{(R_s+R_r)^2+\omega_s^2(L_{ls}+L_{lr})^2}} \tag{4-12}$$

相应的起动转矩为

$$T_{e\_st}=\frac{3n_p}{\omega_s}I_{r\_st}^2R_r=\frac{3n_pU_s^2R_r}{\omega_s[(R_s+R_r)^2+\omega_s^2(L_{ls}+L_{lr})^2]} \tag{4-13}$$

由式（4-12）和式（4-13）不难看出，在一般情况下，异步电动机的起动电流比较大，而起动转矩并不大，如图 4-9 所示。

对于一般的笼型异步电动机，起动电流和起动转矩对其额定值的倍数大约为

起动电流倍数

$$K_{Ist}=\frac{I_{s\_st}}{I_{sN}}=4\sim7 \tag{4-14}$$

起动转矩倍数

$$K_{Tst}=\frac{T_{e\_st}}{T_{eN}}=0.9\sim1.3 \tag{4-15}$$

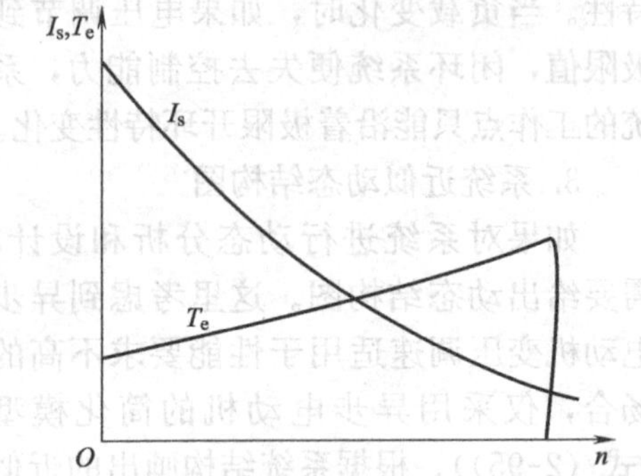

图 4-9　异步电动机直接起动时的电流与转矩

由于中、大容量电动机的起动电流大，使电网压降过大，会影响其他用电设备的正常运行，甚至使该电动机本身根本起动不起来。这时必须采取措施来降低其起动电流，常用的办法是减压起动。

由式（4-12）可知，当电压降低时，起动电流将随电压成正比地降低，从而可以避开起动电流的冲击。但是式（4-13）又表明，起动转矩与电压的平方成正比，起动转矩的减小将比起动电流的降低更快，减压起动时会出现起动转矩够或不够的问题。

传统的减压起动方法有：星－三角（Y－Δ）起动、定子串电阻起动、自耦变压器减压起动等[8]。它们都是一级减压起动，起动过程中电流有两次冲击，其幅值都比直接起动电流低，而起动时间略长。

现在随着交流调速系统的广泛应用，开发了专门的软起动器来限制起动电流。目前的软起动器一般采用晶闸管交流调压器，完成起动后可用接触器旁路晶闸管，以免晶闸管不必要地长期工作。起动电流可视起动时所带负载的大小进行调整，以获得最佳的起动效果。下面讲述软起动器常用的几种控制模式。

1. 电压控制模式

电压控制模式是软起动器的基本控制模式，其起动控制过程如图 4-10 所示。通常设置两个参数：起始电压（或起始转矩）及爬坡时间。这种控制模式是一种开环控制模式。基于电压控制模式的软起动器可以直接利用交流变压器来实现，主电路结构简单且成本低廉，系统控制只需设置不同的调压模式，并按一定的时序给定电压指令，控制简易方便。

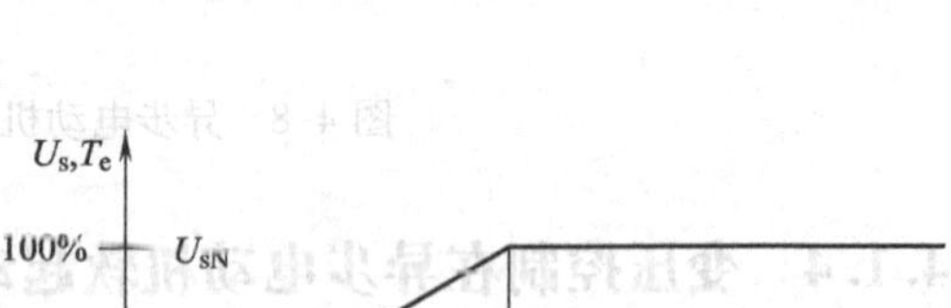

图 4-10　软起动器的开环电压控制起动过程

当负载略重或静摩擦转矩较大时，可在电压控制模式上添加突跳起动，即在刚起动时给电动机施加很高的电压脉冲以缩短起动时间，这种采用强脉冲电压控制模式的起动过程如图 4-11a 所示。有些软起动器还可同时设定两种电压爬坡速率以适应变化的负载，采用双斜坡

控制模式的起动过程如图 4-11b 所示。

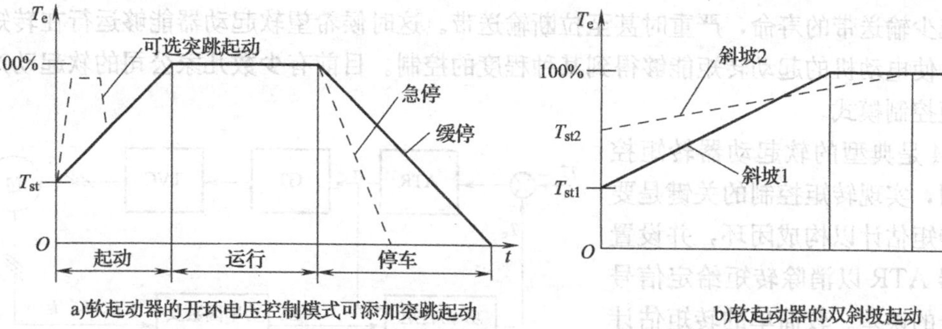

图 4-11　软起动器的几种电压控制起动过程

2. 电流控制模式

但是，由于电动机的输入阻抗随转速变化，因此仅靠电压控制不能很好地限制起动电流。为解决这一问题，发展了电流控制模式。目前市场上的大多数软起动器都具有电流闭环控制能力。在起动过程中能控制电流的幅值并保持恒定，其起动过程如图 4-12 所示。突跳起动也适用于电流控制模式。

电流控制有很多种方法，这里只介绍较简单的一种，其原理如图 4-13 所示。图中 α 是晶闸管的触发延迟角，包含一系列的常数段和余弦变化段。α_0 是初始触发角，I_{peak} 是电流峰值。I_N 为电动机的额定电流，k_i 为设定的起动电流倍数。当实际电流小于设定值的 0.95 倍时（即 $I \leqslant 0.95k_iI_N$），α 角按余弦规律递减。图中的 t_T 为余弦周期的 1/4。当实际电流大于设定值的 0.95 倍时（即 $I > 0.95k_iI_N$），α 角保持不变。系数 0.95 可以调整，该值决定电流幅值的波动范围。

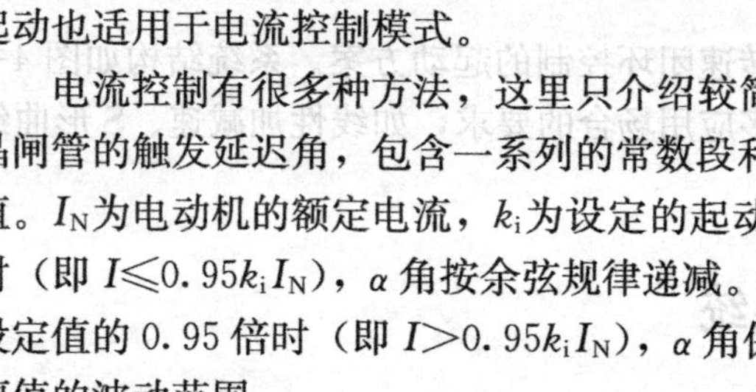

图 4-12　软起动器的闭环电流控制起动过程

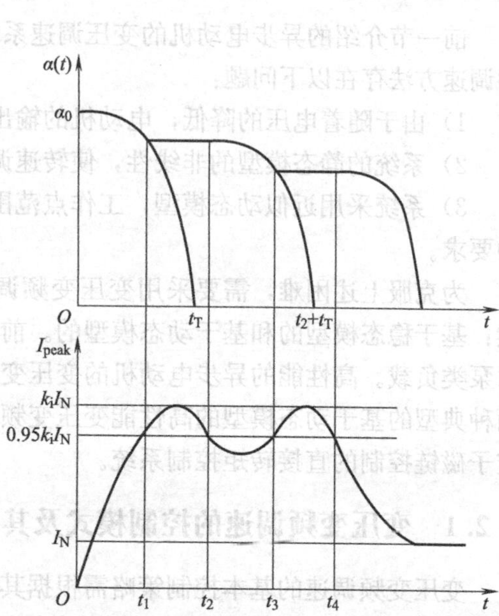

图 4-13　软起动器的闭环电流控制的原理

3. 转矩控制模式

在有些应用场合，如带式输送，输送机如果承受太大的转矩，会造成输送带内应力过大，从而减少输送带的寿命，严重时甚至拉断输送带。这时候希望软起动器能够运行在转矩控制模式，使电动机的起动转矩能够得到某种程度的控制。目前有少数几家公司的软起动产品提供转矩控制模式。

图 4-14 是典型的软起动器转矩控制原理框图，实现转矩控制的关键是要有准确的转矩估计以构成闭环，并设置转矩调节器 ATR 以消除转矩给定信号与检测信号的误差。较简单的转矩估计是计算有功功率，扣除定子损耗后，根据式 $T_e \approx (P_{ac} - 3I_s^2R_s)/\omega_s$ 计算电动机的平均电磁转矩。更好的方法是根据电动机的磁链模型由转矩方程式计算，在转矩控制模式下，当负载恒定时可以保证净加速转矩近似恒定。

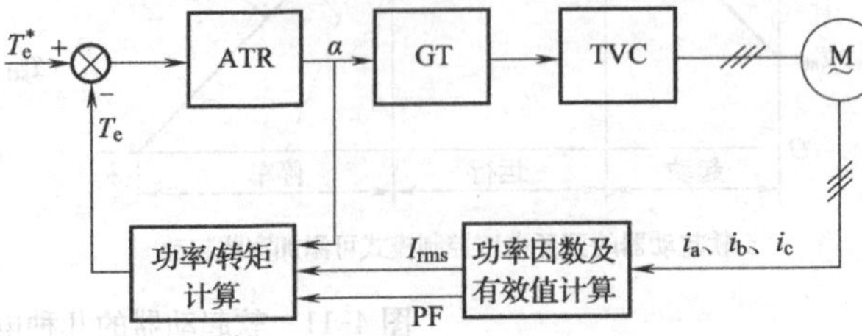

图 4-14 软起动器的转矩控制原理框图

4. 转速控制模式

上述的带式传输机的最佳解决方案是采用转速闭环控制的起动方案。系统结构如图 4-6 所示，通过转速闭环控制，软起动器能满足许多应用场合的要求，如线性加减速、S 形曲线加减速、线性流量控制及 S 形曲线流量控制等。

4.2 异步电动机的变压变频控制系统

前一节介绍的异步电动机的变压调速系统虽然结构简单、控制方便和成本低廉，但是这种调速方法存在以下问题：

1）由于随着电压的降低，电动机的输出转矩成平方地减少，使系统调速范围小。

2）系统的静态模型的非线性，使转速调节器设计困难，影响系统的静态精度。

3）系统采用近似动态模型，工作点范围受限，使固定调节器参数难以满足高动态性能的要求。

为克服上述困难，需要采用变压变频调速方法。异步电动机的变压变频控制系统分两类：基于稳态模型的和基于动态模型的。前者适用于对动态性能要求不高的场合，如风机、水泵类负载。高性能的异步电动机的变压变频控制系统都是基于动态模型的。本节详细论述两种典型的基于动态模型的高性能变压变频控制系统：按转子磁场定向的矢量控制系统和按定子磁链控制的直接转矩控制系统。

4.2.1 变压变频调速的控制模式及其机械特性

变压变频调速的基本控制策略需根据其频率控制的范围而定，而实现基本的控制策略，又可选用不同的控制模式。类似于他励直流电动机的调速，分为基速以下采用保持磁通恒定条件下的变压调速，基速以上采用弱磁升速两种控制策略，异步电动机变压变频调速也划分为基频以下调速和基频以上调速两个范围，从而采用不同的基本控制策略。

4.2.1.1　基本思路

异步电动机调速还应考虑的一个重要因素，就是希望保持电动机中每极磁通为额定值不变。这是因为如果磁通太弱，没有充分利用铁心；如果过分增大磁通，又会使铁心饱和。但是，不同于他励直流电动机励磁回路独立、易于保持其恒定，如何在异步电动机控制中保持磁通恒定是实现变频变压调速的先决条件。考虑到三相异步电动机定子每相电动势的有效值与定子频率和每极气隙磁通的积成正比，即有

$$E_g = 4.44 f_s N_s k_{Ns} \Phi_m \tag{4-16}$$

式中　E_g——气隙磁通在定子每相中感应电动势的有效值（V）；

f_s——定子频率（Hz）；

N_s——定子每相绕组串联匝数；

k_{Ns}——定子基波绕组系数；

Φ_m——每极气隙磁通（Wb）。

在式（4-16）中 N_s 和 k_{Ns} 是常数，因此只要控制好 E_g 和 f_s，便可达到控制磁通 Φ_m 的目的。对此需要考虑基频（额定频率）以下和基频以上两种情况。

4.2.1.2　基频以下的恒磁通调速

在基频以下调速时，根据式（4-16），要保持 Φ_m 不变，当定子频率 f_s 从额定值 f_{sN} 向下调节时，必须同时降低 E_g，使两者同比例下降，即应采用电动势频率比为恒值的控制方式。然而，从图 4-15 所示的笼型异步电动机等效电路可见，绕组中的感应电动势是难以直接控制的。为达到这一目的，有三种控制模式。

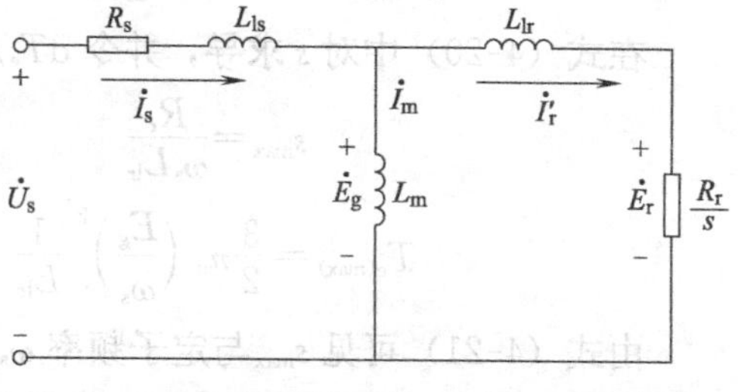

图 4-15　笼型异步电动机等效电路

1. 恒压频比控制模式

分析图 4-15 所示的等效电路可以发现，当电动机的电动势值较高时，可以忽略定子绕组的漏磁阻抗压降，从而认为定子相电压 $U_s \approx E_g$，因此可以采用恒压频比的控制模式，即有

$$\frac{U_s}{\omega_s} = 常值 \tag{4-17}$$

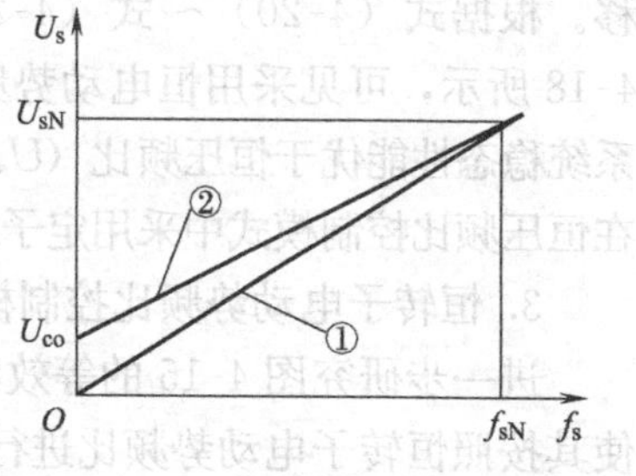

图 4-16　恒压频比模式的控制曲线

恒 U_s/ω_s 控制模式因需要同时改变异步电动机供电电源的电压和频率，应按照如图 4-16 所示的控制曲线实施控制。图中，曲线①为标准的恒压频比控制模式；曲线②为有定子压降补偿的恒压频比控制模式，通过外加一个补偿电压 U_{co} 来提高初始定子电压，以克服低频时定子阻抗上压降所占比重增加不能忽略的影响。在实际应用中，由于负载的变化，所需补偿的定子压降也不一样，应备有不同斜率的补偿曲线，以供选择。

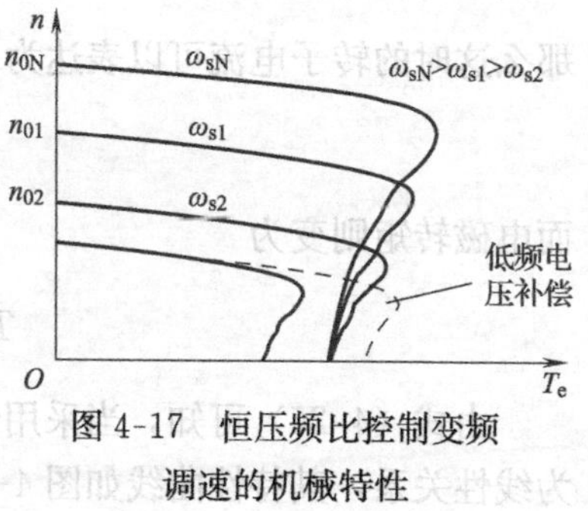

图 4-17　恒压频比控制变频调速的机械特性

恒压频比控制变频调速的机械特性如图 4-17 所示。正如式（4-9）所描述的那样，由于电磁转矩与定子电压

的平方成正比，随着电压和频率的降低，电动机的输出转矩有较大的减少，因此在低频时需要加定子电压补偿。但是即便如此，恒压频比控制模式在低频时带负载的能力仍然有限，使其调速范围受到限制并影响系统性能。

2. 恒定子电动势频比控制模式

再次分析图 4-15 所示的异步电动机的等效电路，可以发现：假如能够提高定子电压以完全补偿定子阻抗的压降，就能实现恒定子电动势频比的控制模式，即有

$$\frac{E_g}{\omega_s}=\text{常值} \tag{4-18}$$

这时，从图 4-15 的电路关系中可得转子电流的表达式

$$I_r=\frac{E_g}{\sqrt{\left(\frac{R_r}{s}\right)^2+\omega_s^2L_{lr}^2}} \tag{4-19}$$

代入电磁转矩关系式，可得

$$T_e=\frac{3n_p}{\omega_s}I_r^2\frac{R_r}{s}=3n_p\left(\frac{E_g}{\omega_s}\right)^2\frac{s\omega_sR_r}{R_r^2+s^2\omega_s^2L_{lr}^2} \tag{4-20}$$

在式（4-20）中对 s 求导，并令 $dT_e/ds=0$，可得最大转矩及对应的最大转差率

$$s_{max}=\frac{R_r}{\omega_sL_{lr}} \tag{4-21}$$

$$T_{e(max)}=\frac{3}{2}n_p\left(\frac{E_g}{\omega_s}\right)^2\frac{1}{L_{lr}} \tag{4-22}$$

由式（4-21）可见 s_{max} 与定子频率 ω_s 成反比，即随着 ω_s 降低，s_{max} 将增大，而式（4-22）表示最大转矩因 E_g/ω_s 保持恒值而不变，这说明特性曲线应从额定曲线平行下移。根据式（4-20）～式（4-22）画出的机械特性如图 4-18 所示，可见采用恒电动势频比（E_g/ω_s）控制模式的系统稳态性能优于恒压频比（U_s/ω_s）控制模式，这也正是在恒压频比控制模式中采用定子压降补偿所带来的好处。

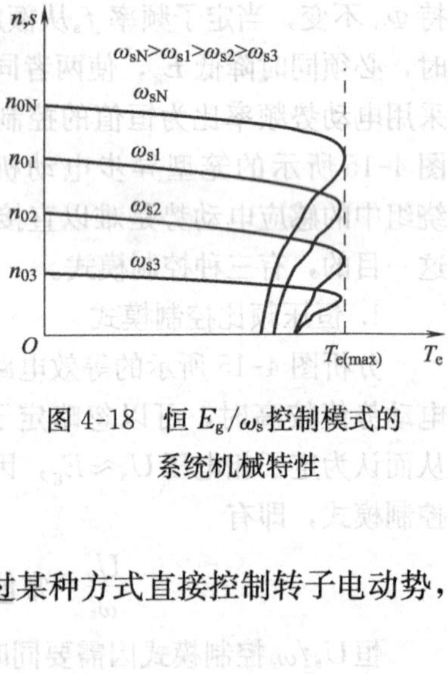

图 4-18 恒 E_g/ω_s 控制模式的系统机械特性

3. 恒转子电动势频比控制模式

进一步研究图 4-15 的等效电路，可以设想如果能够通过某种方式直接控制转子电动势，使其按照恒转子电动势频比进行控制，即有

$$\frac{E_r}{\omega_s}=\text{常值} \tag{4-23}$$

那么这时的转子电流可以表达为

$$I_r=\frac{E_r}{R_r/s} \tag{4-24}$$

而电磁转矩则变为

$$T_e=\frac{3n_p}{\omega_s}I_r^2\frac{R_r}{s}=3n_p\left(\frac{E_r}{\omega_s}\right)^2\frac{s\omega_s}{R_r} \tag{4-25}$$

由式（4-25）可知，当采用恒 E_r/ω_s 控制模式时，异步电动机的机械特性 $T_e=f(s)$ 变为线性关系，其特性曲线如图 4-19 所示，是一条下斜的直线，获得与直流电动机相同的稳

态性能。这也正是高性能交流调速系统想要达到的目标。

比较三种控制模式，显然恒U_s/ω_s控制模式最容易实现，但系统性能一般，调速范围有限，适用于对调速要求不太高的场合，如风机、水泵的节能控制等；恒E_g/ω_s控制模式因其定子压降得到完全补偿，在调速过程中最大转矩保持不变，系统性能优于前者，但其机械特性还是非线性的，输出转矩的能力仍受一定限制；恒E_r/ω_s控制模式能获得与直流电动机一样的线性机械特性，其动静态性能优越，适用于各种高性能要求的电力传动场合，但其控制相对复杂。如何实现恒E_r/ω_s控制将在矢量控制章节介绍。

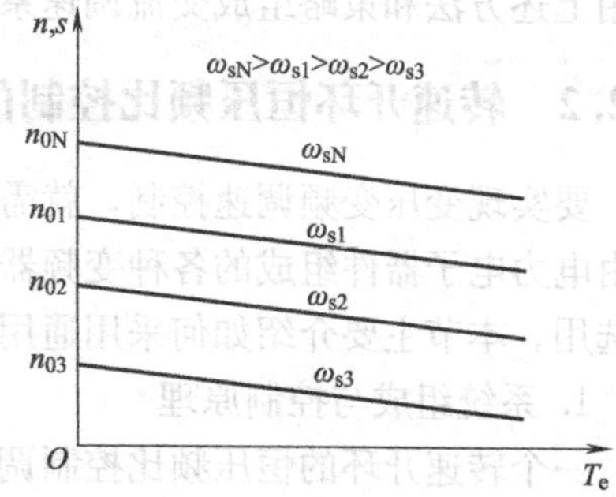

图4-19 恒E_r/ω_s控制模式的系统机械特性

4.2.1.3 基频以上的恒压变频调速

在基频f_{sN}以上变频调速时，由于定子电压不宜超过其额定电压长期运行，因此一般需采取$U_s=U_{sN}$不变的控制策略。这时，机械特性方程式及最大转矩方程式应写成

$$T_e=3n_pU_s^2\frac{sR_r}{\omega_s[(sR_s+R_r)^2+s^2\omega_s^2(L_{ls}+L_{lr})^2]} \tag{4-26}$$

$$T_{e(max)}=\frac{3}{2}n_pU_s^2\frac{1}{\omega_s[R_s+\sqrt{R_s^2+\omega_s^2(L_{ls}+L_{lr})^2}]} \tag{4-27}$$

由式（4-26）和式（4-27）可知，T_e及$T_{e(max)}$近似与定子角频率ω_s成反比。当ω_s提高时，同步转速随之提高，最大转矩减小，机械特性上移，而形状基本不变，如图4-20所示。由于频率提高而电压不变，气隙磁通势必减弱，导致转矩的减小，但转速却升高了，可以认为输出功率基本不变。所以，基频以上变频调速属于弱磁恒功率调速。

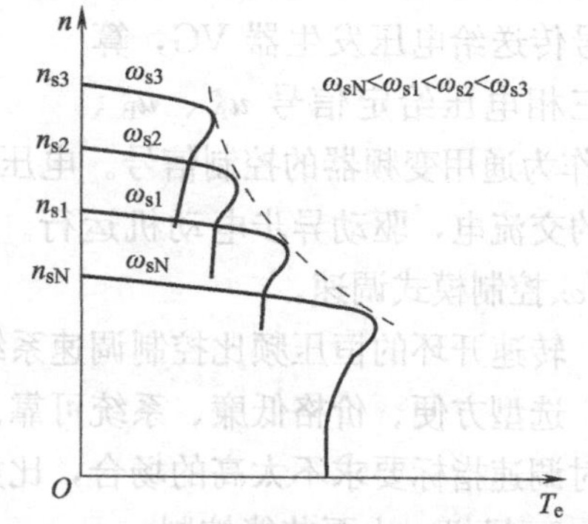

图4-20 基频以上恒压变频调速的机械特性

4.2.1.4 基频以下和基频以上的配合控制

如果采用笼型异步电动机实现大范围的调速，就需要基频以下和基频以上的配合控制，其控制策略是：

1）在基频以下，以保持磁通恒定为目标，采用变压变频协调控制。

2）在基频以上，以保持定子电压恒定为目标，采用恒压变频控制。

配合控制的异步电动机变频调速控制特性如图4-21所示。基频以下变压变频控制时，其磁通保持恒定，转矩也恒定，属于恒转矩调速性质；基频以上恒压变频控制时，其磁通减小，转矩也减小，但功率保持不变，属于弱磁恒功率调速性质。这与他励直流电动机的配合控制相似。

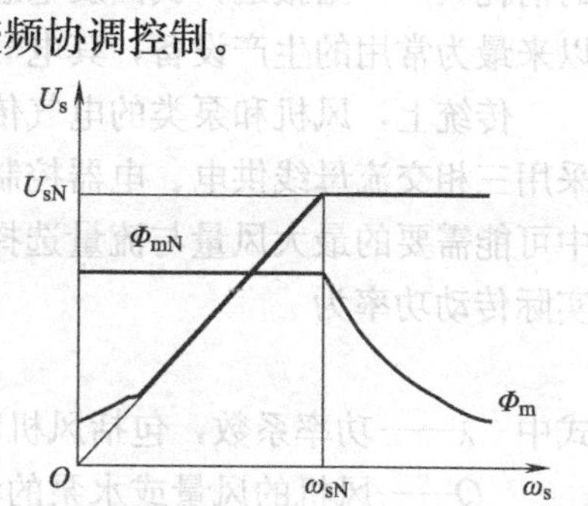

图4-21 异步电动机变频调速控制特性

综上所述，本节概要地介绍了异步电动机变压变频调速的基本方法及其控制模式，如何应用上述方法和策略组成交流调速系统并实现变压变频控制，将在下面几节详细讨论。

4.2.2 转速开环恒压频比控制的调速系统

要实现变压变频调速控制，就需要有能够调压和调频的交流电源。在本书第1章中介绍了由电力电子器件组成的各种变频器的原理和调制方法，目前市场上已有多种通用变频器可供选用。本节主要介绍如何采用通用变频器构成一个转速开环的交流调速系统。

1. 系统组成与控制原理

一个转速开环的恒压频比控制调速系统结构[28]如图4-22所示，该系统由电压型PWM变频器作为供电电源，采用恒U_s/ω_s控制模式。系统控制原理是：转速给定信号ω_s^*一路经函数发生器FG产生由恒U_s/ω_s控制曲线决定的定子电压给定信号U_s^*，该信号与定子压降补偿电压U_{co}^*相加形成定子电压有效值U_s；另一路通过积分器产生定子电压相位给定信号θ_s，再将所得的定子电压的幅值和相位信号传送给电压发生器VG，算出三相电压给定信号u_A^*、u_B^*、u_C^*作为通用变频器的控制信号。电压型PWM变频器根据电压控制信号输出电压和频率可调的交流电，驱动异步电动机运行。由此，只要改变转速指令ω_s^*，异步电动机就会按恒U_s/ω_s控制模式调速。

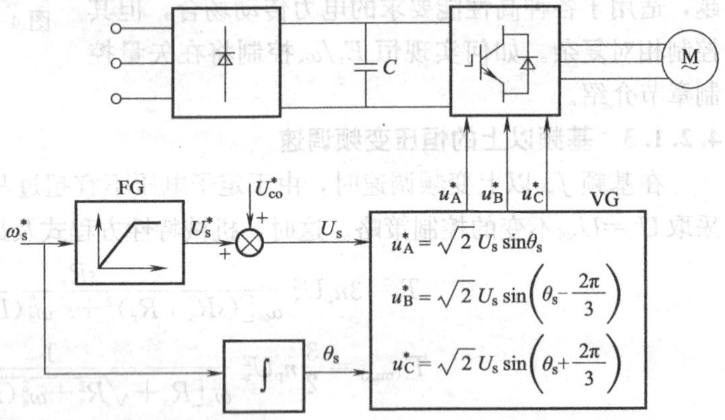

图4-22 转速开环的恒压频比控制调速系统结构

转速开环的恒压频比控制调速系统具有系统结构简单、便于控制的优点，采用通用变频器，选型方便、价格低廉、系统可靠。但是由于是开环控制，系统的动静态性能有限，适用于对调速指标要求不太高的场合，比如风机和泵类负载的节能控制等。

2. 风机、水泵节能控制

能源短缺和气候变化是目前全球经济发展中倍受关注的两大问题。电气传动系统是能源的消耗大户，据报道，我国发电总量的60%以上是通过电动机消耗的。风机和泵类是长期以来最为常用的生产设备，其电气传动装置的容量约占工业电气传动总容量的50%。

传统上，风机和泵类的电气传动装置多采用恒速控制，其电气传动系统较为简单，一般采用三相交流母线供电、电器控制、笼型异步电动机恒速传动。通常做工厂设计时，按生产中可能需要的最大风量与流量选择风机和泵，并留有一定的裕量。拖动风机和泵类的电动机实际传动功率为

$$P_m = \lambda QH \tag{4-28}$$

式中 λ——功率系数，包括风机和水泵的效率、传动机构效率和功率裕度系数等；

Q——风机的风量或水泵的流量；

H——风机的风压或水泵的扬程，且有

$$H = H_0 - (H_0 - 1)Q^2 \tag{4-29}$$

式中　H_0——风机和水泵流量为零时的扬程，即有 $Q=0$，$H=H_0$。

在实际生产中，由于电动机恒速运行，工作在满速，所以只能通过挡板或阀门来调节风量和流量。风机和泵类负载采用恒速拖动的工作特性曲线如图 4-23a 所示，电动机以额定转速 n_N 恒速运行，如果挡板或阀门全部打开，风机和水泵的 Q 曲线为 C1，系统稳定工作于 A 点，则输出的风量或流量为 Q_A，风压或扬程为 H_A；如果需要减少风量或流量，则将挡板或阀门部分关闭，此时电动机仍保持在 n_N 恒速运行，但 Q 曲线改为 C2，系统工作于 B 点，风量和流量为 Q_B，对应的风压和扬程为 H_B，虽然 Q 减小，但 H 增加。因此，采用恒速控制时，电动机的输出功率变化不大，一部分功率被白白浪费了，致使能源利用率降低。

近年来，为了节约能源和提高效率，将风机和泵类机械改用能够调速的电气传动装置，通过改变电动机的速度来调节风量和流量，例如，采用笼型异步电动机变压调速或变频调速、绕线转子异步电动机串级调速，以及大功率同步电动机的多电平高压变频调速等。

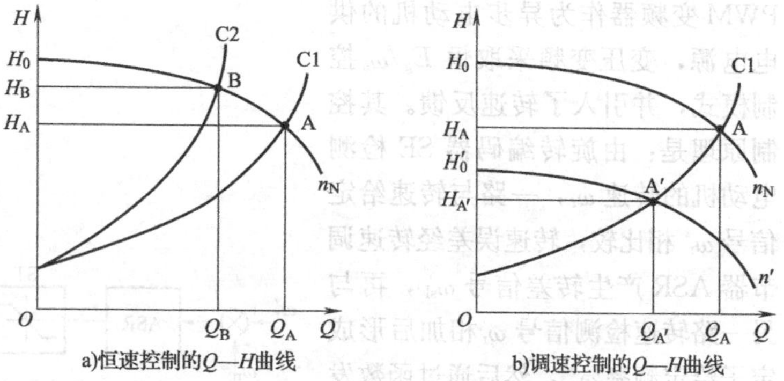

图 4-23　风机和泵类负载的工作特性曲线

采用异步电动机变压变频开环调速的节能控制原理如图 4-23b 所示，为了减小风量和流量，现只要通过变压调速，将电动机转速降低到 n'，使风机和水泵运行于工作点 A′，此时，风量和流量为 $Q_{A'}=Q_B$，但风压和扬程也同时降低为 $H_{A'}<H_A$，由式（4-28）分析可知，调速控制可以减少输出功率，达到节能的目的。

例 4-1　现有一风机，额定传动功率为 1000kW，其特性为 $H_0=1.4$，假定要求风机的排风量从 100%～70%变化时，如果采用变压变频调速，调速系统效率 $\eta=95\%$，计算可节省的功率。

解　设额定风量时 $Q=1$，额定扬程 $H=1$，额定传动功率 $P_{mN}=1000\text{kW}$，这里为计算简便忽略风机的效率和传输损耗，取 $\lambda=1$。

若采用恒速控制，风量为 100%时，电网输入功率为

$$P_{e1} = P_{mN}/\eta = 1000/0.95\text{kW} = 1052.6\text{kW}$$

风量为 70%时，$P_{e0.7} = P_{mN}Q_{0.7}H_{0.7}/\eta = 1000\times0.7\times[1.4-(1.4-1)\times0.7^2]/0.95\text{kW} = 887.2\text{kW}$

若采用变压变频开环调速控制，风量为 100%时，电网功率同上，$P_{e1}=1052.6\text{kW}$；风量为 70%时，在图 4-23b 中设电动机以转速 n' 运行时，$H'_0=0.7$，则有

$$P'_{e0.7} = P_{mN}Q_{0.7}H'_{0.7}/\eta = 1000\times0.7\times[0.7-(0.7-1)\times0.7^2]/0.95\text{kW} = 361.1\text{kW}$$

采用调速控制节省功率

$$P_{e0.7} - P'_{e0.7} = 887.2\text{kW} - 361.1\text{kW} = 526.1\text{kW}$$

综上所述，如果用调速传动代替原来用挡板或阀门对流量和压力的调节，平均可节电 30%～40%，估计全年可节电数百亿千瓦时，因此风机、泵类的节能问题越来越受到重视。

当前，节能是国家能源发展战略的重要方向，风机和泵类用量大、耗电多，因此，对风机和泵类设备实现节能降耗具有重要的经济效益和社会意义。此外，调速传动还可以改善锅炉的燃烧，节约大量燃料，还可以减少排放和改善环境。

4.2.3 转速闭环恒定子电动势频比控制的调速系统

为了克服开环控制的不足，提高系统性能，需引入转速反馈控制。采用转速反馈控制的交流调速方案很多，本节主要介绍一种基于转差频率控制的转速闭环变压变频调速系统。

1. 系统组成和控制原理

一个转速闭环的恒电动势频比控制调速系统结构如图 4-24 所示，该系统仍选用电压型 PWM 变频器作为异步电动机的供电电源，变压变频采取恒 E_g/ω_s 控制模式，并引入了转速反馈。其控制原理是：由旋转编码器 SE 检测电动机的转速 ω_r，一路与转速给定信号 ω_r^* 相比较，转速误差经转速调节器 ASR 产生转差信号 ω_{sl}^*，再与另一路转速检测信号 ω_r 相加后形成定子给定频率 ω_s^*，然后通过函数发生器 FG，按恒 E_g/ω_s 控制曲线产生相应的定子电压幅值给定信号 U_s^*，最终由同时输出的定子电压幅值 U_s^* 和频率 ω_s^* 指令，去控制 PWM 变频器改变其输出的电源电压和频率，达到调速的目的。

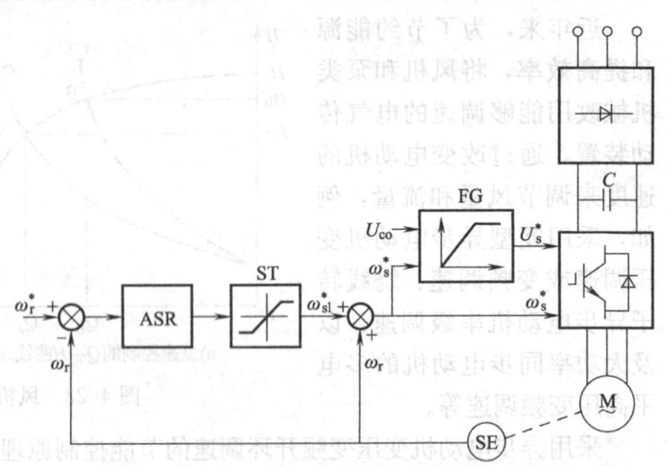

图 4-24 转速闭环的恒电动势频比控制调速系统结构

2. 转差频率控制策略

(1) 恒 E_g/ω_s 控制算法

利用函数发生器或算法实现式（4-18）给出的恒 E_g/ω_s 控制模式，即

$$\frac{E_g}{\omega_s}=\text{常值} \tag{4-30}$$

其目的是为了保持异步电动机定子气隙磁通 Φ_m 恒定。

(2) 转差频率限幅控制

由于调速系统的动态性能取决于对转矩控制的能力，类似于直流电动机利用控制电枢电流来控制电磁转矩的思路，考虑到采用恒 E_g/ω_s^* 控制模式，根据式（4-20）计算电磁转矩

$$T_e=3n_p\left(\frac{E_g}{\omega_s}\right)^2\frac{s\omega_s R_r}{R_r^2+s^2\omega_s^2L_{lr}^2}$$

再将 $E_g=4.44f_sN_sk_{Ns}\Phi_m=4.44\frac{\omega_s}{2\pi}N_sk_{Ns}\Phi_m=\frac{1}{\sqrt{2}}\omega_sN_sk_{Ns}\Phi_m$ 代入上式，得

$$T_e=\frac{3}{2}n_pN_s^2k_{Ns}^2\Phi_m^2\frac{s\omega_sR_r}{R_r^2+s^2\omega_s^2L_{lr}^2} \tag{4-31}$$

令 $K_m=\frac{3}{2}n_pN_s^2k_{Ns}^2$ 为电机结构常数，且有 $s\omega_s=\omega_{sl}$ 为转差角频率，则

$$T_e = K_m \Phi_m^2 \frac{\omega_{sl} R_r}{R_r^2 + \omega_{sl}^2 L_{lr}^2} \tag{4-32}$$

当电动机稳态运行时，因 s 值很小，ω_{sl} 也很小，这时可以认为 $\omega_{sl} L_{lr} \ll R_r$，则转矩公式可以近似为

$$T_e = K_m \Phi_m^2 \frac{\omega_{sl}}{R_r} \tag{4-33}$$

式（4-33）表明，当异步电动机在 s 值很小的稳态运行范围内，如果能够保持定子气隙磁通 Φ_m 不变，其电磁转矩 T_e 与转差角频率 ω_{sl} 成正比。这意味着在异步电动机中控制 ω_{sl}，就像在直流电动机中控制电枢电流一样，能够达到间接控制转矩的目的。

为了控制 ω_{sl}，在系统中设置转速调节器 ASR，其输出作为转差给定信号 ω_{sl}^*；为限制异步电动机在稳态范围内运行，设置 ST 饱和限幅，使得转差 ω_{sl} 在限幅范围内与电磁转矩成正比[1]，并对式（4-32）取 $dT_e/d\omega_{sl}=0$，求取最大转差 $\omega_{sl(max)}$ 作为限幅值，即有

$$\omega_{sl(max)} = \frac{R_r}{L_{lr}} \tag{4-34}$$

这样就可以通过转差控制来控制转矩，并能基本保持 T_e 与 ω_{sl} 成正比，其作用与在直流调速系统中用电枢电流控制转矩相似。因此，基于转差频率控制的异步电动机转速闭环调速系统的动态性能得到了改善。

必须指出，上述转差频率控制规律是在保持 Φ_m 恒定的前提下获得的，而采用恒 E_g/ω_s 控制就是为了达到保持 Φ_m 恒定的目的。

如果系统中 ASR 采用 PI 调节器，可以实现无静差调速，使系统的稳态精度有较大的提高。又因采用了恒定子电动势频比控制模式，即满足恒 E_g/ω_s 控制特性，因此，系统的稳态性能如图 4-18 所示，其输出的最大转矩在调速过程中保持不变，具有低频带负载的能力，扩大了调速范围。

然而，尽管转速闭环恒定子电动势频比控制的调速系统具有较好的动、静态性能，但是还不能完全达到直流双闭环系统的水平，具有一定的局限性。其主要原因在于：

1）采用 FG 实现恒 E_g/ω_s 控制算法依赖于定子压降补偿 U_{co}^*，但其大小与定子电流有关，因此固定的 U_{co}^* 设置会带来补偿误差。

2）转差频率控制的系统分析和设计是基于稳态模型的，因此保持 Φ_m 恒定只有在系统稳态时成立，在动态过程中的变化会影响系统的实际动态性能。

3）在频率控制环节，定子频率由转子和转差频率合成，即 $\omega_s^* = \omega_r + \omega_{sl}^*$，但是由于转速检测的误差会造成频率控制信号的误差。

如果需要进一步提高系统性能，则应采用动态模型来描述系统，并设法采用恒 E_r/ω_s 控制模式，这就是下一节矢量控制要讨论的问题。

4.2.4　按转子磁场定向的矢量控制系统

在本书第 2 章详细介绍了异步电动机的动态数学模型，是一个高阶、非线性、强耦合的多变量系统，虽然通过坐标变换有所简化，但其非线性和多变量的性质没有改变。为了进一步简化系统模型，使之易于控制并提高性能，许多专家学者进行了不懈的努力，终于在 20 世纪 70 年代初提出了矢量控制（VC）概念，其后经过不断发展，基于矢量控制的变频调速

系统成为今天高性能交流电动机转速控制的主流方案之一。

1. 矢量控制系统的解耦模型

由第 2 章的交流电动机建模理论，当两相旋转 d-q 坐标系的旋转速度等于定子供电频率且取 d 轴沿着转子磁链 ψ_r 的方向时，就称为按转子磁链定向的旋转坐标系，按转子磁链定向的异步电动机数学模型可参见图 2-13，现将其磁链、转矩和转差方程式（2-92）和式（2-93）重写如下：

$$\psi_r=\frac{L_m}{1+T_r p}i_{sd} \tag{4-35}$$

$$T_e=\frac{L_m}{L_r}n_p\psi_r i_{sq} \tag{4-36}$$

式（4-35）说明，转子磁链 ψ_r 仅由定子电流励磁分量 i_{sd} 产生，与转矩分量 i_{sq} 无关，即定子电流的励磁分量与转矩分量是解耦的；该式还说明，ψ_r 与 i_{sd} 之间的关系是一阶惯性环节，其时间常数为转子磁链励磁时间常数 T_r。当励磁电流分量 i_{sd} 突变时，ψ_r 的改变要受到励磁惯性的阻挠，这和直流电动机励磁绕组的惯性作用是一致的。式（4-36）说明，如果能保持转子磁链 ψ_r 恒定，则电磁转矩就由定子电流转矩分量 i_{sq} 控制，这与直流电动机的转矩由电枢电流控制相仿。这也是为何交流电动机采用矢量控制能达到与直流电动机相同性能的原因。式（4-35）和式（4-36）构成按转子磁场定向的矢量控制基本方程式，按照这组基本方程式，以电流为主要变量，可建立如图 4-25 所示的异步电动机的矢量变换与电流解耦模型。

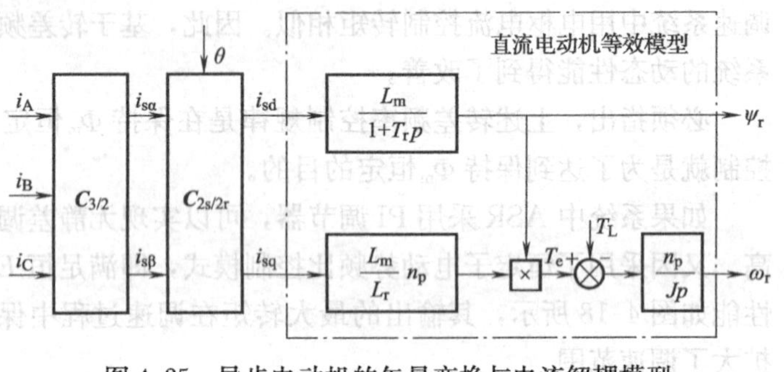

图 4-25　异步电动机的矢量变换与电流解耦模型

图 4-25 中，异步电动机模型通过矢量变换，将定子电流解耦成 i_{sd} 和 i_{sq} 两个分量，如果转子磁链 ψ_r 保持恒定，则系统被分成 $T_e(\omega_r)$ 和 ψ_r 两个子系统，就像直流电动机分为励磁和电枢两个子系统一样，因而又称为等效直流电动机模型。

2. 矢量控制系统的基本思想和解决方案

由图 4-25 的异步电动机的电流解耦模型可见，通过坐标变换．主磁链按转子磁链定向等计算处理，一个异步电动机在模型上被等效为直流电动机。而且该等效直流电动机的磁通和转矩是分离的，可以分别进行单独控制。这样，就可以按直流电动机的控制思路来控制交流电动机，并实现磁通和转矩（转速）的解耦控制。这就是矢量控制的基本思想。

按照矢量控制的基本思想，异步电动机的矢量控制系统的实现方案大致有两类：一类是根据异步电动机的电流解耦模型，采用电流型 PWM 变频器来直接构建矢量控制系统；另一类是引入电流闭环控制构成双闭环控制系统，通过电流内环将电流控制转换为电压控制，采用电压型 PWM 变频器来实现矢量控制系统。

（1）采用电流型 PWM 变频器的矢量控制的系统方案

根据图 4-25 的异步电动机的电流解耦模型，采用电流型 PWM 变频器直接构建的矢量控制的系统如图 4-26 所示，该系统设置了转速调节器 ASR 和磁链调节器 AΨR 对转速和磁通进行分别控制，由 ASR 和 AΨR 输出的转矩电流 i_{sq}^* 和磁链电流分量 i_{sd}^*，经坐标反变换形成三相定子电流给定信号 i_A^*、i_B^*、i_C^*，控制电流滞环跟踪 PWM（CHBPWM）变频器。

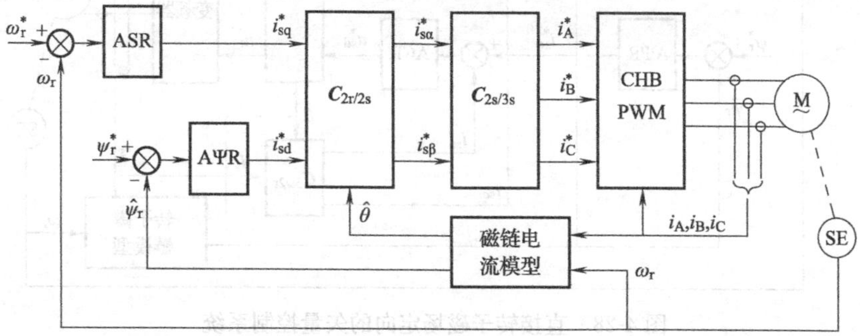

图 4-26　采用电流型 PWM 变频器直接构建的矢量控制的系统

(2) 采用电压型 PWM 变频器的矢量控制的系统方案

采用电压型 PWM 变频器的矢量控制的系统如图 4-27 所示，系统中引入了电流闭环，设置了两个电流调节器 ACR 构成了转速和磁链两个独立的双闭环控制系统，通过电流内环将电流控制转换为电压控制，采用电压型正弦 PWM（SPWM）变频器或电压空间矢量 PWM（SVPWM）变频器来实现矢量控制系统。

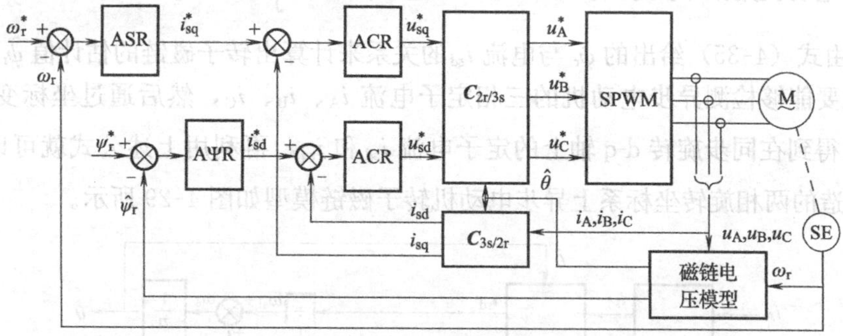

图 4-27　采用电压型 PWM 变频器的矢量控制的系统

经多年发展，目前已开发了多种形式的矢量控制系统，本节主要介绍直接转子磁场定向和间接矢量控制两种矢量控制系统。

3. 直接转子磁场定向的矢量控制系统

直接转子磁场定向的矢量控制系统如图 4-28 所示，系统主要由磁链调节器 AΨR 和转速调节器 ASR 所构成，分别控制磁场和转速两个子系统。

在图 4-25 所示的异步电动机电流解耦模型中，虽然通过矢量变换，将定子电流解耦成 i_{sd} 和 i_{sq} 两个分量，但是，由于 T_e 同时受到 i_{sq} 和 ψ_r 的影响，两个子系统仍是耦合的。为此，在图 4-28 的矢量控制系统中设置了除法环节（$\div\hat{\psi}_r$），以消除或抑制转子磁链 ψ_r 对电磁转矩的影响。

由于在异步电动机矢量变换模型中的转子磁链 ψ_r 和它的定向相位角 θ 难以直接检测，因此只能采用磁链模型来计算。这里，用符号“∧”表示估计值。由于磁链反馈控制需要检测磁链，现有多种磁链电流模型方法，这里仅介绍一种在两相旋转坐标系上按转子磁链定向的转子磁链模型。将式（2-82）代入式（2-78），可得

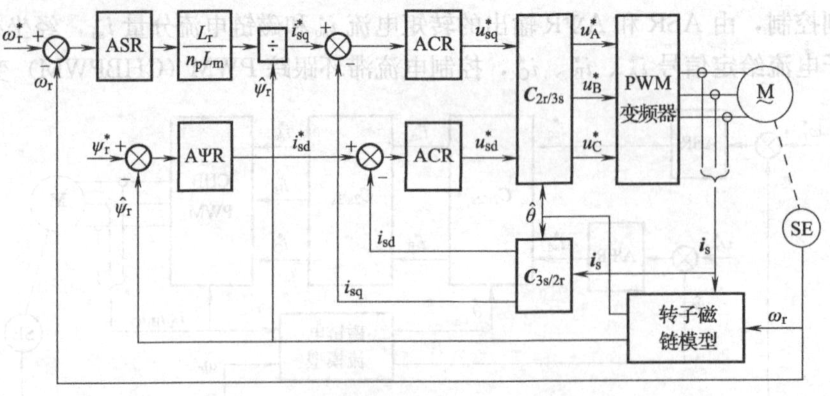

图 4-28　直接转子磁场定向的矢量控制系统

$$0=-\frac{L_m}{T_r}i_{sq}+\left(\frac{1}{T_r}+p\right)\psi_{rq}+\omega_s\psi_{rd}$$

假定系统采用按转子磁链定向控制，则有 $\psi_{rq}=0$，$\psi_{rd}=\psi_r$，从上式可解出异步电动机的转差角频率为

$$\omega_{sl}=\frac{L_m}{T_r\psi_{rd}}i_{sq} \tag{4-37}$$

由异步电动机角频率关系 $\omega_s=\omega+\omega_{sl}$，经过积分 $\theta=\int\omega_s\,dt$ 可算出转子磁链定向角的估计值 $\hat{\theta}$；再由式（4-35）给出的 ψ_r 与电流 i_{sd} 的关系来计算出转子磁链的估计值 $\hat{\psi}_r$。

这样只要能够检测异步电动机的三相定子电流 i_A、i_B、i_C，然后通过坐标变换 $\boldsymbol{C}_{3s/2s}$ 和 $\boldsymbol{C}_{3s/2r}$ 就可以得到在同步旋转 d-q 轴上的定子电流 i_{sd} 和 i_{sq}，再利用上述公式就可以估计 $\hat{\theta}$ 和 $\hat{\psi}_r$。由此构造的两相旋转坐标系上异步电动机转子磁链模型如图 4-29 所示。

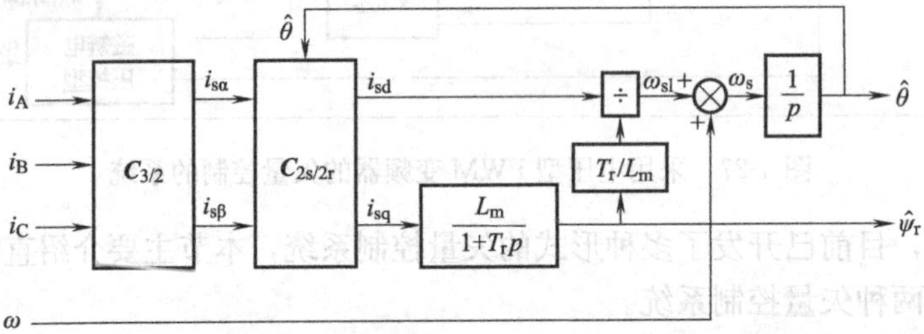

图 4-29　两相旋转坐标系上异步电动机转子磁链模型

应该注意：上述两个子系统的完全解耦只有在下面三个假定条件下才能成立：

1）转子磁链的计算值 $\hat{\psi}_r$ 等于其实际值 ψ_r。

2）转子磁链定向角的计算值 $\hat{\theta}$ 等于其实际值 θ。

3）忽略变频器的滞后作用。

图 4-28 又称作直接转子磁场定向的矢量控制系统是因为用于坐标变换的转子磁链定向角是直接从磁链模型计算出来的。

通过上述处理，可见所给出的直接转子磁场定向的矢量控制系统可以看成是两个独立的线性子系统，如图 4-30 所示。由此，可以采用经典控制理论的单变量线性系统综合方法或相应的工程设计方法来设计两个调节器 AΨR 和 ASR。具体设计时还应考虑变频器滞后、反馈滤波等因素的影响。

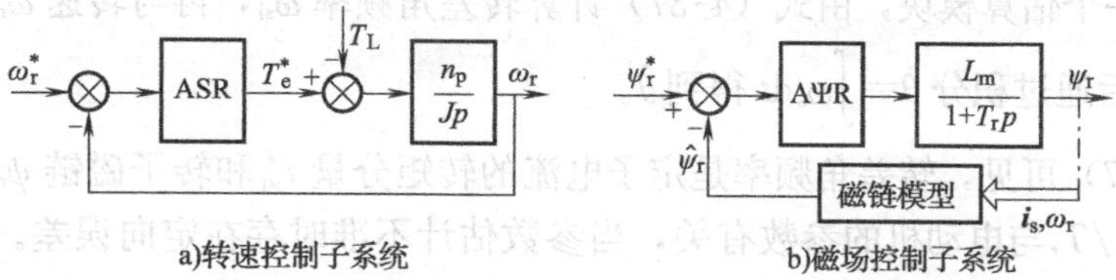

图 4-30　直接转子磁场定向的矢量控制系统的两个等效线性子系统

4. 间接转子磁场定向的矢量控制系统

间接转子磁场定向的矢量控制系统如图 4-31 所示。

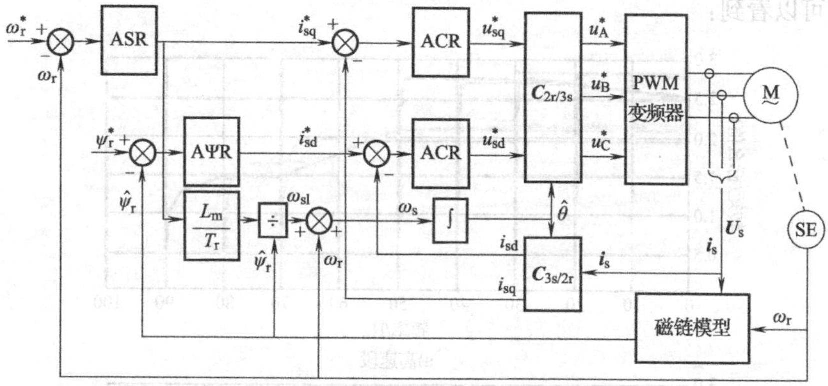

图 4-31　间接转子磁场定向的矢量控制系统

间接转子磁场定向的矢量控制系统的控制原理与图 4-28 中的直接转子磁场定向的矢量控制系统基本相同。不同之处在于：

1）间接转子磁场定向的矢量控制系统采用电压信号计算的转子磁链模型。根据电压方程中感应电动势等于磁链变化率的关系，取电动势的积分就可以得到磁链电压模型，这里为了简化起见，采用稳态模型建立电压型转子磁链模型。由异步电动机的稳态等效电路（见图 4-15），导出的磁链方程为

$$p\psi_s = U_s - R_s i_s + j\omega\psi_s \tag{4-38}$$

$$\psi_r = \frac{L_r}{L_m}(\psi_s - \sigma L_s i_s) \tag{4-39}$$

由式（4-38）和式（4-39）构建的计算转子磁链的电压模型如图 4-32 所示。由图可见，基于稳态电压模型的转子磁链算法只需要检测电压和电流的幅值，比较易于实际检测，且不需要转速信号。特别是该方法与转子电阻 R_r 无关，只与定子电阻 R_s 有关。

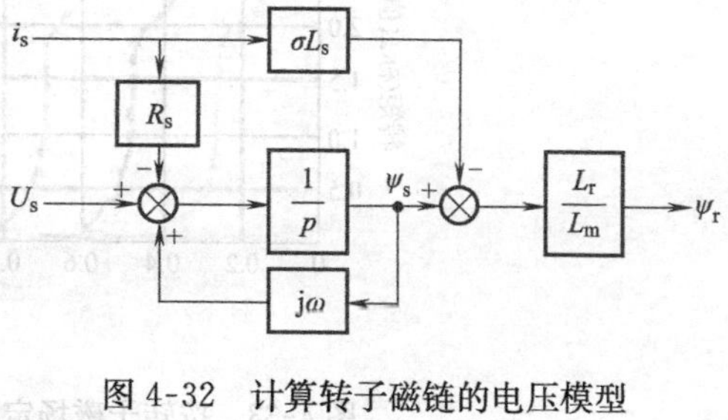

图 4-32　计算转子磁链的电压模型

与电流模型相比，电压模型受电动机参数变化的影响较小，而且算法简单。但是，由于电压模型包含纯积分项，积分的初始值和累积误差都影响计算结果，在低速时，定子电阻压

降变化的影响也很大。

2）间接转子磁场定向的矢量控制系统的转子磁链定向角不是通过转子磁链模型获得，而是直接构造一个估算模块，由式（4-37）计算转差角频率 ω_{sl}，再与转速 ω_r 求和得到定子角频率 ω_s，然后通过积分 $\hat{\theta}=\int\omega_s \mathrm{d}t$ 得到 $\hat{\theta}$。

由式（4-37）可见，转差角频率是定子电流的转矩分量 i_{sq}^* 和转子磁链 ψ_r 的函数，而转差增益 $K_{sl}=L_m/T_r$ 与电动机的参数有关，当参数估计不准时存在定向误差。通常这种控制系统都会增加转差增益的在线辨识算法。

5. 系统仿真

（1）系统稳态性能

图 4-33 是按转子磁场定向的矢量控制系统在高速段、低速段、超低速段的实测机械特性。从图中可以看到：

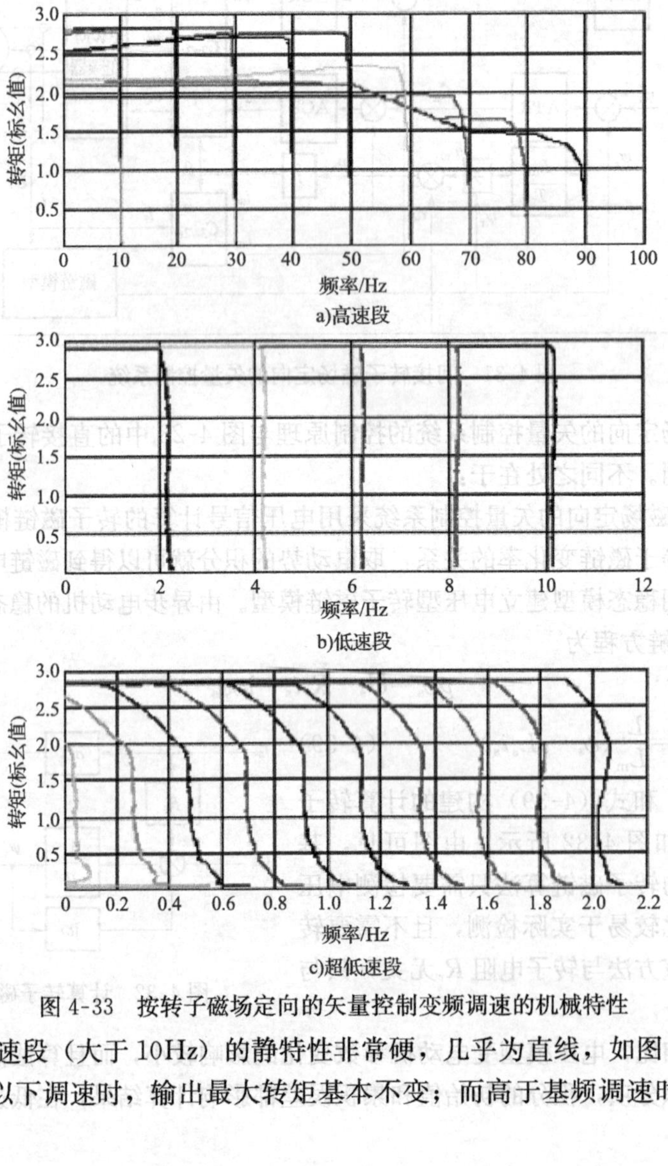

图 4-33 按转子磁场定向的矢量控制变频调速的机械特性

1）系统在高速段（大于 10Hz）的静特性非常硬，几乎为直线，如图 4-33a 所示。并且在基频（50Hz）以下调速时，输出最大转矩基本不变；而高于基频调速时，输出最大转矩逐步降低。

2）在低速段（小于 10Hz）的静特性也很不错。

3）尽管系统在超低速段（小于 2Hz）静特性很软，但是其转矩输出能力仍然很强，其最大转矩几乎没有变化。

由此可见，与恒压频比和恒电动势频比控制模式相比，矢量控制调速系统的稳态性能最好，特别是其最大转矩的低频特性并不随电压减小而降低，具有良好的低速带负载能力。

（2）系统动态性能

图 4-34 展示了按转子磁场定向的矢量控制变频调速系统带 150%额定负载起动时的动态特性。可以看出，电动机的转矩响应极快，在不到 1ms 时间内就达到了最大值，以最大转矩加速，整个起动过程只有 1.44s。由此可见系统具有优良的动态性能。

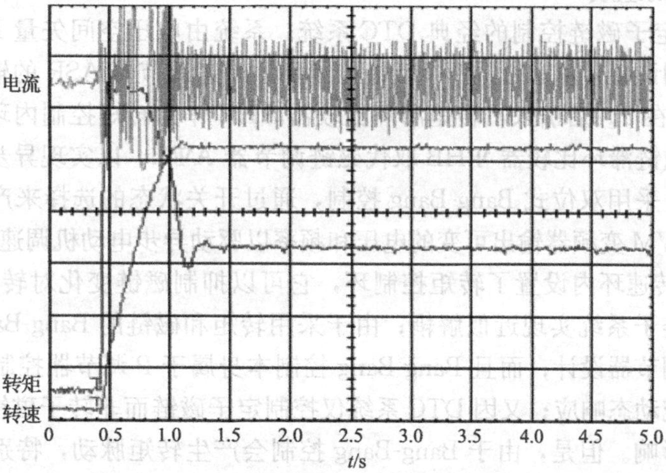

图 4-34　按转子磁场定向的矢量控制变频调速的动态特性（带 150%负载起动）

4.2.5　按定子磁链控制的直接转矩控制系统

为了解决大惯量运动控制系统（如电力机车、电动汽车和船舶电力推进等）在起制动时要求快速的转矩响应，特别是在弱磁调速范围的转矩问题，1984 年日本学者 I. Takahashi 提出直接转矩控制系统（Direct Torque Control）[29]，随后德国的 M. Depenbrock 教授于 1985 年研制出了类似的直接自控制（Direct self-control）方案[30]。直接转矩控制系统简称 DTC 系统，是继矢量控制系统之后发展起来的另一种高动态性能的交流电动机变压变频调速系统，在它的转速环里面，利用转矩反馈直接控制电机的电磁转矩，因而得名。

1. 直接转矩控制系统的基本思想与控制原理

与矢量控制（VC）系统主要控制转子磁链和转矩不同，直接转矩控制（DTC）系统的基本思想是在静止两相坐标系上控制定子磁链和转矩，这样省略了旋转坐标变换，并采用 Bang-Bang 控制器取代转矩和磁链调节器，以加速系统的转矩动态响应。

根据异步电动机在两相静止坐标系上的数学模型，由式（2-71）可推出下列定子磁链和转矩方程：

$$\psi_{s\alpha} = \int (u_{s\alpha} - R_s i_{s\alpha})\mathrm{d}t \tag{4-40}$$

$$\psi_{s\beta} = \int (u_{s\beta} - R_s i_{s\beta}) \mathrm{d}t \tag{4-41}$$

由于在上述定子磁链模型中不含转子参数，因此定子磁链的计算不受转子参数影响。再将式（2-72）表示的转矩方程重写如下：

$$T_e = n_p (i_{s\beta}\psi_{s\alpha} - i_{s\alpha}\psi_{s\beta}) \tag{4-42}$$

由式（4-42）可知，通过定子磁链与定子电流的控制，可以达到控制异步电动机的电磁转矩的目的，这就是直接转矩控制的基本原理。

但是，由于 DTC 系统采用了定子磁链控制，那就无法像 VC 系统一样进行模型简化并实现解耦，因而也就不能简单地模仿直流调速系统进行线性控制，所以就采用非线性的 Bang-Bang 控制方式来实现系统解耦。

2. DTC 系统的组成

图 4-35 是按定子磁链控制的经典 DTC 系统。系统由电压空间矢量 PWM（SVPWM）变频器供电，分别设置转速和磁链两个反馈控制环，转速调节器 ASR 的输出作为电磁转矩的给定信号 T_e^*，在 T_e^* 后引入了转矩滞环比较器 THB 作为转矩控制内环的控制器；在磁链闭环控制中用磁链滞环比较器 ΨHB 取代磁链调节器 AΨR，以实现异步电动机的转速和磁链的单独控制。采用双位式 Bang-Bang 控制，通过开关状态的选择来产生定子电压给定信号，控制 SVPWM 变频器输出可变的电压和频率以驱动异步电动机调速。

DTC 系统在转速环内设置了转矩控制环，它可以抑制磁链变化对转速子系统的影响，从而使转速和磁链子系统实现近似解耦；由于采用转矩和磁链的 Bang-Bang 控制，简化控制结构，避免了调节器设计；而且 Bang-Bang 控制本身属于 P 调节器控制，可以获得比 PI 调节器更快的系统动态响应；又因 DTC 系统仅控制定子磁链而非转子磁链，所以不会受到转子参数变化的影响。但是，由于 Bang-Bang 控制会产生转矩脉动，特别是低速时的转矩脉动会带来系统的调速精度变差，限制了其调速范围。

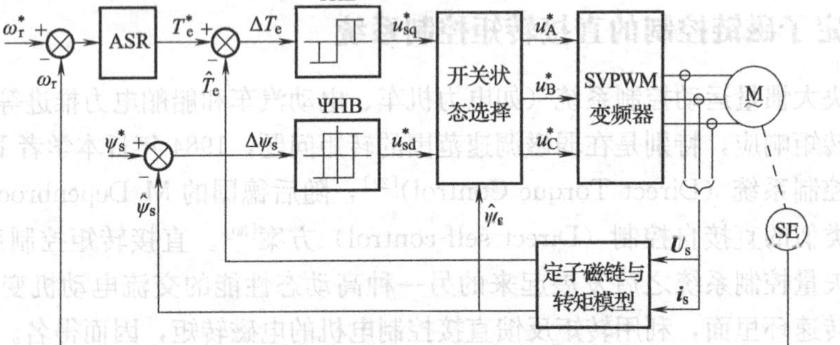

图 4-35　按定子磁链控制的经典 DTC 系统

因此，从总体控制结构上来看，DTC 系统与 VC 系统都能获得较高的静、动态性能。

3. DTC 系统的控制策略

为了更好地了解 DTC 系统是如何工作的，下面先将通用型两电平逆变器的所有 8 种开关组合示于图 4-36。其中 $\boldsymbol{V}_1 \sim \boldsymbol{V}_6$ 为有效矢量，$\boldsymbol{V}_0$ 和 $\boldsymbol{V}_7$ 为零矢量。

再由静止坐标系上计算定子磁链的公式

$$p\psi_s = U_s - R_s i_s \tag{4-43}$$

可知，除了极低转速外，定子磁链主要由定子电压决定，这意味着定子磁链的幅值与转动方向均可通过定子电压进行调节。由此，可以根据定子磁链所在的位置选择不同的电压矢量使定子磁链前进、后退或原地不动，以实现磁链幅值及转矩角的调节。图 4-37 给出一个例子，说明如何根据磁链幅值及转矩的要求选择合适的电压矢量。

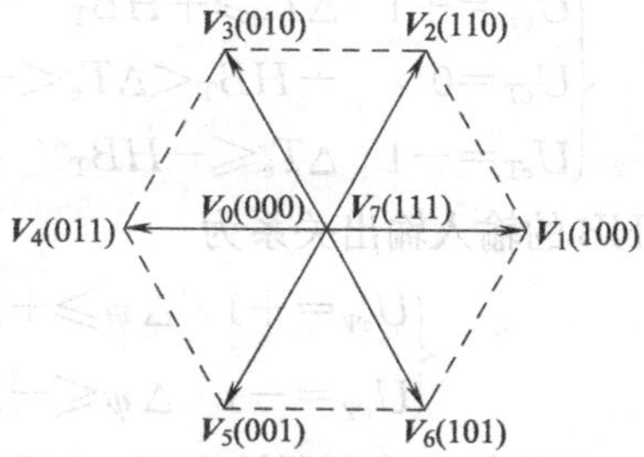

图 4-36　两电平逆变器的 8 种开关组合

图 4-37 中，假定转子磁链是逆时针旋转的。由于转子电路的滤波作用，转子磁链 $\boldsymbol{\psi}_r$ 的轨迹非常接近圆形轨迹，假定是以同步转速连续旋转。定子磁链 $\boldsymbol{\psi}_s$ 则不同，它的瞬时旋转方向是由所施加的电压矢量决定的。当定子磁链处于图 4-37 所示位置时，每个电压矢量对电磁转矩的影响和对定子磁链幅值的影响都是不一样的。根据对电磁转矩的影响，电压矢量可分为三类：

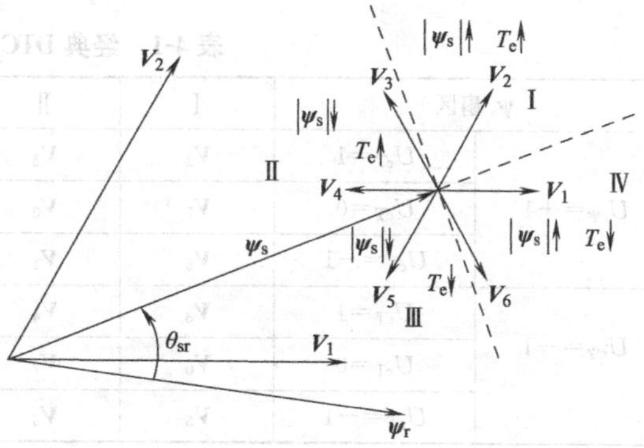

图 4-37　用电压矢量控制定子磁链相对转子磁链的运动

1）使定子磁链 $\boldsymbol{\psi}_s$ 向远离转子磁链 $\boldsymbol{\psi}_r$ 方向运动的电压矢量，此时转矩角增加，电磁转矩也上升，图 4-37 中的 $\boldsymbol{V}_2$、$\boldsymbol{V}_3$ 及 $\boldsymbol{V}_4$ 属于这一类。

2）使定子磁链 $\boldsymbol{\psi}_s$ 向靠近转子磁链 $\boldsymbol{\psi}_r$ 方向运动的电压矢量，此时转矩角减小，电磁转矩也下降，图 4-37 中的 $\boldsymbol{V}_1$、$\boldsymbol{V}_5$ 及 $\boldsymbol{V}_6$ 属于这一类。

3）零矢量使定子磁链 $\boldsymbol{\psi}_s$ 原地不动。此时转子磁链 $\boldsymbol{\psi}_r$ 继续以同步转速转动，因此转矩角会减小，电磁转矩也会下降。

根据对定子磁链幅值的影响，电压矢量也可分为三类：

1）使定子磁链 $\boldsymbol{\psi}_s$ 幅值增加的电压矢量，图 4-37 中的 $\boldsymbol{V}_3$、$\boldsymbol{V}_4$ 及 $\boldsymbol{V}_5$ 属于这一类。

2）使定子磁链 $\boldsymbol{\psi}_s$ 幅值减小的电压矢量，图 4-37 中的 $\boldsymbol{V}_1$、$\boldsymbol{V}_2$ 及 $\boldsymbol{V}_6$ 属于这一类。

3）使定子磁链 $\boldsymbol{\psi}_s$ 幅值保持不变的电压矢量，零矢量在大多数转速范围内对定子磁链没有影响。在极低转速下，零矢量对定子磁链幅值的影响取决于定子电流的方向。

图 4-37 可扩展到任意定子磁链位置以获得最优电压矢量选择。经典的 DTC 控制将定子磁链位置分为 6 个扇区，如图 4-38 所示。

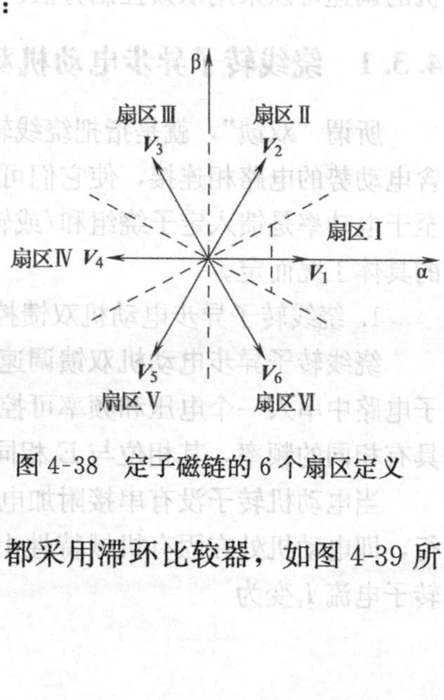

图 4-38　定子磁链的 6 个扇区定义

DTC 的转矩控制器（THB）与磁链控制器（ΨHB）都采用滞环比较器，如图 4-39 所示。THB 的输入输出关系为

$$\begin{cases} U_{cT}=+1 & \Delta T_e \geqslant +HB_T \\ U_{cT}=0 & -HB_T<\Delta T_e<+HB_T \\ U_{cT}=-1 & \Delta T_e \leqslant -HB_T \end{cases} \tag{4-44}$$

ΨHB 的输入输出关系为

$$\begin{cases} U_{c\Psi}=+1 & \Delta\psi \geqslant +HB_\Psi \\ U_{c\Psi}=-1 & \Delta\psi \leqslant -HB_\Psi \end{cases} \tag{4-45}$$

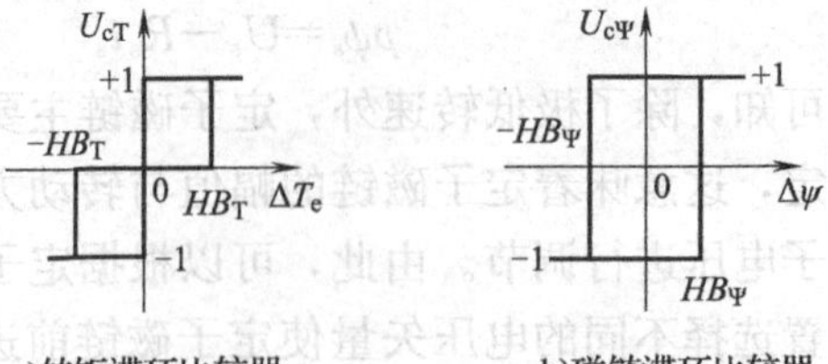

a)转矩滞环比较器　b)磁链滞环比较器

图 4-39　DTC 的控制器

根据转矩控制器输出 U_{cT}、磁链控制器输出 $U_{c\Psi}$ 以及定子磁链所在的位置，可以选择最优的开关状态组合，详见表 4-1。

表 4-1　经典 DTC 的开关状态组合

ψ_s 扇区		Ⅰ	Ⅱ	Ⅲ	Ⅳ	Ⅴ	Ⅵ
$U_{c\Psi}=+1$	$U_{cT}=1$	V_2	V_3	V_4	V_5	V_6	V_1
	$U_{cT}=0$	V_7	V_0	V_7	V_0	V_7	V_0
	$U_{cT}=-1$	V_6	V_1	V_2	V_3	V_4	V_5
$U_{c\Psi}=-1$	$U_{cT}=1$	V_3	V_4	V_5	V_6	V_1	V_2
	$U_{cT}=0$	V_0	V_7	V_0	V_7	V_0	V_7
	$U_{cT}=-1$	V_5	V_6	V_1	V_2	V_3	V_4

4.3　绕线转子异步电动机的双馈控制系统

前面几节主要讨论了笼型异步电动机的调速方法与控制系统，对于绕线转子异步电动机，除了采用上述调速方案外，还可以通过转子电路中串接附加电阻或电动势来调速[8]。特别是绕线转子异步电动机既可以从定子输入或输出功率，也可以从转子输入或输出转差功率，如果同时从定子和转子向电机馈送功率也能达到调速的目的。因此，绕线转子异步电动机的调速可以采用双馈控制方法。

4.3.1　绕线转子异步电动机双馈控制的基本原理和运行模式

所谓“双馈”，就是指把绕线转子异步电动机的定子绕组与交流电网连接，转子绕组与含电动势的电路相连接，使它们可以进行电功率的相互传递，达到调节转速和节能的目的。至于电功率是馈入定子绕组和/或转子绕组，还是由定子绕组和/或转子绕组馈出，要视电机的具体工况而定。

1. 绕线转子异步电动机双馈控制的基本原理

绕线转子异步电动机双馈调速的原理如图 4-40 所示，在绕线转子异步电动机的三相转子电路中串入一个电压和频率可控的交流附加电动势 E_{add}，通过控制使 E_{add} 与转子电动势 E_r 具有相同的频率，其相位与 E_r 相同或相反。

当电动机转子没有串接附加电动势，即 $E_{add}=0$ 时，异步电动机处在自然机械特性上运行，即电动机处在固有机械特性上运行。当电动机转子串接附加电动势后，即 $E_{add}\neq 0$ 时，转子电流 I_r 变为

$$I_r=\frac{sE_{r0}\pm E_{add}}{\sqrt{R_r^2+(sX_{r0})^2}} \tag{4-46}$$

由式（4-46）可见，可以通过调节 E_{add} 的大小来改变转子电流 I_r 的数值，而电动机产生的电磁转矩 T_e 也将随着 I_r 的变化而变化，使电力拖动系统原有的稳定运行条件 $T_e=T_L$ 被破坏，追使电动机变速。这就是绕线转子异步电动机转子串接调速的基本原理。

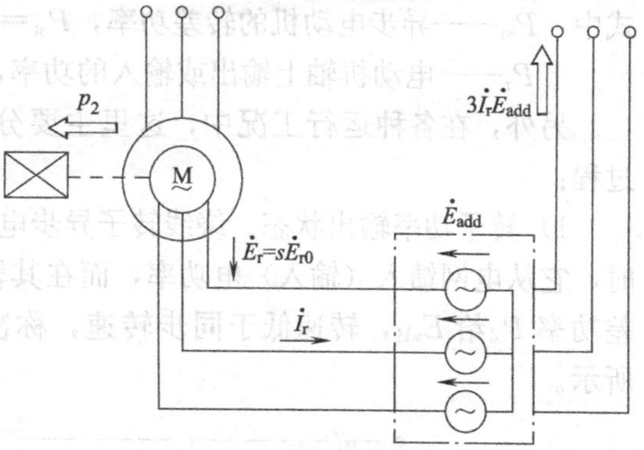

图 4-40　绕线转子异步电动机双馈调速的原理

在串级调速过程中，电动机转子上的转差功率 $P_{sl}=sP_{em}$，只有一小部分消耗在转子电阻上，而大部分被 E_{add} 吸收，再设法通过电力电子装置回馈给电网。因此，串级调速与串电阻调速相比，具有较高的效率。此外，根据电机的可逆性原理，异步电动机既可以从定子输入或输出功率，也可以从转子输入或输出转差功率，如果同时从定子和转子向电动机馈送功率也能达到调速的目的，由此可知，绕线转子异步电动机可以采用从定、转子同时馈电的方式进行调速，故而该方法又称为双馈调速方法。

2. 绕线转子异步电动机双馈控制的基本方法

绕线转子异步电动机有五种基本运行状态[25]，其中，调速运行可分为次同步转速调速和超同步转速调速两种控制方式：

1）次同步转速调速方式。使 E_{add} 的相位与 E_r 相差 180°，这时转子电流的表达式为

$$I_r=\frac{sE_{r0}-E_{add}}{\sqrt{R_r^2+(sX_{r0})^2}} \tag{4-47}$$

由式（4-47）可知，增加附加电动势 E_{add} 的幅值，将减小转子电流 I_r，也就是减小转矩 T_e，从而降低电动机的转速 n。在这种控制方式中，转速是由同步转速向下调节的，始终有 $n<n_0$。

2）超同步转速调速方式。如果使串入的附加电动势 E_{add} 与 E_r 同相，则转子电流 I_r 变为

$$I_r=\frac{sE_{r0}+E_{add}}{\sqrt{R_r^2+(sX_{r0})^2}} \tag{4-48}$$

这时，随着 E_{add} 的增加，转子电流 I_r 增大，电动机输出转矩 T_e 也增大，使电动机加速。与此同时，转差率 s 将减小，而且随着 s 的减小，I_r 也减小，最终达到转矩平衡 $T_e=T_L$。

如果进一步加大 E_{add} 的幅值，电动机就可能加速超过同步转速，这时 $s<0$，E_r 反相，使式（4-48）中的分子项变成 $E_{add}-|sE_{r0}|$，以减小 I_r，最终达到转矩平衡 $T_e=T_L$，电动机处在高于同步转速的某值下稳定运行。串入同相位的 E_{add} 幅值越大，电动机稳定转速就越高。

3. 绕线转子异步电动机双馈运行的功率传输

绕线转子异步电动机双馈控制的实质在于控制定、转子功率的传递，因此系统的功率分析至关重要。在《电机与拖动基础》中已从能量传递关系的角度分析了绕线转子异步电动机双馈控制的各种基本运行状态[8]。为了简化，在功率传递分析中均忽略了电机内部的各种损耗，并认为有如下功率关系：

$$P_{em}=sP_{em}+(1-s)P_{em}=P_{sl}+P_r \tag{4-49}$$

式中 P_{sl}——异步电动机的转差功率，$P_{sl}=sP_{em}$；

P_r——电动机轴上输出或输入的功率，$P_r=(1-s)P_{em}$。

另外，在各种运行工况中，这里主要分析电力传动系统的两种电动状态的功率传输过程：

1）转子功率输出状态。绕线转子异步电动机由电网向定子绕组供电，工作于电动状态时，它从电网馈入（输入）电功率，而在其轴上输出机械功率给负载，同时从转子输出转差功率 P_{sl} 给 E_{add}，转速低于同步转速，称次同步电动状态，又称串级调速，如图 4-41a 所示。

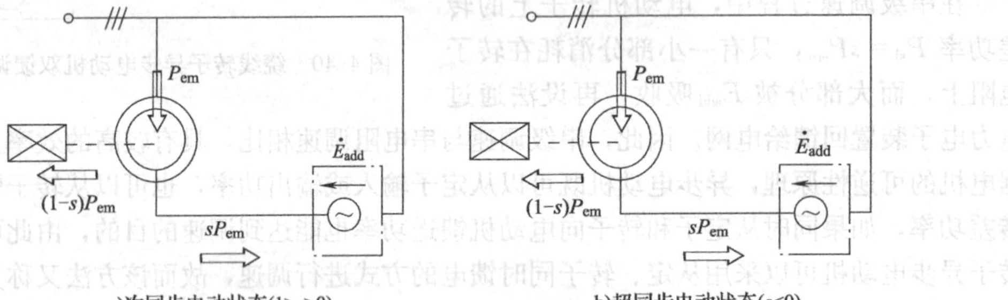

图 4-41 双馈运行的功率传输示意图

2）转子功率输入状态。如果电网既向电动机定子供电，也通过 E_{add} 向转子绕组输入转差功率 P_{sl}，此时电动机以超同步转速运行，称超同步电动状态，又称双馈调速（见图 4-41b）。

因而，对于异步电动机双馈调速系统来说，功率变换单元应能实现功率的双向传递，如图 4-42 所示。

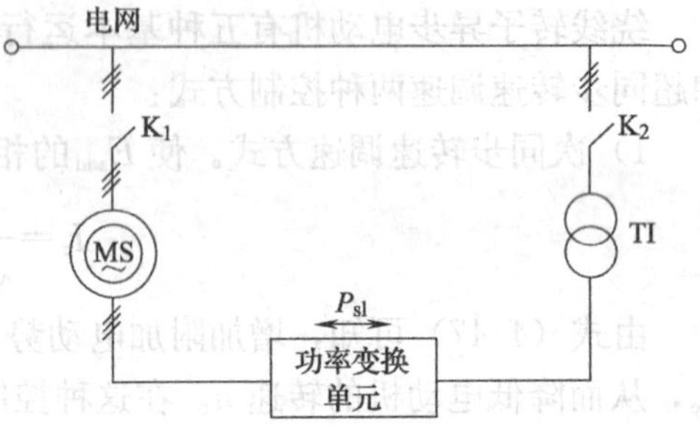

图 4-42 异步电动机双馈调速基本结构

4.3.2 绕线转子异步电动机的次同步转速调速——串级调速系统

过去对于仅需要在额定转速以下调速的绕线转子异步电动机来说，串级调速是一种传统的调速方案。

1. 串级调速系统的组成

根据绕线转子异步电动机串接调速的原理，需要设置一个能吸收转差功率的电源装置 E_{add}，但是，由于异步电动机转子中感应电动势的 sE_{r0} 频率是随着转速而变化的，为解决这一问题，一个简单的办法是：先经过二极管整流器 UR 将交变的 sE_{r0} 整流后变成直流电压，然后通过晶闸管逆变器 UI 的有源逆变，将直流电压再变成与电网同频率的交流电，最后由逆变变压器 TI 反馈给电网，实现了转差功率的回馈过程。

然而，由于串接调速系统的机械特性的静差率较大[1]，因此，开环控制系统只能用于对调速精度要求不高的场合。为了提高系统性能，通常采用转速和电流双闭环反馈控制。传统的采用二极管—晶闸管变流器的双闭环串级调速系统如图 4-43 所示，其结构与直流双闭环调速系统相同，具有静态稳速和动态恒流控制作用，不同之处是通过控制逆变器吸收异步电动机转子上的转差功率 sP_{em} 来实现调速作用。

2. 串级调速系统的数学模型

由图4-43的系统结构，可建立其转子回路的等效电路，如图4-44所示，图中，sU_{d0} 为转子整流器的输出电压，U_{i0} 为逆变器直流侧的空载输入电压，R 为转子回路总电阻，与转子电阻、电源内阻及线路电阻有关；L 为转子回路总电感，与转子电感、逆变变压器的每相漏感及平波电抗器电感有关。

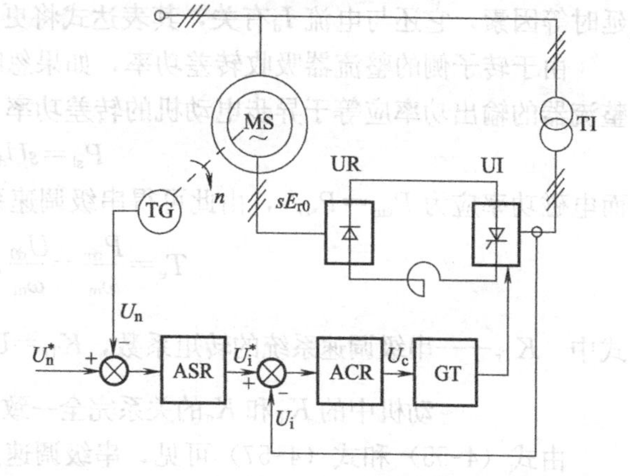

图4-43 二极管—晶闸管变流器的双闭环串级调速系统

根据等效电路可写出串级调速系统转子直流回路的动态电压方程为

$$sU_{d0}-U_{i0}=RI_d+L\frac{dI_d}{dt} \tag{4-50}$$

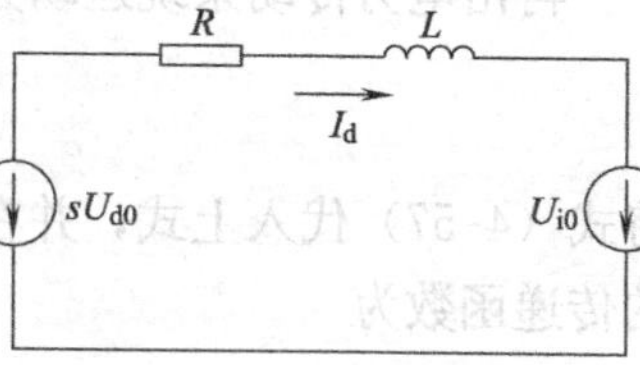

图4-44 串级调速系统转子直流回路的等效电路

考虑到异步电动机的转差率 $s=\frac{n_0-n}{n_0}$，式（4-50）可写成

$$U_{d0}-\frac{n}{n_0}U_{d0}-U_{i0}=RI_d+L\frac{dI_d}{dt} \tag{4-51}$$

在式（4-51）两边取Laplace变换，转子直流回路的传递函数为

$$\frac{I_d(s)}{U_{d0}-\frac{U_{d0}}{n_0}n(s)-U_{i0}}=\frac{K_{rd}}{1+T_{rd}} \tag{4-52}$$

式中 K_{rd}——串级调速系统转子直流回路的放大系数，$K_{rd}=1/R$；

T_{rd}——串级调速系统转子直流回路的时间常数，$T_{rd}=L/R$。

必须指出，由于在串级调速系统转子直流回路中，R 和 L 都是转速的函数[1]，因而系统的放大系数 K_{rd} 和时间常数 T_{rd} 都是非定常的。

如果认为转子直流回路的电流恒定，即 $dI_d/dt=0$，则式（4-51）变成

$$U_{d0}-\frac{n}{n_0}U_{d0}-U_{i0}=RI_d \tag{4-53}$$

由此可导出串级调速系统的稳态转速方程

$$n=n_0\frac{U_{d0}-U_{i0}-RI_d}{U_{d0}} \tag{4-54}$$

再令 $U=U_{d0}-U_{i0}$ 为转子回路的直流电压，$K_{er}=U_{d0}/n_0$ 为串级调速系统的电动势系数，则上述转速方程可写成与直流调速系统相似的形式，有

$$n=\frac{U-RI_d}{K_{er}} \tag{4-55}$$

不过在直流系统中电动势系数是常数，而在这里 K_{er} 并非常数，如果考虑整流器的换相

延时等因素，它还与电流 I_d 有关，其表达式将更为复杂[1]。

由于转子侧的整流器吸收转差功率，如果忽略转子的铜损及整流器的换流损耗，则转子整流器的输出功率应等于异步电动机的转差功率，即

$$P_{sl}=sU_{d0}I_d \tag{4-56}$$

而电磁功率应为 $P_{em}=P_{sl}/s$，由此可得串级调速系统的转矩公式为

$$T_e=\frac{P_{em}}{\omega_m}=\frac{U_{d0}}{\omega_m}I_d=K_{Tr}I_d \tag{4-57}$$

式中 K_{Tr}——串级调速系统的转矩系数，$K_{Tr}=U_{d0}/\omega_m$，且有 $K_{Tr}=\frac{30}{\pi}K_{er}$，这与直流他励电动机中的 K_T 和 K_e 的关系完全一致，只不过这里的转矩和电动势系数均为变量。

由式（4-55）和式（4-57）可见，串级调速系统的转速方程和转矩方程与直流调速系统在形式上是相同的，因而可以利用类似于直流调速的方法进行系统控制、分析和设计。这也是传统的串级调速系统采用转速、电流双闭环控制方案的缘由。

再由电力传动系统运动方程

$$T_e-T_L=\frac{GD^2}{375}\frac{dn}{dt}$$

将式（4-57）代入上式，并在等式两边取 Laplace 变换，由此可得异步电动机在串级调速时的传递函数为

$$\frac{n(s)}{I_d(s)-I_L(s)}=\frac{R/K_{er}}{GD^2R/375K_{er}K_{Tr}}\frac{1}{s}=\frac{R}{K_{er}T_{mr}s} \tag{4-58}$$

式中 T_{mr}——串级调速系统的机电时间常数，$T_{mr}=\frac{GD^2R}{375K_{er}K_{Tr}}$，因其中 R、K_{er} 和 K_{Tr} 都是变量，所以 T_{mr} 也是 I_d 和 n 的函数。

3. 串级调速系统的闭环控制动态结构图

按图 4-43 给出的串级调速系统结构，由上节推导的异步电动机的数学模型，以及其他控制环节的传递函数，可建立如图 4-45 所示的系统动态结构图。

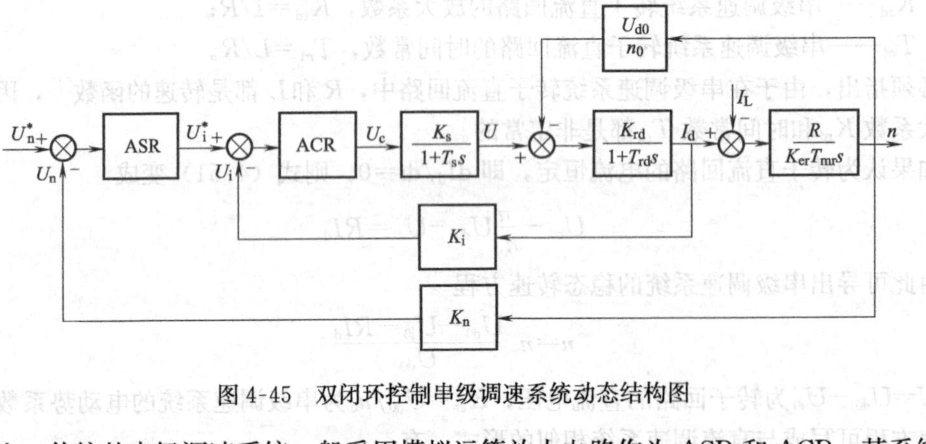

图 4-45 双闭环控制串级调速系统动态结构图

过去，传统的串级调速系统一般采用模拟运算放大电路作为 ASR 和 ACR，其系统分析和调节器参数设计也参照直流调速系统方法。

现代的串级调速系统可以采用内馈斩波调速方式，在直流回路增加一个斩波器，通过控

制斩波器的占空比来调节电动机的转速，而此时的逆变器仅需要进行调频控制，其逆变角固定，提高了功率因数。此外，采用二极管整流器—PWM 逆变器也是一种串级调速系统的可选方案，系统的控制也大都采用数字计算机来实现。

串级调速系统最大的优点在于：因其变流器设置在转子电路，当调速范围不大时，电动机的转差功率要远低于电磁功率，所以选用的变流器的容量较小，对主电路开关器件电流和耐压要求也随之降低；另外，一部分转差功率可以回馈电网，调速效率要高于转差功率消耗型调速方法。因此，串级调速系统适用于高压大功率应用场合，如大型风机、水泵的节能控制，大型压缩机、矿井提升机等设备的调速等。

4.3.3　绕线转子异步电动机的超同步转速调速——双馈调速系统

上述串级调速系统只能在次同步转速以下进行调速控制，如果要在超同步转速范围内运行，则需要从定子和转子两方面同时供电。这样，就要在转子的串接电源中采用能使功率双向传递的变流器。可选的方案有晶闸管交-直-交变频器、双 PWM 变频器、交-交变频器等。

1. 采用交-交变频器的双馈调速系统的组成及控制策略

一种采用交-交变频器作为转子电源的绕线转子异步电动机双馈调速系统如图 4-46 所示，异步电动机的转子感应电动势 sE_{r0} 经过交-交变频器变成与电网同频率的交流电，再由逆变变压器 TI 反馈给电网，实现转差功率 P_{sl} 的回馈过程；反之，也可以控制交-交变频器，由电网向电动机转子提供转差功率 P_{sl}，从而实现双馈调速。

实现双馈控制的关键是控制异步电动机转差功率 P_{sl} 的流向[31]，在次同步转速调速时，应控制 P_{sl} 从转子向变频器传递功率；在超同步转速调速时，应控制 P_{sl} 由变频器向转子传递功率。为此，图4-46所设计的系统就主要通过 P_{sl} 的控制来实现双馈调速。考虑到转差功率应分为有功功率和无功功率两部分，其分别对应为有功电流 I_P 和无功电流 I_Q，其关系如图 4-47所示。假定转子电源 U_r 的正方向与有功电流 I_P 的正方向一致，为分析简便，暂不考虑无功分量，则当 I_P 为正值（从转子流向变频器）时，P_{sl} 也为正，变频器吸收 P_{sl}，电动机运行于次同步转速状态；反之，当为 I_P 为负值（从变频器流向转子）时，P_{sl} 也为负，变频器向转子提供 P_{sl}，电动机运行于超同步转速状态。这说明，控制有功电流的 I_P 方向，就可以控制 P_{sl} 的传递方向。由此，在系统中设置一个电流极性转换器 PR，它根据转差 ω_{sl} 的极性来控制电流的极性。其控制策略如下：

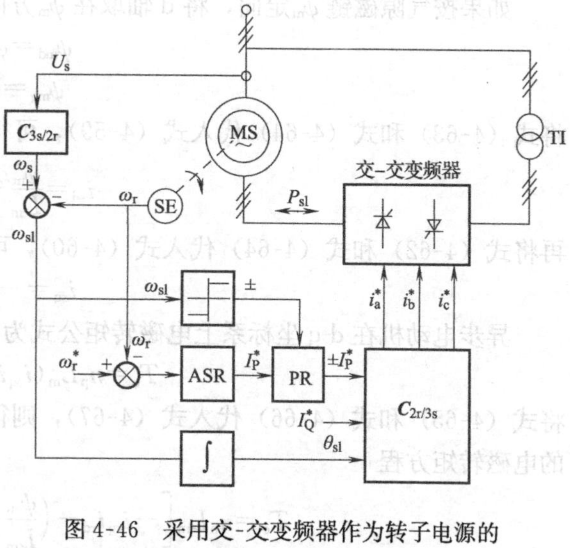

图 4-46　采用交-交变频器作为转子电源的绕线转子异步电动机双馈调速系统

1）在次同步转速运行时，$\omega_{sl}>0$，因此电流给定 I_P^* 为正值，控制变频器的电流为正方向。

2）在超同步转速运行时，$\omega_{sl}<0$，使电流给定值反向，为负值，控制变频器的电流为

负方向。

3）在同步转速运行时，$\omega_{sl}=0$，电流给定 I_P^* 为直流，控制变频器输出直流励磁电流，异步电动机像转子励磁的同步电动机一样以同步转速运行。

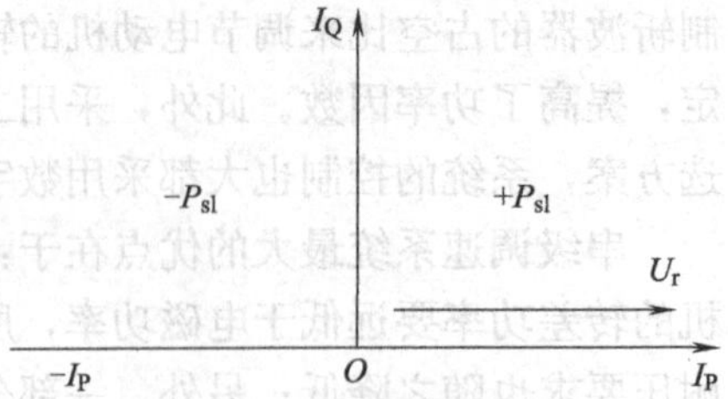

图 4-47 转子电动势、电流与转差功率的关系

2. 双馈调速系统的矢量控制

绕线转子异步电动机双馈调速系统其实质是采用转子变压变频调速方式，因而与定子变压变频调速一样，可采用 VC 或 DTC 等先进控制方法，以提高系统性能。所不同的是绕线转子异步电动机转子不短路，而且还外接变频电源，其电压方程就要比笼型异步电动机复杂一些，它在两相任意旋转 d-q 坐标系上的等效电路如图 4-1 所示，电压方程由式（4-1）表示。

在图 4-1 中，L_m是联系定转子电磁关系的互感，所对应的磁链就是电机的气隙磁链。设流过 L_m的励磁电流在 d-q 轴上的分量分别为 i_{md}和 i_{mq}，按等效电路各电流的关系有

$$i_{md}=i_{sd}+i_{rd} \tag{4-59}$$

$$i_{mq}=i_{sq}+i_{rq} \tag{4-60}$$

那么，在 d-q 轴上的气隙磁链分量分别为

$$\psi_{md}=L_m i_{md} \tag{4-61}$$

$$\psi_{mq}=L_m i_{mq} \tag{4-62}$$

如果按气隙磁链 ψ_m定向，将 d 轴取在 ψ_m方向上，则式（4-61）和式（4-62）改写为

$$\psi_{md}=\psi_m \tag{4-63}$$

$$\psi_{mq}=0 \tag{4-64}$$

将式（4-63）和式（4-64）代入式（4-59），可得

$$i_{sd}=\frac{\psi_m}{L_m}-i_{rd} \tag{4-65}$$

再将式（4-62）和式（4-64）代入式（4-60），可得

$$i_{sq}=-i_{rq} \tag{4-66}$$

异步电动机在 d-q 坐标系上电磁转矩公式为

$$T_e=n_p L_m(i_{sq}i_{rd}-i_{sd}i_{rq}) \tag{4-67}$$

将式（4-65）和式（4-66）代入式（4-67），则得到绕线转子异步电动机按气隙磁链 ψ_m定向的电磁转矩方程

$$T_e=n_p L_m\left[-i_{rq}i_{rd}-\left(\frac{\psi_m}{L_m}-i_{rd}\right)i_{rq}\right]=-n_p\psi_m i_{rq} \tag{4-68}$$

由式（4-68）可见，如果能保持气隙磁链 ψ_m恒定，则电磁转矩 T_e与转子电流 i_{rq}成正比。这说明在按气隙磁链 ψ_m定向的双馈调速矢量控制系统中，只要控制气隙磁链 ψ_m保持恒定，并控制转子电流的 q 轴分量，就能控制电动机的电磁转矩。式（4-68）中的负号表明，T_e是施加在转子本身的反作用转矩。

3. 双馈调速系统的应用举例

双馈调速系统目前常用于风力发电。一个采用绕线转子异步电机的风力发电机组成的变速恒频双馈风力发电系统结构如图 4-48 所示，系统中异步风力发电机的定子和电网直接相

连接，转子通过双 PWM 变换器与电网相连接。

双馈风力发电系统的控制策略如下：

1）转差功率控制。对转子侧 PWM 变换器进行转差功率控制，实现有功功率调节和无功功率补偿。不过，风力发电双馈控制系统的转差功率控制与前述的电力传动控制不同，在忽略系统损耗的条件下，定子功率 P_s、转差功率 P_{sl} 与电网功率 P_G 之间的功率关系为

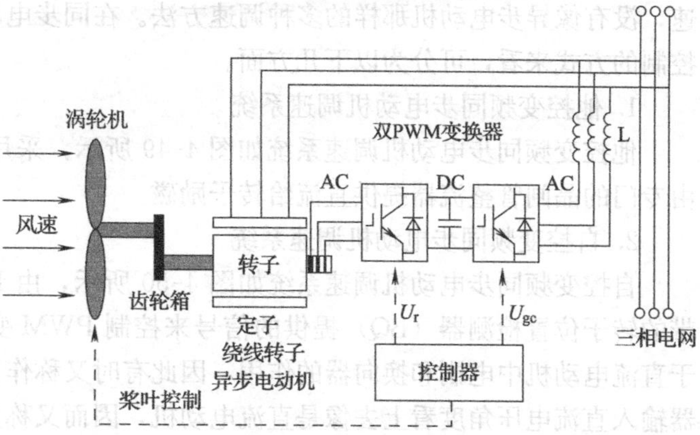

图 4-48　双馈风力发电系统结构

$$P_G \approx P_s + P_{sl} \tag{4-69}$$

这里的转差功率为 $P_{sl} = -sP_s$，与电力传动应用相反。这说明：当风机在次同步转速运行时，由电网通过 PWM 变换器向异步电动机转子提供转差功率 P_{sl}，以避免因风力不足造成的转速下降；当风机在超同步转速运行时，由转子通过 PWM 变换器将转差功率 P_{sl} 回馈给电网。由此，双馈风力发电系统输出给电网的功率为

$$P_G = (1-s)P_s \tag{4-70}$$

2）变速恒频控制。对电网侧的 PWM 变换器则采用变速恒频（VSCF）控制，当风机在次同步转速运行时，需要由电网向转子供电，网侧 PWM 变换器应工作在 PWM 整流状态；当风机在超同步转速运行时，网侧 PWM 变换器应工作在 PWM 逆变状态，将转子提供的转差功率回馈电网。虽然风机的转速是随风速变化的，但电网频率应保持恒定的工频，所以需要采取 VSCF 控制。

由于通过变换器的功率仅仅是转差功率，因此，双馈风力发电系统特别适合于调速范围不宽而系统容量比较大的风力发电系统，尤其是兆瓦级以上的风力发电系统。类似的，双馈调速系统也可用于船舶主轴发电系统[31]。

近年来，双馈电力传动系统得到很大的发展[32]，例如，研制出专门的无刷双馈电机（Brushless Doubly Fed Machine，BDFM）以克服绕线转子异步电动机的集电环问题[33]；提出了许多先进的控制算法等，以提高系统性能[34]。

4.4　同步电动机控制系统

同步电动机的稳态转速总是与电源频率严格同步，即有

$$n = \frac{60 f_s}{n_p} = n_0 \tag{4-71}$$

式中　f_s——定子电源的频率；

n_p——同步电动机的极对数。

由于同步电动机没有转差，也就没有转差功率，所以同步电动机调速系统只能是转差功率不变型（恒等于零）的，而同步电动机转子极对数又是固定的，因此只能靠变压变频调

速，没有像异步电动机那样的多种调速方法。在同步电动机的变压变频调速方法中，从频率控制的方式来看，可分为以下几方面。

1. 他控变频同步电动机调速系统

他控变频同步电动机调速系统如图 4-49 所示，采用独立的变压变频器给定子供电，并由专门的晶闸管整流器提供直流给转子励磁。

2. 自控变频同步电动机调速系统

自控变频同步电动机调速系统如图 4-50 所示，由 PWM 变频器供电，用电动机轴上所带的转子位置检测器（BQ）提供的信号来控制 PWM 变频器的换相时刻。由于其换相类似于直流电动机中电刷和换向器的作用，因此有时又称作无换向器电动机调速，又由于从变频器输入直流电压角度看上去像是直流电动机，因而又称为无刷直流电动机调速。

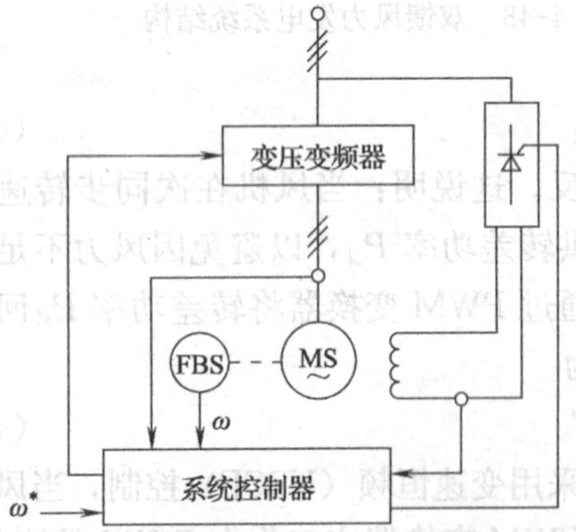

图 4-49 他控变频同步电动机调速系统

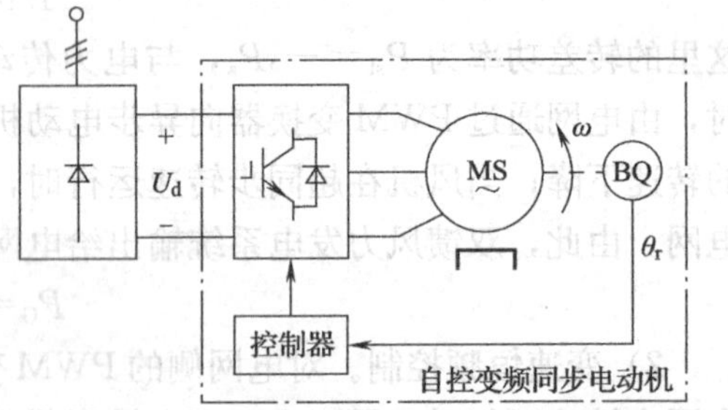

图 4-50 自控变频同步电动机调速系统

目前已发展了不同类型的自控变频同步电动机，包括：

1）无换向器电动机。用电子换相取代机械换向器，用于带直流励磁的同步电动机。

2）梯形波永磁自控变频同步电动机。转子磁极采用永磁材料，当定子绕组输入方波电流时，气隙磁场呈梯形波分布，类似直流电动机，但没有电刷，故又称无刷直流电动机（Brushless DCMotor，BLDM）。但受相间换流影响，有转矩脉动。

3）正弦波永磁自控变频同步电动机。当定子输入三相正弦波电流时，气隙磁场为正弦分布，可消除转矩脉动，即称永磁同步电动机（Permanent Magnet Synchronous Motor，PMSM）。

用于同步调速系统的高动态性能控制策略有两大类：

1）矢量控制。磁场定向控制，其中又可采用：①按转子励磁磁链定向控制；②按定子磁链定向控制；③按气隙磁链定向控制；④按阻尼磁链定向控制。

2）直接转矩控制。按转矩和定子磁链采用 Bang-Bang 控制方式。

本节先给出交流同步电动机的通用等效电路及动态方程，再讨论三种同步电动机的变频控制系统。

4.4.1 同步电动机在旋转坐标系的动态等效电路及方程

通用的三相同步电动机定子有三相绕组、转子带励磁绕组和三套阻尼绕组，各类同步电动机都能通过对它作不同程度的简化或变动获得。其在 d-q 坐标系的等效电路如图 4-51 所示。定子绕组电路基本与感应电动机相同，L_{ls} 为定子漏感，L_{md} 为 d 轴互感，L_{mq} 为 q 轴互感。设励磁绕组放在转子磁轴（d 轴），有 N_{dF} 匝等效线圈，电阻为 R_{dF}，L_{ldF} 为漏感；沿励磁绕组 d 轴方向上还设有阻尼绕组，其等效线圈为 N_{dk} 匝，电阻为 R_{dk}，L_{ldk} 为漏感。在交轴（q 轴）上设有两套阻尼绕组，其等效线圈匝数和电阻分别为 N_{qk1}、N_{qk2} 和 R_{qk1}、R_{qk2}，L_{lqk1} 和 L_{lqk2} 分别是 q 轴两套阻尼绕组的漏感。

由于同步电动机转子结构的不对称性，电机的动态方程只有在按转子位置定向的同步旋转坐标系上才能消去电感矩阵中所有与转子位置有关的表达式，因此我们只研究在此坐标系上同步电动机的动态方程。设定子电流以流入方向为正，所有量都折算到定子侧，同步电动机的电压方程为

$$u_{ds}=R_s i_{ds}-\omega_r\psi_{qs}+p\psi_{ds} \tag{4-72}$$

$$u_{dF}=R_{dF}i_{dF}+p\psi_{dF} \tag{4-73}$$

$$u_{dk}=R_{dk}i_{dk}+p\psi_{dk} \tag{4-74}$$

$$u_{qs}=R_s i_{qs}+\omega_r\psi_{ds}+p\psi_{qs} \tag{4-75}$$

$$u_{qk1}=R_{qk1}i_{qk1}+p\psi_{qk1} \tag{4-76}$$

$$u_{qk2}=R_{qk2}i_{qk2}+p\psi_{qk2} \tag{4-77}$$

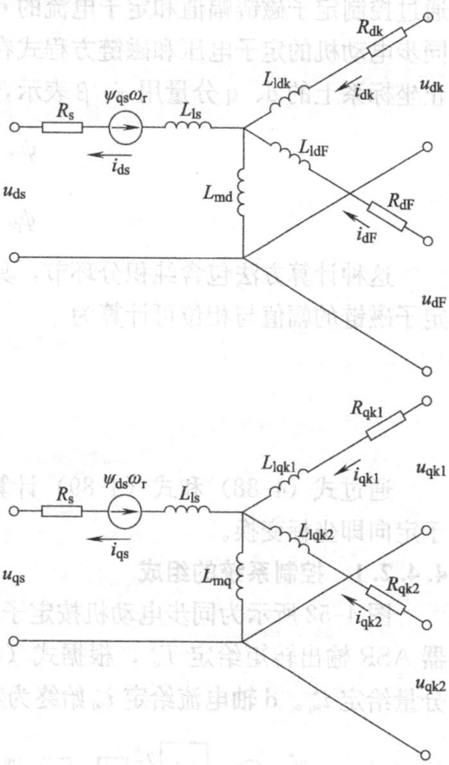

图 4-51　同步电动机在 d-q 轴上的等效电路

同步电动机的磁链方程为

$$\psi_{ds}=L_{ls}i_{ds}+L_{md}(i_{ds}+i_{dF}+i_{dk}) \tag{4-78}$$

$$\psi_{dF}=L_{ldF}i_{dF}+L_{md}(i_{ds}+i_{dF}+i_{dk}) \tag{4-79}$$

$$\psi_{dk}=L_{ldk}i_{dk}+L_{md}(i_{ds}+i_{dF}+i_{dk}) \tag{4-80}$$

$$\psi_{qs}=L_{ls}i_{qs}+L_{mq}(i_{qs}+i_{qk1}+i_{qk2}) \tag{4-81}$$

$$\psi_{qk1}=L_{lqk1}i_{qk1}+L_{mq}(i_{qs}+i_{qk1}+i_{qk2}) \tag{4-82}$$

$$\psi_{qk2}=L_{lqk2}i_{qk2}+L_{mq}(i_{qs}+i_{qk1}+i_{qk2}) \tag{4-83}$$

同步电动机的转矩方程为

$$T_e=\frac{3}{2}n_p(\psi_{ds}i_{qs}-\psi_{qs}i_{ds}) \tag{4-84}$$

它和异步电动机的转矩方程具有相同的形式。值得注意的是，这一表达式不仅适用于按转子位置定向的同步旋转坐标系，也适用于按任意速度旋转的坐标系，包括静止坐标系。

下面阐述三种常用的同步电动机的变频调速控制系统。

4.4.2　同步电动机按定子磁链定向的矢量控制调速系统

如前分析，调速的关键是控制转矩。由转矩方程式（4-84）可知，同步电动机的电磁转矩正比于定子磁链矢量和定子电流矢量的叉积，而且该方程在任意速度旋转的参考坐标上成立，包括静止参考坐标系。

如果按定子磁链定向，则 $\psi_{qs}=0$ 且 $|\boldsymbol{\psi}_s|=\psi_{ds}$，同步电动机的转矩方程变成

$$T_e=\frac{3}{2}n_p\psi_{ds}i_{qs} \tag{4-85}$$

通过控制定子磁链幅值和定子电流的q轴分量就能达到控制转矩的目的。定子磁链的计算由同步电动机的定子电压和磁链方程式在静止坐标系上完成。为了表示两种坐标系的差别，静止坐标系上的d、q分量用α、β表示，定子磁链现写成

$$\psi_{\alpha s}=\int(u_{\alpha s}-R_s i_{\alpha s})\mathrm{d}t \tag{4-86}$$

$$\psi_{\beta s}=\int(u_{\beta s}-R_s i_{\beta s})\mathrm{d}t \tag{4-87}$$

这种计算方法包含纯积分环节，具有和异步电动机电压模型磁链观测方法相同的特点。定子磁链的幅值与相位可计算为

$$|\boldsymbol{\psi}_s|=\sqrt{\psi_{\alpha s}^2+\psi_{\beta s}^2} \tag{4-88}$$

$$\theta_s=\tan\left(\frac{\psi_{\beta s}}{\psi_{\alpha s}}\right) \tag{4-89}$$

通过式（4-88）和式（4-89）计算，$|\boldsymbol{\psi}_s|$ 用于进行定子磁链幅值的闭环控制，θ_s 用于定向即坐标变换。

4.4.2.1 控制系统的组成

图4-52所示为同步电动机按定子磁链定向的矢量控制调速系统的控制框图。转速调节器ASR输出转矩给定 T_e^*，根据式（4-85），除以定子磁链幅值给定 ψ_s^* 得到定子电流q轴分量给定 i_{sq}^*。d轴电流给定 i_{sd}^* 始终为零以减小变频装置的容量。

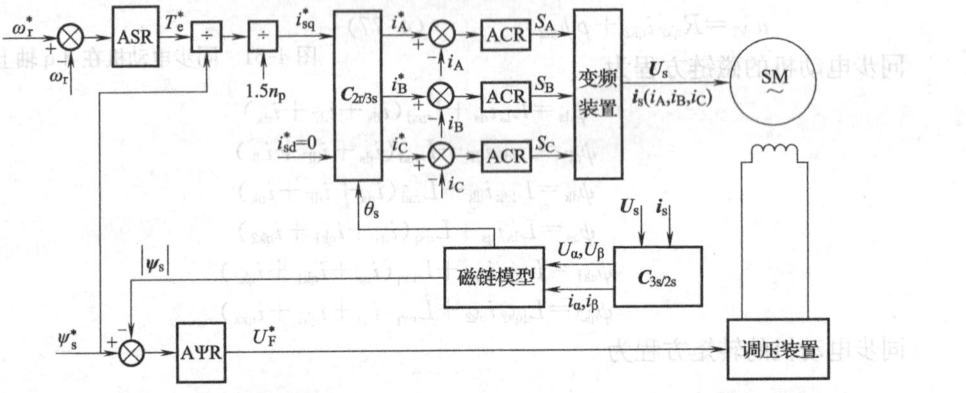

图4-52 同步电动机按定子磁链定向的矢量控制调速系统的控制框图

由于需要检测是定子磁链，按式（4-86）和式（4-87）建立的同步电动机定子磁链模型结构如图4-53所示。

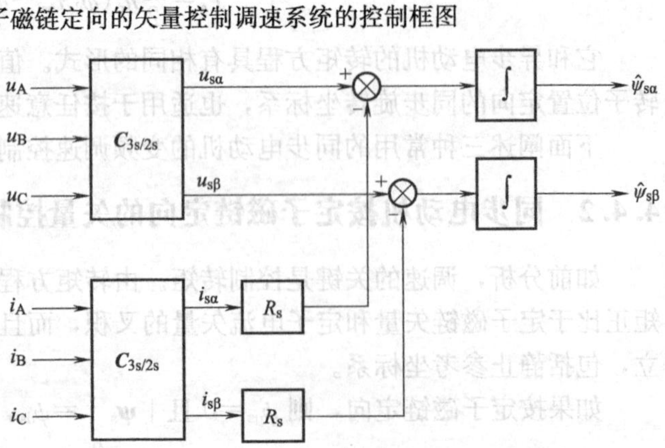

图4-53 同步电动机定子磁链模型结构

三相定子电压及电流变换到两相静止坐标系后由磁链模型算出定子磁链 $\hat{\psi}_{s\alpha}$ 和 $\hat{\psi}_{s\beta}$，再由式（4-88）和式（4-89）计算其幅值 $|\boldsymbol{\psi}_s|$ 及相角 θ_s。根据定子电流的给定值 i_{sq}^*、i_{sd}^* 及定向角 θ_s 进行反旋转变换可以得到三相静止坐标系上的定子电流给定值 i_A^*、i_B^*

及 i_C^*，与三相定子电流的实际值 i_A、i_B 及 i_C 比较，经电流调节器 ACR 得到变频装置的开关控制指令。与此同时，定子磁链的给定值 ψ_s^* 与实际定子磁链幅值的估计值进行比较，经磁链调节器 AΨR 得到 U_f^*，用以调节同步电动机的励磁电压。

4.4.2.2 MATLAB/Simulink 仿真

Release 2007a 以上的 MATLAB/Simulink 版本都提供同步电动机按定子磁链定向的矢量控制调速系统的 Simulink 模型。该模型位于工具箱 SimPowerSystem 下子工具箱 Electric Drives 内，图 4-54 所示是利用该模型建立的矢量控制调速系统。该模型 AC5 包括 PWM 有源整流单元、直流环节、PWM 逆变器、带励磁绕组的同步电动机、转速控制器及转矩磁链矢量控制器。电流调节器采用的是滞环比较的方式。转矩磁链矢量控制器和转速控制器的采样时间可分别设置。Simulink 提供的基于定子磁链定向的同步电动机矢量控制变频调速系统作了离散化处理，仿真速度相当快。

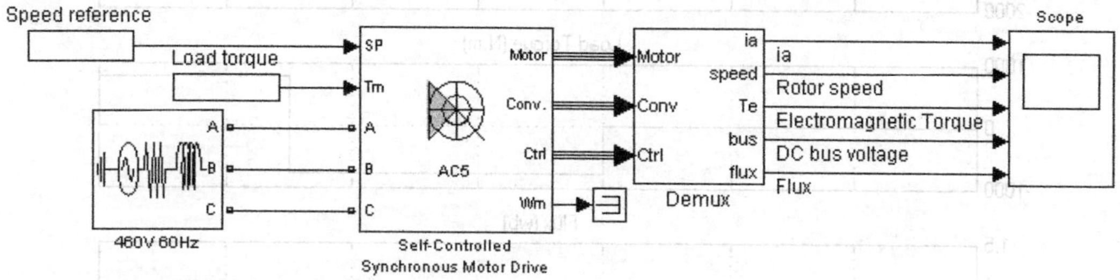

图 4-54 同步电动机按定子磁链定向的矢量控制调速系统的 Simulink 模型

该调速系统既可运行于转矩控制模式又可运行于转速控制模式。当同步电动机运行于发电模式时，电能通过 PWM 整流器回馈给电网。

图 4-55 给出了 200hp（1hp＝745.700W，后同）同步电动机按定子磁链定向的矢量控制波形。该电动机的主要参数如下：$R_s=2.01\text{m}\Omega$，$L_{ls}=0.4289\text{mH}$，$R_{df}=0.4083\text{m}\Omega$，$L_{ldf}=0.429\text{mH}$，$R_{dk}=8.25\text{m}\Omega$，$L_{ldk}=0.85\text{mH}$，$L_{md}=4.477\text{mH}$；设该电动机的 q 轴阻尼绕组只有一套，$R_{qk}=13.89\text{m}\Omega$，$L_{lqk}=1.44\text{mH}$，$L_{mq}=1.54\text{mH}$。

在 0～1.0s 时段进行的是磁通初始化。这时采用的是固定的开关模式，直到转子磁链达到额定值 1Wb，同步电动机的定子电流调节器才投入工作。

在时刻 $t=1.5\text{s}$，转速指令由 0 爬坡至 200r/min，可以看到实际转速精确地跟踪转速给定，定子电流的幅值与频率也同时逐渐上升。

在时刻 $t=3.0\text{s}$，转轴上突加了额定负载转矩，电动机转速略有下降，很快就达到指令值 200r/min。注意，图 4-55 中电磁转矩为负代表电动运行状态，电磁转矩为正代表发电运行状态。

在时刻 $t=4.0\text{s}$，转速指令变成 0r/min，电动机输出转矩自动减小以适应这一变化。可以看到在减速过程中，实际转速精确地跟随转速指令，在时刻 $t=6.0\text{s}$ 达到 0r/min。

在时刻 $t=5.5\text{s}$，负载转矩的符号变了。可以看到实际转速有小的超调，电动机的电磁转矩很快稳定在新值上。

从图 4-55 中还可以观察到电动机磁链无论在电动运行状态还是发电运行状态都能保持接近恒定。

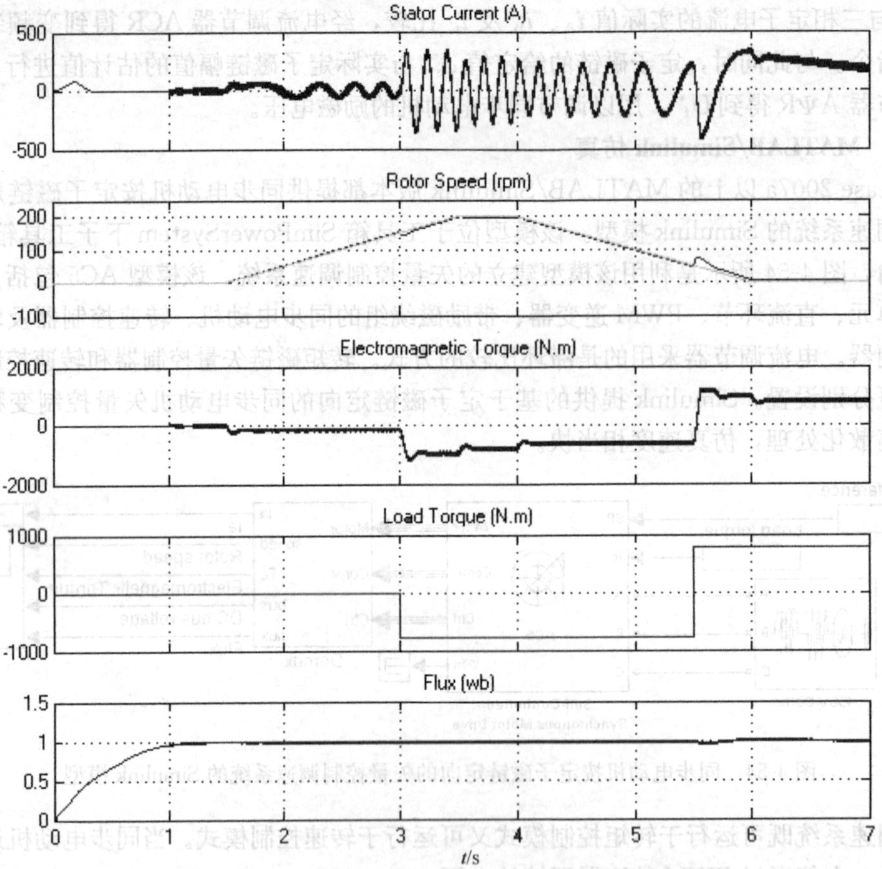

图 4-55 同步电动机按定子磁链定向的矢量控制波形

4.4.3 永磁同步电动机按转子位置定向的矢量控制系统

永磁同步电动机在伺服控制领域应用得十分广泛。它的特点是转子由永久磁钢组成，无励磁绕组。这种电动机的优点是没有励磁铜耗，效率高，功率密度高及转子转动惯量小；缺点是无法对磁链进行灵活控制。按转子位置定向的矢量控制系统是工业上常用的永磁同步电动机的调速方案。

4.4.3.1 控制系统的组成

由于永磁同步电动机的转子上无励磁绕组，其矢量控制系统通常都没有励磁控制环节，而只有转矩控制/电流控制，控制系统框图如图 4-56 所示。

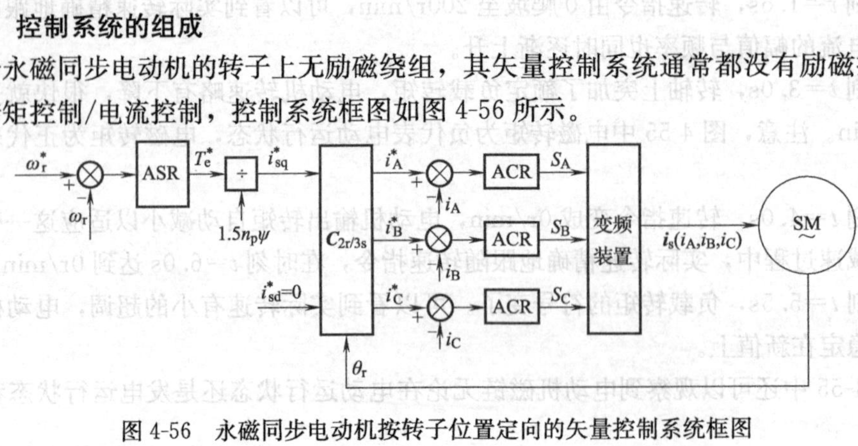

图 4-56 永磁同步电动机按转子位置定向的矢量控制系统框图

4.4.3.2　MATLAB/Simulink 仿真

图 4-57 所示是在 Simulink 环境中，利用 SimPowerSystem 工具箱中的 Electric Drives 模块组建立的矢量控制调速系统。该模型 AC6 包括二极管不控整流单元、直流环节制动单元、PWM 逆变器、永磁同步电动机、转速控制器及转矩控制器。转矩控制器和转速控制器的采样时间可分别设置。Simulink 提供的基于转子位置定向的永磁同步电动机矢量控制变频调速系统作了离散化处理，仿真速度相当快。

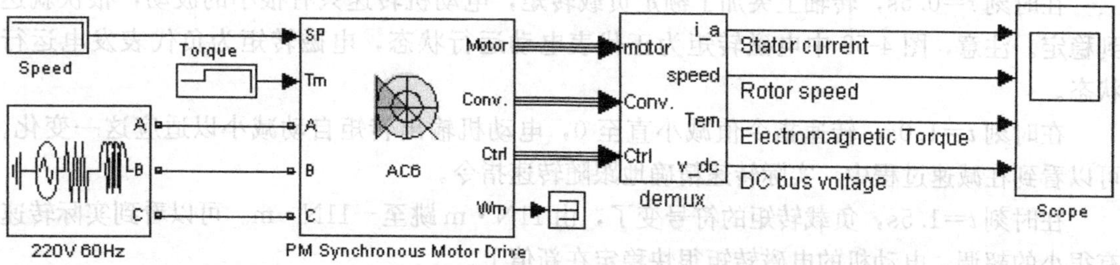

图 4-57　永磁同步电动机按转子位置定向的矢量控制系统的 Simulink 模型

该调速系统既可运行于转矩控制模式又可运行于转速控制模式。当同步电动机运行于发电模式时，电能通过直流环节制动单元的电阻消耗掉。

图 4-58 是 3hp 永磁同步电动机的矢量控制波形。该电动机的主要参数如下：$R_s=$

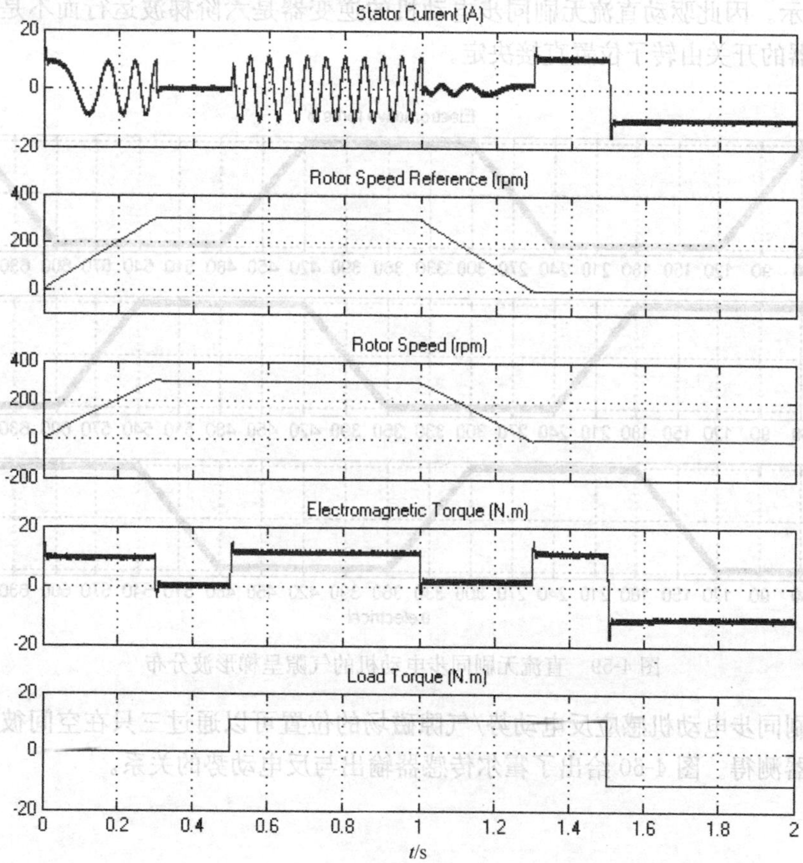

图 4-58　永磁同步电动机按转子位置定向的矢量控制系统波形

0.2Ω，L_{md}=8.5mH，L_{mq}=8.5mH，ψ=0.175Wb，为永久磁钢产生的磁链。由于永久磁钢的电阻很大，通常电动机模型都忽略这种电动机的阻尼绕组，因此永磁同步电动机的 Simulink 模型参数很少。

永磁同步电动机的矢量控制无须磁链初始化过程。

在时刻 t=0s，转速指令开始由 0 爬坡至 300r/min，可以看到实际转速精确地跟踪转速给定，定子电流的频率也同时逐渐上升。

在时刻 t=0.5s，转轴上突加了额定负载转矩，电动机转速只有很小的波动，很快就达到稳定。注意，图 4-58 中电磁转矩为正代表电动运行状态，电磁转矩为负代表发电运行状态。

在时刻 t=1.0s，转速指令值减小直至 0，电动机输出转矩自动减小以适应这一变化。可以看到在减速过程中，实际转速精确地跟随转速指令。

在时刻 t=1.5s，负载转矩的符号变了，由 11N·m 跳至−11N·m。可以看到实际转速有很小的超调，电动机的电磁转矩很快稳定在新值上。

4.4.4 直流无刷同步电动机控制系统

直流无刷同步电动机是一种特殊的永磁同步电动机，在家用电器中有广泛的应用。其独特的绕组分布方式使得永久磁钢产生的气隙磁场及反电动势呈梯形波分布，而非正弦分布，如图 4-59 所示。因此驱动直流无刷同步电动机的逆变器是六阶梯波运行而不是 PWM 运行模式。逆变器的开关由转子位置直接决定。

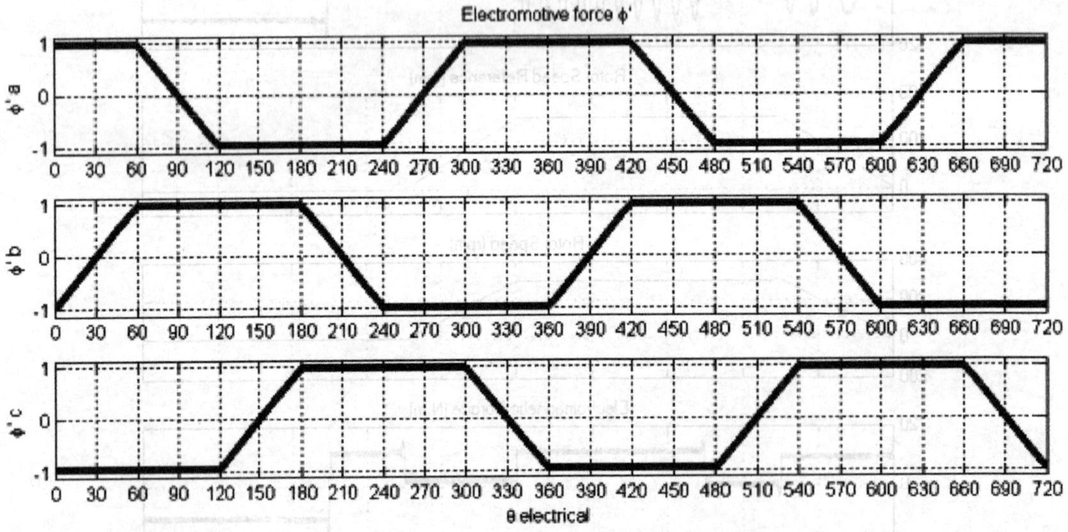

图 4-59 直流无刷同步电动机的气隙呈梯形波分布

直流无刷同步电动机感应反电动势/气隙磁场的位置可以通过三只在空间彼此间隔 120°的霍尔传感器测得。图 4-60 给出了霍尔传感器输出与反电动势的关系。

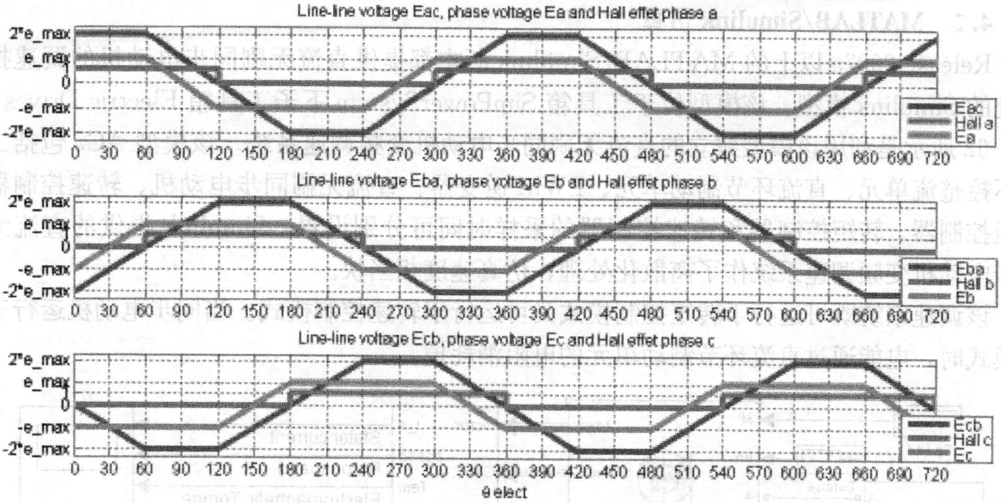

Hall a	Hall b	Hall c	EMF _ a	EMF _ b	EMF _ c
0	0	0	0	0	0
0	0	1	0	−1	1
0	1	0	−1	1	0
0	1	1	−1	0	+1
1	0	0	1	0	−1
1	0	1	1	−1	0
1	1	0	0	1	−1
1	1	1	0	0	0

图 4-60　霍尔传感器输出与反电动势的关系

4.4.4.1　控制系统组成

直流无刷同步电动机的控制与图 4-58 类似。不同之处在于直流无刷同步电动机的控制是在三相静止坐标系上进行的，通过转矩命令计算定子电流的幅值 i_s^*，再根据霍尔信号生成三相静止坐标系上的定子电流给定值 i_A^*、i_B^* 及 i_C^*，与三相定子电流的实际值 i_A、i_B 及 i_C 比较，经电流调节器 ACR 得到变频装置的开关控制指令，如图 4-61 所示。

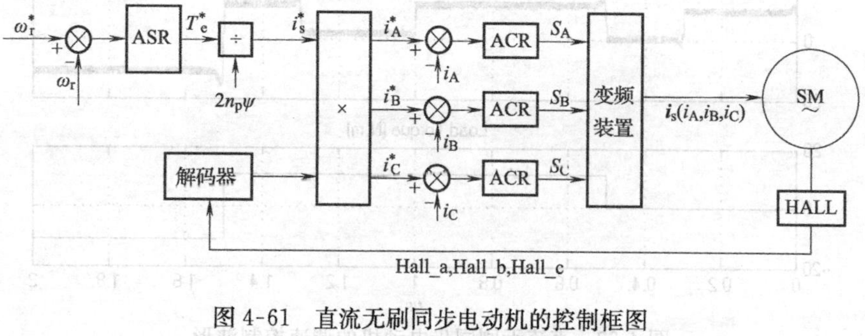

图 4-61　直流无刷同步电动机的控制框图

4.4.4.2 MATLAB/Simulink 仿真

Release 2007a 以上的 MATLAB/Simulink 版本都提供直流无刷同步电动机的调速控制系统的 Simulink 模型。该模型位于工具箱 SimPowerSystem 下子工具箱 Electric Drives 内，图 4-62 所示是利用该模型建立的直流无刷同步电动机变频调速系统。该模型 AC7 包括二极管不控整流单元、直流环节制动单元、PWM 逆变器、直流无刷同步电动机、转速控制器及转矩控制器。转矩控制器和转速控制器的采样时间可分别设置。Simulink 提供的直流无刷同步电动机变频调速系统作了离散化处理，仿真速度相当快。

该调速系统既可运行于转矩控制模式又可运行于转速控制模式。当同步电动机运行于发电模式时，电能通过直流环节制动单元的电阻消耗掉。

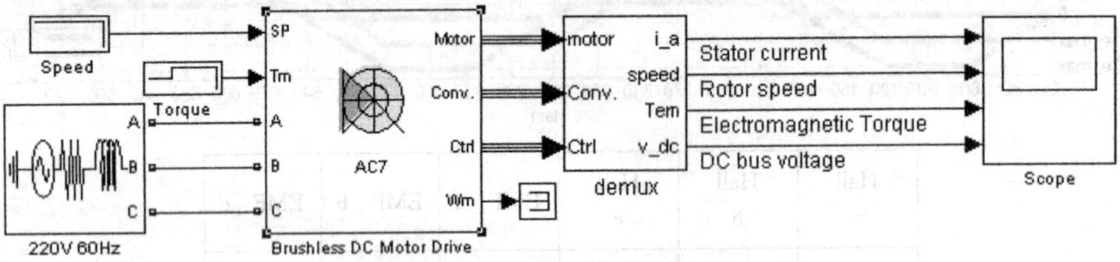

图 4-62 直流无刷同步电动机变频调速系统的 Simulink 模型

图 4-63 是 3hp 直流无刷同步电动机的调速控制波形。该电动机的主要参数如下：$R_s=$

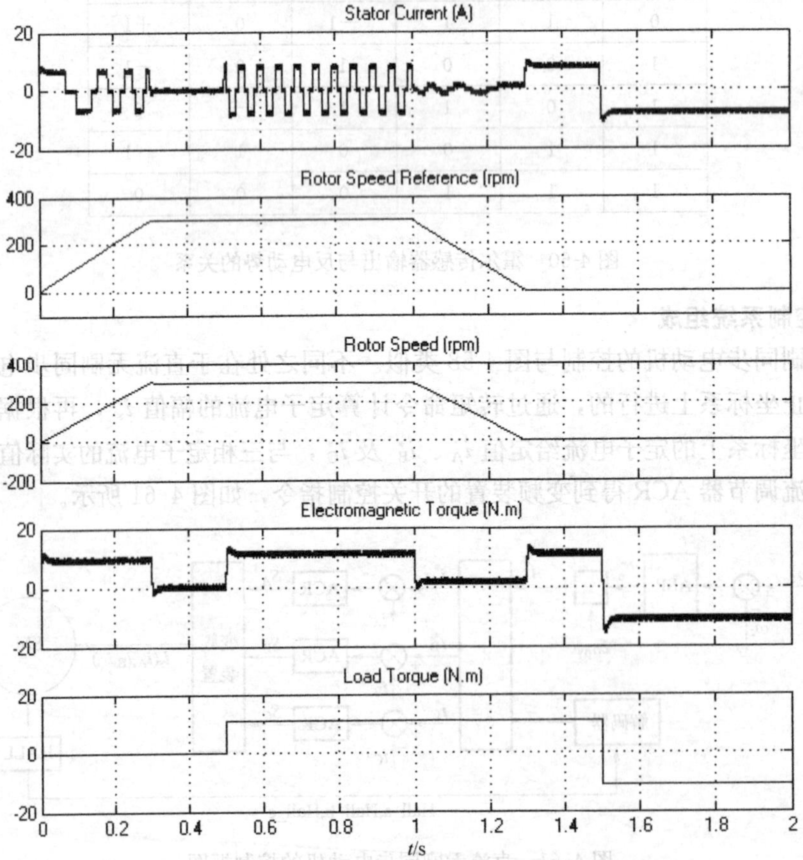

图 4-63 直流无刷同步电动机的调速控制波形

0.2Ω，L_{md}=8.5mH，L_{mq}=8.5mH，ψ=0.175Wb，φ_{flat}=120°，φ_{flat}为反电动势的平顶区域，当φ_{flat}=0°时，直流无刷同步电动机就是正弦波永磁同步电动机。与永磁同步电动机类似，由于永久磁钢的电阻很大，通常直流无刷同步电动机模型也都忽略电动机的阻尼绕组，因此其相应的 Simulink 模型参数也很少。

由于有永磁体，直流无刷同步电动机的调速控制也无须磁链初始化过程。

在时刻 t=0s，转速指令开始由 0 爬坡至 300r/min，可以看到实际转速精确地跟踪转速给定，定子电流的频率也同时逐渐上升。

在时刻 t=0.5s，转轴上突加了额定负载转矩，电动机转速只有很小的波动，很快就达到稳定。注意，图 4-63 中电磁转矩为正代表电动运行状态，电磁转矩为负代表发电运行状态。

在时刻 t=1.0s，转速指令值减小直至 0，电动机输出转矩自动减小以适应这一变化。可以看到在减速过程中，实际转速精确地跟随转速指令。

在时刻 t=1.5s，负载转矩的符号变了，由 11N·m 跳至－11N·m。可以看到实际转速有很小的超调，电动机的电磁转矩很快稳定在新值上。

对比图 4-58，可以发现在同样的转矩输出条件下，直流无刷同步电动机所需的定子电流幅值小于正弦波永磁同步电动机所需的定子电流幅值。这是直流无刷同步电动机的突出优点。

本 章 小 结

交流调速是目前主要的电力传动系统方案，因而本章作为本书最重要的内容详细介绍了交流电动机传动控制的基本原理、调速方法、系统结构和控制策略。其中，异步电动机基于稳态模型的调速系统结构简单，控制方便，适用于软起动和节能控制的低成本场合；基于动态模型的矢量控制和直接转矩控制具有优良的系统动、静态特性，适用于高性能场合；而异步电动机双馈控制在大功率电力传动的应用中有特殊优势。同步电动机因其功率因数可调、所需变频器相对容量小，以及控制精度高和动态相应快等优点，已在许多应用场合取代异步电动机调速方案。因此，读者可根据需要选择学习内容。

思考题与习题

1. 何谓异步电动机的动态等效电路和稳态等效电路？两者之间有何不同？
2. 异步电动机的变压调速需要何种交流电源？有哪些交流调压方法？
3. 异步电动机的变压调速开环控制系统和闭环控制系统性能有何不同？
4. 从异步电动机等效电路分析变压变频调速有哪几种控制模式？其各自的机械特性有何不同？
5. 交流调速矢量控制系统的基本思想是什么？为何采用矢量控制可以使交流调速系统达到与直流调速系统相当的性能？
6. 交流调速直接转矩控制系统的基本思想是什么？试分析比较矢量控制系统与直接转矩控制系统各有何特点。
7. 如何实现异步电动机的双馈控制？分析低同步转速与超同步转速运行时的转差功率流向和控制模式。

8. 同步电动机有哪两种基本控制方式？其主要区别在何处？

9. 梯形波永磁同步电动机自控变频调速系统和正弦波永磁同步电动机自控变频调速系统在组成原理上有什么区别？

10. 某交流变压调速系统，其系统结构图如图 4-8 所示，已知：异步电动机稳态模型的参数为 $K_{MA}=7.1\text{r}/(\text{min}\cdot\text{V})$，$T_m=0.58\text{s}$；交流调压器的参数为 $K_s=38\text{s}$，$T_s=0.01\text{s}$；转速反馈环节的参数为 $K_n=0.004\text{V}\cdot\text{min}/\text{r}$，$T_d=0.01\text{s}$。试设计转速调节器，使闭环系统稳定，并达到动态超调量小和稳态无静差的要求。

第5章　电力传动控制系统的分析与设计

本章在系统分析与设计方面，首先根据调速控制系统与位置控制系统的不同特点，分别定义系统的稳态性能指标和动态性能指标，对系统设计提出基本的要求。对于系统设计的核心问题——PID调节器的结构选择及参数计算，在介绍Ziegler-Nichols整定法和调节器最佳整定设计法的基础上，着重论述基于典型系统的工程设计方法，有关数字PID调节器的设计可作为选修内容。最后介绍基于MATLAB的系统仿真方法，并给出系统分析实例。

5.1　电力传动控制系统的性能指标

在生产实际中，对电力传动控制系统的稳态性能和动态性能都有一定的要求，例如要求系统起动迅速、运行平稳、调速方便、响应快捷等。所有这些要求都可以转化为电力传动控制系统的稳态性能指标和动态性能指标，作为系统分析与设计的基本依据。调速控制系统和位置控制系统的性能指标有所不同，下面分别予以介绍。

5.1.1　电力传动控制系统的控制要求

1. 调速控制的基本要求

各种生产机械对调速控制系统都有一定的要求，归纳起来可分为以下三个方面：

1）调速。在一定的最高速度与最低速度范围之内，能够分挡（有级）地或平滑（无级）地调节速度。

2）稳速。以一定的精度在所需速度上稳定地运行，不因各种可能的外来干扰（如负载突变、电网电压波动等）而产生过大的速度波动。

3）加、减速。对频繁起、制动的生产机械要求尽快地加、减速，缩短起、制动时间，提高生产率；对不宜经受剧烈速度变化的生产机械，则要求起、制动尽量平稳。

以上三个方面有时都必须具备，有时只要求满足其中两项或一项，并且其中有些方面还可能是相互制约的，应根据具体应用场合来定。为了定量地分析问题，需要定义相应的性能指标。

2. 位置控制的基本要求

位置控制系统的根本任务就是使输出量快速而又准确地跟随给定量的变化，其基本要求主要包括以下三个方面：

1）快速性。输出量应快速地响应给定指令。

2）准确性。输出量应控制在目标值所允许的误差范围之内。

3）稳定性。当受到各种外部干扰时，系统应能保持稳定工作的状态。

5.1.2　电力传动控制系统的稳态性能指标

1. 调速控制的稳态指标

稳态指标又称为静态指标，调速控制系统的稳态指标包括调速范围与静差率，由第1章的式（1-44）和式（1-45）表示。而且，调速范围 D 与静差率 δ 两项性能指标是互相制约的，其相互关系如式（1-46）所述，即

$$D=\frac{n_N\delta}{\Delta n_N(1-\delta)} \tag{5-1}$$

例 5-1 某一开环控制的变压调速系统电动机的额定转速为 1500r/min，额定速降 $\Delta n_N=100$r/min，当要求静差率 $\delta<30\%$时，允许多大的调速范围？当要求静差率 $\delta<20\%$时，允许多大的调速范围？如果希望调速范围为 10，所能满足的静差率是多少？

解 当要求静差率 $\delta<30\%$时，调速范围为

$$D=\frac{n_N\delta}{(1-\delta)\Delta n_N}=\frac{0.3\times1500}{(1-0.3)\times100}\approx6.43$$

当要求静差率 $\delta<20\%$时，调速范围为

$$D=\frac{0.2\times1500}{(1-0.2)\times100}=3.75$$

若调速范围达到 10，则静差率只能是

$$\delta=\frac{D\Delta n_N}{n_N+D\Delta n_N}=\frac{10\times100}{1500+10\times100}=40\%$$

2. 位置控制的稳态指标

位置控制系统的稳态指标主要是指控制精度或控制误差。假定输出量跟踪给定指令的过渡过程结束后进入稳态，在输出量与给定量之间所具有的恒定偏差就是控制精度的度量，称为控制误差，用字母 e_{sx} 表示，即

$$e_{sx}=U_x^*-U_x \tag{5-2}$$

式中 U_x^*——位置变量 x 的给定电压；

U_x——位置变量 x 的输出电压。

对于位置控制系统，当然是希望控制误差越小越好。

5.1.3 电力传动控制系统的动态性能指标

电力传动控制系统对系统在动态过程中的系统响应要求称为动态性能指标，其衡量标准大致分为系统的跟随性能指标和抗扰性能指标两类。

1. 跟随性能指标

一般来说，系统的动态指标是指动态过程在给定输入时，随时间变化的系统输出状态，通常用系统对单位阶跃输入信号的动态响应来衡量。对图 5-1 所示的典型单位阶跃响应曲线，电力传动控制系统的动态性能指标包括上升时间、超调量和调节时间等。

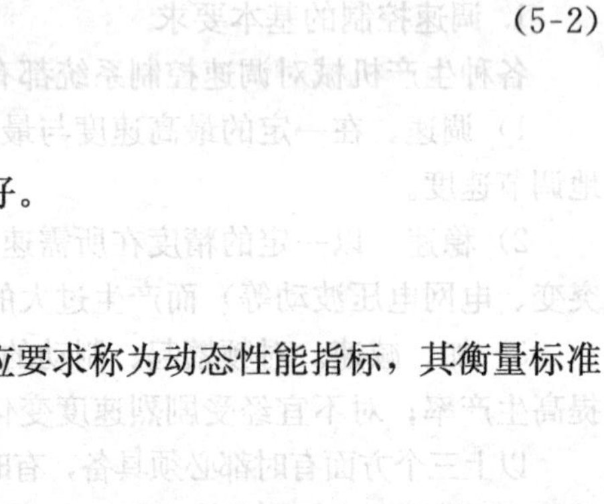

图 5-1 阶跃响应的动态过程

1）上升时间是指电力传动控制系统输出量（转速或位置）从零起始第一次上升到稳态值所经过的时间，记作 t_r，它表示系统动态响应的快速性。

2）超调量是指电力传动控制系统输出量的最大值与稳态值相对差值的百分数，记作 σ，即

$$\sigma=\frac{y_{max}-y_{\infty}}{n_{\infty}}\times100\% \tag{5-3}$$

超调量反映系统的相对稳定性，超调量越小，相对稳定性越好。

3）调节时间是指电力传动系统输出量到达并保持在稳态值±5%或更小范围内所需的时间，记作 t_s。调节时间又称为过渡过程时间，它衡量输出量整个调节过程的快慢，且又包含系统的稳定性。

2. 抗扰性能指标

除此以外，电力传动控制系统的动态指标还需考虑系统在外加扰动情况下的抗扰性能，设系统稳定运行时突加一个扰动量 F，如果系统的动态响应曲线如图 5-2 所示，其动态降落和恢复时间定义如下：

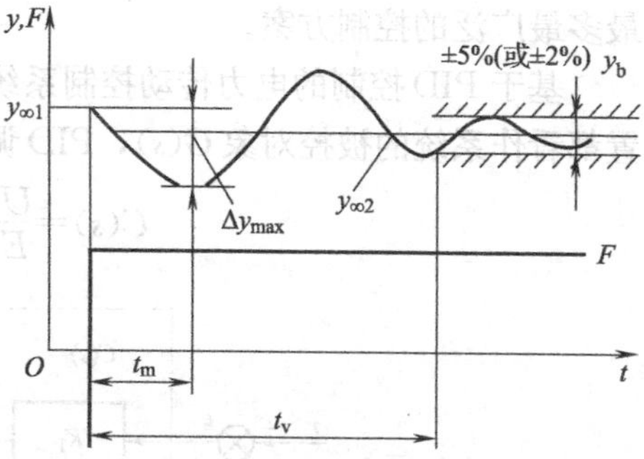

图 5-2 突加扰动的动态过程

1）动态降落为系统稳定运行时，突加扰动后所引起的系统的输出量（转速或位置）的最大降落值称为动态降落，记作 Δy_{max}。一般用 Δy_{max} 占输出量原稳态值 $y_{\infty 1}$ 的百分数来表示，即

$$\Delta y_{max}=\frac{|y_{max}-y_{\infty 1}|}{y_{\infty 1}}\times 100\% \tag{5-4}$$

2）恢复时间 t_v 是指从阶跃扰动作用开始，到输出量恢复稳态，达到新的稳态值 $y_{\infty 2}$ 的系统调节时间，记作 t_v。一般以系统输出 $y(t)$ 进入 $y_{\infty 2}$ 或某基准值 y_b 的±5%或更小范围之内所需的时间，基准值 y_b 的选择视对系统稳态精度的要求情况而定。

上述动态性能指标对于调速控制和位置控制都能适用，只是输出量 $y(t)$ 所代表的实际物理量不同而已。一般而言，要求系统的 t_r、σ 和 t_s 要小，且 Δy_{max} 及 t_v 也要小，这说明系统的动态响应快和抗干扰性高。但是，实际控制系统对于各种稳态和动态性能指标的要求各不相同。例如，可逆轧钢机需要连续正反向轧制许多道次，因而对转速的动态跟随性能和抗扰性能都有较高的要求，而一般生产中用的不可逆调速系统则主要要求一定的转速抗扰性能，其跟随性能如何没有多大关系；工业机器人和数控机床用的位置控制系统需要很强的跟随性能，而大型天线的随动系统除需要良好的跟随性能外，对抗扰性能也有一定的要求。总之，稳态精度和动态稳定性是两种系统都必须具备的，而在动态指标方面，调速控制系统以抗扰性能为主，位置控制系统以跟随性能为主。不过有时系统的稳态和动态指标是矛盾的，需要折中考虑。

5.2 电力传动控制系统的设计方法

从例 5-1 可知，采用开环控制的电力传动控制系统往往不能满足生产工艺的要求，解决问题的办法就是采用反馈控制。但是，为了使反馈控制的闭环系统满足所需的静、动态性能指标，必须正确设计调节器。这是因为在设计电力传动控制系统时，往往会遇到稳态、动态性能指标之间发生矛盾的情况，这时需要选择合适的调节器类型和整定控制参数，通过动态校正来改造被控系统，使之同时满足各项指标的要求。

5.2.1 系统设计的基本原理和方法

电力传动控制系统设计的基本过程是：根据实际的生产工艺需求、系统被控对象的结构和参数，通过分析各环节的传递函数，设计调节器的结构和参数，使系统的稳态和动态性能指标达到要求。因此，系统设计的关键就是调节器的设计。

控制理论与控制技术今天已取得了令人瞩目的成就，特别是随着计算机技术和信息技术的飞速发展，一些先进控制策略不断推出，过去难以实现的复杂算法得到应用。尽管如此，PID 调节器仍然是迄今为止最基本和最常用的控制方法，也是电力传动控制系统中实际应用最多最广泛的控制方案。

基于 PID 控制的电力传动控制系统如图 5-3 所示，这里将电动机和电力电子变流器等装置都看作系统的被控对象 $G(s)$，PID 调节器的传递函数 $C(s)$ 可表示为

$$C(s)=\frac{U(s)}{E(s)}=K_{\mathrm{P}}\left(1+\frac{1}{T_{\mathrm{I}}s}+T_{\mathrm{D}}s\right) \tag{5-5}$$

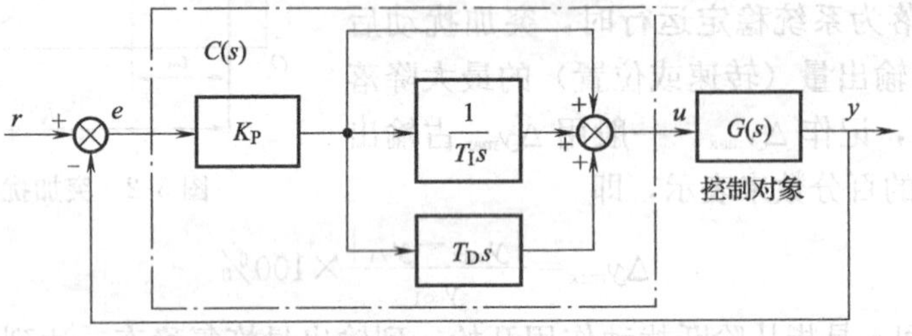

图 5-3 基于 PID 控制的电力传动控制系统

在实际应用中，根据控制对象的特性和要求，可以灵活选择调节器结构，取其中一部分环节构成控制规律，如比例（P）调节器、比例积分（PI）调节器、比例积分微分（PID）调节器等。这样，系统设计的基本问题就是选择调节器结构和确定控制参数：比例系数 K_{P}、积分时间常数 T_{I} 或微分时间常数 T_{D}。

然而，由于 PID 调节器的三个参数存在多种的组合可能，相互之间又有影响，使得参数整定过程复杂繁琐，一直困扰着工程技术人员，因此寻求简洁的 PID 参数整定方法具有十分重要的工程实际意义。

为此，Ziegler 和 Nichols 于 1942 年首先提出了一种求解方法，现被称为 Ziegler-Nichols 整定法[36]。该方法的设计要点是：如果假定系统被控对象可以近似为一阶惯性加延时环节，其传递函数表示为

$$G(s)=\frac{K\mathrm{e}^{-\tau s}}{1+Ts} \tag{5-6}$$

式中 K——被控系统的开环增益；

τ——被控系统的延时时间常数；

T——被控系统的惯性时间常数。

若采用 PID 调节器，其传递函数由式（5-5）表示，则可按如下 Ziegler-Nichols 整定公式来选取 PID 调节器参数，即有

$$\begin{cases} K_{\mathrm{P}}=\dfrac{1.2T}{K\tau} \\ T_{\mathrm{I}}=2\tau \\ T_{\mathrm{D}}=0.5\tau \end{cases} \tag{5-7}$$

在实际使用时，通常根据被控系统的阶跃响应曲线（见图 5-4），从图中测量出被控系统参数 K、T 和 τ，然后按式（5-7）计算 PID 调节器参数 K_P、T_I 和 T_D。如果利用计算机进行辅助设计，则可以通过系统辨识确定被控系统的参数。

此后，许多学者相继研究和发展了众多的 PID 调节器参数设计方法[37]。

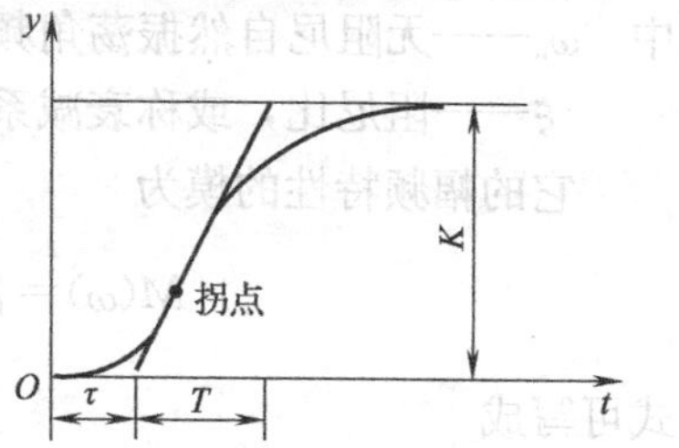

图 5-4　一阶惯性加延时环节的阶跃响应曲线

5.2.2　调节器最佳整定设计法

Ziegler-Nichols 整定法是基于线性控制理论的时域分析来设计调节器的，另一种解决方法是基于频域分析，利用系统的开环对数频率特性的 Bode 图（Bode Diagram），通过系统校正来设计调节器。反馈控制系统的典型 Bode 图如图 5-5 所示，它具有以下反映系统性能的特征：

1）中频段截止频率 ω_c（又称交界频率、剪切频率）附近的斜率应为 −20dB/dec（分贝/十倍频程），而且这一斜率具有足够的频带宽度，则系统的稳定性好。

2）ω_c 越大，系统的快速性越好。

3）低频段的斜率陡、增益高，表示系统的稳态精度好。

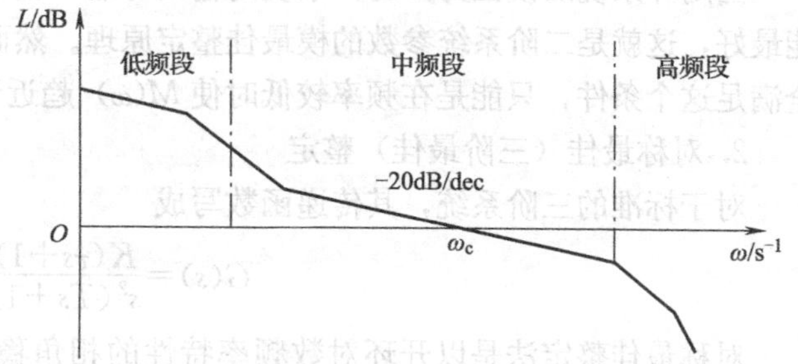

图 5-5　反馈控制系统的典型 Bode 图

4）高频段衰减得越快，则系统抗高频噪声干扰的能力越强。

在实际系统中，上述四方面往往是互相矛盾的，设计时需用多种手段，反复试凑，才能获得比较满意的结果。

工程界针对这类系统的调节器设计提出了各种简便的设计方法，在已知控制对象数学模型及其参数的前提下，只要进行简单的分析和计算，就可以确定调节器的类型和参数，从而避免了繁琐的绘图与试凑。在这方面，Siemens 公司早在 20 世纪 60 年代提出了“调节器最佳整定设计法”，作为其工程设计人员的设计与调试准则，该方法简单好记，使用方便，至今仍在沿用。

在最佳整定设计法中，作为设计标准的系统也分为两类，即①模最佳整定（二阶最佳系统）；②对称最佳整定（三阶最佳系统）。所谓“最佳”，在德文原文中的含义是：调节器参数的“最佳整定”，它与控制理论中的“最佳（最优）控制”的意义完全不同。

1. 模最佳（二阶最佳）整定

模最佳整定法的基本原理是设计调节器，使得闭环系统的幅频特性 $G_{cl}(j\omega)$ 的模 $M(\omega)$ 恒等于 1，即

$$M(\omega)=|G_{cl}(j\omega)|\equiv 1 \tag{5-8}$$

对于标准的二阶系统，它的闭环传递函数为

$$G_{cl}(s)=\frac{y(s)}{r(s)}=\frac{\omega_n^2}{s^2+2\xi\omega_n+\omega_n^2} \tag{5-9}$$

式中　ω_n——无阻尼自然振荡角频率，或称固有角频率；

ξ——阻尼比，或称衰减系数。

它的幅频特性的模为

$$M(\omega)=|G_{cl}(j\omega)|=\frac{\omega_n^2}{\sqrt{(\omega_n^2-\omega^2)^2+4\xi^2\omega_n^2\omega^2}}$$

上式可写成

$$M(\omega)=\frac{1}{\sqrt{1+(4\xi^2-2)^2\frac{\omega^2}{\omega_n^2}+\frac{\omega^4}{\omega_n^4}}} \tag{5-10}$$

显然，要使式（5-10）在低频带内趋近于1的条件是：$\omega \ll \omega_n$，$4\xi^2-2=0$，即

$$\xi=\frac{1}{\sqrt{2}}=0.707 \tag{5-11}$$

当闭环系统的模恒为1时，系统的输出与输入相等，这表明系统动态误差为零，跟随性能最好，这就是二阶系统参数的模最佳整定原理。然而实际系统总有惯性或滞后，不可能完全满足这个条件，只能是在频率较低时使$M(\omega)$趋近于1。

2. 对称最佳（三阶最佳）整定

对于标准的三阶系统，其传递函数写成

$$G(s)=\frac{K(\tau s+1)}{s^2(Ts+1)} \tag{5-12}$$

对称最佳整定法是以开环对数频率特性的相角稳定裕量最大γ_{max}作为调节器的设计准则。为此，对式（5-12）表示的三阶系统求其开环对数频率特性的相角稳定裕量，有

$$\gamma=\arctan\omega_c\tau-\arctan\omega_c T \tag{5-13}$$

再令$d\gamma/d\omega_c=0$，解出满足γ_{max}的截止频率ω_c为

$$\omega_c=\frac{1}{\sqrt{\tau T}} \tag{5-14}$$

式（5-14）表明，此时ω_c恰好位于开环对数幅频特性两个转折频率$1/\tau$和$1/T$的中点，也就是说，在Bode图上的系统开环对数幅频特性的两个拐点在ω_c左右对称，所以按γ_{max}的参数整定叫做“对称最佳整定”。进一步推导可得“对称最佳整定”参数关系为[1]

$$\tau=4T \tag{5-15}$$

$$K=\frac{1}{8T^2} \tag{5-16}$$

由式（5-12）所表示的标准三阶系统在“对称最佳整定”参数关系下的阶跃响应跟随性能可经计算求得：超调量$\sigma=43.4\%$，上升时间$t_r=3.1T$。这样的超调量显然太大，于是，对称最佳整定法在闭环系统前面再加入一个给定滤波环节，并取其传递函数为

$$G_{fl}(s)=\frac{1}{\tau s+1}=\frac{1}{4Ts+1} \tag{5-17}$$

接入此给定滤波环节后恰好把原系统分子中的比例微分项消掉，从而降低了超调量，计算后得：$\sigma=8.1\%$，$t_r=3.1T$。

最佳整定法把种类繁多的控制系统概括为简单的二阶和三阶系统，意义明确；把计算复杂的频率法转变成简单的代数公式，简明好记；这些优点是它能够得到广泛应用的主要原

因。但是，最佳整定法也存在一些缺陷，设计结果只有一种参数是“最佳”，使实际应用时无法按照工艺要求有不同的选择；只按线性系统规律进行分析，没有考虑饱和非线性问题，使设计的调节器参数往往到实际应用时还要重新进行试凑性的整定，增加了现场调试工作量。

5.2.3　基于典型系统的工程设计方法[1]

针对“最佳整定法”的一些不足，陈伯时教授等学者在实践的基础上进行了研究和改进，在 20 世纪 80 年代提出了“基于典型系统的工程设计方法”，具有更切合实际、更有效的设计效果，在理论上也得到更清晰的阐述。

5.2.3.1　典型系统的概念

一般来说，许多控制系统的开环传递函数都可表示为如下通用形式：

$$G(s)=\frac{K\prod_{j=1}^{m}(\tau_j s+1)}{s^r\prod_{i=1}^{n}(T_i s+1)} \tag{5-18}$$

在式（5-18）的分子和分母中还可能含有复数零点和复数极点诸项，分母中 s^r 项表示该系统在原点处有 r 重极点，或者说，系统含有 r 个积分环节。通常按 r=0、1、2、3、…来区分系统，分别称作 0 型、I 型、II 型、III 型……系统。0 型系统稳态精度低，而 III 型及其以上的系统很难稳定。因此，为了确保稳定性并具有较好的稳态精度，多用 I 型和 II 型系统。

基于典型系统的工程设计方法是在 I 型和 II 型系统中各选择一种系统作为典型，保证典型系统是稳定的，并有足够的稳定裕量。设计时，首先选择调节器的结构，使闭环系统的开环传递函数校正成典型系统，然后再确定调节器的参数，以满足系统的各项动态性能指标。这样做相当于把四方面的矛盾关系分两步来解决：第一步先解决主要矛盾：动态稳定性和稳态精度；第二再进一步满足其他动态性能指标。

1. 典型 I 型系统

在 I 型系统中，选择一个结构简单的只包含一个积分环节和一个惯性环节的二阶系统作为典型 I 型系统，其开环传递函数为

$$G(s)=\frac{K(\tau s+1)}{s(Ts+1)} \tag{5-19}$$

典型 I 型系统的开环对数频率特性如图 5-6 所示，由特性可知 $K=\omega_c$，当 $\omega_c<1/T$，或 $\omega_c T<1$ 时，对数幅频特性中频段以 -20dB/dec 的斜率穿越 0dB 贝线，而且宽度极大，系统稳定。

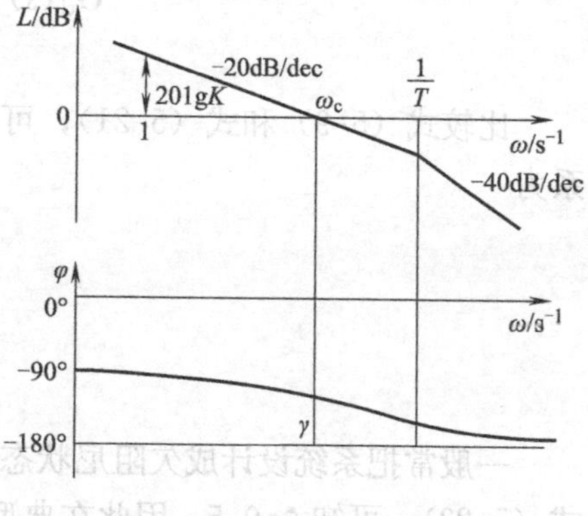

图 5-6　典型 I 型系统的开环对数频率特性

典型 I 型系统是一阶无差系统，$K=\omega_c<1/T$，稳定裕量大，超调量小。调速系统的电流环和简单的定位伺服系统经简化后都能等效成典型 I 型系统。

2. 典型 II 型系统

在各种 II 型系统中，现选择包含两个积分环节、一个惯性环节和一个比例微分环节的三阶系统作为典

型的II型系统，其开环传递函数为

$$G(s)=\frac{K(\tau s+1)}{s^2(Ts+1)} \tag{5-20}$$

典型II型系统的开环对数频率特性如图5-7所示，只要$\frac{1}{\tau}<\omega_c<\frac{1}{T}$，或$\tau>T$，就可保证中频段以−20dB/dec斜率穿越0dB线，具有相当大的相角稳定裕度。

典型II型系统的结构虽然比典型I型系统复杂一些，但属于二阶无差系统，稳态精度高，而且抗扰性能好，只是阶跃响应的超调量略大。调速系统的转速环和许多伺服系统经简化后都能等效成典型II型系统。

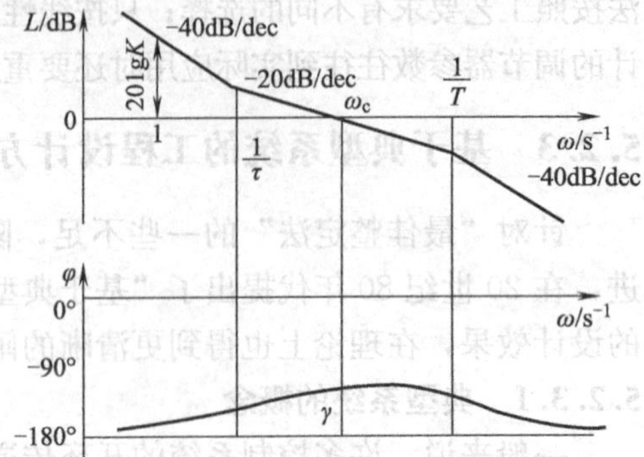

图5-7 典型II型系统的开环对数频率特性

5.2.3.2 典型系统性能指标与参数的关系

1. 典型I型系统性能指标与参数的关系

(1) 稳态跟随性能指标

表5-1给出了I型系统在不同典型输入信号作用下的稳态误差，在阶跃输入下的I型系统稳态时是无差的，在斜坡输入下则有与K值成反比的恒值稳态误差，在加速度输入下稳态误差为∞。因此，I型系统不能用于具有加速度输入的伺服系统。

表5-1 I型系统在不同典型输入信号作用下的稳态误差

输入信号	阶跃输入$R(t)=R_0$	斜坡输入$R(t)=v_0t$	加速度输入$R(t)=\frac{a_0t^2}{2}$
稳态误差	0	v_0/K	∞

(2) 动态跟随性能指标

由式(5-19)可知，典型I型系统是二阶的，按式(5-9)表示的典型I型系统的闭环传递函数为

$$G_{cl}(s)=\frac{G(s)}{1+G(s)}=\frac{\frac{K}{T}}{s^2+\frac{1}{T}s+\frac{K}{T}} \tag{5-21}$$

比较式(5-9)和式(5-21)，可得参数K、T与标准形式中的参数ω_n、ξ之间的换算关系为

$$\omega_n=\sqrt{\frac{K}{T}} \tag{5-22}$$

$$\xi=\frac{1}{2}\sqrt{\frac{1}{KT}} \tag{5-23}$$

一般常把系统设计成欠阻尼状态，即$0<\xi<1$。在典型I型系统中，$KT<1$，代入ξ的式(5-23)，可知$\xi>0.5$，因此在典型I型系统中应取$0.5<\xi<1$。

表5-2给出了$0.5<\xi<1$时典型I型系统各项动态跟随性能指标和频域指标与参数

KT 的关系，当系统的时间常数 T 已知时，随着 K 的增大，系统的快速性增强，而稳定性变差。

表 5-2 典型 I 型系统各项动态跟随性能指标和频域指标与参数 KT 的关系

参数关系 KT	0.25	0.39	0.50	0.69	1.0
阻尼比 ξ	1.0	0.8	0.707	0.6	0.5
超调量 σ% (%)	0	1.5	4.3	9.5	16.3
上升时间 t_r	∞	$6.6T$	$4.7T$	$3.3T$	$2.4T$
峰值时间 t_p	∞	$8.3T$	$6.2T$	$4.7T$	$3.6T$
相角稳定裕度 γ/ (°)	76.3	69.9	65.5	59.2	51.8
截止频率 ω_c	$0.243/T$	$0.367/T$	$0.455/T$	$0.596/T$	$0.786/T$

(3) 动态抗扰性能指标

当扰动作用点不同时，系统的抗扰性能也不一样。文献 [1] 给出了一种典型 I 型系统动态抗扰性能指标与参数的关系，见表 5-3。

表 5-3 典型 I 型系统动态抗扰性能指标与参数的关系

$m=\frac{T_1}{T_2}=\frac{T}{T_2}$	$\frac{1}{5}$	$\frac{1}{10}$	$\frac{1}{20}$	$\frac{1}{30}$
$\frac{\Delta C_{max}}{C_b}\times 100\%$	55.5%	33.2%	18.5%	12.9%
t_m/T	2.8	3.4	3.8	4.0
t_v/T	14.7	21.7	28.7	30.4

由上述分析，综合典型 I 型系统动、静态性能指标，将系统校正到 $KT=0.5$ 左右，能获得较好的性能。

2. 典型 II 型系统性能指标与参数的关系

典型 II 型系统的待定参数有两个：K 和 τ，为了分析方便起见，引入一个新的变量 h，即

$$h=\frac{\tau}{T}=\frac{\omega_2}{\omega_1} \tag{5-24}$$

h 是斜率为 -20dB/dec 的中频段的宽度（对数坐标），称作“中频宽”。

根据振荡指标法中的闭环幅频特性峰值 M_r 最小准则，可以找到 h 和 ω_c 两个参数之间的一种最佳配合。这一准则表明，对于一定的 h 值，只有一个确定的 ω_c（或 K），可以得到最小的闭环幅频特性峰值 $M_{r(min)}$。在 $M_{r(min)}$ 准则下的“最佳频比”是

$$\frac{\omega_2}{\omega_c}=\frac{2h}{h+1} \tag{5-25}$$

$$\frac{\omega_c}{\omega_1}=\frac{h+1}{2} \tag{5-26}$$

对应的最小闭环幅频特性峰值是

$$M_{r(min)}=\frac{h+1}{h-1} \tag{5-27}$$

表 5-4 列出了不同中频宽 h 值时，$M_{r(min)}$ 值和对应的最佳频比。

表 5-4 不同中频宽 h 值时的 $M_{r(min)}$ 值及最佳频比

h	3	4	5	6	7	8	9	10
$M_{r(min)}$	2.00	1.67	1.50	1.40	1.33	1.29	1.25	1.22
ω_2/ω_c	1.50	1.60	1.67	1.71	1.75	1.78	1.80	1.82
ω_c/ω_1	2.0	2.5	3.0	3.5	4.0	4.5	5.0	5.5

由 h 的定义可知

$$\tau = hT \tag{5-28}$$

由图 5-7 可以看出

$$20\lg K = 40(\lg\omega_1 - \lg 1) + 20(\lg\omega_c - \lg\omega_1) = 20\lg\omega_1\omega_c$$

因此

$$K = \omega_1\omega_c = \frac{h+1}{2h^2T^2} \tag{5-29}$$

式 (5-28) 和式 (5-29) 是计算典型 II 型系统参数的公式。

(1) 稳态跟随性能指标

II 型系统在不同的典型输入信号作用下的稳态误差列于表 5-5 中。由此可见，在阶跃输入和斜坡输入下，II 型系统在稳态时都是无差的，在加速度输入下，稳态误差的大小与开环增益 K 成反比。

表 5-5 II 型系统在不同的典型输入信号作用下的稳态误差

输入信号	阶跃输入 $R(t)=R_0$	斜坡输入 $R(t)=v_0t$	加速度输入 $R(t)=\frac{a_0t^2}{2}$
稳态误差	0	0	a_0/K

(2) 动态跟随性能指标

以 T 为时间基准，典型 II 型系统的阶跃输入跟随性能指标列于表 5-6 中。

表 5-6 典型 II 型系统的阶跃输入跟随性能指标（按 $M_{r(min)}$ 准则确定参数关系）

h	3	4	5	6	7	8	9	10
σ% (%)	52.6	43.6	37.6	33.2	29.8	27.2	25.0	23.3
t_r/T	2.40	2.65	2.85	3.0	3.1	3.2	3.3	3.35
t_s/T	12.15	11.65	9.55	10.45	11.30	12.25	13.25	14.20
K	3	2	2	1	1	1	1	1

从表 5-6 中可见，由于过渡过程的衰减振荡性质，调节时间随 h 的变化不是单调的，$h=5$ 时的调节时间最短。此外，h 减小时，上升时间快，h 增大时，超调量小，把各项指标综合起来看，以 $h=5$ 的动态跟随性能比较适中。

(3) 动态抗扰性能指标

文献 [1] 给出了不同 h 值时典型 II 型系统的动态抗扰性能指标与参数的关系列于表5-7 中，表中最大动态降落用的基准值为 y_b。

表 5-7 典型 II 型系统动态抗扰性能指标与参数的关系

h	3	4	5	6	7	8	9	10
$\Delta y_{max}/y_b$ (%)	72.2	77.5	81.2	84.0	86.3	88.1	89.6	90.8
t_m/T	2.45	2.70	2.85	3.00	3.15	3.25	3.30	3.40
t_v/T	13.60	10.45	8.80	12.95	16.85	19.80	22.80	25.85

由表 5-7 可见，h 值越小，$\Delta y_{max}/y_b$ 也越小，t_m 和 t_v 都短，因而抗扰性能越好。但是，当 $h<5$ 时，由于振荡次数的增加，h 再小，恢复时间 t_v 反而拖长了。由此可见，$h=5$ 是较好的选择，这与跟随性能中调节时间 t_s 最短的条件是一致的。

在具体设计工作中，实际控制对象的结构是多种多样的，有时在配上调节器后，并不能校正成典型系统的形式，需要对控制对象的传递函数做近似处理后，才能选择适当的调节器，使整体系统构成典型 I 型系统或典型 II 型系统。如何进行近似处理，请参见文献[1]。

5.2.3.3 调节器的设计步骤

采用基于典型系统的工程设计方法进行电力传动控制系统调节器的设计步骤如下：

1）根据生产工艺对系统性能的要求，确定典型系统的类型和期望参数，例如典型 I 型系统的 KT 或典型 II 型系统的 h 值。

2）被控对象数学模型的近似处理，通过高频段小惯性环节的近似处理、高阶系统的降阶近似处理、低频段大惯性环节的近似处理以及纯滞后环节的近似处理等措施，将被控对象的传递函数近似为易于被调节器校正成典型系统的形式。

3）调节器结构设计，针对不同的被控对象模型结构，设计调节器的类型，可选择 P 调节器、PI 调节器、PD 调节器或 PID 调节器。

4）调节器参数选择，通过选择适合的参数，用调节器的零、极点对消掉被控对象的零、极点，将非典型系统校正成典型系统；几种校正成典型 I 型系统和典型 II 型系统的控制对象和相应的调节器传递函数列于表 5-8 和表 5-9 中，表中还给出了参数配合关系。

表 5-8 校正成典型 I 型系统的调节器传递函数和参数配合

控制对象	$\dfrac{K_2}{(T_1s+1)(T_2s+1)}$ $T_1>T_2$	$\dfrac{K_2}{Ts+1}$	$\dfrac{K_2}{s(Ts+1)}$	$\dfrac{K_2}{(T_1s+1)(T_2s+1)(T_3s+1)}$ T_1、$T_2>T_3$	$\dfrac{K_2}{(T_1s+1)(T_2s+1)(T_3s+1)}$ $T_1\gg T_2$、T_3
调节器	$\dfrac{K_{PI}(\tau s+1)}{\tau s}$	$\dfrac{1}{T_Is}$	K_P	$\dfrac{(\tau_1s+1)(\tau_2+1)}{\tau s}$	$\dfrac{K_{PI}(\tau s+1)}{\tau s}$
参数配合	$\tau=T_1$			$\tau_1=T_1$，$\tau_2=T_2$	$\tau=T_1$ $T_\Sigma=T_2+T_3$

表 5-9 校正成典型 II 型系统的调节器传递函数和参数配合

控制对象	$\dfrac{K_2}{s(Ts+1)}$	$\dfrac{K_2}{(T_1s+1)(T_2s+1)}$ $T_1\gg T_2$	$\dfrac{K_2}{s(T_1s+1)(T_2s+1)}$ T_1、T_2 相近	$\dfrac{K_2}{s(T_1s+1)(T_2s+1)}$ T_1、T_2 都很小	$\dfrac{K_2}{(T_1s+1)(T_2s+1)(T_3s+1)}$ $T_1\gg T_2$、T_3
调节器	$\dfrac{K_{PI}(\tau s+1)}{\tau s}$	$\dfrac{K_{PI}(\tau s+1)}{\tau s}$	$\dfrac{(\tau_1s+1)(\tau_2+1)}{\tau s}$	$\dfrac{K_{PI}(\tau s+1)}{\tau s}$	$\dfrac{K_{PI}(\tau s+1)}{\tau s}$
参数配合	$\tau=hT$	$\tau=hT_2$， $\dfrac{1}{T_1s+1}\approx\dfrac{1}{T_1s}$	$\tau_1=hT_1$，$\tau_2=T_2$ 或 $\tau_1=hT_2$，$\tau_2=T_1$	$\tau=h(T_1+T_2)$	$\tau=h(T_2+T_3)$， $\dfrac{1}{T_1s+1}\approx\dfrac{1}{T_1s}$

5）调节器参数计算，根据调节器参数与典型系统参数的关系，计算出相应的调节器参数值。

6）系统性能的校核，将已设计好的调节器及其参数组成的闭环系统进行性能校核，以检验所设计的调节器是否能控制电力传动控制系统达到生产工艺要求。

对于多环的电力传动控制系统，系统设计和校正往往遵循先内环后外环的原则，即先设计内环的调节器，将系统内环校正成较低阶的典型系统；再设计外环的调节器，将整个系统校正成典型系统，并满足系统性能指标要求。

5.2.3.4 系统设计举例

例 5-2 现以图 4-28 所示的基于电压型逆变器的直接转子磁场定向的矢量控制系统为例，按照基于典型系统的工程设计方法进行设计。

解 (1) 系统结构分析

该系统在转速环和磁链环内各带一个电流内环，以改善电流控制性能。如果忽略逆变器和电流环小时间常数的影响，T_e^* 后面的"$\div\psi_r$"可以和电动机模型中固有的"$\times\psi_r$"对消，实现了转矩与转子磁链的动态解耦。于是整个矢量控制系统可以解耦成转速和磁链两个线性子系统，其结构图如图 4-30 所示。图中，近似认为电流闭环是一阶惯性环节，$T_{\Sigma i}$是其等效的小时间常数，采用电流闭环控制的 PWM 变频器—异步电动机数学模型近似看成是两个电流分量输入的数学模型。

(2) 磁链调节器的设计

按图 4-30，将磁链子系统画成如图 5-8 所示的结构，图中暂不考虑给定和反馈的滤波，将电流闭环近似认为是一阶惯性环节，$T_{\Sigma i}$是其等效的小时间常数。

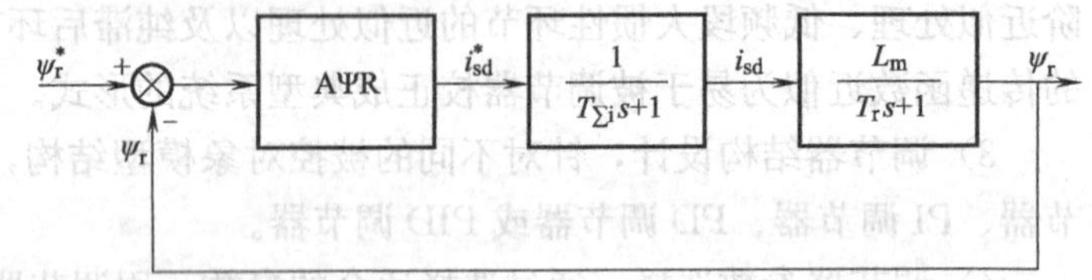

图 5-8 矢量控制系统解耦后的磁链子系统结构

对磁链环的要求是超调小和无静差，因此 AΨR 也应采用 PI 调节器，并把磁链环校正成典型Ⅰ型系统。AΨR 的传递函数为

$$G_{A\Psi R}(s)=\frac{K_\psi(\tau_\psi s+1)}{\tau_\psi s} \tag{5-30}$$

磁链环的开环传递函数为

$$G_\psi(s)=\frac{K_\psi(\tau_\psi s+1)}{\tau_\psi s}\frac{L_m}{(T_{\Sigma i}s+1)(T_r s+1)}=\frac{K_\Psi(\tau_\psi s+1)}{s(T_{\Sigma i}s+1)(T_r s+1)} \tag{5-31}$$

式中 K_Ψ——磁链环开环增益

$$K_\Psi=\frac{K_\psi L_m}{\tau_\psi} \tag{5-32}$$

按照典型Ⅰ型系统的参数关系，取 $\tau_\psi=T_r$，$K_\Psi=\frac{1}{2T_{\Sigma i}}$，于是 $K_\psi=\frac{T_r}{2L_m T_{\Sigma i}}$，且开环传递函数可简化为

$$G_\psi(s)=\frac{K_\Psi}{s(T_{\Sigma i}s+1)} \tag{5-33}$$

这正是典型Ⅰ型系统。

(3) 转速调节器的设计

同样，按图 4-30 可将转速子系统画成如图 5-9 所示的结构，图中也暂不考虑给定和反馈的滤波，将电流闭环近似认为是一阶惯性环节，$T_{\Sigma i}$是其等效的小时间常数。

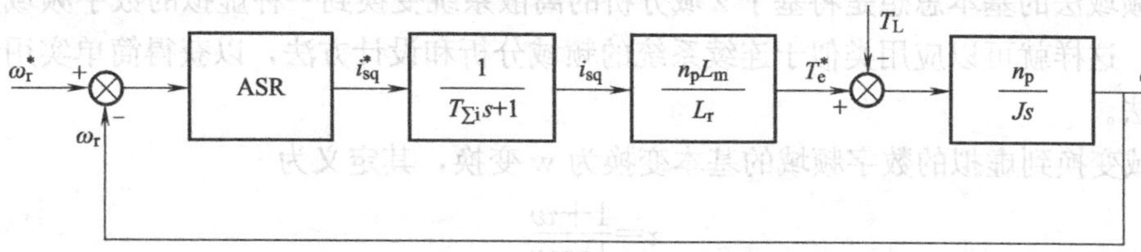

图 5-9　矢量控制系统解耦后的转速子系统结构

在高性能的矢量控制系统中，对转速环的主要要求和直流调速系统中是一样的：转速无静差、抗负载扰动能力强，许多系统还希望有快速的动态转速响应。因此，应该把转速环校正成典型 II 型系统，ASR 应采用 PI 调节器，其传递函数为

$$G_{ASR}(s)=\frac{K_\omega(\tau_\omega s+1)}{\tau_\omega s} \tag{5-34}$$

于是转速环的开环传递函数为

$$G_\omega(s)=\frac{K_\omega(\tau_\omega s+1)}{\tau_\omega s}\frac{n_p^2L_m}{JL_r s(T_{\Sigma i}s+1)}=\frac{K_\Omega(\tau_\omega s+1)}{s^2(T_{\Sigma i}s+1)} \tag{5-35}$$

式中　K_Ω——转速环开环增益

$$K_\Omega=\frac{K_\omega n_p^2L_m}{JL_r\tau_\omega} \tag{5-36}$$

按照典型 II 型系统的参数关系，取 $h=5$，则 $\tau_\omega=5T_{\Sigma i}$，$K_\Omega=\frac{6}{50T_{\Sigma i}^2}$，因此 $K_\omega=\frac{0.6JL_r}{n_p^2L_mT_{\Sigma i}}$。

*5.2.4　数字控制系统的设计方法

前述的几种系统设计都是针对线性连续控制系统的设计和校正方法，随着计算机技术的广泛应用，基于微机控制或 DSP 控制的电力传动控制系统已成为今天实际应用系统的主流。对于数字控制系统的设计，主要有模拟化设计和离散化设计两类方法：

1) 模拟化设计方法是把控制系统进行模拟化处理，将数字环节转化为等效的模拟环节，然后按连续系统方法设计调节器，再将所设计的调节器数字化。但是，在离散化过程中会引起调节器的脉冲响应和频率响应失真等问题，使得由连续方法设计的参数一般要经过反复修正才能在数字控制系统中使用。

2) 离散化设计方法是把控制系统直接进行离散化处理，求出系统的脉冲传递函数，然后按离散系统理论设计数字控制器。由于在设计过程中不需要进行离散化和反离散化处理，因而这种直接数字设计方法计算简单、结果精确，且可以实现复杂的控制策略，更适用于数字控制系统的设计。常用的离散化设计方法有：最少拍系统设计法、无波纹最少拍系统设计法等[38]。

但是，如果采用通常的离散化设计方法来设计电力传动控制系统的调节器，往往难以把设计好的数字控制器从结构到参数与实际的调节器联系起来，这给系统的实现带来困难。因此，如何寻求一种像连续系统那样简单实用的工程设计方法，以简化调节器设计，减少系统调试工作，是值得探讨的问题。笔者曾在这方面有所尝试，采用数字频域法，研究一种类似于连续系统工程设计方法的离散系统工程设计法[39]。

1. 数字频域法概要[40]

数字频域法的基本思想是将基于 z 域分析的离散系统变换到一种虚拟的数字频域进行分析和设计，这样就可以应用类似于连续系统的频域分析和设计方法，以获得简单实用的调节器设计方法。

从 z 域变换到虚拟的数字频域的基本变换为 w 变换，其定义为

$$z=\frac{1+w}{1-w} \tag{5-37}$$

其反变换为

$$w=\frac{z-1}{z+1} \tag{5-38}$$

由 w 表示的双线性变换将原在 z 平面的系统转换到 w 平面，其映射关系如图 5-10 所示，原来处于 z 平面上单位圆内的点被映射到 w 平面的左半平面；而在 z 平面单位圆外的点被映射到 w 平面的右半平面。

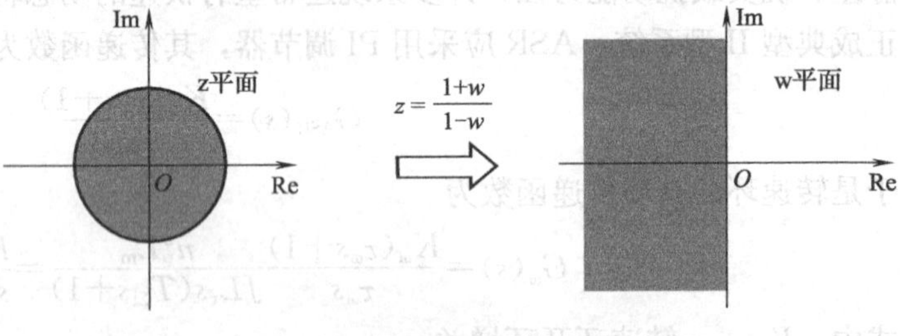

图 5-10　从 z 域到 w 域的变换映射关系

经过 w 变换，可以看出离散系统得到了类似于连续系统在 s 平面的表示形式，例如，稳定系统的根轨迹位于 w 域的左半平面，不稳定系统的根轨迹位于 w 域的右半平面。但是，在 s 域与 w 域之间虽然幅值特性相似，它们的频率响应却因发生了畸变而不同。因而要利用数字频域进行系统分析和设计，必须在虚拟频率 ω_w 与实际频率 ω 之间进行适当的匹配。为此，对 w 变换进行改进，引入一个新的变换，记为 v 变换。令

$$w=\frac{T_s}{2}v \tag{5-39}$$

式中　T_s——离散系统的采样时间。

将式（5-39）代入式（5-38）可推导出 v 变换与 z 变换之间的关系，即有

$$z=\frac{1+\frac{T_s}{2}v}{1-\frac{T_s}{2}v} \tag{5-40}$$

其反变换为

$$v=\frac{2}{T_s}\frac{z-1}{z+1} \tag{5-41}$$

经过新的 v 变换，同样可实现从 z 平面上的单位圆到 v 平面的左半平面的映射，且使虚拟的数字频率 ω_v 与实际频率 ω 在高采样频率和低角频率情况下近似相等[36]。也就是说，v 平面相对于 s 平面，系统不仅在几何上是相似的，而且在数值上也是相近的。这样就可以在 v 平面上采用类似于连续系统在 s 域的频域设计来设计数字调节器，所得结果也接近实际应用。

2. 基于 v 域的数字调节器设计

现以电力传动控制系统常用的 PI 调节器为例来说明如何用数字频域法进行调节器设计。根据式（5-5），PI 调节器的传递函数可写成

$$G_{PI}(s)=K_P+\frac{K_I}{s} \tag{5-42}$$

式中 K_I——积分系数，$K_I=K_P/T_I$。

利用 Tastin 变换

$$s=\frac{2}{T_s}\frac{1-z^{-1}}{1+z^{-1}} \tag{5-43}$$

可得数字 PI 调节器的脉冲传递函数

$$G_{PI}(z)=K_P+K_I\frac{T_s}{2}\frac{z+1}{z-1} \tag{5-44}$$

再进行 v 变换，将数字 PI 调节器表示为

$$G_{PI}(v)=K_P+\frac{K_I}{v} \tag{5-45}$$

比较式（5-45）与式（5-42），可以发现数字 PI 调节器在 v 域的表达式与模拟 PI 调节器在 s 域的表达式在形式上是相同的。因此，可以采用类似的方法进行参数整定。

现令 $v=\mathrm{j}\omega_v$ 并代入式（5-45），就得到 PI 调节器在 v 平面上的频域响应函数为

$$G_{PI}(\mathrm{j}\omega_v)=K_P-\mathrm{j}\left(\frac{K_I}{\omega_v}\right)=A(\omega_v)\mathrm{e}^{-\mathrm{j}\varphi(\omega_v)} \tag{5-46}$$

式中 $A(w_v)$——幅频特性，或称为增益响应，$A(\omega_v)=|G_{PI}(\mathrm{j}\omega_v)|$；

$\varphi(\omega_v)$——相频特性，或称为相位响应。

设系统被控对象的传递函数在 v 平面可表示为 $G(v)$，则系统的特征方程为

$$1+G_{PI}(v)G(v)=0 \tag{5-47}$$

假定系统采用了 PI 调节器后在某一频率 ω_v' 上使系统的开环频率响应函数满足

$$G_{PI}(\mathrm{j}\omega_v')G(\mathrm{j}\omega_v')=1\angle 180°+\gamma_{max} \tag{5-48}$$

则该系统是稳定的，且有稳定的相位裕量 γ_{max}。由式（5-48），PI 调节器的设计应满足

$$|G_{PI}(\mathrm{j}\omega_v')|=\frac{1}{|G(\mathrm{j}\omega_v')|} \tag{5-49}$$

$$\varphi(\omega_v')=180°+\gamma_{max}-\angle G(\mathrm{j}\omega_v') \tag{5-50}$$

由于式（5-46）又可写成

$$K_P-\mathrm{j}\left(\frac{K_I}{\omega_v}\right)=|G_{PI}(\mathrm{j}\omega_v)|(\cos\varphi+\mathrm{j}\sin\varphi)$$

由此可推出 PI 调节器的参数设计的计算公式为

$$K_P=|G_{PI}(\mathrm{j}\omega_v')|\cos\varphi(\mathrm{j}\omega_v')=\frac{\cos\varphi(\mathrm{j}\omega_v')}{|G(\mathrm{j}\omega_v')|} \tag{5-51}$$

$$K_I=-\frac{\sin\varphi(\mathrm{j}\omega_v')}{|G(\mathrm{j}\omega_v')|}\omega_v' \tag{5-52}$$

综上分析，可以根据给定的系统的相位稳定裕量指标 γ_{max}，利用 Bode 图，由式（5-50）、式（5-51）和式（5-52）求得系统调节器的参数 K_P 和 K_I。这就是数字频域法设计的

基本原理。

3. 系统设计步骤

根据上述原理，可总结出采用数字频域法设计的步骤：

1）连续系统的被控对象离散化，即

$$G(z)=Z\{G(s)\} \tag{5-53}$$

2）对离散系统进行 v 变换，即

$$G(v)=G(z)\Big|_{z=\frac{1+(T_s/2)v}{1-(T_s/2)v}} \tag{5-54}$$

3）按式（5-50）、式（5-51）和式（5-52）数字频域法设计调节器参数。

4）系统性能校核。

按上述设计步骤可编制出 CAD 设计软件，进行系统分析和设计。

4. 设计举例

例 5-3 设一微机控制的转速单闭环直流调速系统如图 5-11 所示，系统采用数字 PI 调节器构成转速闭环控制，系统的被控对象的参数如下：$R=3\Omega$，$T_l=0.05\text{s}$，$T_m=0.13\text{s}$；直流变换器参数为 $K_u=4.28$，$T_u=0.0033\text{s}$；设系统的采样时间为 $T_s=0.0033\text{s}$，假定要求设计数字 PI 调节器参数，使系统有大于 35°的相位裕量。

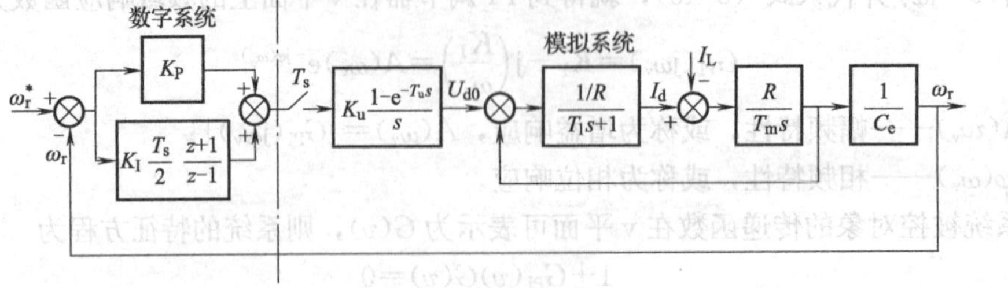

图 5-11 基于微机控制的转速单闭环直流调速系统

解 现按数字频域法设计系统调节器。

（1）连续系统的被控对象离散化，根据系统结构图可求得被控对象的传递函数

$$G(s)=\frac{1-e^{-0.0033s}}{s}\frac{35.1}{1+0.13s+0.0065s^2}$$

再由式（5-53）可得系统被控对象的离散模型

$$G(z)=Z\{G(s)\}=35.1\times\frac{0.0009z+0.0006}{z^2-1.9345z+0.936}$$

（2）按式（5-54）进行离散系统的频域变换，得

$$G(v)=G(z)\Big|_{z=\frac{1+(T_s/2)v}{1-(T_s/2)v}}=35.1\times\frac{(1-0.0017v)(1+0.0033v)}{1+0.141v+(0.084v)^2}$$

（3）数字调节器设计，若选取 $j\omega_v'=25$，可算得

$$|G(j\omega_v')|=5.6, \angle G(j\omega_v')\approx-142°$$

由式（5-50）可得系统的相位角为

$$\varphi(\omega_v')=180°+35°+142°=357°$$

由式（5-51）和式（5-52）可求出数字 PI 调节器的参数为

$$K_{\mathrm{P}}=\frac{\cos\varphi(\mathrm{j}\omega_{\mathrm{v}}')}{|G(\mathrm{j}\omega_{\mathrm{v}}')|}=\frac{\cos357^{\circ}}{5.6}\approx0.18$$

$$K_{\mathrm{I}}=-\frac{\sin\varphi(\mathrm{j}\omega_{\mathrm{v}}')}{|G(\mathrm{j}\omega_{\mathrm{v}}')|}\omega_{\mathrm{v}}'=-\frac{\sin357^{\circ}}{5.6}\times25\approx0.234$$

系统校正前的Bode图如图5-12所示，系统的对数频率特性的截止频率为$\omega_{\mathrm{c}}=66.7$，对应的相位裕量为24.9°。

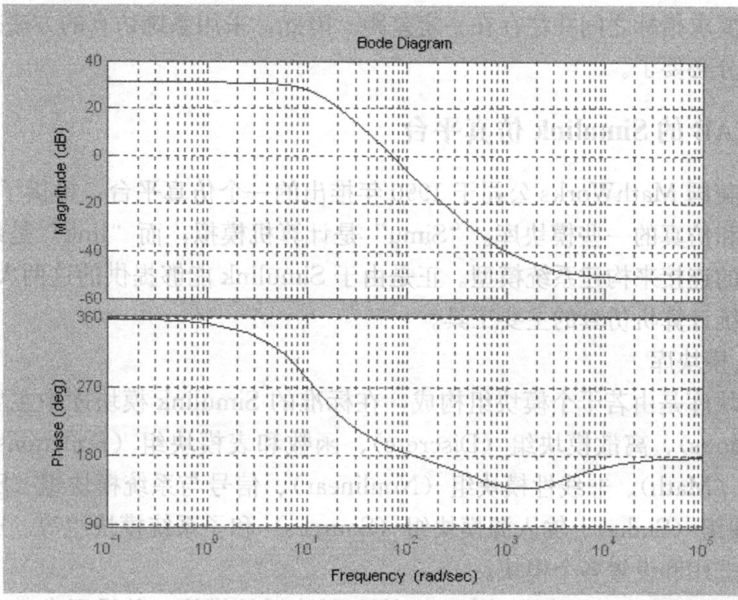

图5-12 微机控制转速单闭环直流调速系统校正前的Bode图

系统校正后的Bode图如图5-13所示，其对数频率特性的截止频率为$\omega_{\mathrm{c}}=27.2$，对应的相位裕量为37°。

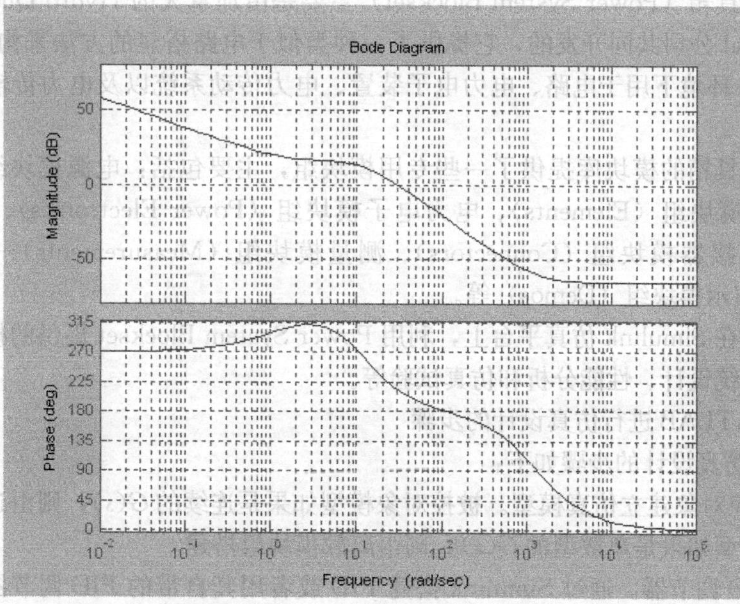

图5-13 微机控制转速单闭环直流调速系统校正后的Bode图

5.3 基于 MATLAB 的系统仿真方法

在电力传动控制系统的工程设计方法中，首先进行控制对象的分析与建模，再根据系统稳态和动态性能指标的要求，采用 PID 调节器的串联校正方案，完成典型 I 型系统或典型 II 型系统的设计[1]。严格说来，这种方法由于在系统传递函数等方面有一些近似处理，实际系统的运行性能与要求指标之间往往存在一定差距。因此，采用系统仿真的方法来完善调节器的参数设计就十分必要了。

5.3.1 MATLAB 的 Simulink 仿真平台

Simulink 是美国 MathWorks 公司于 1990 年推出的一个仿真平台，提供了在 MATLAB 环境下建立系统和仿真的一些模块库。“Simu”是计算机模拟，而“link”是系统连接，即通过系统各模块的连接来构建系统模型。正是由于 Simulink 能够提供的这两大功能和特点，使其成为控制系统计算机仿真的主要工具。

1. Simulink 模块库

Simulink 模块库是由若干个模块组构成，在标准的 Simulink 模块库中主要包含：连续模块组（Continuous）、离散模块组（Discrete）、函数和表模块组（Functions & Tables）、数学运算模块组（Math）、非线性模块组（Nonlinear）、信号与系统模块组（Signal & Systems）、输出模块组（Sinks）、输入源模块组（Sources）和子系统模块组等。通过模块库浏览器可以查看、选用和设置各个模块。

设计者只要打开 Simulink 的模型窗口，放入所选择的模块，并设置参数，再用连接线将各模块组成一个系统，然后通过系统仿真，获得实验结果。操作和运行都十分简便。

2. 电力系统工具箱

电力系统工具箱（Power System Blockset）主要是由加拿大的 Hydro Quebec 和 TECSIM International 公司共同开发的，它提供了一种类似于电路搭建的方法来构建系统模型，可以在 Simulink 环境下用于电路、电力电子装置、电力传动系统以及电力传输系统等领域的系统仿真。

电力系统工具箱的模块库提供了一些专用模块组，主要包括：电源模块组（Electrical sources）、元件模块组（Elements）、电力电子模块组（Power Electronics）、电机模块组（Machines）、连接器模块组（Connectors）、测量模块组（Measurements）、附加模块组（Extras）以及演示模块组（Demos）等。

设计者可以在 Simulink 仿真平台上，利用 Power System Blockset 提供的模块来构建系统模型，进行系统设计、性能分析和仿真试验等。

3. 采用 MATLAB 进行仿真设计的步骤

MARLAB 仿真设计的步骤如下：

1）根据被控对象建立仿真模型。被控对象模型如果是连续的 $G(s)$，则由连续模块组搭建；被控对象模型如果是离散型的 $G(z)$，则由离散模块组搭建。

2）设计 PID 调节器。通过 Simulink 搭建 PID 或者用其自带的 PID 调节器，同样要区分连续模型和离散模型。然后把调节器的参数设定为初步设计的参数。

3）建立系统反馈。设置反馈为−1，也可以根据实际的反馈对象建立模型，连接仿真系统。

4）仿真实验。通过仿真的结果修改 PID 调节器的参数，以选择合适的参数。

5.3.2　电力传动控制系统的 MATLAB 仿真举例

1. PID 调节器的仿真

图 5-14 给出了在 MATLAB/Simulink 环境下 PID 控制系统的仿真模块与单位阶跃响应曲线的仿真结果，其中：PID 调节器的参数为 $K_P=1.5$，$K_I=1.0$，$K_D=0.5$；曲线①是只有比例部分，曲线②是有比例、积分部分，曲线③则是完整的 PID 控制。由图可见：

1）采用比例控制时，系统响应速度较快，但稳态时存在较大静差。

2）采用比例积分控制时，稳态误差被完全消除，但超调量剧增。

3）采用 PID 控制时，不仅系统响应速度快，稳态无静差，而且超调量也得到了有效的控制。

改变调节器的相关参数，还可以对系统的控制规律作进一步的分析。

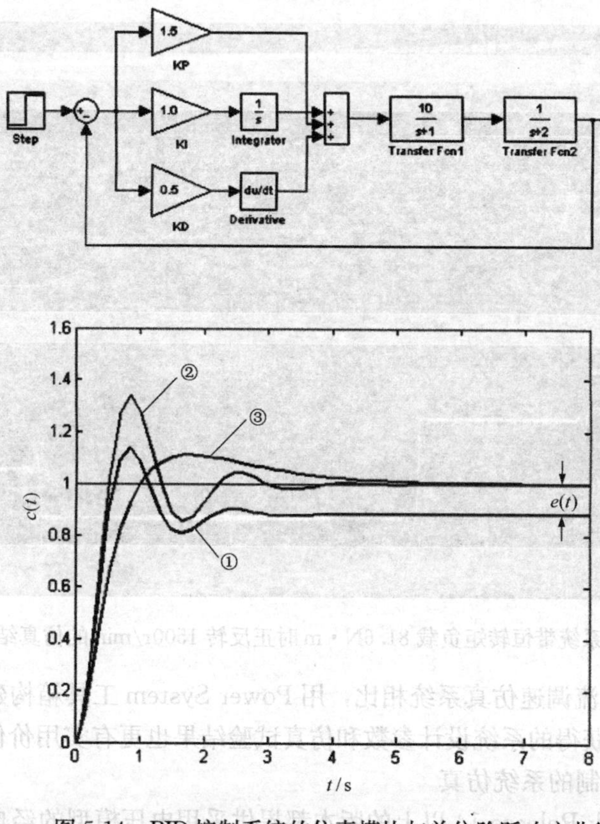

图 5-14　PID 控制系统的仿真模块与单位阶跃响应曲线

2. 转速、电流直流双闭环可逆调速系统仿真

现以例 3-6 给出的晶闸管供电的双闭环可逆直流调速系统为例，在 Simulink 仿真平台上，采用 Power System 工具箱来构建系统模型。所建立的仿真系统如图 5-15 所示，系统中

电动机、晶闸管整流器、控制器等各环节都由 Power System Blockset 提供的模块来搭建。按图 5-15 所建系统进行系统设计、性能分析和仿真试验，其结果如图 5-16～图 5-18 所示。

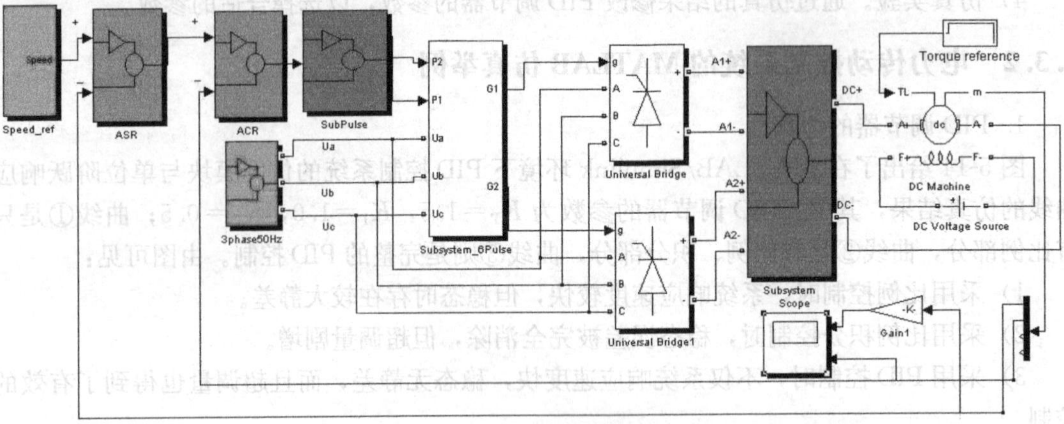

图 5-15　双闭环可逆直流调速仿真系统构成

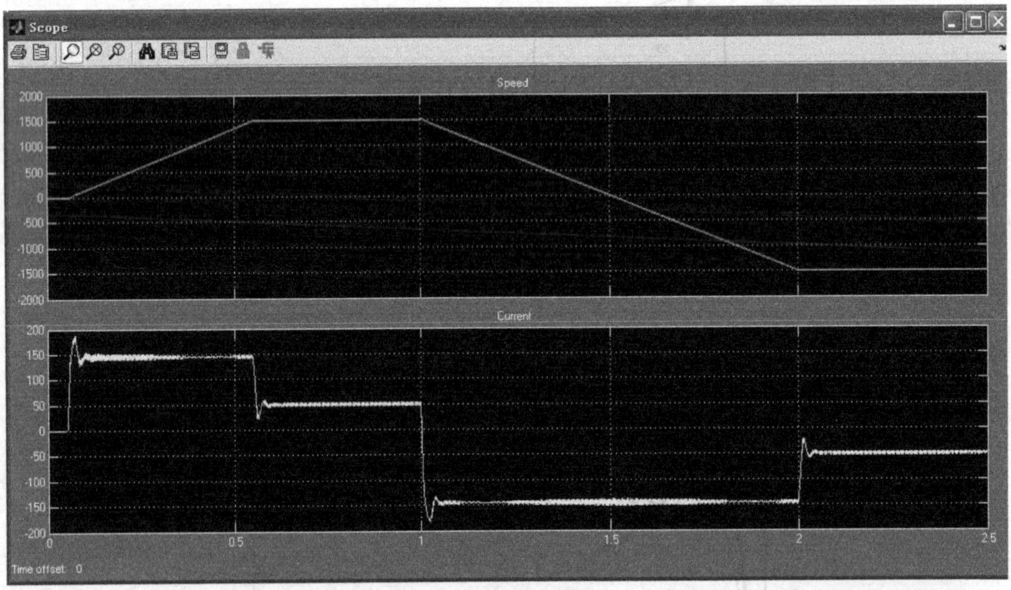

图 5-16　系统带恒转矩负载 81.6N・m 时正反转 1500r/min 的仿真结果

与图 3-35 所示的直流调速仿真系统相比，用 Power System 工具箱构建的仿真系统更接近真实的物理系统，所获得的系统设计参数和仿真试验结果也更有实用价值。

3. 经典直接转矩控制的系统仿真

MATLAB/Simulink Release 14 以上的版本都提供采用电压模型的经典直接转矩控制系统的 Simulink 模型。该模型位于工具箱 SimPowerSystem 下子工具箱 Electric Drives 内，其内部结构如图 5-19 所示。该模型包括二极管整流单元、直流环节制动单元、全控器件逆变器、异步电动机、转矩控制器及转速控制器。转矩控制器和转速控制器的采样时间可分别设置。Simulink 提供的基于直接转矩控制的变频调速系统做了离散化处理，仿真速度相当快。

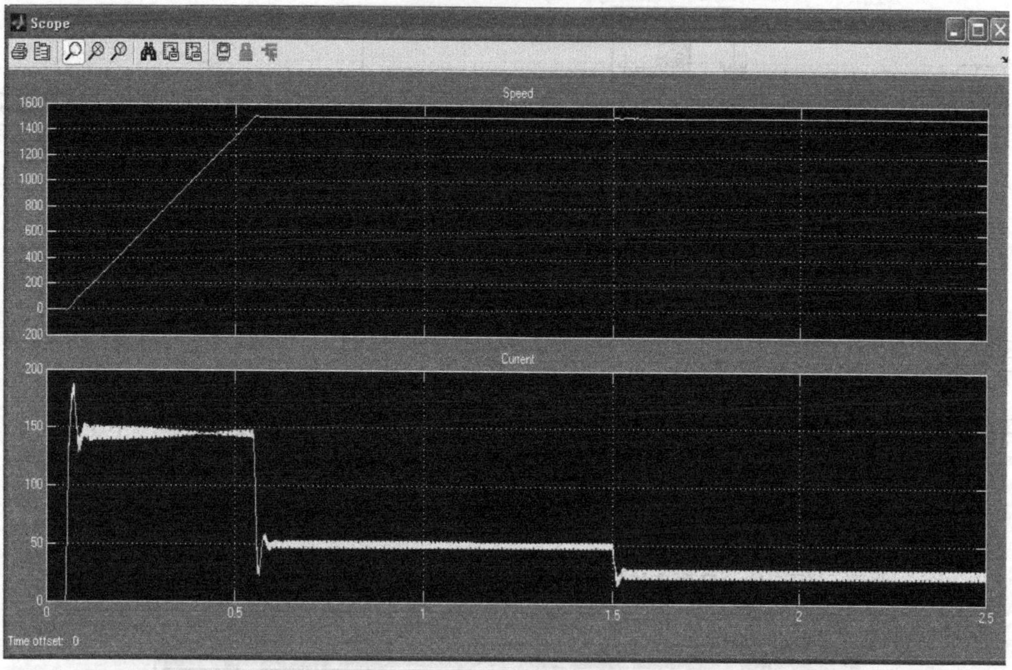

图 5-17 系统恒转矩负载 81.6N·m 突减负载为 41.6N·m 时的仿真结果

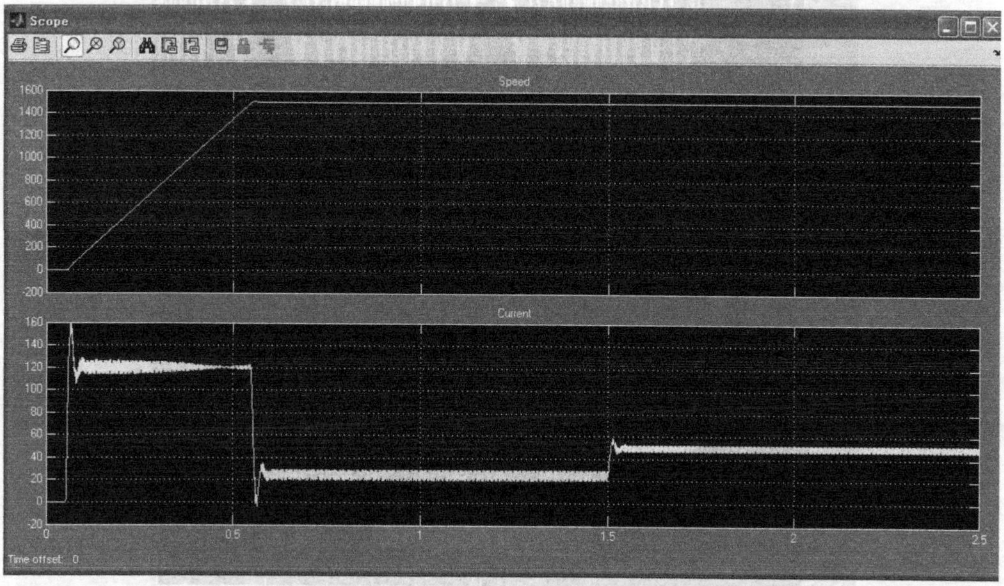

图 5-18 系统突加负载由 41.6N·m 突变为 81.6N·m 时的仿真结果

该调速系统既可运行于转矩控制模式又可运行于转速控制模式。

图 5-20 是基于经典直接转矩控制的调速系统在转矩控制模式下的仿真波形。仿真条件设置如下：异步电动机 460V/60Hz/200hp，定子电阻 $R_s=0.01485\Omega$，转子电阻 $R_r=0.00925\Omega$，互感 $L_m=10.46$mH，定子漏感 $L_{ls}=0.3027$mH，转子漏感 $L_{lr}=0.3027$mH，电机极对数 $n_p=2$，转动惯量 $J=3.1\text{kg}\cdot\text{m}^2$，电机额定转矩 $T_{eN}=792\text{N}\cdot\text{m}$，求解器类型为离

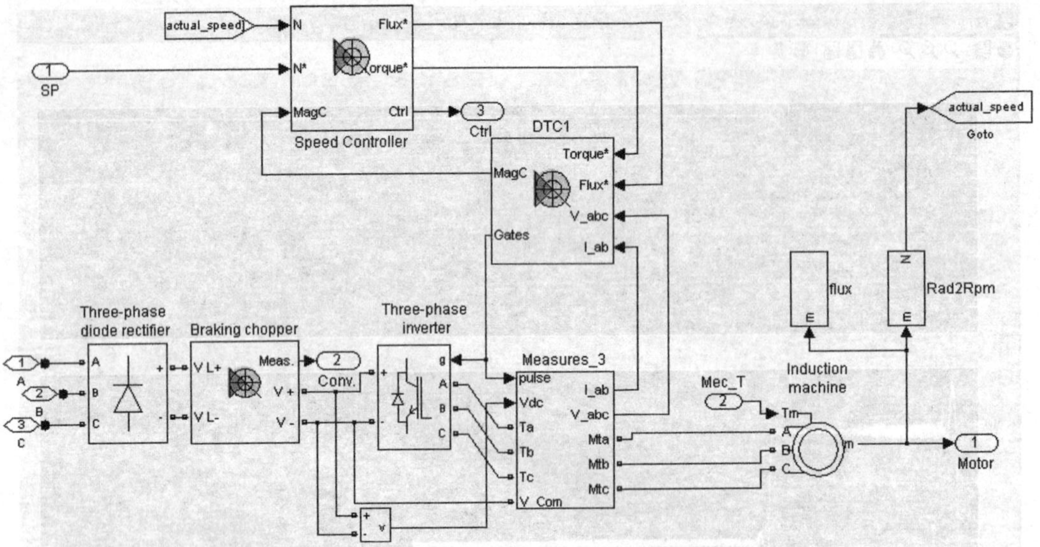

图 5-19　经典直接转矩控制系统的 Simulink 模型的内部结构

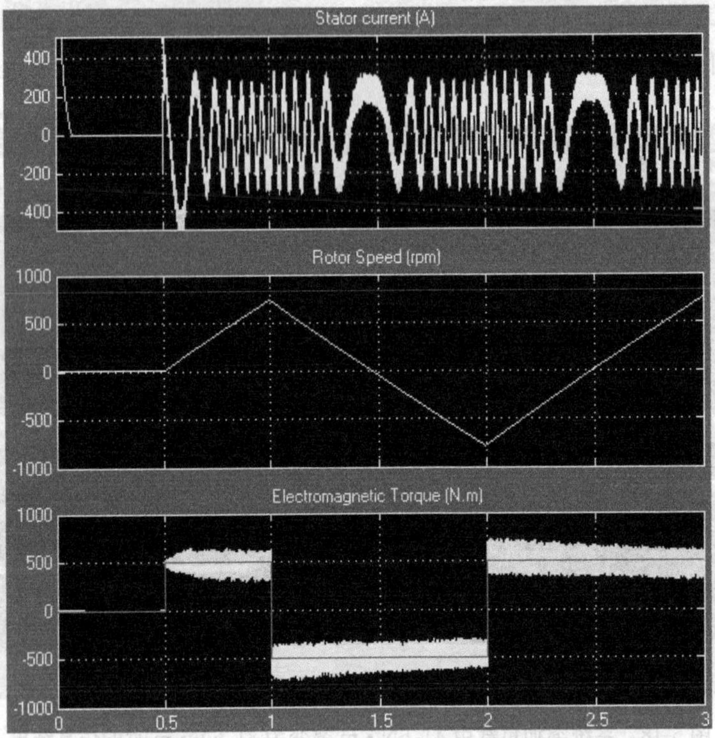

图 5-20　经典直接转矩控制的调速系统在转矩控制模式下的仿真波形

散、定步长，转矩环采样时间为 20μs，转速环采样时间为 140μs，转矩控制滞环宽度为 10N·m，转速控制滞环宽度为 0.02Wb，最大开关频率限制为 20kHz，额定定子磁链给定值为 0.8Wb，最大转矩限幅为 1200N·m（150%T_{eN}）。

图 5-20 中，浅细线为方波型转矩给定，深粗线为实际转矩。此时转速受转动惯量及电磁

转矩的影响，或上升，或下降。对于恒转矩负载来说，转速爬坡的线性度是转矩控制的考评指标之一。可以看到，实际转矩跟随指令转矩并围绕指令转矩上下波动，是滞环控制的典型特点。展开后的转矩跟踪曲线如图 5-21 所示。可以看到，125％转矩阶跃响应的时间小于 1ms。

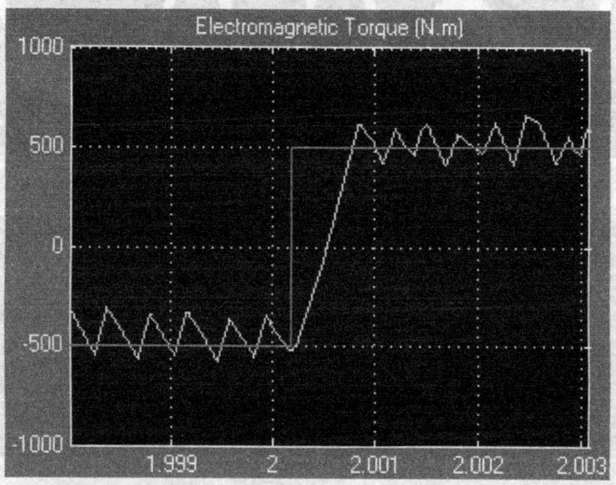

图 5-21 经典直接转矩控制的调速系统的转矩控制性能（125％转矩阶跃响应）

图 5-22 给出了经典直接转矩控制系统在转矩控制模式下定子磁链的波形及此时的转子磁链波形。定子磁链的指令值是 0.8Wb，实际定子磁链的幅值围绕指令值上下波动。但是应注意到，在零速及零转矩情况下，系统会失去对磁链幅值的调节能力。由图 5-22 还可以看出，定子磁链的瞬时速度一直在变，而转子磁链的幅值相对稳定，其旋转速度也相对稳定。

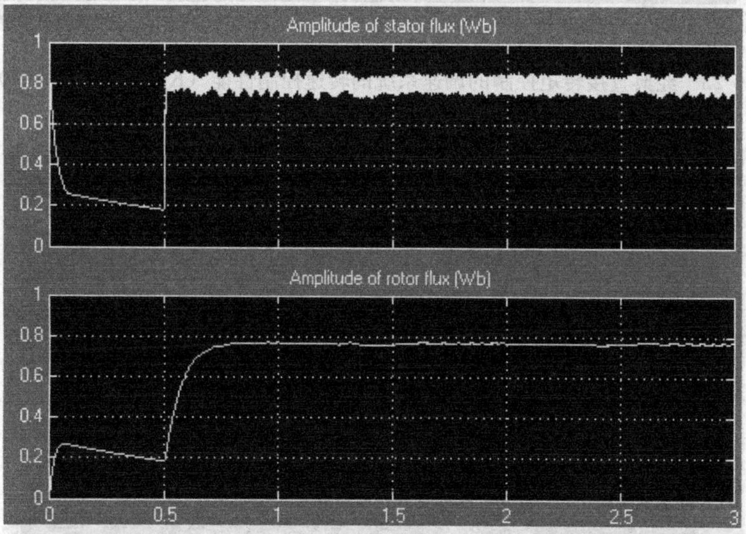

图 5-22 经典直接转矩控制系统在转矩控制模式下定子磁链的波形及此时的转子磁链波形

图 5-23 是基于经典直接转矩控制的调速系统在转速控制模式下的仿真波形。当直接转矩控制系统运行在转速控制模式下时，外环是转速控制环，内环是转矩控制环，转速环的输出即转矩环的指令值。转速环 PI 调节器的设置为 $K_{Pn}=30$，$K_{In}=200$。

图 5-24 是经典直接转矩控制系统在转速控制模式下定子磁链的波形及此时的转子磁链

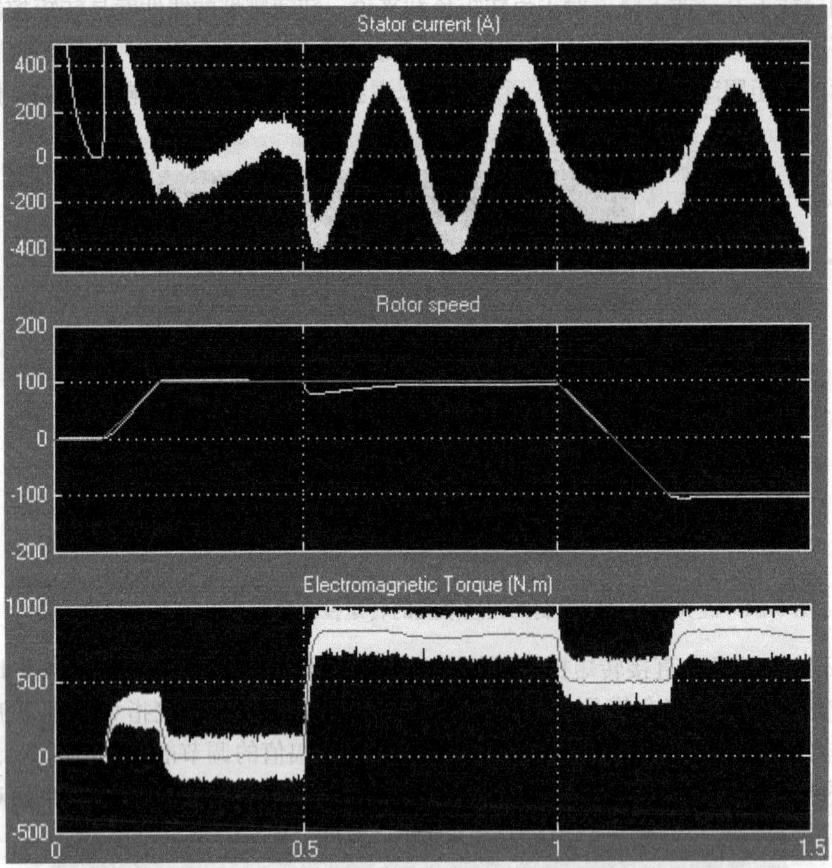

图 5-23 经典直接转矩控制的调速系统的转速控制性能（$K_{Pn}=30$，$K_{In}=200$）

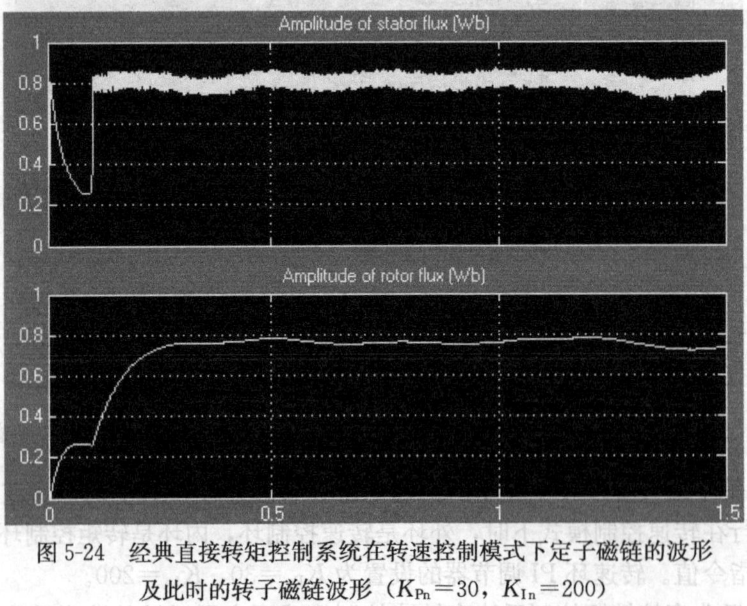

图 5-24 经典直接转矩控制系统在转速控制模式下定子磁链的波形及此时的转子磁链波形（$K_{Pn}=30$，$K_{In}=200$）

波形。与转矩控制模式相类似，在零速及零转矩输出时，系统对磁链的调节能力很弱。

由以上两图可以看出，直接转矩控制系统在再生运行状态的转速控制效果及磁链控制效果不理想，这是直接转矩控制需要改进的地方。

当转速环 PI 调节器的设置放大 10 倍，为 $K_{Pn}=300$，$K_{In}=2000$ 时，系统仿真结果如图 5-25 所示，对比图 5-23 的系统响应曲线，可见增大转速调节器的比例和积分系数使转速的调节能力显著增强，但是转矩的振荡也增加了很多。

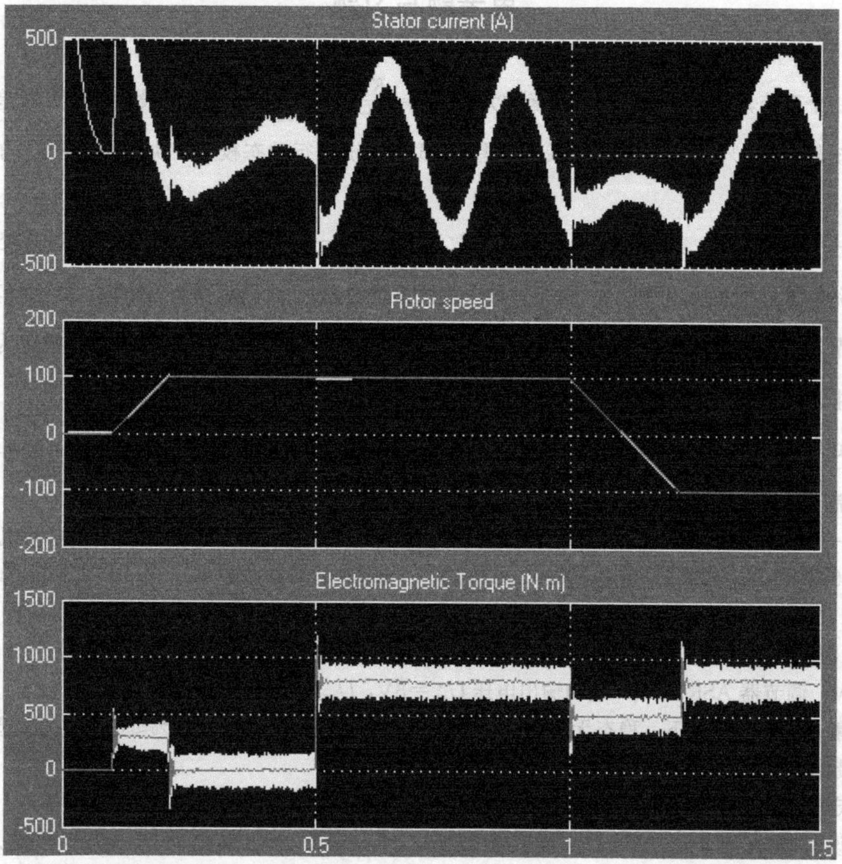

图 5-25　经典直接转矩控制的调速系统的转速控制性能（$K_{Pn}=300$，$K_{In}=2000$）

本 章 小 结

本章首先给出了电力传动控制系统的性能要求，位置控制系统和调速控制系统一样，都是反馈控制系统，即通过对输出量和给定量的比较，组成负反馈闭环控制，两者的控制原理是相同的。它们的主要区别在于：调速控制系统的给定量一经设定，即保持恒值，系统的主要作用是保持稳定和抵抗扰动；而位置控制系统的给定量是随机变化的，要求输出量准确跟随给定量的变化，系统在保证稳定的基础上，更突出响应的快速性。总之，稳态精度和动态稳定性是两种系统都必须具备的，但在动态性能中，调速控制系统多强调抗扰性，而位置控制系统则更强调快速跟随性能。

控制系统的设计关键在于PID调节器的结构和参数，调节器的比例部分有利于快速响应，积分部分可以消除稳态偏差，微分部分则能抑制超调量。调节器参数变化对系统性能的影响规律可以通过系统仿真的方法进行深入分析。通过系统仿真，可以模拟各种复杂系统的模型结构，分析系统的各种运行状态，大大缩短真实系统的设计时间和研制经费。因此，计算机仿真技术已成为电力传动控制系统不可或缺的重要研究手段。

思考题与习题

1. 有一个系统，其控制对象的传递函数为$G(s)=\frac{K_1}{\tau s+1}=\frac{10}{0.01s+1}$，要求设计一个无静差系统，在阶跃输入下系统超调量$\sigma\%\leqslant 5\%$（按线性系统考虑）。试对系统进行动态校正，决定调节器结构，并选择其参数。

2. 有一个闭环系统，其控制对象的传递函数为$G(s)=\frac{K_1}{s(Ts+1)}=\frac{10}{s(0.02s+1)}$，要求校正为典型II型系统，在阶跃输入下系统超调量$\sigma\%\leqslant 30\%$（按线性系统考虑）。试决定调节器结构，并选择其参数。

3. 调节对象的传递函数为$G(s)=\frac{18}{(0.25s+1)(0.005s+1)}$，要求用调节器分别将其校正为典型I型和II型系统，求调节器的结构与参数。

4. 已知某控制对象的传递函数为$G(s)=\frac{18}{(0.25s+1)(0.005s+1)}$，试在MATLAB/Simulink环境下搭建其PID控制系统的仿真模块，并通过仿真确定其PID调节器的合适参数K_P、K_I、K_D。

5. 在一个由三相零式晶闸管整流装置供电的转速、电流双闭环调速系统中，已知电动机的额定数据如下：$P_N=60\text{kW}$，$U_N=220\text{V}$，$I_N=308\text{A}$，$n_N=1000\text{r/min}$，电动势系数$K_e=0.196\text{V}\cdot\text{min/r}$，主电路总电阻$R=0.18\Omega$，触发整流环节的放大倍数$K_s=35$。电磁时间常数$T_l=0.012\text{s}$，机电时间常数$T_m=0.12\text{s}$，电流反馈滤波时间常数$T_{0i}=0.0025\text{s}$，转速反馈滤波时间常数$T_{0n}=0.015\text{s}$。额定转速时的给定电压$(U_n^*)_N=10\text{V}$，调节器ASR、ACR饱和输出电压$U_{im}^*=8\text{V}$，$U_{cm}=6.5\text{V}$。

系统的静、动态指标如下：稳态无静差，调速范围$D=10$，电流超调量$\sigma_i\%\leqslant 5\%$，空载起动到额定转速时的转速超调量$\sigma_n\%\leqslant 10\%$。试求：

(1) 确定电流反馈系数β（假设起动电流限制在339A以内）和转速反馈系数α；

(2) 试设计电流调节器ACR，计算其参数R_i、C_i、C_{0i}。画出其电路图，调节器输入电路电阻$R_0=40\text{k}\Omega$；

(3) 设计转速调节器ASR，计算其参数R_n、C_n、C_{0n}。($R_0=40\text{k}\Omega$)；

(4) 计算电动机带40%额定负载起动到最低转速时的转速超调量$\sigma_n\%$；

(5) 计算空载起动到额定转速的时间。

参考文献

[1] 陈伯时．电力拖动自动控制系统［M］．4版．北京：机械工业出版社，2003.
[2] 王兆安，黄俊．电力电子技术［M］．4版．北京：机械工业出版社，2000.
[3] 赵良炳．现代电力电子技术基础［M］．北京：清华大学出版社，1995.
[4] 林渭勋．现代电力电子电路［M］．杭州：浙江大学出版社，2002.
[5] George J，Wakileh．电力系统谐波——基本原理、分析方法和滤波器设计［M］．徐政，译．北京：机械工业出版社，2003.
[6] Akagi H. Active harmonic filters［J］. Proceedings of the IEEE Volume 93，Issue 12，pp. 2128 - 2141，Dec. 2005.
[7] 陈国呈．PWM逆变技术及其应用［M］．北京：中国电力出版社，2007.
[8] 汤天浩．电机及拖动基础［M］．北京：机械工业出版社，2008.
[9] Paul C Krause，Oleg Wasynczuk，Scott D Sudhoff. Analysis of Electric Machinery and Drive Systems［M］. 2nd ed. John Wiley & Sons，2001.
[10] 李永东，肖曦，高跃．大容量多电平变换器——原理、控制、应用［M］．北京：科学出版社，2005.
[11] 陆海慧．矩阵式交-交电源变换器及其控制系统研究［D］．上海：上海大学，1998.
[12] Romon Pallas-Areny，John G—Webster. 传感器和信号调节［M］．2版．张伦，译．北京：清华大学出版社，2003.
[13] 申忠如，郭福田，丁辉．现代测试技术与系统设计［M］．西安：西安交通大学出版社，2006.
[14] Dana F，Geiger. Phaselock Loops for DC Motor Speed Control［M］. John Wiley & Sons，1976.
[15] 李仁定．电机的微机控制［M］．北京：机械工业出版社，1999.
[16] Joachim Holtz. Sensorless Control of Induction Motor Drives［J］. Proceedings of IEEE，2002，90 (8)：1359-1394.
[17] Lech M Grzesiak，Marian P—Kazmierkowski. Improving Flux and Speed Estimators for Sensorless AC Drives［J］. IEEE Industrial Electronics. 2007，1 (3)：8-19.
[18] Casadei D，Profumo F，Serra G，et al. FOC and DTC：Two viable schemes for induction motors torque control［J］. IEEE Transactions on Power Electronics，vol. 17，no. 5，pp. 779-787，2002.
[19] Wong V J，Ott W E. Function Circuits-Design and Applications［M］. Mcgraw-Hill Book Company，1976.
[20] 陶永华，尹怡欣，葛芦生．新型PID控制及其应用［M］．北京：机械工业出版社，1998.
[21] Bose B K. Expert system，fuzzy logic and neural network applications in power electronics and motion control［J］. Proceedings of IEEE，vol. 82，pp. 1302-1323，Aug. 1994.
[22] O'Kelley D，Simmons S. Introduction to Generalized Electrical Machine Theory［M］. McGRAW-HILL Publishing Company Limited，1968.
[23] Hancock N N. Matrix Analysis of Electrical Machinery［M］. 2nd ed. Pergamon Press，1974.
[24] 汤蕴璆．电机学［M］．西安：西安交通大学出版社，1993.
[25] 汤天浩．电机与拖动基础［M］．北京：机械工业出版社，2004.
[26] 冯垛生，曾岳南．无速度传感器矢量控制原理与实践［M］．2版．北京：机械工业出版社，2006.
[27] 曾岳南．无速度传感器矢量控制异步电动机调速系统的研究与实践［D］．上海：上海大学，1998.
[28] Bose B K. Modern Power Electronics and AC Drives［M］. Prentice Hall，Inc. 2002.
[29] Takahashi I，Noguchi T. A new quick-response and high-efficiency control strategy of an induction mo-

tor [J]. IEEE Transactions on Industry Applications, vol. IA-22, no. 5, pp. 820-827, /9.

[30] Depenbrock M. Direct self-control (DSC) of inverter-fed induction machine [J]. IEEE Transactions on Power Electronics, vol. 3, no. 4, pp. 420-429, 1988.

[31] Tang Tianhao, Liu Yijian, Lin Yechun, Li Jieren. A research of doubly fed asynchronous shaft-driven generator with cycloconverter based on microcomputers [C]. Proceedings of the 2nd International Marine Electrotechnology Conference, pp. 66-69, 1994.

[32] Hopfensperger B, Atkinson D J. Doubly-fed a. c. machines: classification and comparison [C]. Proceedings of 9th European Conference on Power Electronics and Applications. EPE 2001, pp. 17, Graz, Austria, 2001.

[33] Roberts P C, McMahon R A, Tavner P J, et al. Equivalent circuit for the brushless doubly fed machine (BDFM) including parameter estimation and experimental verification [J]. IEEE Proceedings-Electric Power Applications, vol. 152, no. 4, pp. 933-942, July 2005.

[34] Izaskun Sarasola, Javier Poza, Miguel Angel Rodríguez, et al. Predictive Direct Torque Control for Brushless Doubly Fed Machine with Reduced Torque Ripple at Constant Switching Frequency [C]. Proceedings of 2007 IEEE International Symposium on Industrial Electronics. pp. 1074-1079, Vigo, Spain, June 4-7, 2007.

[35] 杨树兴，等．计算机控制系统——理论、技术与应用 [M]. 北京：机械工业出版社，2006.

[36] Ziegler J G, Nichols N B. Optimum settings for automatic controllers [J]. IEEE Trans on ASME, 1942, 65: 759-768.

[37] Yun Li, Kiam Heong, Gregory C Y Chong. Patents, software, and hardware for PID control—an overview and analysis of the current art [J]. IEEE Control Systems, vol. 26, no. 1, pp. 42-54, 2006.

[38] 胡寿松．自动控制原理 [M]. 4 版．北京：科学出版社，2000.

[39] 汤天浩，夏新顺，沈寿金．用数字频域法设计微机控制直流调速系统 [J]. 电气传动，1988, No. 5, 25-29.

[40] Philips C L, et al. Digital Control System Analysis and Design [M]. Prentice-Hall, Inc. 1984.

[41] 何衍庆，等．控制系统分析、设计和应用——MATLAB 语言的应用 [M]. 北京：化学工业出版社，2003.

前　言

人机工程学是一门综合性的应用型学科。学习这门课程，在初步了解其基本理论、基本方法和内容概貌之后，让学生经历一次较完整的应用实践，对提高教学质量有明显的作用。恰如学习游泳，在岸上讲解种种注意事项和动作要领虽然必要，但不下水去试试，肯定难有真正切实的学习效果。所以在本科教材《工业设计人机工程》（阮宝湘，邵祥华编著. 机械工业出版社出版. 普通高等教育工业设计专业规划教材）里强调指出：本课程的教学中，学生完成大作业课程设计或课程论文，是一个重要的教学环节。本书就是为师生实施这一教学环节提供参考而选编的。书中共包含 21 份（篇）人机工程学的课程设计或课程论文，每份（篇）作业后还有指导教师对该作业的简要点评。为便于使用，书中还附有“课程设计/课程论文指导书”和 100 多个可供选做的“课程设计/课程论文题目”。

以下是与本书选编工作有关的几点说明。

1）选编的目的是为学生完成人机学课程的大作业提供较为具体和实际的参考，要展示的仅仅是：“课程设计/课程论文大体是这个样子的”。因此，并不表示入选的设计或论文一定都很优秀，也不表示其中不存在错误或不当。

2）为使本书的 21 份作业对读者有更好的参考价值，它们都保持了学生课程作业在内容上“原汁原味”的真实状态。首先，学生在做作业、交作业的时候，没有人知道后来会有一部分作业被选出来汇编成书，这是确保“作业真实状态”的基础。其次，被选中后，指导教师虽然对每篇作业都进行了修改（详见下一点说明），但这种修改基本不涉及作业的人机学基本内容。例如不对原设计方案作“完善”性修改，不对原论文作论点的“补充、完善、深化”，甚至对部分可疑数据资料也没有作进一步的审定，等等。修改后的稿子退给作者（学生），要求学生按指导教师的修改稿重新打印清楚再交回来。对这一环节更有严格规定：学生即使对自己原来的作业不满意，也不允许在此时再进行新的修改补充。这么规定的原因很容易理解：做课程设计/课程论文的时间是比较短的，倘若允许花费像毕业设计（论文）那么多的时间和精力去修改补充，它必定失去课程作业的真实状态，不符合本书出版的目的要求。

3）需要说明的是，尽管如此，这里的21份作业与最初学生提交的初稿相比，面貌的差异还是很大的。差异不在人机学内容，即不在设计的方案、论文的论点等方面，而是对每份作业进行“编辑性修改”的结果。这是为了达到“出版物要求”而不得不做的事情，因为学生作业在以下方面与出版要求普遍存在甚大的差距：①不符合科技文档的文体规格，缺乏把握书面语言的能力。例如，在设计说明书里，喜欢用第一人称写进这样一类的语句：“我又经过了一天多的考虑以后才觉得……”；又喜欢用科技文档所忌讳的情绪化、极端化的形容词。②纲目凌乱，行文叙述琐碎，前后内容重复，作业原稿大都达不到科技文档结构清晰的要求。③错别字多，用词不当，语句不通顺，两个逗号之间常有四五十个字，阅读困难；尤其普遍和严重的是：语言拖泥带水、臃肿，可有可无的字、词、句、段比比皆是。指导教师在“编辑性修改”中所删掉的篇幅，平均约占学生初稿篇幅的30%；少数作业经删除后留下的篇幅甚至不足原稿的一半。④图样绘制存在各种问题。以图上的尺寸标注为例，虽然同学们都学习过制图的国家标准，却没有一份作业的图样是完全没有错误的。例如尺寸数字的“立位”（朝向）错误；缺乏“有效数字”的概念，尺寸标到小数点后2～3位，诸如标出78.22cm、244.67mm之类的尺寸；此外还有关键尺寸缺失、各视图上尺寸互相矛盾，等等。其他的问题，像图样表达不完整、视图取向和排布不对、投影错误、线型不合适、……，难以一一在此尽数。

将上述问题原样不动地带到出版物里是不允许的，因此指导教师对每一份作业都进行了修改。修改中遵循“必要”和“有限”两条原则。所谓“必要”，指像错别字、图样上明显的画法错误之类不改不行的，均加以改正。所谓“有限”，指不少方面都只改到“过得去”或“勉强过得去”的程度而已，既没有消除掉所有问题，更不苛求进一步的提高和完善。例如，语言上只达到多数语句基本通顺，少量语病依然存在；图样上只求消除掉较大和较明显的错误，较小的错误还能挑出一些来，等等。因为本书是学生的作业选，还存留着一些“问题遗迹”，是可以为读者所理解和包容的，但这一点却不能不在此向读者解说清楚。

作业里的上述问题，反映了学生文化素质的缺陷和基础课学习得不扎实。这并非只存在于个别高校中的现象，希望师生们给予关注，今后能有所改进提高。

4）入选本书的有北京邮电大学工业设计专业学生的作业 12 份，北京机械工业学院工业设计专业学生的作业 8 份，均为 2003 年本书选编者在这两个学校讲授人机学课程时的本科生作业。另外还有若干年前北京理工大学工业设计专业学生的作业一份。虽然入选的一般是比较好一点的作业，但作业优劣并不是选择的惟一标准。因为照顾入选作业有多种类型，有一定代表性等，也都是必须考虑的因素。有一些比较优秀的学生作业，就是由于类型雷同等原因而舍弃的。本书保留了两个学校学生所做两个相同题目的作业，目的是让读者可以作个对比；同时也说明不同学生做同一个题目，各做各的，各有各的收获，互相并无影响。《盲道的人机学评析与设计创意》是个有意思的题目，虽然在课程设计的有限条件下这种课题难以做得足够深入，但因为这是学生自拟的题目而特意予以入选。入选的还有几篇有点“另类”的作业：一个电视脚本、一篇近乎杂文体裁和一篇相声体裁的作品。在“课程设计/课程论文指导书”里指出，这些特殊的体裁只是“供有兴趣、有特长的少数同学选做”的。书中选进了这么几篇，增添一点多样化的情趣，但并不意味选编者鼓励很多同学去这么做。

编者 2003 年受聘在前述两所高校授课的过程中，分别与北京邮电大学侯文君老师、北京机械工业学院高炳学、杨冬梅、石小滨三位老师有着愉快的合作，授课工作和本书的选编都得到了他们不少的帮助，谨在此表示我的谢意。

2003 年以前，编者还曾在其他多所高校讲授人机学课程，尤其在北京理工大学任教多年。这些高校中自然也不乏优秀的人机学学生作业，但事过境迁，如今已经难以再联系到那些学生，再找回那些作业了，这确是选编者在本书选编过程中时时升浮于心间的一丝遗憾，不能不在此提上一笔。

欢迎读者对本书的缺点和不当之处给予批评指正。

编　者

于北京

目录

人机工程学

课程设计/课程论文指导书

一、课程设计/课程论文的目的和一般要求

1. 大作业的目的

1）人机工程学是综合性的应用型学科，如果不通过实际应用，那么学习时，面对着林林总总的数据资料，也许有点像是"雾里看花"。只有完成一次应用实践，即用人机学的理论和知识分析一个实际问题，或完成一项人机工程设计后，才算是实实在在地触摸了它，能得到较多、较深的收获。大作业课程设计/课程论文的目的是让学生经历一次较完整的人机学应用实践，引导学生发现问题、调查问题、探索可能的改进以及寻求更佳的解决方案。编者认为这是人机学课程中重要的教学环节。若缺失这一教学环节，人机学课程的教学效果将受到影响。

2）学生要完成作业，必须作两方面的调研：文献资料的调研和现实情况的调研。对大多数作业题而言，这部分工作将超越课堂、超越教材，需要到图书馆、资料室、因特网以及问题所涉及的种种社会现场去进行调研。这符合现代教育的要求：激发学生的学习主动性，培养学生自我钻研、开拓进取的精神。

3）课程设计/课程论文最后要在全班同学的参加下进行交流、答辩。这可以使全班同学分享大家自学、钻研的成果，能够扩大学科眼界，延伸课堂教学的空间。通过互相质疑评议，可以得到启发。

2. 大作业的布置、答疑和过程检查

（1）布置大作业　课堂讲授全部结束后，教师即依"人机工程课程设计/课程论文指导书"向学生讲解大作业的目的、要求、工作步骤和完成大作业期间的教学纪律。

（2）学生选定大作业题目　本文后面列出了不少大作业题目，任课教师还可以酌情补充。每个学生可任意选定其中的一个，报告给教师记录在案。

学生选择大作业题目时会有很多考虑，需要一定时间。初次选定后出现反复，也是正常和允许的。在课堂上布置完大作业，可以留一定时间，让学生考虑、互相讨论、向教师进行咨询。能当堂选定题目报告给教师，当然可以。考虑一段时间在课后选定，也应该允许。但教师应规定一个期限，例如3～5天（不宜过长），学生必须报来选定的题目，且不得再作更改，否则会影响工作进程。

（3）答疑　学生完成作业的过程中，会产生各种各样的问题需要询问，还常有"拿不定主意"的疑惑想找人讨论。因此课堂讲授虽然结束了，凡课内时间，

任课教师仍然需要到课堂接受学生的咨询，给学生答疑。但是有一点师生双方都需要明确：在咨询、答疑中，**教师应只限于向学生作出原则性的指导，而不对具体问题作具体的回答**。事物人机性能的优劣虽有客观标准，但如何正确抉择却应随实际条件而变，与“1+1=2”这样只有“惟一解”的情况很不相同。教师解答具体问题不利于学生锻炼独立进行综合分析的能力，且教师也难以对每个题目里的各种实际问题都有深入具体的了解。教师的原则性指导，对学生起的作用是指出解决问题的方向。

（4）过程检查 影响大作业质量的常见现象之一，是学生工作的前松后紧。临近大作业规定的结束日期，有的学生才把思路打开，有的学生正进入情绪高涨、思维活跃的状态，但到此时大作业已经不得不“草草收兵”了。于是作业达不到预期要求，师生双方都遗憾。应该承认“万事开头难”这句俗语有一定道理，但万事也总要开头，关键就在于抓紧在开头阶段把这一“关”冲越过去。这主要靠学生自己的努力，同时，教师对学生的大作业进展情况逐个地安排1～2次过程检查，以进行督促帮助，也很重要。大作业期间学生要到社会现场去作调研，还要去图书馆、上因特网查阅资料，可不要求学生在这一阶段的课内时间都到课堂出勤，但必须在规定的时间到课堂接受教师的过程检查。

3. 大作业的一般要求

1）解决作业题所涉及的问题，依靠教材上的数据资料一般是不够的。作为设计或立论的依据，更不能仅凭个人的主观感受或推测来评判人机关系的优劣。因此几乎所有作业都应该检索查阅相关的文献资料，作课题实际事物的调研。这里的作业题都是学生可能接触到的事物，以利于大家进行实情调研这一基本功的练习。学生们应注意避免“资料搬家”式的作业。

2）实际问题的宜人性水平常受科技和社会经济发展条件的约束。例如，将我国火车硬卧车厢中的三层铺改为两层铺，及将硬座车厢的三人座位改为两人座位，宜人性均可大为改善，这是人人都能想到的。但这样做是否合理更取决于社会经济因素。学生作业所作的设计、分析或评述，以不过于脱离现实可能为宜。一般不鼓励为可望不可及的“豪华”设计花费时间精力。但社会在进步、经济在发展，设计师应该朝前看，因此“为不久的将来进行设计”是可取的原则。

3）大部分题目适宜于一个人独立完成；为了调研方便等原因，部分题目可由两人合作完成；少数工作量大的题目也可由三人合作完成；一般不提倡四人或更多的人合做一个题目。

4. 课程设计与论文的答辩

1）课程设计与论文答辩的目的，除了同学们互相分享钻研成果，扩大课堂教学空间外，也可为学生提供锻炼表达能力的机会。答辩人的报告时间相对紧迫，能做到简明扼要、突出重点、逻辑严密、口齿清楚，又从容不迫地进行表述，是现代人才的素质要求之一。希望每个同学认真准备，最好写出发言提纲，珍惜并用好这次锻炼表达能力的机会。

2）一个人做的题目报告时限可定为 8 分钟，两人、三人合作的题目报告时限分别为 12 分钟和 16 分钟。建议严格控制答辩人报告超时。报告开始应介绍题目、设计任务或论文核心论题；最后作简要的得失与优缺点评析；中间主题部分，或介绍调研分析，或介绍创意构思，或说明结论与论点，都要拣最突出、最反映本人工作实质的部分介绍，应尽量略去细节和已经众所周知的内容。

3）答辩会由任课教师主持，全班同学参加。同学在答辩会上应专注倾听他人的设计或论文报告，踊跃发言，提出质疑、深入探讨、认真切磋、中肯评议。

4）建议在多媒体教室进行答辩，用软盘储存课程设计或课程论文，以利于节省报告的时间，提高报告和讨论的效率。

二、课程设计

课程设计的成果以设计图样和设计说明书的形式给出，分别说明如下。

1. 设计图样

1）基本设计图样采用三视图或透视图均可，形式不拘。作为人机工程设计，注意以下两点：第一，在技术可行的判断下，一般不需要作结构细节的详尽设计。像机械装配图那样详细说明所有零件名称、材料、数量的“零件明细表”等，可予免除；第二，设计不同于方案构思，设计图上应标注必要的三度空间尺寸，表达量化的人机工程设计结果，而且人机学分析的主要构形要素、物质要素等也应表达出来。基本图样上可附必要的、简略的文字说明。

若时间允许且学生本人有兴趣的话，也可用形象的效果图作为补充图样。但它不是本课程的基本要求，不可为了“锦上添花”而降低了本课程的基本要求。

2）储存在软盘上的图样，打印在 A4 纸上即可。手绘图样的图纸尺寸应符合国家标准。要在答辩时挂出来讲解用的图纸一般不宜小于 A2 规格（420mm×

594mm）。

2. 设计说明书

1）设计说明书一般包含以下几部分内容：

① 设计题目及其说明；

② 调研与分析（包括现况、实物调研、文献资料收集及其分析归纳）；

③ 方案构思、多方案的对比与抉择；

④ 对本设计的说明（尤其是说明图样本身未能表达的问题）；

⑤ 设计小结（包括优缺点、应进一步研究的问题、得失与收获等）。

2）设计说明书应纲目清楚、文字简练、表意准确，并注意版式。手写的说明书要求书写工整，不得潦草。

3）设计说明书统一用 A4 纸打印或书写，希望有简朴大方的封面设计，并装订成册。

三、课程论文

1. 课程论文的类型与要求

1）课程论文多为对特定事物的人机学分析，为此需进行相关文献资料的检索、查阅、研读、评价、质疑，或对现有事物进行调研。这是撰写论文的基础，应在论文中得到充分反映。

2）课程论文应有学生独立完成的分析、评论、论点等。要求结构清楚、层次分明、论述严谨、文字简练（若有调研，应附调研表；有测试的，应附实验记录原始件的示例等）。

3）一部分作业题目的形式大体是：《××××问题的人机学评析与改进设计》。这类作业里有分析研究，也有设计，实际上是介于课程设计与课程论文之间的作业。对于这样的作业题，是评析与设计并重，还是工作重点偏向于其中某一方面，均由学生自行掌握，不必拘泥。

4）人机工程学是文理渗透的学科，因此大作业中尝试性地出了一些用其他文体表达的题目，诸如科普小品、电视脚本、杂文等形式，供有兴趣、有特长的少数同学选做。

2. 课程论文的形式与格式

1）虽然完整的论文格式一般有利于内容的规范，但内容毕竟是实质部分，应切忌内容空洞、只重形式的花架子。下面列出学术期刊论文的一般层次结构，仅供参考。课程论文不一定需要拘泥于规范、完整的层次结构。

① 题目后正文前有摘要（150～200 字为宜），然后列出关键词（不超过 5 个）；

② 正文（这是主要部分，要求已如上述）；

③ 参考文献。

2）以 A4 规格纸张打印或誊写规整。插图可用附页，也可附贴在文稿中，但都应认真绘制，不宜潦草。希望有简朴大方的封面设计，并装订成册。

3）课程论文正文的字数无规定要求。一人完成的论文字数一般可在 5000～15000 字之间。鲁迅提倡作文要“将可有可无的段、句、字统统删去，毫不可惜”。这个原则完全适用于科技论文。

与本书配套的教材是机械工业出版社出版的《工业设计人机工程》，欢迎各校选用。

人机工程学

课程设计/课程论文题目

两点说明：

1）由于部分作业题是介于课程设计与课程论文之间的，下面不作明确分列。

2）在少数题目的后面，用楷体字作了些简略的解释说明。它们是所有题目解释说明的示例，这些示例对选做的其他题目亦可提供参考。

A-1　4 人间本科生公寓房（$18m^2$）的人机学设计

A-2　2 人间硕士生公寓房（$16m^2$）的人机学设计

A-3　电脑桌的新型人机学设计

A-4　奥运北京公共垃圾箱设计

（可结合学校所在地的实际情况设计公共垃圾箱。若能适当反映当地历史文化风貌则更好。）

A-5　（北京胡同游）人力三轮车的宜人性设计

（可结合学校所在地的实际情况设计载人人力三轮车。若能适当反映当地历史文化风貌则更好。）

A-6　旅游景区双人（三人）休闲自行车设计

A-7　“百年好”（或“夕阳伴”、“夕阳乐”）老人人力小三轮设计

（可结合城市、城镇及不同经济文化发展水平设计。参看配套教材第十章第二节例 7 中的“夕阳伴人力小三轮”的说明。）

A-8　校园公共电话亭设计

A-9　自行车婴儿座位的改进设计

（婴儿座位有放在自行车前面大梁上、放在后面书包架上两大类。考虑不同年龄婴儿的生理、心理特性，可做出不同设计。不要求一份作业中要完成多个设计。）

A-10　婴儿挂兜设计

（参看配套教材第十章第二节例 6“婴儿挂兜”的说明。）

A-11　便于转换背驮、提扛方式的旅行箱包设计

A-12　家用蹲坑便池的可移放坐便器设计

A-13　附设方便火锅的家用餐桌设计

A-14　安乐读写椅设计

（参看配套教材第十章第二节例 7 中“方便读写的躺椅”的说明。）

A-15 （附带照明的）多自由度床头书夹设计

A-16 系列衣架设计

A-17 老年人便携（可折叠）棋牌台凳设计

（在公园、街头、路边，全神贯注于棋牌的老年人随时可见，观察观察场景，询问询问需求，用设计向他们奉献一份爱心吧！）

A-18 我校（院）学生公寓盥洗室的改进设计

A-19 我校（院）学生浴室中部分设施的人机学改进设计

A-20 我校（院）学生用床及相关器物的人机学改进设计

A-21 解决学生公寓中晾衣问题的几种设计方案

A-22 邮局胶水盒的改进设计

（各地邮局都有胶水盒之类的器具，改进设计一个，让人们使用胶水方便卫生一些。）

A-23 公共汽车车厢的人机学设计

A-24 公共汽车车站的人机学设计

（随所在地区繁华程度的不同，同一车站公交线路多寡的不同，面对的问题会有很大差异，可自行决定所针对的环境条件。）

A-25 一（两、三）种新型社区健身设施的方案设计

A-26 方便患者的点滴装置设计

（应对接受点滴的患者及医护人员两方面进行需求调研。）

A-27 服装商场的试衣间设计

A-28 （大型）医院标识系统的宜人性设计

A-29 邮局营业单元和窗口设计

A-30 储蓄所营业单元和窗口设计

A-31 公园、社区休闲椅系列设计

A-32 商场收款台工作空间设计

A-33 教室里多媒体讲台及教师工作空间的（改进）设计

A-34 公共厕所隔间单元设计

（公厕的宜人性、人性化设计正受到社会广泛关注，隔间单元应该是其中的基本部分。）

A-35 我校（院）的路标系统设计

（每种规格的路牌应有一块按 1∶1 的实际尺寸绘制，其他的可缩小比例绘制在 A4 纸上。另需绘制一张表示各路牌放置位置的校园平面图。）

（建议与学校总务部门联系，索取资料，听取意见，作为真实可用的课题进行设计制作。）

A-36 设计四个禁止标志，按 GB/T 2894—1996《安全标志》要求绘制出指定应用条件下的基本图样（可参照教材中图 6-34、图 6-35 及相关说明）。

① 禁止随地吐痰；② 禁止随意刻画，图样适用的观察距离为 L=12m；

③ 禁止大声喧哗；④ 禁止使用手机，图样适用的观察距离为 L=8m。

A-37 “2008 北京奥运青年志愿者”标志设计

① 整个标志应由图形和文字构成。文字部分的中文、英文如下：

“2008 北京奥运　青年志愿者

YOUNG　VOLUNTEER　BEIJING　OLYMPIC GAMES　2008”

② 标志设计以画在方格纸上的“基准图”的形式提供（参看配套教材中图 7-14b 和图 6-36），基准图的幅面尺寸≥$0.2m^2$。

（A-35、A-36、A-37 等属于视觉传达类型的设计，说明书中应对视觉人机学因素的选择应用做出必要的说明。）

B-1 关于电脑操作者健康问题的调查报告

B-2 鼠标、键盘人体工程设计产品的现状与分析

B-3 市场上办公桌椅功能尺寸（对国人）适宜性的调查报告

B-4 市场上办公桌椅的人机学评析

（与 B-3 题的区别是：不局限于功能尺寸的评析，还涉及其他人机学问题。）

B-5 ××小学（×年级）学生课桌椅适宜性的调查报告

（小原二郎等人在日本所做的类似调查报告曾成为日本政府文部省制定相关政策的依据。做这个题目者，每人的调查量至少为两个班。）

B-6 ××儿童游乐场人机学状况的评析

B-7 火车硬座车厢中人机学问题的调研报告

（随着我国客运列车的大幅度提速，乘客对硬座车厢会有新感受、新需求，值得关注。）

B-8 火车卧铺车厢中人机学问题的调研报告

（随着百姓经济条件改善及火车提速，乘客对硬卧车厢的新感受、新需求值得关注。）

B-9 长途卧铺汽车中人机学问题的调研报告

B-10 牙科椅及牙科医生工作空间中人机学问题的调研报告

B-11 美容（发）床椅及美容（发）师工作空间中人机学问题的调研报告

B-12 老年人用手机的人机学要求调研和设计定位

（2004 年美国有人做过这项工作。选做这个题目的同学务必自己进行认真的调查。）

B-13 老年人手杖的人机学调研与评析

B-14 我市公共汽车车厢的人机学调研与评析

B-15 我市公共汽车车站的人机学调研与评析

B-16 我市城区（部分）过街天桥的人机学调研与评析

B-17 公园、社区中某些公用健身设施的人机学评述

B-18 某建筑工地施工中人机学问题的调查报告

B-19 超市中拖把的人机学评析

B-20 超市中饮品用瓶罐开启方式的人机学研究

B-21 市场牙刷产品的人机学评析与设计创意

B-22 超市中洗涤液与护肤化妆品用瓶罐开启方式的人机学研究

B-23 关于几种办公用品的人机学评析

B-24 ××（大型）医院标识系统的人机学调研报告

B-25 我校（院）学生公寓中的人机学问题评述

B-26 我校（院）浴室中的人机学问题评述

B-27 我校（院）校医院中的人机学问题评述

B-28 拖拉机手（吊车、叉车、掘土机驾驶员……）人机学问题访谈录

B-29 ×××蔬菜大棚工作环境及器具的人机学问题调研报告

（很值得关注的问题。因为还受着人机学的冷落，更是人机学大有作为的场所。）

B-30 某肉鸡（填鸭、奶牛）养殖场工作环境及器具的人机学问题调研报告

（若选做 B-29、B-30 这类题目，深入现场做切切实实的调查是关键的工作步骤。）

B-31 照相机（打火机、电话机、电扇、剃须刀……）发展中的人机学因素
B-32 洗衣机（冰箱、电炊具、吸尘器、电熨斗……）发展中的人机学因素
B-33 电视机（收录机、随身听、VCD、复读机……）发展中的人机学因素

C-1 我校（院）学生阅览室中的人机学问题与改进设计
C-2 我校（院）学生公寓盥洗室的人机学评析与改进设计
C-3 我校（院）学生餐厅的人机学评析与改进设计
C-4 我校（院）学生餐厅售货工位的人机学评析与改进设计
C-5 我校（院）学生食堂炊事班工作环境与器具的人机学评析与改进设计
C-6 公园、社区中某些公用健身设施的人机学改进设计
C-7 我市公交车车站牌认知性的评析与改进设计
C-8 手机、电视机、VCD 遥控器上按键的人机学评析与改进设计
C-9 几种电动工具的人机学评析与改进设计
C-10 ×××书店营业厅的人机学评析与改进设计
C-11 ×××大型超市收款通道及工位的人机学评析与改进设计
C-12 ××公园手划式、脚蹬式游船的人机学评析与改进设计
C-13 ××服装商场试衣间的人机学问题调查与改进设计
C-14 随身听使用中的人机学评析与改进设计
C-15 超市中各种刷子的人机学评析和创新方案设计
C-16 火车车厢中××、××方面的人机学问题与改进设计

（坐席车厢或卧铺车厢中都存在多方面的人机学问题：座位或铺位、茶几、行李架、照明、窗户、空调或风扇、播音系统、饮水与食品供应、卫生条件及其改善、盥洗室、厕所……。而且上述每一方面又都能派生出不少子问题，卧铺中有尺寸、卧具使用、脱下衣裤的放置、上下的安全与方便等问题；坐席中有尺寸与几何形式、结构材料与面料、座位朝向等问题；行李架中有放取的安全与方便、行李的实际防窃和心理防窃等问题。其中每一个子问题也可能需要考虑不少因素。做这个题目的学生，可以自行确定研究、设计其中的某些或某个方面、某几个子问题。建议：宁可涉及面窄些，但求能深入一些。）

D-1　产品与环境的人机工程设计创意集锦

（① 配套第十章第一节里举了一批产品人机工程创意开发的例子，同样可以列举出很多室内环境等方面创新设计的例子。能发现问题，发掘出创新提案，最值得鼓励。本作业题的背景空间极大，无论多少人来做，也无论做到哪年哪月，都不可能穷尽。

② 作业题称为“创意集锦”，意思是应该提出“一批”而不仅仅只有1~2个或2~3个创意。当然，这也意味着只重于提出创意，可以暂不花很多时间进行深入的设计，就像配套教材第十章第一节的例5~例9那样。

③ 有了新创意，又进行了较为深入的设计，当然很好。但那只能针对一项（最多两项）设计。可以根据设计的对象自拟作业题，就不称为创意“集锦”了。）

D-2　新概念雨具的创意和方案设计

（奥运会的比赛全世界的人都能实时看到、听到，过后还能慢镜头重放。现代人类已经做到的很多事情都超过了《西游记》等神话小说里的描述。但现代人类生活中也还存在着不少很原始的事物，雨伞就是一例。倘若果真存在着什么高度智慧的外星人，他们看到地球人撑伞防雨的窘态也许会捂嘴而笑：一只胳膊弯起肘来费劲地拿着伞，再要带点什么东西就难顾过来了；小风淋湿肩膀和裤脚，大风吹来狼狈如舞蹈。他们会说：你们地球人不是挺能吗？咋地啦？几千年来没弄出个好点儿的雨具？——关心人民的福祉的设计师应该勇于在这类事物上寻求突破。这需要独辟蹊径。也许难以很快圆满成功。提出创意和方案，开始迈出你的步伐吧！）

D-3　情侣伞的创意和方案设计

D-4　家庭节水器具的创意和方案设计

（报载，2004年初夏北京一个中学生的一项设计获奖，即一个装在洗菜、洗脸池水管下的截门，简单一拧，就实现水的流向切换，进入放在该处的水桶，可以用来冲厕所。这就是一个家庭节水器具。当然还可以做出其他的，也许更好的设计。）

D-5　家庭节水系统的创意和方案设计

（与D-4题不同，本题着眼于从家庭用水系统来想办法节水。）

D-6　家庭阳台（厅堂）立体绿化的创意和方案设计

D-7 大学生双休日野营旅游装备、器物系列的方案设计

D-8 旅客列车饮用水供水系统的创意和方案设计

D-9 小型装订方法的现状分析及方案创意

（早些年只有钉书机，如今小型装订方法已较为丰富，值得进行人机学分析和创意。）

E-1 （中国）宜兴紫砂壶造型的人机学研究

E-2 景德镇（醴陵、唐山）茶具（餐具）造型的人机学研究

E-3 医用手术器具的人机学调研报告（可分别做刀、剪、钳、针中的某一种）

E-4 火车提速带来的人机学问题初探

（问题有较大的深度和广度，但同学们可以选其中一部分问题进行初步探索，会有收获，也有价值。）

E-5 长途客车（火车、汽车）旅客座位背向问题的分析研究

E-6 关于产品设计人体尺寸应用中“穿着修正量”的研究

（GB/T 12985—1991 所提供穿着修正量的数据甚为简略，值得作进一步的研究。）

E-7 关于产品设计人体尺寸应用中“姿势修正量”的研究

（GB/T 12985—1991 所提供姿势修正量的数据甚为简略，值得作进一步的研究。）

E-8 关于人的自然行为倾向的一些调研与分析思考

（有兴趣的同学可以对配套教材第六章第六节所述的问题做些进一步的研究。）

E-9 人机学理论与可持续发展战略

E-10 设计伦理：人机学理论与一次性用品

E-11 中国优秀传统农具中的宜人性范例

（在北京的中国农业展览馆里还有个“中国传统农具展览馆”，到那里去可以收集到很多有价值的资料。）

E-12 人机学与产品的升级换代

E-13 人机学与新产品的创意开发

E-14 国外人机学在消费者产品伤害诉讼中的应用情况调查

（有资料说，在美国人机学工作者的工作中，为消费者产品伤害诉讼提供服务的占有相当比例。有必要了解更多的情况，并针对我国作一些相关的分析和预测。）

E-15 **可持续发展设计与我国竹产品的开发利用**

E-16 **关于左利者产品的调查与设计研究**

E-17 **中国人机工程学国家标准的制定和发布情况**

（对有关情况进行调研，经整理，写出一份完整的说明文档。）

F-1 **家具人机工程学概说**（专业科普作品，读者对象：中等及以上文化的相关人士。）

F-2 **人机学与我们的生活**（4～6篇连载科普作品，读者对象：一般公众。）

F-3 **人机工程学科技漫画系列**

F-4 **人机工程学简介电视脚本**（电视播放时间10分钟左右）

F-5 **杂文：筷子、刀叉、人机学与文化**（从人机学谈到中外文化的对比）

F-6 **杂文：茶馆、咖啡厅、人机学与文化**（从人机学谈到中外文化的对比）

F-7 **杂文：设计的文明与文明的设计**

G-1 **学生自拟题目**（欢迎、鼓励学生自拟设计和论文的题目，但需征得教师认可。）

人机工程学

课程设计/课程论文学生作业选

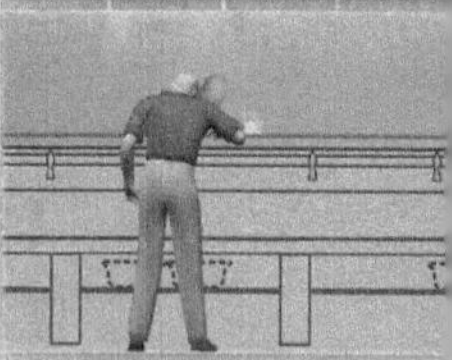

1　我校学生公寓盥洗室的人机学评析和改进设计

北京机械工业学院　工业设计系　0101 班　石爽

【摘要】

本论文应用人机工程学的知识，对我校男生高层公寓楼的盥洗室进行评析并作改进设计。通过调查问卷反馈的信息发现问题，提出质疑，查找资料，解决问题，设计提案并加以总结。通过绘图软件的应用提高评析和设计的精确度和可信度。设计方案是在原有环境限制基础上进行的改进，具有可操作性和可实现性。

【关键词】

盥洗室　人机工程

【正文】

当今中国高校的学生宿舍已经公寓化，服务性设施也在改进。有关资料将我国高校的学生宿舍发展分为三个阶段。了解三个阶段中宿舍楼盥洗室的发展情况，将使本文的评析更加具有现实针对性。

1）解放后到文化大革命以前，学生宿舍每层有集中的盥洗室和卫生间。

2）1977 年文化大革命后，新学生宿舍楼采用砖混结构中廊式布局，通常 6～7 层，每层采用集中的盥洗室和卫生间。中央走道两侧排列房间和公用的盥洗室及卫生间。

3）1990 年以来宿舍分三类：① 单元式学生公寓。一般是 3 间宿舍共用一个中厅、盥洗室和卫生间（由于低年级学生每天的作息时间十分相近，同时起床、同时就寝，会造成盥洗室和卫生间的拥挤。）；② 旅馆式学生公寓，每个房间都有独立的盥洗室和卫生间，分布和设计都较为合理；③高层学生公寓，是为解决高校扩招学生增多问题而建，设施设计上受很多条件限制，电梯、盥洗室和卫生间在使用中拥挤现象十分严重。

我校男生公寓楼属最后一种类型——高层学生公寓，在盥洗室的设计方面受到了面积、空间等因素的限制。本文将在基本不突破这些限制的前提下，作进一步评析，提出改进设计方案，使之更加宜人。

目前我校男生高层公寓楼盥洗室的平面图如图 1 所示。

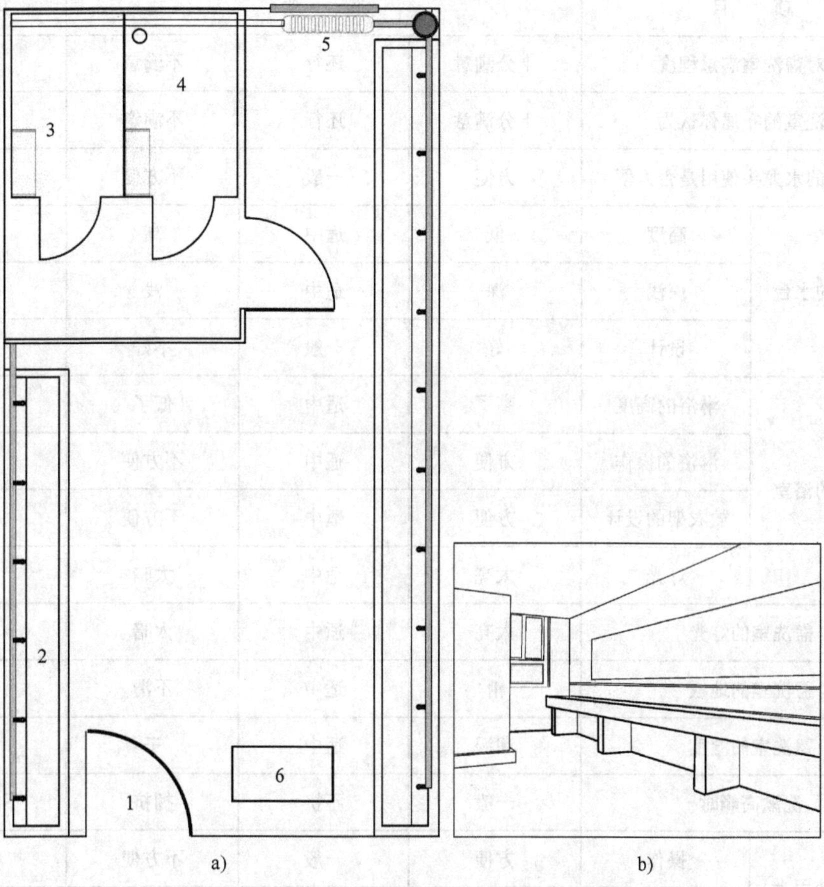

图 1　我校男生高层公寓楼盥洗室的平面图

a）平面图　b）透视图

1—入口　2—水台　3—浴室衣架　4—浴室空间　5—暖气、窗户　6—垃圾桶

第一部分　评 析 准 备

一、调查表

为了给评析提供依据，更好地发现问题，进行了问卷调查。调查表见表 1。

表1　关于男生公寓楼盥洗室的调查表

项　目		选　项			其　他
你对盥洗室满意程度		十分满意	还行	不满意	
盥洗室的布局你认为		十分满意	还行	不满意	
盥洗室的水龙头使用是否方便		方便	一般	不方便	
盥洗室的水台	高度	低	适中	高	
	深浅	深	适中	浅	
	设计	好	一般	不好	
盥洗室的浴室	淋浴的高度	高了	适中	低了	
	淋浴的操作	方便	适中	不方便	
	放衣架的设计	方便	适中	不方便	
	灯光	太亮	适中	太暗	
盥洗室的灯光		太亮	适中	太暗	
盥洗室的地板		滑	适中	不滑	
盥洗室的湿度		潮湿	适中	干	
洗漱高峰时		一般	不挤	拥挤	不能忍受
水龙头使用上	操作	方便	一般	不方便	
	水流大小范围	太大	大	适中	小
镜子		正好	大	小	太小
环境通风		好	一般	差	极差

一共进行了50份问卷调查，收回50份。原始记录见附录（略）。

二、调查统计结果

调查结果的统计分析见表2。

表 2　调查结果的数据汇总

项　目		选　项			其　他
你对盥洗室满意程度		十分满意 16%	还行 30%	不满意 54%	
盥洗室的布局你认为		十分满意 20%	还行 30%	不满意 50%	
盥洗室的水台	高度	低 88%	适中 12%	高 0%	
	深浅	深 0%	适中 12%	浅 88%	
	设计	好 8%	一般 68%	不好 24%	
盥洗室的浴室	淋浴的高度	高了 36%	适中 56%	低了 8%	
	淋浴的操作	方便 32%	适中 22%	不方便 46%	
	放衣架的设计	方便 4%	适中 2%	不方便 94%	
	灯光	太亮 0%	适中 24%	太暗 76%	
盥洗室的灯光		太亮 0%	适中 26%	太暗 74%	
盥洗室的地板		滑 22%	适中 42%	不滑 36%	
盥洗室的湿度		潮湿 86%	适中 12%	干 2%	
洗漱高峰时		一般 2%	不挤 0%	拥挤 56%	不能忍受 42%
水龙头使用上	操作	方便 76%	一般 12%	不方便 12%	
	水流大小范围	太大 10%	大 23%	适中 12%	小 58%
镜子		正好 34%	大 52%	小 14%	太小 0%
环境通风		好 9%	一般 36%	差 32%	极差 23%

三、调查小结

完成调研后，经过分析，问题总结见表 3。

表 3　调查小结

项　目	问　题	思　考
盥洗室的布局	在高峰期的时候十分拥挤，浴室所占面积过大。门的位置不合适	1. 我们从四个角度对男生的盥洗室进行评析，并综合几个方面，一一解决遇到的问题 2. 要查阅书籍，了解遇到的问题与人机工程学的联系 3. 设计将在原有公寓楼盥洗室的位置和面积基本不变的条件下推进，以使本论文具有现实价值
盥洗室的水台	经常是洗漱完或洗衣服完后，衣服湿了一大片。盆高竟然比水池的深度高，溢出的水常淋湿了鞋子	
盥洗室的浴室	一侧光照好，另一侧太黑。放衣服的架子太低，容易被溅上水。排水不好，洗完后，脚会浸泡在污水里	
盥洗室的环境	十分潮湿；放在那里的许多衣服盆常占据了水池中很大的地方；进门的门背后那块地方太暗；垃圾桶放在水房不合适；刚出门时不小心容易摔倒；外面的地面是仿大理石的，十分滑。一个字“挤”	

第二部分 人机评析及改进准备

一、盥洗室的布局

1. 门的宽度

现有门的宽度为900mm，洗手间的门应当考虑拿着脸盆能方便地进出，平日的实际使用情况及实地试验表明，900mm 的门宽已经足够。

2. 门的位置

门的位置是调查的重点问题之一，从盥洗室的平面图（图 1）可以看出，当门被人推开的时候，门后的 1～2 个水龙头不可能使用。这就使本来在高峰期就紧张的水龙头更加紧张了。建议将门开在中间，采用自动关门系统，使门在无推力的作用下，靠弹簧的恢复力将门自动关上。

3. 人均使用面积

每一层有 65 个寝室，每个寝室住 6 名学生，即每一层共 390 名学生。每层有两个盥洗室，则平均每个盥洗室的使用人数是 195 人，在高峰期时，同时使用的人常多于 20 人。现盥洗室只有 16 个水龙头，不够用，但盥洗室内的小浴室却占据了 $6.64m^2$ 的面积，参看图 2。从秋凉到仲春的将近半年时间内，由于天气关系，浴室的利用率很低，综合考虑应当适当削减浴室面积，以提高盥洗室的基本功能。

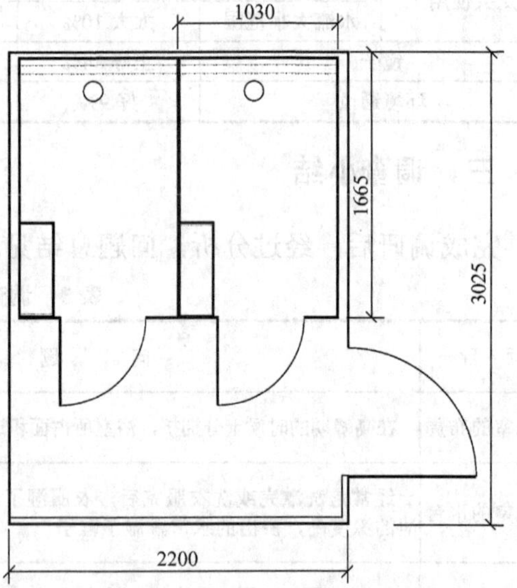

图 2 盥洗室内的小浴室（平面图）

二、盥洗室的水池

盥洗室水台的尺寸明显地存在人机方面的问题。

盥洗池区域的侧视图如图3所示，盥洗池的尺寸如图4所示。

分析盥洗池使用中的人机关系，可以得出以下结论：

1）盥洗池太浅，低于一般洗脸盆的高度，如图5所示。因此，洗漱中衣服前襟总是一片湿；洗衣服时，水常溢出水池台面，弄湿鞋袜。

2）盥洗池太低，从图6刷牙、洗脸时的三维模拟图可以看出，刷牙、洗脸、洗衣服时弯腰甚多，徒增劳累。图6中的人体大体按中国成年男90百分位数的身高加穿鞋修正量进行人体尺寸的建模。

3）学生们换下脏衣服以后，未必都能及时洗掉，先用盆泡起来放着是常见不过的。现在盥洗室设计中未考虑这一现实需要，于是盥洗池中常放着不少衣服盆，使好些个水龙头无法正常使用。

4）现水龙头之间的间距为750mm，基本合理。

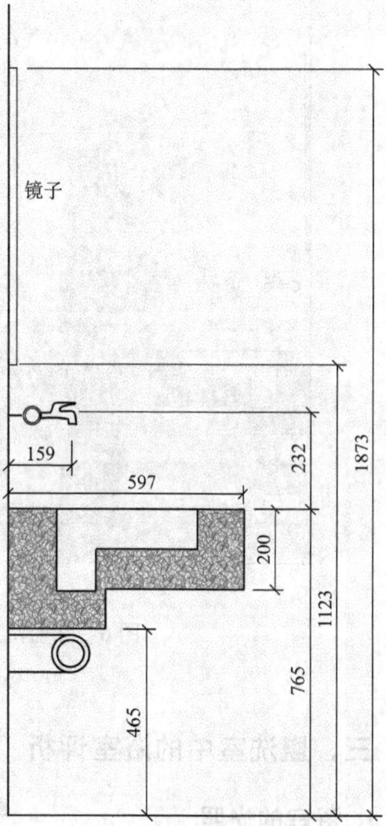

图3　盥洗池区域的侧视图

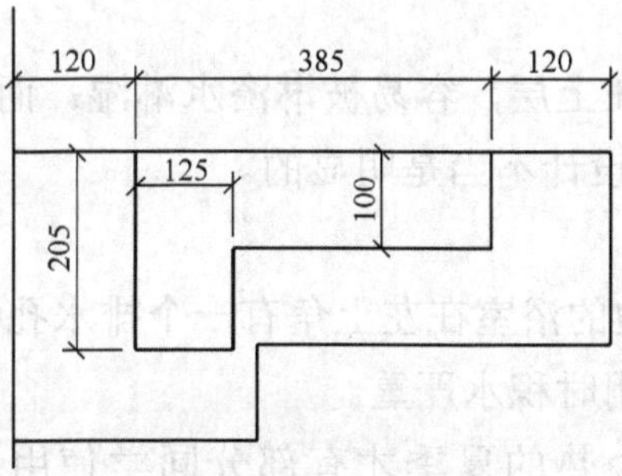

图4　盥洗池尺寸

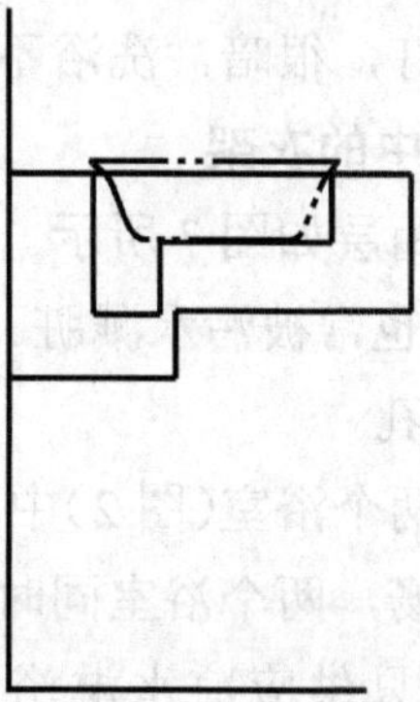

图5　盥洗池太浅

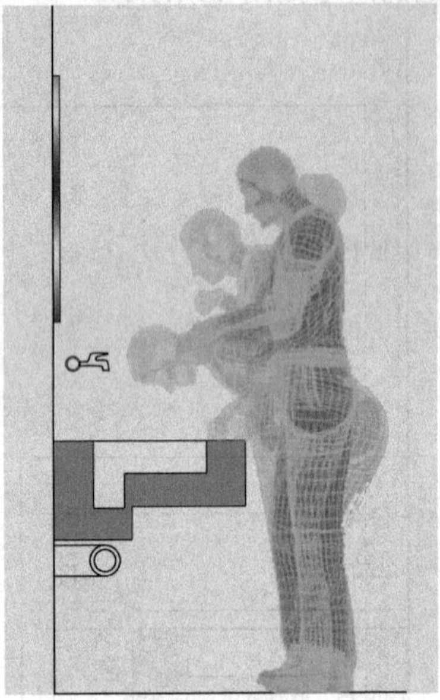
a）

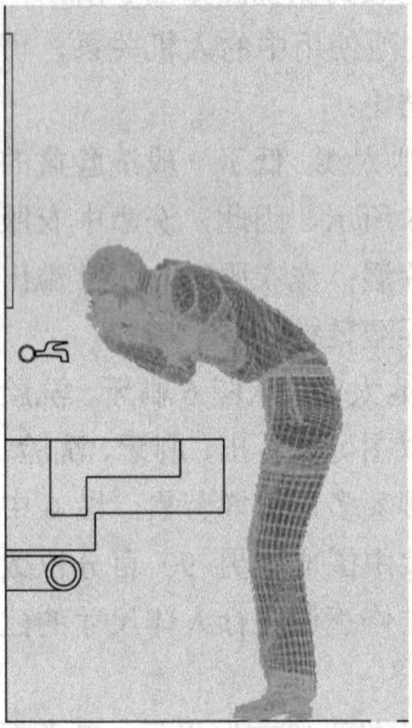
b）

图 6　在盥洗室刷牙、洗脸的三维模拟图

a）刷牙　b）洗脸

三、盥洗室中的浴室评析

1. 浴室的光照

两个浴室（图 2）中的一个有顶灯，虽然明亮，但灯的种类不好。另一个浴室未安装顶灯，很暗，洗浴不方便。

2. 浴室中的衣架

衣架分两层如图 7 所示。衣服放在上层，容易被淋浴水淋湿；而下层距地面仅 390mm，也常被污水溅脏。衣架的设计不当是明显的。

3. 排水孔

并排的两个浴室（图 2）中只有左边的浴室在左上角有一个排水孔（参看图 8），因此排水不畅，两个浴室同时有人使用时积水严重。

4. 目前只供应凉水淋浴，只在炎热的夏季才有部分同学使用，利用率甚低。

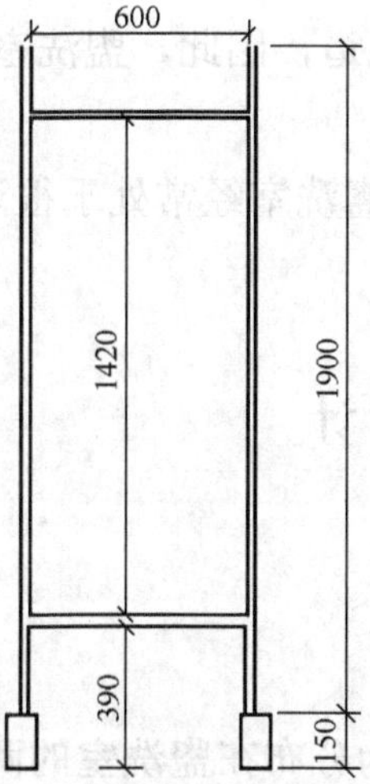

图 7　盥洗室浴室中的衣架

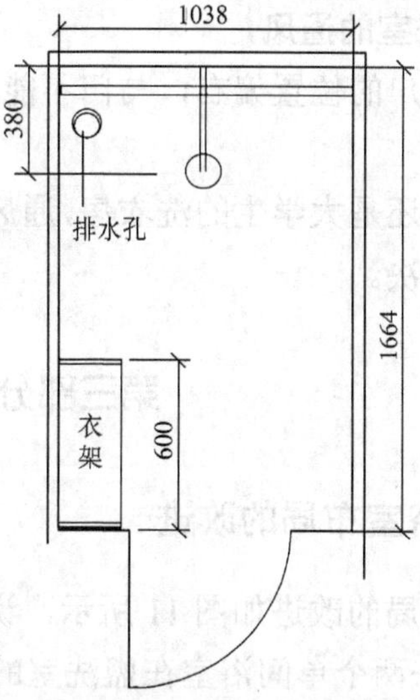

图 8　盥洗室中的排水孔

四、盥洗室的环境

1. 光环境的评析

自然采光来自盥洗室的一端，浴室外壁又挡住了大部分自然光，因此自然采光不足，如图 9 所示。盥洗室面积近 $37m^2$，只安了三个 30W 的日光灯，人工照明也不够，如图 10 所示。

图 9　盥洗室的采光不足

图 10　盥洗室的照明不足

2. 盥洗室的通风

由于窗户的位置偏右，与门不能形成自然通风道，因此，盥洗室的通风状况不良。

盥洗室还是大学生的洗衣房，通风不良必造成盥洗室经常处于很潮湿的状态，应当注意解决。

第三部分 改进设计

一、浴室布局的改进

浴室布局的改进如图 11 所示，说明如下：

1）原来两个单间浴室在盥洗室的一侧，现改为分布在盥洗室的两边，让开了光照射的路径。

2）窗户可开在中路，通风的路径也同时变得十分顺畅。

3）采用落地大型玻璃窗，使得浴室的采光在白天可以不用开灯，也能达到足够的光照效果。

4）保持原来水龙头的水平间距 750mm 不变，但是在布局上已有所变化，使在管道末端的水龙头间距合理化。

5）两个浴室单间均有各自的排水系统，不会再出现积水现象。

6）采用青苹果的色彩方案，减轻空间的狭小压抑感。

二、盥洗室的改进

盥洗池的改进如图 12 所示，说明如下：

1）将盥洗池外缘的高度提高到 825mm。这一数据参考了目前家居市场相应主流新产品的有关尺寸，参看附录。

2）把盥洗池的深度加深到 130mm，使放在池中的脸盆上缘低于水池的外缘。采用 1）、2）两条改进以后，洗漱中弄湿衣鞋的问题可获较大的缓解。

3）在盥洗池下面增设放脸盆的架子，以免泡衣服的盆子占据盥洗池，此架距地面高约 300mm，基本不影响对底部清扫。

4）水管上方增设一个放洗漱用品的小台子，材料为玻璃钢或工程塑料，底部有镂空，避免积水。

5）保持原水龙头间的间距 750mm 不变，但门的位置调整以后（图 11），管道末端处水龙头的使用已经基本不受影响了。

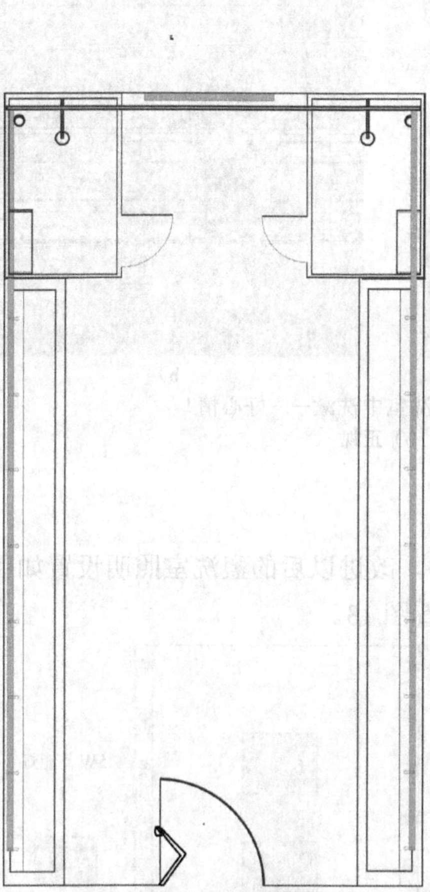

图 11　浴室布局改进设计

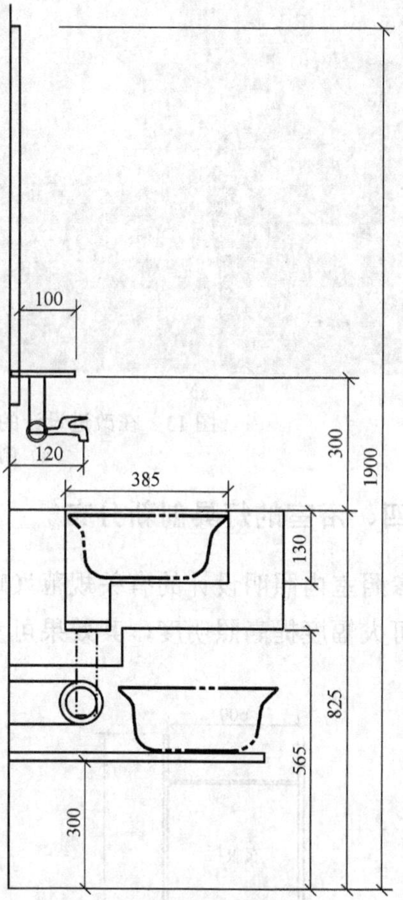

图 12　盥洗池改进设计

经过如上改进设计的盥洗室，明亮通透，消除了很多泡衣脸盆造成的“视觉污染”和实际不便，洗漱用品放置方便，进入盥洗室后的心情也将大为改善。图 13 是在其中洗漱时的模拟图。

三、浴室衣架的改进设计

改进设计后的浴室衣架如图 14 所示。本设计基本尺寸与原来的衣架相同，经过合理的分栏，使不同物品有合适的放置处所，避免了淋湿和弄脏。

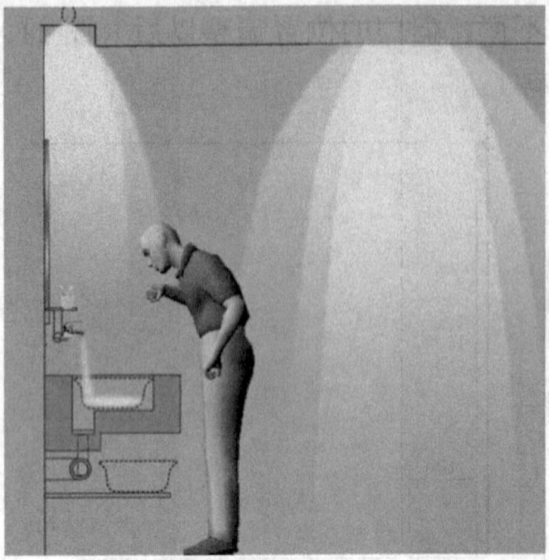

a）

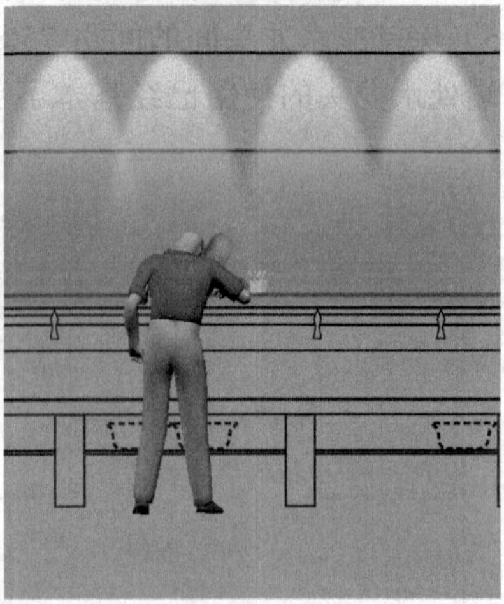

b）

图 13　在改进设计的盥洗室中洗漱——好心情！

a）侧视　b）正视

四、浴室的灯具创新分布

参照室内照明设计的有关规范（略），改进以后的盥洗室照明设置如图 15 所示，可大幅度提高照明度，其效果可参看图 13。

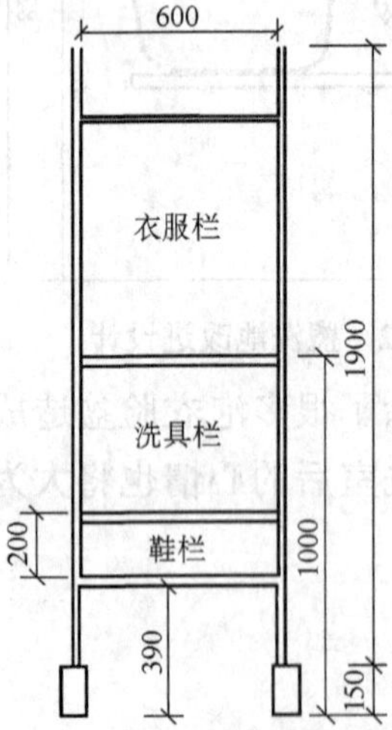

图 14　改进设计的浴室衣架

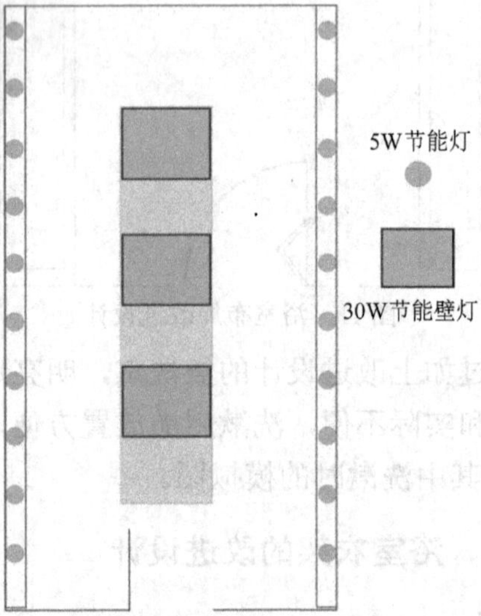

图 15　改进设计的盥洗室照明

附录　确定盥洗池外缘高度的参考资料

为确定盥洗池外缘的高度，对北京几个大型家居市场的相关产品作了调研实测。几款新产品的图样及相关尺寸列于附表-1 中，并据此确定盥洗池外缘高度值为 825mm。

附表-1　几款产品的图样及相关尺寸

图　例	三　视　图
	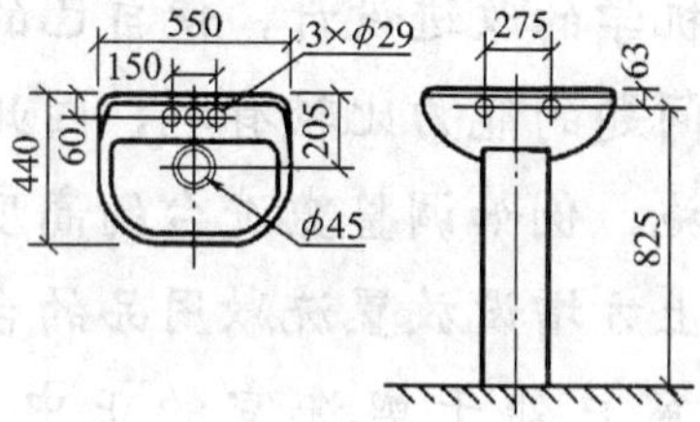
	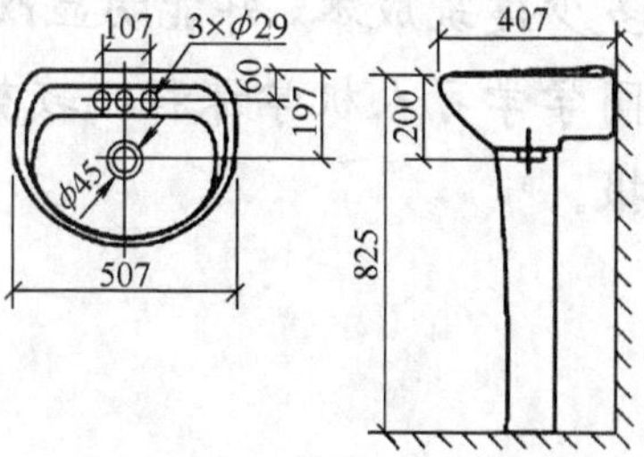
	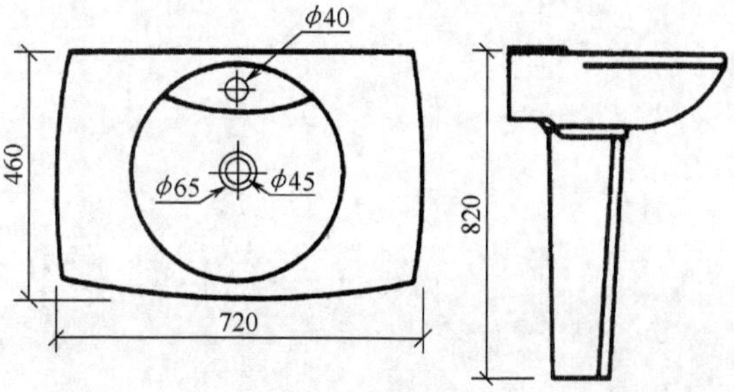

指导教师点评

调研、分析、改进设计三方面都进行得相当细致、认真，插图的绘制质量在学生作业中也是较好的。应用课堂和书本知识解决盥洗室人机学问题，有了一定的深度和广度。作者给自己设定了这样一个目标前提：在现有学生公寓盥洗室总面积不变的条件下，来进行人机学的改进设计，使自己的工作更有现实价值，这对锻炼解决实际问题的能力比较有利，因此是可取的。作者在设计中提出了不少措施，例如调整盥洗台的高度和深度、台下增设放脸盆的搁板、水池上方增设放置洗漱用品的台架、通过调整两个小淋浴室的位置（使窗户处于盥洗室的正中）以改善整个盥洗室的采光和通风……。对每个措施，也都作了一定的人机学分析。这些措施并不增加多少建筑成本，却能明显改善盥洗室的宜人性。这份作业表明：石爽同学学习人机学课程比较努力，他也获得了提高设计能力的实际回报。

（阮宝湘　杨冬梅）

2 校园公用电话亭的人机学调研

北京邮电大学 工业设计专业 00504班 朱斌 郑诗蕙

校园公用电话亭随处可见（图 1），在校园内造型独特、醒目易找，在一定范围内密度很大。其设计能够遮风、挡雨、防晒，给人和电话机以很好的保护，师生对它的使用较频繁。

图 1 校园的公用电话亭

我们通过对电话亭外壳、电话机以及使用者这三个方面进行调研，进行校园公用电话亭的人机学评价。通过调研发现，我校的公用电话亭既有一些很好的特性，又存在很多不足，在某些方面不符合人机工程学的要求。

我校校园公共电话共有三种：一是 201 电话；二是 IC 电话，三是教学楼内的 201 电话。本文主要对 201 公用电话亭进行人机学调研分析。

关于电话亭外部、内部以及使用者的研究分析，内容列表如下。

分析方面	电话亭外壳	电话机	使用者的宜人性
分析内容	高度 容量 材质 色彩外观 固定板	按键 话筒 挂钩 电话机位置 显示屏	使用状态 使用习惯 使用频率 使用时间

一、电话亭外壳

1. 高度

如图 2 所示，我校目前的校园公用电话亭前沿的高度为 1750mm，因此身高低于 1750mm 的人进入是不用任何附加动作的。根据 GB/T 10000—1988《中国成年人人体尺寸》上的数据，1754mm 为我国男子身高的 90 百分位数，加上功能修正量和心理修正量以后，还应该更高一些。还有随着改革开放的发展，近年来我国人民生活水平的普遍提高，现如今的平均身高比国标上的数据已有所增加，因此现今的校园公用电话亭的高度为 1754mm 是不符合人机学要求的，需要调整。至于应达到什么高度，应该尽量参考我国最新的人机学数据，再加上功能修正量和心理修正量。

2. 遮罩面积

电话亭遮罩深度为 800mm，最宽处为 750mm，我国人体水平尺寸中成年男性最大肩宽 99 百分位的为 486mm，现有的遮罩面积能够满足（图 2）。

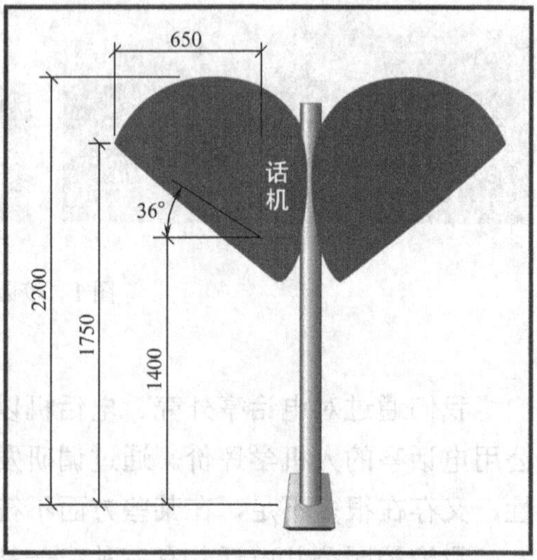

图 2　公用电话亭的空间尺寸

电话亭对于电话机防护作用的分析：电话最低点距地面 1400mm，顶棚边缘最高点距地面 2200mm，电话机距顶棚边缘 650mm，可知当日照光线与地面夹角在小于 36° 时，话机才会被照射到。由于当日照角度很小时，是傍晚或清晨，日照强度小，基本不会对话机产生伤害。同时，雨雪的入侵角度一般也达不到这个角度。所以，电话亭对电话机的防护是充分的，能够保证电话机不会遭受到风吹雨打以及日晒。

3. 材质

电话亭外壳的材质从外观上看来不错，但内部却十分粗糙（图 3），这很影响使用者在打电话时的情趣。在我们作测试的时候，粗糙的内部使我们感觉异常的强烈，这是电话机很失败的一笔。而作为一个使用频率很高的公用设施，在其华丽外表下面应该有一样出色的内部。公用电话亭对使用者来说，其内部的重要性远远大于外表的华丽。而现在的校园公用电话亭却恰恰相反，内部只进行草草的处理，从这点来说是不能容忍的。

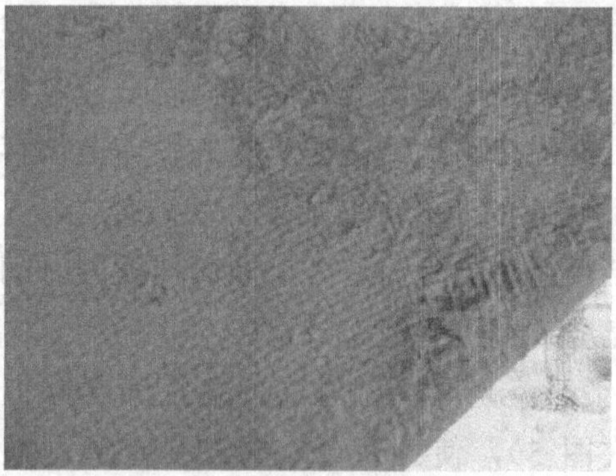

图 3　电话亭罩壳内部粗糙的表面

4. 色彩

电话亭的顶棚采用桔红色。从人眼对色彩的识别力来讲，颜色对比与人眼辨色能力有一定关系，当人从远处辨认前方的多种不同颜色时，其易辨认的顺序是红、绿、黄、白，即红色最容易被看到。所以，桔红色的顶棚既有很好的识别性，也很美观。

5. 固定板

固定板（图 4）是固定电话亭外壳和电话机机身的金属板，长 500mm、宽 230mm，边缘没有倒角设计，过于锐利，感觉上是没有加工完的钢材，虽说是在电话机后方，使用不易触及，但还是有造成伤害的危险。

图 4　固定板

二、电话机

关于电话机，我们对按键、话筒、电话机位置以及显示屏进行了重点调研。

1. 显示屏的人机学调研

（1）目标 指在荧光屏上显示的图形、文字、符号等，它们在背景颜色的衬托下显示出来。目标亮度越高，越易觉察。但是目标亮度超过 $34cd/m^2$ 时，视敏度不再继续有较大的改善，所以目标亮度不应调节超过此值。

公用电话的荧光屏上是以灰白色为底色，黑色数字在正常情况下容易呈现出来。现有公用电话上目标的亮度合理容易识别。

但是公用电话在显示屏的设计上仍存在着以下问题：

1）它的荧光屏前加了一块玻璃挡板，作用是保护荧光屏不受损伤，但荧光屏和挡板之间的距离过大，玻璃挡板因时间长久而透明度降低，使人们透过挡板看荧光屏时不太清楚。

图 5 荧光屏

2）荧光屏位置过深，并且屏幕向上倾斜（图 5），使身高较矮的人要看清是很困难的。

3）夜晚校园公用电话亭周围没有光源，显示屏也没有自发光，因此在夜晚，荧光屏起不到作用，人们夜里使用电话很不方便。

4）显示屏（图 6）的中间一部分，约占屏幕的一半面积被用来作为公司的提示，提示的字写在玻璃挡板上，妨碍使用者阅读显示屏上的信息，增加了使用者的视觉负担。

以上四点是现有公共电话不符合人机学要求之处，需要改进设计。

（2）目标的形状、大小、颜色 大部分选用绿色，其视觉辨别效率与白色目标相似，不易产生疲劳。

校园公用电话荧光屏的数字高度为 12mm，宽度为 6mm，能很好地满足人们观看的需要。目标颜色为黑色，很易辨识，符合人机学的要求。

（3）余辉 指目标呈现结束后残留在屏面上的亮点。有利于看清目标的余辉是“最初亮度下降慢，以后下降愈来愈快”。

我校校园公用电话的余辉存在较大的问题。由于余辉的影响，显示屏显示的数字经常会出现混乱（图 7），人们难以辨识电话机显示的是什么，有待改进设计。

图 6　显示屏

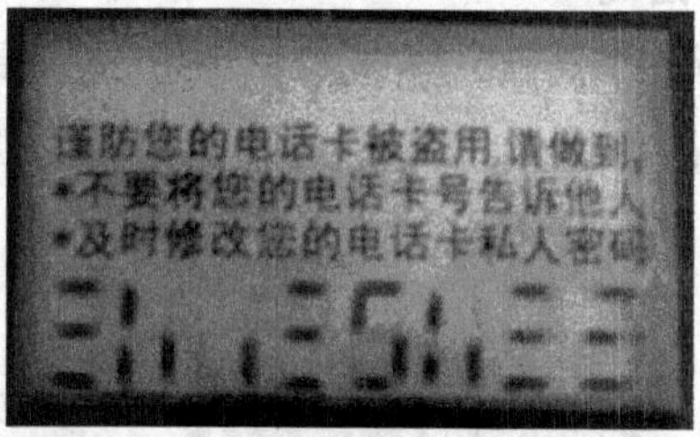

图 7　显示的数字混乱

（4）尺寸与视线　人眼的视线以视平线为 x 轴，上下不宜超过 30°。

现有荧光屏的长度为 65mm，宽度为 38mm。屏面底端距地高度为 1600mm。GB/T 10000—1988《中国成年人人体尺寸》给出的女性眼高的 10 百分位数为 1388mm，男子 90 百分位数为 1664mm。使用电话机时，身体距电话机大概有 300～500mm。这样，对高个子男子没有问题，使用时视线的转动角度小于 30°，符合人机学的要求。但是对于小个子的女子，使用者的视线与水平线的夹角在 22.9°～35.2°之间，再加上电话机在显示屏的位置约有 5°的倾斜，要看到上面的显示，使用者的视角应在 27.9°～40.2°之间，要看到上面的字是比较累的。因此，显示屏的高度不符合人机学要求。

综上所述，我校校园公用电话的显示屏需要改进。

2. 按键的人机学分析

现有按键（图 8）尺寸为：长度 17mm、宽度 10mm、高度 4mm、间距 6mm。按键的长度超过一般人的指宽，面积大于人手指的施力范围，保证了人们在使用时手指的舒适度。而按键高出电话机平面 4mm 也增加了手指的触感，使人们容易辨识按键。其间距保证了人们在使用时不会产生误按。所以现有按键尺寸是合理的，从使用和辨识两方面保证了它的宜人性，但是在细节处理上值得进一步推敲。现有按键，采用的是外凸弧形，会使人们在操作时手指感到不适。尽管打电话是小负荷的操作，但是也应该考虑到这点。尤其是现有的很多校园公用电话年久失修，其按键艰涩难按，必须用大力按压才能使按键起作用。在这种情况下，外凸弧形按键给人带来的不适感大大地加强了。

还有一点值得注意，按键和人的接触很频繁，经过非典的教训，人们对卫生问题很敏感。现有的按键对这方面注意不够，表面材料为硬塑料，并没有卫生防菌措施，容易成为病菌传播的一个途径。这方面还得有所改进。

3. 话筒

话筒（图 9）既是一种手握式工具，又是一种声音传输设备。因此对话筒的分析包括手握式工具的人机学分析、听觉的人机学分析两个方面。

图 8　按键

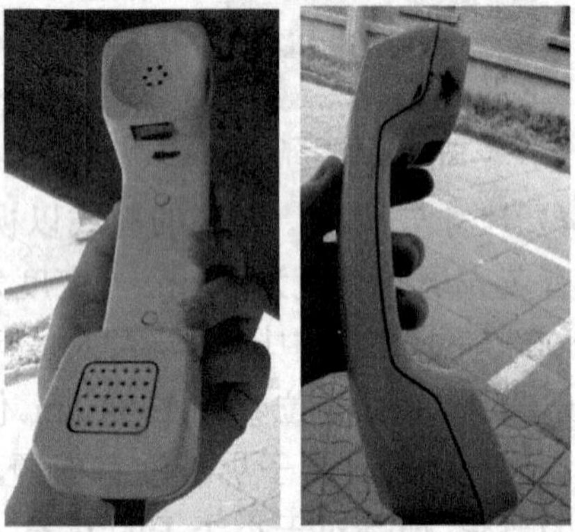

图 9　话筒

（1）从把手的角度考虑　手握式工具设计的一般原则：

1）必须有效地实现预定的功能；

2）应与操作者身体成适当比例；

3）操作力适宜，要适当考虑到性别和身体素质的差异；

4）避免因操作姿势不良而引起疲劳。

话筒与人手接触的地方属于手握式工具设计的部分。话筒的凹面，即手握部分的尺寸：长度为 90mm，宽度为 40mm，厚度为 20mm。

长度：手握部分的长度主要取决于手掌宽度。掌宽一般在 71～97mm 之间（女性 5 百分位数至男性 95 百分位数），因此手握部分合适的长度为 100～125mm。公用电话机的手握部分的长度是 90mm，数值偏小，不符合人机学的要求。

宽度、厚度：宽度和厚度主要取决于手的长度。手长一般在 150～195mm 之间（女性 5 百分位数至男性 95 百分位数）。而公用电话机的手握部分的周长约为 120mm，远远小于 5%女性的手长，符合人机学要求。

综合来考虑，话筒的手握部分需要少许加长。

把手的截面形状：对于着力抓握，把手与手掌的接触面积越大，则压力越小，因此圆形截面较好。为防止与手掌之间的相对滑动，可采取椭圆形的把手为宜，同时应配合手掌抓握的弧线。

（2）从听觉传示的角度考虑

1）言语的清晰度：所谓言语的清晰度是人耳对通过它的语音中正确听到和理解的百分数。作为一个言语传示装置，其言语清晰度必须在75%以上。校园公用电话机的话筒的音质很清晰，符合人机学对听觉传示的要求。

2）尺寸：听筒的大小为长54mm、宽50mm；话筒的大小为长50mm、宽50mm。听筒面积大于一般人耳的面积，而且在传声方面不成问题，符合人机学要求，话筒亦是如此。

三、使用的宜人性

一个良好的产品，是一个能让使用者感到舒适满意的产品。因此，我们对使用者的使用习惯及需求进行了调研分析。

1. 便捷性

校园地图及校内电话亭分布状况如图10所示。

圆点处为201电话亭（每个圆点处有两个电话）。五角星处为IC电话亭。

从图中可以看出，我校公用电话亭分布情况为：

1）教学区教学楼内部在各楼层过道里安装有201电话。

2）宿舍楼周围成散点式排布，比较均匀。

3）学校功能区附近分布相对较少。

我校校园公用电话亭的分布基本合理。

2. 私密性

公用电话亭要满足在公共场合的相对私密性。公共场合声音比较嘈杂，还应充分考虑使用者不被周围环境过分打扰。

电话亭的挡板：电话亭的挡板和顶棚是连为一体的，侧面的遮挡部分比较少。但基本满足电话亭对私密性的要求。

3. 心理空间

校园公用电话亭的心理空间涉及三方面：使用者对电话的心理适宜度；使用

者对电话亭空间的心理适宜度，使用者对环境空间的心理适宜度。

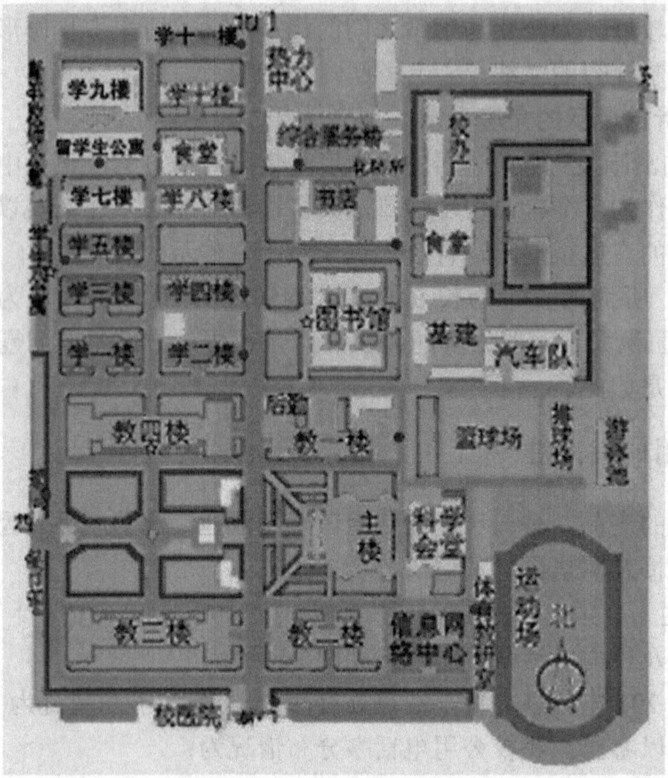

图 10　校园内电话亭的分布状况

（1）个人心理空间　指围绕一个人并按其心理尺寸要求的空间。通常把心理空间的距离分为四个范围，即亲密距离、个人距离、社交距离和公共距离。电话亭作为在公共环境下私人交谈的空间，应保证公共距离—— 大致与过路人间隔 3～5m。

由于我校的人行道较窄，部分电话未能达到这一距离。

（2）近身空间　近身空间是个体对周围环境的要求和反应，人们对身体正面近身空间的要求较大，侧面的空间要求较小。电话亭一般安放在人行道边上，由里侧、外侧两个电话组合成一个电话亭点，相背而放，可使近距离的两个使用者间的影响减到最小。电话分别面向人行道的两个方向，方便来往行人进入使用，这种摆放方法也符合近身空间侧面要求较小、正面要求较大的原则。电话亭一般位于路的中段，人流量较少，保证了使用者对环境空间的心理适宜度，以及使用者与他人的公共距离。

4. 舒适度

使用者长时间打电话时，需保持站立姿态。据对学校电话亭的使用观察分析，当使用者使用电话时间较长时，使用者会不时调整站立姿势，表明使用者已处于疲惫状态。还有不少使用者会背过身靠在电话机上，使身体得到倚靠。但由于电话机底端距地 1400mm，电话机身长 150mm，我国人体尺寸男性 50 百分位数的肩高为 1367mm，可见这个姿势也是不舒服的。女性 50 百分位数的肩高为 1271mm，更无法倚靠。总之，校园电话亭未能提供长时间通话的舒适条件。

大街上的公用电话，主要满足人们临时使用的需求，一般通话时间不会过长。校园公用电话的情况稍有不同。学生集体住宿，电话的使用问题较大，常常产生冲突。据了解，有不少同学的通话时间在一小时以上。当使用电话时间冲突时，就只有到校园里的公用电话亭去，同时，也有同学担心自己长时间地使用电话会给宿舍同学造成不便，改而使用校园里的公用电话亭。

这就是说，校园公用电话亭的设计同样应该考虑这一特殊需求，提供一个可以倚靠的部位。

5. 光环境

校园公用电话亭的照明属于自然采光，由于有电话亭的遮罩，不会产生日光直射，眩光，晃眼等现象，在白天是非常适宜的。但是到了晚上，没有日光，校园公用电话亭没有任何光源，非常不合理。可见校园公用电话亭的光环境基本不符合人机学的要求。

6. 附加功能：书写台板

打电话的时候常需要做一些记录，如电话号码、地址等等，很不方便。在电话机面板上，非功能区为按键右边的区域，大小为 55mm×300mm，距地面高度为 1400mm，与中等身材的男生的肩部、女生的嘴鼻部位大致齐平（已考虑鞋高修正量），对于短暂的书写也不适宜。电话亭的轮廓成圆弧形，内部又十分粗糙，更不适宜书写。总之使用者要作记录十分困难。

短暂的记录书写是通话中常见的需求，因此建议增加一个符合人机学的书写台板。

7. 卫生

电话的挂钩让我们看得有些触目惊心，它的卫生问题看来甚为严重。从图 11 也可以看到，电话挂钩处藏污纳垢，是细菌滋生的温床。据测量，大部分人通话时，一般手握话筒置于脸侧，与脸的距离约为 10～40mm，嘴距话筒约为 10～50mm，耳朵基本贴话筒，而手和嘴恰恰是传播疾病的主要途径。所以电话话筒的设计如何能尽量减少疾病传播很值得探究，像非典肆虐北京时就让我们更意识到这一问题的重要性。

图 11　电话的挂钩

小结

综上所述，尽管现在的校园公用电话亭有很多优点，但是我们发现它还存在着很多不符合人机学要求的地方，包括电话亭的外观、显示屏、按键、话筒等诸多方面离我们心目中理想的公用电话亭还有一定的差距。在这次的人机学分析中，我们发现了一个很大的问题，由于非典的影响，人们对公用设施的卫生问题尤其关注，而我校的校园公用电话亭在这方面明显是不符合人机学要求的。据我们调查，现在有一种新型的抗菌材料已经面世，它可以有效地防止细菌的传播，希望在将来可以看到它出现在校园公用电话亭上。这次对校园公用电话亭的人机学分析使我们产生很多感触，我们身边的这些设计存在着如此多的问题，致使我们不得不思考究竟社会发展和文明进步体现在哪些方面。我们觉得，首先应该解决这些离人们日常生活最为贴近的公用设施的问题，才能说我们进入了一个精神文明的社会。作为未来工业设计师，我们更有责任让这个世界变得更加美好。

指导教师点评

应用所学理论知识分析实际问题比较细致，也有一定深度，是一份认真和不错的作业。当然，还有不少方面可以进一步完善提高，例如：

1）研究公共设施的人机学问题，对普通用户意见的调研是不应该忽略或省略的。同学们学习过人机学这门课程，因此有能力提出一个较为“专业”的调查提纲，该提纲能够较全面地涵盖所论事物人机学问题的各个方面。这是同学们比普通用户具有的优势。但并不代表同学们可以用自己的分析和感受完全取代广大用户的意见。这是任何专业进行社会调查的一个基本共识，人机工程也不例外。

2）论文的纲目结构还不尽严谨合理，值得进一步斟酌改进。例如本文第三部分的标题“使用的宜人性”就值得商榷：因为第一、第二部分“电话亭外壳”、“电话机”里面讨论的也是宜人性问题；或者说所有人机学问题都是宜人性问题。纲目结构不尽完善对本文的质量看来没有太大影响，但一般来说这是应该注意的问题。因为纲目结构严谨合理，能使我们思路清晰、视界开阔全面，避免繁杂混乱，对提高论文质量常有重要的作用。

（阮宝湘　侯文君）

3 我校自动取款机的人机学评析与改进设计

北京邮电大学　工业设计专业　00504班　黄谋辉　周兴伟

一、自动取款机的系统功能与使用要求

1. 系统功能

使用自动取款机可以方便、快捷、准确、安全地提取现金，一卡走遍各地，避免暴露取钱的数额。

2. 使用要求

自动取款机的服务对象较为宽泛，要求设计简单化和宜人化，在插入卡后，按照提示点击按键或触摸按钮即可完成操作。因此自动取款机应具有图像、文字、声音等多项提示功能来引导人们。

取款的一般流程：排队等待——插卡——按提示按键——等待出钞——取卡。

二、我校自动取款机的人机学分析

1. 前期调查分析

我校自动取款机坐落在邮政储蓄的南侧，对着南门入口保安处，如图1所示。自动取款机系统主要包括显示屏、控制按钮、出钞口、摄像头、灯光以及其他辅助设备。

图1　自动取款机位置

下面对自动取款机的整体环境、显示控制部分以及出钞控制部分来进行评析和改进，重点研究自动取款机的用户心理问题，并做了一份调查表。

(1) 调查对象　本校的大学生，他们是主要的用户群体，接受新生事物的能力较强，

而且敢于表达对现在自动取款机的看法。同为大学生，交流起来方便，隔阂较少。我们选择了 31 名同学回答这份问卷，他们来自不同的专业，有着不同的性格，男女比例为 21∶10。

（2）调查地点 教一、教四和主楼自习室，完成 20 份调查问卷；学九楼宿舍，完成 11 份调查问卷。变更地点是为了使调查能覆盖不同的客观条件。

自动取款机用户心理调查表及调查结果统计

1）在取款的时候，您是否会关注周围的人或事物

a 是 （5） b 否 （26）

若是的话，那么您关注的主要原因是那一方面

a 自己的财产安全 （3）

b ATM 卡的密码安全 （21）（2 个选 a&b）

2）在您取款的过程中，你觉得机器的指示引导功能怎么样

a 清楚，操作简便 （15）

b 有点模糊 （13）

c 易使人出现误操作 （3）

3）在您取款的过程中，一般要等待一段时间，此间你有何感

a 时间有点长，易使人产生无聊或烦躁的情绪 （23）

b 很正常，心里比较自然 （8）

4）对这段时间内插播的商业广告，您的印象是

a 活泼、绚丽，可以调节人的心态 （5）

b 很普通，有点单调乏味 （13）

c 有点眩，无聊 （12）

在下列新的想法中，你比较倾向于哪一种

a 插播一段天气预报 （11）

b 插播一段 flash 动画 （9）

c 插播一些温情提示 （9）（2 人选 abc）

5）如果你对你的密码不太清楚，你希望机器给你多少次重新输入的机会

a 1 次 （0）

b 2 次 （3）

c　3 次　　　（26）

d　3 次以上　（2）

6）你觉得自动取款机的空间应该是

a　封闭的　（26）

b　敞开的　（5）

7）你觉得自动取款机一米线问题应该怎么解决

a　根本不需要设置，大家自觉遵守就是了　　　（2）

b　应该明确设置　　　　　　　　　　　　　　（28）

c　根本不存在这个问题　　　　　　　　　　　（1）

8）你看到自动取款机旁边的摄像头有什么感受

a　很不舒服，根本不需要那东西　　　　　　　（2）

b　不太舒服，应该把它装在隐蔽处　　　　　　（10）

c　没有觉察到那东西的存在　　　　　　　　　（19）

9）您有过晚上取钱的经历么

a　有　　（23）　b　没有　　（8）

若有，屏幕、灯光、外面环境给您的整体感觉是

a　柔和，氛围比较温和　　　　　　（12）

b　对比有点强烈，氛围比较冷淡　　（9）

c　对比强烈，有一种恐怖的感觉　　（2）

10）你认为自动取款机应该放在什么地方，其门应该朝哪个方向

a　设在人员比较集中的地方，但其门应背对着主干道　（20）

b　设在人员比较偏僻的场所，但那里应该比较安全　　（90）（2 个选其他）

（3）调查结果的简要分析

1）在取款的时候，大部分人害怕别人偷窥自己的密码，所以会关注周围的人和事物。从社会心理学角度分析，自动取款机为中心的环境属于公共场合，人们一般彼此素不相识，每人要求一定的公共距离，此距离一般为 3～9m。现今靠公共意识建立和维持的距离，很难满足个人心理空间的需要。

封闭的空间为大多数人欢迎；多数人倾向于设置一米线来界定取款和等待的区域。

2）将近 50%的用户认为取款机的指示引导功能还比较模糊，有必要加以改进；当用户输错密码时，80%以上的用户希望机器给予 3 次重新输入的机会，这些问题都和用户界面分析息息相关。

3）在取款的过程中，用户觉得等待时间较长，其间插播的商业广告不能构成用户视觉的兴趣点，他们更关心和自身有关的事物，这也是下面提出改进的方面。

4）摄像头应该放在更为隐蔽的地方，因为看到它的人普遍感到不舒服。它是一种公共安全保障，人们只有需要它的时候（譬如 ATM 卡丢失的时候）才会关心它的存在。

5）相当一部分人认为，晚上自动取款机屏幕、灯光和周围环境氛围人情味不足，甚至会使人产生惊恐，改进设计的目标是使尽可能多的人有放松的心情。

6）人们对来往人员多，较为繁华的地段的取款机感到更放心，因为公众群体对罪犯的震慑比偏僻场所的保安措施更有效。

以上述调查结果为依据，我们按照从部分到整体的分析思路，来展开自动取款机系统及其环境的分析。

2. 系统分析

（1）显示控制部分　自动取款机的显示控制部分主要由计算机显示屏、控制按键（包括数字按键、功能按键）组成，是人机对话的重点。它提示用户输入密码并反馈相应的信息；指示引导用户完成一系列操作，使用户可以查询余额、修改密码、提取一定数量的现金等等。显示装置的尺寸和传递信息的方式若不恰当，容易让用户产生误操作或不敢进行关键的操作。人机信息交换过程的清楚、简便，是自动取款机不断改进的方向。

我们的第一步工作是分析取款机的宜人性人体尺寸，即它的高低与人的相应部位是否相适应，布置是否设在人操作方便、反应灵活的范围之内。

1）空间尺寸。中国成年男性 95 百分数的人身高为 1775mm，最大肩宽为 469mm，而自动取款机的空间总体尺寸 2200mm（高）×1080mm（宽）×930mm（长），人们在这个空间内都有一定的自由度。

2）数字键盘高度。从图 2 可以看出，数字键盘中心离地面高度为（980+95+10）mm=1085mm。下面结合人体尺寸标准及其他标准进行分析它的设计是否合理。

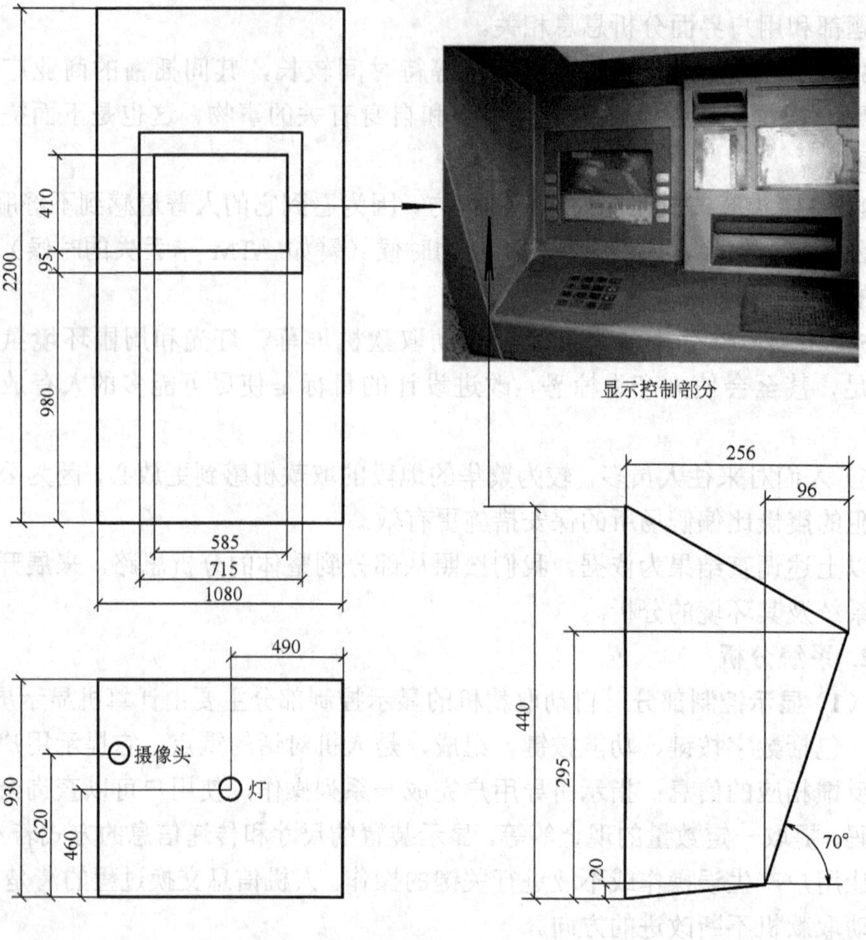

图 2　取款机整体空间及部分尺寸

自动取款机属于成年男女通用的一般工业产品。针对立姿操作，产品的尺寸选择应参考女性的 5 百分位数作为尺寸的下限值，男性的 95 百分位数作为尺寸的上限值（表 1、图 3），考虑到密码隐私的保护，可选取女性的 5 百分位数为基准。人机学中针对这种情况，有另一种说法，就是尺寸的依据取为（男子 95 百分位数的人体尺寸+女子 5 百分位数的人体尺寸）/2。

表 1　立姿人体尺寸

尺寸项目 \ 百分位数 \ 性别	男（18～60 岁）			女（18～60 岁）		
	5	50	95	5	50	95
肘高 H_1/mm	954	1024	1096	899	960	1023
眼高 H_2/mm	1474	1568	1664	1371	1454	1579

按照前一种原则，肘高取 954mm；

按照后一种原则，肘高取[（1096＋899）/2]mm=997.5mm。

尺寸修正量：① 着装修正量── 考虑鞋高 25～38mm；

② 操作适宜高度── 作业面高度应在肘部以下 50～100mm。

结合两种原则和尺寸修正量，按照前一种原则，数字键盘中心离地适宜高度为 879～942mm；按照后一种原则为 922.5～985.5mm。

所以现有的尺寸 1085mm 不能使多数人比较舒服地操作。

3）显示屏的高度。它影响人们的观察效果，现有的显示屏与铅垂面成 20°（与水平面成 70°）倾斜放置，如图 2 所示。下面我们计算所能观察到的范围。

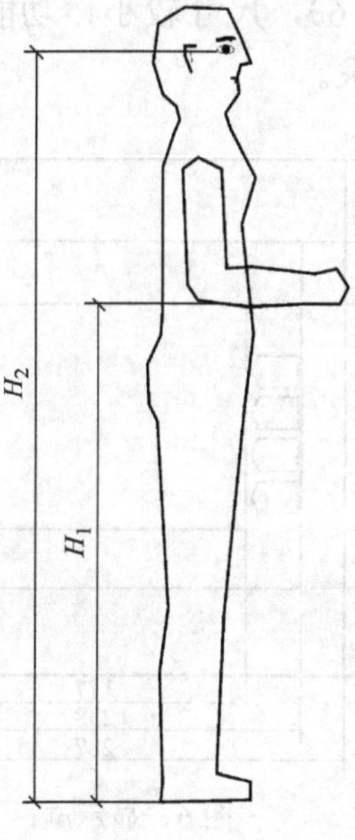

图 3　立姿

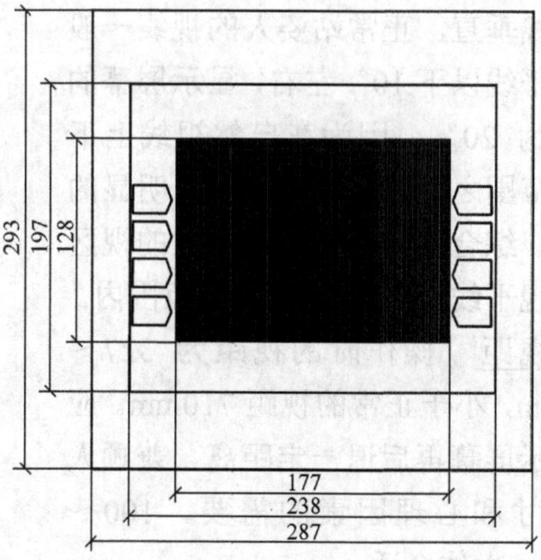

图 4　显示屏

我们使用自动取款机时，距离操纵台 50～200mm 不等。通过测量与计算得到：显示屏最上端距离地面为 1293mm，最下端距离地面为 1173mm。人的眼高尺寸女性的 P_5=1371mm、男性的 P_{95}=1664mm，加上穿鞋的修正量 25～38mm，计算后得到（计算式略）：

俯视角度最大为 55.1°～68.3°；

俯视角度最小为 12.7°～20.8°；

视距为 327～645mm。

人的最大视区为视平线以上 50° 和视平线以下 70°，如图 5 所示。从上述计算可知，自动取款机的显示屏基本上满足要求，但鉴于显示视频颜色并不是单一的，需要考虑人的眼球可辨别的视区为视平线以上 30° 和视平线以下 40°，因此设计并不完善。

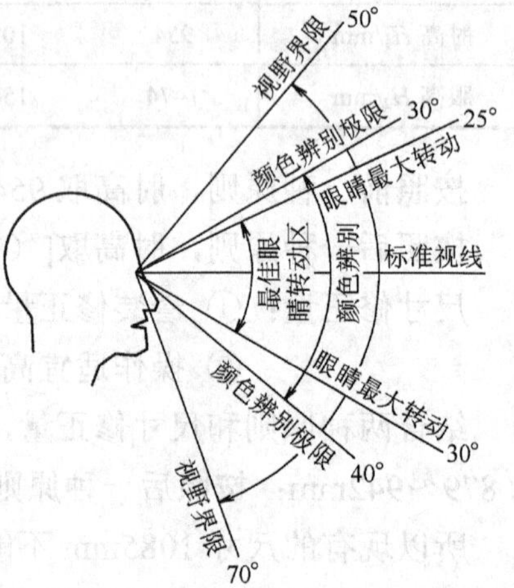

图 5 人的视区

4）显示屏幕和按键

① 显示屏幕

整体　屏幕的大小为 177mm×128mm（图 6），尺寸较小，功能提示文字放在屏幕的外围，比较符合人的视觉心理-认知要求。

视角　荧光屏的平面应与观察者的视线垂直。正常站姿人的视线一般在水平线以下 10° 左右，显示屏幕的倾角为 20°。因为在自然视线上下 20° 范围之内，观察精度没有明显的下降。综合考虑，可认为合适的视区应在视平线以下 20°～30° 范围内。

视距　操作时的视距为 327～645mm，小于正常的视距 710mm。应使显示屏幕再后退一定距离，兼顾人体尺寸和心理因素的需要，100～200mm 大体合适。

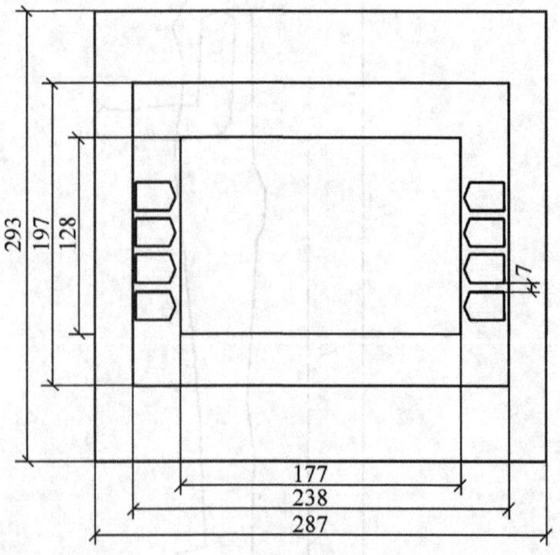

图 6 显示屏

颜色　该自动取款机的屏幕背景是较深的蓝色，功能提示符号和文字为明度较高的中黄色（图7）。基本符合深色背景浅色主体的视觉识别机能。采用蓝色背景为人们的心理所向，是现代科技的代言色。折中的设想是进一步降低背景蓝色的明度或者提高字符黄色的明度或纯度。

图7　自动取款机的颜色

图形符号提示　以汉字和箭头的形式来设计，能够使用户完成相应的功能。我校近一半学生认为其提示引导功能还比较模糊，说明它的设计还存在不足。枯燥的文字、简单的箭头传递信息的效率，远不及具有形、意、色等多种刺激因素融合的生动的图形符号。后者传递信息量大，抗干扰能力强，易于接收，减少认知时间，加强对符号的记忆和提高操作者的反应速度。

在功能指示项目的排布上，“查询”和“取卡”放在界面的左侧，而“取款”和“修改个人密码”放在界面的右侧，有以下问题：

a. 大多数人是右利者，常用的“取款”和“取卡”选项应放在右边，而“查询”和“修改个人密码”选项访问率低，应放在左边。

b. 布局不够紧凑，由于视线的跳跃过大，增加用户的记忆负担，用户需要重新唤醒先前的行为。

c. 用户使用自动取款机时俯视角较大，而显示屏幕的放置倾角为20°，且外面的按键有一定厚度差。这样会造成用户把按键和屏幕箭头的指示对应关系弄错位，从而造成误操作。虽然不会引起款额差错，但势必延长用户的取款过程。

② 按键

尺寸　按键应该按照手指的尺寸和指端弧形设计，矩形按键 10mm×10mm，10mm×15mm 或 15mm×20mm，按键高出盘面 5～12mm，端面形式以中凹型为优，可增强手指的触感，便于操作。按键的间距应使手不易按着两个键。用上述要求来考察现有的按键：

现有按键尺寸如图 8 所示，平面尺寸为 16mm×22mm 和 16mm×20mm，可以保证 4mm 或 7mm 的间距（图 9），不会导致一下按下两键错误的出现。键盘凸出面板高度为 1～2mm，小于 5～12mm 的要求。材质为金属，表面为平面，按的时候较为费力。但从心理学角度讲，轻松省力的操作往往使人漫不经心，现在的按键使用虽然慢，但按下去都很踏实，使机器会发出响声来反馈你的行为。所以还是合适的。

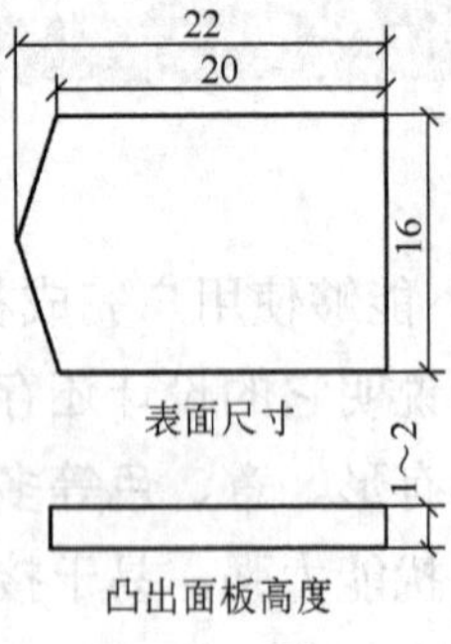

图 8　按键

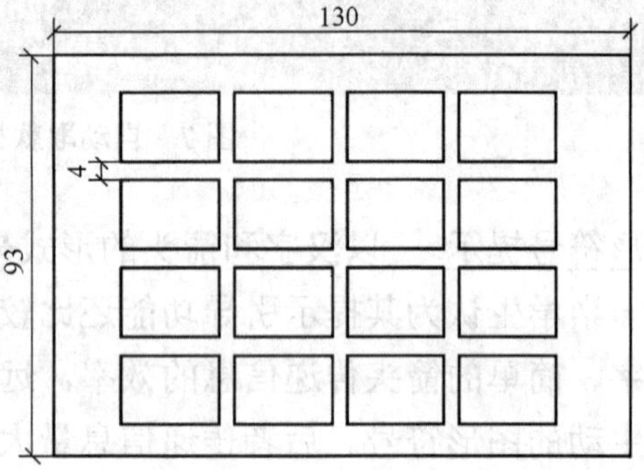

图 9　数字键盘

功能提示符号（图 10）　首先，它的数字排列有悖于人们的认知习惯，增加了用户的记忆负担，应把“1”、“7”所在的行颠倒一下。第二，“取消”、“更正”、“输入”功能颜色提示符合人的认知习惯；但“取消”和“更正”两个功能的利用率相当低，它们所反馈的信息有重叠的地方，用户不敢轻易去尝试使用，更多的是等待机器提示重新输入。第三，小数点在此项服务中也是多余的，现在完全可以以 50 或 100 为基本单位。第四，空格键的设置只是为了使按键的布局饱满，没有实际的功能，所以应予以取消。第五，“输入”这种表达会给人误解，所以机器免不了在屏幕上提示一番，只需把它改为“确认”或“确定”即可。我们的改进设计，尝试利用意象的符号来传递信息，能提供快速、准确、完善的服务。

显示屏左右 8 个对称的按键分布也有不合理的地方（图 11）。它们的特征完全相同，用户必须慎读文字后才能执行操作；这虽可以降低用户的出错率，但用户选错了操作，浪费的时间大于用户的认知时间。所以综合考虑，在子界面附加一项用户可以控制的功能，用于返回主界面。这样，对应不同子界面的不同功能，不同使用频率的按键将更为灵活，更加丰富多彩。

图 10　数字键盘布局

图 11　显示屏上的按键

（2）出钞和 ATM 卡控制部分　这一部分主要涉及机器的反应时间和操作流程的方便与否。我们做了测试，机器执行用户的选择，如“查询”和“修改个人密码”、“取卡”的时间为 10s 左右，而按下“取款”按钮之后，到出钞需要将近 20s，在用户不需打印客户凭证的情况下，机器吐卡又要有 15s 的间隔。用户界面设计的相关理论说明，在人们无所事事的等待过程中，10s 将使大多数用户开始有烦躁不安感觉。由此可以推知，取款可谓“漫长”的等待。

可能是考虑现有的技术还不能满足用户的这种需求，为了调节用户的心理，自动取款机插播了商业广告。调查表明，绝大多数用户认为与电视广告一样单调无味。它失败的地方是，这些内容对用户来说几乎没有什么价值可言。选择和人们生活相关的或者能够吸引视觉和听觉的兴趣的东西，如天气预报、公益广告、公共安全提示、温情祝福等，都可能从心理上使用户感觉到充实，为他们所接纳。

还有人们在取过钱之后，下意识地等待机器自动吐卡。但现在的操作流程是机器在提示是否打印客户凭证大概几秒钟后，等待用户选择“取卡”后完成。其本意可能是考虑用户在取钱后还要修改密码或查询余额等，但据我们分析，一般人会在取钱之前执行这些功能，而在客户凭证显示用户帐户相关的详尽的信息，用户就比较放心了。

（3）自动取款机的整体环境分析

1）位置的选取。主要考虑以下几个方面：

① 离学生宿舍较近；

② 人员比较集中，比较安全；

③ 好维护管理；

④ 比较安静，没有外界打搅；

⑤ 光照条件好。

我校的自动取款机在邮政储蓄所旁边，很方便维护管理，也符合学生的习惯。由于坐北朝南，其东面是马路，没有高的障碍物阻挡，所以，光照条件比较好。

大部分人在取钱时，都有一种防范的心理，所以，自动取款机应尽量避免朝向主干道，最好与主干道有个不小于 90° 的角度。

2）外围空间。总体空间应尽量符合人的认知和操作习惯，同时，也要考虑作业空间的社会因素，主要是人的心理空间和近身空间。对素不相识的，与自己无直接交往的人，人的心理空间一般在 3～9m。而近身空间的大小与心理环境直接相关，正面的近身空间最小，后面次之，侧面最大。取钱时，若有人接近，容易被认为有侵犯性意图，所需要的近身空间就要大一些。

一般人在取款时，其他的人应与他保持在 1m 之上。但就我校来说，虽然我们都是大学生，但也免不了有人不小心踏进 1m 之内。取钱者也提心吊胆，总担心别人不小心看到自已的密码。所以，最好是能明确地设置 1 米线，以保证用户有足够的心理空间。但如果太明显，会让人感觉不舒服，有点让人小看我们大学生的自觉性。如果仍然采取现有的排队形式，还会引起另外一个尴尬：大家的视线会集中在取款者身上，会引起取款者产生不安的心理。另外，排队也会让用户感到疲劳。

我们考虑只要对现有自动取款机的外围空间稍加改动，在其前面加一排座位，即可解决这一问题，如图 12 所示。

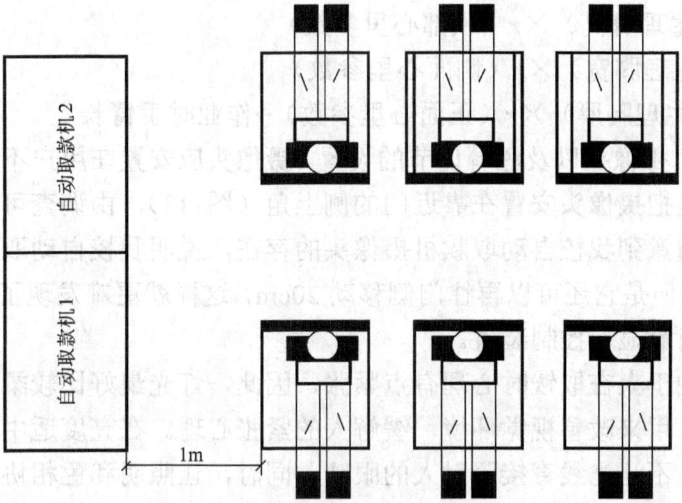

图 12　改进后的自动取款机外围空间

左右两排的座椅是相背的，每排的座椅彼此有一定的间距。考虑到有的同学可能和好朋友一起来取钱，所以设计了前后两排座椅。如此就可以有效地确定 1 米线，又不会引起大家的反感，还可以给大家提供休息的空间。

3）空间尺寸的确定。就心理上来说，封闭的空间容易给人带来安全感，但空间太过狭小，又会让人产生压抑感。所以，空间大小的选取要同时考虑人的生理和心理尺寸以及作业空间。人取钱时一般都是站着的，成年男性立姿的尺寸如表 2 所示。

表 2　成年男性立姿主要尺寸

项目＼百分位数	1	5	10	50	90	95	99
身高/mm	1543	1583	1604	1678	1754	1775	1814
胸宽/mm	242	253	259	280	307	315	331
胸厚/mm	176	186	191	212	237	245	261

自动取款机的内部空间应该以其中的大尺寸来设计。

人的心理空间主要是由一个心理参数 r 来表示，其中，顶部的参数最小，侧面的次之，正面的最大。因此自动取款机的尺寸应为（取男性人体生理尺寸的 95 百分位数）：

高=H（生理身高）×r（顶部心里参数）

长=L（生理胸宽）×r（侧面心里参数）

宽=W（生理胸厚）×r（正面心里参数）+作业时手臂长

4）灯光、摄像头以及色调调节的设置。摄像头应安置在用户不容易观察到的地方，最好是把摄像头安置在靠近门的侧上角（图 13）。由调查可知，有一半多的同学没有留意到我校自动取款机摄像头的存在，说明我校自动取款机摄像头放得比较隐蔽。但是它还可以再往门侧移动 20cm，这样就更难发现了。这样摄像头的方向也能对着显示控制装置。

灯光　由于人在取钱时心理有点紧张，因此，灯光最好比较柔和一些，以气氛照明为主，用来改善视觉环境，缓解人的紧张心理。在亮度适中而又不产生阴影的情况下，不让光线直接照射人的眼睛。同时，让照明和色相协调，使气氛令人满意。

色调调节　利用色彩的感情效果，构成良好的光色环境。由于自动取款机的空间比较狭小，采用“后退”的活动心理因子（使四壁“向后”）取较低饱和度，稍低的明度，天花板用青色，使人有青空之下的广阔感（图 14）。

图 13　自动取款机摄像头的安装位置

图 14　自动取款机的光环境

三、部分改进设计

在上述人机学分析中，我们针对每一部分提出了简略的改进方法。其中用户界面分析是重点，直接影响用户控制机器的工效。现以用户使用频率最高的数字键盘和屏幕选择菜单，作为改进设计的重点。

1. 数字键盘的设计

现有的键盘已经满足生理学和心理学的部分需要，这里我们更多地考虑了用户的认知习惯。

1）数字键从上到下由原来的“7，8，9”、“4，5，6”、“1，2，3”改为“1，2，3”、“4，5，6”、“7，8，9”。

2）仿照日常生活中的电话操控键盘，做了微小的改进设计，用“取消”代替“0”，用“确认”代替“00”，执行原来“输入”键的功能。

3）用户使用“更正”按键的概率很小，而且当出现输入错误时，使用“取消”按键即可解决问题，这样把“更正”按键去掉，减少了按键数目，功能更加简洁，如图15所示。

图15　改进后的数字键盘

2. 显示屏主界面的设计

结合现有的触摸按键技术和图形意象符号，提出了图16的改进设计。

该设计继承了原来的色彩搭配，并在每个按键的旁边有提示功能的意象符号，使人们更快地识别按键所要实现的功能，同时保留了文字注释，避免了符号传达信息不够明确给用户带来的不便。该想法只是一种尝试，实用的可能性需要用户界面分析和使用实践来加以验证。

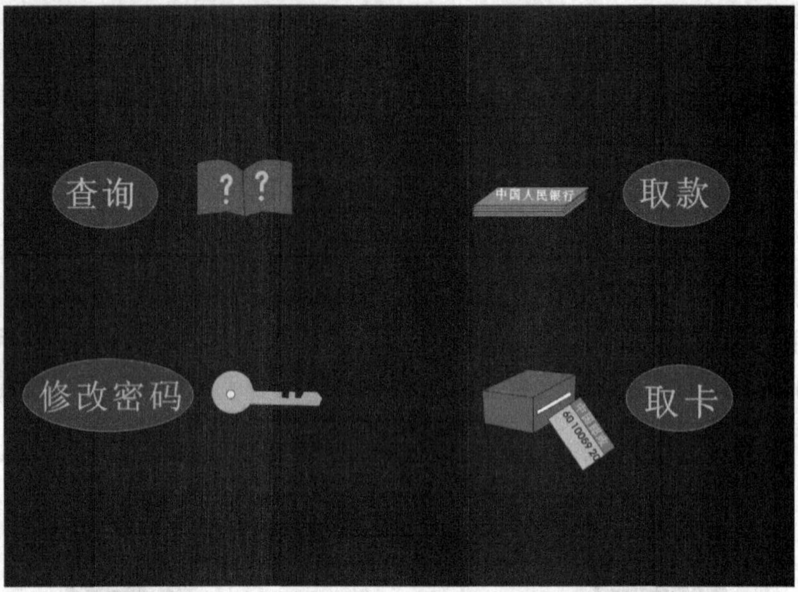

图 16　显示屏主界面的改进设计

通过这次大作业我们更深一步认识到人机工程学在实际生活中的意义，更好地把课本知识融合到实际问题中去，有利于今后学习方法的改进。最后，诚挚地感谢阮老师对人机工程学课程的精辟讲解和指导，感谢侯老师的大力支持。

指导教师点评

评析覆盖了自动取款机所涉人机学问题的各主要方面：与人体尺寸的匹配，操纵与显示装置的感知、认知和操纵宜人性，用户的视觉感受与使用心理，环境因素及人身空间，等等。用户调查切题，提纲适宜于校园中自动取款机的主要使用群体，调查结果及统计分析简洁、明了、可信。

改进设计部分提出了一些有价值的思考和方案，但还有进一步深入和拓展的余地。应注意插图绘制质量的提高和规范（这句评语针对的是作业的初稿）。

（阮宝湘　侯文君）

4　我院学生餐厅售货工位的人机学评析与改进设计

北京机械工业学院　工业设计系　0102班　高倩

摘要：我院新食堂设施完善，环境优美，核心部分售货工位，是买者和卖者进行交流的窗口，其人机学的设计尤为重要。本文对其人机学进行评析，指出优缺点，并为进一步完善其功能提出改进设计方案。

我院食堂东西长41.0m，南北长40.50m，局部有地下室，地上三层，就餐区设在一层。新食堂设施完善，就餐区中的核心部分是售货工位，同学们通过售货工位与食堂工作人员交流，因此最为重要。然而调查结果显示，大部分同学和餐厅工作人员对餐厅的满意度很低。

一、学生餐厅售货工位设计要求及原则

售货工位设计应该考虑两个方面，首先是食堂工作人员，他们是售货工位的直接使用者；其次是同学，他们是间接使用者。因此它的人机工程学要求是：售货工位上各个用品放置合理，工作人员用最短的时间和最少的动作完成售饭过程，降低疲劳程度，在混乱的高峰拥挤期时，仍能保持同学与工作人员之间轻松的买与卖的活动。餐具、售货工位应达到卫生要求，信息明确易读，尽量减少嘈杂对人产生的情绪影响。

由以上人机工程学的要求，我们可以得出几条学生餐厅设计原则：

1）售货工位的高度和宽度要根据工作人员的身高和臂长确定，尽量减少疲劳程度。太高则必须抬高肩部，超过其松弛位置，引起肩部和颈部的不适；太低则背部会过分前曲，引起腰背部不适。

2）使同学及工作人员的视角在拥挤时最大限度地开阔。

3）工作人员使用的工具及公共餐具应该易拿易放，且要按照物品的使用频率安排放置位置。

4）工作台应使用易清理的材料。

5）尽可能在就餐高峰时使人与人之间保持一定距离。

6）适当考虑使用者的心理因素，对售货工位进行更人性化的安排。

二、对原售货工位的评析

1. 原售货工位基本分析

售饭菜的过程中，工作人员站在售货工位旁，一般是左手拿餐具，右手握勺为同学打菜。把餐具递给同学后，空出的左手操作刷卡机，平均每一个完整的过程为15s，如果加上一些多余的动作，约20s可完成一次打饭过程。

原售货工位如图1所示。图1a为整体侧视图，总高1200mm，饭菜盆的台面高800mm，售货工位横向总宽1485mm；图1b为放饭菜盆的售货工位台面，有放6个圆形盆和4个矩形盆的两种形式，台面进深850mm。

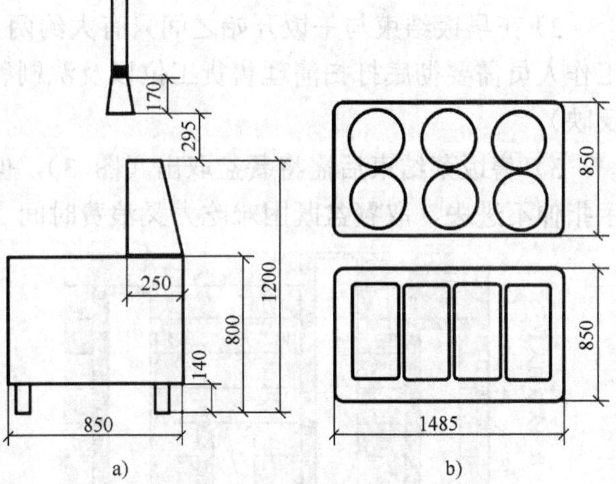

图1　原售货工位

a）整体侧视图　b）台面的两种形式

分析工作人员的售饭菜工作过程，可得出人机学结论如下：

1)工作人员使用的勺有一定长度，男性、女性工作人员均能不很费力地舀取所有盆中的饭菜，动作幅度不大，因此售货工位横向总宽1485mm基本合理。

2）工作人员舀取饭菜时肩部和小臂略有上抬，台面高度800mm应稍微降低一点，例如降低到700~750mm，对工作人员（特别是女性），能减轻其肩臂肌肉的紧张疲劳。

3）刷卡机高 170mm，上表面与玻璃窗口相连；窗口底部距售货工位最高面为295mm，距地面1495mm，并有约44mm高的金属皮包裹，金属高度比人的眼高略低，阻挡视线，不符合人机工程原理。

4）售货工位底部留有140mm高度的空隙，使工作人员的脚能够自由活动，这是合理的设计。

2. 对原售货工位的问卷调查

为了解售货工位存在的问题，制作了两种问卷调查表。一种是对食堂工作人员进行调查（调查表见附录），另一种是对就餐同学进行调查（调查表略）。

（1）对食堂工作人员的调查统计情况 对食堂人员发出调查表10份，收回10份。经整理统计，可以得出以下结论：

1）对调查表中第2条统计的结果如图2所示。工作人员多反映腿、脚、手臂劳累，这是由于手臂动作频率较高导致。食堂人员在为同学打饭时大多是站立，腿脚的移动幅度很小，他们的腿和脚也同样感到酸痛。

2）在早饭结束与午饭开始之间只有大约两个小时，在这段时间内，所有食堂工作人员需要彻底打扫清理售货工位以及洗刷餐具，时间短，工作太紧张（3人反映）。

3）售饭菜结束后需将餐盆取出（图3），但餐盆边缘很薄，紧贴工作台面，手指伸不进去，取餐盆既困难吃力又浪费时间（7人反映）。

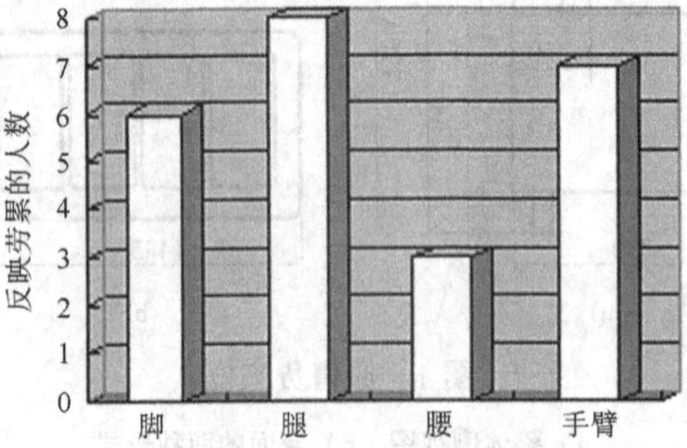

图2 食堂工作人员劳累情况

图3 取出餐盆困难

4）原设计方案把餐具放置在售货工位中的柜子里，当售饭时，工作人员为了方便，只好把一摞餐具放在菜盆旁边，使卫生上出现问题。

5）就餐高峰时，大家都不排队，造成烦躁与混乱，引起失误和抵触情绪，更加深了这种混乱。食堂工作人员甚至因此产生对就餐同学的敌视情绪。

（2）对就餐同学的调查统计情况

1）首要的问题仍然是就餐高峰的混乱，很多同学由于人多混乱，看不到售货工位上的饭菜，因此菜牌和价钱牌没有任何用处。

2）刷卡器下面的台子挡住买饭菜同学的视线，如图4所示。放置饭菜的台面*A*、*B*之间的部分刚好被刷卡台挡住，使同学们不得不弯腰或向前探头观看，在拥挤时甚至因此而引起冲突。

3）很多就餐同学认为排队或直接买套餐比较好，并希望饭菜能归类放置，且价钱明确，并保证卫生。

下面是 A、B 两个其他大学食堂售货工位的情况，可以供对比分析和参考。

图 5 为某大学 A 的食堂售货工位，它解决了视线不宽阔的问题，也达到了某些同学要求买套餐的目的。由于餐台为一个平面，清理打扫上也较方便，但由于没有窗口，卫生却不能保证，似乎秩序依然比较混乱，明码标价也还是没有实现。

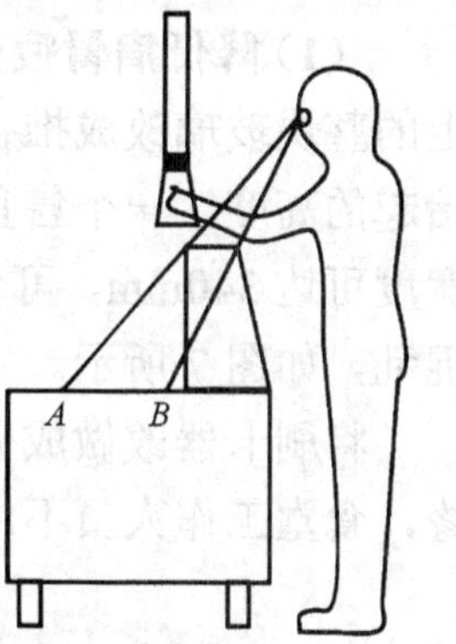

图 4　刷卡台阻挡视线示意图

图 6 为大学 B 的食堂售货工位，较好地解决了上述卫生、视线等问题，但是，细看可以发现，右边男生需深度弯腰拿取饭菜，很吃力，同时，观看饭菜售价也仍然不方便。

图 5　大学 A 的食堂售货工位

图 6　大学 B 的食堂售货工位

三、餐厅售货工位的改进设计

1. 设计说明

基于前面所做的分析和对使用者调查的结果，可得出如下改进设计的要点：减轻工作人员的疲劳，使岗位更加易于清理；重新设计各种工作用具的放置位置，使使用更方便；减少不必要的工作动作，提高工作效率；使广大就餐同学更加有秩序地就餐，避免混乱；通过对工作台的部分调整，使得就餐过程更加方便；希望能够给予一种心理暗示，避免就餐高峰时人们的烦躁情绪。

改进设计要点如下：

（1）降低肩臂疲劳 肩臂疲劳是由于肩部高频率过度抬高引起的，将工作台上的整块玻璃改成推拉式的玻璃窗，餐具可以从窗口送出，减少了传递餐具肩部抬起的高度。一个售货工位开两个窗口，两扇窗同时向中间推，每个窗口开启的宽度可达 340mm，可供一位同学买饭，促使每位同学自觉排队，降低就餐高峰的混乱，如图 7 所示。

将刷卡器改做成分体式，一部分固定在窗口上，一部分固定在售饭台的左边缘，食堂工作人员不用再把肩部抬起很高的距离，就可以刷卡了。

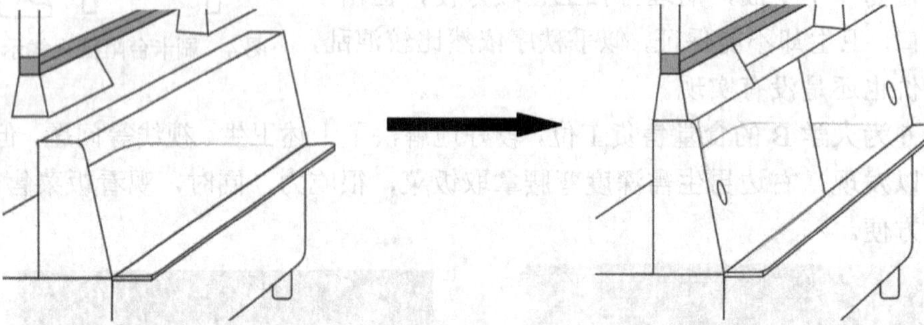

图 7 售饭窗口改进前后对比图

（2）易于取出餐具 如前所述，餐盘的边缘过于平薄，不容易从桌孔中取出（图 3），可以将台面上相关部分开出塞指槽，就可以很好地解决这个问题，如图 8 所示。

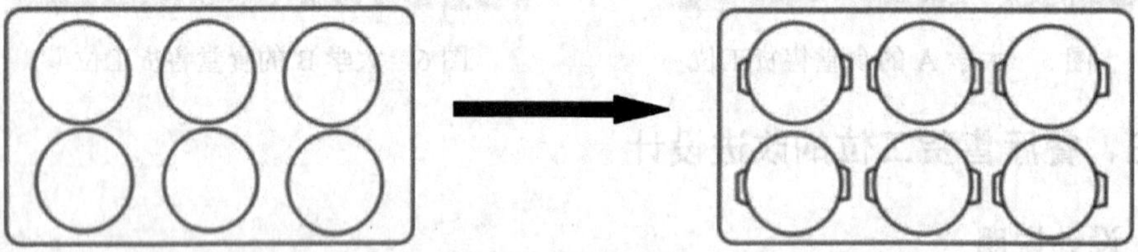

图 8 台面改进前后对比图

（3）各工具位置更合理 餐具原先放在售货工位中的柜子里，使用时需弯腰拿取餐具；改进为加上一个放置餐具的抽屉托盘，使用就更方便了，如图 9 所示。

（4）让同学们能看到饭菜 将刷卡台的高度升高 295mm，达到 1495mm，与刷卡器相连，这样就能直接看到盆中的饭菜了，如图 10 所示。

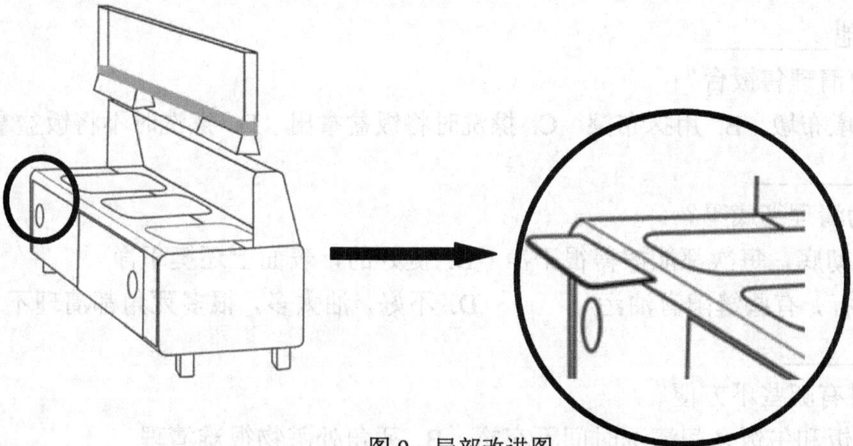

图 9　局部改进图

2. 设计小结

改进后的食堂售货工位能够有效地降低食堂工作人员的疲劳程度，提高工作效率，使得售饭、清理的各个过程更加轻松和容易；并且同学就餐也更方便快捷。但是由于是一个改进设计，需要沿用原来工作台的基本尺寸，所以难以更彻底地解决各种相关问题。本方案还有没有解决的问题主要是：如何让就餐方便快捷，准确地获得出售饭菜的质量、品种、价格等有关信息。如果能在售饭区安装一个滚动的电子屏幕，每日打出这些信息，效果会更好。另外，虽然金属制品易于清洗，但每日固定时段人流量巨大，工作人员数量有限，不能很好地清洗大量公共餐具，造成卫生上的隐患，这也是需要进一步解决的课题。

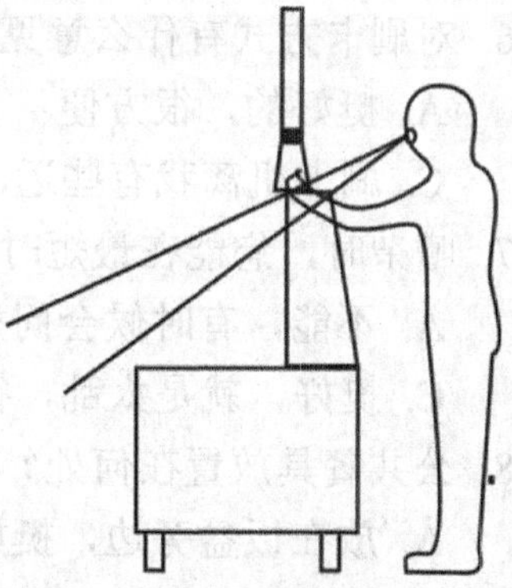

图 10　工作台改进后的视线图

附录　问卷调查表

对餐厅售货工位的人机学调查（工作人员）

1. 请问您一天约售饭多长时间（累计）？

   A. 2～3h　B. 3～4h　C. 4～5h　D. 5～6h　E. 6h 以上

2. 长时间的站立感到累吗？身体哪个部分最累？

   A. 脚　B. 腿　C. 腰　D. 手臂　E. 还行，不是很累

F. 其他__________

3. 您如何清理售饭台？

A. 用墩布墩 B. 用抹布擦 C. 擦洗时将饭盆拿出 D. 擦洗时不将饭盆拿出

备注________

4. 您认为清理彻底吗？

A. 很彻底，每次都能擦得很干净 B. 挺好的，表面上还挺干净

C. 还行，有些缝隙有油污 D. 不好，油太多，很多死角都清理不彻底

备注________

5. 清理时有哪些不方便？

A. 早饭和午饭之间清洗时间不充裕 B. 死角处脏物很难清理

C. 洗涤用品不易冲洗干净 D. 其他__________

6. 对刷卡方式有什么意见？

A. 挺好的，很方便 B. 有窗口挡着，弄不清是哪位同学的卡

C. 刷卡机离我有些远，比较吃力 D. 其他 __________

7. 嘈杂时，您能在最短时间内准确地判断出同学要的食品种类吗？

A. 不能，有时候会问好多遍 B. 马马虎虎，但是会记不清是哪位同学

C. 挺好，就是太乱，得要反应一会 D. 我很快能判断出，并打好饭菜

8. 公共餐具放置在何处？方便吗？

A. 放在饭盆旁边，挺好拿 B. 放在餐台下面，弯腰拿

C. 放在身后，转身拿 D. 没有专门放置餐具的地方，想放哪就放哪

E. 其他__________

9. 您是否因为售饭时过于混乱而曾经出现失误？

A. 太乱了，经常出现失误 B. 偶尔出现

C. 极少出错 D. 一点也不混乱，从未出现失误

10. 您是否认为刷卡台有什么不方便之处？

A. 正好，没什么问题 B. 有点高，餐具放上去吃力

C. 太窄，东西放不下 D. 放餐具时会挡我视线，看不清别人要什么

E. 其他__________

11. 请问您是否还有其他的不满或建议？（请写在下面，谢谢）

指导教师点评

指导教师不了解所论学生餐厅的具体情况，因此对这份作业中所做评析的深广度、对改进设计能产生的效能水平，实际上难以做出准确的判断。尽管如此，仍然没有经过太多的犹豫，就把较好的评分给予了这份作业，这是因为：第一，作者对餐厅的实地观察测量，对工作人员和就餐者两类人员的问卷调查都做得较为踏实，由此得出的分析结论（存在问题），也1、2、3、……地列得清清楚楚。第二，针对现存问题提出了几条设计原则，改进设计中就以几条解决方案一一做出了交代回应。第三，作业纲目分明，叙述简洁。餐厅中人机学因素的主要方面，工作人员和就餐者的解剖学、生理学、心理学问题也都有所涉及。简言之，看完这份作业后的鲜明印象是：这位同学认真学习了这门课程，在完成作业的过程中，扎扎实实地实践应用了一番，她学习这门课程的收获很明显。

（阮宝湘　杨冬梅）

5　本科生四人间公寓的人机学调研及设计

北京邮电大学　工业设计专业　00505 班　何薇薇
00504 班　索永平　贾海军　刘辉　陈晓乐

导　论

BOUND 小组成员经过一个月的努力和合作，得出一份详尽的关于学生公寓人机问题的调研报告和人机工程设计。本报告主要分为调研和设计两部分。

课 题 分 析

近年来，高校招生数量的增长，学生宿舍的紧张局面突出，正在掀起一场由学生公寓引发的生活方式和教育机制的变革。大学为学生包办一切（包括解决宿舍）的状况正面临着越来越多的挑战。高校扩招后，每所大学都感受到宿舍供应不足的压力。比如，北京大学现有学生宿舍 8 万多平方米（不包括博士后楼），在校学生达 1 万 7 千人，本科生人均居住面积为 2.4m^2，硕士生为 4m^2，博士生接近 8m^2。

大学生宿舍与大学生公寓是两个不同的概念。前者是在计划经济体制下，由国家全额投资建造、学校管理、无偿分配给在校大学生居住的福利性住所；后者是市场经济体制下，在国家一定优惠政策的扶持下，由投资主体开发建造，专业管理公司管理，大学生根据需要与可能自主选择的、带有一定福利性的付费住所。今后相当一段时间内大学生宿舍与大学生公寓两种体制将并存。

从有关部门获悉：到 2005 年北京将新建、改扩建大学生公寓约 300 万 m^2。预计到 2005 年底基本实现本专科学生 4 人 1 间，每间使用面积 17～18m^2。

大运村位于海淀区航空航天大学东南角，其中有 10 栋学生公寓，所有的 3580 间学生公寓全部出租给大学生，目前一个床位的年租金暂定为 1500 元。

日本的学生公寓，一间房子在 10m^2 左右，里面配有一张床、一个书桌和一个衣柜，走廊、餐厅、阅览室、会客室等公共空间比较宽敞。

调查显示，大学生们普遍认为每间公寓的面积应为20～30m^2，住2～6人。在户型上，学生们选择了一室一厅。建议开发商在大学生公寓的定位和租金定价上，分为高、中、低三个档次，以适应不同经济条件的大学生的不同需求。

学生公寓要照顾到学生特点，最好是两人一间，上下有书桌，面积在12m^2左右，应带有卫生间。在室内设施中，书桌、电话是必备的，房内配有计算机网络、电视接口，统一配备必要的学习和生活用品。根据学生的特点配备相应的学生生活娱乐的专门服务场所。此外，应配有电视机、洗衣机等。室外的配套设施依次为：小商店、银行、邮局及其他。

现有情况调查

现有学生公寓的人机学调研与分析

1. 空间及其排布

（1）面积狭小 目前北京市大学生宿舍大多（$2.9\times4.75m^2=13.8m^2$）居住6人，人均2.3m^2。大学生书本、衣物、日用品等物品较多，空间狭小的问题较为突出，且宿舍长宽的比例也不合理，给学生的日常生活造成诸多不便。

（2）长度、宽度均不便于使用

1）宿舍的长度为4.7m左右，除去两张床的长度，还剩0.8m左右，一般是放一个柜子。而这个柜子的宽度约0.55m，在柜子与床之间有个200mm的空隙。这个空隙，既不好放东西，也不易打扫，成了“食之无味，弃之可惜”的“鸡肋”。

2）宿舍的宽度为2.9m左右，除去两边各一张电脑桌的宽度（$2\times0.75m=1.5m$）还剩1.4m，当两个人同时在两边的电脑桌上操作时，就影响正常的通行，如图1所示。

（3）家具短缺 由于宿舍空间有限，家具的配置十分短缺，往往一物多用，如电脑桌搁置着电脑，同时也是书架、搁物台、自习桌，一件家具完成如此多的功能确实很困难。

（4）缺乏公用空间 现有宿舍里除了过道属于公共空间以外，没有公用的空间满足学生的交流及进行文化娱乐活动。

2. 柜子

学九楼男生宿舍有两种柜子：一种是在门边的衣柜；一种是在两个下铺床板

下的6个小柜子。

衣柜放在门边，由两个大的竖着叠放起来，每个大柜分成三个小柜，如图2所示。

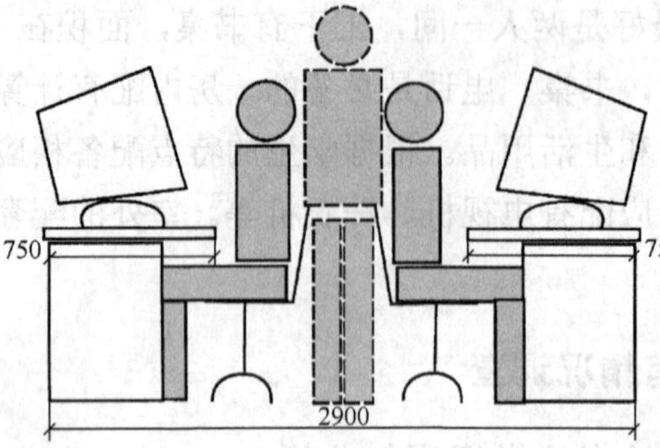

图1　当两个人同时操作电脑时过道几乎不能通行

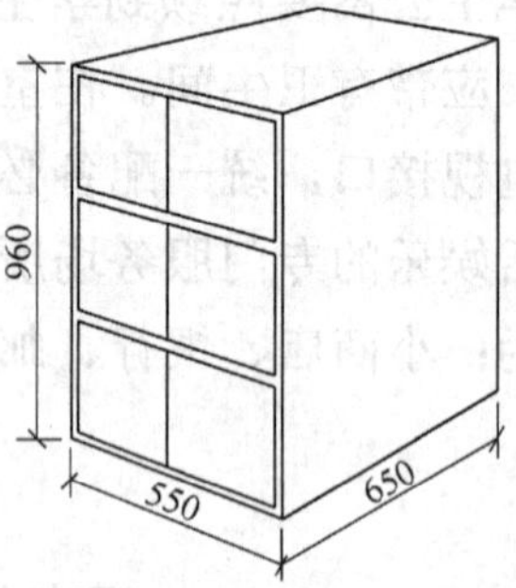

图2　学九楼的柜子

（1）高度问题　大柜子高960mm，小柜子高320mm。最底下的小衣柜就直接贴在地面上，拿衣服的时候要蹲在地上，弯着腰，非常累。最顶上的一个，离地面的高度是960mm+（2×320）mm=1600mm，如图3所示。衣柜有600mm的深度，拿放在衣柜靠里的衣物显得费劲，如图3所示。

（2）位置　衣柜放在门边，开口靠着门的方向，柜子边缘到门的距离仅为350mm。因此同学取衣服的时候，会把门给堵住，使别人出入非常不方便，如图4所示。

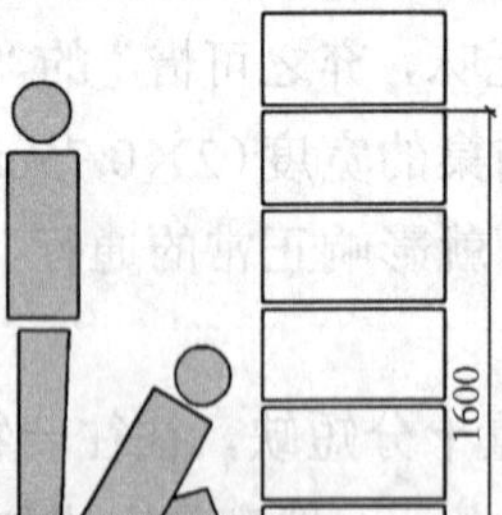

图3　柜子高度尺寸的不适当
造成衣物的取放不方便

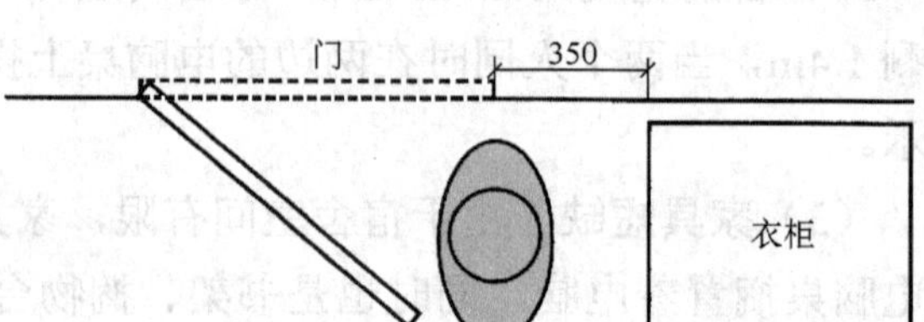

图4　放置在门边的衣柜
给同学出入带来不方便

（3）卫生　宿舍门口摆放着垃圾筐和扫帚，因此最底下的柜子经常会粘上垃圾，显得较脏，让人觉得里面存放的衣服也不干净。

（4）**大小**　柜子的深度 600mm，非常别扭，一般叠起来的衣服大小为 300mm ×350mm 左右，所以此衣柜放两叠衣物显得拥挤，放一叠衣物时长度又显得深。

3. 小储物柜

下铺床板下的 6 个小储物柜，尺寸如图 5 所示。

（1）**位置**　位置很低，取放物品几乎要趴在地上，非常累。柜低，却比较深，里侧的东西更难取出。

（2）**柜底空间**　小柜子离地面 100mm，一般可以把鞋放在里面。但是许多小东西、垃圾掉到床下，很难打扫出来，成为宿舍的卫生死角。

4. 椅子

学九楼宿舍椅子为铁管木板结构，如图 6 所示。

（1）**安全问题**　椅子背面深处的螺钉太长，经常划破学生的裤子。

（2）**噪声问题**　椅子四脚套着的橡胶套，很容易脱落，移动椅子，就发出刺耳的声音。

（3）**没有合适的地方摆放**　勉强地排在两边会使行走非常不便。

5. 书架

突出的问题是容量小。学生的书籍多，经调查每个学生的书籍存放体积为 132329cm^3（0.13m^3）。而学校提供的书架只是一块置在床上的 0.18m × 1.95m=0.351m^2 的细长板（女生楼），大约要摞满两层书才够放，但细长板无法这么摞，如图 7 所示。或是上铺将 0.29m（高）×0.78m（长）×0.18m（宽）的书架固定在墙上（男生），如图 8、图 9 所示。

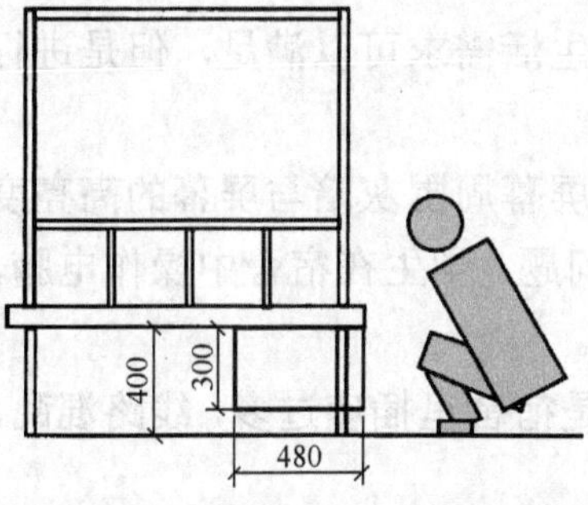

图 5　床底的柜子不利于打扫卫生

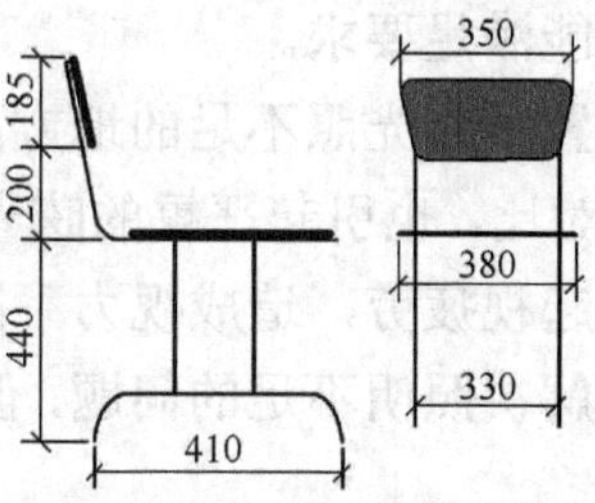

图 6　椅子

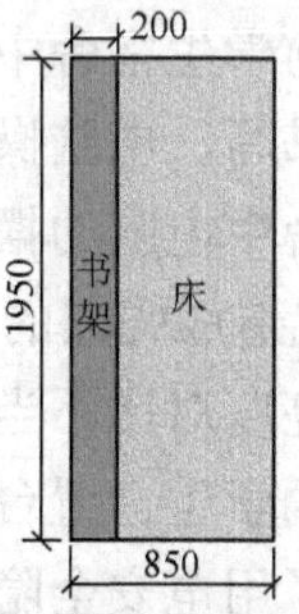

图 7　女生宿舍上铺书架（俯视）

空间本来就不够，还要放些其他物品，书就更放不下了。另外，书架宽度不够，16 开的书籍的边缘超出书架底板，不安全，也不雅观。

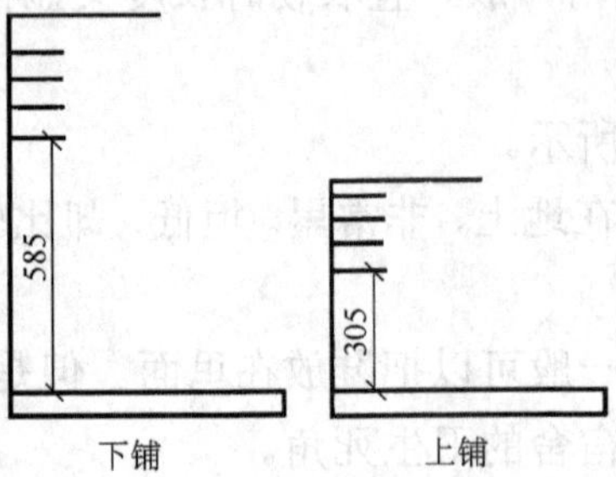

图 8　男生宿舍床上书架侧视图

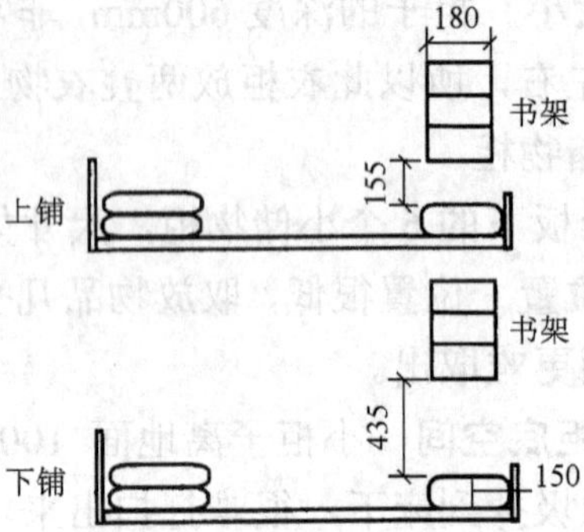

图 9　男生宿舍床上书架正视图

单人床上方空间的书架使睡觉不方便，对人在床上的活动形成安全隐患，上铺的同学取书尤其不方便。

6. 电脑桌

现在每个寝室都至少有一台电脑，在 13 楼，8 人一个房间，只有一张公用的桌子，最多可放置两台电脑，很多同学都购买了放置在地上的电脑桌，有的同学用放置在床上的电脑桌，产生了一系列问题。

（1）各种电线　电源线、网线、音响线、耳机线常缠在一起，可能把线踢断，或人被绊倒。

（2）坐姿　电脑桌放置在床上，腿只能伸直或稍微弯曲，腰累，颈椎也酸痛。

（3）空间　电脑桌上没有空间放纸和书，也没有空间放光盘、软盘、音箱等。

7. 照明

目前学生宿舍中安装两盏日光灯，对于一般的生活需求可以满足，但是进行阅读、书写、电脑操作不能满足要求。

宿舍中电脑的摆放位置多为光照不足的地方，屏幕周围灰暗与屏幕的高亮度对比，就造成强烈的亮度对比，也引起严重的眩光问题。学生在宿舍中操作电脑，眩光和亮度对比不当，引起视疲劳，造成视力下降。

有的学生自置台灯来解决照明不足的问题，但是宿舍里插座过多，线路混乱，也带来了用电安全隐患。

8. 床

学校的上铺床高一般在 1650～1700mm 之间，下面是共用的桌子或下铺（高度 40～50mm），学生在上铺正下方或侧下方活动，下层的学生很容易碰到上层的床沿。

床内侧离墙面有 40～50mm 左右的距离，这样一个缝隙很容易使一些小物件（如眼镜、手表、手机等）掉落下去，如图 10 所示。

9. 大运村学生公寓

本次调研共五处学生公寓，北京邮电大学学七楼、学八楼、学九楼、学十三楼和大运村大学生公寓。这里仅介绍大运村大学生公寓的基本情况，并作简要的人机学分析。

大运村公寓的基本情况是：

一般三个房间合为一套，每个房间的尺寸为 2.9m×4.7m，高 3.4m，每个房间住 3～4 人，另有卫生间。

房间内的家具布置等室内情况如图 11 所示。

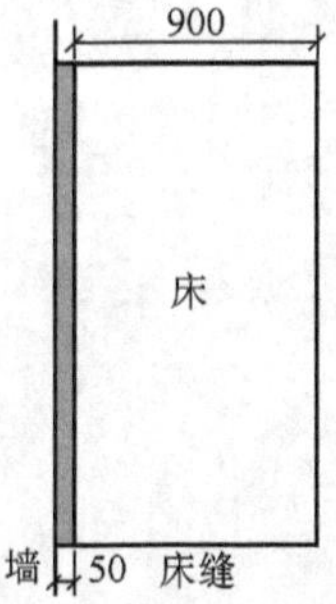

图 10　床和墙之间的缝

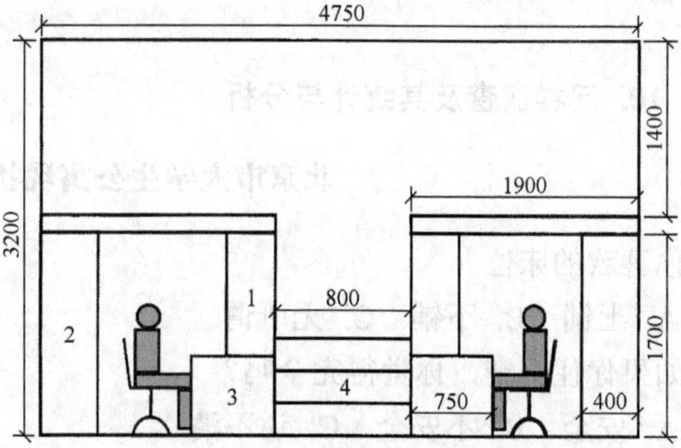

图 11　大运村公寓正视图

1—书架　2—衣柜　3—桌子　4—梯子

书架、桌子、衣柜均放置在床铺下，且面对面地放置，使用者在衣柜与桌子间的活动空间十分有限，仅为 700mm，使用时容易出现以下问题（图 12）：

1）一个空间三面包围，有明显的压抑感。

2）床下的空间很低，只有 1700mm，很容易碰头，造成伤害。

3）衣柜的开启与关闭经常会受到椅子的影响，存取物品很不方便。

4）梯子里部用作一个小的储物空间，不很合理。东西放脚踏的下面，使人觉得不干净。

5）梯子的高度比较低，仅 750mm，距上铺的床面尚有 950mm，个头比较矮小的同学上下床铺有困难（图 13）。

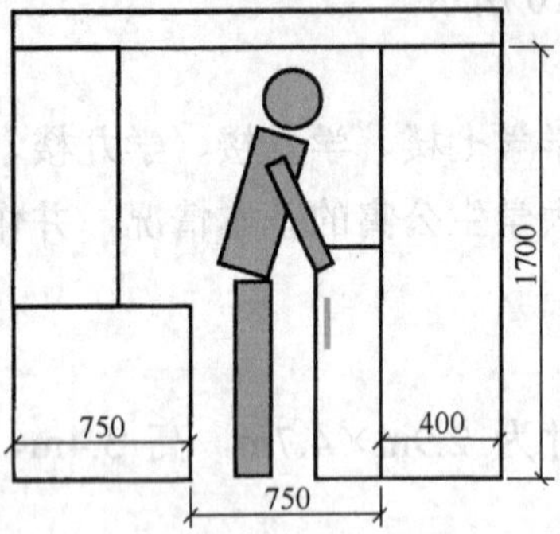

图 12　大运村公寓衣柜使用时人机尺寸

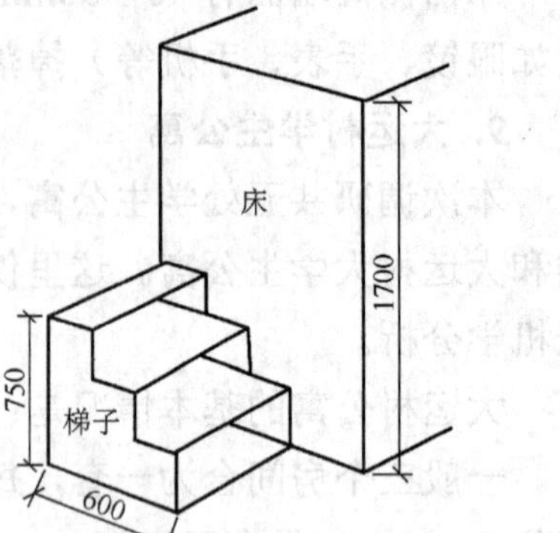

图 13　大运村公寓上铺台阶使用人机尺寸

10. 问卷调查及其统计与分析

北京市大学生公寓现状调查

1. 你喜欢的床位

　A. 上铺　B. 下铺　C. 无所谓

2. 如果你住上铺，你觉得完全吗？

　A. 安全　B. 不安全　C. 说不清

3. 在公寓的写字台上，你更趋向于

　A. 电脑操作　B. 自习　C. 说不清

4. 你需要个人照明吗？

　A. 不需要　B. 需要　C. 无所谓

5. 你觉得公寓的卫生死角在哪里？

　A. 床下　B. 门后　C. 桌下　D. 暖气处　E. 物件底部　F. 搁物架

　G. 其他

6. 你希望鞋放在哪里？

　A. 床下　B. 公用鞋架　C. 柜子　D. 窗台　E. 其他

7. 你觉得公寓内需要有床帘吗？

A. 需要　B. 不需要　C. 无所谓

8. 你认为公寓内需要简单的健身设施吗？

A. 需要　B. 不需要　C. 无所谓

9. 如果你住校外，你希望在哪里自习？

A. 公寓　B. 校内　C. 无所谓

10. 你希望的电话线、网线、电源线、闭路线的布置方式：

A. 现有方式　B. 集成到一块板上　C. 其他

11. 你希望哪里装有电源（多选）？

A. 桌子上　B. 床边　C. 其他

12. 你是否曾经尝试搬动公寓内的家具，遇到困难，觉得有必要改进呢？

A. 是，有必要　B. 是，但不必要　C. 不是　D. 说不清

13. 你希望公寓内是什么样的色调（多选）？

A. 白色　B. 米黄　C. 淡蓝　D. 淡绿　E. 其他

14. 你喜欢椅子有靠背吗？

A. 不喜欢　B. 喜欢　C. 无所谓

15. 以下物品你希望摆放在哪里？

a）书籍

A. 桌上　B. 床头　C. 床边　D. 墙壁上的搁物架　E. 抽屉　F. 柜子内　G. 其他

b）衣物

A. 柜子　B. 床上　C. 搁物架　D. 抽屉　E. 其他

c）洁具

A. 门后　B. 桌上　C. 床上　D. 柜子上　E. 抽屉　F. 墙上搁物架　G. 其他

d）常用物品

A. 抽屉　B. 柜子　C. 床头　D. 搁物架　E. 储物箱　F. 其他

e）不常用物品

A. 抽屉　B. 柜子　C. 床头　D. 搁物架　E. 储物箱　F. 其他

问卷调查结束以后，我们对其进行了相关统计，并把多数意见列举如下，从统计结果中我们可以了解到大学生对公寓现状比较关注的方面。

11. 调查问卷多数意见的统计

调查的项目	多数意见
喜欢的床位	上铺 57.1%
喜欢在写字台干什么	电脑操作 53.6%
喜欢椅子有靠背吗	喜欢 75%
需要个人照明吗	需要 96.4%
需要床帘吗	需要 67.9%
需要简单健身设施吗	需要 71.4%
希望电话线、电源线、闭路线、网线的布置方式	集中到一块板上 85.7%
希望哪里装有电源	床边 85.7%
希望室内是什么样的色调	淡蓝色 50%
书籍希望放哪里	墙壁上的搁物架 46.4%
衣物希望放哪里	柜子 96.4%
鞋希望放哪里	公用鞋架 53.6%
洁具希望放哪里	墙壁上的搁物架 32.1%
常用物品希望放哪里	墙壁上的搁物架 53.6%
不常用物品希望放哪里	储物箱 64.3%
上铺安全吗	安全 75%
住校外在哪里自习	校内，公寓各占 46.4%
搬动家具遇到困难有必要改进吗	有必要 67.9%
卫生死角在哪	床下 60.7%

本科生四人间公寓的人机学设计

1. 空间布局

为贯彻北京市对于大学生住宿条件改革等文件的精神，在房间的尺寸方面采用了更加合理的 4m×4.5m。这样的平面尺寸，可以使整个宿舍的空间显得宽阔，也可以得到合理的利用。

改革后宿舍面积增大，住的人减少为 4 个，所以整个宿舍空间安排的灵活性大大增加。为了充分地利用好这样一个空间，符合大学生的实际需要，我们进行了多样的模型分析，还在学生中间进行了问卷调查，得出了以下结论：

在床位的安排方面，大多数同学喜欢睡上铺，认为那样干净，不会受干扰。同时经过仔细的分析比较，我们得出一个重要的结论：一个宿舍内的四个铺位全部安排为“上铺”是可行的，最合理的；可能的安排形式如图 14 所示。

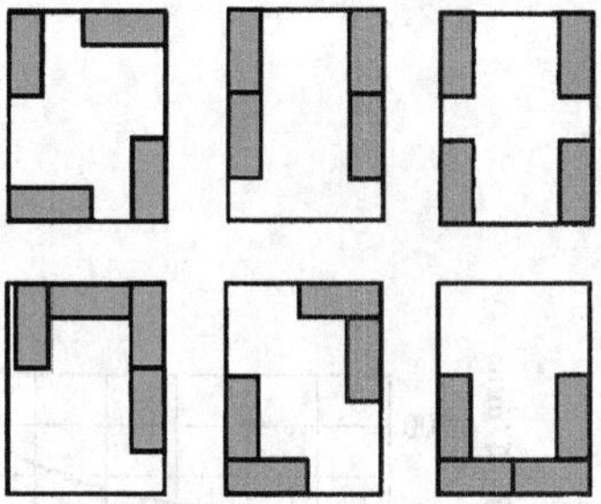

图 14　几种床位安排形式

其他，如电脑桌、工作台、书架等一系列家具的安排，我们按使用情况进行了整合，一起安排在床铺下，对各使用细节的人机问题都给予了充分的考虑（如电脑、书架），相信能收到很好的效果。

有必要给每个宿舍成员配备一张小的、便于移动的桌子，以方便个人的一些活动。这些桌子还可以拼接成一张大的桌子，以方便大家的交流，以及进行一些文化娱乐活动。

2. 爬梯

爬梯的尺寸从以下三个方面考虑：

1）手握脚踏的尺寸。怎样的截面形状，多大的截面尺寸使爬梯时手握脚踏舒适省力？

2）爬梯空间的尺寸。爬梯时，周围要有多大的空间，才不会使人遇到阻碍？

3）人体外形尺寸。梯子的各个部分，怎样的尺寸才适合人的使用？

（1）手握爬梯的尺寸　对手掌而言，圆形横截面的把手具有最广泛的适应性，可以应用在各种场合。

脚掌与横杆的接触面积越大，压强也就越小，硌疼感随之减轻。截面形状和尺寸可采用图 15 所示的形式。

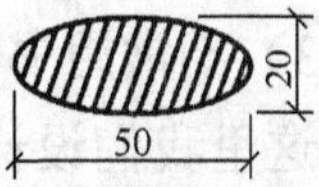

图 15　登梯脚踏杆的截面

（2）爬梯空间的尺寸　人在梯子上爬动时，身体向后拱起，肘部向两侧伸出。研究资料指出，身体后拱距离与身高是成比例关系的。从图 16 中可知，身高 1600mm 的人爬梯时后拱距离约 550mm，1900mm 身高的人，这个距离达到 700mm。

（3）人体外形尺寸　资料表明，第一次蹬梯时脚踏距离地面男为 0.206H、女为 0.205H（H 为身高），这个距离还可适当降低一些，爬起来更省力（图 17a）。

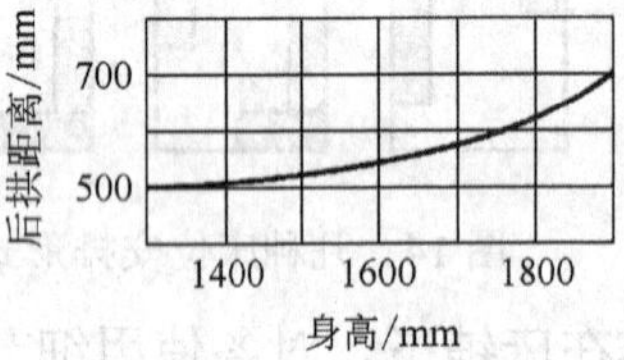

图 16　身高与后拱距离的函数关系

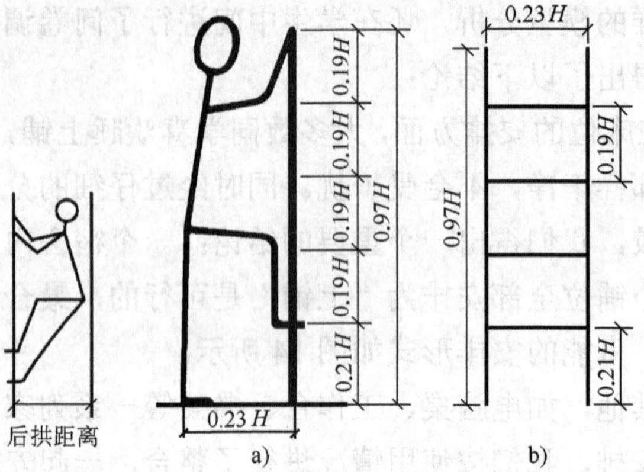

图 17　爬梯时的人机尺寸

1）横杆的间距：稍小于第一次脚踏的高度值，使以后的爬梯比较省力。全梯平分为 4 级为宜（图 17b）。

2）爬梯宽度的确定：爬梯的宽度与人的肩宽一致，即 0.224*H*，能够发挥出双臂更大的力量，且比较舒适。如房屋空间比较紧张，宽度可减小到 0.202*H*（图 17b）。

3. 书架

（1）书架的深度

常用大书的宽度+功能修正量=（230+30）mm=260mm

（2）净空的高度

常用大书的高度+功能修正量=（300+50）mm=350mm

（3）书架的容量

1）常用书籍占书架长度为 400mm。

2）次常用书籍占书架长度为 100mm。

3）不常用书籍：用储物柜储存。

这里我们设计了两种开放式的书架，下面一层放常用书籍，上面一层是放次常用书籍，对于不常用书籍的存放我们另有储物柜（图 18）。

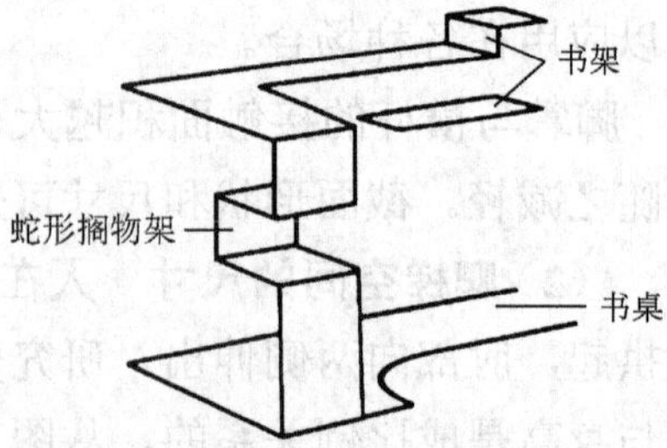

图 18　书桌和搁物架

① 常用书籍书架：长度为 400mm，离地高度为 1200mm，离桌面高度为 500mm，书架前沿与桌子前沿连线与铅垂面夹角大致为 12°，让坐在桌前自习时，可以不起立就拿到书。书架的深度为 300mm，符合我们开始计算的 260mm 的标

准。书架净空的高度分为400mm和500mm两种。

② 次常用书架：长度为1600mm，距离地面高度为1300mm，容易取放。深度为300mm，净空高度为300mm。

4. 电脑桌

1）电脑位于寝室的四个角上，拐角处桌面的面积最大（400mm×500mm的矩形），两个矩形的桌面通过半径为400mm的圆弧连接，使此处桌面最深处长度达810mm，可放下显示器和键盘。

2）主机置于蛇形搁物架下面。由调研可知普通主机高不超过450mm，蛇形搁物架距桌面500mm，足够放置主机。

3）蛇形架下面桌面长1000mm，除去放机箱和显示器所占空间，其余空间足够放置音箱、电线。

4）蛇形搁物架长400mm、高200mm、深300mm，用于放置电脑附件，一共两层，下层距桌面500mm，可以不站起即可取到物品。

5）电脑显示器旁边是自习用写字台，可放置纸笔，供使用电脑时作记录用。

5. 椅子

椅子采用弯折的木块造型。椅子座面高度为400mm，座面宽小端为330mm、大端为400mm。座面延伸向上形成靠背，靠背的下端宽330mm、上端宽350mm（图19）。桌椅高度差在280～320mm范围内。椅子的底端，采用了四个滚轮，保证移动方便，避免地面摩擦产生噪声。

没有容易伤人的尖角锐边，也没有挤压、磕碰伤人的部位。座椅不设扶手。

座面下方有一个高300mm的摆放物品的平台，可以把常用的书籍等物放在里边。

6. 衣柜

衣柜嵌在自习桌面和床板之间，一共五个隔层，深度500mm。最大的一个隔层高900mm，宽500mm，为学生挂大件不易折叠的衣服。挂衣竿离柜顶100mm，以腾出下面更多的空间（图20）。

挂衣隔层下面的一层尺寸是：高300mm，宽700mm。旁边一排的四个小隔层每一个的尺寸是：高300mm，宽250mm。这样几个尺寸不一的小柜子让同学容易把衣物分类摆放。

7. 储物箱

每个学生配有一个储物的小箱子，箱子带四个小滚轮。不用的时候靠墙摆在衣柜的底下。小储物箱体高 300mm，总高 400mm，宽 400mm，深 500mm（图 21）。

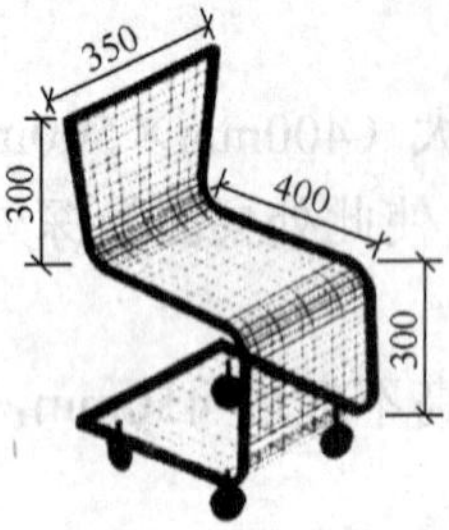

图 19　椅子

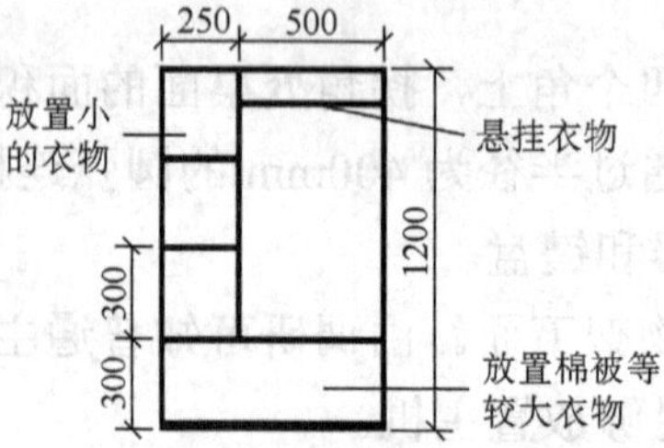

图 20　衣柜布局

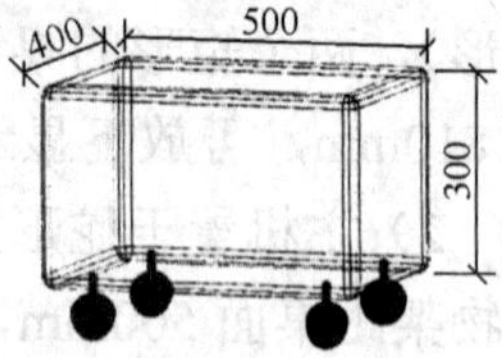

图 21　储物箱

8. 床

床的设计主要考虑的是空间的分布，床本身只提供一个休息和保护隐私的空间。去掉床头或床边的书架，仅在两床之间加一个 500mm（长）×1000mm（宽）×300mm（高）的隐私柜。

床的设计尺寸为 2000mm（长）×1000mm（宽）×1900mm（高）。

9. 可移动小桌

自习的时候，可以把杂乱的常用的书放在上面；操作电脑的时候，可以把一堆一堆的光盘放在上面；欣赏电视节目的时候，可以把一杯茶，或是一袋薯条放在上面……而且，它能随你而动。

移动小桌子的高度确定为 400mm。桌面的尺寸为 400mm×400mm。

这个桌子内部也可放一些东西，例如洗涤用品等。内部高度确定为 300mm，一般的洗涤物品等放进去都没有问题（图 22）。

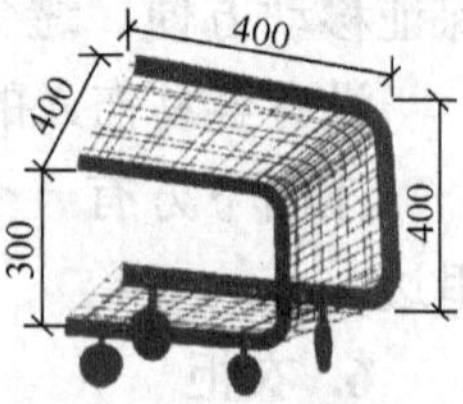

图 22　可移动小桌

在这样一个四人间里，它们可以互相拼起来，组成一个更大的桌子，四个伙伴可以聚在一起打牌、会餐（图 23）。

10. 照明

在经常进行阅读、书写的位置增设局部照明，解决阅读、书写的照度需要，适合各种活动的需要；其次，把电脑操作区安排在阅读书写区附近，可以充分利用新增的局部照明，减少亮度对比和眩光对注意力以及视觉的危害。最后，在照

图 23　合并的小桌

明的形式上，采取家具内嵌灯具的方式，可以取得很好的效果。

图 24 是 BOUND 小组设计的四人间大学生公寓“回”的室内布置总图，图 25 是相应的室内效果图。

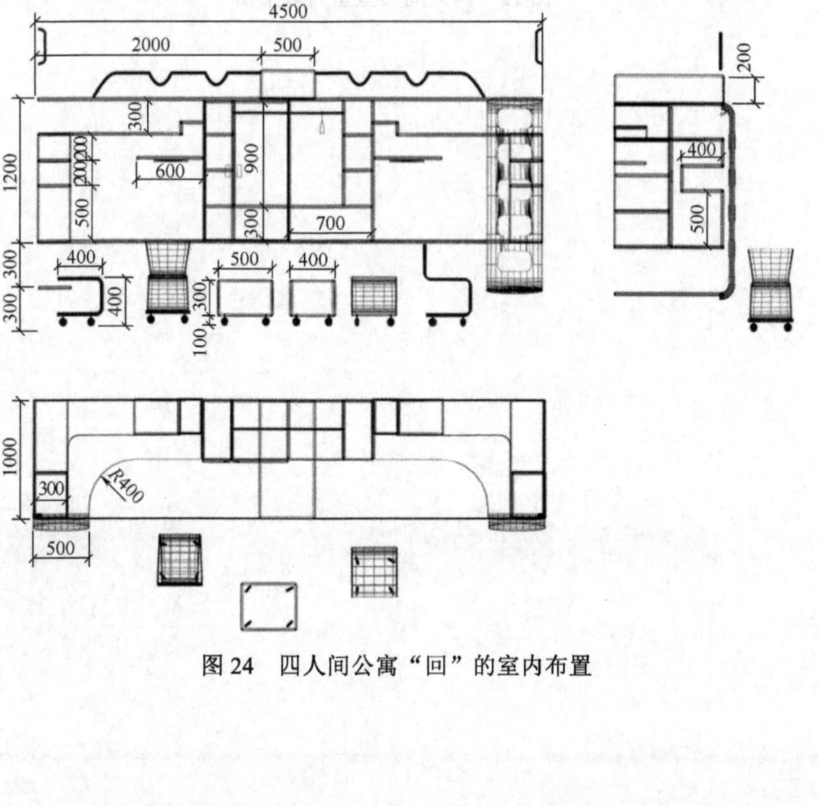

图 24　四人间公寓“回”的室内布置

图 25　四人间寝室室内效果图

指导教师点评

教育部正在推进本科生四人间 $18m^2$ 公寓的建设，因此这是一个既有兴味又有现实意义的课题。人机工程因素在大学生公寓房设计中的重要性毋庸置疑。自称为“BOUND”小组的各位作为“身在其中”的本科生，又学习了人机学课程，正是既有理论指导又有切身体验，只要认真、深入地去做，取得有价值的成果应在预期之中。BOUND 小组一个多月的工作确实是努力的，文中的“观察点”均出自大学生们的眼睛，文中的“设计点”均来自大学生们的需求，这些都将成为读者阅读本文时的“看点”。本文的读者群以在校大学生为主，那么，BOUND 小组提交的这个答卷“回”到底如何？留待广大读者来指点评论吧！

男生和女生生理条件差别明显，生活情趣、要求也迥然有异，BOUND 小组在调研和设计中均未对此加以充分区分，这是为什么？是失误还是另有未加说明的道理？

在“人机工程学课程设计/课程论文指导书”里已经提到：一般不提倡 4 人或更多的人合做一个题目。当指导教师接到 BOUND 小组所制订的工作计划后，出于工作量较大和锻炼他们设计工作“团队精神”的考虑，作为特例认同了这个 5 人小组。实践的结果是：团队内分工合作情况不错，但最后要把分工做的工作综合成一份文稿，这件为难的“统稿”工作却做得不理想了，交上来的初稿庞杂凌乱，篇幅达七八万字之巨（指页面篇幅，其中包含插图所占篇幅）。读者现在所见文稿已然经过了大幅度的删削。

（阮宝湘）

6 超市饮品用瓶罐开启方式的人机学分析

北京邮电大学 工业设计专业 00505 班 王俊惠 00504 班 于敏 谭婧

摘要 调查分析了当前超市中饮品用瓶罐的开启方式，着重考察了乳制品、碳酸饮料、中低档酒、罐头食品以及保健品的开启方式。从制作工艺和使用过程来分析当前饮品瓶罐开启方式的优缺点和便利程度，并提出了适当的改进建议。

关键词 超市 饮品 瓶罐开启 人机工程学

引言

本次我们调查了学校内以及附近的天客隆、超市发等超市。分析了几种主要饮品瓶罐的开启方式。

超市饮品按用途分类：

（1）**乳品** 果奶、酸奶。

（2）**休闲饮品** 冰红茶、果冻、果汁、八宝粥、矿泉水。

（3）**运动饮品** 碳酸类、可乐、雪碧、芬达。

（4）**酒类** 白酒、啤酒。

（5）**罐头类** 果酱、水果、腐乳、蜂蜜。

（6）**保健品**。

一、乳品

目前超市中此类产品种类繁多，开启方式也花样迭出。

（一）袋装酸奶

特点：价格便宜，携带方便。有巧克力奶、草莓奶等。

材质：透明塑料袋、白色半透明塑料袋（瓶）、无菌枕袋等。

开启方式：

（1）咬开袋子

优点：方便，不用工具，不限场合。

缺点：①不卫生，塑料袋直接与口腔接触，接触病菌的几率增大了；②咬下的部分会自然吐出，如无专门的工具，就会随地落下，污染环境；③由于牙齿的形状因人各异，以及塑料膜的良好延展性，经牙齿处理后的酸奶袋，开口已面目全非，饮用时嘴会很难受；④因为塑料袋没有固定外壳，因此，须一次饮用完；⑤饮用后的塑料袋，扔到垃圾筒后，剩余的奶易洒出，影响垃圾回收。

（2）用工具打开（如用小刀、剪刀等）

优点：开口整齐，快捷

缺点：①不卫生，剪刀、小刀很难保证清洁；②剪下的部分更易掉落；③剪完后，刀片上会有奶迹，很难处理；④并非很多人都随身携带小刀等工具，但酸奶却是生活必需品。

（二）盒装酸奶　盒装酸奶像“小房子”，如图1所示为三元草莓奶。

特点：清洁卫生，形体美观大方，外壳牢固。

材质：内包装采用的是白色塑料袋，外包装采用的则是普通纸盒。

图1　盒装三元草莓奶

开启方式：如图2所示，①将两侧拉开至出口处；②将左右两侧推到底；③再用两指向前挤成出口。

这种开启方式别出心裁，整个外形包装甚为成功。但开启方式介绍有模糊之处，如第一、二步都可以做到，但是第三步“再用两指向

图2　三元草莓奶的开启方式

前挤成出口”，左右两侧已推到底，再向前已经没有去处了。正确的说明应该是：“用左右两个食指先向后，再向中间用力形成开口”。

这种开启方式可重复进行，外壳坚硬，可放入书包内，适合中小学生使用。

优点：①开口较小，且位于上部，饮用过程中奶不会洒出；②用完后，可将开口合上再扔到垃圾桶里，回收容易。

缺点：①纸是粘起来的，不可能毫无损伤地打开。粘连起的纸被撕开后，表面粗糙，与嘴接触时会很不舒服，影响心情；②饮用时鼻子将会顶到坚硬的纸的边沿。若在边沿处裁去半个圆形，可解决这个问题。

（三）杯形（瓶形）

如图 3 所示。

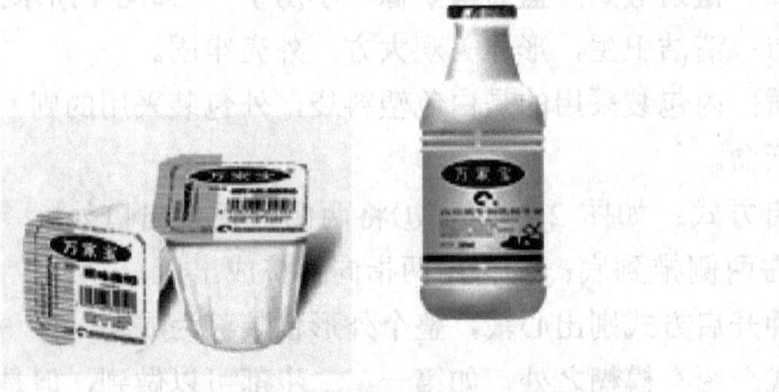

图 3　杯形乳品

分类：按开口直径大小分为大开口和小开口。

特点：轻便，外壳可承受一定量的形变。

材质：白色半透明塑料包装，上有塑料薄膜。

开启方式：①果冻是自带吸管的，成本相对较高，一般乳制品不附带吸管，超市在出口处放置吸管，这样带来的问题是：如果没有特殊提示，人们很容易忘记拿吸管；②吸管有多种型号，如直径、长度、韧性等均不相同，许多吸管放在一起，人们很难在短时间内辨认并选出合适的吸管。

（1）大开口　拿到了吸管，在饮用时会出现下列问题：

①吸管头部的尖端硬度不够，不能插入酸奶杯内；②吸管容易弯折，再次插入不易，如果损坏，将没有多余的管子；③吸管长度过短，人将不得不把酸奶杯

凑近嘴，手臂劳累；若吸管过长，迫使人用更大的吸力，酸奶被大口猛然吸入，容易卡着喉咙，尤其是婴幼儿。

如果没有拿到吸管，将不得不撕开表面的封皮。常见于大开口的酸奶杯。

这样带来的问题是：①撕开时，一只手握着杯子，另一只手来撕封皮，杯子由软料壳制成，用力握时，容易使奶洒出；②封皮如果全撕下，会无处可放，若不全撕下，封皮上的奶会沾到鼻子；③由于开口很大，用完后残余的奶到处洒，会造成污染。

（2）小开口 如图 4 所示的“万家宝”，直接用塑料薄膜封口；或太子奶，瓶盖旋开后可插入吸管，在塑料薄膜封口外另加瓶盖。一般需要吸管。常见的问题是：①吸管混杂放在一起，很难选出恰当的吸管与瓶口处的塑料薄膜强度相匹配；②尖端处的吸管长度、柔韧性等都存在问题。

这里有一种另类的开启方式，如图 4b 所示：

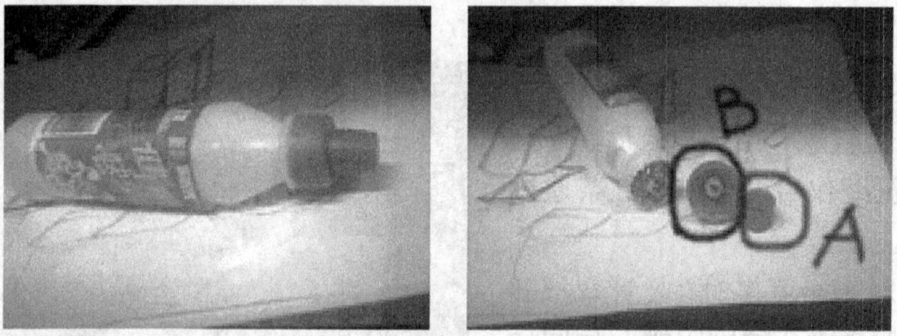

a) b)

图 4 小开口杯形乳品的开启方式

结构的解释：A 部分相当于螺钉旋具，B 部分相当于螺钉，用螺钉旋具将螺钉拧入瓶盖处的塑料薄膜。这枚螺钉是空心的，取掉螺钉旋具后，瓶内的奶就可通过“螺钉”中部的空洞流出。

评论：构思巧妙，但应改进开启方式的说明引导。

如果一开始就打开最上部的“螺钉旋具”，看到洞和塑料薄膜，人的感觉是需要用吸管插入，而忘记了已经去掉了的“螺钉旋具”。塑料薄膜较结实，实际上吸管捅不破它。这时人们才会想到将“螺钉旋具”和“螺钉”一起取下，用更结实的吸管打开它。因此，应该一开始就有不要取下“螺钉旋具”的提示，简单的方法是在“螺钉旋具”周围标示旋转的箭头。

二、休闲饮品

（一）休闲饮品——冰红茶

1．“康师傅”冰红茶

结构：主体是纸盒、饮管孔，吸管通过塑料小袋的两端粘在纸壳上。盒高137mm，管的长端为 116mm，短端为45mm。吸管可折，如图 5 所示。

图 5　纸盒、吸管装的“康师傅”冰红茶

开启方式分析：

（1）用吸管饮用　此方式存在如下问题：

1）吸管取出困难，吸管塑料袋开口在下方，后边折起的部分不易从开口处抽出，甚至卡在袋里，如图 6 所示。

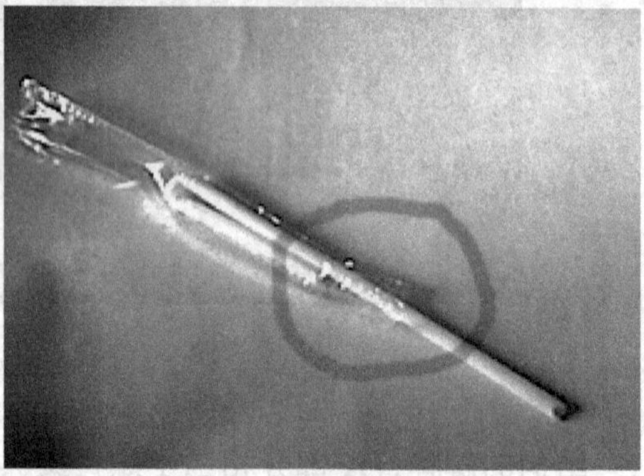

图 6　可折叠式吸管

2）纸盒较软，吸管插入后，手握纸盒，有压缩作用，会使冰红茶通过吸管喷出。

3）饮料剩余不多时，吸管弯折部分也需插入盒内，控制困难，如图 7 所示。

评价：纸质外壳不污染环境，安全，易加工。外壳印有提示语：“请按扁后投入垃圾箱”，值得提倡。

（2）剪开　盒的上表面饮管孔附近有一条虚线和一个剪开的提示，用剪刀沿虚线剪下饮用，如图 8 所示。

评价：这种方式需要工具，适合在家中或办公室里使用。

2．“统一”冰红茶

它的吸管由内外两层管构成。外层是白色塑料管，内层是透明的。通过压槽控制两管的伸长，不分离脱落。原长度为 107mm，拉伸后的长度为 180mm。盒长 137mm。

吸管长度可调整是很好的设想，但在使用中：

1）不经拉伸的管子长度不够，如图 9 所示，饮用过程中必须再进行调节。

2）管长 180mm，把管子拉伸到最长，伸入冰茶盒里，不太方便。

3）饮用过程中调节吸管长度时，需要将吸管取出，进行调节后再插入。由于吸管上已经附有茶水，用手触摸不卫生。

图 7　插入盒内的吸管

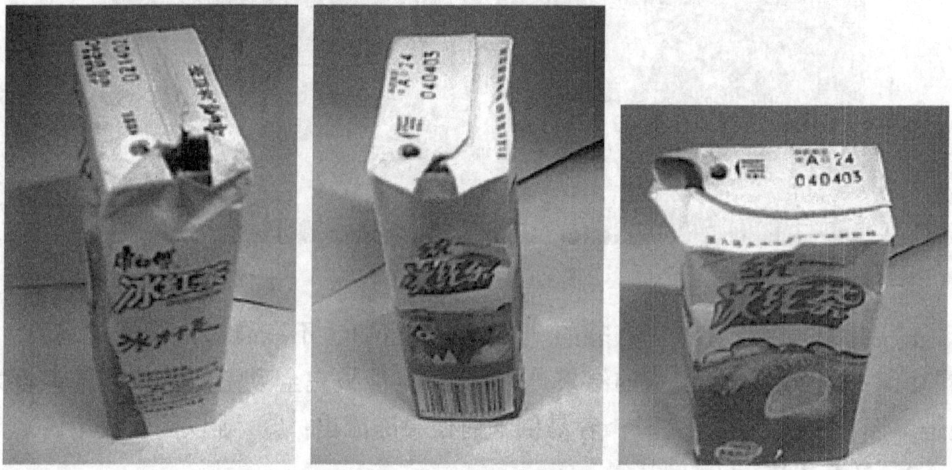

图 8　剪开饮用的冰红茶

在本例中，“康师傅”冰红茶采用了可折叠式的吸管，而“统一”冰红茶则采用了两管嵌套长度可调节的方式。两种方式各有优劣。

（二）休闲饮品——果冻

1. 喜之郎 CiCi 的开启方式评析

结构：旋转盖与塑料袋装相结合，如图 10 所示。

分析：① 吸口的直径 11mm，是由果冻的性质决定的，果冻是半流体，流动性不如果汁等液体，不能用普通吸管；② 吸口高度 18mm，可含入嘴唇又不碰到牙齿，符合人机学要求；③袋中隐藏内管，饮用时有可握之处，果冻不易洒出。

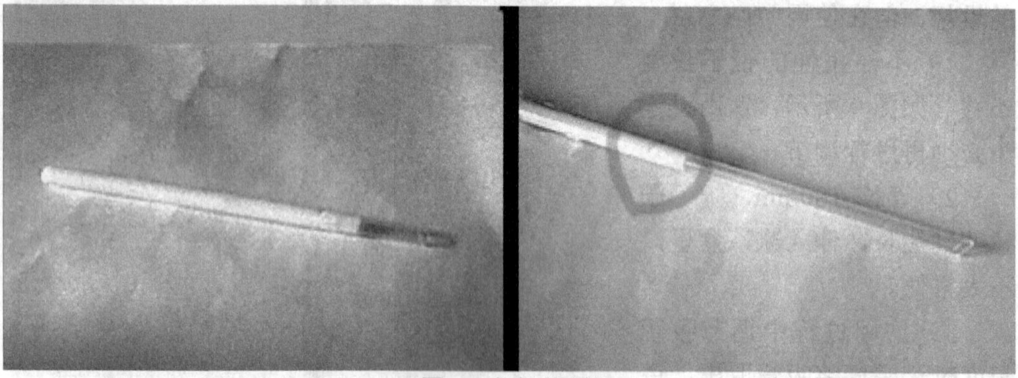

图 9 嵌套式吸管

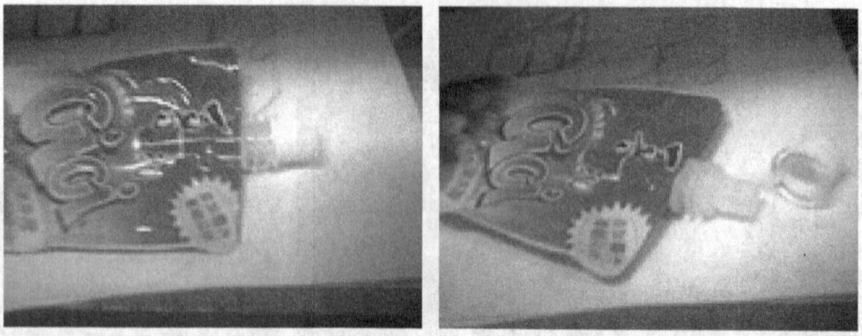

图 10 喜之郎 CiCi

缺点：① 由于管深只有袋的一半，同时管口也不在袋口，袋子是扁形，果冻的流动性不是很好，造成的结果是：果冻不可能被完全吸完；② 由于开口较大，袋是扁形，一次使用不完时，容易倒下而使果冻流出；③ 难以回收使用。

2．杯装果冻

结构：由底壳和覆盖膜构成。

开启方式：撕开薄膜。

分析：① 这种包装方式使杯内充满果冻，没有空隙，这样一来，在撕开表皮时，果冻的部分液体必然会溢出，只能立刻用嘴去吸，易洒到衣服上；② 已撕开的覆盖膜，上有果冻，会碰到鼻子。

（三）休闲饮品——八宝粥

结构：筒形，铝筒，外层涂漆，塑料盖（内嵌有勺子），如图 11 所示。

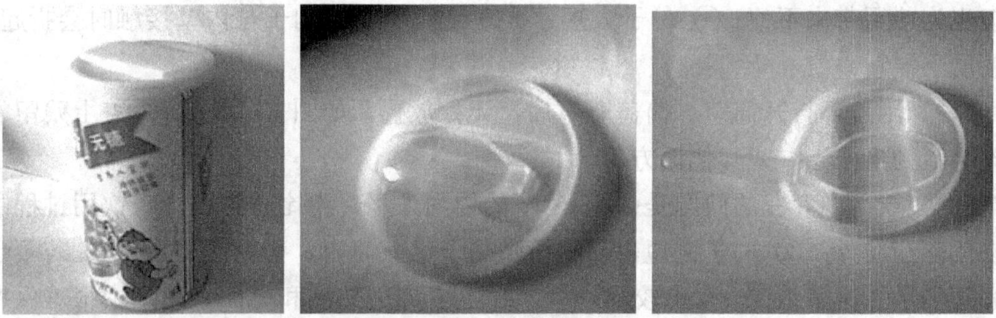

图 11　八宝粥容器的结构

开启过程：

1）掀开塑料盖。正确的做法是：从侧面盖沿处掀。上盖的形状是一个旋钮（内置勺子），引导人们去拧它，但盖上并没有螺纹，也拧不开。

2）可取出勺子。如图 12 所示，可以掰开它。勺子可折叠，这样做节省了空间，

图 12　八宝粥容器的开启过程

但也为使用带来不便：① 勺子太短，易掉入筒内；② 勺子与内壁接触时会折起，使用不便。

3）用拉环打开筒盖。筒盖取下后，无处放置。如图 12 所示，筒盖上残留的粥会流到桌面上，或其他地方。

4）饮用中存在的问题是：① 勺子的内面太平，粥比较黏稠，在饮用过程中易洒落在筒外；② 勺子太短，易将手随勺子伸入筒内，手会粘上粥；③ 若不小心把勺子掉进了筒内，取出较难；④ 勺子可折叠，勺柄和勺面在使用中很难保持在一条直线上，操作不易。

（四）休闲饮品——矿泉水

目前国内瓶装饮用水包括以娃哈哈和乐百氏为代表的纯净水，以农夫山泉等为代表的天然水（包括矿泉水）。下面考察矿泉水瓶盖设计和开启方式。

1. 普通矿泉水

瓶盖的设计分析（图 13）：

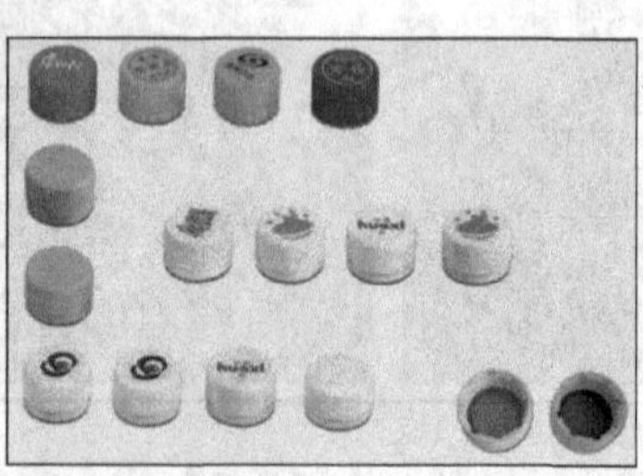

图 13　矿泉水瓶盖的设计

材料：塑料防伪瓶盖采用符合 F、D、A 标准之塑料原料、卫生、抗张力强、耐候性佳。

结构：内附专用垫片使密封性更加有保障，具有特殊排气孔设计，能适度宣泄膨胀气体，避免发生弹盖问题。

外观：瓶盖分两层。下层与上层有 8 个小点和一个小片连接，下层固定在瓶体上；上层内嵌螺纹，不足两圈，外部有竖向的压纹，用以增大人手扭拧瓶盖的转动力矩。

开启：旋开，一次性断裂防盗安全性高，易开，开启时不会伤手（图 14）。

开启方式的问题：拧下的盖子可能丢失或弄脏。

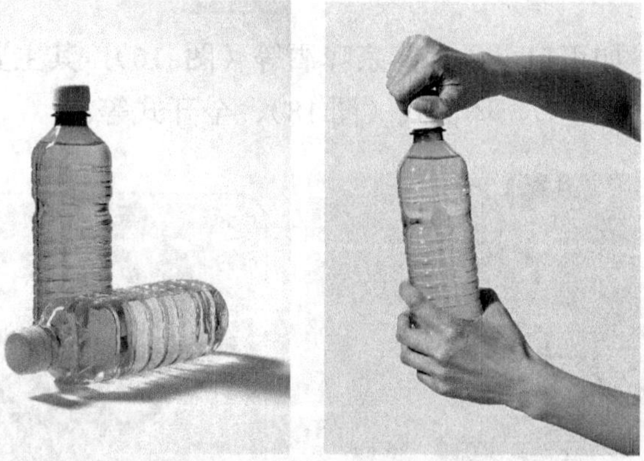

图 14　矿泉水瓶盖的开启

2．农夫山泉矿泉水

新型瓶盖及开启方式的应用，值得进行分析讨论。

材料及特点：

1）适用范围：此类瓶盖可作为标准形式，适用于直径为 20～40mm 瓶口之塑料瓶及玻璃瓶。

2）采用高级铝片制成，抗张力强，耐候性佳。内部为 PE 发泡垫或 EVA 整型垫片，或 PVC 软胶垫片，密封性极佳。

开启方式分析：运动装农夫山泉在开启的设置上可谓经典，包装得很到位，在上面的盖子被打开后，还要再拔一下如图 15 所示白色的凸起部位，此时倾倒，才会有液体流出，这样的开启方式相当好。

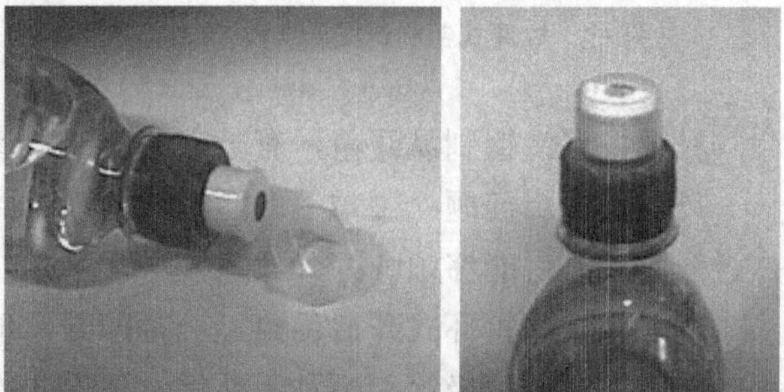

图 15　农夫山泉矿泉水瓶盖

1）密封性能好，不用担心不小心开启瓶盖造成的液体流出。

2）双重封装，即便盖子丢掉了，对于使用也不会造成太大影响。

3）形式特点很适宜于运动产品。

三、运动饮品：听装可乐（酒）

听装饮品，如可口可乐、燕京啤酒等（图 16），其主要开启方式大致有如下几例：拉环式（图 17）、环保式（图 18）、全开式等。

图 16　听装饮品

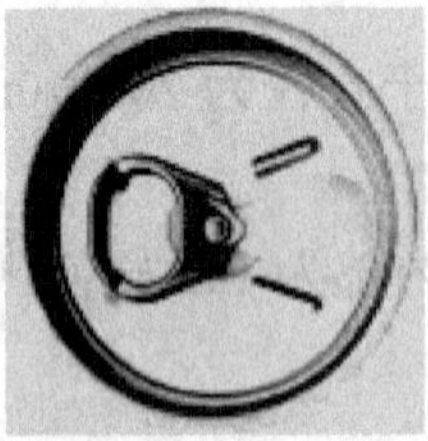

图 17　拉环式铝制饮品听

图 18　环保式铝制饮品听

材质特点：铝制易开盖，有一定的韧性，比较容易拉开。

尺寸及使用问题：罐与盖的匹配数据涉及到物与人的适应，决定了开启瓶罐是否舒适，是否能够顺利打开。

使用分析：拉环式开启便捷，一拉即开，但拉离的拉环又小又轻，常“不知去向”而进不了垃圾筒，不利于环保；环保式拉环针对性地解决了这个问题，设计周到，不拉离，也不影响饮用。

四、酒类：白酒、啤酒

（一）瓶盖

高档酒类包装国内经过了三次改革浪潮。20 世纪 80 年代初期第一次是铝质防盗盖代替了皇冠盖，扭断后不能复原的防盗功能，受到了广大酒厂的青睐，风靡十几年。第二次是1998年五粮液酒厂率先引进塑料盖。塑料盖色彩鲜艳，其三防四防防伪防盗功能，立即被国内酒类厂家看好，解决了当时被假冒产品的课题，在短短的三四年中，塑料盖已占领半壁江山。塑料盖问世短短的三四年，缺点也渐渐暴露出来：漏酒，瓶口和盖子配合难，热涨冷缩明显。第三次浪潮以第三代高档酒类包装的精品——铝塑盖为代表。它具有密封性好和防伪、防回灌等优点，装饰以烫金、上光、多色滚印为主，高档、典雅。

1．皇冠盖

该系列产品采用专利技术生产，结构新颖，外观庄重大方，与专用瓶口配合，密封性好，采用特殊的模具结构，不易仿制。该瓶盖不仅具有双重的防伪作用，而且能防倒灌、防重复使用。盖体外侧可采用配色度膜、喷涂、过油增加光泽度等处理方式，还可以采用丝印、烫金、热转印、彩印。凸字等对商标标志进行处理，使产品显得高档。因其防伪性能好，颜色可随意选择，所以多用于高、中档酒。图19所示即为全塑简易盖、全塑顶出盖和扭断式铝塑爆裂环盖。

图19　皇冠盖的不同形式

2．铝塑盖

由多个部件组合而成，采用单向截流结构，保证酒只能倒出不能回灌。几个部件连体注射解决了焊接等装配结构可能松动、脱落，从而导致漏酒的问题。内部结构可选择内塞加珠子或只用垫片。该类瓶盖开启简单方便，内置塑盖易扭断，难复原，有效防伪。封装简单，密封性好，不漏液。

3．异形盖

该系列产品采用优质铝材生产，卫生，不会生锈，开启方便，不需辅助工具。开启后，瓶盖有破坏性，可有效防止盗开。

近年来，酒类防伪越来越被厂家重视，酒瓶盖的防伪功能和制作形式也朝着多样化、高档化发展，扭断式、开启式、能唱歌、会说话、多重防伪酒瓶盖被厂家广泛使用。防伪瓶盖材料主要有两大类，即铝质和塑料。铝质防伪盖在数量上占优，塑料防伪盖在品种上领先。

塑料防伪盖结构复杂，具有防倒灌功能，但玻璃瓶口尺寸误差较大，难以实现较高的密封性。塑料瓶盖容易吸附空气中的灰尘，超声波焊接时产生的碎屑很难清除，对酒污染的问题目前尚无彻底解决办法。瓶盖一部分与玻璃瓶口连在一起，不易回收，环境的污染是显而易见的。塑料瓶盖较之铝质瓶盖，成本费高约一倍甚至更多。

铝质防伪盖结构简单，适应性强，密封效果好，可以印刷丰富多彩的图案，实现大批量生产，成本低。

4. 专利瓶盖

图 20 所示为专利防伪易拉玻璃组合盖、专利防伪塑料盖和特种口杯易拉盖。

图 20　几种不同形式的专利瓶盖

（二）酒类开瓶器

开瓶器多用于餐厅、酒店，或家中厨房。为了实现两个支点与力臂，开瓶器的使用方式有两种：

1）开瓶器大体从置于水平面开始施力。

2）开瓶器大体从置于垂面开始施力。

身边没有开瓶器的情况下，有利用桌沿的，有用牙咬的，有用小刀等硬物撬的，很危险，而安全性是开启方式的第一要义。

酒店等地方有专门的开瓶服务。平常聚会，开瓶器不一定随身携带。多功能的小刀要好得多，众多功能的小工具做在一起，长度、宽度都统一，如图 21 所示。

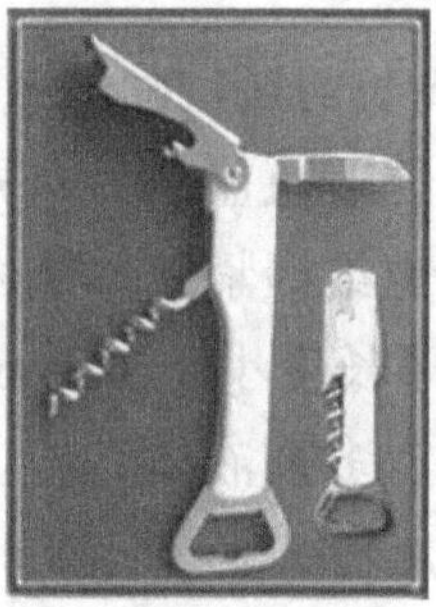

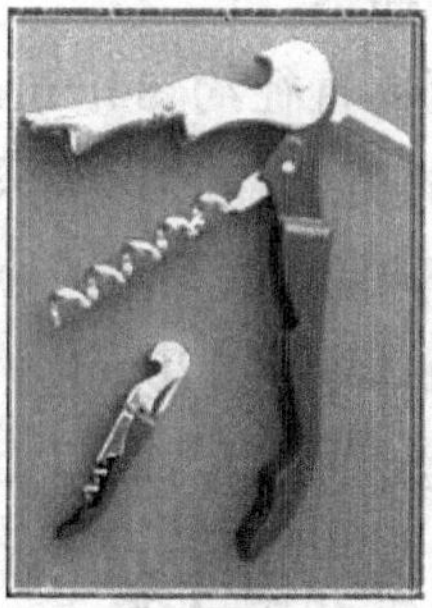

图 21　几种开瓶器

五、罐头类

“一次用完型”罐头使用分析（例如“芝麻官”糖水山楂）。

结构：瓶盖的材质为马口铁。

盖的下沿有四个凹进部分，用来和瓶上的螺纹配合。玻璃瓶上的螺纹是由四个1/4 螺纹构成的，因为玻璃的加工工艺不允许做成连续的螺纹，以保证安全。

图 22 所示是一个旋开盖。由四条螺纹提供竖直方向的力，和盖内垫圈提供的水平摩擦力保证稳固。

图 22　旋开盖

打开瓶盖时需要拍一下，再用力旋转，且瓶盖与瓶体亦存在以下问题。

（1）瓶盖

1）用手猛击铁瓶盖的感觉相当不好，且瓶盖的可击打部分是中间直径不足 60mm 的圆，比手的鱼肌两侧（宽 70mm）要窄，因此，手的边缘部分将会撞到瓶盖凸起的边沿，疼痛不可避免。

2）瓶盖边沿的高度为 8mm，与手接触的有效面积较小，瓶盖对手掌的挤压力就大，手会很不舒服。

3）瓶盖铁皮很薄，不能像塑料盖那样在外表面做出纹理，因此外表面是光滑的，摩擦系数小，旋拧费力。

（2）瓶体

1）瓶体直径约 84mm，周长约是 264mm，正常人的手无法同时握紧它并进行操作。打开瓶盖时，一只手握着瓶盖，另一只手却握不紧瓶体，很不容易进行操作。玻璃的摩擦系数较小，也给握紧瓶体带来困难。

2）瓶体深度 170mm，勺子长度小于 160mm，勺柄不够长，在取出食品时，手会碰到玻璃瓶口，瓶口上常有多余液体。

六、保健用饮品

按照保健饮品服用的方式可分为两种类型：

1）直接饮用类　各种口服液，如葡萄糖酸钙口服液、红桃 K 补血口服液等（图 23）。

2）冲剂类　麦片、茶叶等。

下面以口服液为例分析其开启方式。

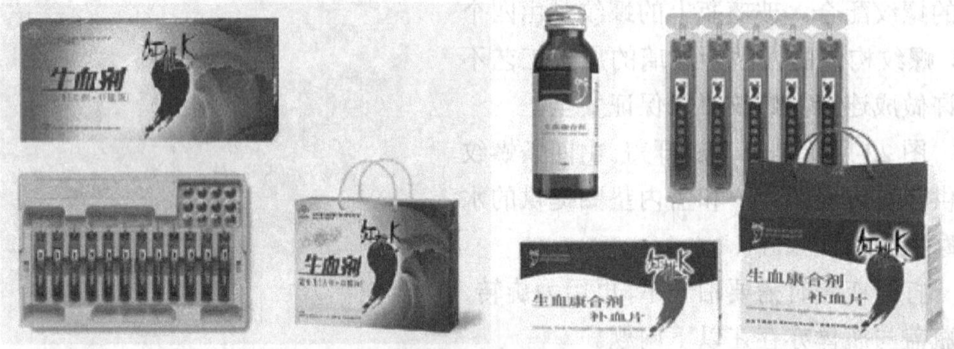

图 23　直接饮用类保健饮品

瓶盖材质及特点：通常为软质塑料，有一定韧性，透明。盖子为薄铝材料，吸管为塑料。

开启方式：这种口服液每盒有若干个小瓶，10 或者 15 个，在旁边的凹槽内置有塑料吸管，数目和口服液一致。开启服用的时候，用吸管将盖子扎破，使吸管一部分进入液体，口外余一部分，人借助此即可饮用。

分析：有些吸管太软，尖端硬度不够，没扎破盖子就已经折坏，一盒口服液没有多余的吸管备用。如果吸管的长度太短，不能插到液体底部，拿在手里不卫生。

指导教师点评

综合文献的搜集和市场的调研，对纷繁多样的“饮品瓶罐”做了合理的整理分类，覆盖面宽，脉络也清晰，为课题的展开提供了良好的基础。在瓶罐开启方式的分析中，涉及到了该问题的人机学各主要方面，比较细致深入。三人合作小组买来各式各样瓶罐的饮品，一一亲手进行开启，实际体验，然后分析讨论，这样总结提升得到的论点，应该较为可信和有价值。作业完成于 2003 年初夏的北京，时值 SARS 施虐闹京城，使得对普通消费者的访谈调研难以开展，否则当能获得更多的有用信息，使课题做得更好。

原作业的篇幅长达 5 万多字，经大刀阔斧的删节，如今减到了原篇幅的 50%以下。本文讲的是饮品，就借饮品来打个比方吧！你取一大勺粉剂“酸梅晶”或者“橙汁多”，冲成一杯饮料，那是酸甜可口的。但若把它冲成两杯饮料，将变得淡而无味；若冲成三杯饮料，可就难免叫人摇头皱眉了。请记住：科技写作务必注意行文的简洁精练，避免庞杂琐碎、拖泥带水。

（阮宝湘）

7　北京胡同游人力三轮车宜人性设计

北京机械工业学院　工业设计系　0101 班　霍东峰

一、设计调研及准备

1．设计背景

北京，以其悠久的历史、文化享誉海内外。从皇城紫禁城到民家四合院，骨子里时时散发出北京的独特文化来。北京人不是只把她的文化留给自己欣赏，而是着意要将她发扬出去，每年的五月和十月黄金周，都有数以万计的中外游客来到这座城市，领略她的风韵。

皇城和皇家园林是当时皇家贵族奢华一时的见证，胡同则体现了北京普通老百姓的生活。越来越多的旅游者更钟情于北京的民俗民风，乐意在北京的巷子里转一转，在四合院里住一宿。胡同游为游客提供了了解这座城市中大街小巷中的文化的机会。

目前的北京胡同游已经具有一定规模，形成了公司化的经营模式，风格统一的车体造型与色彩，统一的车夫着装，更兼车夫用一口流利的老北京口音为游客讲述一条条胡同的历史，这些都成为北京一道亮丽的风景。也许，给人们印象最深的还是那一辆辆的“黄包车”吧！

目前，胡同游人力三轮车造型沿袭了解放前黄包车的一些特点，只是将人拉车换成了坐着脚蹬的三轮车；乘客的座舱则仍旧是以前的样式，车夫也仍然要经受日晒雨淋。这虽然能够体现北京悠然古朴的特点，但是从人机工程学的角度分析，这样的人力三轮车却很不适于当今文明的发展趋势。

2．现有人力三轮车的人机学分析

（1）体积　现用人力三轮车的体积嫌大。胡同游人力三轮车主要穿梭于狭窄的胡同与巷道中，车的体积太大，就会很不灵活，一些深幽狭窄的胡同还会因为没法通过不得不舍弃而兴叹了。

（2）车座　游客使用的车座是挺舒适的，可是现有的三轮车“司机”座位采用的是自行车的座位样式，自行车椅坐久了都会感觉臀部不适，人力三轮车还要承载1～2位乘客，长时间骑行，一天下来，痛苦是可想而知的。

（3）车篷 现有的车篷体积甚大，两侧遮掩较多，多为固定形式，在风和日丽的天气里，乘客坐在篷子下面，会影响他们对胡同景观的通畅观赏。从图1中的四款车型可以看出，车夫都没得到车篷的保护，这违背了“以人为本”的设计伦理。

（4）驾驶姿势 现有人力三轮车需要驾驶员身体前倾驾驶，腰背不舒服，胳膊也感觉累，不利于长时间驾驶。

（5）货舱 存放货物的问题需要考虑，特别是那些背着大包小包的老外，坐在车上还将包背在身上或抱在怀里，一定不舒服，所以有必要提供存放随身箱包的空间。

（6）安全 虽然三轮车靠人力驱动，危险性大为降低，然而还应考虑出现突发事件的可能性。可以从车身的结构尺寸方面提高其安全性。

a） b） c） d）

图1 北京胡同游的几款人力三轮车车型

3．问题总结与设计方向

以上分析，确认设计应该解决以下几方面问题：

（1）**体积** 减小车体体积，使车体更为紧凑合理。

（2）**座椅** 革新现有驾驶员座椅的三角形形式，使它真正成为“椅子”，提高舒适性。

（3）**车篷** 让驾驶员也获得车篷的遮阳避雨，车篷不用时可收缩，要求车篷不影响乘客的视野。

（4）**驾驶姿势** 调整驾驶舱结构，让驾驶员可以直坐驾驶，使驾驶者驾驶起来更轻松。

（5）**货舱** 合理安排车体的空间布局，提供存放乘客随身箱包的空间。

（6）**安全** 在结构设计中充分考虑安全性的要求。

二、宜人性设计

1．方案1

（1）方案1的透视图如图2所示。

（2）人机工程学分析

- 车篷

车篷为可收缩设计（图2），下雨时可展开为浅蓝色透明的遮雨篷，夏天阳光照射时又可当阳篷，由于采用透明材料，乘客坐在车内不会有压抑的感觉。

- 收缩方式

在三轮车两侧圆形金属支架内侧设有滑槽，车篷支架可在滑槽内滑动（图3），收缩后如图4所示。

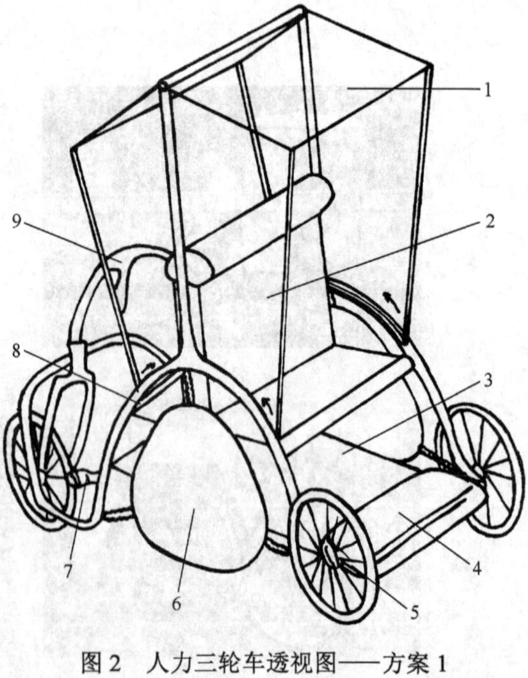

图2 人力三轮车透视图——方案1

1—车篷 2—乘客车座（后座） 3—货舱 4—脚踏板 5—车轮 6—货舱护片（广告板） 7—脚蹬 8—驾驶员车座（前座） 9—车把

- 驾驶与乘坐姿势

车座：驾驶员与乘客车座采

用座椅形式。座椅靠背在人颈部设置柔软突起，符合人体坐姿习惯。将过去的驾驶员与乘客座椅相隔较远的形式改为驾驶员与乘客背靠背的形式（图 5），这样不但节省了空间，使车体显得紧凑、小巧，也使驾驶员与乘客上下车互不干扰，更加方便（图 6）。

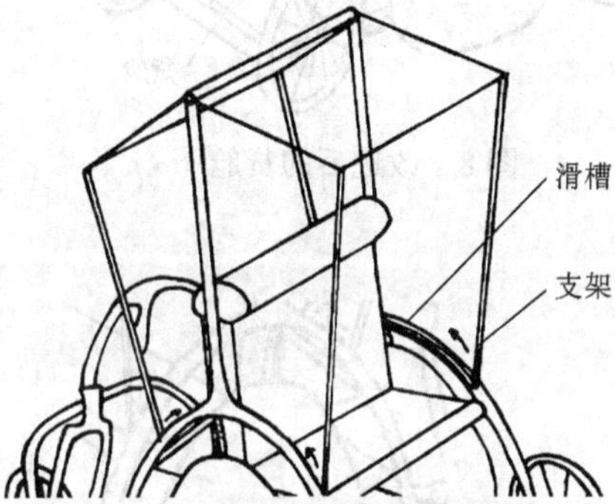

图 3　车篷的收缩示意

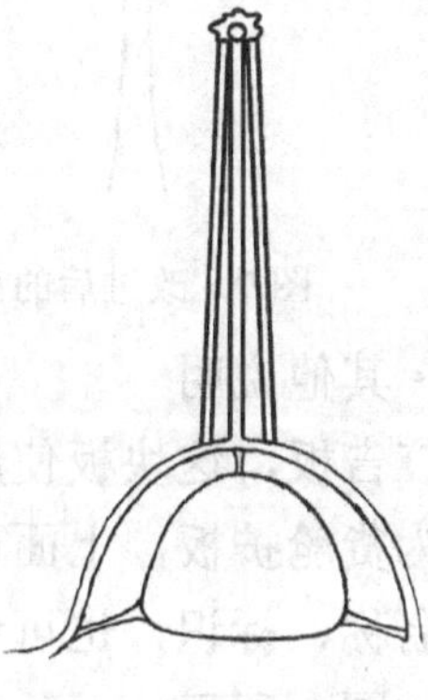

图 4　收缩后的形式

图 5　座椅为背靠背的形式

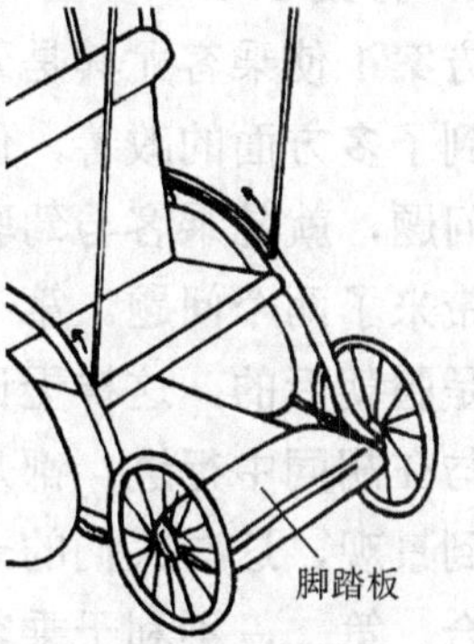

图 6　改进后的乘客车座

· 车把　车把采用图 7 的式样，使驾驶员的双臂负担得到缓解，可以很轻松地端坐驾驶，驾驶员驾车姿势如图 5 所示。

通过车座与车把的革新，人力三轮车驾驶姿势更加舒适合理。

· 货舱

如图 8 所示，车座下的空间设为货舱，可存放如旅行包等游客携带的轻便货物。

· 安全性

改进了三轮车座椅的形式，降低了车身的高度，设置了上下车脚踏板，这些改进设计将使驾驶和乘坐三轮车更加安全、便捷。

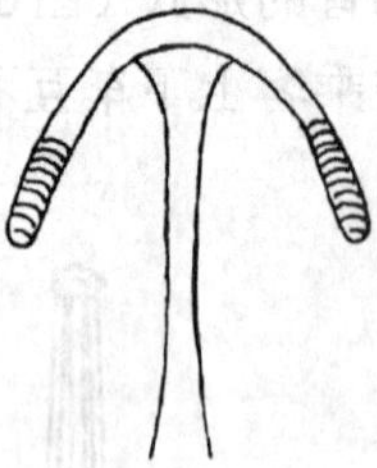

图 7　改进后的车把

图 8　改进后的货舱

· 其他说明

广告板，这块板使用非常灵活，可以作为货舱护板，上面可以印制旅游公司的名称、标识，也可粘贴广告、标语等，如图 9 所示。

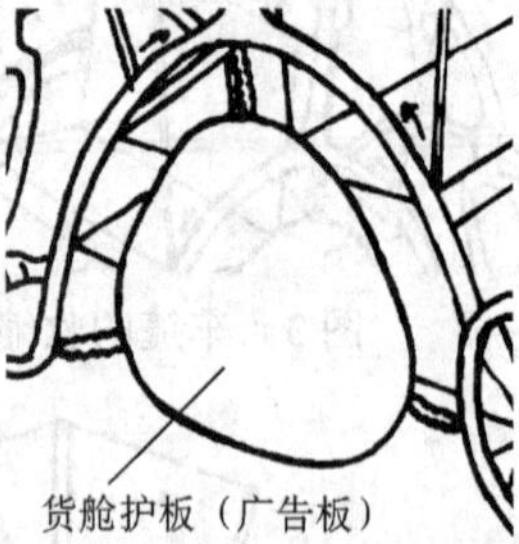

图 9　使用灵活的货舱护板

2. 方案 2

方案 1 使乘客尤其是驾驶员的宜人性得到了多方面的改善，但仍有一个突出的问题，就是乘客与驾驶员背靠背的设计带来了两个问题。第一，乘客在游览时是脸朝后的，这样无论在进入胡同之初与在胡同中行进，都是经过以后才能看到景观，这与人们的一般心理要求不符合。第二，不利于乘客与驾驶员进行交流，而在游览中发现感兴趣或要购买东西的时候，这种交流常常是需要的，更不要说驾驶员想兼“导游”就更困难了。为了克服这个缺点，提出了方案 2 的设计，如图 10 所示。该设计除改使乘客面朝前进的方向以后，其他多数设计要素仍沿用了方案 1 中的要素，因此不再一一解释。

图 10　人力三轮车透视图——方案 2

三、设计小结

通过调研及分析，针对北京现有的旅游用人力三轮车所存在的人机学问题进行了革新设计，在很大程度上使驾驶员与乘客在使用三轮车时变得更加方便、安全、宜人。

在构思设计过程中，也体会到：如何使产品整体造型更加简练、合理、美观，产品设计中的种种细节问题，都还有待于进一步思考。通过此设计，使我对人机工程学有了更深刻的了解，在今后的工业设计中，应该更多地从人机学的角度认真考虑，真正做到以人为本。

指导教师点评

在课题背景、现有胡同游三轮车存在的问题、宜人性设计的改进方向等几个方面，设计者都做了基本合适的分析，提出了几个可取的设计点，透视插图绘制也比较清楚。但在设计方案中，至少可以指出以下两点明显的考虑不足：

1）“方案 2”改变了“方案 1”乘客背朝前进方向的缺点，这是正确的。但从方案 2 的设计图（图 10）来看：第一，乘客的坐位比驾驶员的坐位还低，这对乘客的观光视野影响很大，应该提高乘客坐位的相对高度，或者让驾驶员坐在乘客的后面去。为此，链轮传动机构要做相应改变，这在技术上无原则困难。我国东北辽宁等地的人力三轮车，驾驶者均位于“货舱”的后方，可为参照。第二，图 10 上省略掉的部分太多，例如连乘客乘坐时的脚踏板都没有画出来，难道能让乘客一直小腿悬空地坐在车上吗？

2）本作业题的重点首先是“宜人性”，其次就是“北京胡同游”了。但本作业的两个设计方案中没有任何反映北京文化、民俗、民风的设计元素，也是明显的欠缺。

（阮宝湘）

8 北京市公交车站站牌及其位置的改进设计

北京邮电大学 工业设计专业 00504班 姜旭博

一、序

北京作为一个正在高速发展的国际性城市，正吸引着世界越来越多的关注。随着城市规模的不断扩大和人口的不断增加，这个拥有一千多万人口城市的交通拥挤问题已经成为影响北京进一步发展的重要因素。借鉴其他国际性城市的经验和教训，大力发展城市公共交通（urban public transport）是这一问题的最佳解决方案。目前，北京的公共交通方式（public transport mode）主要由地下铁路（简称地铁），城市轻型铁路（简称城铁）和公交电、汽车组成。作为公交电、汽车系统中的一个重要组成部分，公共交通车站（public transport station）是乘客与公交工具接触的第一界面。北京市公交车站的人机工程学设计主要着眼于提高效率，现以公交车站中的两个重要部分——站牌的视觉设计和位置的设计点进行分析与设计。设计对象为中等规模的公交车站；大型公交枢纽和小型车站不在此列。

二、分析及设计

1. 站牌的视觉设计

作为城市公共交通标志（urban public transport sign）的重要组成部分，车站站牌应该具有鲜明、简洁的特点。这些都是通过视觉设计来表现的。优秀的视觉设计应便利乘客乘换车并符合他们的心理需求，包括色彩、字体等元素（图1）。

便利乘换车包括为乘客提供报站服务、明确的乘车指示和公交车运行时间。

乘客对视觉设计的心理需求，在这里主要考虑环境、色彩、认知、识别特点对设计的影响。

这两个方面的任何一个方面的失败，都会增加乘客错误判断的几率，降低公交车站的工作效率，造成巨大的社会资源浪费。

图 1　车站站牌

公交车站站牌的作用，应该有四个：

1）公交车站的一个重要标志。

2）标识本地的站名。

3）为乘客提供行车路线和方向。

4）提供公交车运行时间。

参照我国成人立姿的平均眼高（取 90 百分位数）（男：1643mm；女：1522mm；穿鞋修正量：36mm），立姿下人的正常视觉范围（上限：视平线上 25°；下限：视平线下 25°），人与站牌的平均距离（1000～1500mm），以及车上乘客的平均视平线高度（1750mm），站牌上沿的高度应为 2300mm。其中，站名的高度应该是 2105mm（图 2）。根据人眼对深色背景下的浅色符号文字获取能力较强这一特点，采用深色背景，浅色字体和图标，并且用黄绿色荧光涂料喷涂，以利于夜间等微光情况下站牌能发挥作用。站名字体应为粗黑体，大小为 120mm；行车线路站名的字体为普通黑体，大小 80mm（图 3）。另外，在公交车的行车路线列表上用大号字体和特殊颜色突出本站及下一站的站名。

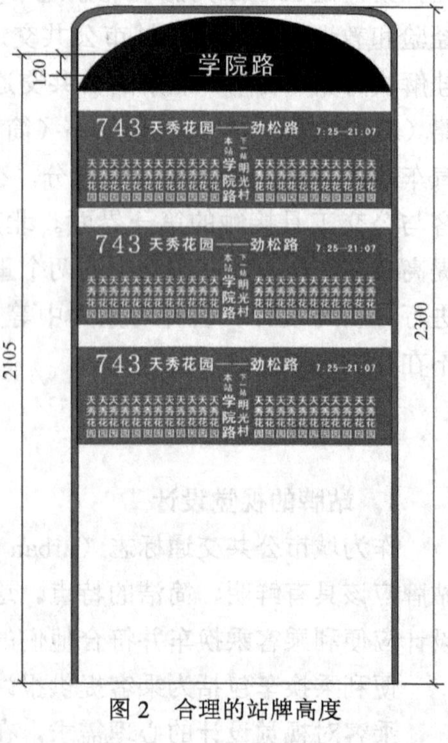

图 2　合理的站牌高度

现有的北京公交车站站牌上，一个较明显的问题是没有向乘客提供行车方向，这难免造成乘客乘错车。这一问题有三种解决方案：

1）在车站站名列表旁边以箭头或其他方向指示性符号的形式进行标示，这种方法简洁、明确，但是对于行车方向还是不能准确标示，主要原因是车辆行驶的双向性，而方向性指示符号只能单向标示。

2）用两种颜色分别表明前方车站和驶过车站。这种方法对于本市市民比较合适，但是外来人员理解有困难。

3）在站牌上方，本地站名的下方，用稍小的字标出下一站的站名，以表示公交车的行车方向。

今采用以下方法解决：本站及下一站的站名各用稍大一些的字体和不同的颜色，并在这两个站名上方分别注示“本站”、“下一站”的字样，如图 3 所示。

目前，站牌上标明的首、末车发车时间一般是指该路车在始发站的首、末发车时间，乘客对所在车站的首、末车时间仍然心中无底。建议将前者改为后者。由于首、末车一般不在交通繁忙、道路拥堵时段，这种改动可以做到。

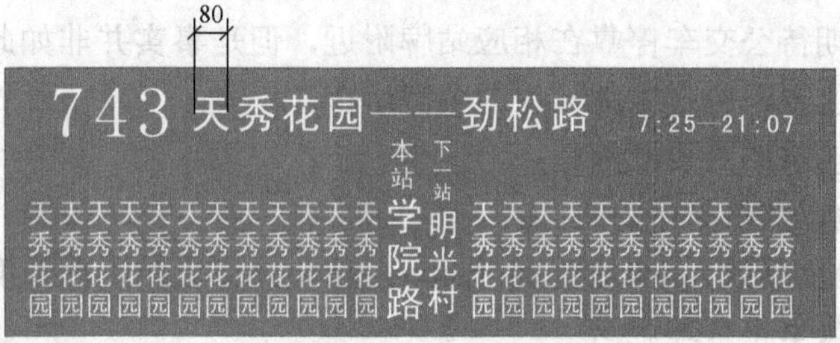

图 3　站名的设计

2．站牌位置设计

公交车晚点目前还是世界各国城市都存在的问题。根据中华人民共和国国家标准中的《城市道路交通规划设计规范》，像北京这样 200 万人口以上的大城市，在客运高峰时段，应使 95%的居民乘公共交通时，单程最大出行时耗应不超过 60min。

但北京目前远未达到这一要求。究其原因，根据观察和分析，公交车辆有较大比例的运行时间被消耗在了车站上，特别是非必要停车时间占了可观的运行时间。公交车辆的非必要停车一方面由公交车站的拥挤造成，另一方面又加剧了车站的拥挤。因此，减少公交车在公交车站的非必要停车时间，是站牌位置设计的主要目的。

根据观察和分析，影响公交车辆在车站停车时间的主要因素及相互关系，可以用以下的关系来表示。

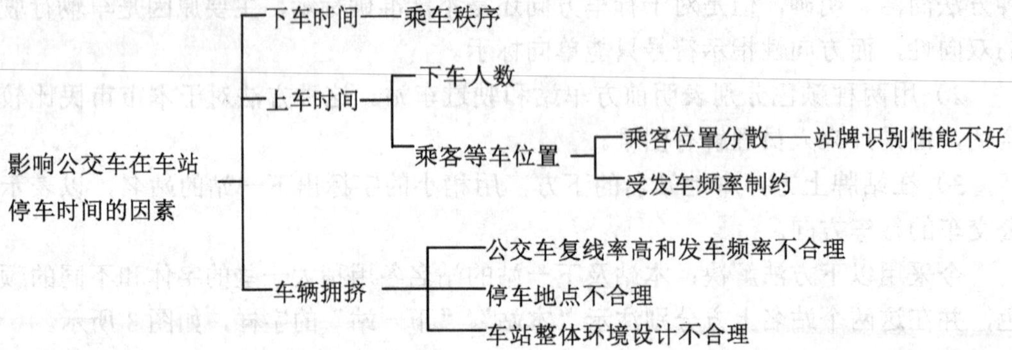

上述关系表明，影响乘客及时上下车的原因除了乘客的个体差异（主要是体力原因）以外，更主要的是由于站牌的识别与车辆的停靠位置之间不一致这两方面。人们自然期待公交车停靠在相应站牌附近，但是事实并非如此。如何使公交车停靠在站牌位置，应是站牌设计的关键所在。

形成车辆拥挤的主要原因是：

1）停车地点拥挤无序。

2）线路重复系数（line overlap factor，指公共交通线路总长度与线路网长度之比）和发车频率不合理。

3）特殊情况。

与本次设计有关的是其中第一项原因，而其根本的症结在于站牌位置设计和车站整体设计的不合理。综上所述，减少公交车辆非必要停车时间的关键在于改善站牌的位置、环境与车辆停靠位置之间的关系。

中华人民共和国国家标准《城市道路交通规划设计规范》规定：

3.3.4.1　在路段上，同向换乘距离不应大于 50m，异向换乘距离不应大于 100m；对置设站，应在车辆前进方向迎面错开 30m；

3.3.4.2　在道路平面交叉口和立体交叉口上设置的车站，换乘距离不宜大于 150m，不得大于 200m；

3.3.6　快速路和主干路及郊区的双车道公路，公共交通停靠站不应占用车行道。停靠站应采用港湾式布置，市区的港湾式停靠站长度，应至少有两个停车位。

按照上述规定并结合实际情况，新的站牌位置设计依旧采用港湾式布置，所有公交车必须在相应站牌旁边停靠。站牌在空间上与车站遮雨棚对齐，依次沿人行道每隔一个车位（精确到米，需要考虑车的间距以利于车辆进出）设四个站牌（图 4）。沿行车方向由前向后按不同的发车密度分别设为：

1）指示性/备用站牌。

2）低发车密度车辆站牌。

3）中等发车密度车辆站牌。

4）高发车密度车辆站牌。

考虑到北京公交车辆发车密度不统一，所以低发车密度车辆站牌可以设置多条线路车，中等发车密度车辆站牌设置的线路数稍微少一些，高发车密度车辆站牌一般只为 1～2 个线路的公交车设置。

另外，与北京公交车辆在运输高峰期提高发车密度的举措相适应，可设置指示性/备用站牌。按照车辆次序，前面的车辆进入高发车密度车辆站牌，后面车辆进入指示性/备用站牌。由此车辆顺序改变，使车辆的载客率得以平衡。对于车站环境的设计，可在车站范围内空出四个车位的双车道，供给公交车辆的进出（图 4）。

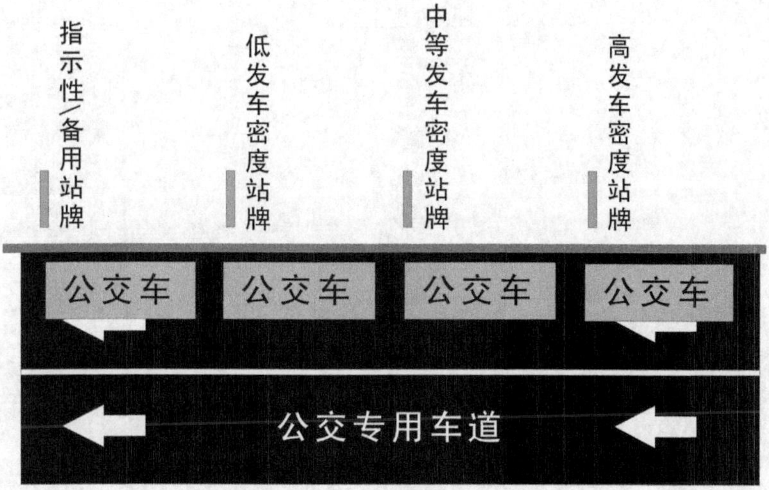

图 4　车站环境的设计

通过公交车站站牌和站牌位置的改进设计，相信会在一定程度上缓解北京公交系统的拥挤程度。进一步的改进还有很大的发展余地，比如对弱势群体的关怀等。希望随着社会的进步、科技的发展，北京城市公交系统能够成为真正的“大众”交通系统。

指导教师点评

爱因斯坦说过大意如下的话：发现问题有时比解决问题更有意义。学了人机学，能在现实中发现别人未曾注意到的人机学问题，就可喜可嘉。这份作业提出：北京公交车的行车不畅与延误，与车站上各路公交车的站牌位置设置不合理有关，并就此作了针对性的改进设计，即按车路的发车密度不同分区设置站牌。这一结论虽然还有待更严谨的观察分析来支持，设计方案的有效性更需要经历实践的验证，但本文作者这种观察思索、勇于提出新见解的精神是值得鼓励、称赞的。

“公交车畅行——站牌设置”问题涉及的因素甚多，对这样一类问题，现象观测、数据采集、统计分析、得出结论和解决方案等一系列工作，一般难以在课程设计的有限时间内圆满完成。其要求的知识，也需在工业设计专业本科课程外做一定延伸。但一个高素质的设计师应该有解决这类问题的能力，这是部分工业设计本科毕业生发展提高的一个方向。

（阮宝湘　侯文君）

9　盲道的人机学评析与设计创意

北京邮电大学　工业设计专业　00505 班　唐易　贺昀

一、课题综述

1. 必要性

目前全世界的残疾人总数已超过 5 亿，约占世界总人口的 10%。目前我国有残疾人 6 千万，他们的生存状况影响到近 3 亿的亲属和各方有关人士。其中我国盲人人口总数达到 900 万人，为数众多，受生理残疾的影响和外界环境的障碍，盲人在社会生活中处于种种不利地位，连户外出行都受到许多限制，成为了人类社会中一个特殊困难的群体。因此，让盲人能安全出行，踏入社会，就成了让他们融入社会、实现自我的第一步。在此方面，盲道的应运而生是解决这一问题令人瞩目的一步！

2. 优越性

盲道（sidewalk for the blind）—— 在人行道上铺设一种固定形态的地面砖，使视残者产生不同的脚感，诱导视残者向前行走和辨别方向以到达目的地的通道。现有的盲道是由一块块的导向砖组成（视不同的场合规格有所不同，如有 145mm×145mm×10/12mm、250mm×250mm×40mm）等尺寸规格。导向砖的表面凸台提供了触觉信息，起到指示盲人前行、停止的作用。颜色多为黄色，既是对正常人的一种提示，也能对弱视力群体提供方便。盲道（导向砖）在人行道、购物中心、机场、火车站、地下通道等公众场所发挥其优势，给盲人带来方便。盲道砖系列及铺设成的盲道如图 1 所示。

3. 局限性及改进

现有盲道虽然在一定程度上解决了盲人出行难的问题，但是据一些热心朋友和相关人士的反应，砖体上导向条的凸起部分，使得盲人朋友在盲道上久走后脚底很难受，甚至一些盲人朋友放弃了走盲道的念头。（由于完成作业期间不幸适逢 SARS 流行的特殊原因，我们没能出外采访，这些反馈信息来自于我们在网站——中国特殊在线上发帖得到的回复信息）我们自己也亲身体验过走盲道的感觉，走多了确实感到难受，因此我们考虑设计一种更加人性化的盲道，来满足盲人群体的需要。这就是我们提出的“盲道平路化设计”！

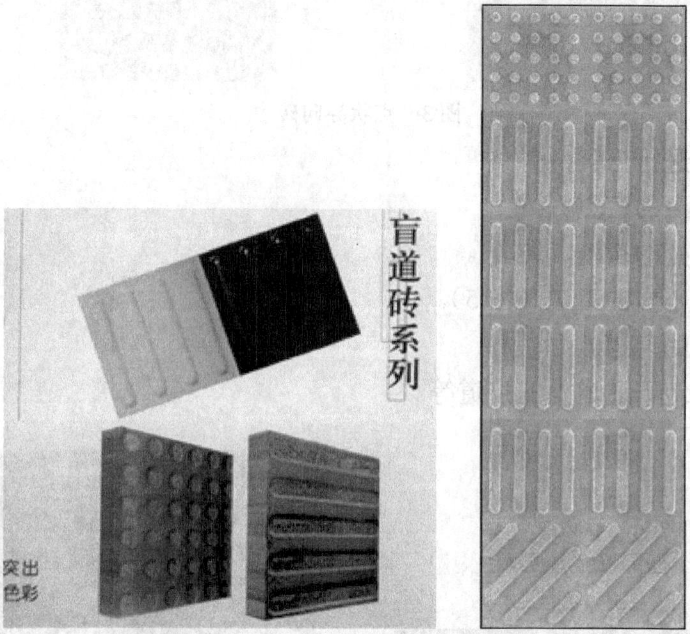

图 1　盲道砖及盲道

二、现有盲道的分类

1. 按形式功能分类

1）条状导向砖，如图 2 所示。这种导向砖组成的盲道称为行进盲道（go-ahead blind sidewalk），表面上呈条状形，使视残者通过脚感和盲杖的触感，被引导直接向正前方继续行走。

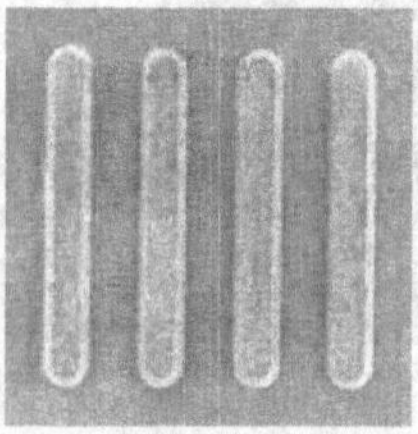

图 2　条状导向砖

2）点状导向砖，如图 3 所示。这种导向砖组成的盲道称为提示盲道（warning blind sidewalk），表面呈圆点形状，用在盲道的拐弯处、终点处和表示服务设施的设置等，具有提醒注意作用。有大圆点的砖体表示到达某具体位置，有小圆点的表示止步。

图 3　点状导向砖

2．按用途进行分类

1）人行道上的盲道。

2）地铁口处的盲道（图 4）。

3）购物中心内的盲道（图 5）。

4）机场中的盲道。

5）火车站地下通道处的盲道等。

图 4　地铁口盲道

图 5　购物中心盲道

在这些人口密度比较大的公共场合，设置醒目、宜人的无障碍设施对残障人士是非常必要的，特别是像盲道这样的设施，可以非常方便地帮助盲人找到他们所想到达的目的地。

三、盲道人机学分析

盲道与人体接触的部分是脚底。人在正常站立的状态下，脚底与地平面之间的压力分布状况如图 6 所示。

从图 6 可以看出脚底的受力主要集中在脚趾、脚掌和脚后跟，其中的深色区域是受力最大的，呈现出“]”形状。这种受力状态使足弓更好地发挥缓冲作用，从而保护大脑和脊柱不受伤害，是人类在进化中形成的。脚底长时间受力处于不规则状态，容易使人疲劳。长期处于这种行走状态，对脚体的发育及内分泌系统都不利。因此可以看出，现有的盲道虽然在功能上满足了盲人的需要，但是导向砖的凸起部分使盲人脚底受力没有规律，是否宜人行走的问题还有深入研究探讨的必要。因此我们提出了盲道平路化的概念，希望盲人群体也能走在安全、平坦、舒适的道路上。

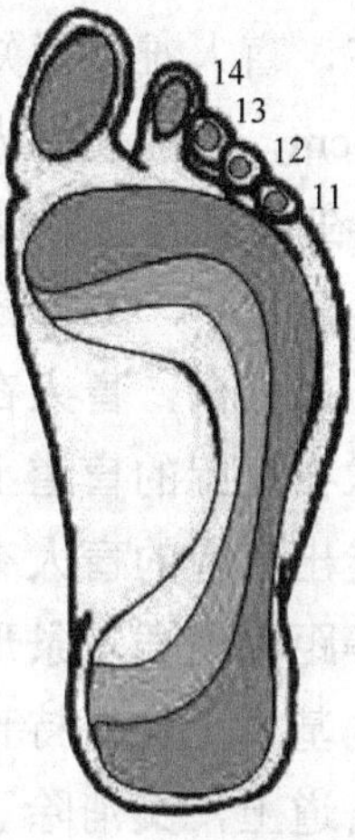

图 6　正常站立下人脚底的压力分布图

图 7　人行道上的盲道

盲道的改进设计还涉及到盲人在行走时的姿态和心态。比如说，人在行走时的步长，行走多久后会偏离直线方向；盲人自己在平路上行走多久会产生不安情绪，等等。对此我们进行了相关的调查，以人行道为例，盲道的基体是与人行道齐平等高的，只是导向砖上的凸条略高于地平面，以便指引盲人前行，如图 7 所示。

四、盲道改进设计方案

1．平盲道与提示砖

我们设计的盲道是以平路为主，若盲道基体与周围环境（如人行道、地铁口等）等高平齐，盲人难以感知盲道和周围的环境的界限。我们设计的盲道基体高于周围环境 1cm，既能使盲人在行走出盲道时能有所察觉（走在盲道边缘能感觉出来，一只脚在盲道内一只脚在外面也能感觉到高低的差别），提示盲人重新走回盲道；同时其高度低、坡度小，当盲人从侧方走出盲道时也不会发生扭脚的情况。

从心理学来分析，盲人在无指引的情况下行走由不安转为害怕，最后变成恐惧，这就要求在直行的盲道上设置必要的提示砖。虽然因盲道的两缘会略高于周围环境，对走出盲道的盲人有了提示，但是在直行道上也必须设置提示物，即在平直盲道上等距离地插入条形导向砖，条形导向砖的间距为 8m。研究表明在 8～12m 的范围内基本上能保持直线行走，有偏差也不大。这样既使盲人能最大限度地走在平直盲道上，又消除了盲人在平直盲道上行走时的不安心理因素。中国人的步长范围是在 50～75cm，提示砖的长度为 1.5m，这样盲人两只脚都至少各有一次（其中一只脚一般会有两次感觉的机会）能踩在上面，这样人们的心理会更踏实。能够使盲人在盲道上行走一段平路后必能踩到提示砖，避免走偏或产生不安情绪。

原有条形导向砖的指示条是上凸的，我们设计的提示砖的指示条是下凹的，外形与平直导向砖相似，其水平最高面与平直导向砖齐平。增大脚底与盲道的接触面积，使盲人走到提示砖时有所感觉，而不会造成太大的起伏以至久走后感到疲劳。在盲道的功能得到实现的基础上整体的设计风格与美感也得到统一与诠释。

盲道功能的分配上仍然沿用以前的形式，即：条状导向砖的作用指引视残者可直接向正前方继续行走。点状导向砖用在盲道的拐弯处、终点处和表示服务设施的设置等，具有提醒注意的作用。有大圆点的砖体表示到达某具体位置，有小圆点的表示止步。这些所有的具有特定作用的导向砖设计上都采用统一原则，即都是下凹式。颜色上仍然采用黄色，以便为弱视力人群提供方便。

2．设计图

图 8 是我们设计的最终三维效果图；图 9 是单个直行导向砖的形状；图 10 是盲道的截面图；图 11 是盲道砖的三视图。

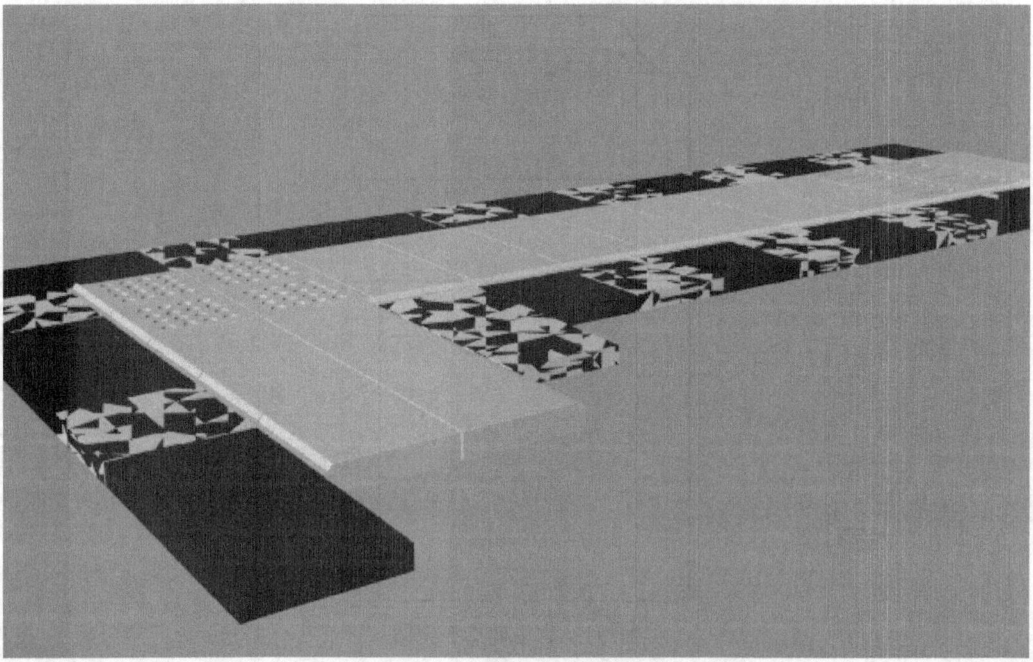

图 8　盲道的三维效果图

图 9　单个直行导向砖

图 10　盲道的截面图

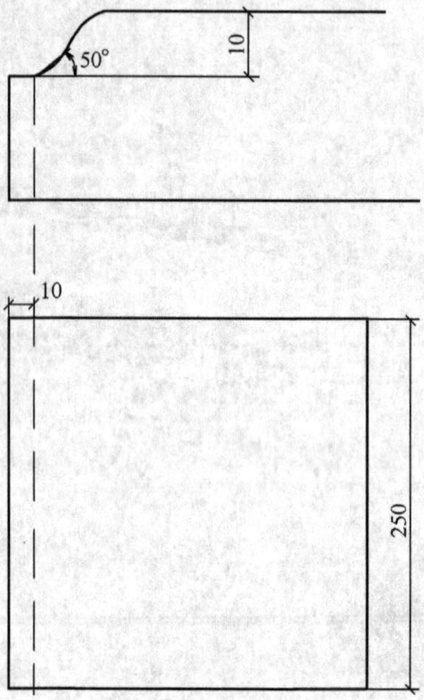

图 11　盲道砖的三视图

指导教师点评

这是一个有实践意义也值得研究探索的课题。编者在任教中注意到，同学们作设计大多数青睐于时尚和新潮，这自然无可厚非，因为时尚新潮本是设计多元化时代的亮点之一，更容易吸引憧憬着未来的年轻人目光。但多元化的其他方面也需要有年轻人来关注，唐易和贺昀在学习了人机学课程以后，能自拟出这样的作业题目，体现出年轻人对社会弱势群体的人文关怀，确实令任课教师倍感欣慰！

这是一个有深度的课题，若要较为完善地展开和解决，除了更广泛全面地把握现有相关文献资料以外，还必须进行足够充分的生理、心理实测和实验研究。这些超出了对大三学生课程设计的正常要求。本作业对课题所做的调研分析和设计创意，还只能是有限和初步的。

（阮宝湘　侯文君）

10 多功能教室讲台控制系统的人机学研究

北京邮电大学 工业设计专业 00504班 冯景 曹铮 刘玲娟

引言

多功能教室中的多媒体设备设计是否合理、是否符合人机学原则是决定师生能否顺利交流、教学质量高低的重要因素。我小组决定把多功能教室的多媒体设备作为人机学的研究课题。

在研究中我们充分调查了校内现有各种多媒体设备的现状，从人机学的角度分析了它们的优缺点，得出了关于多媒体教学方式的改进结论。

工作计划

我们首先制定了此项课题的工作流程。

（一）多媒体设备及其实用情况的调研

为了解校内现有多媒体设备的现状，我们到校内的各多功能教室去调研，主要用拍照和量尺寸的方式了解现有设备，使我们对研究对象有了一个初步感性的认识。

（二）设备尺寸及其分析

根据第一步的调研成果，进行量化分析，对调查对象的数量及外观进行细致的比较，列表分析所得的数据，从而对现状有了较深入和理性的了解。然后用人机学的原理对研究对象进行人机学优缺点的剖析，得出相应结论，并提出了改进意见。

一、多媒体设备及其使用情况的调研

1. 实物调研

主要到教一和教四楼的多功能教室进行调查，调查了三类不同的多媒体设备，它们的外观如图1、图2、图3所示。

通过调研，我们对多媒体设备有了初步感性的认识，三类不同设备的异同点如下。

a）

b）

c）

d）

e）

图 1　第一类——教一楼的多媒体教学设备

a）设备全貌　b）多媒体设备　c）内部结构　d）投影装置　e）显示部分

a）

b）

c）

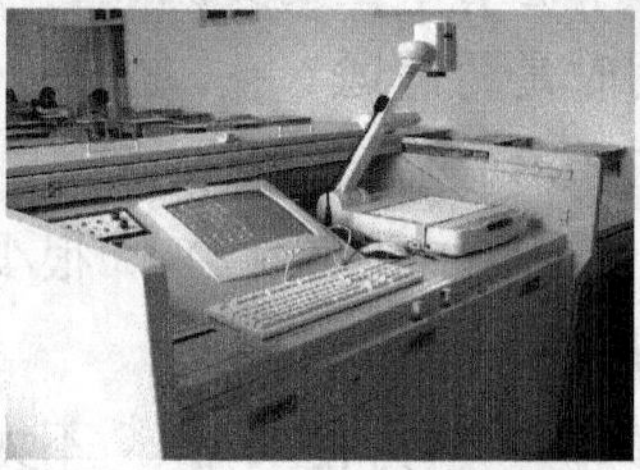

d）

e）

图 2　第二类——教四楼的多媒体教学设备

a）设备全貌　b）显示仪　c）设备后部　d）投影装置　e）显示与控制部分

1）三类设备都可分为四部分：显示设备（一般为电脑显示器）、投影设备、键盘和控制设备以及放置各种内部硬件设备的部分。其中第三类设备的控制部分单独设置了一个控制面板，可以进行插放各种即插即用设备的操作。

图 3 第三类——教四楼第二类设备的投影装置

2）从结构和设备摆放来说，三类设备都是以一个分层柜子为载体，各部件分别放置在柜子中的不同部分。上部是显示器和投影装置，键盘放在抽屉中，内部装备都放在柜子的下部各格子中，此部分可用柜门封闭。所不同的是：一、三两类放置在铁制柜中，缺点是笨重，且铁制棱角容易使人碰伤或擦伤。第二类放置在木质柜中，比另外两种要好一些，其外观也更适合在教室中使用。

2．多功能教学仪使用调查表

为了从多角度了解调研对象的情况和它给人的感受，我们制作了调查问卷让任课老师和部分同学填写，以下是调查问卷。

对于老师的调查表

（一）电脑

您是否能够看清显示器屏幕？ 是（ ） 否（ ）

您看显示器时是否觉得劳累？ 累（ ） 不累（ ） 很累（ ）

您觉得显示器的摆放位置是否合理？ 合理（ ） 不合理（ ）

显示器的摆放位置是否影响您与学生的交流？ 是（ ） 否（ ）

您觉得鼠标和键盘在使用时是否舒适？ 是（ ） 否（ ）

您是否用到笔记本电脑、USB 硬盘？

常用（ ） 很少用（ ） 根本不用（ ）

您觉得使用 USB 接口时是否方便？

方便（ ） 不太方便（ ） 很麻烦（ ）

您使用机箱上的光驱、软驱是否方便？

方便（ ） 不太方便（ ） 很麻烦（ ）

（二）DVD

您是否使用 DVD 进行教学？　　常用（ ）　很少用（ ）　根本不用（ ）

（三）功放机

您是否能方便找到麦克风音量调节的开关？

方便（ ）　不方便（ ）　根本找不到（ ）

您是否想走下讲台到学生中间讲课？　想（ ）　不习惯（ ）

（四）投影仪

投影仪打到屏幕上的影像是否受到外界灯光的干扰，使学生看不清屏幕？

是（ ）　否（ ）

您是否希望也能看清大屏幕？　希望（ ）　用不着（ ）

（五）可视化仪

您遇到过下述情况吗？您在可视化仪上写字而一部分字学生已经看不到了？　是( )　否( )

您在可视化仪上写字觉得舒服吗？　舒服（ ）　胳膊很累（ ）

（六）周边设备

您坐在讲台上腿是否舒服？　舒服（ ）　不太舒服（ ）　很不舒服（ ）

您觉得椅子舒服吗？

舒服（ ）　不太舒服（ ）　很不舒服（ ）　希望能移动（ ）

您用黑板吗？　用（ ）　不常用（ ）　不用（ ）

您找笔方便吗？　方便（ ）　不方便（ ）　有个笔筒就好了（ ）

您能第一时间找到各个部件的控制开关吗？

能（ ）　不能（ ）　要一段时间（ ）

（七）整体设备

第一印象　　好（ ）　一般（ ）　不好（ ）　很不好（ ）

照明水平

满意（ ）　尚可（ ）　不合适，令人不舒服（ ）　非常不合适，看作业有困难（ ）

亮度眩光与反射眩光

毫无感觉（ ）　稍有感觉（ ）　感觉明显，令人分心或令人不舒服（ ）感觉严重，看作业有困难（ ）

亮度分度（照明方式）

满意（ ） 尚可（ ） 不合适，令人分心或令人不舒服（ ）

非常不合适，影响正常工作（ ）

颜色显现

满意（ ） 尚可（ ） 显色不自然，令人不舒服（ ）

显色不正确，影响辨色作业（ ）

对于学生的调查表

显示器摆放的位置是否影响你与老师的交流

影响（ ） 一般（ ） 不影响（ ）

投影仪是否受外界灯光的干扰 干扰（ ） 一般（ ） 不干扰（ ）

灯光是否影响你看投影仪 影响（ ） 一般（ ） 不影响（ ）

你喜欢用黑板表述还是投影仪 黑板（ ） 投影仪（ ） 都可以（ ）

投影仪上的亮度是否合适 亮（ ） 暗（ ） 一般（ ）

设备的颜色是否合理 合理（ ） 一般（ ） 不合理（ ）

不同的地方声音是否合适 合适（ ） 一般（ ） 不合适（ ）

设备与前排桌子之间的距离是否合适 合适（ ） 一般（ ） 不合适（ ）

屏幕的尺寸是否合理 合理（ ） 一般（ ） 不合理（ ）

长时间看投影仪是否对视觉有不良影响 有（ ） 没有（ ）

整套设备的布局与外观与教室是否搭配

搭配（ ） 一般（ ） 不搭配（ ）

你还希望有哪些设备和改进的地方________________

3．通过调研得出的一些结论

（1）电脑

1）背景：演示文稿 PPT 是众多老师准备课件的理想选择，另外某些软件如编程、图像类等的利用只能依靠电脑才能实现，还有一些音频的播放也不能离开电脑。但是目前教学仪的电脑存在着很多问题需要我们去改进。

2）问题：

① 显示器摆放的角度使老师不能看清屏幕，挡住视线，看不清学生的反应。

② 鼠标和键盘的使用不方便，操作久了感觉很累。

③ 老师在短时间很难找到接口（主要是指 USB 接口）。

④ 机箱占用空间过大。

（2）DVD

1）背景：音乐课和光盘影像文件播放的需要。

2）问题：使用的频率很低，无谓地增高了设备成本。

（3）投影机

1）背景：配合可视化仪器的使用。

2）问题：使用时易受外来光线（灯等）的影响。

（4）功放机

1）背景：控制麦克风、音量的调节。

2）问题：很难或者根本找不到调节音量的按钮。

综上所述，电脑方面的问题主要有：显示器的摆放位置不合理阻碍了师生间的沟通；老师们反映找不到麦克风音量调节的按钮；投影仪的显示效果不好，常受外界光线的影响产生反光，使学生们看不清屏幕。

（5）其他问题

1）讲台下部容纳腿脚的空间不够，讲课者坐在那里很不舒服。

2）座椅椅面的高低，移动的自由度不尽适宜。

3）黑板的清晰度不够，不易擦洗。没有笔筒，老师经常找不到笔。

4）控制面板按钮太多，主次不分明，操作不便。

5）老师不能根据不同的情况方便地调节照明灯光。

4．多媒体设备的结构及其简化

（1）多媒体设备的结构构成 从调研可知几种多媒体设备的结构大体相同，如图 4 所示

（2）结构简化的设想 上述的框图表明，现有的多媒体设备的结构相当复杂，提供了很多的功能，也造成了使用的不便，众多按钮和面板让使用者无所适从，有必要简化其结构。第三类设备单独设计的控制面板初步解决了一些问题，该面板可插各种即插即用设备和笔记本电脑，避免了使用者到处找插孔的不便。这种集成化的面板应该在多媒体设备的改良中占有很重要的位置。图 5 所示为第三类设备的面板。

图 4　多媒体设备的结构框图

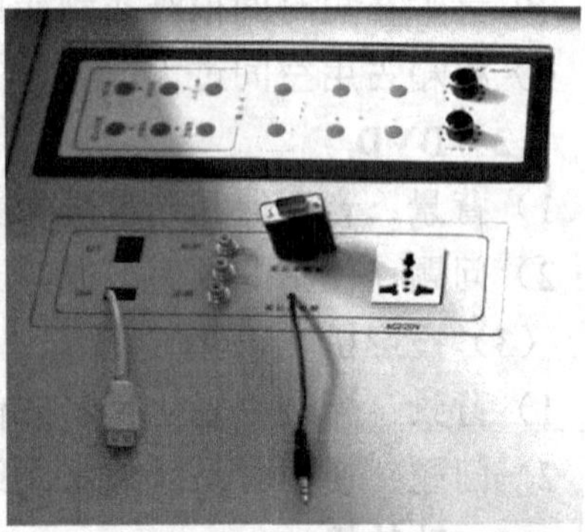

图 5　第三类设备的集成化面板

二、设备尺寸的分析对比与改进设想

1．现有多媒体设备的尺寸（单位：mm）

（1）第一类多媒体设备

柜长：775+35=805

柜宽：800

柜高：$h1$=1045；$h2$=773

放置投影仪的部分宽：532

桌面斜角：长 280；宽 145

投影仪：长 460；宽 350　（有效长 300；宽 210）

座椅：高 430；宽 350；长 350；背高 400

桌到墙距离：1065

（2）第二类多媒体设备（此类多媒体设备的柜子为木质材料）

柜长：1250

柜宽：895

柜高：$h1$=855；$h2$=1105

柜的上部宽：620

柜上斜面：长 160；宽 350

柜洞：高 635；宽 705

讲台柜到墙的距离：1100

讲台柜到第一排座位的距离：1050

（3）**第三类多媒体设备**（此类设备是较新的一种）

讲台柜长：1400

柜宽：650

柜高：*h*1=1300；*h*2=800

柜上部斜面：长 280；宽 145

放置讲台部分宽：560

操纵面板宽：270（上设各种插槽、各种即插即用设备、笔记本电脑等）

投影幕高：1020

第一排到讲台柜：530

讲台柜到墙：1090

2．关于尺寸的分析对比

根据上面的数据进行列表分析。

（1）**三种设备柜的尺寸比较**

（单位：mm）

项目 / 类别	长	宽	高	
			*h*1	*h*2
第一类	1070	800	773	1045
第二类	1250	895	855	1105
第二类	1400	700	800	1300

经比较看出：三类设备的大致尺寸相差不多，都是长方形结构，外形略显得有些笨重，但教室里的讲台应多具一些人文气息，不宜只是柜型。

（2）**三类设备的位置尺寸比较**

讲课者在讲台上应有相对充裕的空间，不应很局促，所以讲台到背后墙面应有适宜的距离，一般在 1100mm 以上比较合适。讲课者与学生之间距离不宜过近或过远，讲台到第一排的距离以 1050～1100mm 为宜。

（3）**座椅与讲台的相对高度** 三类设备中座椅都采用的是普通的教室座椅，其尺寸为座高：430mm；宽：350mm；座背高：400mm。而讲台高都为 1050～

1100mm，使讲课者坐得很不舒服。座椅的问题是三类设备中共同存在的重要问题。

（单位：mm）

项目 / 类别	讲台倒墙的距离	讲台倒第一排的距离
第一类	1045	1050
第二类	1100	1040
第三类	1090	530

3. 其他几点分析

（1）提高视觉工效 调研表明现有多媒体设备的视觉效果不好，如投影屏显示的亮度不够，同学有时看不清屏幕上的内容。老师用来写字的投影仪和投影屏也经常出错。改进的设想是在投影幕上设置单独的灯光效果，在亮度不够时可以调节亮度使学生们容易看清。对于老师可以设计一个全体监控系统，同时显示各设备的情况，使老师能一目了然。

（2）提高坐姿舒适性 现在多媒体讲台的一个突出问题是老师坐得不舒服，这主要是由椅子造成的。课桌椅过于矮小，老师得费力去进行各种操作。改进的设想是依据设备的高低尺寸来设计座椅。第一、三类讲台，没有供老师放腿脚的足够空间，使得老师只能拧身讲课，十分难受。改进设计应确保有足够的容膝空间。

（3）面板的集成 多媒体设备使用中另一个突出的问题是各种操纵器安置不集中。比如插U盘的接口在后部，而且经常被柜门挡在里面；调节音量等的各种按钮都分散在各部分中，操作非常麻烦，所以把面板集成是非常重要的。如第三类设备就设计了一个集成的面板，上面有多个插槽可插各种即插即用工具。这种设计就解决了操作分散的缺点。

（4）控制钮的颜色标识 这也是视觉工效问题的一部分，现在各种控制按钮的颜色区分不清是影响视觉工效的重要因素。在控制面板上各种功能不同、重要性也不同的按钮大都采用同种颜色，一般是黑色或灰色。这种不合理的颜色标识方法使按钮不易区分，层次不分明，易造成各种误操作。应该使各种不同功能的按钮有不同的颜色标识，以方便使用，不同色彩也会使设备整体更为美观。

4. 改进的设想

1）对现有讲台进行改进，使各部分分块更清楚。图 6 所示方案把显示屏、控制按钮、键盘以及各种插槽分别集成到各自相应的区域内，使整个系统更加合理。三视图与立体图分别如图 6a、6b 所示。

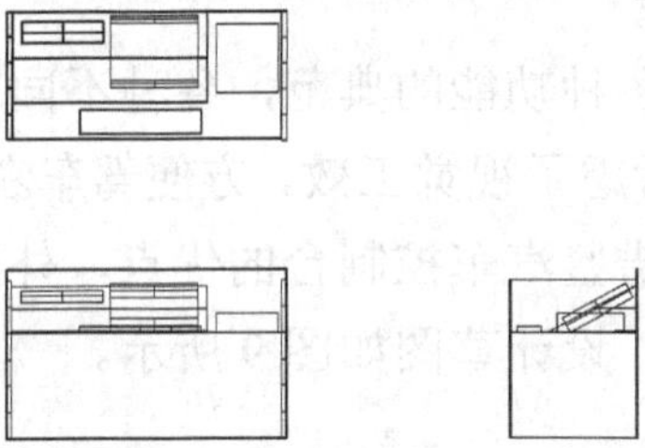

a）

b）

图 6　对讲台进行

a）三视图　b）立体图

2）分层式讲台：把讲台的内部进行分层，各层可以有条理地摆放各种设备，使系统更有条理，出现故障时也易于检查线路。台面面板设计基本同第一种方案。三视图和立体图如图 7 所示。

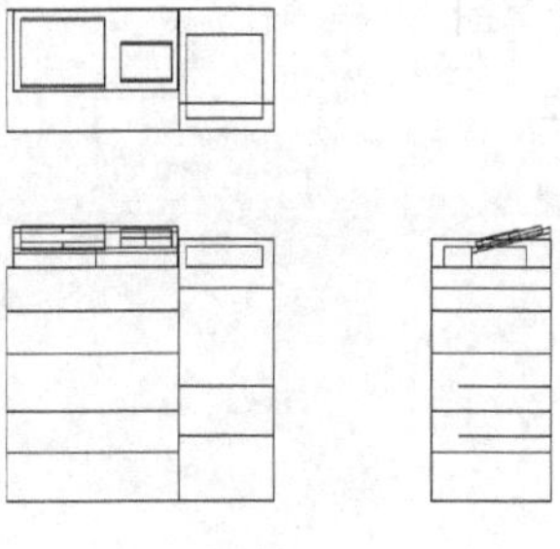

a）

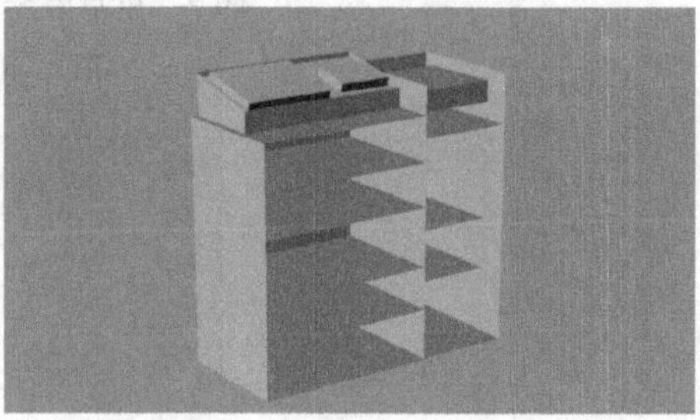

b）

图 7　分层式讲台

a）三视图　b）立体图

3）借鉴汽车控制台改进讲台控制系统的设计如图 8 所示。

a） b）

图 8　汽车控制台

图 8 所示汽车控制台是在有限空间内集成各种功能的典范，各种不同功能的仪表、控制按键都集成在相应的区域内。充分考虑了视觉工效，方便驾车者观看，提高了驾驶的安全性和舒适性。讲台设计可以借鉴汽车控制台的优点，外形可以采用一些流线型，这样，面板的集成会更合理，设计草图如图 9 所示。

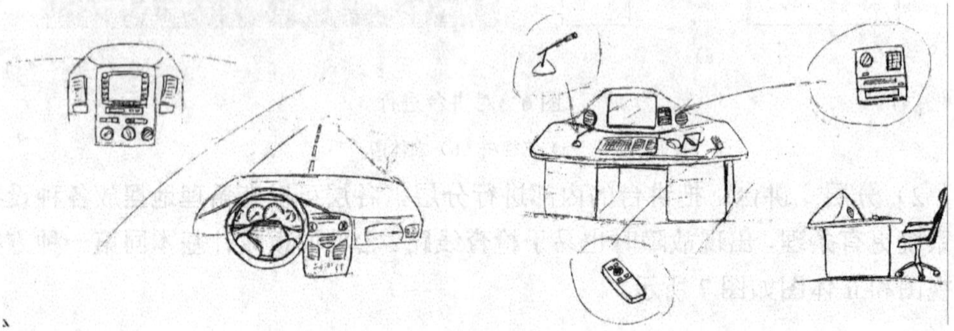

a） b）

图 9　讲台的集成设计草图

a）草图 1　b）草图 2

指导教师点评

作为人机学的分析对象，教室中的多媒体设备应属于较为复杂的机械系统。这是因为它涉及的人机学因素很多：设备与人体尺寸的适应性、视觉工效、显示装置设计与布置、操纵装置设计与布置、座椅与工作空间等等。作者们在作业中对上述因素均有所分析和论述，考虑比较全面，提出的改进设计也切合使用中反映出的部分问题，作业是认真的。

但需要指出：凡复杂的机械系统，因涉及人机学因素很多，于是，第一，这些因素互相之间会有矛盾是不可避免的；第二，各人机学因素还与其他的设计要素，例如技术、结构、工艺、造型、环境、成本等等纵横交叉在一起，必然存在互相制约的关系。因此，在设计中欲求所有人机学原则都得到充分满足，不但很难，也未必合理。在本文论述的系统中，各组成部分，如电脑组件、DVD、功放机、话筒、投影仪、座椅等均为从市场外购，而不是根据本系统的特定条件专门设计的产品，因此要达到较为圆满的人机工程要求是不现实的。凡在类似条件下进行人机工程设计，应该善于挑选出突出、关键的人机学因素，使之优先得到满足。而高一层审查设计的时候，还要与其他设计要素进行综合平衡，作出最后的取舍。

（阮宝湘　侯文君）

11　北邮学生浴室的人机学问题评述与改进设计

北京邮电大学　工业设计专业　00505班　王朴　00504班　秦子淳

一、课题调研

调研分现实情况和文献资料两方面进行。

现实情况方面：通过问卷调查了解同学们对浴室的整体感受及他们认为存在的问题。

文献资料方面：进行浴室人机分析时结合实际进行。

以下是对同学们做的调查问卷：

北邮学生调查问卷——浴室使用状况调查问卷

亲爱的同学：拟就学生浴室使用状况进行调查，感谢您能予以合作！

（下列题目请在你的选项上划勾）

1．您是否满意浴室整体环境

A）满意　B）不满意

2．如果不满意，您认为下列中哪些需要进行改进呢？

A）衣柜　B）长椅　C）放浴具玻璃台　D）灯光　E）衣柜颜色

F）插卡机　G）镜子　H）地板　I）喷头　J）进淋浴区的入口

3．您是否觉得更衣区与淋浴区温差过大易引起不适，尤其在冬天

A）很对　B）一般　C）不觉得

4．您是否觉得放浴具的载台太过窄小，浴具易滑落

A）很对　B）一般　C）不觉得

5．出于隐私的考虑，您是否同意这样的建议：在喷头之间建立起隔板，在半封闭条件下淋浴

A）希望改进　B）无所谓　C）现状就不错

6．您是否认为有必要在淋浴区墙上装面大镜子，方便自我审视呢？

A）希望有　B）无所谓　C）多此一举

7．您是否觉得淋浴的时候灯光太过阴暗尤其是在晚上的时候

A）非常对　B）没感觉　C）灯光很好

8．更衣柜现涂颜色是冷灰色，从色彩感情效果上讲，您认为下面哪种颜色会与四周白壁更协调？

A）现有颜色就很好　B）淡绿色　C）淡蓝色　D）淡黄色

9．往衣柜放衣服时是否感觉上下层设置有问题，以致下层可放东西太少，利用率不高呢？

A）是这样的　B）有一点　C）现状就不错

10．更衣区的地板是特别光滑的那种，淋浴区的地板是有轻微凹凸的地板。我们发现在更衣区更易滑倒，你认为这是地板过滑所致并有必要统一成轻微凹凸的地板吗？

A）有必要　B）无所谓　C）多此一举

11．您是否希望插洗澡卡的机子配有信号装置以提醒您拔卡呢？

A）有必要　B）无所谓　C）多此一举

12．如果喷头充足的话，您会选择在靠近入口轻易被人看见的喷头下淋浴吗？

A）无所谓　B）向里会好一点

13．您是否觉得站着穿裤子会有不便，如果椅子是干爽的话，您会坐着穿吗？

A）会　B）不会

14．关于浴室，请您写出最不满意的设施及原因：

感谢您的合作！

多份调查问卷的汇总：

人数 题号 选项	1	2	3	4	5	6	7	8	9	10	11	12	13
A	9	5	12	12	8	7	5	5	7	12	13	11	15
B	11	7	8	4	9	7	11	4	10	7	5	9	5
C		10	0	4	3	6	4	7	3	1	2		
D		5						4					
E		2											
F		5											
G		5											
H		4											
I		10											
J		4											

从调查问卷的汇总中可以看出，对于学生浴室，大家不满意的主要有：

更衣区：条椅、衣柜、地板、潮湿等问题。

淋浴区：插卡机、洗澡灯光、洗浴空间等问题。

整体环境：地面、光热环境等问题。

针对调查获得的问题，进一步与浴室管理人员进行交流，获得了更详细的资料，以更全面地进行课程人机评析与综述。鉴于条件所限，我们的调研只针对男生，提到的淋浴区仅指男生直接进入的淋浴区。

二、人机问题评析与改进方案

浴室人机问题涉及到诸多方面（图 1），下面主要从三个方面进行分析。

- 浴室人机问题
  - 更衣区
    - 衣柜
    - 长椅
  - 淋浴区
    - 喷浴空间
    - 载台
    - 入口
    - 插卡器
  - 综合环境
    - 热环境
    - 光环境
    - 色调
    - 地面

图 1　浴室所涉及的人机问题

（一）更衣区

1. 更衣区的问题

（1）更衣区的衣柜结构　衣柜的尺寸与衣柜的结构如图 2、图 3 所示，衣柜上下两部分分割不太合理，下部太窄小，可放的东西太少；上部又太高，靠顶的一部分一般使用中常空着，利用率不高，给维护也带来许多不便。

衣柜里隔板以及四周都是铁制的，锈迹斑斑（图 4），使用时把衣服放在隔板上面显得很不舒服，许多人为卫生都喜欢在隔板上垫层报纸，因此需要进行改进。若改用铝合金的隔板且用涂料喷涂，情况会有所改善。

（2）更衣区的长椅　长椅过宽，利用率不高，而且占地面积过大，造成不必要的拥挤、阻塞，更衣区内长椅的安置情况如图 5 所示。中间的长椅由六条小长椅组成；画阴影线区域内的部分几乎用不到，即中间两条利用率不高、占面积。

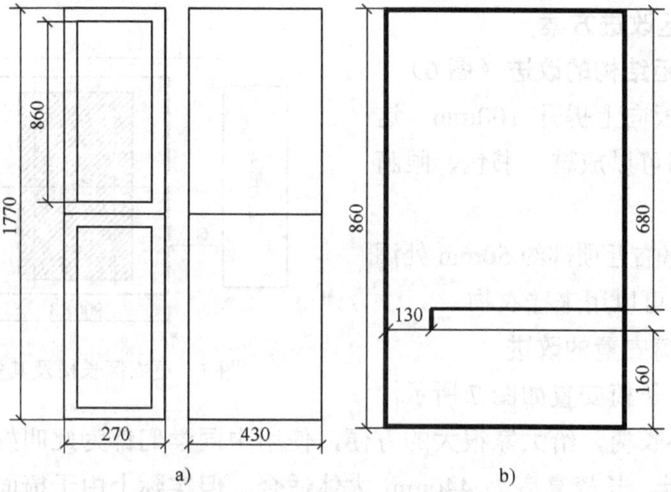

图 2　衣柜尺寸

a）衣柜轮廓尺寸　b）衣柜内部分割情况

图 3　衣柜结构

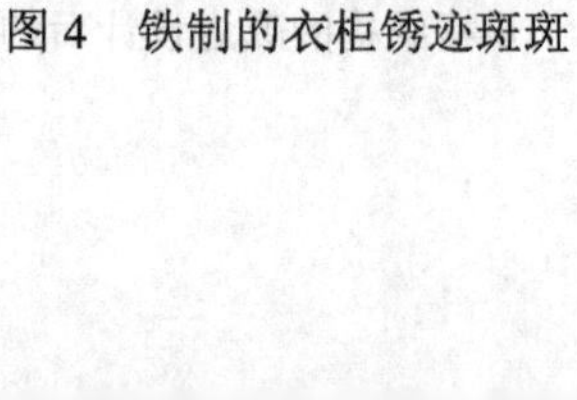

图 4　铁制的衣柜锈迹斑斑

2．更衣区改进方案

（1）衣柜结构的改进（图 6）

1）将隔板向上提升 100mm，这样在下部空间可以放鞋、书包、眼睛盒等东西。

2）在上部临近顶部约 50mm 处添加一对衣钩，可以用来挂衣物。

（2）长椅安置的改进

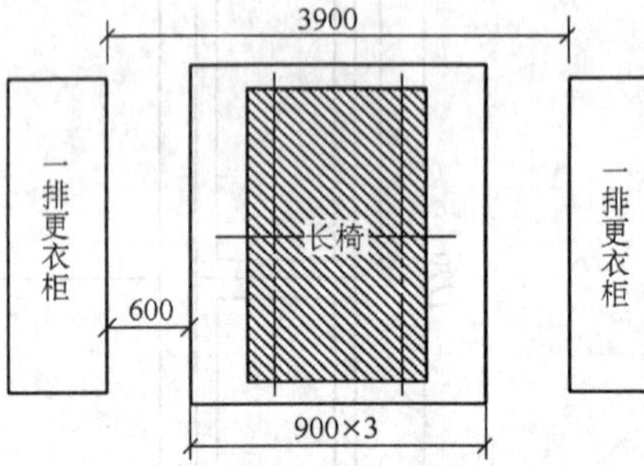

图 5　更衣区长椅及其安置情况

改进后的长椅安置如图 7 所示。撤去了两条小长椅，给大家很大的方便，使用中同学们都为此叫好！改进后的情况如图 8 所示。长椅高度为 440mm 大体适合。但实际上由于椅面潮湿，几乎没有人去坐在椅子上。

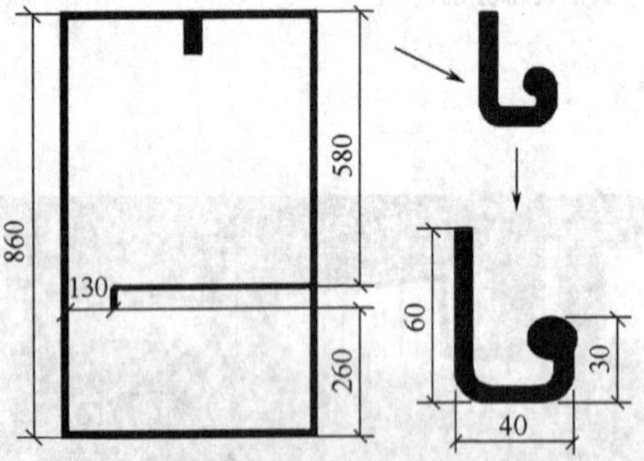

图 6　改进设计的衣柜尺寸

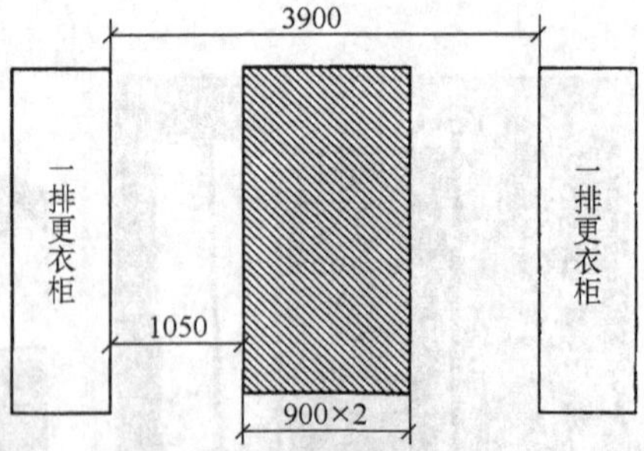

图 7　长椅结构的改进设计的安置尺寸

图 8　长椅结构的改进设计后的情况

（二）淋浴区

1. 淋浴区的问题

（1）置物台的问题 原置物台的尺寸及安置情况如图 9 所示，淋浴时我们常碰到这样的问题：刚放到置物台上的香皂由于溅满水的玻璃载台太滑，从上边掉了下来，啪的摔成了两半，无奈之极。

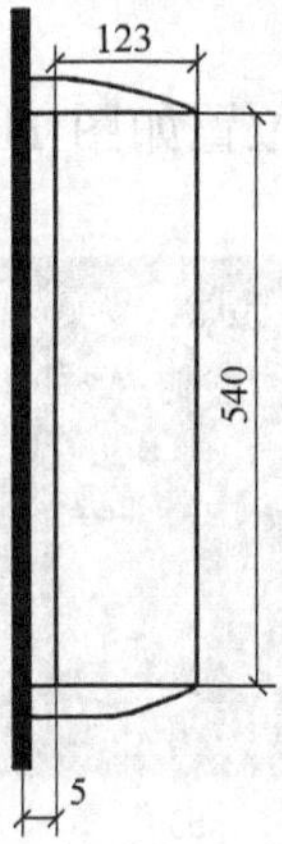

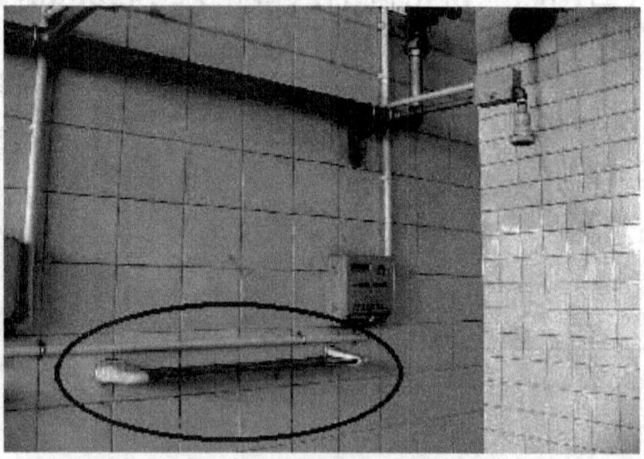

图 9 置物台的尺寸及安置情况

（2）洗浴空间的问题 现洗浴空间的尺寸及空间情况如图 10a、图 10b 所示，其中存在以下问题。

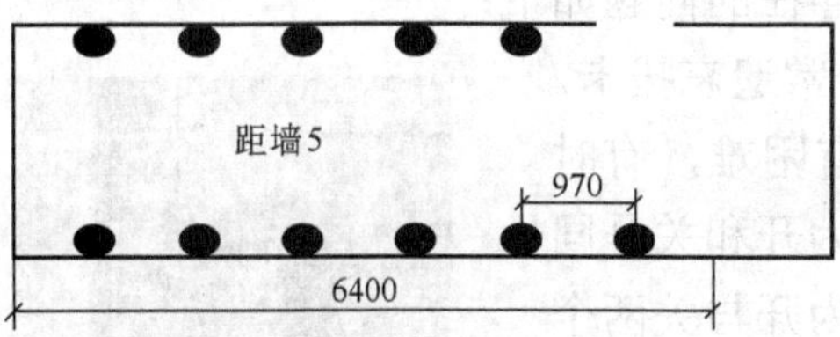

a）

b）

图 10 洗浴空间

a）空间尺寸 b）空间情况

1）淋浴区喷头排列过密：淋浴室长为 7600mm，有效洗浴长度为 6400mm，排列着 6 个喷头，人均占用距离不过 1100mm。在使用中不经意就会互相影响，比如，洗浴完后正在擦干身体，旁边人水花一大就会溅到你的身体上，在喷头之间建有隔板就会基本上解决这个问题。经过调研，许多同学表示，出于隐私及其他的考虑，在浴室喷头之间建立隔板是十分受欢迎的。

2）观察发现：浴室中大约有1/5的喷头是不能用的。设想，如果减少1/5的喷头，同时维护人员能够及时维修坏的喷头，那么既不会造成洗浴拥挤，又可以扩大个人洗浴空间。这在实际中应是可行的。

（3）入口问题 淋浴区的入口宽为1450mm，尺寸位置如图11所示，存在的问题如下：

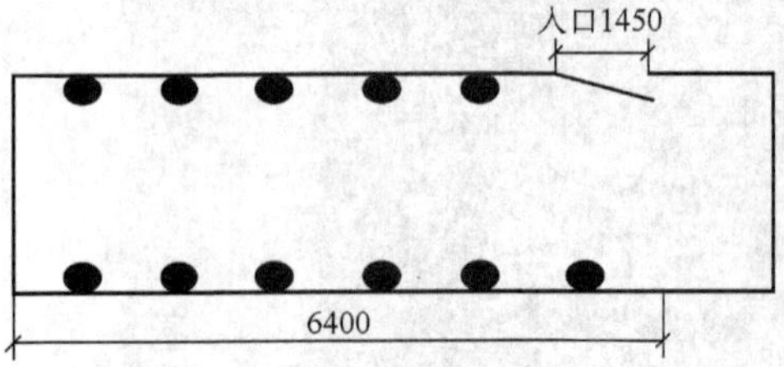

a）

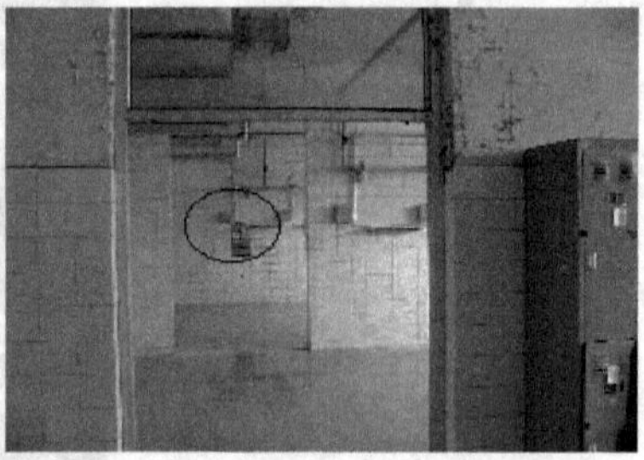

b）

图11 淋浴区的入口

a）入口的尺寸与位置 b）入口的现况

1）斜对着门的喷头利用率特别低，原因是门很宽，隐私性不好，多数人不愿意在那个地方洗。

2）入口过宽，导致更衣区的湿度特别大。

（4）插卡器 插卡器如图12所示，存在的问题如下：

1）插卡器无提醒装置，许多同学会经常遗忘拔卡。

2）插卡机故障率太高，按下按钮时有困难，有时要连按几次才能打开或关上。这或许是因为开和关是同一个按钮，使用频率过高所致。如果分解为开与关两个按钮或许会好一些。

3）洗完澡后，同学们常常忘了把卡拔出，以致造成丢卡事件。如果加装类似IC卡那样的拔卡提示信号，就可解决这个难题。

图12 插卡器情况

结合显示装置及操纵器设计的一般人机学原则可

知，用一套IC卡智能控制系统比较符合人机要求。

2．淋浴区改进方案

（1）置物台的改进设计 原安置高度基本合适，保持不变。宽度由原123mm加至150mm。另在玻璃台面的边缘加上塑料护套和小挡板，以防止香皂的滑落，如图13所示。

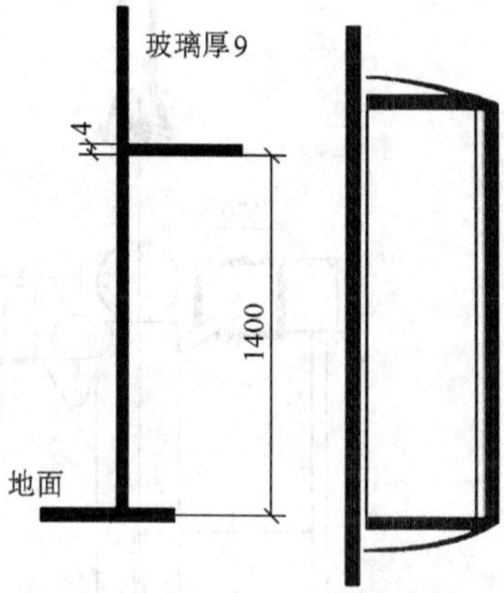

图13 置物台的改进设计

（2）洗浴空间的改进设计 加设淋浴位间的隔板，设计方案如图14所示。

1）隔板间距：隔板间距应不小于最大肩宽（490mm）、插卡器宽（170mm）、置物台的长度（540mm）之和，即不小于（490＋170＋540）mm=1200mm。把6人共用6400mm改为5人使用，个人使用长度为6400mm/5＝1280mm。

2）喷头的位置：因插卡器与置物台长度相差较大（分别为170mm和540mm），所以将喷头置于左右4∶7的位置，如图14a所示（喷头距左隔板470mm）。喷头距右隔板距离较大，可在右隔板上增加一对挂钩，用来挂毛巾、洗浴袋等物品。

3）隔板的高度和深度：隔板只要遮挡住从肩到脚踝以上就可以了，以平均身高1680mm为基准，小腿加足高为413mm，肩高1380mm，给定隔板尺寸如图14b所示，即：距地面高度从200mm到1450mm，深度为700mm。

（3）入口改进方案 缩小入口，并且向右边移一点，如图15所示。

（三）综合环境

1．综合环境的问题

（1）热环境 影响热环境的因素有：空气温度、空气湿度、空气流速和热辐射。各因素对机体的影响是综合的。现分述影响更衣区、淋浴区的热环境因素问题如下：

1）气温：更衣区的温度与淋浴区温度相差很大，在冬天气温低时容易引起感冒。在淋浴区人体受热，是热辐射。更衣区人体散热快，为负辐射。刚从淋浴区出来身上温度比较高，这是容易引起感冒的原因。

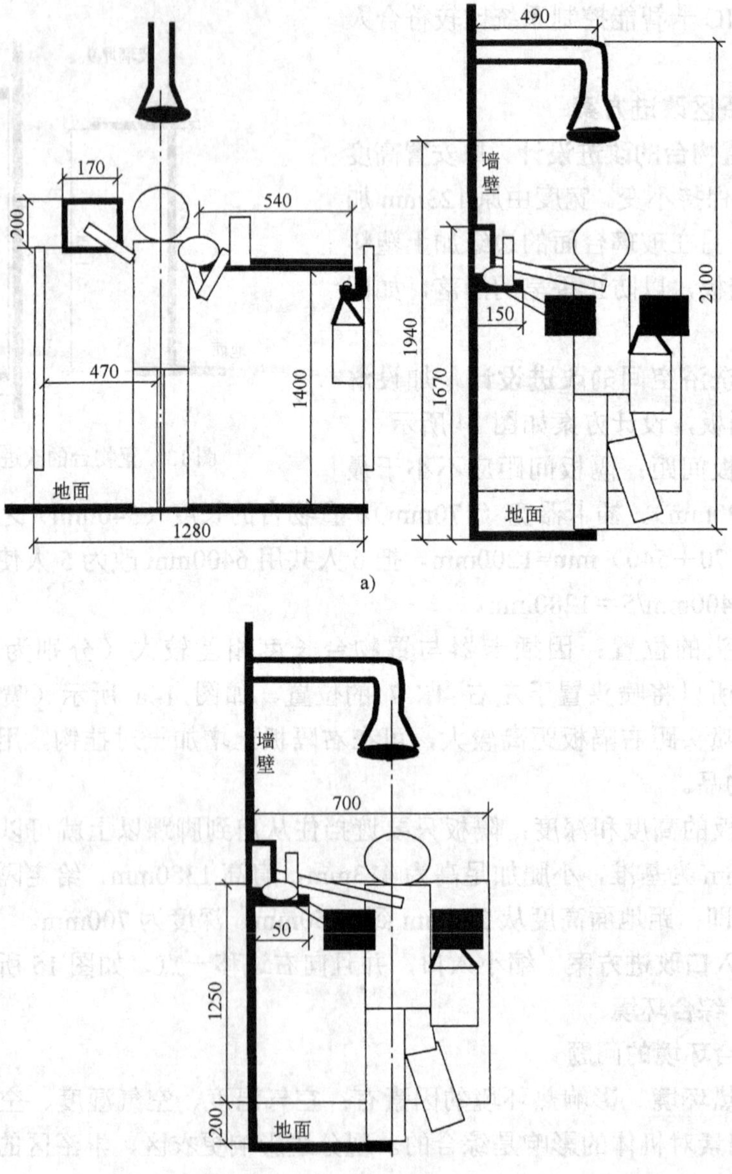

图 14　隔板的设计方案

a）隔板间距与喷头位置　b）隔板的高度与深度

2）湿度：由于更衣区与淋浴区隔断做得不好，导致更衣区的湿度特别大，会使衣物变潮。衣服受潮，尤其是棉质衣服，受潮极易变形。

3）气流：公共浴室是多人共同洗澡的地方，必须在室内保持空气流通，不至太闷、太潮。但如气流太大，容易使人感冒。

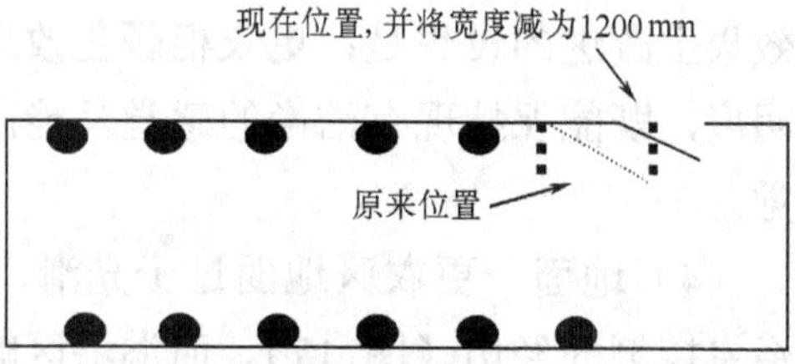

图 15　改进后的淋浴入口

（2）光环境　照明的目的大致可以分为：以功能为主的明视照明和以舒适感为主的气氛照明。场所的光环境，明视性虽然重要，但环境的舒适感、心情的舒畅也是不可忽视的。创造好的光环境，必须合理地采光与设色，使室内物体一目了然，有明显的立体感。为此，要使室内有上明下暗的光照分布。在设色时要使天花板、四壁与地板有合适的反射率。用孟塞尔表色系标识，天花板明度为 9（即反射率为 78.7%）、四壁为 8（反射率为 59.1%）、地板为 6（反射率为 30%）是适当的。现在浴室的淋浴区灯光过暗，洗澡时不能给人一种舒心温暖的感觉。鉴于隐私的需要，窗户装的是毛玻璃，致使室内采光主要依靠电光源。通过比较各类光源的显色指数、色温度、照度、显色性，我们认为与现有白炽灯比较应增强光强，宜改用暖白色荧光灯。

（3）环境色调　现在我校浴室整个色调是冷灰色的，当你抬头看顶，但见白灰斑驳，水管及巨型排气管面目狰狞。想你身单影只、一丝不挂，顿生不寒而栗的感觉，何等不是滋味（图 16）。因此，一定要改善。

图 16　浴室环境色调令人不爽

更衣区是个狭小人多的地方，四周墙壁用白色瓷砖裱砌，感觉还是不错的，显得干净又有四壁“向后”的感觉，但是中间放置这么多更衣柜全部是冷灰色的，在白壁映衬下，显得灰暗、阴晦、冷清，给人不太舒服的压抑感觉。从色彩的感情效果上改进的设想是：更衣柜颜色改用淡绿色或淡蓝色，同时保证低饱和度、低明度，既能保持现有洁净的感觉又能产生清淡、安全而且不太过于阴沉的色彩感觉。

（4）**地面** 更衣区地面过于光滑，穿拖鞋的同学容易滑倒，很多人都有过在浴室摔倒的经历（图 17）。而淋浴区略有凹凸的那种地板砖不易滑倒，较为合适。建议在更衣区和淋浴区都改用有凹凸表面的防滑地砖，不但避免入浴者滑倒，也有利于地面不积太多的污水。

图 17 更衣区地砖太滑

2. 改进设计小结

（1）**提高浴室整体感观** 主要有：

1）顶部、输水管及裱瓷砖以上墙壁部分能够进行重新装饰。

2）淋浴区与更衣区地板铺成一样的，采用现淋浴区那种有凹凸的防滑地板砖。

3）更衣区与淋浴区的隔离能更有效些，降低更衣区的湿度。

4）更衣区与淋浴区的温差不宜过大，增加设施，随季节调节更衣区温度。

（2）**更衣区的改进** 主要有：

1）更衣柜上下两部分进行一定调整，方便使用。

2）更衣柜隔板考虑用不易生锈的铝合金来代替现在的铁制板，同时进行内部涂刷，并增加一对挂钩，可扩大使用空间。

3）如果用空调或干燥机之类使更衣区的湿度能够有效降低，椅子的利用率会高得多。

（3）淋浴区的改进 主要有：

1）在保证维修及时的条件下，减少喷头数目，扩大个人使用面积。

2）考虑个人使用的隐私性与防止他人干扰，增加隔板。

3）置物台高度不变，扩大其宽度，并且正面套加塑料边框防止浴具滑落。

4）插卡机能够降低故障率，并且增加类似IC电话卡的提示拔卡信号。

小跋

1）理论学习时候是：“偏畏浮云遮望眼，只缘身在最低层”。见到长篇累牍的数据、一沓叠的国标以及稍显枯燥的内容，有时候真使我们 “知难而退”。

2）“别有佳处惬人意”，在进行课程设计时我们才真真体会到人机工程学是门综合性的应用型学科。通过这次课程设计，理论与实践的一次结合我们发现问题、调查问题，探索可能的解决、改进方案，却有不少收获甚丰。深感人机学确实既实用又有趣味。

指导教师点评

这份大学生浴室的评析与改进设计作业，涉及到了浴室中的设施、器具、活动空间、人体感受、环境等诸多人机学问题。作者在文后的小跋里说：他们初识人机学课程时曾经深感其繁杂而欲“知难而退”，通过这次设计实践，才体会到这门课程“别有佳处惬人意”的意趣。两位年轻人当然知道凡任课教师都爱听这样的话，那么这是他们的“甜言蜜语”吗？看完作业，掩卷片刻，慨然提笔，作点评曰：作者所说是可信的。他们认真地完成了这份作业，确实会有这样的感受，他们学习本课程的收获也应该不言而喻。若要指出作业的不足之处，便是思路还不够活跃开阔，未见特别新颖的设想创意，但这是对作业更高一层的要求了。

（阮宝湘　侯文君）

12 我院浴室的人机学问题评述

北京机械工业学院 工业设计系 0001班 王全玲

人机工程学把人–机–环境系统作为一个统一的整体来研究，使人–机–环境系统相协调，从而达到安全、舒适、健康和工作效率的最优化。因而浴室的人机学研究，就是要分析人–浴室设施（机）–浴室环境（环境）这一系统的协调性、宜人性，从而使这一系统的设计达到最优化。

人–浴室这一系统的功能是人在其中能可靠、舒适地完成洗浴清洁过程，在洗浴之后得到清爽、轻松愉悦的心理状态。这就对浴室环境、浴室设施与人的协调性提出了要求，其中包括浴室空间（整体布局、个人空间），浴室环境因素（温度、通风、照明、湿度），浴室设施的稳定性、方便性等。

本文按以下三个步骤对我院浴室的人机学问题进行评述分析：① 浴室的结构布局；② 浴室的人机学问题问卷调查；③ 浴室人机学问题调查结果分析。

一、浴室的结构布局

我院浴室的大体情况是：

1）浴室总面积相对较小，浴室内部设置较为紧凑。

2）实行计算机管理系统，读卡计时洗浴。

入浴者洗浴之前先持卡在与计算机相连的读卡机上读卡，相当于输入帐号；进入洗浴室后在控制面板上输入自己的密码(每张洗浴卡对应一个密码)，按下“确定”按钮，控制面板的显示器上即显示剩余可供洗浴的时间，按下“暂停洗浴”按钮即可出水洗浴，此时系统开始计时。再按下“暂停洗浴”按钮，计时处于停止状态。再次按下又会喷水，系统继续计时，最后按“结束洗浴”，计时状态消失，停止使用帐号。此间喷头出水的时间即显示器上的始末时间之差，也就是洗浴时间。

3）浴室的结构布局：我院浴室由四部分组成，整体布局如图1a所示。

① 控制室。入浴者在此进行读卡，由值班的管理人员协助完成，如图1d所

示。

② 整理室。与控制室相连通，同学们洗浴穿戴完毕后，在此梳头整理仪容，如图 1b 所示。

③ 更衣室。连接整理室和洗浴室，如图 1c 所示。

④ 洗浴室。占主要面积的洗浴室如图 1e 所示。

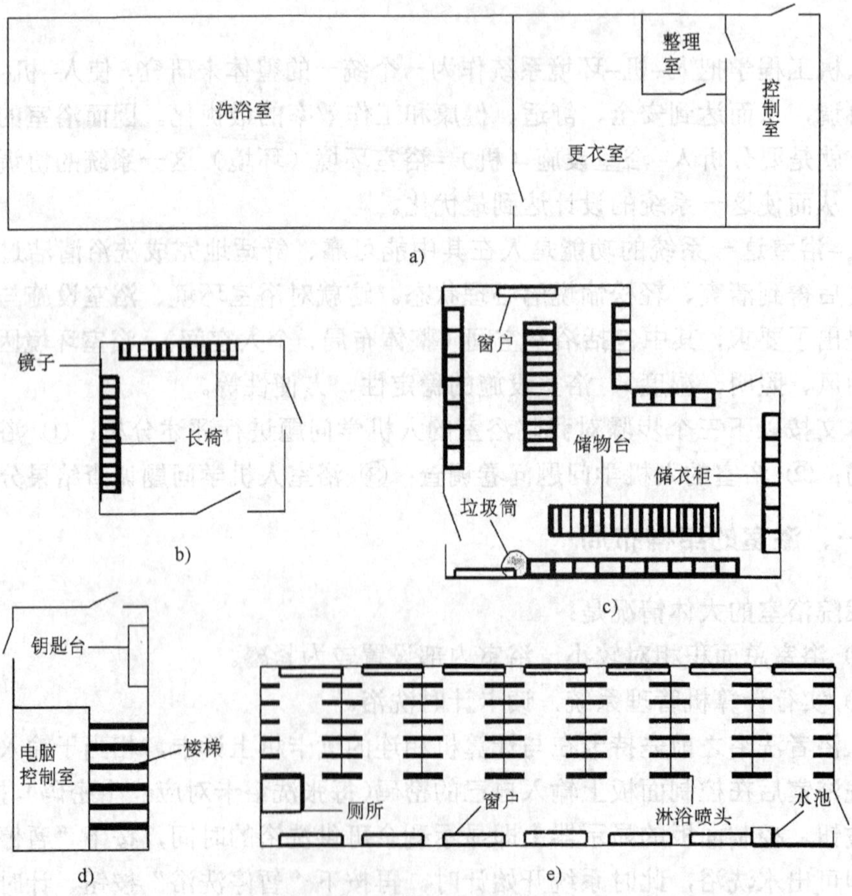

图 1　浴室的结构布局

a）整体布局　b）整理室　c）更衣室　d）控制室　e）洗浴室

二、我院浴室的人机学问题问卷调查情况

我们知道人机系统的设计原则是：

1）能达到预定目标，完成预定任务。

2）人与机都能充分发挥各自的作用和协调地工作。

3）人机系统接受输入和输出的功能，都必须符合设计的能力。

4）人机系统要考虑环境因素的影响，这些因素包括环境建筑的格局、结构、照明、温度、湿度等。

总之人机系统要处理好人、机和人机作用的环境之间的关系。人机系统中人是占主导地位的，系统为人而设计，应该用此原则来评价人机系统的设计。以此原则为依据，做出了一份调查问卷，进行了 20 人的问卷调查，回收了所得的 20 份调查表之一见表 1。

表 1　我院浴室的人机学问题调查表

<table>
<tr><th colspan="3"></th><th>A 合理；B 一般；C 不合理</th><th>简 单 理 由</th></tr>
<tr><td rowspan="2">整理室</td><td colspan="2">整体布局</td><td>B</td><td>做到空间最大限度利用，但比较别扭</td></tr>
<tr><td colspan="2">镜子设置</td><td>C</td><td>最低排的柜子里的镜子无法使用</td></tr>
<tr><td rowspan="14">更衣室</td><td colspan="2">整体布局</td><td>A</td><td>合理</td></tr>
<tr><td colspan="2">地板</td><td>B</td><td>有积水</td></tr>
<tr><td rowspan="4">储物台</td><td>结构</td><td rowspan="4">B</td><td rowspan="4">积水比较严重</td></tr>
<tr><td>摆放位置</td></tr>
<tr><td>高度</td></tr>
<tr><td>大小</td></tr>
<tr><td rowspan="3">衣 柜</td><td>设置</td><td rowspan="3">B</td><td rowspan="3">第三排（最下面一层）不合理</td></tr>
<tr><td>摆放</td></tr>
<tr><td>高度</td></tr>
<tr><td rowspan="2">窗 户</td><td>设置</td><td rowspan="2">C</td><td rowspan="2">数量少，缺玻璃</td></tr>
<tr><td>通风</td></tr>
<tr><td rowspan="3">垃圾筒</td><td>摆放位置</td><td rowspan="3">C</td><td rowspan="3">没有</td></tr>
<tr><td>大小</td></tr>
<tr><td>结构</td></tr>
</table>

（续）

			A合理；B一般；C不合理	简 单 理 由
洗浴室	整体布局		B	
	地板	颜色	B	有积水
		清洁度		
		材质		
	储物台	大小	A	相对比较简单合理
		高度		
		结构		
	淋浴喷头	高度	B	稍有些挤
		密度		
	控制面板	按键设置	A	颜色区分，比较易于操作
		显示屏		
		高度		
	窗户	大小	C	位置不合理，且数量太少
		窗帘颜色		
		通风		
	水池	位置	C	没有水池
		水龙头高		
		水池台		
	厕所	位置	C	太简陋
		冲水设备		
	下水道孔	位置	A	位置合理，排水顺畅
		结构设置		
	照明		B	一般
你认为应该添加			浴池，洗脸（手）池，垃圾箱	结束洗浴之后，如果不小心手上沾了肥皂，根本无法冲洗

三、我院浴室的人机学评析问题

总结归纳问卷调查的结果，结合人机学的理论，可对我院浴室作出如下的人机学评述。

1．整理室

整理室的空间是：2500mm×2550mm×3100mm，比较狭小，摆放不了多少东西。但作为整理室，有一面镜子一个长椅也就够了。调查显示，同学们普遍认为整理室空间狭小，经常出现拥挤状态。并且整理室与控制室相连，在外间很容易看见整理室内人的情况，缺乏对隐私的必要保护，常让人感觉很别扭。

（1）**长椅**　一条长椅紧靠镜子放置（图 1b），宽度是 480mm。这就意味着它要把镜子和人隔开 480mm 的距离。而不少学生是近视眼，他们更想走近镜子看个仔细。实际上镜子侧旁已有一把长 1550mm 的椅子，它已足够放下同学们所带的物品了。因此镜子正前方的椅子完全可以撤掉。

（2）**镜子**　整理室这面镜子宽 2000mm、高 1530mm，底端离地面高度 700mm。人照镜子更愿意看到全身的形象，因为我们穿衣服要讲究衣、鞋、帽的搭配，所以离地面 700mm 的高度有必要降低。

2．更衣室

更衣室的平面图为缺角的方形，如图 1c 所示，内部的储衣柜即沿此形的各墙面布置，因面积较小，布置略显局促。

（1）**储衣柜**　多个储衣柜依次紧靠，每个储衣柜（图 2）又由上、下、左、右四个单元连在一起，上下左右之间有铁板隔开。上层用作存放衣物，下层用作存放鞋袜。同时每个柜门内侧都镶嵌着一面小镜子。调研表明，这样的衣柜存在以下诸多问题：① 因上下柜子是正对着，当两个人同时使用衣柜的时候，就会有矛盾发生，只能是一个人使用，另一个人处于等待状态。② 穿过的鞋子与衣物被封闭在同一空间内，难免在柜子里存留不爽的气味，让人产生不良的心理感受，很不舒服。所以最好是柜子的底部能有个支架用来存放鞋子，柜子里只存放衣物，既可节省空间，也顺情自然。③ 上柜门距

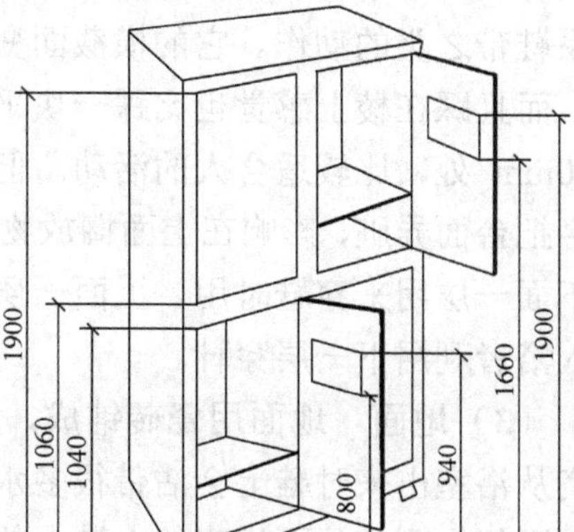

图 2　储衣柜

地高度是1060～1900mm，下柜门距地高度是200～1040mm，当柜门处于打开状态，人不管是左右来往，还是弯腰起伏，都会撞到柜门上，不仅给人造成很大的不便，而且也是安全方面的隐患。同时因为左右柜门间距甚小，所以左边柜门打开到大于90°时，就会遮住右边的柜门，若左右两人同时使用，更会产生干扰和矛盾。④ 柜门内侧的小镜子问题尤为明显。其尺寸数据如下：宽90mm、高140mm，上层柜子中镜子距地面的高度是1660～1800mm，下层柜子中镜子距地面的高度是800～940mm，所以除极少身材较高者外，绝大多数同学显然在上面柜门的镜子里是看不到自己的，而对于下柜门的镜子要人弯腰去迁就，恐怕也没有人想用了。并且如果相邻柜子也有人在使用的话，更加互相干扰，给双方都造成不便。总的来说，衣柜的结构及布置，从人的行动活动空间、心理空间上看都处理得很不好。

（2）储物台 更衣室里的储物台设置比较合理，如图1c所示。它长1780mm、宽500mm、高380～385mm（截面略成弧形）。上表面由板块构成，板块的间距为20mm。因为板与板之间有缝隙，存放一些湿的物品比较好，水正好可以通过缝隙流出，适合浴室使用。它的宽度500mm，对于存放装洗澡用品的小蓝子、塑料袋等已足够了，比较适合更衣室的要求，它的高度也适合人踩在棱上，完成弯腰系鞋带之类的动作。它的横截面变成弧形，两端稍微翘起，不仅看上去更为精巧，而且踩在棱上感觉也比踩一块平板好得多。它的摆放位置也比较好，距衣柜1100mm处，比较适合人的活动。但有一点不好，就是人们踩在上面系鞋带、穿鞋会把台面弄脏，影响在上面搁放物品。可以在上面再加一层台，用来存放东西，而下面一层用来穿鞋时用。上面一层应当比下面一层窄一些，高度要适当，以方便入浴者利用下一层穿鞋。

（3）地面 地面用瓷砖铺成，便于清洁工作，但人们行走时却容易打滑。人们从浴室出来时鞋上会沾带很多水，由于种种原因浴室更衣室地面总有很多积水，再加上刚从外面进来的人鞋上的泥土，就会使地面看上去很脏。

（4）窗户 更衣室里的两个窗户都比较大，宽1600mm、高1150mm，窗户下缘距地高为1500mm，所以更衣室不会让人感觉压抑、沉闷、透不过气来，可以说窗户使屋子有了灵性。但是因为窗户是封闭的，更衣室又不直接与外界相通，所以通风不佳，入浴者冬天洗浴之后在更衣室里呆一会都会出汗。

（5）垃圾筒 垃圾筒（图3）在通往洗浴室的门后面600mm处，靠墙放置，离最近的柜子有 1400mm。在有限的空间条件下还是可以让人接受的。垃圾筒的开口直径是 600mm，是一个圆台状的，开口大、底端直径小，便于丢垃圾。但它的开口结构也会让人看见堆满的垃圾而不舒服。

图 3　垃圾筒

3．洗浴室

洗浴室主要分两部分，如图 1e 所示。一部分是直通洗浴室门的长长的过道，它宽为 1750mm，按照行动空间中过道设计原则（其宽度至少应为 630mm，对于同时有多人通过的过道，每增加 1 人，应增加 500mm 的宽度），此过道可同时并行 3 人而绰绰有余了。它相对于整体空间而言比较宽阔，让人感觉比较开阔，减少了“闷”的感受。另一部分被分割为 5 个单元间，每个单元间有 12 个喷头，左右两边各 6 个，互相一一相对。单元格中间设置了储物台用于存放洗浴用品。其整体颜色以白色为主，让人感觉它很清洁。

（1）淋浴喷头

1）喷头离地高 2180mm，能充分满足高身材者就浴的需要。

2）喷头之距为 900mm，虽然在人的人身空间的个人距离（750～1200mm）之内，但人的活动却没有多少余地了，以加大 200～250mm 为宜。

（2）储物台

1）储物台也是瓷砖面的，易于清洗，但因其表面没有镂空的部分，所以不利于水的流漏，在浴室的环境下，改为塑料镂空的台面更为合适。

2）高 500mm、宽 610mm，高度比较适合，但 610mm 的宽度却不免有些大了，因为人们去洗澡所带的物品不会太多，所以应适当减少些以增大人的洗浴空间。

3）颜色为白色，方便入浴者寻找小物件，且有利于清洗，显得干净。

（3）窗户

1）窗帘是颜色为翠绿色的百叶窗，把整个浴室白色的单调削弱了不少，给人以新鲜、清爽、轻快之感，使人镇静，减少了人在洗浴时乏闷之感，缓解了疲劳。另外百叶窗那种由多条组成的结构也要比用整片布料形成的窗帘要灵动，富有活力，透气性好，使人心情更轻松、愉悦。

2）通风状况不好，虽然有很多窗户，但因为是关闭的，换气扇又经常不开，所以室内空气流通很不好，发闷。

3）尺寸：宽 1200mm、高 1780mm，窗户下缘距地高 1500mm，比较宽大，给人感觉舒展、开阔，减少了沉闷的气氛。

（4）控制面板　控制面板的设计是人机界面设计的重要方面。控制面板安装在划分单元格的墙壁上，位于淋浴喷头的一侧，距喷头的水管 60mm，其下缘距地面的高度为 1605mm，高于一般人的立姿眼高，更高于人的正常视线，所以应该适当降低一些。

控制面板的设置如图 4 所示，评析如下：

1）控制器为按压式，操作快速准确，是合理的。

2）按钮大小为 12mm×12mm，与人的手指指端尺寸相适应，比较合适。按钮采用弹性阻力，操纵起来手感很好，但因为按钮向操作者提供到位反馈信息的“喀哒”声太小，常使操作者对是否到位不能确切感知。

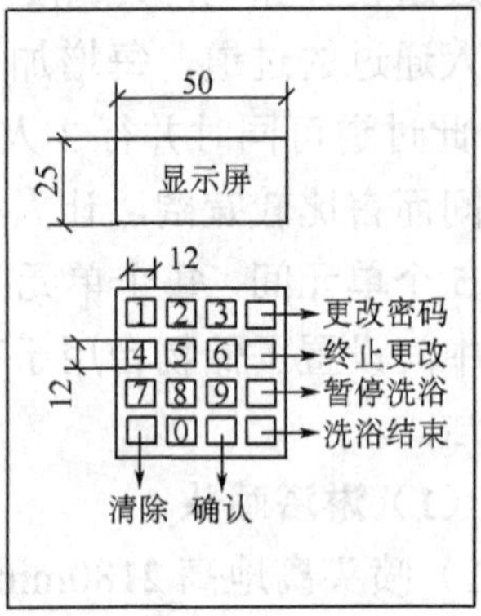

图 4　控制面板

3）主功能按钮的设置不够突出明显，特别是“暂停洗浴”键。因为人在洗头的时候眼睛睁不开，这时找此键便很费劲，所以应使此键与其他键在尺寸、位置、形状、色彩上有很明显的区别，使人能很容易地触压到它。

4）按钮颜色：我们知道红色通常表示“停止”、“断电”等含义，所以用它表示“洗浴结束”较好。而“启动”、“通电”首先选用绿色，所以绿色比较适合“确认”。但第一次按压为“启动”，接着第二次按压为“停止”的，则忌用绿、红色，应改用黑、白、灰色，此原则对“暂停洗浴”键较适合。

5）显示屏：50mm×25mm 的尺寸对于显示屏略微显小；显示的数字是红色的，易于辨认并有利于引起注意。

（5）照明　每个单元淋浴隔间的天花板上挂有两盏灯，灯光的颜色呈暗淡的橘黄色，较昏暗，不能很好分辨清物体。但橘黄色能给人以温和的感觉，可以消除长时间洗浴时在浴室环境下的压抑与烦躁。应适当增强光强度而保持光色不变。

（6）下水道孔 下水道设置在单元淋浴隔间的最里面，每排淋浴龙头一侧有一个，直径为150mm，能使积水及时排出。下水道孔堵头的形状结构如图5所示，可以防止废弃物进入下水道导致阻塞。但从实际情况来看直径可能是小了一些。

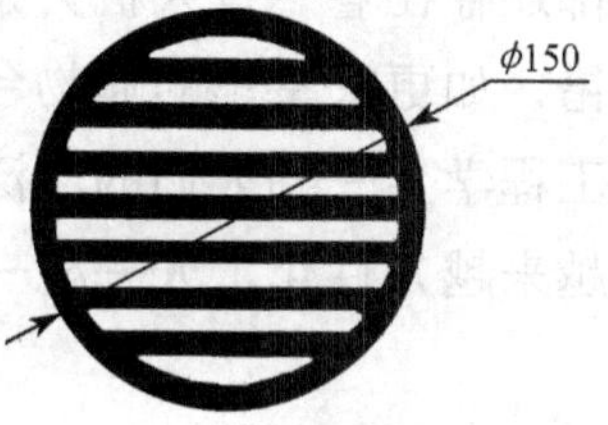

图5　下水道孔堵头

（7）厕所

1）厕所位于浴室的最深处，在过道的尽头，如图1e所示，适合浴室的布局。若放在其他任何位置都会使人感觉很突兀，它的气味也会给人造成很大的影响。但它离最后的单元淋浴隔间太近了，给在这个单元间洗浴的人带来很不好的气味，影响他们的心情，如果改放在两面靠墙的位置可能会好一些。

2）冲水设备是按钮式的，给人感觉很脏，并且人需要用力按下才行。它的高度是600mm，低于多数人的手功能高，很明显，人需要弯腰去操纵它，不方便。最好改成脚踏式的，又方便又卫生。

（8）地面

1）地面为浅绿色，同窗帘的颜色一样，给人清爽、轻松的感觉，也易于清洗。但目前的瓷砖太滑，应改用防滑瓷砖。

2）地面上常有一些积水，是由于地面不平、地板的倾角不够所致。设计时应该考虑使地板有一定的斜面倾角，以便积水能因势沿坡流下。

（9）水池

1）水池位于第一个单元淋浴隔间的另一端，与门的距离很近，参看图1e。这很有利于入浴者在出浴室前冲洗洗澡用品和脚，考虑甚为周到。

2）水池内壁的尺寸是：长400mm、宽400mm、高450mm，水龙头高880mm。根据人机学设计原则可知，对多数同学来说还是比较合理的，当人弯腰冲洗洗浴用品时比较受用。但水池侧围台面的宽度仅为15mm，旁边又无其他工作台面，不利于人们搁放东西。建议与水池台再相接一个较高较宽的工作台面，以供人们存放物品之用。

（10）挂钟 浴室一个缺点是没有设置挂钟。同学们洗浴时自然是不戴手表，整个浴室里没有时间显示，给人很大的不便，赶时间的人不知道自己洗了多长时间。建议控制面板的显示器上增加显示时间的功能。

总的来说，我院浴室某些方面的设计受到条件的限制，不管是空间还是设施上都还存在着一些人机关系不当的问题。但某些方面的设计以人为本，做得相当不错，如更衣室里的储物台的设计等。随着人们生活水平的不断提高，我国的人机工程学会受到人们的广泛关注，会有更大的发展。像学生浴室这类设计，也将会越来越人性化，人—机—环境系统会更加协调和科学。

指导教师点评

随着经济的发展，我国大学生公寓的修建标准将不断提高，几个大学生合住的小单元里配有小淋浴间也许已经为期不远。此前高校中普遍只有公共大浴室，当年的设计缺乏人机学因素的考虑，宜人性问题甚多，某些方面还相当突出。同学们学习了人机学课程以后，自然会对这些早有切身感受的问题很敏感，于是不少同学们的大作业愿意选做这个课题。上一篇和本篇是两个学校的同学做相同题目的作业，都采用调查问卷表征集了使用者的意见，工作都比较努力。本篇侧重于评述，对浴室几个组成区域依次测量、分析等方面做得颇为细致。浴室是每个大学生都熟悉的处所，读者看过这两份作业，至少可以想一想：他们已经提出的问题哪些是你不曾想到的？你还发现哪些问题在他们的作业里没有提到？如果有兴趣，能够打开思路，萌生出改进浴室宜人性的新颖创意，你也可以选做这个题目，在完成作业的过程中发展、完善、延伸你的创意。创新是设计的高境界，创新将使你享受乐趣。

（阮宝湘　石小滨）

13　奥运北京公共垃圾箱设计

北京邮电大学　工业设计专业　00505班　孙染　王一竹

摘　要

通过分析当今社会的垃圾问题及各种解决方案，指出垃圾分类是解决垃圾问题最可行的方法。本文以垃圾箱作为突破口，力求为解决北京乃至全国的垃圾问题提供一些思路，分析在垃圾分类收集工作中遇到的问题，为北京奥运建设出力。文章对现有垃圾箱作了系统的人机分析，并提出一套新的设计方案。

关键词：奥运，垃圾，垃圾箱，分类

一、设计题目解析

1．奥运与环境

北京时间2001年7月13日晚，国际奥委会第112次全会以不记名投票方式选出了2008年奥运会主办城市，国际奥委会主席萨马兰奇庄严宣布：2008年奥运会的主办权属于北京！整个北京沸腾了，整个中国沸腾了。

悉尼申办2000年奥运会主办权时打出了一句宣传口号——美丽悉尼、绿色奥运。这是悉尼在最后险胜北京的一件重要法宝。如今北京也以“科技奥运”、“绿色奥运”、“人文奥运”为主题取得了成功。这足以证明环境作为现代奥林匹克运动的三大精神支柱之一，已越来越为国际奥委会和申办城市所重视。

北京申办2008年奥运会将环境保护放在了第一位，欲在“绿色花园里盛开奥运会，蓝天白云下展示新北京”。为2008年奥运会提供一个清洁、优美的环境是北京给世界的承诺。

2．环境与垃圾

在《绿色奥运行动计划》中推行垃圾分类回收综合治理，作为30项重要内容之一受到社会各界的重视。生活垃圾已成为当前公害之一。我国仅“城市垃圾”的年产量就近1.5亿t，这些城市垃圾绝大部分是露天堆放。它不仅影响城市景观，同时污染了大气、水和土壤，对城镇居民的健康构成威胁，成为城市发展中的棘

手问题。每年 1.5 亿 t 的城市垃圾中，被丢弃的“可再生资源”价值高达 250 亿元！北京市现日产垃圾 13000t，全年 495 万 t，而且每年正以 8%的速度递增。

为了贯彻绿色奥运的理念，实现北京到 2005 年市区和卫星城生活垃圾全部进行无害化处理，资源化率达到 30%、分类收集率达到 50%、工业固体废物综合利用率达到 80%、危险废物全部安全处理处置等申奥对外承诺，政府出台了相应的举措，如继续推行固体废物减量化、资源化和无害化政策，按照循环经济思路加强废物管理。重点通过替代燃煤、控制一次性物品使用、简化商品包装、净菜进城、倡导健康消费方式等措施，实现工业生产固体废物、商业垃圾和居民生活垃圾的源头削减，并强化回收利用等等。对医疗废物实行严格集中安全处置，2005 年集中安全处置率达到 85%，2008 年达到 90%。建立垃圾分类收运处理系统，完善废旧物品回收体系。

3．垃圾与垃圾箱

垃圾的收集是首先要解决的问题。垃圾收集以后，就是垃圾的处理和处置。投放——收集——处理是解决垃圾问题不可缺少的几个环节。以往我们最熟悉最习惯的收集方法是混合收集制。这种收集方法虽然方便，但不利于垃圾的再利用和进一步处理。因而必须推广利于垃圾无害化处理和再生利用的**分类收集制**。这是解决垃圾问题的突破点。当前处理垃圾的国际潮流是“综合性废物管理”，就是动员全体民众参与三 R 行动，把垃圾的产生量减少下来。三 R 的行动口号是：① 减少浪费（Reduce）；② 物尽其用（Reuse）；③ 回收利用（Recycle）。

垃圾箱是垃圾收集中最重要的工具，在垃圾收集中起重要作用，不可忽视。

4．小结

垃圾是北京“绿色奥运”中一个亟待解决的问题，垃圾箱是解决垃圾问题的必要环节，也是垃圾处理中的重要载体。我们需要设计一款优秀的垃圾箱来进一步推广垃圾分类工作，改善北京的环境，创办绿色奥运。

二、现状调研

1．垃圾

（1）垃圾资料

1）垃圾的分类

固体废物主要包括城市生活固体废物、工业固体废物和农业废弃物。

城市生活固体废物（Municipal Solid Waste）：主要包括居民生活垃圾（Household Waste）、医院垃圾（Hospital Waste）、商业垃圾（Commercial Waste）、建筑垃圾（Construction Waste）（又称为渣土）。根据国内外惯例，现在垃圾组分一般分为：有机物（动物、植物），无机物（石、砖、陶、煤灰）和废品（纸类、织品、塑料、玻璃、金属）。

工业固体废物（Industrial Solid Waste）：指在工业、交通等生产活动中产生的采矿废石、选矿尾矿、燃料废渣、化工生产及冶炼废渣等固体废物，又称工业废渣或工业垃圾。

农业废弃物（Agricultural Waste）：也称为农业垃圾，主要为粪便及植物秸秆类。

2）垃圾的处理方法

目前常见的垃圾无害化处理方法有卫生填埋（Sanitary Landfill）、堆肥（Compost）和焚烧（Pyrolysis）。卫生填埋垃圾投资少，处理量大，技术要求不高，但是它的永久性占地面积大，造成污染的潜在可能性大。用堆肥方式处理垃圾，可使垃圾变成有机肥。但是这种垃圾肥的肥效低，销售有限，发展余地不大。焚烧法具有回收热能和垃圾减量最彻底的优点，焚烧后垃圾体积减少 80%～95%，便于填土处理，但是这种方式耗资巨大且需尽量减少焚烧所产生的二次污染。

（2）现状及问题

城市生活垃圾问题已经成为中国最严重的公害之一。长期以来，中国绝大部分城市采取露天堆放、直接倾倒和简易填埋的原始方式消纳城市垃圾，无害化处理水平极低。上述处理方式对土壤、地下水、大气等都会造成现实的影响和潜在的危险。特别是填埋厂的渗沥水，已经导致了一些地区水源的严重污染。垃圾堆放场或填埋场还引发沼气爆炸和长期自燃的现象。垃圾中含有大量的有毒物质及不可降解物，即使是采取了所谓先进的垃圾渗滤液处理与沼气收集的卫生填埋方式，也是不可取的。

现在世界各国的垃圾处理方式中，焚烧综合处理所占比例越来越大。中国引进的垃圾处理设备还是以直接焚烧为主，可回收、不可回收的资源一概进炉焚烧，不能适应中国城市垃圾低热值、高水分等特点，而且需要添加油料助燃，增加了大量的运营成本。这一处理方式，只能消除 60%的垃圾，还有 40%的烧结渣需占地填埋。

（3）发展趋势

生活垃圾数量大，以每年 6% 的速度增长，组成成分越来越复杂，给人们带来的危害越来越大。目前，世界上还没有一种理想的解决办法。

垃圾要利用，必须进行科学的分类。由于各个时期、各个地区的垃圾结构成分、产生量、处理利用方式是不尽相同的，因而，在垃圾分类的方法上也不相同。如德国一般分为纸、玻璃、金属、塑料等；澳大利亚一般分为可堆肥垃圾、可回收垃圾、不可回收垃圾；日本一般分为可燃垃圾、不可燃垃圾，等等。

以居民区的垃圾处理为例，如要进行分类回收，则有 30%的垃圾可以再生利用，30%的有机垃圾就地处理焚烧，只有 40%的垃圾填埋处理，这样一个设计年限为 10 年的填埋场就可以使用 25 年，如图 1 所示。

图 1　垃圾的分类回收

2000 年 6 月，建设部公布了北京、上海、南京、杭州、桂林、广州、深圳、厦门等 8 个城市为“生活垃圾分类收集试点城市”。目前，北京市的生活垃圾主要以卫生填埋为主，堆肥和综合处理为辅的无害化处理方式。重点采取“大类粗分，厨余垃圾就地处理”的原则，按地区属性不同，采用以下分类方法：

1）居民区

主要为厨余垃圾、纸类、塑料、玻璃和电池等垃圾。一般可分为：可回收物、厨余垃圾、电池、其他垃圾四类。有条件的居住小区，还可以对可回收物进行具体细分。如纸类、塑料、玻璃等。

2）单位办公区（党政机关、学校、企事业单位、大厦等办公场所）

一般可分为：纸类、电池和其他垃圾等三类。

3）公共场所（车站、公园、体育场馆、商场等地）

一般可分为：瓶罐、其他垃圾两类。商场可分为：纸类、瓶罐、其他垃圾、电池等。

2. 垃圾箱

在生活中，到处都需要垃圾箱。办公桌下要有个纸篓儿，厨房里要有个装烂菜叶的小桶，厕所里更要有装手纸的地方。

（1）垃圾箱的分类

按材质分：塑料、不锈钢、金属、金属烤漆、钢木、铜制、铝制、木制、大理石、玻璃钢等垃圾箱。

按使用区域分：室内垃圾箱、户外垃圾箱、环卫果皮箱、园林垃圾箱、工业垃圾箱、通用贮物箱……

按形状分：方形、圆形、半圆形、椭圆形、三角形、异形、双体等垃圾箱。

（2）垃圾箱的结构

垃圾箱一般有两种结构形式：一体式和开盖式（图 2）。

一体式包括箱体、投入口、回收口三部分。

开盖式包括箱体、投入口、箱盖，通常箱体内含有一个内桶，方便垃圾清除，其中箱盖处可开启，作为回收口用。有时也省去投入口，只包括箱体和箱盖，箱盖既作为投入口又作为回收口。

a）　　b）

图 2　垃圾箱的结构

a）一体式　b）开盖式

一体式的垃圾箱是过去常见的形式，但因为它清理不方便，使用寿命短，所以逐渐被开盖式设计所取代，现在已经不常用。开盖式避免了下开口垃圾箱垃圾外泄的缺点。

三、人机分析

1. 现有垃圾箱的宜人性分析

现有垃圾箱的常见问题有：开口过低、过小，开口背对人经常经过的一侧，垃圾不方便取出，分类垃圾标识不明确等。这些问题影响垃圾的收集和处理，想要解决垃圾问题，就要首先设计出优秀的垃圾箱，这是解决垃圾问题的关键之一。

2. 垃圾箱的人机工程学分析

（1）尺寸

1）与垃圾箱有关的人体尺寸（表 1）

人类工程学研究的目的是优化产品与用户间的界面。要使垃圾箱与人之间达到最优化的配合，使人不需要大幅度地改变姿势就可以顺利地将垃圾投入垃圾箱。与垃圾箱尺寸相关的人体尺寸主要有：立姿肘高、立姿手功能高、立姿双手功能上举高、手长、手宽。应尽量保持投垃圾时人的身体正直，手腕处于顺直状态。

表 1　与垃圾箱尺寸相关的人体尺寸　（单位：mm）

尺　寸	男			女		
	5%	50%	95%	5%	50%	95%
立姿肘高	954	1024	1096	899	960	1023
立姿手功能高	680	741	801	650	704	757
立姿双手功能上举高	1869	2003	2138	1741	1860	1976
手　长	165	180	195	150	165	180
手　宽	70	80	90	60	70	80

2）垃圾箱的尺寸

➢ 垃圾箱的高度：

优秀的垃圾箱不仅要便于将垃圾投入，也要便于将内腔取出和清理。垃圾箱的高度一般，应小于正常人立姿双手上举功能高的一半。

现有垃圾箱的高度一般在 800～1100mm 之间，基本都满足要求（图 3）。

➢ 垃圾箱的垃圾投入口：

垃圾箱的垃圾投入口应该满足绝大部分人的使用需求：上边缘高不低于 95%人的手功能高，下边缘高不高于 5%人的肘高。这样才可使高个的人不需要下蹲、矮个的人无需费力上举就可以使用垃圾箱。只有便于使用，才能引导人们改变随手乱扔垃圾的坏习惯。

垃圾投入口的开口高度要足够大，以便路人能把垃圾顺利投入；又不应过大，以免人们因见到垃圾箱内的垃圾而产生厌烦的心理；同时开口过大，雨水就容易溅入箱内，使箱内的垃圾腐烂而导致细菌增生，危害环境。街道上的垃圾箱存放的垃圾一般为瓶、罐、纸等类轻便的废品，所以开口的大小要大于瓶子的直径，同时要考虑需要一定的倾斜角度便于垃圾的投入。瓶子的直径一般小于 100mm，加上考虑倾斜角度，垃圾箱开口的高度一般宜大于 120mm（图 4）。

垃圾投入口的宽度，应大于一般废弃物的尺寸。垃圾桶的开口应朝向路人经过最多的一侧，以便路人不用费神寻找开口而轻易把废物投入垃圾桶。

图 3　垃圾箱的高度

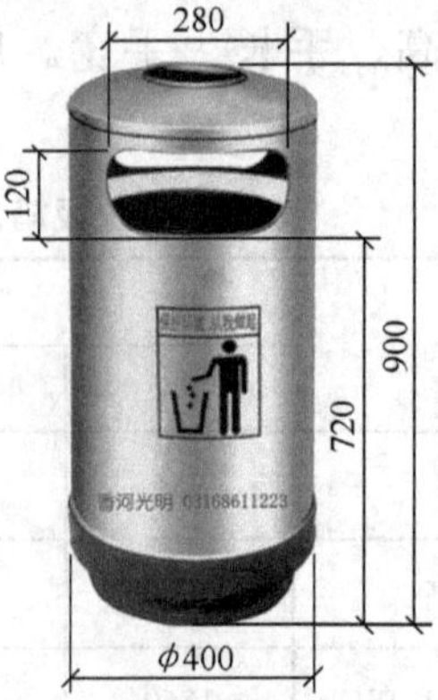

图 4　垃圾箱的投入口

（2）颜色

垃圾箱的颜色一般要起到识别作用，尤其在分类垃圾箱中不同颜色有不同的特定含义。广州的分类垃圾箱的分类如下：红色垃圾箱放置有害垃圾，如废电池、废荧光灯管、水银温度计、废油漆、过期药品等；黄色垃圾箱放置不可回收垃圾，即在自然条件下易分解的垃圾，如果皮、菜皮、剩菜剩饭等；蓝色垃圾箱放置可回收垃圾，如废纸、废塑料、废金属、废玻璃、废织物等。红、黄、蓝三种颜色能给人们投放垃圾提供一定的暗示。

现在各分类垃圾箱在相同的使用环境中需要有统一的颜色标志，以利于人们对垃圾分类投放。一些特定场合的垃圾箱还应在颜色上与周围环境相适宜，比如景区内的垃圾箱多用自然材料，给人以和谐自然的感觉，引发人们对自然的珍爱心理，增强环保意识。

a)　　　　b)

图 5　不同场合的垃圾箱颜色

a）街道使用　b）小区使用

（3）形状

现在我国城市街道上常见的垃圾箱主要有方体和圆柱体，这两种形式的垃圾箱形式简洁、容积大，所以被广泛使用。垃圾箱的形状与结构有很大关系，开口、内箱、回收方式都会影响垃圾箱的形状。此外，设计中要注意人们的心理因素，不应只注意形式和美感。

有些设计者想美化环境，将垃圾箱设计成熊猫、企鹅、胖头鱼、蛤蟆等式样，几乎所有嘴巴大的动物都难逃被设计成垃圾箱。这样的设计使人们不得不把垃圾塞进动物的嘴里，这不是一件很残忍的事情么？

整洁的街道放置简陋粗俗的垃圾箱，必将损坏环境的美感，但垃圾箱是不能缺少的，于是与花草相结合的金属垃圾箱应运而生（图 6），它更像是点缀街头的一景。在园林环境里，工业生产出的垃圾箱会破坏自然的和谐，仿木质的垃圾箱（图 7），才与周围环境融为一体。这些设计别样的垃圾箱在不同的场所妆点着我们的生活。

图 6　垃圾箱与花草结合

图 7　园林中使用的仿木垃圾箱

（4）标志

以前垃圾箱只有单一功能，没有也不需要标志。但对于垃圾分类回收工作，标志成为垃圾箱的重要组成部分。北京市政府在认真学习国外的经验并广泛听取居民意见后，推出了明确的、统一的垃圾分类方法及措施，垃圾分类回收工作取得了一定的进展。垃圾分类有了统一的标志（包括中文、英文、图），如图 8 所示。

图 8　垃圾分类标志

垃圾箱也未尝不能作为广告、宣传标语的载体，但需要设计得体，与垃圾箱及其环境互相协调。

（5）摆放

1）放置的场合

垃圾箱出现在道路、公共场所、小区、住家等各个地方。依据不同场合的需要，垃圾箱的容积、分类方式、形式都要作相应调整，只有符合环境需要才是好的垃圾箱。

2）放置的间隔

纽约市市政府对垃圾箱的设置距离作了具体的规定。一般来讲，每条街的街口都有一只垃圾箱。纽约市街道由“街”（street）和“道”(Avenue)构成南北纵横的城市布局。这种设计能够方便行人丢弃垃圾。我国国内的垃圾箱大多体积不小，但间隔较远，影响人们的使用。当人们手中有了废弃物，如果很长时间都不见垃圾箱，大部分人都会由于失去耐心而将废弃物随手扔掉。所以我们应该增加垃圾箱的数量，使得人们可以很快地处理掉手中的废弃物。

四、方案设计及说明

1．设计图样

设计图样三视图如图 9 所示，效果图如图 10 所示。

2．设计说明

这款分类垃圾箱主要是在街道上使用（尺寸见三视图）。沿用以往垃圾箱的设计元素，以圆柱体为主体，仍以黄绿作为区分色。其中绿色箱收集可回收物，包括纸类、塑料、橡胶、玻璃、金属和织物等。因为街道上的可回收垃圾主要是瓶罐，所以使用瓶罐的标志。黄色箱收集不可回收的垃圾，使用其他垃圾的标志。在中间支柱的上端设计了一个可换的柱头，既可以是装饰性的柱头，也可以换成用来回收废电池的小箱。柱头靠螺纹联接，方便更换。

垃圾箱的容积比现今的垃圾箱要小一些。提倡在街道上多摆放一些垃圾箱，缩短垃圾箱之间的距离，方便人们处理掉手中的废弃物。回收电池的小箱不需要每个垃圾箱上都装，可以酌情每隔几个装上一个。

这款垃圾箱仍使用内箱，清洁人员回收垃圾时先打开箱盖，再将内箱取出回收垃圾。为防止被盗走变卖，在垃圾箱的箱盖开口处设置上锁装置。将来我国市民的素质有了提高，垃圾箱也可以去掉这道枷锁。

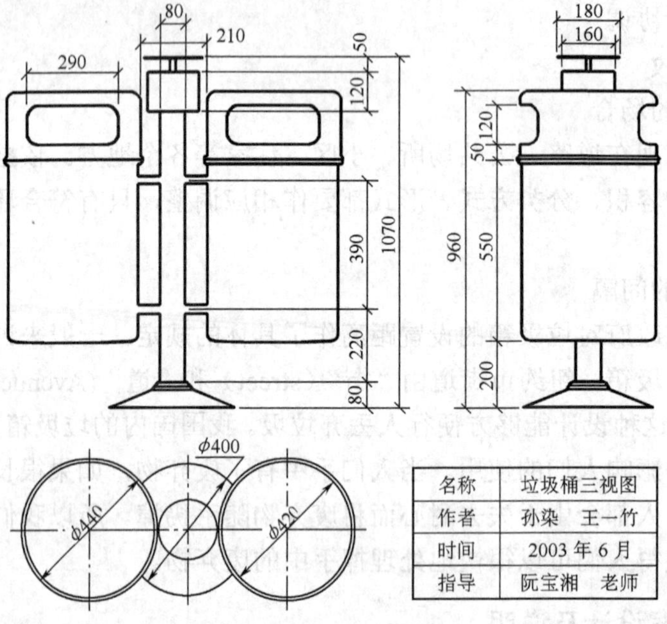

图 9　设计图样三视图

a)　　b)

图 10　效果图

a）电池盒柱头　b）装饰性柱头

五、设计小结

垃圾分类作为世界垃圾处理和管理的潮流，既可以使垃圾资源化，又可以使垃圾处理更加有效，势在必行。分类垃圾箱也应向着更人机的方向发展，便于人们使用。

期望全民族的素质能很快提高，没有人民的高素质作后盾，任何积极的努力也无法获得满意的效果。只有人们真正热爱我们的环境，把垃圾分类回收看作一件很自然的事，垃圾分类工作才能落到实处。

指导教师点评

对课题的社会及应用背景进行了细致、到位的调研、分析和论述，为深入设计做了较好的前期工作。在设计部分中，“可更换的装饰柱头或废电池回收小箱”这样的小创意也甚为可取。作为一份课程大作业，可以归属在优良的范围之内。

但是整份作业的内容构成与作业题目却不很相符，也没有充分展开。第一，从作业题目看，应该是一份课程设计。但这份作业以调研、分析与论述为主，设计部分的分量只占全文的15%左右。第二，题目中的“奥运北京”四个字，尤其“奥运”两字，点明了这个垃圾箱必须具有的鲜明特征，应该说这为设计拓展了巨大的空间，本作业中的设计部分也还没有朝这个方向作充分的发挥和驰骋。这里借着对这份作业的点评，提醒大家：凡是“命题作文”，应该避免“文不对题”。若换成“环保垃圾箱问题的调研分析和设计创意”这样一类的题目，王、孙两位同学的这份作业就切题了。

（阮宝湘　侯文君）

14 奥运北京路边公共垃圾箱设计

北京机械工业学院 工业设计系 0102 班 王心锐

一、设计说明

伴随着社会文明的不断进步，人们的生活日新月异，垃圾箱作为一种文明的象征已经遍布于北京的大街小巷。

2008 年奥运会，对北京而言是机遇，也是挑战。2008 年，北京将成为世界的焦点，首都将因为奥运会而沸腾。在即将到来的 2008 年，北京将有着更多新的突破引人注目。垃圾箱也许最不起眼，但在现实生活中也有重要作用。2008 年，北京将敞开胸怀喜迎八方宾客。伴随着经济的发展也产生了很多问题，生活垃圾的增多正是其中之一，所以我选择为奥运设计垃圾箱，以此为奥运盛会贡献力量。

二、调研与分析

通过上网、查阅书籍及访问群众，得到了有关垃圾箱设计有价值的信息，归纳如下。

1. 垃圾箱高度不当

很多地方的垃圾箱高度都太低，人们使用垃圾箱时不得不弯腰，十分不便。另外又有些上盖式垃圾箱过高，扔垃圾时费力，身材不够高者还得抛进去。

2. 垃圾箱箱盖过重

现在北京的住宅小区都不再使用垃圾通道，大量使用大型垃圾箱，容积较大，并且是上盖式垃圾箱。为防止大风吹散垃圾箱的垃圾，上盖很重，一般人使用都感吃力，有些老年人和儿童甚至推不开，只好将垃圾放在外边，垃圾箱形同虚设。

3. 垃圾箱构造不合理

例如翻盖式垃圾箱的翻盖过紧，占地大，有效容积小，清洁人员清理和维护不方便等等。

4. 垃圾分类不合理，标志不明确

一些地方设有垃圾分类的垃圾箱，但是其分类不准确，效果不好。现在通行的是将垃圾分成三类：蓝色箱放置“可回收垃圾”；黄色箱放置“不可回收垃圾”；而红色箱则放置“有害垃圾”，实际上很少有垃圾投入红色垃圾箱中。另外，不同地区使用的颜色标志也不尽相同，造成人们认知上的困惑和不便。

5. 垃圾箱设置不合理

该设置大垃圾箱的地方却设置小垃圾箱，而小垃圾箱就可以满足使用要求的地方又设置了大垃圾箱。分类垃圾箱也不是每处都必要。垃圾箱的设置类型和大小得当，才能取得最佳效果，而过大过小都会造成浪费，有违绿色精神。

三、设计要求

根据调研与分析，确定本设计的要点如下：

1）调整高度，扩大投入口，方便市民。

2）增大容积，可考虑“内胆”直接放上垃圾袋，方便清理。

3）选材既要美观又要耐用，最好窃贼没有偷窃的价值。

4）设计新颖，强调与城市环境相协调，即可根据使用场所的不同，如主干道、商业街、公园、娱乐场所、内街等，分别设计不同的样式。

5）垃圾箱外壳上可印制宣传垃圾分类的公益广告，也可考虑公开拍卖果皮箱上的商业广告，用广告费制作果皮箱，增加维护和更换的资金。

本设计定位为路边垃圾箱，针对性的设计考量和建议见下表。

设计因子	设计考量因素	设计建议
垃圾箱投入口高度	·垃圾投入口高度应符合各种年龄的使用者 ·投入口高度不能过高，以免垃圾气味影响行人	·建议投入口高度应在 550～850mm 之间
垃圾箱的高度	·垃圾箱的高度应该考虑到人的行为习惯	·有顶盖的建议在 800～1000mm 之间 ·无顶盖的应该在 700～800mm
垃圾箱的照明	·方便夜间的使用	·可以考虑表面使用荧光涂料

（续）

设 计 因 子	设计考量因素	设 计 建 议
垃圾箱的移动性	•垃圾箱应该采用比较重的材料，避免行人随意移动	•建议使用固定式的垃圾箱
垃圾箱的防雨水	•垃圾箱的开口设计应防雨水进入	•可考虑使用雨水倒流的设计，以免积水造成不便
垃圾箱清理	•应该方便清洁人员的清理，降低人员的工作强度	•采用内置塑料垃圾袋，便于连袋取出 •小垃圾箱可采用方便翻转倾倒的结构，一翻转就将全部垃圾倒出 •垃圾箱外表光整，清洗简便
垃圾箱维护	•垃圾箱的设置应考虑维护的方便	•垃圾箱应规格化，部件标准化
垃圾箱材料	•垃圾箱的材料应有较佳的耐候性	•垃圾箱的材料应该可以防撞击损坏 •使窃贼觉得无盗窃的价值
垃圾箱的无障碍设计	•考虑坐轮椅的残疾人	•投入口的高度建议使用轮椅者可及
垃圾箱的大小	•应该适合地区的要求	•建议容积 40～50L
垃圾箱的外观	•朴素大方	•不应该偏离设计的本质，美观的同时一定要更有实用性
垃圾箱的成本	•绿色奥运，低投入高回报也是一种环保	•节省材料，不采用过分的装饰

四、设计方案

1. 方案比较（图 1）

方案一是双箱设计，容积较大，投入口高度为 720mm。

方案二为单箱设计，设置有卡锁，提起卡锁，可以方便地使用转轴倾斜箱体，清理垃圾，投入口高度为 840mm。

方案三为三箱分类设计。蓝色箱放置“可回收垃圾”；黄色箱放置“不可回收垃圾”；而红色箱则放置“有害垃圾”。投入口高度为 800mm。

2. 方案确定

方案一和方案三都属于分类垃圾箱设计，但通过实地调查，发现路边垃圾箱的

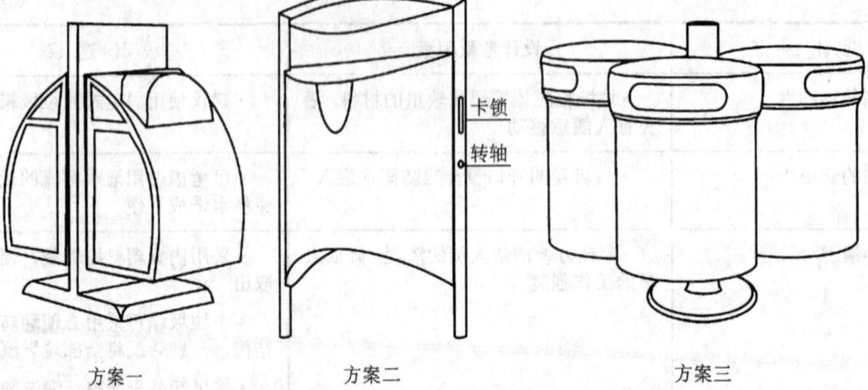

图 1　三个方案草图

垃圾不多，且主要是无毒无害的垃圾，设置垃圾分类处理的意义不大，倒可能造成材料和空间的浪费。因此选择方案二，采用 HB 复合板材料，表面喷涂荧光漆。

HB 复合材料：是以废弃的软包装、易拉罐等为原材料，经过热压制成，对资源的再生利用及减少能源消耗都具有环保意义。这种垃圾箱除了防水、防潮、防尘、耐酸碱，还可抗 300℃高温，不生锈，易清洗，设计新颖，美观大方，与城市街区环境相协调等特点，而且没有盗用价值。

五、设计图

可翻转倾倒的小垃圾箱的设计三视图如图 2 所示。

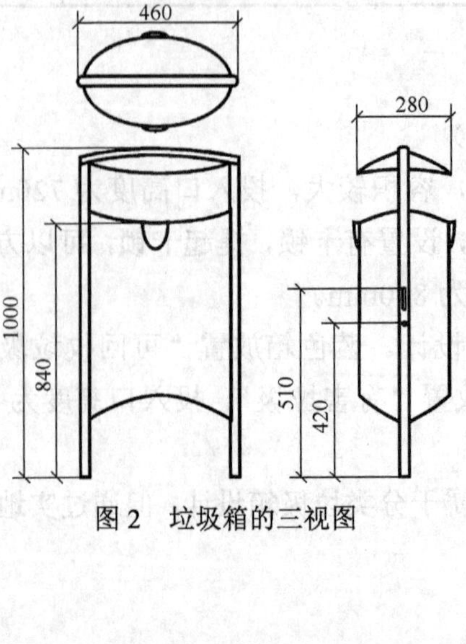

图 2　垃圾箱的三视图

清理时翻转倾倒的方法是：提起卡锁，利用转轴使垃圾箱倾斜，倾倒垃圾，支架埋入地下，提高稳定性，如图 3 所示。

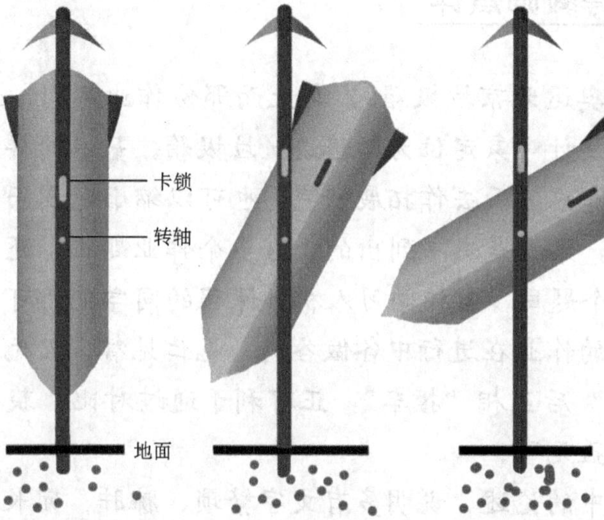

图 3　垃圾箱的倾倒示意图

六、设计小结

通过调研和访谈，了解了垃圾箱人机工程学要求，使确定本设计的诸要素有了可靠的依据。

本设计的优点是：针对性强，外形美观；材料比较结实，耐腐和刚性都很好；入口高度在 840mm，比较适合行路人使用；表面喷有荧光漆，夜间也比较容易看见；固定架牢固，不容易被移动；没有偷盗的价值；顶盖设计可以避免雨水溅入；考虑到了清洁和修理的问题，实用性与美观合理性统一。

指导教师点评

同样是“奥运北京垃圾箱”，与上面那份作业不同，这份作业缩小范围，将设计对象定位为“路边”垃圾箱。基本同样的一个题目，既可以往宽广方面去作拓展研究，也可以缩小范围而向深入进行推进。可见，无论是本书列出的100多个作业题目，还是作为选编示例的 21 个题目，各校学习人机学课程的同学们都可以任意选做，相同题目的作业在进行中各做各的，见仁见智，互无干扰。答辩会上“亮相”后互相“撞车”，正有利于通过对比，获得启发，扩展思路，有益无害。

学生作业中的论述、说明多有文字繁琐、臃肿、冗长的毛病。本作业并不以设计的深入、优秀见长，但关于“设计要求”的说明，列出几条要点，加上一个说明表，所用篇幅甚少，但清楚、简洁、精练，可供读者借鉴参考。

（阮宝湘　杨冬梅）

15　手机发展中的人机学因素

北京机械工业学院　工业设计系　0101班　杨婧　刘小夙

摘要：

手机的发展经历了一个从体形笨拙的大哥大到当今一个个小巧玲珑小手机的过程。手机正向智能化发展，设计者们在人机方面的考虑也是日益周到。本文以介绍移动电话产品的方式，对手机发展中的人机学因素做出阐述。

第一部分"手机之最"，追踪手机发展的历史，选择各个时期具有代表性的第一款手机，进行贴合使用者人机因素的分析，内容主要包含技术、按键、输入法以及外壳设计等方面。

第二部分，针对西门子公司2003年8月推向市场的Xelibri系列手机，在显示屏、按键、电话簿设置、铃音、语音命令等方面，做出人机关系的评述。

一、手机之最

第一款揭盖式手机是由摩托罗拉公司推出的摩托罗拉8900（图1）。摩托罗拉8900俗称"大砖头"，20世纪80年代末移动通信开始进入中国市场的第一代手机新贵，在中国人称"大哥大"。虽然其貌不扬，但这款手机在人机学方面还是值得称道的。它是第一款揭盖式手机，由于带外盖，因此，第一，当放在口袋里时不会因为不小心碰了某个键而开机发出信号；第二，也使键盘的抗压能力增强，延长了手机的寿命。

但"大砖头"毕竟体形庞大，携带、使用都不太方便。为此，摩托罗拉公司于20世纪90年代初推出了摩托罗拉8900的后继产品摩托罗拉9900。体积小了，而且轻便耐用，一度是白领女性的专宠，在人机进程上又前进了一步。在1995年之前，一直引领手机时尚。

同时代的西门子S6（图2）、西门子S10（图3）与摩托罗拉8900、摩托罗拉9900相比虽说是瘦小了一些，而且西门子S6采用易触式电子按键，接听容易，可以算作一个优点。但是外露的键盘显然不如摩托罗拉8900、摩托罗拉9900揭盖式保护功能考虑得周详。

图 1　摩托罗拉 8900

图 2　西门子 S6

图 3　西门子 S10

模拟移动电话时代手机的功能往往仅局限于通话功能，而且受到技术、材料各方面的限制，款式上相当单一，缺乏变化，大可称为手机的史前时代。随着时代的进步，人们对手机的通话质量有了比较高的要求，于是产生了在我国广泛使用的 GSM 技术，它采用窄带的 TDMA，允许在一个射频(即“蜂窝”)同时进行 8 组通话。GSM 数字网也具有较强的保密性和抗干扰性，音质清晰，通话稳定，并具备容量大、频率资源利用率高、接口开放、功能强大等优点，在听觉感受的各个方面都有了新的突破。在 GSM 时代，各大手机厂家看好这一新的机会，争相拓展在这一市场上的份额，手机大战上演。

第一款进入中国大陆的 GSM 手机：爱立信 GH337（图 4）在外形上秉承了“大砖块”的风格，重达 220g，三度为 130mm×49mm×24mm，方正的棱角使这款手机没有亲和力。在人机工程上没有太大的突破，反而在显示屏方面不如摩托罗拉 8900、摩托罗拉 9900，细窄的屏幕不利于人们读取，违背了人机工程学的视觉应用法则㊀。

图 4　爱立信 GH337

解决了最基本的通话质量问题，人们又将注意力集中到其他方面。当时的人们苦于大家的手机铃声是那么的相近，总是一出现铃声响，就同时有一些人紧张地看自己的手机，解决铃声问题迫在眉睫。

㊀ 视觉应用法则：易看见，形状知觉，对比，远近视，运动视，眩目，方向性，对抗作用，暗适应，视错觉，应急反应、疲劳，注意，调和。

自编铃声的出现是手机听觉感受上的一个新突破。

图 5　爱立信 GH398

爱立信于 1995 年推出的爱立信 GH398(图 5)净重 170g,三度为 130mm×49mm×23mm,它是第一款可以自编铃声的手机,自编铃声功能的出现,使 1990 年的手机铃声大放异彩。

在这之前的手机，外露着长长的天线，放在口袋里实在是有诸多不便。应运而生的就是无天线手机了。

这款由汉诺佳推出的采用了机械控制和符合人体工学 S 型设计的汉诺佳 CH9771（图 6），虽然冷冷的线条让人觉得缺乏亲和力，但它是第一款使用了内置天线的手机。汉诺佳 CH9771 重达 168g，虽然这款手机在中国市场的反响不大，但内置天线设计却为诺基亚和西门子等公司采用，在手机市场获得了巨大的成功。

当手机的基本功能具备时，一些附加的休闲娱乐功能就成了手机开发商们的新追求。

一直主攻年轻人市场的诺基亚是手机游戏的首创者，第一款内置游戏的手机当属诺基亚变色龙 6110（图 7），重达 142g，三度为 129mm×47mm×28mm。内置有贪食蛇、记忆力、逻辑猜图三款游戏，其中“贪食蛇”一直流传至今，成为诺基亚手机的传统项目。

图 6　汉诺佳 CH9771

图 7　诺基亚变色龙 6110

这款手机总体设计考虑了较多的人机因素，外形也变得比较有亲和力。不过它的开关设计不符合人机标准，开关位于弧面转折处，操作起来不好用力，十分不便。

平板式手机固然使用方便，可是键盘容易被误压；有为数不少的人还是对有盖的手机情有独钟，于是手机工程师又开发了折叠式手机。摩托罗拉掌中宝 328C（图 8）在以前大可算作是经典中的经典，摩托罗拉掌中宝 328C 重仅 95g，在当时可以用轻巧来形容了。特别是翻盖式的设计，让当时的平板手机黯然失色。在人机方面上值得一提的是手机的振动功能，使人们即使在安静的场合也不会因为手机铃声突然响起觉得尴尬了。还有设计者特别推崇的“单键拨号”功能，在当时也算作是先进技术了。由于是第一款折叠式手机，因此在设计显示屏时没有较好地考虑位置安排，只是按照惯例把屏幕安在了键盘的上部，造成了上盖大部分空间的浪费，也不符合人们“从左到右，从上到下”的视觉习惯。接下来摩托罗拉公司推出的摩托罗拉 V998（图 9），就解决了在摩托罗拉掌中宝 328C 显示屏设计中存在的问题，把显示屏从下面移到了上盖上。

折盖手机固然新潮，但每次无论要看来电还是时钟，都要打开手机，实在是不方便。为了解决这一问题，许多厂商陆陆续续推出了自己的双显示屏折叠手机。这种手机外屏平时可以显示时间，有电话时可以显示来电，真的可以说在人性考虑上更加周到了。

图 8　摩托罗拉掌中宝 328C

图 9　摩托罗拉 V998

图 10　三星 SGH-A288

引领双屏潮流的当属三星 SGH-A288（图 10）。三星 SGH-A288 沿袭了折叠式手机超小、超轻型设计，三度只有 79mm×38mm×23mm，重量也仅有 77g。

文字一直是人机交互的一个重要工具，手机显示屏上的文字就显得尤为重要。充分考虑了中国用户的需求，第一款全中文手机诞生了。摩托罗拉 CD928+（图 11）是一款真正意义上的全中文手机。不但编辑短信可以中文输入，甚至连电话簿也可以输入中文名字。在手机文化的过程当中，摩托罗拉 CD928+是当之无愧的“功臣”，它使人们在信息传递上更加应用自如。摩托罗拉 CD928+重达 210g，三度为 122mm×54mm×22mm，体积不大，重量却可观，显得不够轻巧。

提到手机的文字显示问题，就不可以不说到手机的输入法了。伴随着手机发展到了全中文，输入法也有了不小的发展。

TAP 智能按键输入法，是由摩托罗拉手机公司开发的输入法，支持二十几种欧洲语言以及中文简、繁体。它采用 9 笔输入，其好处是就算你写字笔划不符合标准，也能凭你输入的笔划搜索出大批相似的字供你选择，并且有相关联想字随后显示。摩托罗拉 CD928+之后推出的手机基本上都采用这种输入法。

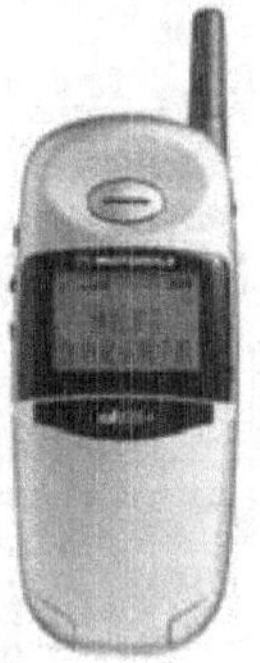

图 11　摩托罗拉 CD928+

“字能”中文输入法，这是 Zi Corporation 与爱立信公司合作开发的输入技术，它支持 17 种语言，包括中文简、繁体。中文输入部分同样以笔画顺序为依据，共要 8 笔输入，其好处在于提供万能键代替疑难笔画。显然，“字能”中文输入法比 TAP 输入法要更进步一些。

T9 智能中文输入法，支持十多种语言，包括欧洲语言及中文简、繁体。T9 输入法以最少的笔画输入文字(只需 5 笔)，确实比 TAP(9 笔)及“字能”（8 笔）更胜一筹。它同样具备相关联想字和各项拼音功能。

从 9 笔的 TAP 智能输入到 8 笔的“字能”输入，到现在为大多数手机制造商所使用的 5 笔的 T9 智能中文输入法，手机的输入法变得越来越智能，人们与手机的交互时的文字输入也的确是越来越简单了。

双频系统实际上是 GSM 技术在不同频带（两个频带 900MHz 与 1800MHz）上的应用，即在原来的 GSM900 系统上迭加制式标准完全一样的 GSM1800（亦称 DCS1800）系统，形成双频系统。第一款双频手机为诺基亚 6150（图 12）。

第一款三频手机：摩托罗拉 L2000（图 13）除了支持 GSM 900/1800MHz 之外还支持北美 PCS 1800MHz 的工作频率，令用户可以真正享受到 GSM 的全球漫游服务。三频功能的确可以方便那些经常到美国公干的商务人士。另外 L2000 还内置 Modem，当使用外接数据线与电脑连接时可进行数据传输、发送传真、电子邮件及上网浏览。

三频手机的上网功能可以说是满足了很多商务人士的需要，但需外接数据线的辅助，在操作上难免烦琐。为了健全手机的上网功能，实现从有线到无线的转变，具有 WAP 技术的手机诞生了。

图 12　诺基亚 6150

图 13　摩托罗拉 L2000

WAP 即无线应用协议。WAP 协议实现了现有无线通信网同 Internet 之间的交流，融合了计算机、网络及电信领域的各种新技术，使电信运营商、Internet 内容提供商以及各种专业在线服务供应商能够为移动通信用户提供前所未有的全新交互式服务。WAP 协议可广泛用于 GSM、CDMA、TDMA、3G 等多种网络，不依赖某种网络而存在，今天的 WAP 服务在 3G 到来后仍然可能继续存在，传输速率会更快，协议标准也会随之升级。

第一款 WAP 手机为诺基亚 7110（图 14）。诺基亚公司推出支持 WAP 的 GSM 手机诺基亚 7110，标志着一个 WAP 时代的开始。诺基亚 7110 重约 141g，三度为 125mm×53mm×24mm，中等身材，是一款 GSM900MHz/DCS1800MHz 双频手机，而且还附带有 PDA 功能。在人机方面，值得一提的是，诺基亚 7110 采用了滑盖式设计，不同于以前的折盖式、揭盖式，同样可以起到保护键盘不受外部力量误压的作用，而且滑盖式比下翻盖式更便于单手操作，为手机使用者解放出一只手提供了更大的可能。

图 14　诺基亚 7110

每个人都希望自己的手机寿命长一些，可是平时在户外使用手机时一些意外的、不可预见的事情总是会发生。人们强烈渴望着在户外同样耐用的手机，于是手机发展又有了新的课题。

具有防水、防振、防尘功能的“三防”户外型手机的始祖，当推爱立信研制并于 1999 年第三季度推出的 R250 PRO（图 15）。那幅手执 R250 PRO 并将之置于拧大的水龙头下冲得酣畅淋漓的宣传图片，至今让人记忆犹新。为了满足户外使用，这种爱立信 R250 PRO 的机身由镁金属制成，其间的缝隙还嵌入了橡胶材质，再加上手机机身上的电池锁扣设计，即使用户不慎跌落手机，也不会导致机身损毁，亦不会使机身和电池分离。R250 PRO 还配备了新型的 GORE-TEX 薄膜，在机身的各个接合处均有橡胶垫圈保护，加上一体成型的机身设计，使 R250 PRO 可以轻松实现防尘、防水。为了进一步提高其抗振能力，在电池的外部还加盖了一个坚固的外壳。只是这些外加的特殊“装置”，使得 R250 PRO 不光体型巨大，三度为 145mm×55mm×32mm，重量也达到了 270g。所以在实现户外“三防”的同时，新的问题也与之而来，即作为户外使用的手机，身材大，重量大，携带不方便了。

图 15　爱立信 R250 PRO

为了满足人们对更高层次的附加休闲娱乐需求，手机工程师推出了具有 MP3 音乐功能、带有移动存储器的手机，使人们在这个充满压力的社会能随时随地享受音乐的精神快感。这些手机不仅一改以往具有游戏功能的手机笨重的风格，而且使人们能更自主选择自己喜欢的娱乐方式，在人机学的视觉感受和听觉感受方面都取得了很大的进步。

第一款整合 MP3 音乐功能、带有移动存储器的手机是西门子 6688（图 16）。西门子 6688 是全球第一部有 MMC 插卡式设计的 MP3 手机，除具有 MP3 功能外，配合与电脑相连接的机座可以传输及存储 MP3 歌曲以及其他资料；支持 MP3 歌曲的播放，更方便人们挑选自己喜欢的歌曲。西门子 6688 录音功能也非常强大，用一张 32MBMMC 最长可以连续录制 5h 语音备忘录，像一个私人秘书一样随时提醒你的日程；其声控拨号和声控指令功能，一改以往手机手动拨号的传统方法，只靠你的声音就可以完成一次拨号或者指令了。具备这么多功能西门子 6688 的三度却仅为 105mm×42mm×17mm，重量也只有 88g，成为不断追求新奇的手机市场的新宠。

图 16　西门子 6688

手机工程师后来推出的内置蓝牙功能的手机，迎合了商业人士方便快捷进行沟通的需求，能更快更方便地在小区域内传递信息，使人与人之间的交流更便捷。

图 17　爱立信 T39mc

蓝牙技术是传输范围约为 10m 左右的短距离无线通信标准，用来设计在便携式计算机、移动电话以及其他移动设备之间建立起一种小型、经济、短距离的无线链路。蓝牙技术具有很强的安全性，可以作为小型局域网的终端设备，来与其他室内或身上的无线设备交换数据，而不用担心信息外泄。2001 年 8 月爱立信发布了全球第一部内嵌蓝牙芯片的手机 T39mc（图 17），重约 86g，是爱立信第一部支持 GSM 三频及 GPRS 高速上网的手机，功能强大，适合商务人士使用。

二、手机的个性时尚与人机性能

在手机的发展中对人机学因素的考虑越来越多，但是在这个追求个性的时代，好多手机工程师把个性作为手机设计的首要因素，于是，好多个性十足的手机自信地登场了。西门子公司 2003 年 8 月推出了 Xelibri 系列追求个性的手机，那么，这 4 款手机的人机因素如何呢？

针对 Xelibri 系列手机三项“个性化特色设计”，进行了一项调查，调查结果分别如图 18、图 19、图 20 所示。

图中横坐标为调查中给出的选项，纵坐标所标的数字表示选择相应选项的人数。调查总人数约为 100 人。

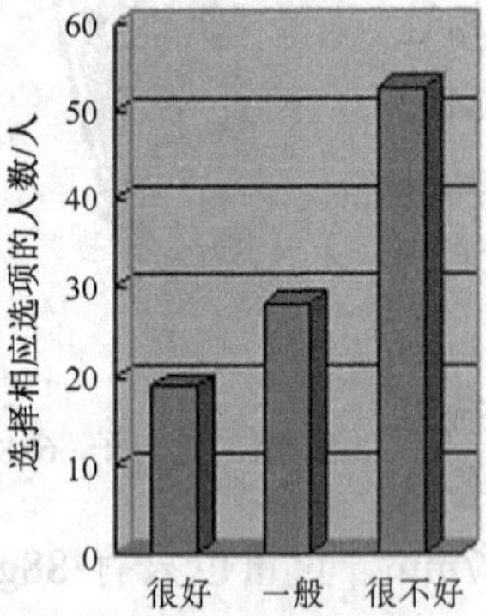

图 18　对“设计特色之一——黑色屏白色字体”的调查数据

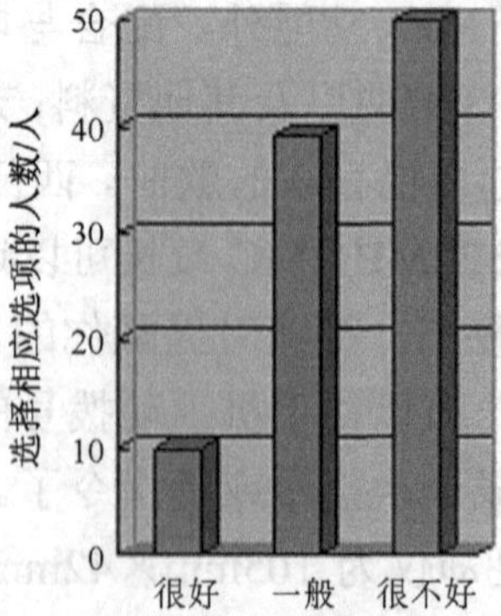

图 19　对“设计特色之二——部分键排布在两侧”的调查数据

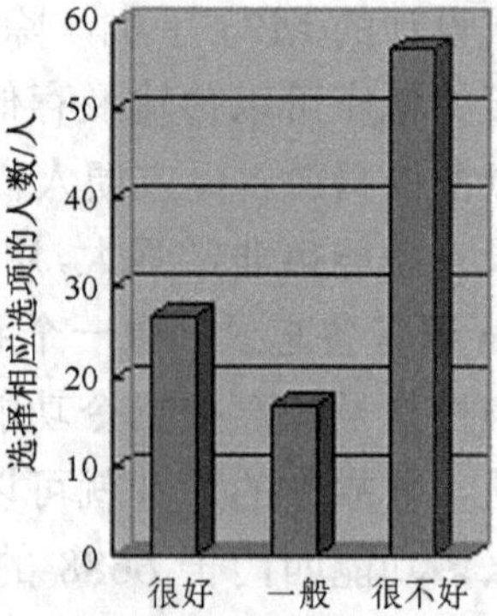

图 20　对“设计特色之三——语音指令、无键盘操作”的调查数据

图 18、图 19、图 20 给出鲜明无误的信息是：背离优良人机关系的“时尚”、“个性”，难以成为市场的主流，也不会有持久的生命力。下面再对这几项“个性化特色设计”分别进行评析。

1. Xelibri1（图 21）——黑屏白字体

黑色背景灯设计以及所谓的至善至美的逆光理念的确是够酷，大有开手机背景灯色彩先河之意。一改浅色背光深色字体的传统设计，在漆黑的夜里看起来的确是比较醒目，但是在我们使用手机频繁的亮度较高的白天，要看清楚白色的字体实在不是一件很容易的事情，这样看久了难免会觉得眼睛很疲劳。

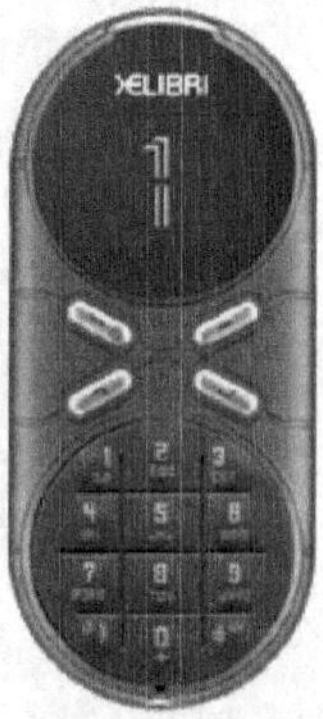

图 21　Xelibri1

还有号称是简便易用的 4 向导航（即我们平时手机上用的上下左右键），与我们平时的习惯实在是相去甚远，第一次用时，如果不看键上面的标注，根本不知道究竟哪个键是代表哪个方向。

2. Xelibri2（图 22）——小键排布在两侧

键区布局别具一格，可是使用时就会觉得这种键区设计有欠人机的考虑。一是豆豆式的 12 触点键盘，做得太过小巧，即使是女士使用也觉得很不方便；二是按键的安放位置，位于弧面的边缘，要按键时实在是不好用力；三是分散的字母键十分不利于单手操作，只能两手捧着手机。

图 22　Xelibri2

3. Xelibri3（图 23）——语音指令代键盘

Xelibri3 则完全没有符号键，只能通过语音功能完成“拨号”，分为与用户声音无关的数字拨号和与用户声音有关的名称拨号。如果既可以按键操作又可以进行语音拨号，这的确是很方便，但是只具有语音拨号功能，这至少对“短信一族”的确很难适应。

4. Xelibri4（图 24）

Xelibri4 功能平淡无奇，惟一可看的也就是白屏和酷似石斧的外型了。键位排布很有特色，很有未来感的设计，键都按弧度排布。虽说键盘有弹性，但手感不太好，按键太小，总给人一种粘滞、较硬的感觉，使得操作过程不太舒服。最大的问题是按最下面两排键“#”、“*”时容易误触，而且这款手机的按键排布使得人们还是不能单手操作。

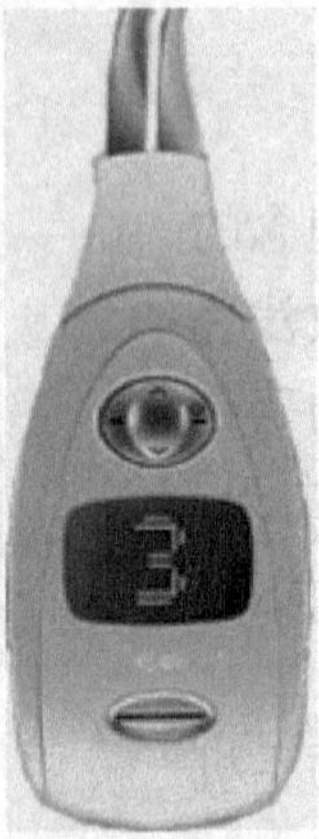

图 23　Xelibri3

图 24　Xelibri4

这 4 款手机中，预设铃声最多的 Xelibri2 也不过是 15 首，其他都仅是 10 首，人们几乎没有太大的选择空间；还有最不实用的是 Xelibri2～4 都没有话机通讯录，完全靠 SIM 卡的容量，号码仅可以存在 SIM 卡中，十分不便。

在这个越来越实际的社会中，相信谁也不会买一款黑白屏、功能单一的手机却仅是为了当作饰品，可是真的要当作手机来使用时，却发现这些手机绝对缺乏先进的技术，在人机上几乎没有太多的考虑，它能够面对的也就仅仅是一些一味追求时尚另类的年轻消费群。

手机的发展从模拟到 GSM，从 GSM 到 GPRS，从单频到双频到三频，从英文菜单到中文输入，从语音到短信……发展速度可以说是与日剧增。人机学融入到手机设计中，在手机整个发展过程中起到了举足轻重的作用，不仅在人的视觉感受方面和听觉感受方面有了很大的发展，而且从各个不同的角度完善了手机的性能。在未来的手机设计中，人机因素定会成为设计师们首要考虑的因素。

指导教师点评

这是一份切题的课程论文作业，可以作为值得一读的人机学课外阅读资料。两位作者不是通信专业的学生，不可能通晓无线通信的科技知识；以她们20岁左右的年龄，也不可能亲历手机20年来的变化，不可能将一代代的手机都实际地把玩于手。因此，从书面（含网络）获取资料来完成本文，是正常而无可非议的。她们能从繁多的资料中细致地“淘筛”出与课题相关的内容，滤掉“杂质”，写成此文，就值得予以肯定了。文中的第一部分，按手机发展的时序作了纵向的全面概述；在第二部分里，锁定西门子公司2003年8月推出的Xelibri系列手机（本作业完成于同年10月，所以这部分是最新的资料），作为重点进行较深入的分析，还指出追求时尚背离宜人性所酿成的酸果。总的来看，这是一份质量不错的作业。

（阮宝湘）

16　电话机发展中的人机学因素

北京机械工业学院　工业设计系　0101班　林玉煊　李冬萍

摘要：

本文论述电话机发展几个阶段中的人机学要素。人机学的发展与技术的发展相辅相成，从贝尔发明第一部电话开始，电话发展经历了磁性手持电话——手摇电话——拨号电话——程控电话——集成电话，乃至网络时代。在此过程中，技术不断发展，电话机的人机性能日趋完善。

电话发展的第一阶段（1876～1892年　IV电话演变）

1876年，贝尔发明了第一部电话，从此开启了人类的“电话时代”。

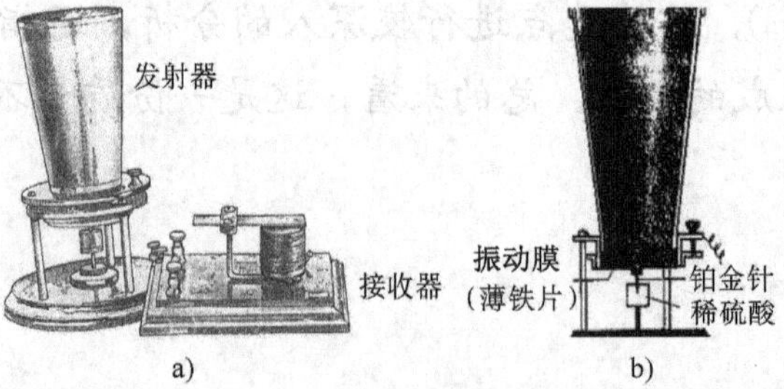

图1　最初的电话机

a）外形　b）原理图

1876年3月10日，电话机第一次发送出完整的话语。这是划时代的一天，一个发明实现了一个古老的梦想。

图1a即为当时的电话，左边为发射器，右边为接收器。声音通过使发送器中振动膜振动引起铂金针上下移动，电阻发生变化，电流强度发生变化，接收器中的磁铁磁性强弱与电流强弱也随之发生变化，从而带动振动膜振动发出声音，见图1b原理图。

由图1a可见，其外形简陋，使用时使用者需要俯下身对发射器大声说话，那边才能听清楚，没有听筒与话筒的区别，而且很不安全，电池外露为硫酸溶液，不适合普遍使用。

1877 年，爱迪生发明了新型碳粒话筒，改善了送话质量，其原理一直沿用至今。1878 年，爱德华·休斯又发明了麦克风，声音的清晰度有了大幅度提高。

图 2 即为磁性手持电话，改善后的电话，外观和性能上都有了一定的改善，使用者的安全也有了保障。只是从人机学的角度来看，使用者使用时必须一手持听筒，一手持话筒，手部得不到解放，而且长时间通话容易造成手臂疲劳。其话筒的形状、粗细、长短都没有从人的使用方便去考虑，不符合人的操作习惯。

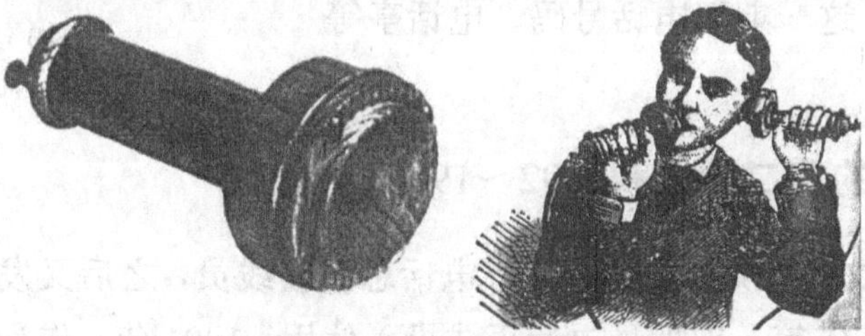

图 2　磁性手持电话机

同一时期，世界各国的电话产业迅猛发展，各种样式的电话不断出现。图 3 为日本制造的第一部电话机，不难看出其外形笨重粗糙，机体上有很多按钮、按键，容易让使用者手足无措，不知从何下手。由于技术条件的局限，还带着庞大的干电池，使用时须大声说话，噪声大且不清晰，你必须通过设备上的麦克风通话，耳朵必须紧贴着大机箱的接收器。

图 3　日本第一款电话

最早的附带手摇曲柄的发电机电话，是装在墙上的，手摇曲柄时向对方话务员发出振铃呼叫信号。为了和交换机进行联系，必须事先将发电机的曲柄转动几分钟，而为了完成呼叫，则必须反复进行这些动作。当时送话器的电源来自电话自备的干电池。1880 年，人们发明了能使双方通话并产生振铃信号供电式电话机，统一由电话局供电。由湿电池提供电力，于是由曲柄发信号的笨重壁挂式电话才开始被平滑的桌式电话所代替。

图 4 为 1910 年英国生产的永磁式电话机，是当时较为经典的一款手摇电话，可以看出外形上已经进行了整合，除了技术上的原因不便于使用外，从人机学角

度看，话筒线条僵硬，不符合人脸部的曲线，且机座过多的线条外露，有碍使用与美观。但较之从前的简陋已经有了很大的改善。

与此同时，与电话有关的技术迅速发展，电话传输器、配电盘、电话线的改进，使得降低噪声和静电影响方面取得了大幅度进展，开创了长途电话业务，为建立庞大的电话网络奠定了技术基础。这一期间电话号码、电话亭等蜂拥出现。

图 4　手摇电话机经典款式之一（1910 年，英国）

电话发展的第二阶段（1892～1926 年）

1889 年，SXS 交换系统开始代替电话总机接线员，之后又发明了旋转式指轮拨号电话。1896 年第一部拨号电话正式投入使用。1901 年，作为惟一的拨号电话设备制造商自动电力公司成立。1906 年，发明了电子管，它的扩音功能领导了电话服务的方向。贝尔电话实验室制成了三极管，一种用于电话放大的电子管，具有重大意义。1921 年贝尔钟系统引入了第一台商用的面板开关，它带来了许多革新并提出了许多新问题。尽管顾客能自己拨号，但有部分号码和一些操作方法不当会产生很大的噪声。总体上，这一时期的电话较之第一时期在功能和外型上都有了显著提高，下面就这时期比较经典的三部机型做一下具体分析。

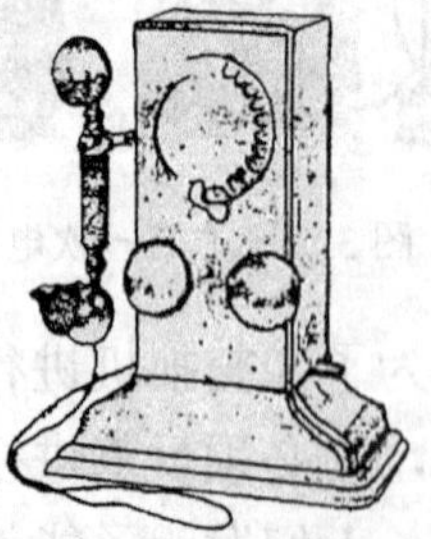

图 5　1908 年的德国拨号电话机

图 6　英国基座式拨号电话机

图 7　1924 年法国制造的拨号电话机

图 5 为 1908 年德国的拨号电话机，虽然使用上比手摇式更加方便快捷，但是外形笨拙，拨号盘放置在铅垂平面上，不符合人的使用习惯，使用者拨号时视线

看不见拨号盘的数字，而且话筒的挂置方式也不方便。图 6 为英国基座式拨号电话机，其拨号盘明显比图 5 方便于使用，但是话筒为固定在话机上的方式，限制了人的活动范围，使用起来很别扭，而且听筒的挂置也仍旧没有改进。图 7 为 1924 年法国制造的拨号电话机，外观及人机方面考虑得都比较完善，键盘的角度和话筒的挂置方式都比前两种更易于使用，已经比较趋近于现代的电话机型。虽然已经注意到这些方面的问题，但其细节方面还解决得不够完善。例如：话筒仍为挂式缺乏稳定性，拨号费时、不够快捷等。

接着，纵横制自动电话交换机代替了步进滑动接触，接触可靠性提高，杂声小，不易磨损，而且将控制功能和话路分开，使系统可以发挥较大的灵活性，有利于提高交换速度，将自动交换技术提高到一个新的水平。

电话发展的第三阶段（1926～1960 年）

纵横制自动电话交换机的出现将自动电话交换技术提高到了一个新的水平，到了 1948 年贝尔实验室发现了一种固态放大器件——晶体三极管，从此，晶体管逐步取代了机电式继电器和其他机械装置，使得设备体积变小，可靠性增加。

电话发展的第四阶段（1960 年至今）

1948 年以来，晶体管逐步取代了机电式继电器和其他机械装置在通信电路中的功能。1960 年，首次试验按键号盘，使用晶体管发出的音频电流，在启动交换机的功能方面比机械拨号盘发出的脉冲好，发号速度快，发号正确率高，提高了工作效率。1965 年 5 月开通了世界第一部程控电话交换机，它的出现标志着电话自动交换控制技术已从机电制布线控制发展到电子化程序控制的新阶段。程控电话的服务包括很多，如：缩位拨号、呼叫等待、热线服务、三方通话、呼叫转移、呼叫限制、会议电话、保密电话等等，为人们提供了很多方便。

1957 年世界上出现了第一块集成电路，此后集成电路迅速发展，至今小小的芯片上聚集着上亿的零部件。超大规模的集成电路在电子计算机和通信技术方面，给人类社会带来奇迹。以下为电话发展中体现现代科技终端的典型例子。

Vidio200 ISDN 可视电话为汉诺公司生产（图 8），该电话采用 ISDN 线路传输，传输模式为语音、图像同步传送，接收语音单独传送、接收，让远距离交流更真切、方便。图像显示：亮度、色彩和画质调整、画面选择功能均能符合人的视觉习惯，显示屏幕为5in[1] TFT彩色LCD液晶显示器，角度可调节，满足了不同使用者的需求，但屏幕大小稍微显小，眼睛长时间注视容易疲劳。菜单选择方式，操作简单，键盘按键分布合理，功能清晰明了，充分地考虑了人机之间的交流，各种指标符合国际标准，可与符合H.320标准的视频系统互通。

该电话的主要功能有：电话号簿功能，可存储常用电话号码、对方名称及通信方式；具有来电显示、自动应答及快速拨号功能；安全隐私保护功能可限制本方影像显示，可限制来电接听；画中画功能，本方和对方画面同屏显示；外接电视机及摄像头，可传送活动图像和声音。丰富的功能使人们的生活更加精彩。

图8　Vidio200 ISDN

该电话重量为2.2kg左右；外型尺寸约233mm（宽）×210mm（深）×192mm（高）；音频标准：ITU－TH.320；显示屏幕：5in TFT彩色LCD液晶显示器；视频标准：ITU－TH.263、H.261。

TANDBERG 1000型终端（图9）是挪威泰德通信公司专为满足用户在政府、企事业首脑办公室中实现“面对面”交流的需求而研制生产的高度集成的桌面型视频终端。其卓越的特性表现在：

图9　TANDBERG 1000型终端

1）完美的一体化设计。TANDBERG 1000以其紧凑、整合的结构设计，多用的网络接入方式，将用户从烦琐的电缆连接、深奥难懂的参数配置以及无法在频繁的商务旅行中随身携带的缺憾中解放出来，12.1in的液晶显示屏、内嵌式彩色CCD摄像机，都可以提供绕水平轴65°、绕垂直轴76°的广阔视角和焦距变换能力。前向麦克风和特殊抗共振材料的使用，使极其微弱的话音都无一遗漏，同时更经过回声抑制器的处理使对端听众再无回声干扰。超薄型设计及拆装自如的支架，使它既可以放置在办公桌上又可悬挂在墙壁上。

[1] 1in=25.4mm。

2）易于操作。无线遥控器可完成所有的系统操作，人机界面简洁，使用户可轻松完成所需操作，即使是非专业人士亦能迅速熟练掌握。

3）采用多种网络接口，无需硬件更换。使用户在商务旅行中既可接入电信公网又可利用所在地 IP 网络资源。

4）视音频质量卓越，在 LAN 网和 ISDN 网络上以更低的占用带宽传送高质量的语音。“自动增益特性”支持多达 10 个远端摄像机预制机位选择，使用户可看到不同的发言人。

5）通过“智能呼叫管理”系统，可根据线路状况自动进行系统配置，以使音视频质量达到最佳状态，无须用户人为操作。

6）多媒体流广播功能，可以使用户在网上自由地与其他电脑用户交流各种视频资源，如音乐等。

7）对 SNMP 协议的支持，使得那些身居领导岗位的非专业使用者无须亲自操作，即可在身处异地的具有系统维护管理权限的系统管理员协助下，使用此终端加入任何网络会议。诸多此类设计体现了以人为本的设计理念，体现了人机学基本原理在产品中的具体运用，满足了现代人在各种情况下的交流需求。

以下介绍比较有特色的电话。

图 10 为英国科学家在伦敦展示的一种新发明的“牙齿电话”。这种流动电话看起来像牙齿，可以接收流动信息，也可以接收无线电信，别人完全听不到，使用者再也不用担心丢掉手机。使用者可以随时随地，包括在游泳时，接收别人打来的电话、听音乐，甚至接收互联网上语音网站的信息，旁边的人完全听不到，有相当的保密性。不过它只能接收信息，不能拨电话。这种革命性植入型电话还有一个缺点，就是必须动手术把这个“牙齿电话”装在臼齿内，安装方式复杂烦琐，如果能再简单一些，比如直接套在牙齿上，会更方便人们的使用，符合时代的发展方向。

强振助听电话（图 11）是 CASTEL 公司针对听力障碍者或听力正常者在高噪声环境下使用而研制的，使用时只需将听筒轻按前额或头部骨骼，声音便经骨骼传递，使用者可由此听到对方的清晰话语。外观简洁，超大按键便于操作且有夜光显示，方便使用者在黑暗中使用。听筒音量及振动强度的可调节性，满足了不同用户的需要。但其外观稍显简陋，可以用更丰富的形态语言来体现其独特的功能，让人更能了解它的独特之处。功能上还有许多有待延展的部分，如：来电显示、振动提示来电等。

图 10　牙齿电话

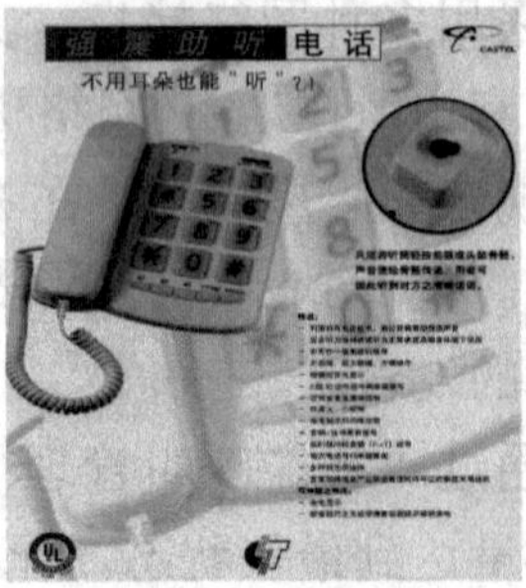

图 11　强振助听电话

小结

电话机的发展与人机学有着密切的联系。社会的发展、技术的进步使人们的生活水平不断提高，仅具有通话基本功能的电话不能满足人们的需求，并且人们要求操作便捷，不管产品的功能多么完备，如不从人机学角度出发，将不便于用户操作，被市场所淘汰。同理，不管产品造型如何精美，如不符合人机学基本原理，不从人本身的需求出发，那么将不被时代所接受。因此电话的发展也不例外，绝不能与人机学相背离。随着时代的进步，电话技术将更加数字化、网络化，人机学也将向着更高的领域延伸、发展。

指导教师点评

指导教师对于上一篇作业的点评也基本适用于本篇，不再在此重复。本文中某些部分的论述也较为具体细致，例如对于图 5、图 6、图 7 的对比分析等。不过电话机的历史比手机长得多，电话机发展中的人机学因素内容也必然丰富得多，要把课题往深广作足够的展开，对于课程作业是有难度的。本文没有达到这个程度可以理解，不宜苛求。本文的不足在于：对 20 世纪中期 1926～1960 年这个大跨度时间段的分析、论述过于简略。

（阮宝湘）

17 关于人们自然行为倾向的初步探究

北京邮电大学 工业设计专业 00504班 刘磊 郑凯涛

一、序

人机工程学从20世纪初发展至今，从最初着重于心理学研究的“应用实验心理学”，到重视工业与工程设计中“人的因素”，力求使机器适应于人，再到现在多学科多领域研究的综合性边缘学科，对人的行为的研究，已经越来越受到重视，特别是在一些安全事故成因分析中，对人的行为分析是重要的一个环节。本文就人的行为倾向来进行分析，包括什么是行为，行为研究的领域，研究行为的一般方法，人的行为一般规律，影响人的行为的各方面因素，并且最终阐述了研究人的行为倾向的意义。

二、人的行为

人的行为千差万别，影响人的行为的因素也是多种多样的。不同的人在同一条件下有各种各样的行为表现；同一个人在不同的条件下也有不同的行为表现。研究人的行为的目的，就是为了从复杂纷纭的现象中揭示人的行为的普遍规律，以便有效地控制和预测人的行为，使人按照一定的社会生产和社会生活的需要来行动，更好地促进社会和人类自身的发展，维持社会生活的正常秩序。

对于人机系统中的操作者，如果把他作为一个独立的系统来研究，完整的人体从形态和功能上可分为：运动系统、消化系统、呼吸系统、泌尿系统、生殖系统、循环系统、内分泌系统、感觉系统和神经系统共九个系统。各系统的功能活动相互联系、相互制约，在神经、体液的支配和调节下，构成完整统一的有机体，进行正常的功能活动。

如果把操作者作为人机系统中的一个“环节”来研究，则人与外界直接发生联系的主要是三个系统，即感觉系统、神经系统、运动系统，其他六个系统可以认为是人体完成各种功能的辅助系统。

人在人机系统中的作用如图 1 所示。欲使图 1 所示闭环系统有效地运行，就要求人体结构中许多部位协同发挥作用。首先是感觉器官，它是操作者感受人机系统信息的特殊区域，也是系统中最早可能产生误差的部位；其次，传入神经将信息由感觉器官传到大脑的理解和决策中心，决策指令再由大脑神经传到肌肉；最后一步，是身体的运动器官执行各种操作动作，即所谓的作用过程。对于人机系统中“人”的这个环节，除了感知能力、决策能力对系统操作效率有很大的影响之外，最终的作用过程可能是对操作者效率的最大限制。

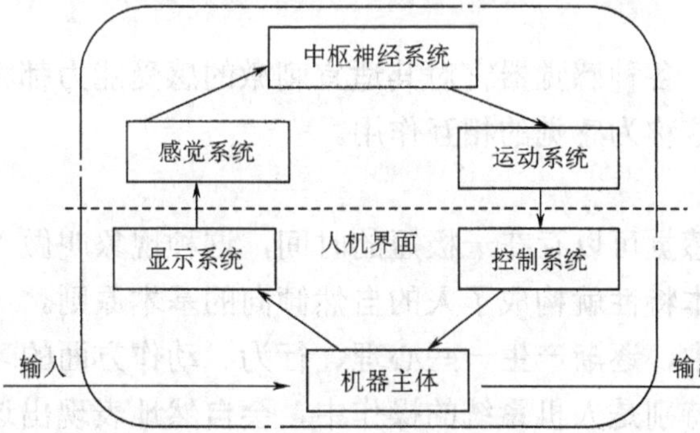

图 1　闭环人机系统的构成

研究人的自然行为倾向的重要意义在于：迄今的人机学研究大多建立在机器对人的单向作用上，而在人机系统中，人与机器具有互动的关系，这就需要我们了解人对机以及人对环境的反馈，而这些反馈是建立在人的自然行为倾向上的。

广义的人的自然行为倾向包括一切人的感知及反应，而狭义的人的自然行为倾向是指人在下意识或未经反应的情况下做出的行为。

人的感觉和知觉都对人机系统的设计有影响，但从狭义的人的自然倾向来看，我们更着重介绍一下人的感觉，有一些基本的特性如下：

1. 适宜刺激

人的各种感觉都有各自最敏感的刺激形式，这种刺激形式称为相应感觉器官的适宜刺激。如视觉—眼，听觉—耳，嗅觉—鼻，味觉—舌，皮肤感觉—皮肤及皮下组织，深部感觉—肌体神经和关节，平衡感觉—半规管。

2. 感觉阈限

刺激必须达到一定强度方能对感觉器官发生作用。刚刚能引起感觉的最小刺激量，称为感觉阈下限；能产生正常感觉的最大刺激量，称为感觉阈上限。刺激强度不允许超过上限，否则不但无效，而且还会引起相应感觉器官的损伤。能被感觉器官所感受的刺激强度范围，称为绝对感觉阈值。受到阈值范围内的刺激，人就会做出相应的行为反应。

3. 适应

感觉器官经持续刺激一段时间后，在刺激不变的情况下，感觉会逐渐减小以致消失，这种现象称为“适应”，通常所说的“久而不闻其臭”就是嗅觉器官产生适应的典型例子。

4. 相互作用

在一定条件下，各种感觉器官对其适宜刺激的感受能力都将受到其他刺激干扰的影响而降低，这称为感觉的相互作用。

5. 余觉

刺激消失后，感觉可以存在一极短的时间，这种现象叫做“余觉”。

这些感觉的基本特性就构成了人的自然倾向的基本原则。

人在进化过程中，逐渐产生一些心理、行为、动作方面的习惯（自然倾向），在人的日常生活，特别是人机系统的操作中，会自然地表现出这些倾向，尤其是在事故或者突发事件中，人就本能地做出某些反应。对这些表现或反应的研究有助于我们更好地理解人的内心需求，从而做出更好的设计。

需要弄清的问题是：人类某些看似自然的行为背后的需求是什么？或者说是什么让人类产生了这些共同的行为倾向？这些行为倾向应该成为人机系统模型的组成部分。

影响人的行为的因素有：

（1）生理因素　遗传、人的大脑的构造和功能。

（2）心理因素　气质、能力和性格。

（3）社会心理因素　社会知觉、价值观、社会角色。

（4）主要社会因素　社会舆论、风俗和时尚、其他社会因素。

三、怎样研究人的行为

（一）行为科学的研究对象和研究领域

研究人的行为倾向，主要集中于以下五个方面：

1）人类行为在其发展过程中受到不同国家、不同民族、不同区域文化差异的哪些影响？以及这些影响使人做出的自然反应有何不同？

2）生理因素和心理因素对人的行为的影响。主要研究个人行为是怎样受到他的认识、情感、意志、气质、性格、态度、价值观等心理过程及特性的影响，并且由这些影响产生的人的一般行为倾向。

3）社会因素对人的行为的影响。其中包括人与人之间的关系、组织环境、身份、权力、人与人的冲突、领导作风等因素对人的行为的影响。

4）综合研究人的行为的一般模式，探索人的行为发生的原因，从人的需要动机出发，揭示人的需要得到满足与得不到满足时行为表现的规律性，以及如何创造满足人的需要的条件等等。

5）应用性研究。一般行为科学的应用学科很多，如医疗行为学、行为管理学、犯罪行为学、政治行为学、行政行为学等等，当然包括了人机工程学。它们的宗旨在于应用行为科学的基础理论，研究各个具体领域中控制、引导人的行为的方法和技术。

（二）研究方法

1. 观察法

观察法又称自然观察法。它是通过人的感官（眼、耳等）在自然的、不加控制的环境中观察人的行为，并把结果按时间顺序作系统记录的研究方法。在实际应用中，根据观察者与被观察者之间的关系，又可分为参与观察和非参与观察。

观察法的优点是目的明确、使用方便、得到的材料系统。自然观察在完全自然的条件下进行，被观察者一般并不知道自己处于被观察的地位，因此他的行为表现真实自然，提供的材料也比较真实、可靠。观察法只能了解到大量的一般现象和表面现象，很难对复杂现象的本质做出回答，所以观察法一般要与其他方法配合使用。

为了保证观察材料的客观性，使用观察法应注意以下几点：①观察者需要经过一定训练；②每次最好只观察一种行为，而且每次观察什么行为特征，需在观察前确定；③尽可能由几个人同时观察，以便彼此核对事实。

2. 谈话法

谈话法是通过面对面的谈话，直接了解他人行为及心理状态的方法。谈话法又分为有组织的谈话和无组织的谈话。有组织的谈话一般是遵循固定的方法，主试根据预先拟定好的提纲提问，被试针对所提的问题进行回答。而无组织的谈话结构松散，气氛活跃。

运用谈话法时，事先要有周密计划，要确定谈话的主题。在谈话过程中要注意引导，以把握谈话的内容和方向，使被试作答轻松自然，又不离题太远。

3. 问卷法

问卷法是根据主试事先设计好的表格、问卷、量表等，由被试自行选择回答的一种方法。问卷一般有三种形式：

（1）**是非卷**　要求被试对问卷中每个试题做出“是”或者“否”的回答。

（2）**选择卷**　要求被试对问卷从并列的两种或多种假设提问中做出选择。

（3）**等级排列卷**　列出同一问题的多种答案，让被试按其重要程度排列次序。

问卷的优点是可以在短时间内取得广泛的材料，便于进行定量分析。其缺点是难以对所得材料进行鉴定，不能直接将所得结果与被试的实际行为进行比较。

问卷法要求所提问题明确，使被试能理解、把握。调查表收回后，要运用统计学的方法对所得数据进行处理。

4. 测试法

测试法是采用标准化的量表或测量仪器来测量被试有关心理品质和行为的研究方法，如现在研究中常用的智力测验、人格测验、特种能力测验等等。

使用测试法应特别注意信度和效度这两个因素。信度就是多次测量同一内容，所得的结论要前后一致。效度就是测验本身的有效性，即研究人员真正测到了要测量的内容。

测试法是比较复杂的研究方法，必须由受过专门训练的人员主持测验。

5. 试验法

试验法是实验者有目的的严格控制或者创设一定的条件引起某种行为的研究方法。试验法分实验室试验法和自然试验法。实验室试验法是在实验室内借助各种仪器严格控制外界条件来进行的实验方法。自然试验法是在日常情况下，适当控制条件，结合正常业务工作进行的试验方法。行为科学一般不采用实验室试验法。

运用试验法研究人的行为，一般把被试分为试验组与控制组。受到条件控制的组叫试验组，未受到条件控制的组称为控制组。分组的目的是实验后将两组所得结果进行对照，以便找出试验变量和控制变量的关系。

6. 个案法

个案法是对某一社会单位（某一个人、某一群体或某一组织）在较长时间内连续进行调查、了解，从而研究其行为发展变化全过程的方法。被研究的社会单位称为个案。

个案法一般要求研究者参与被研究个案的活动，与被研究者打成一片，从切身感受和获得的详尽资料中求得理论性和应用性的结果。

四、生活中的自然行为倾向

下面从现实生活中的一些具体例子来研究人的自然行为倾向。

人的自然行为倾向中，最常见也是大家最熟悉的就是左右手的使用。约有90%的人习惯用右手做大多数事情，而其余部分则是左利者。人的这种自然行为倾向，对于工具的制造产生了深远的影响。因为右利者创造了符合他们习惯的世界。从剪刀到门把手，从瓶盖起子到小提琴，从活动座椅到牙医的座椅，所有这些设施都只方便使用右手的人。一些人机工程学专家发现，尽管如今左利者不再受压抑，但与物品简单而稀少的50年前相比，世界对于他们来说更加复杂了。这使左利者面临一种两难处境：或者用左手操作本适于右手操作的工具，这往往显得很笨拙；或者自行把右手用工具改制成左手用，这经常比较粗糙。因此，在使用旋转的、运动的、锋利的工具和从事笨重的工作时，左利者难免比右利者更多地会受到伤害。工具在这里也包括了厨具、运动器械、文教用品等。有一些工具需要自左向右转，这更适于右手，如旋紧螺栓、开塞钻、转盘电话等等。另一些完全是为右手设计的，如剪刀、起瓶器、高尔夫球杆，各种手用工具（手电钻、锯、锄草机等）。左手使用这些为右手设计的工具，有的仅引起些许不便，而另一些则危险得多。在生产中的钻孔作业，使用削肉片机、带锯，都可能会给左利者造成伤害。有一些研究人员相信，左利者的工人在生产线上面临的危险远远大于他们使用右手的同行。

即使在日常生活中，不适当的用品带给左利者的也不仅仅是不方便。左手写字的人用一般的带书写板的椅子（如以前大学里多见的“扶手椅”），不得不转过身去写字，常常腰酸背疼；左利者用右手用的削皮刀，手也更易受伤。

据英国1991年的死亡报告的统计，左利者在工伤中死亡的人数明显高于右利者。因此有关组织呼吁工具设计部门，在设计工具时，既要考虑到右手使用者的需要，也要考虑到左手使用者。

为什么人一侧的手较另一侧具有优势呢？这有很多解释，但还没有通用的说法。

有人从人类的能量体系角度解释人类活动集中于某一侧肢体的原因。人类是远较一般生物高级复杂的物种，只有人类有语言，人手的自由度是没有任何一种动物可比的。集中使用一侧手，主要是训练单只手比训练两只手更简捷迅速。持续使用同一只手，有利于手技能的改进并提高手活动的强度，从而提高效率、耐力和灵活度。在日常生活中，比较简单的活动，如提包，人们往往不那么分左右手。而复杂的活动，如写字，却往往都只会用某一侧手。从这个角度说，动物越高级，肢体动作越复杂、越精细，这种复杂、精细的工作由某一侧肢体担任，而另一侧肢体起辅助作用，有利于这个生物能量体系节能，因而是一种合理的选择。因此进化选择了人类单侧肢体更发达，也正因为如此。和一般哺乳动物比较，人类是肢体侧向性发展最明显的。

考古学家还有一些有趣的发现，史前时期的岩洞石刻动物画中，许多侧面像是朝右的，而这是站在左利者的角度观察和描画的结果，这表明古人类中用左手很普遍。另一个发现是新石器时代的工具，有一些是左侧打磨锋利，而另一些是右侧打磨锋利，二者比例相当。这表明，新石器时代的人类左右手的使用是均匀的，并不那么强调使用哪一只手。而进入青铜器时代，铜制的镰刀却几乎青一色是右手使用的，这暗示右手已完全占了上风。无怪乎有些人类学家把青铜器时代作为右利者时代的开始。

当然还有些轻松的人的自然行为倾向，也许你稍稍注意观察就会发现一个有趣的现象，大多数母亲惯于用左手抱她们的孩子。这是一种偶然还是有其内在的根据呢？英国研究人员对此做了大量的研究，他们对母亲爱用左手抱婴有了新的发现。伦敦哈默史密斯医院的谢拉兹基医生发表报告称，让宝宝伏于母亲的左边，母亲的声音就会通过宝宝的左耳传到他们的右半边大脑——亦即是大脑中处理音调、旋律和情感的部分。1973 年由美国心理学家索尔克也证实，83%的右利者母亲，78%的左利者母亲，都爱用左手来抱宝宝。这样能使宝宝听见母亲的心跳声，让他们平静下来。谢拉兹基还说：“这完全源自一种深藏的母性本能——即使失聪的母亲也会向她们同样失聪的婴孩唱吟，纵然她和婴儿二人都听不到声音。”

有心理学家观察，恋人相互倾诉时，多对左耳。恋人拥抱，也更多相拥于对方的左侧。有兴趣的话，你不妨统计一下电影、电视上的拥抱镜头，看看这个规律成不成立。那么，这是一种偶然现象，还是有其必然性呢？

也许可以这样解释，人的右脑掌管色彩、感性思维，更多的和人的情感活动相联系。爱情本来就是一种本能的、非理性的心理活动，右脑思维占的比重更大一些。陷入情网的恋人，本能地对对方的左耳倾诉，左耳得到的信号直接进入右脑，右脑会得到更强烈的刺激。这符合恋爱时心理活动的规律。

不过，若向上司汇报工作，最好还是对他的右耳说更好一些，这时需要他左脑更活跃一些，用理性的思维判断你的工作。

不仅如此，人通常往右侧转身，往左侧转头，人在遇到迎面而来的冲撞时通常往右侧躲避等等现象，都说明了人似乎受到某种特殊力量的控制。

当然，也有人利用这些人的自然行为倾向，比如在足球比赛的点球中，守门员的左下角是最难达到的地方，射门队员打这个角度，进球的概率最大。

五、人机学中的人的自然行为倾向

德国斯图加特设计中心在评选每年优良产品时，人机工程上所设定的标准为：

1）产品与人体的尺寸、形状及用力是否配合。

2）产品是否顺手和好使用。

3）是否防止了使用人操作时意外伤害和错用时产生的危险。

4）各操作单元是否实用；各元件在安置上能否使其意义毫无疑问的被辨认。

5）产品是否便于清洗、保养及修理。

以上标准的第 2 条、第 3 条和第 4 条与人的自然行为倾向有着重要的联系。其中：第 2 条考虑到人的自然行为的倾向；第 3 条要考虑到人犯错的可能以及人在发生意外情况时所做出的下意识反应；第 4 条则是考虑到人对物体的感觉和知觉。

此外，在事故分析和安全设计上，人的自然行为倾向就显得更加重要。因为在急迫的情况下人的自发反应就体现得更加明显。

1. 事故分析

引发事故的原因非常复杂，但依据人机工程学理论，从控制事故原因的角度来分析，可将事故的基本成因归结为人的原因、物的原因、环境条件三大因素的多元函数。而系统安全管理、事故发生机理也构成事故发生与否的关键因素。由此观点得出事故致因逻辑关系可用图 2 表示。

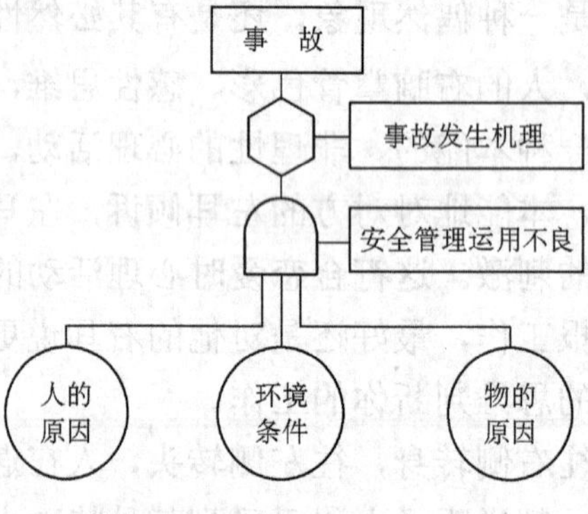

图 2　事故致因的逻辑关系

2. 人的不安全行为

从事故统计数据来看，发生事故的原因大多是人的不安全行为所致，其比例高达 70%～80%。随着现代科技水平的提高，人因事故比例还有进一步提高的趋势。因此，从提高人机系统安全性角度，必须重视对人的不安全行为的研究。

事故的原因除去固有的危险源和人的失误的内在因素（生理，心理，精神状态等）外，更主要的是下列方面人机界面设计误差所导致的：

（1）知觉　刺激过大或过小。

1）感觉通道间的知觉差异。

2）信息传递率超过通道容量。

3）信息太复杂。

4）信号不明确。

5）信息量太小。

6）信息反馈失效。

7）信息的储存和运行类型的差异。

（2）信息　按照错误的或者不准确的信息而操纵机器。

1）训练：①欠特殊的训练；②训练不良；③再训练不彻底。

2）人机工程学手册和操作明细表：①操作规定不完整；②操作顺序有错误。

3）监督方面：①忽略监督指示；②监督者的指令有误。

（3）显示　信息显示设计不良。

1）操作容量与显示器的排列和位置不一致。

2）显示器识别性差。

3）显示器设计不良：①指示方式；②编码；③刻度；④指针运动。

4）打印设备的问题：①位置；②可读性、判别性；③编码。

（4）环境 影响操作机能下降的物理的、化学的空间环境。

1）影响操作兴趣的环境因素：①噪声；②温度；③湿度；④照明；⑤振动；⑥加速度。

2）作业的空间设计不良：

①操作容量与控制板、控制台的高度、宽度、距离等；

②座椅设备、脚、腿空间及可动性等；

③操纵容量；

④机器配置与人的位置可移动性；

⑤人员配置过密。

（5）控制 控制器设计不良。

1）操作容量与控制器的排列和位置不一致。

2）控制器的识别性差。

3）控制器的标准化差。

4）控制器设计不良：①用法；②大小；③形状；④变位；⑤防护；⑥动特性。

（6）心理状态 操作者因焦急而产生心理紧张状态。

1）人处于过分紧张状态。

2）裕度过小的计划。

3）过分紧张的应答。

4）因加班休息不足而引起的病态反应。

六、小结

人的自然行为倾向对于人机工程设计的重要性可以简略小结如下：人机学的基本要求是使机械设备、工具、作业场所以及各种用具、用品与人的生理、心理特点相适应，达到人们工作和生活安全、舒适、健康、高效的目的，为此，涉及生理学、心理学、社会学诸多因素的人的自然行为倾向，便在其中起着重要的作用。引发作业或工程事故的原因之中，人的不安全行为占有很大的比重，研究人的自然行为倾向对事故防范同样具有重要意义。

指导教师点评

这是一个理论性比较强、又比较新的课题，尚没见有著述对此提供切题的完整论述。因此，两位同学为做这个课题而查阅文献资料，怕是难免要经历一番“清塘捞鱼虾”、“小年打枣子”的景况吧！他们能在有限的时间里交出这份作业，动了脑子、做出了努力是可以想见的。从作业的内容来看，课题的基础部分，论述和分析相对充分一些；而课题的应用部分，则未能用典型案例加以展开。也就是说，论证了人的自然行为倾向对人机学的重要性以后，没有举出多少令人信服、发人深省的实例进行佐证，文章就收尾了，阅读后使人有点虎头蛇尾的感觉。这固然有客观上的原因，能够从文献中查到的资料实在很少，但若能下更多的功夫发掘思考，相信把这部分写得更好一些是有可能的。

人机学要发展，就要向鲜活的新方向、新课题不断开拓推进。希望在年轻人的身上。让学生们在本科学习阶段，就对学科未来的可能发展方向开始有所了解、关注、接触，应该是有意义的事情。

（阮宝湘）

18 人机工程设计创意集锦

北京理工大学 工业设计系 刘永翔

生活中还存在着各种各样的不方便、不满意，这是一直有所感受的。学习了人机学课程，使我对这些问题有了新的认识，也激发了设法解决问题的愿望。通过这次的集中思考，提出了以下的创意。但这些创意需要经过进一步的分析研究和深入设计，才能知道能否发展成为有价值的实际事物。

1. 安全插头和插座

以前我家一个邻居的孩子，曾经在插电源的时候发生过一次触电事故，至今印象深刻。现在常见的电源插座、插头存在着安全隐患，也是不少人都有感受的。下面分别就插头和插座提出改进安全性的设想。

图1a表示使用普通插头时手指接触到导电片（或导电棒）的情形，事故大致由此发生。改进方法之一如图1b所示，把插头的底面加大，导电片离底面边缘距离明显增加，触碰着的可能就很小了。改进方法之二如图1c所示，在插头导电片伸出的根部加一段绝缘套，可有效杜绝手指触电。当然与这样的插头配用的插座孔也要与它相适应。

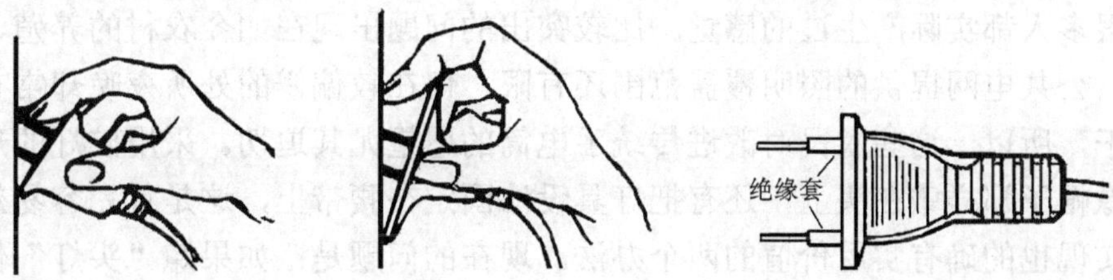

a) b) c)

图1 普通插头的安全隐患与改进方法

图2a表示从插座方面提高安全性的一种设想：让插座上与插头接触的工作面下凹一定距离，形成台阶，插拔插头的时候手指就不可能碰到导电片了。与这种插座配用的插头应该少许加长一些，以免抓捏面太小使插拔的力量不够。还存在另一类情况：由于不慎或不巧，钥匙、小刀剪、镊子等小金属器物的一端落入了

插座的孔里，或者有水淋漫在插座孔的里外，也会引起触电、漏电事故。设想可用图 2b 所示带绝缘片活门的插座来防止这类事故。图 2b 左右两图中虚线所画为绝缘片，平时让插座处于图示状况，绝缘片阻隔着电源，插头插不进去，小金属器物和水也不会引起触电、漏电。要用插座的时候，只要向下拨动图 2b 左图的扳钮或将图 2b 右图的扳钮逆时针转动 90°，绝缘片被拨开，插座即可安全地正常使用。

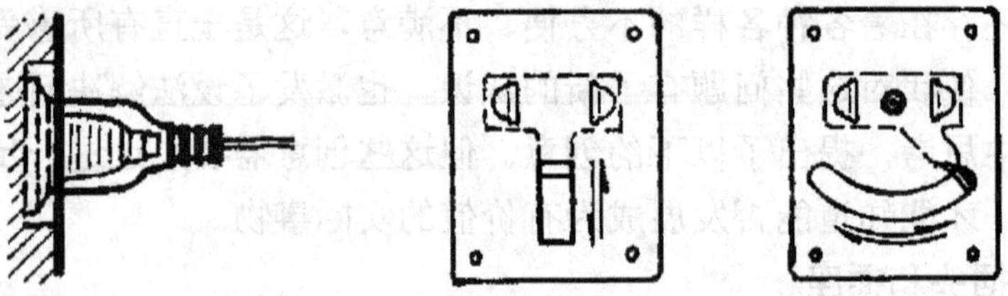

a)　　　　b)

图 2　安全插座的两种方案

2. 随身亮（或者叫做“随身照”）

如果把这里的创意产品称为“不用手拿的手电”或者“不用手拿的电筒”，也许会通俗易懂一些。但既然不用手拿，却还叫“手电”，难免有点滑稽；它的外形并非圆筒状，却还叫“电筒”，也有点莫名其妙。现在参照大家都熟悉的东西随身听，暂时称为随身亮或者随身照吧。

如果需要照亮，又需要双手同时解脱出来做事，普通手电筒就适应不了要求，这是很多人都实际产生过的感觉。比较突出的问题出现在如今农村的养殖、种植业里：公共电网提供的照明覆盖范围还有限，但在较偏僻的处所夜晚却常有活必须去干，所以，这些农民对改进传统手电筒的愿望尤其迫切。采用矿灯的形式把灯具像帽子那样戴在头上，还有把灯具设法固定在腰带上，这是首先容易想到、容易实现也的确有实用价值的两个办法。现在的问题是：如果嫌“头灯”位置太高，又嫌“腰灯”位置太低，想让随身的灯具固定在这两者之间的高度上，该怎么办？用什么办法固定？

现在的设想是：利用上衣上的扣子来安置灯具。把灯具缀连在一块帆布的衬底上，帆布衬底上有大小不同的扣眼，可分别适应于扣子大小不同的衣服（在衣服上特意缝两个扣子上去也很容易）。上下各有一个扣子扣住，灯具就不用手拿而能做到“随身”了，如图 3 所示。帆布衬底上扣眼很多，以便于调整灯具位置的高低。如果有必要增加辅助的固定措施，可用长度可调的带子挂在脖颈上，如图3a所示；也可设置一个专用的夹子，夹在上衣的开襟边缘，如图3b所示。另外，为了减轻灯头的质量，也可以把电池盒与灯头分离开，把电池盒放到衣兜里去，只用很细的电线与灯头相联，因此图3a上画了电池盒，而图3b上却没有画。

灯头最好用球铰联结在基座上，让灯光能在空间一定范围内调节投射方向。

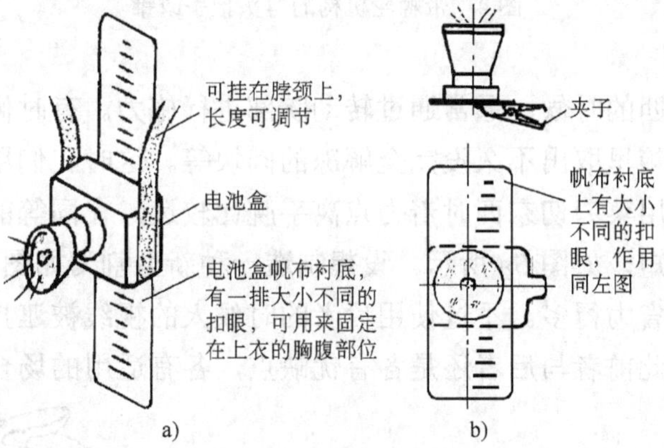

图3　关于“随身亮”的设想

3. 带棘轮机构的螺钉旋具

螺钉旋具也叫螺丝刀、改锥，拧螺钉的过程中手要反复地正转和反转。反转时不能带动螺钉旋具跟着反转，所以必须稍稍松手；反转时又必须把螺钉旋具扶住让刀口保持在螺钉头的槽里，所以又不能完全松手。这在有些情况下会有困难，刚刚有点松手，螺钉旋具刀口就从槽里滑脱出来了，重新让刀口对准并嵌进槽里去既费时又费神。问题的关键在难以掌握松手的程度。设想像自行车飞轮那样，让螺钉旋具把手的外套和螺钉旋具心轴采用棘轮机构联结，能在不必间歇松手的条件下，实现“正转螺钉前进，反转螺钉不后退”，操作就顺畅多了。使用普通螺钉旋具的过程中，螺钉每推进一圈，手掌与螺钉旋具把手外表面之间要产生360°的相对转动，所以螺钉旋具把手不能有凸起部分，否则阻碍操作。而使用带棘轮机构的螺钉旋具把手时，手和螺钉旋具把手之间可以固定位置，不产生相对转动，因此把手可以制成弯头的形式，如图4a所示。这就能大大增加操作的旋转力矩，对费劲的操作特别有利。操作时让手掌的小鱼际肌施力在弯头部位，特别符合人体解剖学要求。图4b端部的小弯头可以扳出使用，也可以按图上箭头方向把它压回到端面里去，以灵活适应不同的情况。

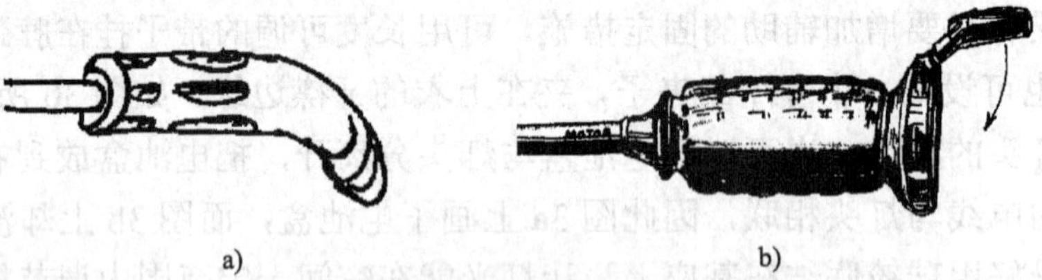

图 4　带棘轮机构的弯头把手改锥

4. 省力割刀

用刀切割东西的时候，通常通过转动腕部进行施力。有时候要切割的对象比较坚硬，例如冰箱里取出不久没完全解冻的肉块等。这时我们用普通菜刀来切很费劲，原因是：用菜刀切东西时着力点离手腕比较远，在同等的切割阻力下，需要施加更大的力矩，如图 5a 所示。设想制造一种新型割刀如图 5b 所示，着力点移近手腕，将会省力得多。不过使用后者的时候人的视线被遮挡得较多，操作也不一定灵活。因此前者与后者还是各有优缺点，各有适用的场合。

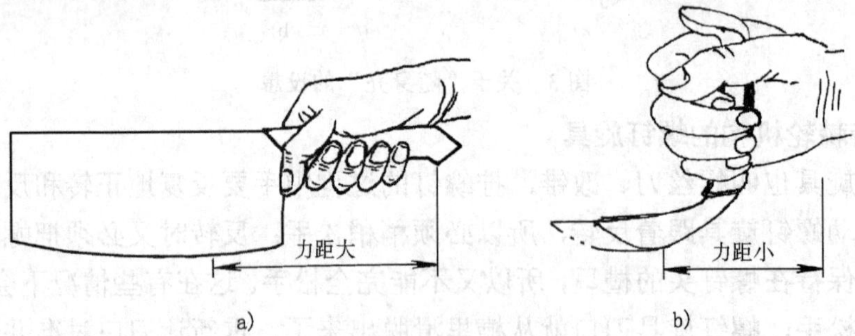

图 5　普通菜刀和省力割刀

5. 单身汉系列炊具

现在市场炊具的加热器，多按一家人使用设计，对“单身贵族”而言，功率和体积都嫌大。但“单身贵族”也向往炖、煎、炒、煮样样来得，又要少占空间。为此构思的单身汉系列炊具——茶壶、奶锅、饭锅、炒锅、火锅等一应具全的炊具都有相同的底部尺寸和形状，可共用同一个加热器，如图 6 所示。只需要买一个加热器，炊具按兴致配置和增添，享受“小而全”的惬意。

6. 一次性拖鞋衬

现在宾馆、饭店多提供一次性拖鞋，鞋底、鞋帮非常薄，伸进脚去难，行走不舒服，尤其在卫生间，地面只要有点水就会弄脏脚。可以借鉴一次性纸杯提出改进创意。一次性纸杯也是很薄，直接拿着容易变形拿不住，水温高时还烫手，把它放在塑料杯托里使用，问题就解决了，如图 7a 所示。把一次性拖鞋的概念转换为“一次性拖鞋衬”，套在脚上以后再穿普通拖鞋，问题也可迎刃而解，如图 7b 所示。

图 6　单身汉系列炊具

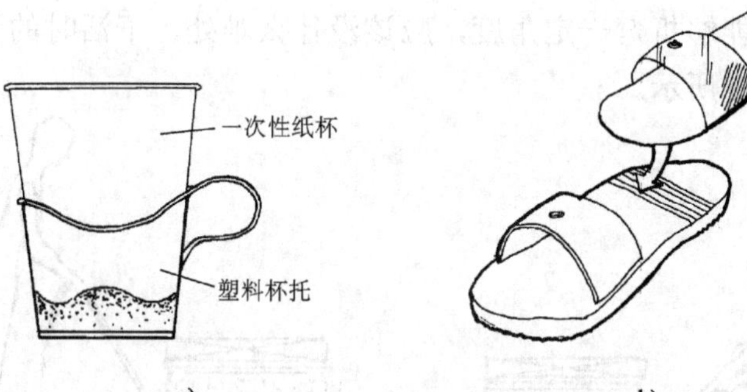

a)　　b)

图 7　一次性拖鞋衬的创意

a）一次性纸杯和杯托　b）一次性拖鞋衬的使用

7. 防折断的小钥匙

小锁配小钥匙。但有时小锁并不灵活，不仅拧钥匙费劲，还可能使小钥匙扭曲变形，甚至从根部折断。钥匙前面一段留在锁孔里，取不出来，叫人头疼。我的针对性创意如图 8 所示：在钥匙的“肩部”两侧增加两个凸齿，锁的相应部位则有孔，可使拧动的力矩增加好几倍，也能有效防止钥匙折断。

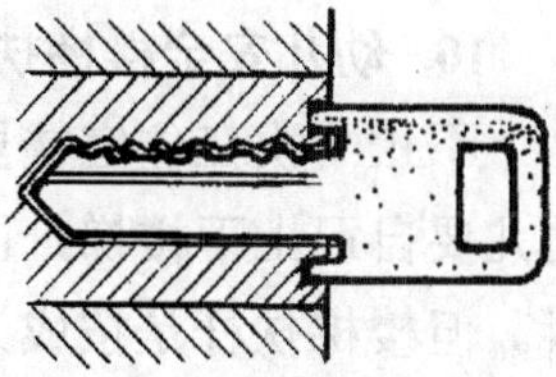

图 8　防折断的小钥匙

8. 便捏指甲剪

指甲剪小，使用时用手捏压的部位更小，又尖尖地翘着如图 9a 所示，常常捏不稳，压不准。人机工程设计创意是：把翘起的尖端改成弧形，增加大拇指捏压的接触面积，捏压得以稳准，拇指也舒适一些。

9. 可弯折的吸尘器导气管

图 9 指甲剪的问题及改进创意

a）常见指甲剪 b）改进指甲剪

吸尘器的优势应该是清理边角旮旯、床下、柜底等处，但用普通直导气管清理这些处所时，导气管活动常常会受到室内器具的限制，不得已，只能由干活的人变换着姿势来适应，于是造成强迫体位工作的劳累。图 10a 表示用直导气管吸尘器清理床下不得不半蹲半跪工作的情形。若将吸尘器导气管做成能够折弯一定角度，应该没什么难处，干活时的姿势可以因此得到改善，如图 10b 所示。

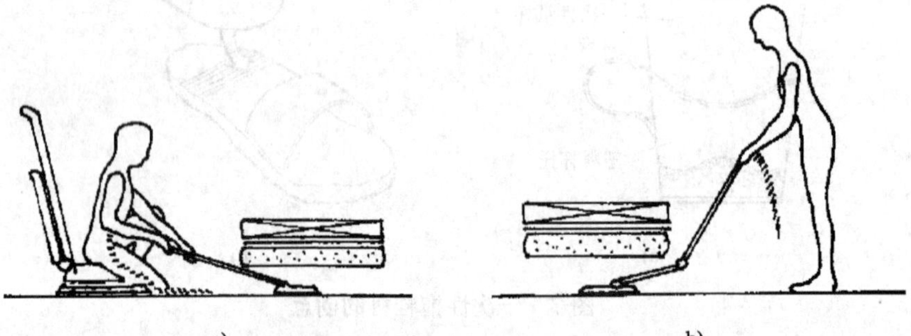

图 10 吸尘器的导气管及其改进

a）使用直导气管，强迫体位工作 b）导气管可弯折，工作姿势舒展自然

10. 幼儿安全楼梯扶杆

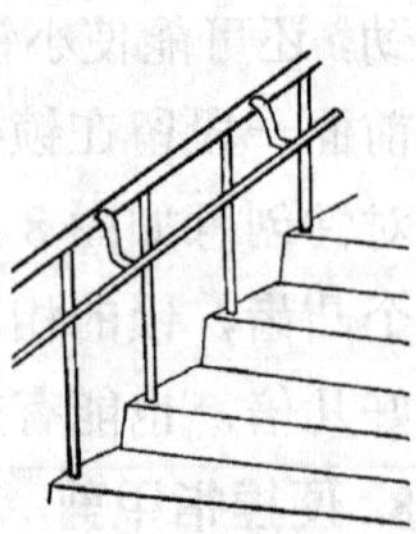

图 11 幼儿安全楼梯扶杆

不止一次在住宅楼里见过这样的情景：三四岁的幼儿要自己上下楼梯，而且拒绝并摆脱大人的搀扶照料。但楼梯扶杆是按成人使用设计的，比较高，对这么大小幼儿的安全确实没有保障。建议改进住宅楼楼梯扶杆的设计，在成人扶杆的下方增设一根幼儿扶杆，高度可在 550mm 左右，如图 11 所示。

11. 储蓄窗口的非对称票据交接槽

有些储蓄窗口的窗台上设有一个票据交接槽，现在所见到的交接槽，其槽形对于隔栏玻璃窗都是对称的，如图 12a 所示。这对于顾客没有问题，但营业员伸手到槽里的距离较大、较费劲，实在没有必要。应该把交接槽的槽形由对称改为非对称，如图 12b 所示，降低营业员一侧的台面，让营业员稍稍伸手即可拿取和放置票据，如图 12c 所示。小小的人性化元素，体现了对人关怀的现代设计理念。

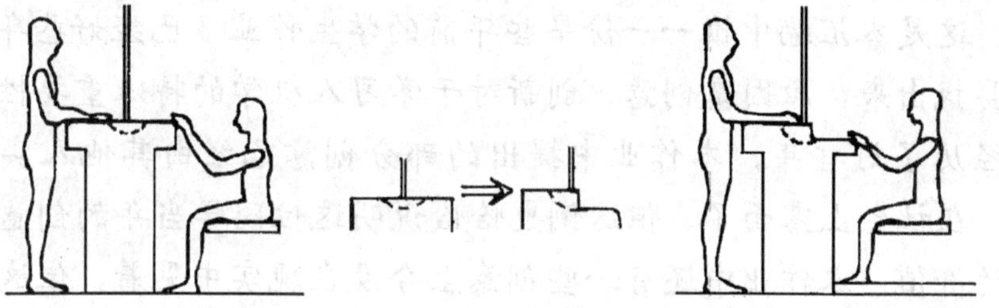

a) b) c)

图 12 储蓄窗口票据交接槽的改进设计

a）现行的工作情景 b）改对称为非对称 c）改进后的工作情景

12. 库房里可推移的柜列

书库、档案室、文件资料室之类的库房里，放着一排排、一列列的柜子。为了便于查找文件，柜子与柜子之间必须保持足够的距离，如图 13a 所示。实际上一部分库房并非经常有人在查找寻觅，即使偶尔有使用者，柜子的间距也不得不还是那么大，所以有些库房空间很大，却经常空荡荡地没有得到充分利用。改变这种状况的构思是：在柜子下面设置轮子和轨道，让它们可以轻松便捷地推移，这样就可以减除掉部分或者大部分柜子之间的间距，要查找哪个柜子，通过推移把间距空在它前面即可，这样能有效节约库房的建筑造价和减小占地面积，如图 13b 所示。

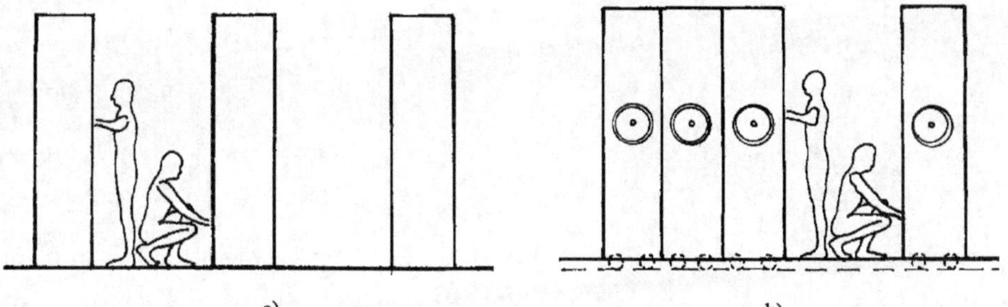

a) b)

图 13 库房里可推移柜列的创意

a）柜子固定不动，每个间距均不可少 b）柜子便于推移，可减小部分间距

指导教师点评

这是本汇编中惟一一份早些年前的学生作业。已经好些年了，还要找出来，原因是创意、创新对于学习人机学的特殊重要性。由于经历了好些年，本作业中提出的部分创意已经由其他人实施完成，在社会上露面了。但这倒也恰恰说明这位同学当年的创意有相当的价值。本作业中还有一些创意至今没在现实中见着，但这并不代表这部分创意就可能没有实用价值。总的来说，这份作业的质量是相当不错的。点评者在北京理工大学教这门课的时间最长，历届学生提交的作业中，颇不乏可圈可点的较为优秀之作，但天南地北人已走散，找不回来了。本作业的作者如今还在北京，又从事着工业设计的教学工作，保持着联系，这才使得将它编进本选编成为可能。

（阮宝湘）

19 幼儿园中的人机工程学问题

——人机学简介科普多媒体电视脚本

北京邮电大学　工业设计专业　00504 班　白秀冬　00505 班　葛莉

一、多媒体电视脚本的框架

片头动画　　主界面　　人体尺寸与作业空间
设备用具、活动空间的设计
人的生活环境
人机系统与人机界面
人为失误与安全

二、片头动画

动画场景一：这是一间卡通化的教室，教室里坐满了小朋友。

动画场景二：空中闪现出一部幻灯机的轮廓，轮廓移至讲台上，并逐渐清晰成为实物。

动画场景三：一束彩光从幻灯机的镜头中打出，投影在弧形的屏幕上打出"人机工程学简介"字样，背景音乐响起，夹带着键盘键入的声音，人机工程学的定义："人机工程学是研究人在某种工作环境中的解剖学、生理学和心理学等方面的因素；研究人和机器及环境的相互作用；研究在工作中、家庭生活中与闲暇时怎样考虑人的健康、安全、舒适和工作效率的学科。"逐字出现，文字结尾时加画外音：人机工程学里的"机"，是泛指一切人造的器物和人们构建的室内外环境，而不只限于狭义的机器或机械。让人造器物与环境"宜人"，就是人机工程设计的目的，所以也叫做"宜人性设计"。人机工程学也称为"人类功效学"、"人体工程学"、"人的因素"、人因工程"，等等。随后字样淡出，视频镜头淡入。

镜头：镜头从天空掠过树梢，闪现了"＊＊幼儿园"，五个孩子们正在室外嬉戏，呈现出不同的姿态，顽皮吵闹的声音由远至近逐渐清晰。

动画场景四：动态彩色的画面变为静态无彩的画面，五种不同颜色的线条逐渐描绘出五个孩子的身体轮廓，轮廓进一步丰富为人体模板，随后在慢节奏的音乐中模板开始缓慢地变动，在人体测量时的各种姿态间转换。每个模板成为介绍不同知识的链接。

三、主界面

画面中不同颜色和姿态的模板就是指向不同知识的链接，五个人体模板在画面的下方缓慢地变换着姿态，当鼠标划过时会出现互动效果。

四、互动链接：人体尺寸与作业空间

鼠标划到一人体模板，从模板中延伸出细线，细线的末端出现色块，色块中写着当前链接的简介：人体尺寸与作业空间；在人机学的各种因素中，人体尺寸是最基本，最常遇到的问题。单击进入〉〉

镜头一：一位幼儿园老师正在给几个孩子进行每周一次的身体测量，孩子中有大胖子、小瘦子、高个头、小不点……老师一边帮他们摆好姿势，一边不断地换各种标尺，忙得不亦乐乎。

解说：在解剖学、生理学、心理学这些人的因素中，人体尺寸是最基本，最常遇到的问题。人机学范围内的人体形态测量数据主要有两类：静态尺寸和动态尺寸。现在这位老师的测量数据是静态尺寸，也就是人体构造的尺寸，例如：身高、胸围、腰围。

镜头二：刚才喧闹的声音逐渐被优美的钢琴声代替，镜头寻声而去，原来隔壁的教室里，老师正在给几个孩子上形体课。画面中央，孩子们在老师的要求下认真地摆出了很多可爱的姿态。

虚拟场景：场景中除了摆着各种姿态的孩子外，其他的事物都消失了，孩子的肢体也逐渐模块化，变化成功能尺寸的测量状态。模块化的孩子们在虚拟的场景中形成不同的姿态有：立姿活动空间、坐姿活动空间……同时从模块中延伸出各种刻度线、辅助线、数据。

解说：现在大家看见的便是人机尺寸的另一类：动态尺寸，是指人在工作姿势下或在某种活动状态下测量的尺寸，画面从左到右依次是立姿活动空间尺寸、坐姿活动空间尺寸……人机学中实际参考的尺寸都是按照规定的测试方法，使用规定的仪器对不同人群测量，再进行数据统计和分析得到的。

镜头三：模块化的孩子们重新真实化，老师宣布下课，孩子们开始自由活动，镜头拉向在一起的四个小朋友，他们一起跑向一个玩具桌，个子高的小朋友很容易便坐上了椅子，而个子矮的小朋友却费了九牛二虎之力爬上了椅子，很胖的小朋友的腿被夹在了桌子和椅子之间，很瘦的小朋友的桌椅之间还有很大的空间，这几个小朋友不断地扭动着身体，尽量让自己舒服一些，桌子不断地摇晃着，桌子上的玩具散落了一地。

虚拟场景：画面静止，四个小朋友和桌椅在空间旋转，逐渐看到了他们的身体轮廓线和脊椎的透视图，都出现了严重的变形。

解说：就是由于桌椅的功能尺寸不合理，没有与孩子们的人体尺寸很好地适应，导致了这些严重的后果，影响了孩子们正常的生理发育。还好，幼儿园的老师们已经意识到了这个问题，情况已经发生了变化。

镜头四：还是刚才的桌子和椅子，只是它们的尺寸有了一些变化，现在孩子们都很方便地坐上了椅子，快乐地玩起来。在孩子们的笑声中，画面淡出回到主界面。

五、互动链接：设备用具、活动空间的设计

鼠标划到另一人体模板，从模板中延伸出细线，细线的末端出现色块，色块中写着当前链接的简介：设备用具，活动空间的设计：设备用具、活动空间的设计是人机学的重要应用，对于我们生活和工作环境的设计有重要的意义。单击进入〉〉

动画一：活泼的音乐响起，一个小画面从左下角飞入，停留在中央并放大，播放视频。

镜头一：孩子们正在户外游戏的场景，突然传出了孩子的哭声，原来是两个小朋友同时在荡秋千，因为秋千的距离太近碰在了一起，两个孩子连同秋千裹在了一起，两个孩子哭得很可怜，从一个孩子的头上冒出一句话：“再也不玩秋千了！”画面静止，变回小画面。

动画二：一个小画面从左上角飞入，停留在中央并放大，播放视频。

镜头二：透过活动室的窗户，隐约看见一个可疑的身影，只见他一会儿弯着腰，一会儿跪在地上，一会儿趴在地上……画面中出现很多小问号，镜头很快从

正门切入：原来是幼儿园的保洁员，手里拿着硕大的吸尘器正在打扫卫生，由于孩子们使用的物品都很小，用这么大的吸尘器要想把边边角角打扫干净可不是件简单的事，从他无奈的眼神中显现出一句话："吸尘器为什么不能小一点。"画面静止，变回小画面。

动画三：一个小画面从右上角飞入，停留在中央并放大，播放视频。

镜头三：早晨幼儿园的洗漱间，两排水龙头直线排开，铃声响起，孩子们开始洗漱。镜头切换到几分钟之后，洗漱间里乱作一团，由于水槽间距太小，里面漱完口的孩子很难再挤出来。此时洗漱间变成了能说话的卡通房子，窗户里冒出一句话："再也不希望他们进来了。" 画面静止，变回小画面。

动画四：一个小画面从右下角飞入，停留在中央并放大，播放视频。

镜头四：一个瘦小的孩子跑向卫生间，但盯着硕大的座便器傻了，镜头给孩子的面部进行特写，孩子瞪大的眼睛充满了问号，从眼睛中闪出了一排字："这么大！！！我会掉下去吗？"

动画五：四个视频同时放大，合成一张全屏的画面，在画面中央隐约穿梭着问号和感叹号。

解说：设备用具、活动空间的设计是人机学重要的应用部分，与我们的生活、工作息息相关。在平常的生活中，我们会遇到很多类似的问题，例如：公交车、地铁里的空间设计问题，餐厅和商店的空间设计问题，器物、设施使用是否适宜于人体解剖特性的问题……出现的这些问题究其根源就是因为我们缺乏对人机学的认识，没有参照人机学的宜人性设计原则。

画面淡出，回到主界面。

六、互动链接：人的生活环境

鼠标划到另一人体模板，从模板中延伸出细线，细线的末端出现色块，色块中写着当前链接的简介：人的生活环境：人类为了追求最佳环境，不断地对照明、颜色、声音、微气候、粉尘、空气进行研究，使周围的环境适于工作和生活。单击进入〉〉

动画一：画面的下部出现了卡通化的电灯泡、调色板、小喇叭……，卡通的电灯泡跳转到画面的左上角，边缘发出淡淡的光芒，灯泡的下面出现一条刻度线，刻度随着灯泡亮度的强弱忽高忽低地变化。

解说：人们的生活环境包括：照明环境、颜色环境、声音环境……

动画二：画面中从左到右，依次缓慢移入下列图片：幼儿园里宽敞的教室、孩子们的休息室、室外的游戏场…… 随着图片的变化，卡通灯泡的亮度逐渐变亮，下面的刻度值也在不断增加。

解说：根据人的生理和心理的变化，在不同的时间和不同地点，需要不同的照明环境，例如幼儿园的教室需要大量视觉工作，最好采用明亮的照明，而卧室则应采用较温和较弱的照明。

动画三：卡通的调色板跳到了屏幕的左上角，画面中从左到右依次缓慢移入下列图片：五彩的墙壁、五彩的玩具、色调温馨的卧室、洁净的盥洗室……

解说：在不同的环境里，根据不同的需求，色彩也应该有很大的差别。一般来说鲜艳的色彩会令人兴奋活跃，在孩子们的活动场所基本上都适宜使用鲜艳丰富的色彩，而像卧室和卫生间，一般应采用温和洁净的色彩。

动画四：卡通的小喇叭，伴着嘟嘟的声音进入画面的左上角，小喇叭下面同样有显示声音大小的刻度值，画面从左到右依次移入下列视频：孩子们在室外嬉戏时的片断（伴有一些节奏鲜明愉快的音乐）、孩子们课间休息的片断（伴有一些轻柔的音乐）、孩子们在卧室休息的片断（没有任何声音），小喇叭的刻度值随着片段的播放逐渐降低。

解说：不同的环境对声音的要求也是不一样的，孩子们嬉戏时，节奏明快的音乐会让孩子们心情愉快，尽情玩耍；课间休息的轻音乐会让孩子们放松心情。

环境设计的目的，是根据生活、活动的实际需要为人们营造最适宜的各种光、色、声条件的氛围，使人们能够高效率地工作和舒适地生活。

画面淡出，回到主界面。

七、互动链接：人机系统与人机界面

鼠标划到另一人体模板，从模板中延伸出细线，细线的末端出现色块，色块中写着当前链接的简介：人机系统与人机界面：人机系统是相互作用、相互联系的人和机器构成的，并且能完成特定目标的一个整体。单击进入〉〉

镜头一：一群孩子正在玩碰碰车，突然一辆碰碰车朝这边撞过来，进入慢镜头。

虚拟场景（同步解说）：空间中只存在即将相撞的两部碰碰车和两个小驾驶员的构造曲线，从一辆车上延伸出一条细线，细线上有光点的闪烁（信号），细线延伸到另一辆车的小驾驶员的头部，在孩子大脑中旋转片刻后，再通过孩子的神经系统传到孩子的食指端，食指按下碰碰车的操作按钮，信号由按钮经过碰碰车的内部结构最终传送到车内的显示盘上。

解说：人机系统由人的系统、机器的系统，以及人机界面组成。人的系统包括：接收信息的感觉器官＞处理信息的大脑＞做出反应的手脚肢体；机器的系统包括：控制装置＞机器运转＞显示装置。

镜头二：对碰碰车的操纵装置和显示装置进行特写，在重要的元件上进行标注。

镜头三：对活动室的储物柜进行特写，配画外音：用不同的颜色来划分不同的功能区，以图形符号代替文字等，表达方式直接，减轻了大脑的记忆负担。

镜头四：对活动室的小玩具进行特写，配画外音：在幼儿园中不同年龄层次的孩子通过不同的操作方式锻炼动手能力。例如：年纪较小的，通过最简单的拿取、摆放的练习来锻炼手部肌肉；大一点的孩子，可以练习更复杂的动作，如插接、手工制作等。

解说：人造器物或环境中，与人接触、与人实现交流沟通、与人发生关系的部分，通常都可称为人机界面。例如机器的显示、控制器、计算机键盘、鼠标的外表面、握把枪械的瞄准器等，都是不同器物的人机界面。

镜头五：画面中央出现条幅，显示“＊＊幼儿园我为奥运添色彩绘画活动”，镜头投向一条长长的布带，上面画满了孩子们对未来的美好憧憬，有长城、天坛、红花、绿草……

解说：人们都向往着蓝天、白云、绿草，希望人与自然的和谐相处，人机学在研究人机系统的同时，正逐渐把环境作为一个重要的因素来考虑，将人、机、环境三者之间构成系统称为“人–机–环境系统”，期望在设计中做到天人合一。

画面淡出，回到主界面。

八、互动链接：人为失误与安全

鼠标划到另一人体模板，从模板中延伸出细线，细线的末端出现色块，色块中写着当前链接的简介：人为失误与安全：保障人机系统的安全是人机学追求的主要目标之一，因而人为失误与安全也是人机学研究的重要内容。单击进入〉〉

镜头一：一个小朋友，趁着老师不注意，正在试着穿越围墙的栅栏，突然孩子的面前出现了一位手拿魔棒的小精灵，只见他用魔棒朝栅栏轻轻一指，顿时栅栏的缝隙变小了，小朋友怎么挤也挤不出去了。

画外音：栅栏间距让人不能随意穿越，才能起到安全防护的作用。

镜头二：一个小朋友正在伸手去摸教室里的电器开关，情况危急，眼看就要摸到了！突然小精灵又出现了，他用魔棒向电器开关上一点，顿时开关的位置变高了，小朋友只能用大眼睛傻傻地看着，再也够不着了。

画外音：有危险的器物，应布置在安全距离以外，才能避免事故发生。

镜头三：一个奔跑中的小朋友眼看就要撞到尖尖的桌角了，又是小精灵及时出现，用魔棒朝桌角轻轻一点，尖尖的桌角变成圆滑的弧球面，桌子的材料也变得柔软了。

画外音：小桌角大问题，在日常生活中类似“桌角”这样的问题往往是我们容易忽视的，但是由它造成的后果不堪设想。

镜头四：在盥洗室里，由于地板太滑，一个小朋友一步一步慢慢地挪动着，眼看就要滑倒了，小精灵又用神奇的魔棒朝地面轻轻一指，顿时地面多了一层防滑的胶皮，小朋友高兴地走开了。

画外音：针对一些特殊群体（例如老人或孩子），更要求我们在设计中体现出宜人性的一面。

解说：在我们日常的生活和工作环境里隐藏着很多安全问题，只要我们依照人机学关于安全设计的原则，在我们的周围时刻都会有小精灵的保护。

画面淡出，回到主界面。

编撰说明：

向公众进行人机工程学的科普介绍，选择形象生动，易于为人了解的场景是关键。幼儿园应该是合适的场景，为给科普电视脚本的撰写搜集素材，对北京某幼儿园中的人机学问题进行了调查：北京***幼儿园，位于***。总占地面积 $3300m^2$，户外活动面积 $800m^2$，建有功能齐全的现代化教室，融活动室、寝室、盥洗室、消毒间、卫生间、更衣室于一体，自成单元。室内配有钢琴、计算机、造型美观的开放式玩具橱、闭路电视系统、录音机、内部程控电话、净化饮水机、消毒柜、红外线电子灭菌灯，以及可以实现网上实时监控的系统。与活动室相配套的有生日厅、阅览室、钢琴室、科学探索发现室、手工坊、电脑室、多功能亲子活动室、感觉综合训练室及室内运动场等现代化教学用房。室外富有童趣的戏水池、沙地、顶层平台种植园、塑胶操场、大型玩具……这里是孩子们活动的乐园。

幼儿园中人机学问题的调查

一、幼儿园环境

1. 照明环境

1）幼儿园的教室大都有宽敞明亮的窗户，最大限度地采用自然照明。自然光是理想的光源，它明亮柔和，人眼感到舒适（图 1），而且太阳光谱中的紫外线对生长发育中的儿童的生理机能有良好的影响。由于时间、季节等不同条件的影响，适当地加以人工照明，并加上遮阳棚或窗帘也是必要的。

2）根据人的生理及心理的变化，在不同的时间不同的地点，应采取的照明方式也不同。如，在教室等需要大量视觉工作的环境中，采用较明亮的照明，不容易造成眼睛疲劳，而且令人精神振奋，心情愉快（图 2）；在卧室休息时等环境中，采用较温和的、较弱的照明，可以很好地令人心情平静，有助于休息睡眠（图 3）。

图 1　室内自然光

图 2　教室的明亮照明

图 3　卧室的较弱照明

3）由于眩光会给人的心理造成不愉快的感觉，所以要对其进行一定的遮防措施，如遮阳棚、窗帘，还可以加上灯罩等（图 4）。

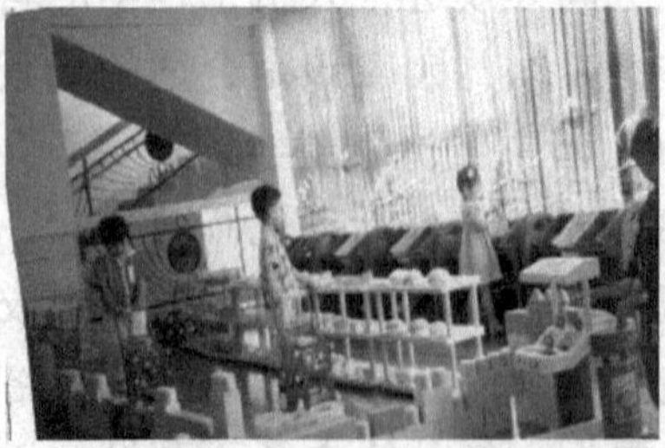

图 4　眩光的遮防措施

4）照明标准

• 国家照度标准：幼儿园、托儿所 30lx（最低）（高度为 0.4～0.5m 的水平面上）。

• 推荐照度值：图书室、黑板面 100～200lx；普通教室、实验室 50～100lx；演讲室、体操房 200～500lx；卧室、厨房 100lx。

2. 颜色环境

1）幼儿园中，大都是 2～5 岁的儿童，在颜色的选择与使用上这个人群有生理和心理的明显特点。

2）大都选择清新柔和与鲜明活泼的颜色。

3）在保持整体风格的前提下，根据不同的需求，不同的小环境，也有一定的差异。如教室等各种学习、活动的室内场所，以明度较高的浅色作为主环境色，浅色的天花板和墙面，让人觉得视觉上开阔明亮，心里不压抑，颜色较深的地板让人觉得安定，而且这样不会让人有头重脚轻的不平衡感。对于孩子们使用的物品，如桌椅、玩具等，一般颜色都是饱和度较高、丰富多彩的，因为鲜亮的色彩能吸引孩子的注意力，令他们积极兴奋，心情愉快，同时，对比鲜明的色彩容易识别，丰富的色彩也可以培养他们对色彩的辨识能力（图 5）。然而在卧室、休息室中则不应使用饱和度很高令人兴奋的颜色，应采用明度较高、纯度较低的浅色系，整体色调是令人平静冷静的青色系，再配以粉色系和黄色系的颜色加以调和，使环境更加温馨（图 3）。

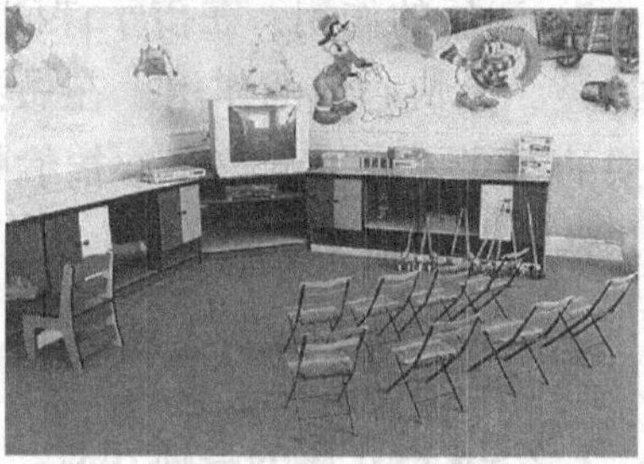

图 5 鲜明的色彩

在盥洗室、卫生间等地方，都是以干净的白色为主（图 6、图 7、图 8）。

图 6 明净的盥洗室

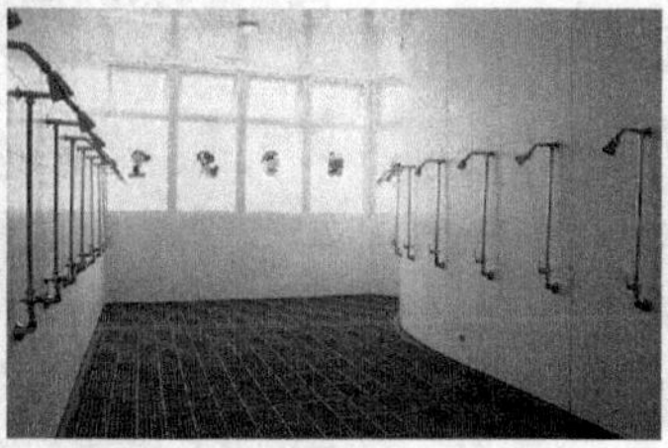

图 7 明净的浴室

图 8 明净的卫生间

室外，蓝天碧草，温暖的阳光，清新的空气，是孩子们最喜爱的、最自由的地方，饱和度、纯度高，对比强烈的颜色，可以调动起他们身体中的每一根神经，兴高采烈的、无拘无束的玩耍（图 9、图 10）。

图 9　对比强烈的颜色（一）

图 10　对比强烈的颜色（二）

3. 声音环境

1）噪声对儿童危害很大。在幼儿园，应该严格地限制噪声的影响。如睡眠环境，噪声标准的理想值为 35dB，最大值为 50dB；在教室等学习环境理想值为 45dB，最大值为 60dB。

2）音乐的作用：在孩子课间休息的时候，播放一些轻柔的音乐，可以达到放松神经、愉快心情的作用。在做游戏、做体操或玩耍的时候，播放一些节奏鲜明愉快的音乐，可以使孩子心情愉快、积极。但也要注意播放音乐的时间长短和频率，避免听觉疲劳。

二、幼儿园中的人机系统

1. 2～6 岁儿童的身体尺寸

1）主要的人体尺寸有：身高、立姿眼高、肘部高度、挺直坐高、放松坐高、坐姿眼高、坐姿的肩中部高度、肩宽、两肘之间的宽度、臀部宽度、肘部平放高度、大腿厚度、膝盖高度、坐姿伸手下垂高度、立姿下垂手握高度、立姿侧向手握距离、人体最大厚度、人体最大宽度（图 11）……

图 11　幼儿器物及其人体尺寸

2）人体测量数据的应用在幼儿园儿童的生活中比比皆是，如一张床的设计要应用身高、人体的宽度、膝盖高度，还要用到功能修正量和心理修正量等参数。还要根据具体的情况选择适合的人体尺寸百分数等（图 12、图 13、图 14、图 15）。

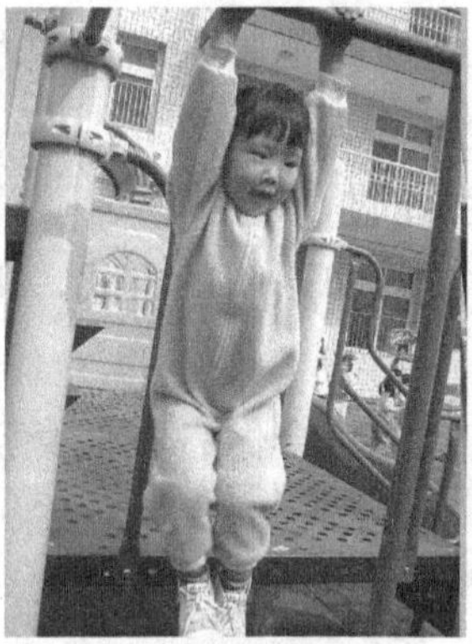

图 12　人体测量数据

（立姿双手功能上举高+功能修正量）

图 13　人体测量数据

（臀部宽度+功能修正量肘部宽度+功能修正量）

图 14　人体测量数据

（坐姿肘高+功能修正量）

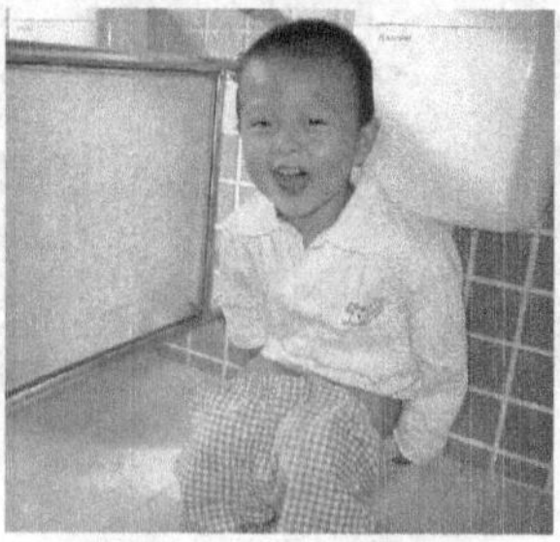

图 15　人体测量数据

（腿弯高+功能修正量）

2. 幼儿园中作业空间的设计

（1）视听室

1）电视摆放高度、位置：坐姿眼高、适合的距离以保证孩子可以舒适的、健康的方式看电视。

2）座椅摆放的形状、位置：有靠背的座椅减轻坐姿的疲劳，摆放合适的位置防止相互遮挡视线。

3）要有较暗的环境，防止视疲劳。窗户要有窗帘，防止荧光屏反光（图 5）。

（2）阅览室

1）座椅的形式：有靠背，可以靠着读书。

2）桌面的高度、宽度：适宜的桌面高度保证阅读时的姿势及距离，有益于身体和视力的健康。宽度要足以摆放书籍。

3）书架的高度：坐姿手功能上举的高度和坐姿视野范围，以方便拿取（图16）。

4）走道的宽度：足够的宽度使来往的儿童自由通过。

5）照明：要有足够的照明，可运用局部照明或总和照明的方式，但采用自然光最佳。

（3）健身房 足够大的空间，干净舒适的地毯，适合做各种健身活动，也防止磕碰，靠墙扶杆的高度要适宜（图17）。

图16 阅览室的设计

图17 健身房的设计

（4）卫生间 马桶的大小高度符合儿童的身体尺寸；有一定的间隔；挡板的高度大于儿童立姿眼高；地面防滑；空气通风良好（图18）。

（5）图画室 画架的高度可以调节；桌面的高度适合坐姿作业；

桌面足够大可以放开画布和工具；四周物品架高度适宜，方便察看，易于拿取（图19）。

图18 卫生间的设计

图19 图画室的设计

3. 幼儿园中的识别及操作系统

（1）幼儿园中的识别系统 针对儿童的特点，幼儿园的设备大都采用各种直接简单的手法来传递信息。例如，运用不同颜色来划分不同功能区，表达方式直接，可以减轻记忆负担（图 20、图 21）；运用简单明了的界面，并加以不同颜色区分，以图形符号代替文字等（图 22、图 23）。同时，幼儿园还可通过这些手段来锻炼孩子对颜色的识别分辨与运用的能力。此外，还有对听觉、触觉、嗅觉、味觉等各种能力的培养和训练。

图 20 幼儿园中的识别系统（一）

图 21 幼儿园中的识别系统（二）

图 22 幼儿园中的识别系统（三）

图 23 幼儿园中的识别系统（四）

（2）操作系统 针对儿童的特点，采用最易于操作的方式，如开放式的置物架、不用大力气就能拧开的水龙头（或者是红外感应的）、手触屏的电脑等。通过不同的操作方式来锻炼不同年龄层次儿童的动手能力。例如，年纪较小的，通过最简单的拿取、摆放的练习来锻炼手部肌肉，如“倒米”练习（图 24）、用夹子夹取球的练习（图 25）等；大一点的孩子，可以通过游戏练习更复杂的动作，如拼图游戏（图 26）、搭积木游戏（图 27）等。

图 24　“倒米”练习

图 25　用夹子夹取球的练习

图 26　拼图游戏

图 27　搭积木游戏

三、人与未来

2～6 岁的儿童还没有很强的自我保护意识和能力，很容易受到伤害。幼儿园是孩子每日生活和成长的家，要全面地注意平日里可能遇到的危险及伤害，做好防护工作。在幼儿园的设计中，安全舒适的环境有助于孩子健康的发育和成长，同时采用无害环保的材料及设计方法，对于孩子的未来有着非凡的意义！

1. 材质

儿童用品大都采用塑料、木材等质地较软且不容易打碎的材料。切忌使用玻璃或锋利的东西（图 28）。

图 28　儿童用品的材质

2. 涂料

儿童产品均应采用标准无毒的环保涂料，以保证孩子成长发育和未来的健康

（图 28）。

3. 安全防护措施

儿童生活环境及其使用的器物应避免尖棱锐角可能造成的伤害，器物采用大圆角过渡的边角为宜（图 29）。其他如凳子表面宜带有防滑的胶粒（图 30）；卫生间内应采用防滑地板（图 31）；楼梯扶手的高度应与儿童的身高相适应（图 32）；室外游戏场所的地面应为防护沙地或草坪（图 33）；电源开关距地面较高以防止儿童误触（图 34），等等。

图 29　倒圆角的桌椅、柜子、床、楼梯

图 30　带有防滑胶粒的凳子

图 31　卫生间内的防滑地板

图 32　高度适合的楼梯扶手

图 33　游戏场所的防护沙池及草坪

图 34　距地面很高的电源及开关

指导教师点评

醉翁之意不在酒。在人机学作业中布置这样一个题目，并非果真期望学生很快写出一个电视脚本，就能直接拍摄出来提供给电视台播出。出这个作业题的意图有两个：第一，促使学生对这们课程进行一番自主的研读消化；第二，让学生由此去经历一次由理论到应用，或者说由书本到实际的“着陆”。

看来白秀冬、葛莉两位同学果然“中了圈套”，出这个作业题的意图确实是达到了。他们为拟定电视脚本的提纲，自己整理了一份完整的人机学简介纲要。为了寻求电视上形象生动的表现载体，他们一次次去幼儿园“掘金探宝”。在完成电视脚本的同时，他们还完成了两份相关的文档：“人机学简介纲要”和“幼儿园人机学问题的调查”。只因为篇幅所限，这里没有把“人机学简介纲要”保留下来。

可以看出，他们的创作思维活跃，电视脚本中不乏富于想像力的表达创意，不时令读者莞尔开颜。虽然人机学的普及对象主要是成年人，但幼儿园中的问题成人们是熟悉或容易了解的，适宜选为人机学科普的载体。

（阮宝湘）

20 宜兴紫砂壶的人机学分析初探

北京机械工业学院 工业设计系 0001班 郎蓓

一、紫砂壶的简单介绍

1. 紫砂壶的历史

宜兴紫砂陶艺术起源于宋代，经历明清两代的成熟，发展到今天在壶的造型上日益完美、丰富，如何鉴别和欣赏这世界陶瓷门类中独树一帜的紫砂陶艺术，即对于紫砂陶艺术应持怎样的审美观点，直接影响了制作者的创作构思。

2. 宜兴紫砂壶的三大特点

（1）独特的材质 宜兴紫砂是以紫泥、红泥、绿泥等天然泥料雕塑成型后，经过1200℃高温烧成的一种陶器。紫砂土是一种颗粒较粗的陶土，含铁、硅较高。它的原料呈沙性，其沙性特征主要表现在两个方面：第一，虽然硬度高，但不会瓷化；第二，从胎子的微观方面观察它有两层孔隙，即内部呈团形颗粒，外层是鳞片状颗粒，两层颗粒可以形成不同的气孔。从其颜色上分主要有三种：一种是紫红色和浅紫色，称作“紫砂泥”，用肉眼可以看到闪亮的云母微粒，烧成后成为紫黑色或紫棕色；一种为灰白色或灰绿色称为“绿泥”，烧成后呈浅灰色或浅黄色；还有一种是棕红色，烧成后呈灰黑色称为“红泥”。三者之中紫砂泥最多，而绿泥、红泥较少。由于其特殊的材质，使宜兴紫砂壶具备了以下几个特点：

1）泡茶不失原味，色、香、味皆蕴，能使茶叶越发的醇郁芳沁。

2）砂器使用的时间越长，器身就越光亮，这是因为茶水本身在冲泡过程中也可以养壶。

3）砂器的冷热急变性好，既可以放到火上烧，也可以在微波炉中使用而不会爆裂。

4）传热慢，而且保温，若使用，有提携不烫手的感觉。

5）坯体能吸收茶的香气，用常沏茶的紫砂壶偶尔不放茶叶储水，其水也有茶香味。

6）紫砂壶的泥色与经常冲泡的茶叶有关，泡红茶时茶壶会由红棕色变成红褐色，经常泡绿茶时，砂壶会由红棕色变成棕褐色。壶色富于变化，颇耐人寻味。

7）宜兴紫砂有很好的可塑性，入窑烧造不易变形，所以成型时可以随心所欲地做成各种器形，使紫砂器的形体、筋纹的造型能自成体系。

8）独特的透气性能。所制的花盆透气不透水，栽培花木极易成活，不容易烂根。另外其透气性能好，使用其泡茶不易变味，而且隔夜茶也不会馊。

宜兴紫砂泥所具备的这些天然的良好性能在制陶业中也是罕见的，惟宜兴所独有。

（2）独特的成型工艺　宜兴紫砂壶的造型千变万化，其造型采用全手工的拍打镶接技法制作，这种成型工艺与世界各地陶器成型方法都不相同。这是宜兴历代艺人根据紫砂泥料特殊分子结构和各式产品造型要求所创造的。清末时期有用模制或轳辘成型的工艺。不论圆、腰圆、四方、六面、侧角、高矮曲直都可以随意制作。同时还为平面的变化提供条件，这就形成紫砂结构严谨、口盖紧密、线条清晰等工艺特点。壶盖的制作最能显示出其工艺技术水平。圆形壶盖能通转而不滞，摇晃无间隙，倒茶也没有落帽之忧；六方壶盖，无论从任何角度盖上，均能吻合得天衣无缝。所有这些独特的高难度的成型技法，是其他陶瓷产品无法比拟的。

（3）独特的宜兴紫砂文化　宜兴紫砂文化概括起来说，就是中国悠久的陶文化与成熟于唐代的茶文化相互融合，其主要表现在造型、泥色、铭款、书法、绘画、雕塑和篆刻等诸多方面。紫砂高手善于以壶为主体 ，融合诸艺术于一体，在形式内容方面谐合、神形兼备。宜兴紫砂艺术方面最大的特点是素质、素形、素色、素饰，不上彩、不施釉、质朴无华。其素面素心的特有品格，常使人对它情有独钟，古今有多少诗人、画家对它的喜爱达到痴迷的地步，可见其影响力之大。现在紫砂学界有一些学者提出一个新颖的观点，即把紫砂茗壶进行划分归属。第一类是具有传统的文人审美风格的作品，讲究内在文化底蕴，追求“文心”，提倡素面素心的清雅风貌，在壶体上镌刻题铭，切壶、切茶、切景诗称为三绝，称之为“文人壶”。第二类是有富丽鲜亮、明艳精巧的市民趣味作品。在砂壶上用红、黄、蓝、黑等泥料绘制山水人物，草木虫鱼做纹饰，或镶铜包银，此类称“民间壶”。第三类作品是将砂壶进行抛光处理，镶以金口金边，造型风格迎取西亚及欧洲人的审美趣味，有明显的外销风格，称“外销壶”。第四类是不惜工本精雕细琢，讲究豪华典雅的宫廷御用紫砂茗壶，称“宫廷壶”。

另外，宜兴紫砂还有一个独特的现象。自明迄今，有诸多文人参与设计、题字、题诗、绘画、刻章，与陶艺师共同完成每件作品。题诗镌刻的内容已经完全提升到文学性的高度，以壶寄情，曾一度发展到“字依壶传”、“壶随字贵”的境地。其中较著名的有陈继儒、董其昌、郑板桥、陈曼生、任伯年、吴昌硕、黄宾虹、唐云、冯其庸、亚明等等，这对宜兴紫砂文化内涵的扩展和深化起到了极其重要的推动作用，这一现象是其他工艺领域中所罕见的，其中影响深远者则首推陈曼生。

3. 紫砂壶的功能

在鉴定宜兴紫砂壶优劣的标准中，“功能”是很重要的。近年来，紫砂壶新品层出不穷，如群星璀璨，目不暇接。制壶人讲究造型的形式美，而往往忽视功能美的现象随处可见。尤其是有些制壶人自己不饮茶，所以对饮茶习惯知之甚少，这也直接影响了紫砂壶功能的发挥，有的壶甚至会出现“中看不中用”的情况。

其实，紫砂壶与别的艺术品最大的区别，就在于它是实用性很强的艺术品，它的“艺”全在“用”中“品”，如果失去“用”的意义，“艺”亦不复存在，所以，千万不能忽视壶的功能美。实际上，这正是紫砂艺术的审美标准不同于纯造型艺术，而与工业设计、人机工程学相通之处。

紫砂壶的功能美主要表现在：①容量适度；②高矮得当；③口盖严紧；④出水流畅。而这四点，又无一不是人机学的要求，属于人机工程设计的目标和要求。

按目前我国南方人（包括港台）的饮茶习惯，一般二至五人会饮，采用容量350ml 的壶为最佳。其容量刚好四杯左右，手揍手提，都只需一手之劳，所以称“一手壶”。

紫砂壶的高矮各有用处。高壶口小，宜泡红茶；矮壶口大，宜泡绿茶。但又必须适度，过高则茶失味，过矮则茶易从口盖溢出，大煞风景。煞风景的还有壶嘴出水不畅，几粒很小的茶珠，倒得壶中，均变成大叶，易把出口堵住，现时做壶已根据饮茶人习惯把壶嘴改称独口，使流水明显比以前畅通。

茶艺还讲究泡茶的壶要达到适宜的温度，呵护茶汁的淳净。为此，泡茶以后，还要用热水“冲壶”，于是特别要求壶的口盖严紧，能使冲壶水落于茶海而不致落入壶内，看来似乎与功能美关系不大实际是为讲究卫生，也不可不提。凡此种种，都属功能要求，或叫功用标准。

二、为什么要研究紫砂壶

手外科专家指出，长时间偏转着腕部接触和使用一件事物，手腕关节会形成“腕隧道综合症”或“腕管综合症”。腕管综合症是一种很常见的手部疾病，主要发生在以手部动作为主的职业者人群中。得了这种病会出现手部逐渐麻木、灼痛、腕关节肿胀、手动作不灵活、无力等症状，到了晚上，疼痛会加剧，甚至让患者从梦中痛醒。

为了预防“腕管综合症”，平时不论工作或休息，都应该注意手和手腕的姿势。若服务人员在倒茶时的姿势不正确的话，日久天长就可能会导致手腕过度弯曲紧绷，所以要让你的手腕处在最省力的姿势，也可以说是休息的姿势。依照医学的观点，手部的“背侧屈”、“掌侧屈”（图1），和“桡侧偏”、“尺侧偏”（图2）都不宜过大（具体数值参看书籍资料），才能确保手部活动的轻松自如。

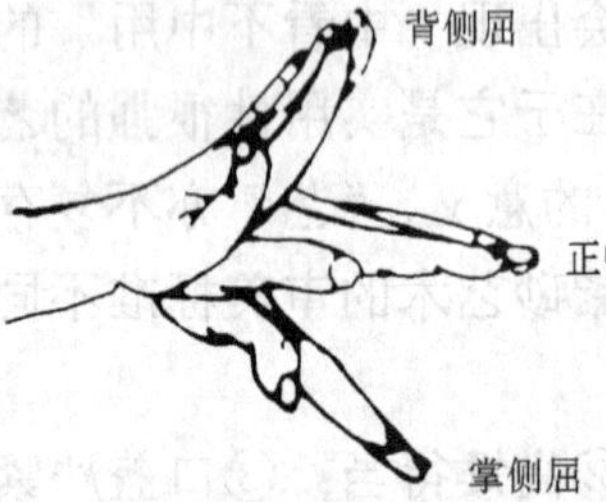

图1　手掌的背侧屈与掌侧屈

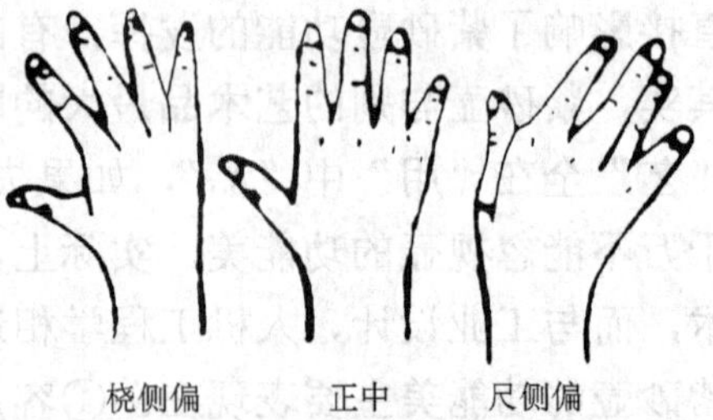

图2　手掌的桡侧偏与尺侧偏

所以，在研究紫砂壶造型的时候，对手腕舒适程度的研究是关键和重点。

三、紫砂壶与人机工程学的关系

1. 手工具设计的要求

工具是人类四肢的扩展。使用工具使人类增加了动作范围、力度，提高了工作效率。工具的发展过程与人类历史几乎一样悠久。工具的适当设计、选择、评价和使用是一项重要的人机工程学内容。而紫砂壶作为饮茶时的一种器具，在设计的时候也需要注意其外型与使用时手部的适宜程度。首先，应注意到手工具设计需遵循的以下原则：

1）考虑使用姿势与体位的自然、舒适，符合手和臂的施力特征。

2）大小、形状、表面状况与人手的尺寸和解剖条件适应。

3）使用时注意手腕的舒适程度和受力，尽量避免掌心受压过大，由大、小鱼际肌和虎口等部位分担。

4）“控制”与“用力”尽可能分离。

5）尽可能照顾到左手优势者等特殊群体。

2. 手握壶把的姿势

对紫砂壶进行人机分析，首先要考虑手握壶把的姿势，如图 3 所示。

在图 4 中，壶嘴与手臂几乎在一条直线上，手腕的受力较大并且扭屈也很大。

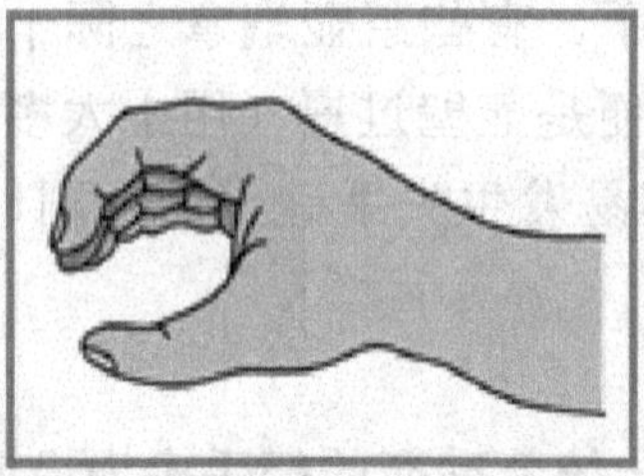

图 3　手握壶把的姿势

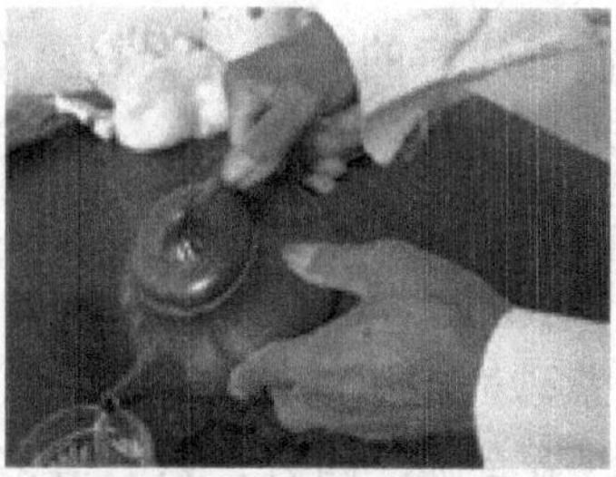

图 4　壶嘴与手臂呈一直线

图 5 和图 6 中，是同一姿势在不同角度所拍摄的图片，可以看到壶嘴与手臂是垂直的关系，腕部受力小，并且手臂不扭屈，感觉舒适。

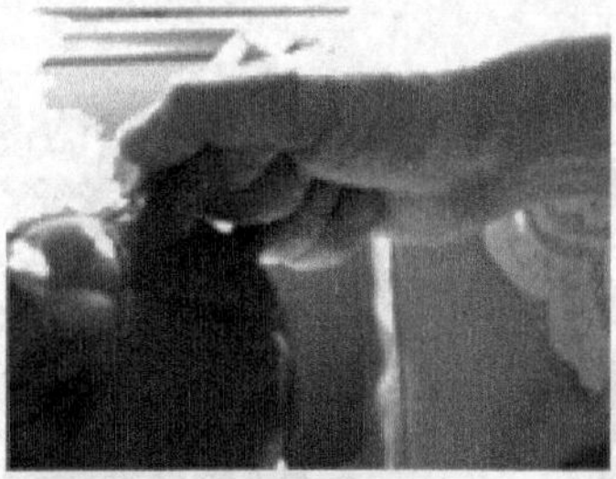

图 5　壶嘴与手臂垂直（一）

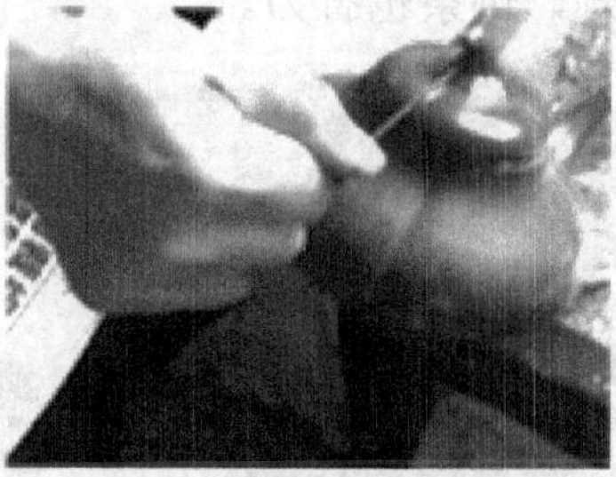

图 6　壶嘴与手臂垂直（二）

3. 手指拿握与紫砂壶

紫砂壶壶把的位置、粗细、大小应该按手指的大小、长短进行设计，而非上下端末都处于同一垂直线就是合理的。手指握住壶把倒茶的时候，应该能够很好地控制壶身，也能很好地控制壶盖。即：注意壶的把手与手指间的亲密关系是否舒适顺当，如图 7 和图 8 所示。

图 7　壶把与手指的关系（一）

图 8　壶把与手指的关系（二）

但值得注意的问题是重心要稳，端拿要顺手。有些茶壶端拿之际十分沉重，这如果不是壶把设计不当，不符合人体力学，便是壶壁过厚（用土太多）。端拿是否顺手相当重要，否则不但累了自己，更容易发生失手破壶的惨剧，不可不慎。

4. 紫砂壶把手的改进

紫砂壶有圆、四方、六方等多种外形，但传统紫砂壶的把手多为沿铅垂方向安置，即壶把上下末端处于同一铅垂线上，如图 8 所示。

近年来有些紫砂壶把手打破了传统的形制。图 9 所示壶把抓握面积大，手握壶把时前臂与壶嘴方向垂直，轻松转动前臂即可倒茶入杯。图 10 中的两款紫砂壶把手新颖，倒茶也省力。

图 9　壶把的设计（一）

图 10　壶把的设计（二）

图 11 中的壶把手围成长方形，可以将 3～4 根手指都插到把手中，抓握很稳当。

图 12 中的紫砂壶把手与壶体间的空间更大，手握时的感觉宽松自如，可用稍稍抬高上臂的动作方便地将茶倒入杯中。

图 11　壶把的设计（三）

图 12　壶把的设计（四）

5. 倒茶时的手部姿势

上臂自然下垂，前臂接近水平，两手掌相对的姿势如图 13 所示。在这种姿势下前臂无扭转，尺骨和桡骨完全处于自然姿势，手臂肌肉放松，无不适感。

图 13　前臂的自然姿势

在前臂处于自然姿势下，若以前臂与紫砂壶壶嘴垂直的方向执握把手，如图 14 所示，则倒茶的自然动作将是：上臂从自然下垂位置向侧上方略略上抬，如图 15 所示，同时稍微扭转前臂加以配合，壶嘴即下倾使茶水流入杯中。由于稍抬上臂是省力的，由前臂中的尺骨和桡骨两根前臂骨形成微小扭转角也是省力的，所以上述执握壶把的方式、上述倒茶的动作舒适、轻松、合理。

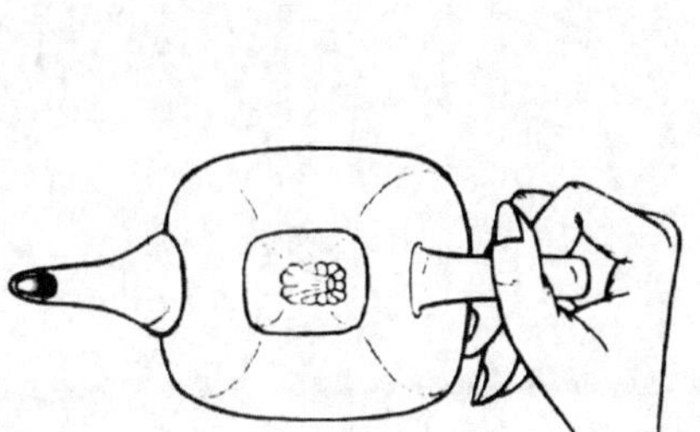

图 14　前臂与壶嘴垂直地执握壶把

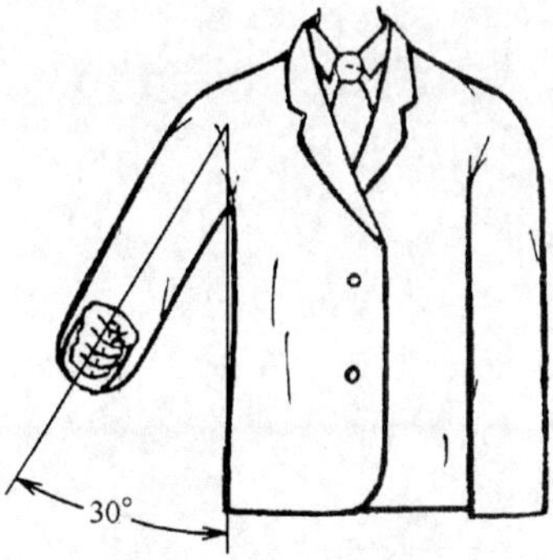

图 15　舒适的倒茶姿势

那么，怎样的握壶方式和倒茶姿势动作是不符合手部解剖学要求、是不合理的呢？握住壶把以后，如果壶嘴与前臂的方向一致（图 4），要想壶嘴口充分下倾使茶水从壶中流出，肘部必须抬得很高，而且还需配合腕部的“尺侧偏”，如图 16 中的下图所示。当壶中茶水越来越少时，倒茶时手腕的尺侧偏也越来越严重。严重的尺侧偏使人感到难受，长期如此，会导致手腕的疾患。

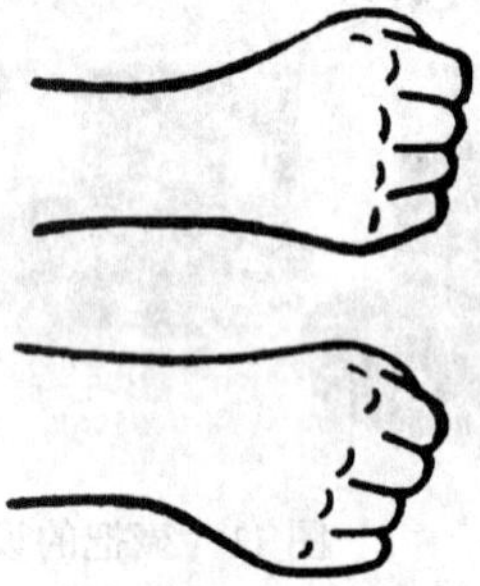

图 16 腕部的侧偏

四、结束语

目前已经有一批紫砂壶设计师更加注意使用中人体解剖的合理性问题，推出了一款又一款人机性能优良的紫砂壶。但“可以合理使用”的紫砂壶，到了普通用户手上，却仍然可能以不合理的方式在使用着。这就给紫砂壶设计师提出了更高的要求：不仅要“可以合理使用”，还要让普通用户拿起壶来就能很自然排除不良的执壶倒茶姿势，总是以正确的方法、姿势使用紫砂壶。这要用造型中的语义引导来实现，是紫砂壶设计师进一步努力的一个方向。

指导教师点评

中国传统日用品的宜人性如何？这是一个大课题，没有专门的详尽研究，不应妄加议论。不过以下两点可以算是常识性的判断。第一，因为宜人好用是产品得以问世流传的基本条件，经年历久，凝聚了一代代匠人创造心血的多数传统产品，一般应该具有不错的宜人性。很难设想宜人性很坏的日用品会在一个民族中世代流传。第二，现代解剖学、生理学、心理学进入中国历时不过百年，人机学进入中国时间更短，多数民间匠人不具有这些方面的系统知识。传统产品能有不错的宜人性，主要依赖的是经验积累，难有系统的理论指导。倘若这两条判断大体不谬，以下两个想法也就自然派生出来了。第一，中国传统日用品中蕴涵的优良人机性能，值得我们去研究、发掘，目的是更好地借鉴传承。第二，用现代人机学理论研究中国传统日用品，可使之吸收新鲜养分获得新的发扬光大，这将是一件有意义的工作。宜兴紫砂壶是久负盛名的中国传统日用品，上面的一段话，就对为什么出本文这样一个作业题目做了说明。郎蓓同学花工夫收集相关资料，结合课堂知识尝试分析，手执紫砂壶体验冲水斟茶的感受，比划着画出了若干幅说明插图……，为写这篇论文，作者付出了相当的努力。在课程论文的有限时间内，要对这样一个课题做全面深入的展开推进，其实并不现实。但鉴于此前少见这个课题的涉足者，本文也许可算是对这个课题的一次“初期探索”，而凡是初期探索，即使粗浅，也是可贵的。

（阮宝湘　石小滨）

21 筷子、刀叉、人机学与文化

——从人机学谈到中外文化的对比（对口相声稿）

北京邮电大学 工业设计专业 00505班 吕菲 曲庆峰

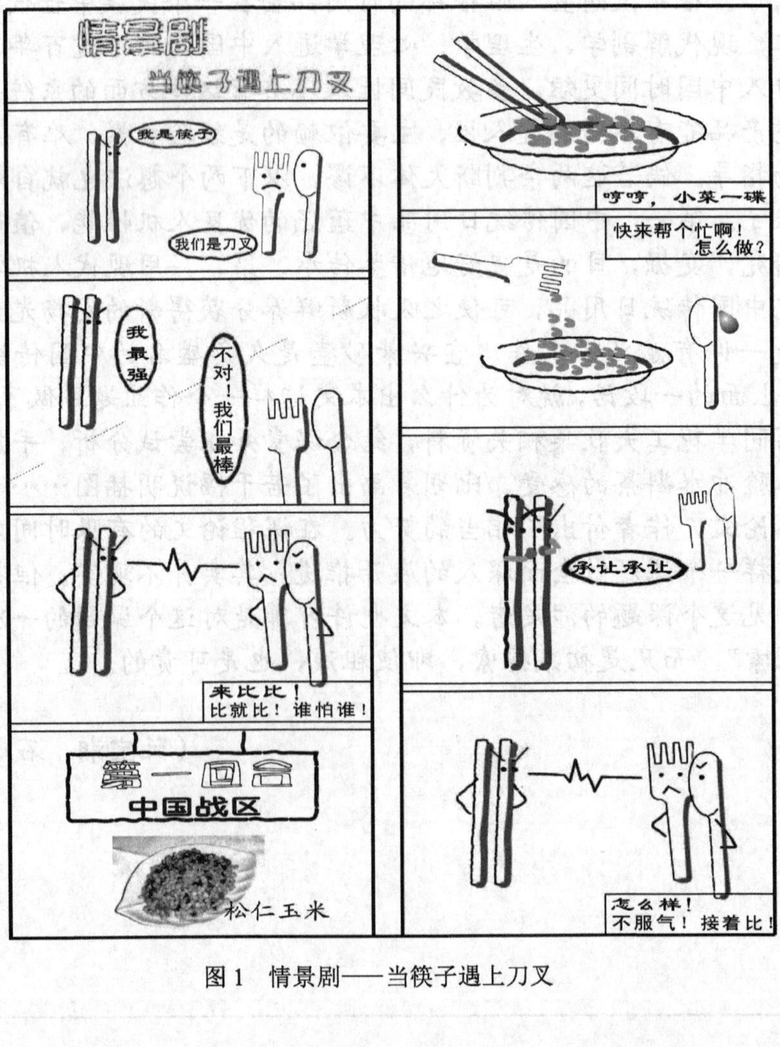

图1 情景剧——当筷子遇上刀叉

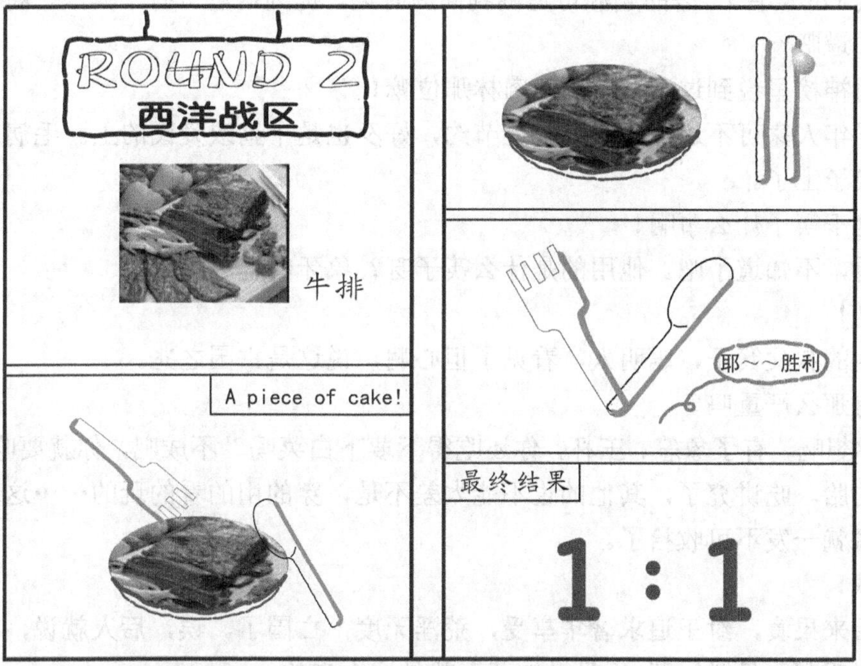

图 1　情景剧——当筷子遇上刀叉（续）

场景：两人、一餐桌及筷子、刀叉等餐具若干（图 1）

甲：小品已毕，战局已完，这筷叉之比却说来话长。各位看官，且耐下性子，听咱细细道来。

乙：说一个东西肯定是要先从它的起源讲起。

甲：这中国人吃饭用筷子，西方人进餐用刀叉，是各有历史啊！当然要论更早的时候，世界各地的人吃饭，都是用手抓的。就是现在，一些地区的人民吃饭，还沿袭用手抓的习惯。

乙：新疆就有啊！那个手抓饭，真叫一个香。

甲：瞅瞅这位，正题没说，哈喇子先流一地。

乙：我就这么点出息啊！

甲：不过这一开始使用餐具，中西方就分道扬镳了。

乙：哦，那你给咱大家伙儿说说。

甲：这要讲起历史，筷子可就久远了。筷子古时候叫箸，“箸”你知道吗？

乙：知道啊，不就一个竹字头，下边一个者字儿吗？

甲：诶（ei 二音），箸的起源可追溯到商周时期。提到这里可有个典故，商纣王你知道吧？

乙：封神榜里说到过，不就酒池肉林那位嘛！

甲：早年人家可不这样，不说勤俭节约，好歹也是个勤政爱民的主。毛病就出在筷子上了。

乙：这干筷子什么事啊！

甲：看，不知道了吧。他用的是什么筷子呀？象牙的！

乙：哟！

甲：他的叔父箕子，聪明人，看见了担心啊，说这是亡国之兆。

乙：有那么严重吗？

甲：你想啊，有了象箸、玉杯，你还吃得下萝卜白菜吗？不成吧，你就要吃熊掌、豹胎。吃讲究了，其他的也不能太差不是，穿的用的看的玩的……这奢靡之风就一发不可收拾了。

乙：哦！

甲：后来果真，纣王追求奢华享受，荒淫无度，亡国了。诶，后人就说，这箕子聪明啊，见微知著。“见微知著”就是这么来的。

乙：是这么个意思嘛？你甭在这唬人。

甲：你看你还不信。《韩非子·说林上》有这么段话：“圣人见微以知萌，见端以知末，故见象箸而怖，知天下不足也。”（摇头状）“故见象箸而怖”！！看见没，就从这来的。

乙：吓（he 音），还真有！学问不小呀！

甲：你看这都不敢低头。这学问，一低头都怕掉出来。

乙：行了，行了，别在这现了！再说说刀叉吧。

甲：刀叉的历史可没咱筷子那么久。最初西方进食的餐具只有刀，最早是石刀或骨刀。后来等有了金属，诶，就有餐刀了。叉子是到了 15 世纪才有，而且是两齿的。后来为了进餐看起来更优雅些，17 世纪末出现了三个齿的叉子，后来又有了现在这样四个齿的。（亮亮手里的叉子）

乙：还有点说道。

甲：这一个事物的出现必定是有原因的。就像这筷子的出现就不是偶然的。你看这中华文明它是挨着黄河边发展起来的，有水有地，种植业发达啊！谷物、果蔬自然就成了我们的主食，另外中国的烹饪技术发达，中国人喜欢吃熟食、热食，筷子就应运而生了。

乙：有关系吗？

甲：你想啊，这刚做熟的菜你敢直接上手吗？

乙：那烫手啊！

甲：就是啊！给你付筷子，你不就不烫手了吗？

乙：哦，对啊！

甲：而且咱们这筷子大都是竹子的。

乙：好像还真没见过铜筷子。

甲：那是，这筷子要是铜的，夹一口菜行了，这还能挺一会，这要是用久了，一碗饭还没吃完，就有猪蹄儿吃了。

乙：哪来的猪蹄啊？

甲：手给烫熟了。（举起乙的手）

乙：敢情我这成猪蹄了！得，那刀叉哪？

甲：也有文化背景啊！西方不是信基督教吗，基督教提倡人们要有创造精神，征服自然，改造自然。他们性格多粗犷豪放，狩猎、肉食，而且做好食物后直接在餐桌上加工进食。这刀叉用起来多痛快，咔……（做切肉状）

乙：那看来还真是文化的差异导致了中西方餐具的不同。

甲：说起文化，我还想起了个文化人。

乙：哪位？

甲：梁实秋先生。他说呀，这筷子是我们的一大发明，它运用起来灵活无比，能夹、能戳、能撮、能挑、能扒、能掰、能剥，凡是手指能做的动作，筷子都能。这两根筷子等于是手指的伸展。

乙：哦！

甲：以小品中的战局为例：这松仁玉米本是咱中国的美食之一，颗小粒多，挟它可是个技术活，心急不得，它充分体现了中国筷子的灵活性。这筷子的使用又可谓是牵一发而动全身。啊，你看这如图所示（抓起乙的手臂向观众示意）。

乙：啊？我这是图啊！

甲：咱这不没图吗，抓个现成的，凑合着用吧。

乙：啊？

甲：（对乙）别动啊。不要小看这轻轻的一夹，从指尖指节到手腕、手肘、小臂、大臂直至肩、颈、背、腰（边说边在乙的相应部位猛拍）……

乙：我说你轻点行不，（对观众）这位手还真重。

甲：……无一不运动，无一不需要配合。在中国人的手中，筷子如同手指的延伸，准确、灵巧，甭管这玉米粒多滑溜也不在话下。（对乙）来，给咱演示一下。（建议乙最好练习正确的筷子的使用方法）你看这使筷子可是门高超的技术。使用筷子时，其实是利用了杠杆原理。用筷子是手的复杂而精细的动作，必须用力得当和动作协调，才能夹起食物并送至口中。据研究，用筷子夹食物，牵涉到全身30多个大小关节和50多条肌肉的运动呢。

乙：嚯！还挺夸张的呀！

甲：咱再看看刀叉，还以这战局为例。烤牛排是正宗西餐，这么大一块肉，筷子就玩不转了。这个时候你再用这刀叉，它也看着也那么好用。再给咱演示一下！（强行抓过乙的手）

乙：嘿！嘿！告诉你轻点了！

甲：刀叉的使用多为切和叉，以臂力的使用为主，对灵活性要求不高，但比较挑剔使力的准确和力度，是一种使用起来比较“生猛”的餐具。吃西餐也是有讲究的，一般是左手叉、右手刀。依据自己的喜好，切下大小适合的丁或块，然后再吃。

乙：我是看出点门道了，使筷子讲究的是技巧。

甲：是呀！当使用筷子时，手指与手臂的关节与肌肉在瞬秒之间，就活动数十次。还必须用力得当，动作协调，才能将食物顺利地送到口中。筷子的使用就是典型的“因其势，导其利”，其难度就主要在于方向的控制和指头的灵活性上。

乙：哦！

甲：中国人君临国际乒坛多少年，拿了多少块金牌啊！

乙：是呀！这不世界乒联看咱们太不像话了，还改了规则吗！

甲：诶，西人曾谓这是筷子练就的童子功。

乙：吓，有点意思。

甲：相对来讲，使刀叉就是力气活了。咱也拿体育来说吧。你看这田径类以及突出力量的大型球类，很明显就是西方人占优势了。

乙：是呀！你看这短跑我们就差点了，刘翔在雅典给咱中国人扬眉吐气之前，那可真是白种人、黑种人的天下。篮球、网球也是人家外国，尤其是欧美的人出成绩。

甲：所以这刀和叉的使用正是他们力量型的缩影。

乙：嗯！

甲：讲完了功能，咱再讲讲思维吧！

乙：呦，还讲思维？

甲：那是，这研究一门学问要是不上升到精神层面那哪行！

乙：这么说你还真有研究。

甲：不是告诉你了吗，这学问多，都不敢低头。

乙：嗯，一低头就往外掉。

甲：中国的思维从古代开始就趋向于"象形思维，直觉思维"，由此发展起来的审美观就是"以和为美"，讲究一个调和、意境。

乙：对，中国食文化就是讲究色、香、味俱全！

甲：嗯，这叫重调和！这筷子也体现了这种饮食文化。你想把这么多种材料调和在一起，才需要发明个东西把它们一一挑出来不是。

乙：所谓有和才有离嘛！

甲：你看中国人还多讲究成双配对，认为对称是一种美，是一种均衡。所以这筷子成双就是均衡对偶的象征，同时它还有一种意境美，以动饰静，以柔克刚。

乙：你这么一说倒让我想起了中国的国粹——太极拳。

甲：反过来，你看这西方人他就理性，从餐具到用料、服务啊什么的都有讲究，看着就高档。

乙：是啊（讽刺口气），就顾这些表面文章了。一道法式牛排，从洛杉矶到纽约都一个味儿。一道菜一边放土豆泥，旁倚羊排，另一边放点煮青豆，加几片番茄，什么味儿呀！

甲：是啊，它……，……就这个差点。

乙：差点？差多了！

甲：不是，那你看它颜色不还好看呢么。人家的饮食是理性饮食，科学。讲究的是营养，一餐含多少卡路里、维生素、蛋白质都是有保证的。

乙：我还是觉得咱中国人吃饭热闹，一大家子坐在一起，美食在当中，筷子这么一用，小巧灵便，每个人占不到10厘米的空间。

甲：那多不卫生呀，你没听人家夸奖火锅是涮筷子水啊！

乙：这……，也差点……

甲：是吧！所以说上升到精神思维层面，中国文化的体现就是群体意识，大团圆！！

乙：西方就比较推崇个人主义了，讲究分餐。

甲：可是得分餐，这可是很有必要的，要是人家也像我们吃饭这样坐一起，那准乱。你想啊，那么具有杀伤力的工具，能两个人吃一盘肉吗？赶上这位今儿心情也不好，瞅谁都不顺眼，逮谁跟谁斗气，“就这么点肉你还跟我抢”，噗，给人来两下（拿起刀叉猛戳状），那位受得了吗？

乙：两下？一下也受不了啊。你好不梓的往人家手上捅干吗呀？

甲：所以说分餐还是有必要的。

乙：人家宴会的目的是交流，食品和酒那是陪衬，不是就为了吃。

甲：这么说你知道了？看这架势你这学问也不小呀，成是也不敢低头吧？

乙：谁呀！

甲：那行啊，既然你这学问也不小，那干脆咱们就讲讲精髓吧？

乙：那咱说道说道？

甲：从思维特征和方法论来说，咱老祖宗是重综合而不重分析。

乙：那碧眼红发、高鼻深目的那一帮子，就重分析而不重综合啦？

甲：对！就拿你爷爷的爸爸那会儿说吧……

乙：嗯，也就是你姥姥的妈妈那会儿……

甲：你爷爷的爸爸不总穿着千层底的圆口布鞋吗？

乙：啊？合着你见过他老人家？

甲：啊？（从面向观众转为看乙）啊，我不是就这么想吗？这没吃过猪肉，怎么还没见过猪走呀！

乙：这怎么着，有学问的人就这么说话。

甲：这不是怕撰文你听不懂吗。你想啊，你没见过真人，你总看过电视吧，你什么时候看见你爷爷的爸爸成天穿长筒大马靴了。

乙：合着我爷爷的爸爸就成天在电视上穿布鞋。

甲：死心眼，跟我较什么真儿呀！这么说吧，电视上那老百姓穿的布鞋见过没？

乙：见过呀。

甲：你看那鞋子就透着一股子“重综合不重分析”的精气神儿。

乙：这怎么说呢？

甲：它不分析穿在左脚或右脚的差别呀！两只鞋一个模样，穿反了也看不出来。

乙：啊？都是一瞥的。好嘛，合着拿起哪只算哪只呀，随便往脚上一套到也省事。

甲：是呀，那鞋底还不怕磨成“偏掌”呐。

乙：呵呵，有点意思。

甲：再拿你爸爸的爷爷来说吧……

乙：啊，又说我爸爸的爷爷了！（回过神）那不是同一位老爷子吗？你怎么老在这倒辈儿啊，就说我太爷爷好不好？

甲：啊，行，就拿你太爷爷来说吧……

乙：我太爷爷又怎么了？

甲：他不是总穿着那大腰裤吗？——裤腰这么一掖，裤带这么一系……

乙：啊，怎么了？

甲：诶！那裤子也透着那么一股子“重综合不重分析”的精气神儿。

乙：这又怎么说？

甲：它不分前后呀！拿来随便这么往两腿上一套。

乙：好嘛，裤子没前后呀，怎么来怎么穿。

甲：你看，这也有讲，人家这是经过科学研究的。

乙：还科学研究？

甲：你看，人家这设计就符合工程力学里的“等强度设计”原理。膝盖和屁股那些地方磨通窟窿的时间能增加一倍，一条顶两条穿！

乙：还顶两条！顶十条我也不穿呀！

甲：你看看你这个人怎么这么不尊重老祖宗的东西？

乙：那给你一条你穿呀？

甲：哪位要是穿这么一条往大街上这么一走，后边有人还不打紧，对面走过来一位，净在这纳闷了：（做与乙擦身而过，回头诧异状）“耶？今儿这哥们怎么出来着急？裤子反的不知道啊！”后边一看，一样！“哦，许是今年流行新款！”

乙：这位还在这穷琢磨。不是，你说了这半天，这都和筷子有什么关系呢？

甲：关系大了！你看这刀、叉，重分析，刀刃是刀刃，叉齿是叉齿，各有各的任务，各有各的样子，该干吗干吗。……

乙：你等等，你等等。

甲：……用刀子切肉必须顺着刀刃的方向使力气，转个角度，那就切不下肉了，是吧？用叉子也是啊，你看……

乙：停！停！这不是让你说筷子呢吗？

甲：这不是对比嘛！筷子就不像刀叉那么死板了。你看这筷子，两只都一个模样吧？

乙：是呀，两只不一样那玩意也不好使呀。

甲：它就不分析哪个手指必须夹哪只筷子，你怎么使都没关系，能夹起菜来就行；也不论什么角度，你看它筷子前边不都是圆的吗，你随便转，什么 30°、60°、90°、180°……简直就这么说吧，只要你能转的出来，它都还能用。

乙：干吗呀，饭桌上玩杂耍呀？你还真别说，真算是“综合”到家了，干什么活，怎么干，全是它。

甲：所以说筷子它就不重分析重综合，明白了吧！

乙：这回我可闹清楚了，就跟大棉裤一个理儿。

甲：还有中国最基本的思想就在人与自然的关系上。

乙：那应该就是“天人合一”了。

甲：这种思想贯穿到生活的方方面面。从筷子的材质来看吧，中国最常见的就是竹筷。竹子它就是一种纯天然的材料。

乙：竹子不还是四友之一嘛？

甲：嗯，这就足可见中国文化人与自然为友的思想。“君子远庖厨”，文人雅士大都“斟几杯小酒，对几样小菜，听风吟诗，对月当歌”，在饮食中体会与自然融合的乐趣。

乙：行了，别在这使像了。

甲：不是告诉你这学问多……

乙：（赶紧打断甲）行了，行了。

甲：别介啊，说了这么多，都清楚了吧？

乙：啊？（抓耳挠腮不解状）

甲：这说的是餐具，明的是事理。

乙：哦！

甲：窥豹一斑，从餐具的使用中可以映射出不同背景下文化的差异。中国传统文化重和谐，提倡“天人合一”。

乙：西方则强调对立。

甲：中国传统文化的思维方式是重综合而不重分析。

乙：而西方文化则重分析而不重综合。

甲：发于根基，显之毫微。这些文化理念差别的形成固然有其各自特定的历史背景和环境因素，但也表现在生活的方方面面微小细节之中。

乙：嗯，比如这刀叉和筷子。

甲：今儿跟着我这师傅可长见识了吧？

乙：咋的，还真把自己当回事儿了？

甲：相声讲究的是说、学、逗、唱。

乙：吾二人均未学过这四门功夫，不敢夸口自己所作为相声。

甲：仅希望用这种形式吸引大家的注意力，希望大家对我们这篇文章有更亲切的了解。

乙：虽然文章已经结束，我们的思绪还没停。

甲：今天和平与发展已成为时代的主题，民族交流日益深化，中西方文化既有其冲突的一面，也需要互相融合。

乙：刀叉易用，亦要慎用。力道不对，牛排是要飞起伤人的。而且，还要使对地方，若拿刀叉去挑玉米，或使用筷子去切牛排，都只能是事倍功半，自讨苦吃。

甲：由此延伸，在对外文化交往中，既应保持开放的态势，虚心学习外来文化，也要根据本民族自身的需要，“取其精华，弃其糟粕”。

乙：筷子与刀叉各扬其长，各避其短，文明的融合才算真正的成功。

甲：我们谨以此文抛砖引玉。

乙：敬请斧正。

[注释]

1. 见微知著：《韩非子·说林上》：“圣人见微以知萌，见端以知末，故见象箸而怖，知天下不足也。”宋·苏洵《辨奸论》：“惟天下之静者乃能见微而知著。”

2. 相对于刀叉，筷子有一种母性的温柔，它“不切、不抓、不毁、不穿……是在移动一个婴儿时所表现出的那种恰如其分的谨慎动作：它是一种力量，而非一种冲动。它从不穿透食物，从不弄断食物，从不撕裂食物，从不破坏食物，而只是提起食物，转动食物和移动食物……食物不再是需要施以暴力的捕猎对象”。

——文学家 罗兰·巴特

3. 筷子是我们的一大发明。原始人吃东西用手抓，比不会用手抓的禽兽已经进步很多，而两根筷子则等于是手指的伸展，比猿猴使用树枝弄东西又进一步。筷子运用起来可以灵活无比，能夹、能戳、能撮、能挑、能扒、能掰、能剥，凡是手指能做的动作，筷子都能。没人知道筷子是何时何人发明的。如果《史记》所载不虚，“纣为象箸而箕子唏”，纣王使用象牙筷子而箕子忍泣吞声的叹气，象牙筷子的历史可说是很久远了。箸原是筴，竹子做的筷子；又作梜，木头做的筷子。

——梁实秋《雅舍菁华》

后记篇

鉴于相声这种语言表达形式很难将一些理论表述得十分透彻，所以作为补充，将中西方文化对比中比较理论的地方记录如下：

种植业 VS 畜牧业

中国文明起源于黄河流域，以种植业为主。我国农业起源可以追溯到距今一万年以前，原始农业相当发达。中国传统的饮食结构以谷类、蔬果类为主。主食是米或面，副食以蔬菜为主，佐以少量鱼肉。据西方的植物学者的调查，中国人吃的蔬菜有600多种，比西方多6倍。

以热食、熟食为主，也是中国人饮食习俗的一大特点。这和中国文明开化较早和烹调技术的发达有关。中国古人认为："水居者腥，肉臊，草食即膻。"热食、熟食可以"灭腥去臊除膻"。古人折断两根小竹竿或细树枝，用来拨匀燃烧中的炭火，后来发现烧熟的食物很烫手，用细竹竿、细树枝夹出来吹凉，就可以吃了。这可能就是筷子的前身。

欧洲的农业兴起较晚，早期的居民还沿袭着原始人与自然搏斗获取食物的生存方式，以狩猎为主，即使农业发展起来后，西方人依然秉承着游牧民族、航海民族的文化血统，以渔猎、养殖为主。荤食较多，吃、穿、用都取之于动物，连西药也是从动物身上摄取提炼而成的，因此肉食在饮食中比例一直很高。

肉食与农业结构有关。西方以畜牧业为主，相对独立于甚至超过农业。在欧洲，主食是牛、羊肉，用刀切割后送进口里；面包之类是副食，直接用手拿。

技巧VS力量

筷子和刀叉的出现具有各自明显的文化背景，而这种文化的差异也体现在它们不同的使用方式上。

使用筷子时，其实是利用了杠杆原理，著名的物理学家李政通博士，曾对筷子作过高度评价。他说："如此简单的两根东西，却奇妙绝伦地应用了物理学杠杆原理，它是人类手指的延长，手指能做的话，它都能做……"

实际上接触筷子的是拇指、食指和中指，但无名指和小指也需紧靠中指。首先以手拿住横放的筷子中央部，从下托住，然后手掌反转朝上，移向筷子中央位置。当拇指移至中央上方时，应紧拿住，接着放开左手。正确地用法是手握住筷子高度的2/3处，中指同时起到了支点的作用，拇指、食指、无名指合作控制方向和力度，小指则从旁辅助。用筷子是手的复杂而精细的动作，必须用力得当和动作协调，才能夹起食物并送至口中。

刀叉主要依靠的是手臂的力量，正确的拿法即是常说的"左叉右刀"。轻握尾端，食指按在柄上，用叉子将食物固定，依据自己的喜好用刀子切一小口大小，蘸上调味汁送入口中。若有两把以上，应从最外面的一把依次向内取用。吃体积较大的蔬菜时，可用刀叉来折叠、分切。 较软的食物可放在叉子平面上，用刀子整理一下。

从体育运动上也可以很直观地看出二者的差别（见相声稿）。

儒释道 VS 基督

儒释道三家作为影响中国文化的最主要的宗教理论，也影响了中国的饮食文化。

很明显，中国人趋于素食，菜食在平常的饮食结构中占主导地位，这与佛教有着千丝万缕的联系。在佛教中，动物被视为“生灵”，而植物则“无灵”，而佛家主张素食主义，不能不说这也影响了中国的饮食结构。

在中国文化中起主导作用的是经典儒学，即孔孟之道。它的道德宗旨即“仁”——天下归仁，认为人性本善，倡礼，讲求修身养性，提倡天人合一，与自然合作。这种学说是中华民族性格和道德情操的缩影。中国人性情温和含蓄，故而食物的加工都在后厨进行，上桌的食物均是成条状、丝状或小块状，可以直接入口，中国的筷子也正符合这一特色。中华饮食主、副食都可用筷子，熟练之后，非常简单方便。

相对于受基督教影响很深的西方，征服自然是他们认为最自豪的事情。相对于中国古代取材于自然，西方讲究创造。在中国依然依赖于水利的同时，西方已经在利用新开发的蒸气，继而是电力。在饮食方面，他们也很少把自然生长的果蔬作为主食。相对于中国后厨加工，西方的餐饮多为在餐桌上加工。他们在餐桌上直接利用刀叉把烹饪过的食物进行切割。这种方式在中国传统饮食中很难见到。

两种基础文化差异也体现在对待自然的关系上，即天人合一与人定胜天思想。相声稿中提及，此不赘述。

意境之美 VS 理性分析

中国人的思维从古代开始就趋向于“象形思维，直觉思维”。这样一种天人合一、直指人心的心理活动和认识论逐渐形成，并逐渐形成一种养性文化、静态文化。中国的养性文化、静态文化逐渐发展，表现方式之一便是——中庸之道。中华民族一个极鲜明的民族性格就是重中和、讲合和原中庸之道，以及由此发展起来的一种富有特色的审美观，那就是以和为美，讲究调和与意境。

中国饮食文化的渊源，是东方古老的阴阳学说。这是一种带有浓厚浪漫色彩的哲学。中国人的饮食追求，是“美味享受、饮食养生”。因此，中国是一种美性饮食观念。中国人对饮食追求的是一种难以言传的“意境”，在饮食上，不但菜的制作讲究调和——“久而不弊，熟而不烂，甘而不哝，咸而不减，酸而不酷，辛而不烈，淡而不薄，肥而不腻。”，而且菜肴和餐具是相辅相成的，中国人发明筷子，也是这种重调和的饮食文化的结果。与中国国粹——太极相通，筷子的使用也具有一种静态的美，力发于丹田，藏于臂腕，运于指尖，以动饰静，以柔克刚。

西方的理论基础哲学，在本质上是理性的，它认为客观世界是理性认识的对象，而不是信仰的对象，科学是发挥理性作用的工具和方法，科学对自然本质的认识和规律的发现会使人们在理性上获得真理，行动上获得自由。西方饮食观念也是同西方整个哲学体系相适应的。在宴席上，他们讲究餐具，讲究用料，讲究服务，讲究菜之原料的形、色方面的搭配，但却处处无艺术可言。尽管在搭配上偶尔也会有其他食物作为辅助，但是在滋味上却互不相干。这种饮食是一种理性的、科学的饮食。只要营养能得到保证，即便口味千篇一律，都一定会吃下去，只是因为有营养。其实和中国的美味佳肴比起来，简直单调得如同嚼蜡。因为如果加热烹调，会造成营养损失。

指导教师点评

这是一个将人文思考融合到人机学中去的作业题。在课程设计、课程论文答辩会上，两位女生上得台来，一逗一捧，采用对口相声的段子，演绎了她们对人机学中某一文化侧面的理解，像中餐里的一道甜点，像百花园里的一丛翠竹，给答辩会调节了新口味，增添了新景致。

围绕筷子和刀叉这两种餐具，两位作者查阅多种文献资料，从中西文明的起源、中西思维方式和方法论的差异、器物与生活习俗的相关性等多个方面，结合人机学作了思考与论述，开始探摸器物设计的某一文化层面。人机工程设计的核心在于对人的关怀，而以精神因素、文化因素为主的人文关怀是其中的高级形态。把文化与哲理融入人机学的探究中去，应是人机工程学发展的方向之一。

把人机学的作业写成一篇相声稿是否有点过于另类？本书选编者觉得也许可以这样来回应这种质疑：请把学生这份作业过滤成内容和形式两个部分来分析一下，疑问即可澄清。既然作业内容属于人机学值得探讨的课题，作业的文体形式多样化一些又有何碍呢？特意提倡这类形式没有必要，但少数学生有兴致又有特长要试一试，在确保研究内容不偏离的前提下，实在不妨含笑肯首，乐观其成。

（阮宝湘）

《人机工程学课程设计/课程论文选编》

信息反馈表

尊敬的老师：

您好！感谢您多年来对机械工业出版社的支持和厚爱！为了更好地满足您的需要，欢迎您对我社的教材多提宝贵建议。谢谢！

一、基本信息

姓名：__________性别：____职称：________________职务：___________

邮编：__________地址：____

任教课程：________________电话：______—__________（H）________（O）

电子邮件：_______________________________________手机：___________

二、您对本书的建议和意见（欢迎您指出本书的疏误之处）

三、您的希望

（1）选择一本书的理由：①内在质量____；②出版社____；③价格______

（2）您想要的书，买不到____

（3）您想出版一本书____

（4）____

（5）____

请与我们联系：

100037　机械工业出版社·高等教育分社·机械工程教材编辑室　冯编辑　收

Tel：010—88379715（O），68994030（Fax）

E-mail：fcs@mail.machineinfo.gov.cn